衛星導航

莊智清　編著

全華圖書股份有限公司　印行

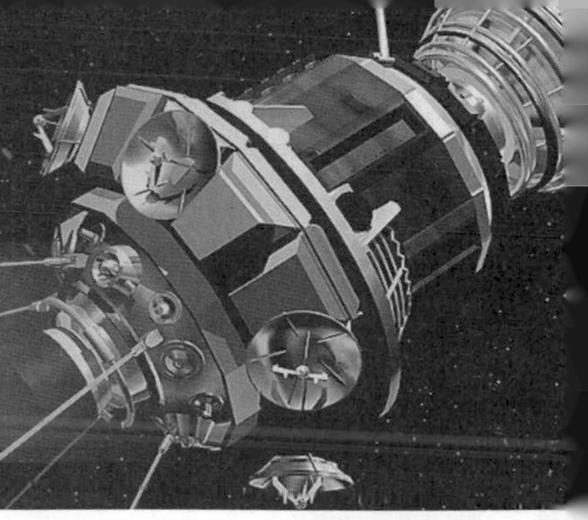

序

衛星導航(GPS 或 GNSS)已深入人們的日常生活，且成爲一項重要基礎設施。GNSS 是由太空中繞行地球的一群衛星傳送訊號與訊息接收之裝置。當於時間軸上，接收機之訊號得以與所接收之訊號取得同步，則可以取得測距量並解碼出導航訊息。根據導航訊息，衛星於空間之位置得以決定；再利用多邊定位計算，可以推算出接收機之位置與時間。另一方面，不同衛星亦要求在時間上取得同步，方可保證定位解之正確性。因此，衛星導航應用時間與空間概念的技術爲人與人之間開創相當多之可能。

本書由技術面出發探討衛星導航之多項內容。整個衛星導航之發展有賴於太空科學、軌道力學、訊號處理、數位調變、展頻通訊、估算理論、嵌入計算、系統控制、精密測量等發展，也因此衛星導航是一跨領域學科。本書嘗試將實現衛星導航技術之各專業項目進行一整理與呈現，期可於單一書本學習必要的基礎知識並進而熟習衛星導航訊號之接收、衛星定位之流程以及相關應用之開展。本書之編排可供大四或研究所之教科書，亦可以爲工程師自學的參考。

本書分九章說明衛星導航。第一章回顧導航歷史之發展並對衛星導航之源起與現況做一介紹。由此一章可發覺衛星導航雖已深入人們的生活、掌握社會脈動，但此一系統本身正處於演化過程。第二章描述坐標系統與衛星軌道。由於定位、導航與授時得建基於一特定之時空框架，故坐標系統之建立爲必要之工作。同時，衛星運行基本上遵循牛頓力學，故一旦給定衛星運行之參數則可以計算出衛星之位置；而衛星位置之正確決定爲地面接收機定位之基礎。衛星導航有賴衛星傳送出特定型式之訊號，第三章回顧訊號之時頻表示以及數位調變之技術。第四章進一步分析衛星訊號之通聯情形，隨之導入展頻通訊。對衛星導航而言，展頻通訊並非偶然而是一必然。經由展頻，地面接收機方可建立通聯並進行測距。第五章仔細地說明各不同導航衛星系統所傳送訊號之頻段、調變方式、資料安排、展頻設計等。第六章主要分析衛星訊號接收機之射頻和基頻部分之作法。爲接收衛星訊號，接收機得進行相當多的動作如本地複製樣本之產生、電碼與載波之追蹤等。第七章介紹估測理論。估測理論提出一些方法以根據量測量與模式，推算出所關心之位置、速度與時間資訊。第八章結合衛星軌道計算、衛星測距量

序

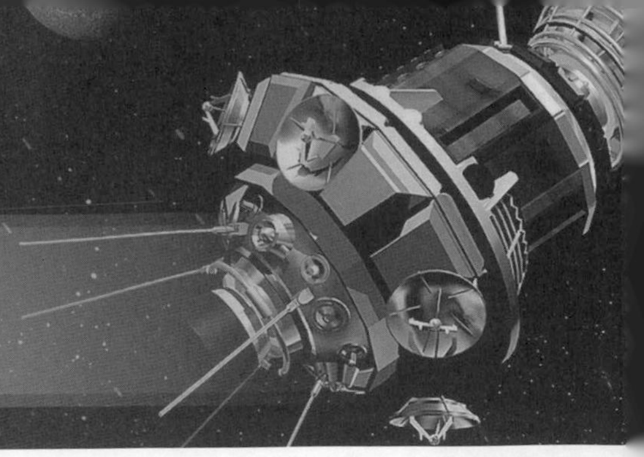

量測與估測方法以計算出時間與空間資訊。第九章探討如何經由修正和輔助提升衛星導航之精度、偵測系統完整性與縮短初次定位時間。下圖爲各章之關連性。

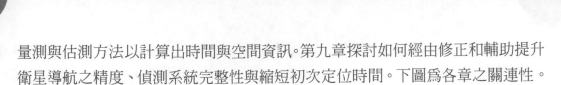

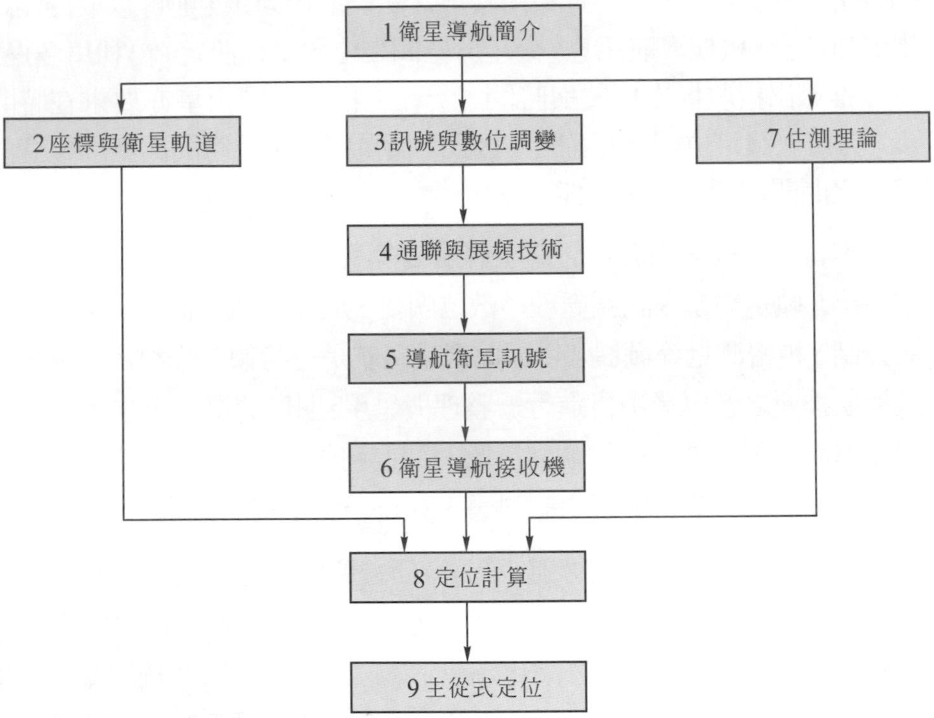

十多年前，本人曾與黃國興教授合作編著「電子導航」一書。當時，衛星導航正處於發展期。今日，衛星導航已是一相當蓬勃發展且階段性成熟之產業，全世界有近 10 億台衛星導航接收機。但是儘管如此，衛星導航仍持續處在一演化過程，各國正紛紛建置衛星導航系統；也因此往後的十年將可以見識到更豐富多元之導航訊號以及更無所不在之加值應用。本書內容之編排涵蓋現今系統與未來系統之訊號內容與應用，期望提供讀者一宏觀與綜整的視野。

莊智清

2012/6/17

編輯部序

「系統編輯」是我們的編輯方針，我們所提供給您的，絕不只是一本書，而是關於這門學問的所有知識，它們由淺入深，循序漸進。

衛星導航是指利用衛星所發射的無線電信號，進而計算並確定物體在地球上之位置的技術，而此一應用早已深入人們的日常生活，因此衛星導航是現今相當值得重視與發展的科技之一，本書統整了所有衛星導航之相關專業學科，讓讀者可以學習必要基礎知識並進而了解衛星訊號之接收、定位等流程，以期讀者對於衛星導航有一定程度上的認知與了解。全書共分九個章節：第一章回顧導航歷史之發展並說明衛星導航之源起與現況，第二章描述坐標系統與衛星軌道，第三章介紹訊號之時頻表示以及數位調變之技術，第四章進一步分析衛星訊號之通聯情形，並導入展頻通訊，第五章細論各不同導航衛星系統所傳送訊號之頻段、調變方式、資料安排、展頻設計等，第六章主要分析衛星訊號接收機之射頻和基頻部分之作法，第七章介紹估測理論之概念，第八章結合衛星軌道計算、衛星測距量量測與估測方法以計算出時間與空間資訊，第九章探討如何提升衛星導航之精度、偵測系統完整性與縮短初次定位時間，本書適用於科大電子、電機、航太系選修「衛星導航」課程之學生以及對衛星導航有興趣之讀者及相關從業人員。

同時，為了使您能有系統且循序漸進研習相關方面的叢書，我們以流程圖方式，列出各有關圖書的閱讀順序，以減少您研習此門學問的摸索時間，並能對這門學問有完整的知識。若您在這方面有任何問題，歡迎來函連繫，我們將竭誠為您服務。

相關叢書介紹

書號：0333402
書名：通訊原理與應用(第三版)
編著：藍國桐
20K/488 頁/420 元

書號：06139007
書名：通訊系統設計與實習
(附 LabVIEW 試用版光碟)
編著：莊智清.陳育暄.蔡永富.陳舜鴻
高彩齡
16K/280 頁/320 元

書號：06100
書名：最新數位通訊系統實務
應用與理論架構－GSM、
WCDMA、WiMAX、LTE
編著：程懷遠
20K/240 頁/280 元

書號：0553601
書名：行動通訊與傳輸網路(第二版)
編著：陳聖詠
16K/344 頁/400 元

書號：10376
書名：智慧型行動電話原理
應用與實務設計
編著：賴柏洲.林修聖.陳清霖.呂志輝
陳藝來
20K/368 頁/350 元

書號：10392
書名：VoIP 網路電話進階實務與應用
編著：賴柏洲.陳清霖.林修聖.呂志輝
陳藝來.賴俊年
16K/240 頁/400 元

書號：10342
書名：進階 GPS 定位原理及應用
英譯：安守中
20K/152 頁/220 元

◎上列書價若有變動，請以
最新定價為準。

流程圖

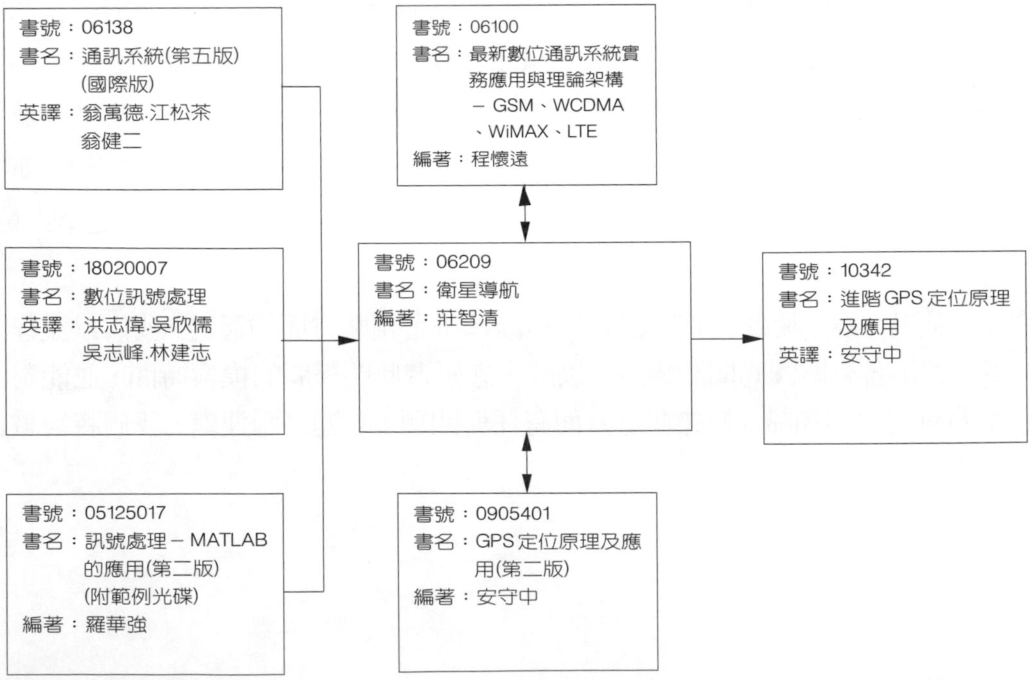

CHWA TECHNOLOGY

目錄

第三章 訊號與數位調變

第五章　導航衛星訊號

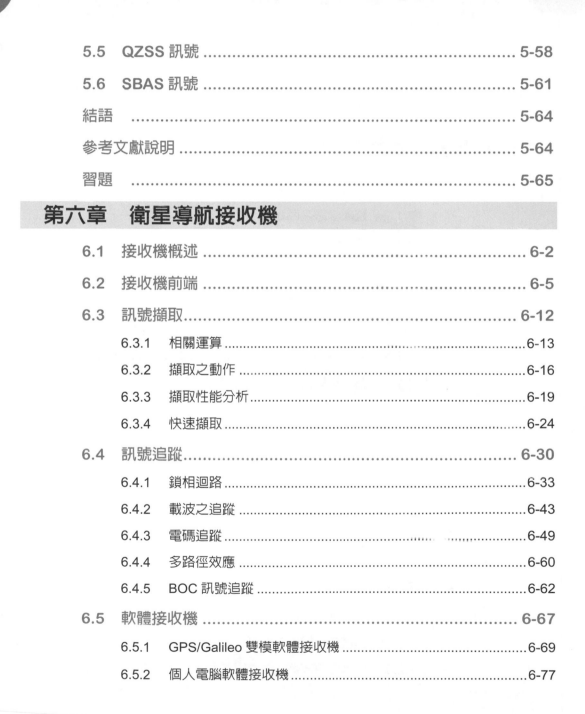

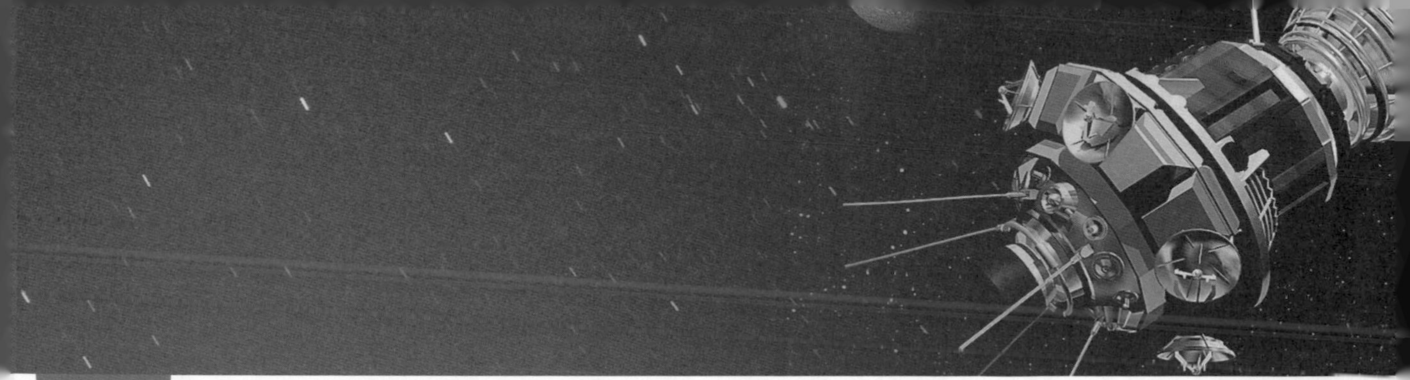

第六章 衛星導航接收機

第七章　估測理論

第八章　定位計算

第九章 主從式定位

附錄

Chapter 1

衛星導航簡介

Introduction to Satellite Navigation

1.1　導航基礎

1.2　導航簡史

1.3　世界各國導航衛星之發展

1.4　導航系統性能要求

「讀萬卷書，行萬里路」。導航是一門行萬里路仍能堅持而不迷失之技術，也是一歷經千年卻又日新月異之學問。人類自有歷史以來，即不斷地尋求突破，探索未知，導航可視爲人類探索史之側寫。導航的英文爲 Navigation 係由拉丁字 Navis 與 Agere 組合而成。Navis 意即海船，Agere 則爲指引移動，故導航古時亦稱爲航海術或領航術。許多導航技術的發展實肇因於航海的需求，但時至今日人類爲了上達太空、下至水底，許多導航技術應運而生。此些導航技術除了應用於軍事與科學發展外，亦兼具多項民生用途，舉凡航空之導航、車輛之導引、個人之定位、行動加值之服務與日常生活之對時得均仰賴此些導航技術。近年來，衛星導航之發展更對人們之經濟與社會活動產生根本之影響。衛星導航主要利用繞行地球之一群衛星提供導航觀測量予地面上之用戶，而後者則根據所接收之訊息進行位置、速度與時間之解算。衛星系統由於具有全球涵蓋、全天候及無需付費之優點，故自佈建以來即大幅地改善定位服務之生態與內容。目前衛星導航定位系統已成爲基礎建設之一環，影響的範圍包括陸海空交通運輸、行動通訊服務、智慧電網之時間同步、休閒活動、精緻農業、保全協尋、防災救援乃至於安全認證等。本章說明導航之基礎知識，回顧導航發展之歷史，並說明目前衛星導航系統發展之近況，最後整理導航系統之要求。

1.1 導航基礎

對於人員或載具之移動，導航是一項決定位置與維持行進方向的過程。簡單而言，導航工作包含了

- 決定目前所處的位置與方位
- 規劃未來前進的方向與行程
- 回溯先前行經的路徑與軌跡
- 預估到達目的地的時間與距離

導航之過程因此與位置(position)、方向(direction)、距離(distance)和時間(time)有關；此四項又稱爲導航之基本元素。

在一導航過程中，導航者往往仰賴不同型式的儀器以取得足供判別與推算之觀測量，再利用已知之智能以決定方位與距離。在決定目前位置、回溯行經路徑、規劃未來方向及預估到達時間的過程中，導航者必需進行一系列的量測、計算、判斷與記錄。因此，導航可視爲一資訊處理的過程。導航者需對地標(landmark)或日月星辰進行觀測或對導引的無線電波進行接收處理，此即爲感測(sensing)的工作。此一工作主要利用

導航感測裝置完成。視原始量測訊號之不同，導航感測裝置可以是衛星訊號接收裝置、慣性感測元件(inertial sensors)、相機、感測網路(sensor networks)等。不同之導航感測裝置提供不同屬性之量測量，同時各不同量測量亦會受制於不同之量測誤差與雜訊。經導航感測裝置接收與處理之訊號一般稱之為導航量測量(measurement)，其內容與強度、距離、角度、時間、時間差等有關。導航計算裝置隨之根據導航量測量進行比對(matching)、估測(estimation)、修正(correction)、融合(fusion)和決策(decision making)等工作以取得導航系統之輸出或時間、距離、方向與位置導航基本元素。於導航感測與導航計算過程，可以利用事先建立之資料庫(data base)或知識庫(knowledge base)以優化感測及計算之結果。例如，於導航感測器可以根據訊號和雜訊之模式設計出濾波器以強化觀測量之訊號雜訊比，於定位解算過程亦可以藉由電子地圖之比對提升定位之精度。圖 1.1 說明了此一導航訊號處理之流程。許多系統均依圖 1.1 之處理流程進行導航應用與位置加值服務(location based service)之開發。對於一典型衛星導航接收機，主要利用衛星訊號接收裝置接收與取得來自衛星之原始觀測量然後利用導航計算裝置進行位置、速度與時間之估測。於此一過程可能得藉助資料庫或知識庫之協助；例如利用內建量測誤差模式消除部分衛星接收訊號之誤差或者利用電子地圖進行位置解之修正。視覺導引之機器人利用相機偵測物件並比對目標圖案進行物件之判別以及推算相對之方位。若機器人同時可以利用慣性元件進行慣性導航計算則可融合感測資訊進行位置估算乃至建立地圖。

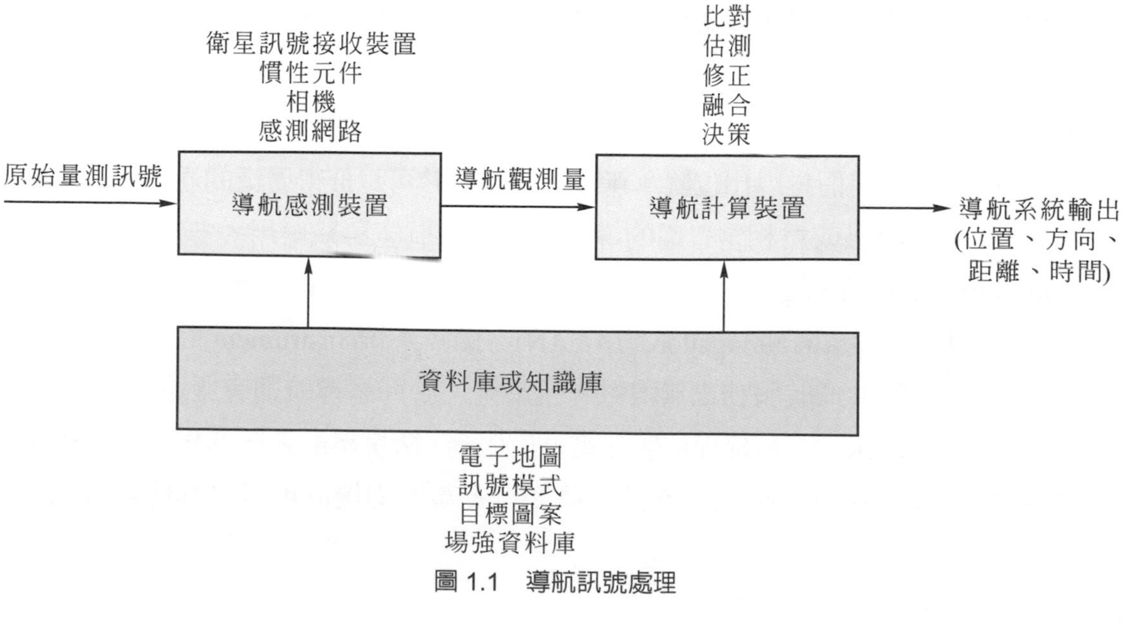

圖 1.1　導航訊號處理

導航依導航感測與導航計算方式之不同一般分爲四種類型。

1. 航標式導航(piloting)：經由已知之地標或標定物，導航者可以知道自己所處之位置與行進的方向。此一類型之導航系統稱爲航標式導航。在陸地上之導航，除非在沙漠或雪地，一般可採用此種方式。至於航標之型式可以爲建築物、高山、路口、燈塔、河流、樹木、橋樑等。沿岸之航行亦可歸納爲此一類型之導航。航標式導航也是人們日常生活行動最常仰賴的導航方式。
2. 推算式導航(dead reckoning)：若由一已知點出發，一路上由路程、速度、時間和方向之變化可推算出相對於出發點之位置與方位，此即爲推算式導航。英文中之 dead 可解釋成位置修正均相對於一不動之點，亦可說在導航過程中無法藉助外在航標，而 reckoning 代表推理或認知。早期的大洋航海採用推算式導航。導航者在大海中必需仰賴對海流、時間、船速及方向之認知，以推算位置。推算式導航的一特例是慣性導航(inertial navigation)，此一系統採用一組加速規(accelerometer)及陀螺儀(gyroscope)，分別量測載具之慣性加速度與轉速並根據力學運動方程式計算出載具之位置、速度、姿態、航向等。慣性導航系統普遍應用於民航機及軍事系統中。目前隨著微機電製程之發展與慣性導航元件之低價化，有些車輛、自主導航系統、情境感知乃至體感電玩亦應用慣性導航技術。
3. 天文導航(celestial navigation)：利用天體(如日、月、星辰)之觀測以定位是一種自遠古以來習見之導航技術。事實上早期天文學之發展與其於天文導航之應用是息息相關的。時至今日，天文觀測可提供相當高之定位精度，屢見於太空與航空之應用。
4. 無線電導航(radio navigation)：此類型導航採用無線電之方式以偵知相對於已知點之方位或距離進而推導出位置。無線電導航由於可以取得廣泛的涵蓋及合理的定位精度，目前已成爲相當普遍的導航方式。於航空導航應用，多向導航台(VHF Omnidirectional Range, VOR)、測距設備(Distance Measuring Equipment, DME)、太康台(Tactical Air Navigation, TACAN)、儀降系統(Instrument Landing system, ILS)等均爲提供飛航服務之無線電導航系統。於海事導航則有羅遠(Long Range Navigation, LORAN)系統提供無線電導航服務。衛星導航系統亦爲一種無線電導航系統，此一系統所提供之涵蓋、精度與妥善率均優於現有之其他無線電導航系統。

上述之分類方式並不是絕對的，有許多導航動作是結合不同類型之技術來完成。例如，十六世紀的航海員除了利用推算式導航外，同時利用航標式與天文導航來輔助以橫跨各大洋。航空導航如民航機之導航一般亦採用慣性導航與無線電導航整合之方式以達到飛航安全標準。先進之飛機則採用天文、慣性與無線電導航以同時滿足飛行與隱密之要求。智慧型運輸系統(intelligent transportation system, ITS)中之車輛導航亦整合各類型感測訊號以取得定位、導引及安全等性能。

瞭解導航之基本量與分類後，本節將介紹地球、地圖、距離、方向、修正與定位線等有關導航之概念。

1.1.1　地球

我們所居住的地球是一個扁圓形狀的球體。所謂自轉軸或極軸(polar axis)爲通過南北極與地心之直線，而地球即沿著極軸由西向東轉動。由於自轉之故，地球兩極之直徑小於赤道之直徑。若將地球表面視爲一圓球面，則此一地球面與任一通過地心之平面間之交集爲一圓，即所謂大圓(great circle)。大圓同時也是在地球表面上可畫出的最大圓，其半徑與地球半徑相同。最有名的大圓就是將地球分割成南北兩個半球之赤道(equator)。赤道面與極軸相互垂直且通過地心。所謂子午線(meridian)則爲通過南北極之大圓弧。地表上任兩點沿地表移動之最短之路徑爲一大圓弧此即所謂大圓航路(great circle course)。相對而言，小圓(small circle)爲地表面上任何非大圓之圓形。

地球表面上之任何一點可以經緯度表之。經度(longitude)用以區別東西而緯度(latitude)用以分辨南北，如圖 1.2 所示。經度之基準爲通過格林威治(Greenwich)的主子午線(prime meridian)或格林威治子午線。地球上任何一點的經度係依其所處之子午線與主子午線於極點之夾角而定。主子午線之經度爲 0 度。在主子午線之東的稱爲東經；其西則爲西經。東西經各有 180 度。台灣位於東經 120 度至 122 度之間。東經 180 度與西經 180 度於太平洋上之國際換日線附近會合。經度的單位爲度：分：秒(degree:minute:second)。一度相當於 60 分而一分相當於 60 秒。緯度線之定義爲平行於赤道之小圓。地球上任何一點之緯度爲其所處之緯度線與赤道間沿子午線之弧距(arc distance)。據此，赤道上之緯度爲 0 度而南北極之緯度分別爲南緯 90 度與北緯 90 度。台灣之緯度在北緯 22 度至 25.4 度之間。在本書中，經度以 λ 表示而緯度以 ϕ 表示。

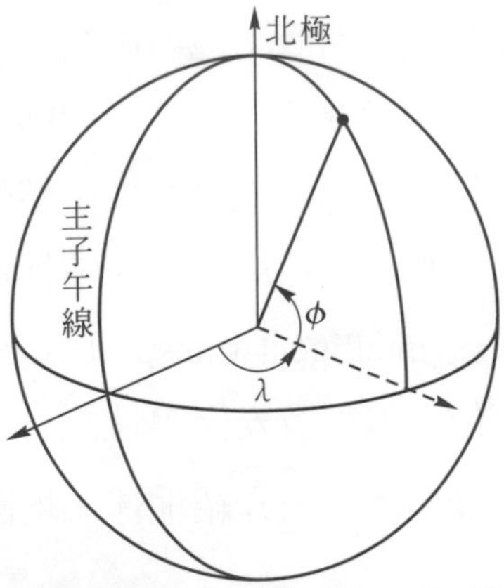

圖 1.2　經度 (λ) 與緯度 (ϕ) 之定義

1.1.2　地圖

地圖(map)將地球表面之特徵如山川、城鎮、道路等以平面的方式表示。在導航上，地圖之功用形如一資料庫：導航者得將觀測到之特徵與地圖相比對，以確認位置方位等。同時，導航者可以利用地圖規劃航路及預估到達時間。近年來，地理資訊系統(Geographic Information System, GIS)有長足之發展，Google map 之普遍應用即爲一例。地圖之製作與表示爲地理資訊系統之核心。理想的地圖應將地表之特徵、形狀、角度、面積、方向、比例、距離等關係毫無失眞地重現。爲了提供導航用途在地圖上用以代表經緯線之網格(graticule)應彼此垂直。再者，大圓航路和等角航路(Rhumb lines)最好均可以直線表之以利導航。不幸地，地球表面是一不可延展(nondevelopable)之表面，故無法找到兼具上述性質之製圖法。目前較常見的製圖投影(projection)可歸納爲三類：

- 方位(azimuthual)投影
- 圓柱(cylindrical)投影
- 圓錐(conic)投影

方位投影或平面投影係將一張紙以切於地球一點之方式貼著，然後選定一投影原點將地表面投影於平面上。此種投影無疑地將使切點位於地圖中心，同時對切點附近之特徵有放大作用。方位投影一次僅能表示半個地球面。視投影原點位置之不同，故可區分此類型投影爲三類。若投影原點位於地心則爲地心(gnomonic)投影。若投影原點位於切點隔地球之另一端則爲立體(stereographic)投影。若將投影原點置於無限遠處，則構成垂直(orthographic)投影。圖 1.3 分別爲地球於不同投影原點之立體投影與垂直投影圖。

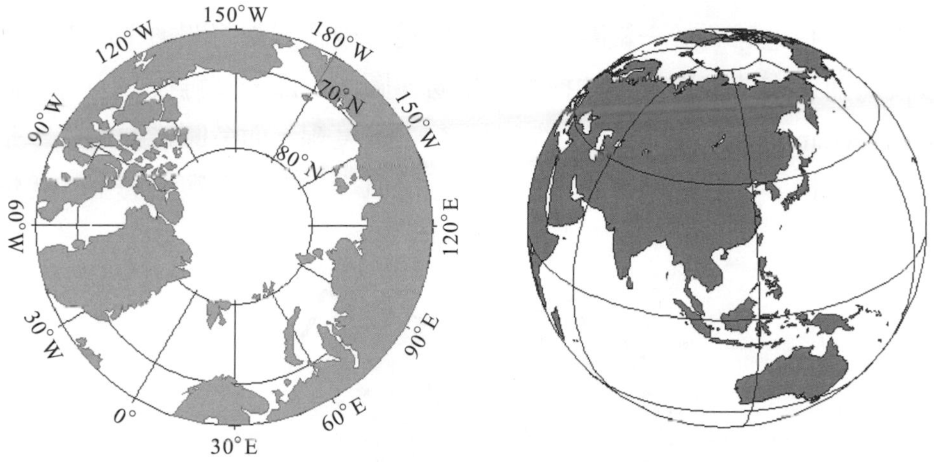

圖 1.3　立體投影圖(左)與垂直投影圖(右)

圓柱投影將一圓柱裹住地球，完成投影後將圓柱展開即得一地圖。最常見的圓柱投影是令圓柱與地球於赤道相切；如此，經度線爲垂直線，而緯度線爲水平線，且經緯度線相互垂直。由於經度線相互平行而不於極點相交，故此法於高緯度之失眞頗大。但由於此法可以利用一張圖表示全球，因此應用頗多。在導航上，全球橫向麥卡托圖(Universal Transverse Mercator)或 UTM 圖即採用圓柱投影所繪製的通用圖座標。如圖 1.4 所示，此圖將地球於北緯 84 度與南緯 80 度間每隔 6 度經度，8 度緯度劃分一網格區段(zone)；因此東西向共有 60 帶以數字表之，南北向共有 20 帶以英文字母表之。台灣與澎湖分別位於 UTM 第 51 帶與第 50 帶。在各區段內之座標則分別以東方與北方之公尺數表之，其精度可達 1 公尺。

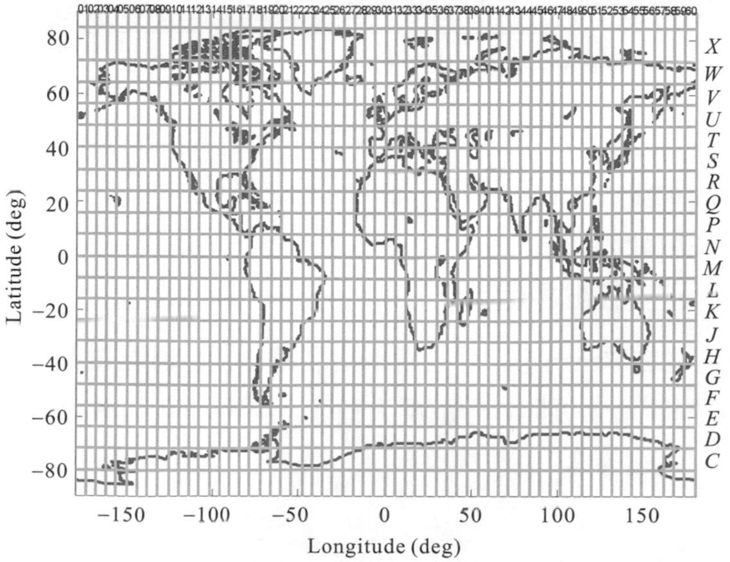

圖 1.4　UTM 圖

圓錐投影則將地球置於一紙圓錐下，完成投影後將圓錐剪開攤平而得。圓錐投影事實上可視爲前述方位投影與圓柱投影之推廣。圖 1.5 爲一圓錐投影圖。圓錐投影之代表爲蘭伯特(Lambert)投影。此法選定兩平行之緯度線，而令圓錐通過此二平行緯度線，如此所得之投影其變形甚小且大圓航路近乎直線。於航空與航海上，蘭伯特投影圖用途相當普遍。

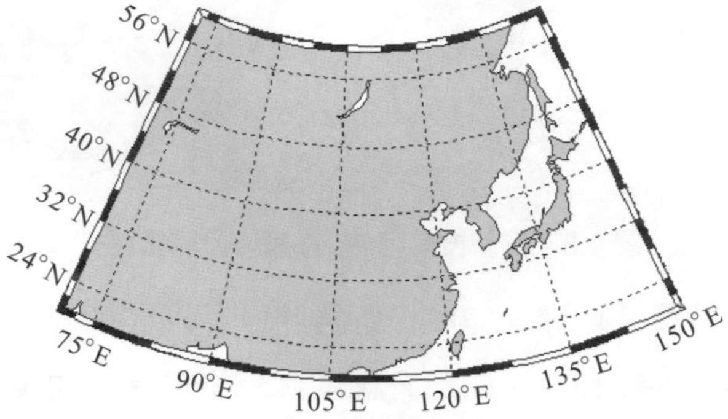

圖 1.5　圓錐投影圖

1.1.3　距離

距離代表兩點間之空間間隔。於一地圖上，若 P 點與 Q 點之坐標分別爲 (x_P, y_p) 與 (x_Q, y_Q)，則此兩點間之距離根據畢氏(Pythagorean)定理爲

$$d = \sqrt{(x_P - x_Q)^2 + (y_P - y_Q)^2} \tag{1.1}$$

在三度空間直角坐標系統下，P 與 Q 點之距離爲

$$d = \sqrt{(x_P - x_Q)^2 + (y_P - y_Q)^2 + (z_P - z_Q)^2} \tag{1.2}$$

其中 (x_P, y_P, z_P) 與 (x_Q, y_Q, z_Q) 分別爲 P 與 Q 之坐標。不過，地表上任兩點間之距離並不是指兩點間之直線距離，而是指通過二點之大圓之圓弧長。由於地球之半徑可視爲已知，因此一般復採用地心之夾角來定義兩點之距離，稱爲弧距。所以，地表上兩點之圓弧長即爲地球半徑與弧距之乘積。

圖 1.6 爲一典型之球三角形。球三角形之各邊均爲大圓之圓弧。令 a、b 與 c 分別爲此三邊之弧距，同時令 A、B 與 C 分別爲大圓弧之夾角，如圖 1.6 所示。根據奈氏(Napier)正弦定理，各角間之關係爲

$$\frac{\sin a}{\sin A} = \frac{\sin b}{\sin B} = \frac{\sin c}{\sin C} \tag{1.3}$$

而奈氏餘弦定理則說明各角度間之另一種關係

$$\cos a = \cos b \cdot \cos c + \sin b \cdot \sin c \cdot \cos A \tag{1.4}$$

$$\cos A = -\cos B \cdot \cos C + \sin B \cdot \sin C \cdot \cos a \tag{1.5}$$

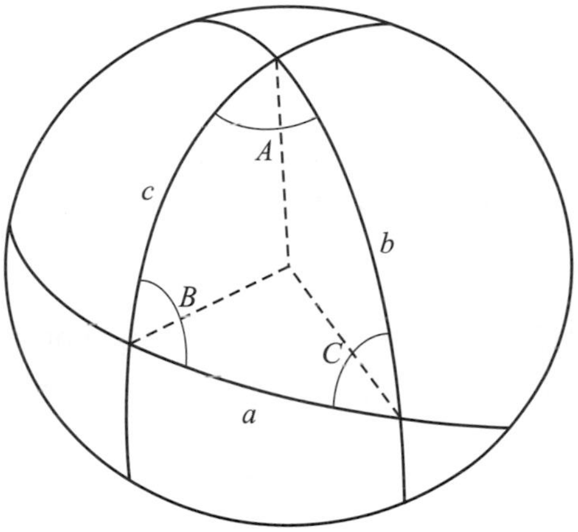

圖 1.6　球三角形

今令 P 與 Q 分別位於地球表面其經緯度分別爲 (λ_P, ϕ_P)與 (λ_Q, ϕ_Q)。P 與 Q 兩點間之距離，依定義，應係 P 與 Q 間之大圓弧距。由於 P 與 Q 之子午線和 P 與 Q 之大圓弧構成一球三角形，如圖 1.7 所示，依據奈氏法則，P 與 Q 間之弧距 D 滿足

$$\cos D = \sin \phi_P \cdot \sin \phi_Q + \cos \phi_P \cdot \cos \phi_Q \cdot \cos(\lambda_Q - \lambda_P) \tag{1.6}$$

據此，A 與 B 間之球面距離可得。

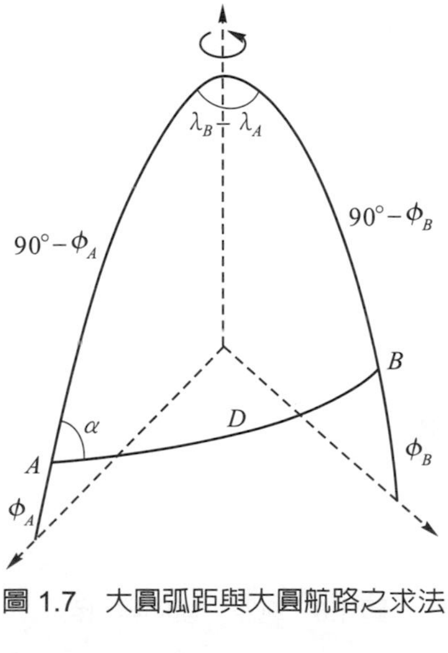

圖 1.7　大圓弧距與大圓航路之求法

導航上最常使用的距離單位為海哩(nautical mile)。一海哩相當於 1852 公尺亦等於大圓航路上一分的距離。速度為距離之變化率通常以每小時幾海哩表之。所謂一節(knot)代表一小時移動一海哩相當於每小時 1.852 公里。

1.1.4 方向

方向代表兩點間之相對關係亦為導航之一重要變量。方向一般可以東、西、南與北等表之。在導航上較常用的方法係將方向以度數表之。習慣上，北方為 0 度，東方為 90 度，南方為 180 度而西方為 270 度。方向一般亦與基準有關。例如同樣是北方就有相對於眞實地理之地理北方或眞北方(true north)；亦有相對於地圖之地圖北方或格北方(grid north)；還有相對於地磁之磁北方(magnetic north)。因此一般在聲明方向時均需附帶說明基準以避免混淆。在地圖上 P 與 Q 兩點，若其座標分別為 (x_P, y_P)與 (x_Q, y_Q)則由 P 至 Q 之格方位角 θ 滿足

$$\tan\theta = \frac{x_Q - x_P}{y_Q - y_P} \tag{1.7}$$

因此若 Q 位於 P 之格北，則此一方位角為 0 度。

導航的一項工作是在出發前規劃出行進的方向。所謂航路(course)即為未來所擬行進之方向。根據基準之不同航路區分為眞航路、格航路與磁航路等。航向(heading)則代表實際行進時載具前端如車頭或機鼻所指之方向。同理，航向亦有眞航向、格航向與磁航向之分別。所謂軌跡(track)則為載具行進到目前所眞正經過之路徑。因此，航路、航向與軌跡同為行進方向，但一為未來式，一為現在式，另一則為過去式。圖 1.8 說明航路、航向與軌跡之差異性。圖中之累積航路(course made good)代表由出發點至目前載具之方向，可視為行進方向之現在完成式。另外漂移角(drift angle)為載具眞航向與軌跡間之夾角。在航行時，海流或風會造成漂移。

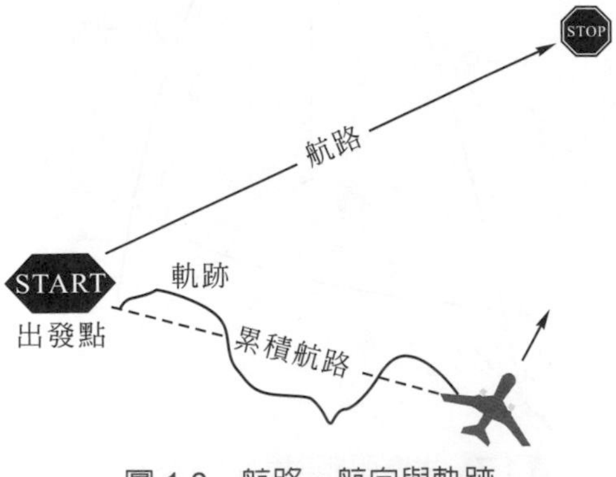

圖 1.8　航路、航向與軌跡

方位(bearing)用以描述以導航者爲中心由一特定點至另一目標點之夾角。例如，眞方位即導航者由眞北爲始，順時針掃描至目標點之角度。同理，磁方位亦可定義之，只是以磁北爲起始點。所謂相對方位(relative bearing)則代表由載具前端至目標物之夾角。因此如圖 1.9 所示，眞方位爲相對方位與眞航向之和。

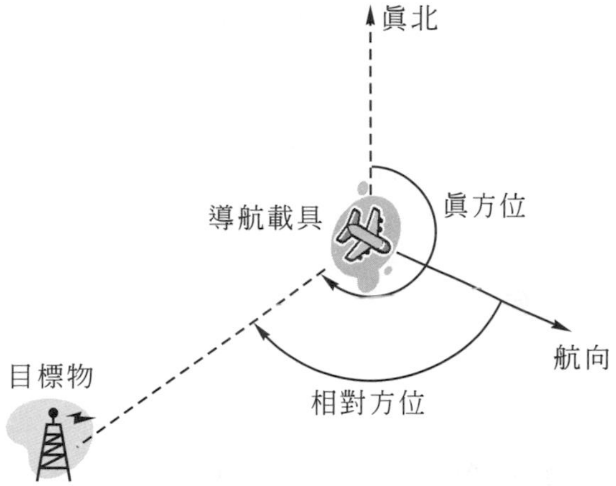

圖 1.9　相對方位與絕對方位

在航路規劃時，大圓航路與等角航路是最普遍的兩種航路。前者是最短距離也是最省時間之航路；而後者則易於維持方向且可近似大圓航路。今假設地球爲一圓球體且令 P 與 Q 兩點之經緯度分別爲 (λ_P, ϕ_P)與 (λ_Q, ϕ_Q)。若欲取大圓航路由 P 至 Q，則根據(1.6)，二者間之弧距 D 爲

$$D = \cos^{-1}\left[\sin\phi_P \cdot \sin\phi_Q + \cos\phi_P \cdot \cos\phi_Q \cdot \cos(\lambda_Q - \lambda_P)\right] \tag{1.8}$$

因此兩者間之距離 d 爲 D 乘上地球半徑 R_E，即

$$d = R_E \cdot \cos^{-1}\left[\sin\phi_P \cdot \sin\phi_Q + \cos\phi_P \cdot \cos\phi_Q \cdot \cos(\lambda_Q - \lambda_P)\right] \tag{1.9}$$

再引用奈氏正弦法則，則依圖 1.7 所示，眞航路α應滿足

$$\sin\alpha = \frac{\cos\phi_Q}{\sin D}\sin(\lambda_P - \lambda_Q) \tag{1.10}$$

導航者若可維持此一眞航路，則可沿著大圓航路前進而得到最短的行進路程。但在實用上，欲維持大圓航路，導航者得隨時調整航向。

等角航路的作法係定義出與子午線之夾角，如此導航者僅需於航行之初推算出航路角並於航行過程中維持固定航向即可。由於此一等角航路所得之軌跡爲一螺旋狀故亦名螺旋航路(loxodrome course)。由圖 1.10 可知航路角α與經緯度變化之關係爲

$$\tan\alpha = \frac{R_E \cdot \cos\phi \cdot d\lambda}{R_E \cdot d\phi} \tag{1.11}$$

因此若由 P 點至 Q 點，則

$$\int_{\phi_P}^{\phi_Q} \frac{\tan\alpha}{\cos\phi} d\phi = \int_{\lambda_P}^{\lambda_Q} d\lambda \tag{1.12}$$

如令α爲固定，則積分後可得

$$\frac{\tan\alpha}{\lambda_B - \lambda_A} = \ln\left|\frac{\tan(\frac{\phi_B}{2} - \frac{\pi}{4})}{\tan(\frac{\phi_A}{2} - \frac{\pi}{4})}\right| \tag{1.13}$$

如此可求出等角航路之航路角α。採用等角航路所行經之距離則爲

$$d = \int_{\phi_P}^{\phi_Q} \frac{R_E}{\cos\alpha} d\phi = \frac{R_E \cdot (\phi_Q - \phi_P)}{\cos\alpha} \tag{1.14}$$

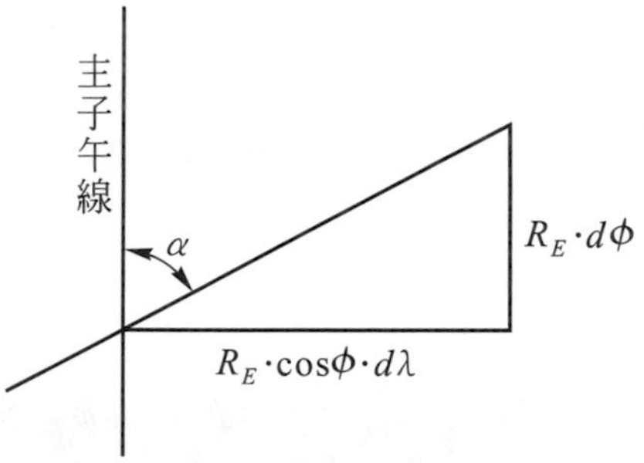

圖 1.10　等角航路之求法

1.1.5　修正與定位線

採用推算式導航或慣性導航的一項限制就是隨著導航時間之增長定位精度隨之變差。也因此每隔一段時間，導航者就需進行修正(fix)。典型的修正可利用航標、恆星或無線電的方式完成，其目的在於去除導航感測和計算誤差而使導航過程視同由一已知點重新開始。

導航之方式可依修正之型式予以分類。若以平面定位爲例，大致可分四種：

1. 距離修正導航 (ρ-ρ navigation)：藉由對兩已知站台之距離量測以修正定位稱爲距離修正導航。如圖 1.11 所示，若站台 A 與 B 之位置已知而導航者與 A 之距離爲 ρ_1，則導航者座落於一以 A 爲中心，ρ_1 爲半徑之圓上。如果導航者與 B 之距離爲 ρ_2，則其位置應爲前述圓與以 B 爲圓心，ρ_2 爲半徑之圓的交點上。如此導航者可能座落於二交點中之一。由於導航者位置並非唯一決定，此一類型之距離修正導航會造成未定性 (ambiguity)。解決未定性的方法一般可以利用定位前之位置以分辨之或利用其他修正量輔助。

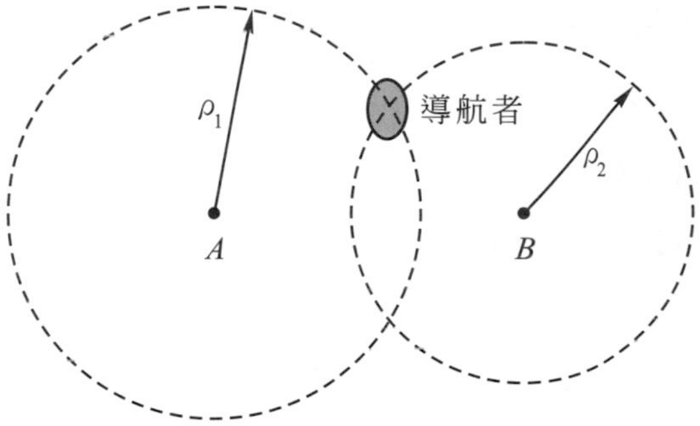

圖 1.11　距離修正導航

2. 角度修正導航 (θ-θ navigation)：經由對兩已知點角度之量測以定位的方法稱之爲角度修正導航如圖 1.12 所示。由圖中可知，若與點 A 之方位角爲 θ_1，則導航者可能座落於一直線上。再者，若與 B 之方位角爲 θ_2，則導航者將位於二直線之交點。如此導航者之位置可得修正。

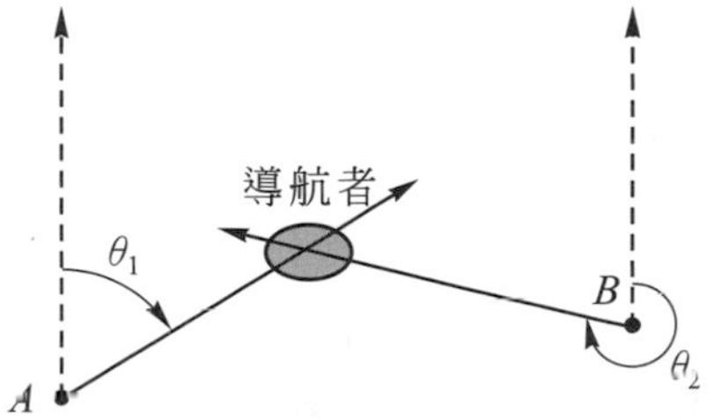

圖 1.12　角度修正導航

3. 距離角度修正導航 (ρ-θ navigation)：在距離角度修正導航系統中，導航者可同時對一已知點量 A 測出距離與方位角並據以定位如圖 1.13 所示。

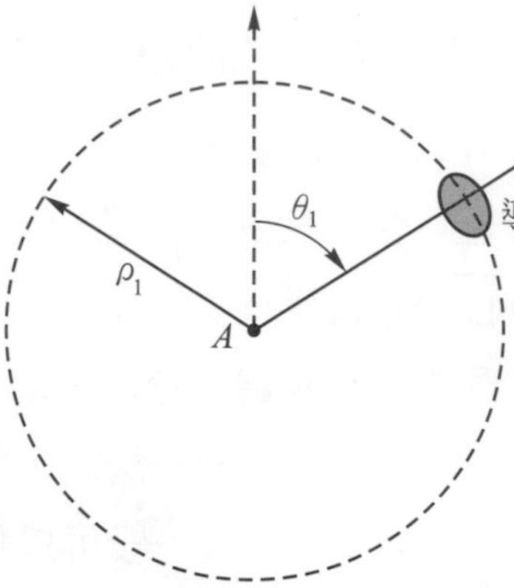

圖 1.13　角度距離修正導航

4. 距離差修正導航：如圖 1.14 所示，導航者可量測出相對於已知 A 與 B 點間之距離差，又同時可量測出相對於已知 A 與 C 點間之距離差，則可據以定位。由於若相對於 A 與 B 點間之距離差已知，則導航者可能的位置爲一雙曲線；因此，距離差修正導航又稱爲雙曲線 (hyperbolic)導航。

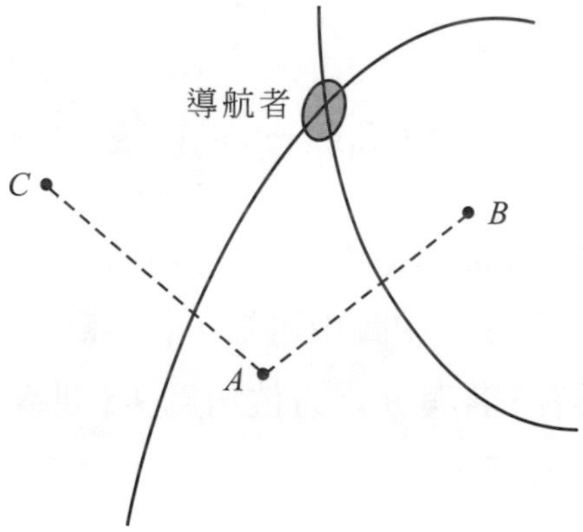

圖 1.14　距離差修正導航

定位線(line of position，LOP)之定義爲一可提供位置修正之參考曲線。依前述不同導航型式之分類可知，在距離修正導航時，定位線爲一圓形，因爲一旦導航者可以取得相對於一站台之距離，其可能位置會座落一圓形曲線上。角度修正導航時，定位線爲直線。採用距離差修正導航時，其定位線爲雙曲線。在平面定位導航問題上，兩定位線可用以提供修正。定位線在導航學之重要性不可言喻。例如，某甲在城市中迷了路，但若其知道自己位於某條路上，則此路即構成一定位線。再同時，若其知道自己位於二條路之交口，則此二條路即爲二定位線也因此可定出某甲之位置。

在導航過程中，若導航者對一已知點位進行觀測並取得方位則可定義出一定位線。由於觀測過程所得之方位一般爲相對方位即載具航向與目標點位間之夾角，故眞實方位為相對方位與真航向之和。至於真航向之訊息一般可以由載具上取得。當然在使用時得留意量測時間點之一致。另外，對同一目標點位於不同時間進行量測、求取距離或方位並進行定位之方式稱為移動式修正 (running fix)。

1.2　導航簡史

導航的歷史可視為人類文明探索史的側寫。導航上的一重大突破往往代表著人類歷史的重大轉捩點。例如哥倫布 (Columbus)發現新大陸或人類登陸月球等事件均可以看到導航所扮演的角色。

紀元前數世紀，腓尼基人與希臘人開始航行於地中海。他們使用了簡單的海圖，同時觀測太陽與北極星以定位，因此可以遠離陸地以及在夜晚航行。紀元前三百多年，希臘天文學家與航海家派斯亞 (Pytheas)曾由地中海航行至英格蘭及波羅地海。派斯亞同時利用午時日影以定緯度。希臘文明尤其是哲學與數學的成就事實上並未直接裨益於當時之航海，但希臘人於天文學上的成就卻對後來的導航發展有深遠影響。約在公元 225 年前，希臘人依羅托斯尼 (Eratosthcnes)曾藉由太陽之觀測推算地球之半徑。於紀元前二世紀左右，希巴克斯 (Hipparchus)提議利用經度與緯度來描述球形之地表。另外，希臘天文學家更發現人們可利用天文觀測以定出所處之緯度與時差角(hour angle)。希臘地理學與數學家托勒密 (Ptolemy)總結了希臘天文學之結果而寫成至大論 (Almagest)，書中詳述地心體系之宇宙構造。同時，托勒密亦發表了世界地圖。此些文獻對後世之科學、導航乃至政治宗教均影響甚大。除了希臘文明於航海與天文之貢獻外，其它文明亦於航海與探索上累積相當多之知識與經驗。例如南太平洋之波里尼西亞人 (Polynesians)與北大西洋之維京人 (Vikings)等均善長於航海。

羅馬人雖然承襲了希臘人統治了地中海、埃及、中東及部分歐洲，但卻沒有延續希臘於科學之發現。尤其當亞歷山大圖書館於公元前 47 年被燒後，許多文獻因而失傳。之後蠻族入侵，歐洲進入黑暗時代。所幸，部分文獻仍保存於拜占庭及其後之東羅馬帝國。在東方之阿拉伯人研究了托勒密的體系同時也對量測與天文觀察等方法進行改善。在東非洲、阿拉伯、印度乃至中國，航運此時已蓬勃發展。

中國古代對天文的觀測與曆法的制定均早於西方且較完整。春秋(公元前七世紀)時已採用土圭測日影，戰國 (公元前 350 - 360 年)時已有恆星表的記錄。東漢(公元 100 年左右)時張衡製「渾天儀」以模擬日月星辰之運轉。漢朝時亦有相當完整的地圖及測量技術。唐朝(公元 724 年)時更進行了子午線之測定。到了元朝時的郭守敬(公元 1231 - 1316 年)除了進行全國緯度之測量外同時製作了多種天文觀測儀器。中國古代對指南針的發明與使用也早於其他文明。東漢王充《論衡》中記載了「司南之杓，投之於地，其柢指南」；宋朝沈括的《夢溪筆談》亦說明了指南針懸掛之技術更同時對地磁偏差進行了觀察。在導航上，另一值得談論的是指南車。指南車利用齒輪組以在車子歷經不同方向之轉動下仍維持一定的指向。相傳黃帝與周公均採用指南車作為指向工具。三國時，諸葛亮亦有相似之設計。到了北宋對此一指南車的設計則有詳細的記錄。指南車可視同一種方向陀螺儀(directional gyro)。到了明朝(公元 1405 年)鄭和七次出使南洋更遠達東非洲。鄭和所採用的定位定向技術除了指南針外尚採用「牽星板」以定出緯度。

文藝復興後，許多東方之文獻開始回流至西方也開啓了航海紀元。在哥倫布之前，葡萄牙人已在非洲海岸進行探險，並繞過非洲南端好望角到達印度洋。當哥倫布向葡萄牙王申請支援以進行向西行駛發現東方之探險時，葡萄牙宮廷事實上擁有更淵博之地理與航海專家。哥倫布錯估了地球之半徑但因而很幸運地有個美洲存在使他在 1492 年率領西班牙船隊到達了巴哈馬群島。麥哲倫(Magellan)則更進一步地於 1519 至 1521 年率船隊環繞了地球。事實上，麥哲倫本人航行至菲律賓群島時即因故為土人所殺。但一般視麥哲倫為環繞地球之第一人係因為他於十年前曾到達麻六甲一帶。哥倫布與麥哲倫之航海開啓了海權時代的來臨。

十五、六世紀之航海所採用的導航技術主要為推算式導航。當航海員由港口出發時，記錄了該地之坐標並標定於海圖上。於航行過程，得量測航行方向與距離並推算出海圖上的點位。每隔一段時間，則可觀測太陽、月球或星象並與星象圖相互比對而進一步地修正點位。但此種推算法一般無法校準海潮流或風的影響，再加上修正亦不見得準確，因此往往造成頗大的累積誤差。不過此一時期，隨著美洲、澳洲之相繼被發現，海圖之製作也越完整。1569 年，荷蘭人麥卡托(Mercator)首創麥卡托圖，可採用單一圖表涵蓋全球，更可以於圖中規劃等角航路，此圖至今仍沿用。

航海所需的資料庫除了海圖外當屬星象圖。此一時期亦漸漸開啓了大規模的天文觀測。至於導航所需之感測器一般有量測磁北之羅盤(compass)、量測星球弧距之天象儀(astrolabe)及估算速度之計程儀(log)。羅盤經或指南針一般相信是中國人發明的，主要利用磁性指針以指出地磁之北方。天象儀則發源於希臘卻由阿拉伯人予以改良，其功能爲經由觀測太陽或恆星而定出緯度。由星象圖中航海者可知太陽、北極星、南十字星或已知恆星之傾斜角度(declination)，因此如圖 1.15 所示若可測出此星的方位與天頂(或水平面)間之夾角，則可以推算緯度；此一技術在中國稱之爲牽星術。量測緯度的工具在當時又包括了象限儀(quadrant)與直角儀(cross staff)。航海者可透過象限儀桿上之視孔對準星體，同時鉛垂會垂直於地平線，二者之夾角即爲緯度，這些儀器爲後來六分儀(sextant)之前身。

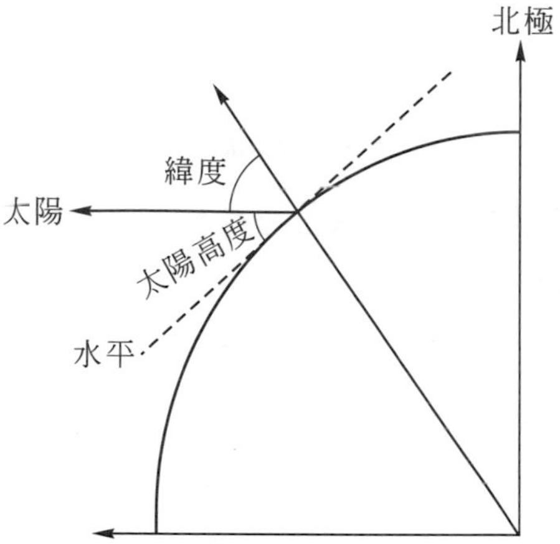

圖 1.15 太陽入射與緯度之關係

緯度之量測不成問題，但經度之量測卻困擾了科學界近二百年。人們甚早就了解到經度與天文觀測間之關係，同時由於地球自轉人們也清楚經度與本地時間之關係。由於星球運動之規則性再加上伽利略望遠鏡的發明及牛頓萬有引力法則之發現，人們因此嘗試藉由精確地天文觀測以進而定出經度。陸地上的經度決定與大地測量早期採用天文的方法。法國卡西尼(Cassini)於 1668 年發表了一種利用日蝕與木星衛星遮沒的星曆來決定陸地上點位經度的方法。但是，決定海上的經度卻受制於能見度及觀測時之穩定度。這段時間，法國的巴黎天文台與英國的格林威治天文台分別設立，其目的即在於有系列地進行觀測、累積資料、建立星曆並協助海員找出經度。同一時期，於 1730 年左右，英國人赫得黎(Hodley)與美國人古得菲(Godfrey)各製作六分儀。此儀器採取雙次反射原理以量取角度。近代六分儀承襲此一設計再輔以望遠裝置及微調裝置。到了 1766 年，英國皇家天文家麥斯克林(Maskelyne)發表了航海曆(Nautical Almanac)及天文曆(Astronomical Ephemeris)將歷年的天文觀測予以整理並提供經度決定的方法。此種天文方法採用月球弧距(lunar distance)的方法，即航海者可觀測月球之方向以及數顆星體與月球之相對位置，再經由查表法以推算經度。但此種月球弧距方法不僅在天候惡劣時無法使用，使用時頗爲繁複也不足以提供精確的定位。另有人嘗試利用地磁偏差特性亦即正北與磁北的差異以定出經度，哈雷(Halley)於 1700 年完成了北大西洋的磁場之測量。不過大地磁場會隨季節等因素而變化，並不可靠。最後則有採用機械的方式。人們知道若可攜帶鐘錶指示出發點的時間再一方面觀測本地的時間即可決定經度。有名的科學家如牛頓 (Newton)、惠更斯 (Huygens) 及虎克 (Hooke) 等均曾對航海時鐘之製作進行研究，但在大海中受到振動、潮濕及溫差的影響，此些時鐘並不實用。英國木匠哈里遜 (Harrison) 於 1759 年採用補償的技術與精細的加工製作的航海錶 (chronometer) 最終證明可達到橫跨大西洋所需的精度。哈里遜成功地採用工程的方法解決科學所無法解決的問題，在航海界是一重要里程碑。有了航海錶與六分儀後，英國與法國即大幅度地擴張殖民地，較詳盡的世界地圖也於焉產生。這其中尤以英國庫克 (Cook) 的探索值得一提。庫克的三次探索遍及太平洋更曾深入極圈。他不僅測繪地圖同時也進行生態與人文的記錄增進人們對世界的認知與嚮往。1884 年，各國決議以格林威治子午線爲主子午線並定義格林威治時間及 24 時區。此一決議統一了地圖、坐標與時間，導航也因此進入另一紀元。

20 世紀初無線電與航空的發展對導航影響頗大。赫芝(Hertz)於 1886 年發現了無線電現象，其後 20 年馬可尼(Marconi)所發明的通信裝置已應用於跨大西洋船舶之電報通信。無線電於導航的應用早期有兩個方向其中之一即提供己方船舶之方向搜尋 (direction finding)，另一則爲偵測對方之船舶。前者後來演變成方向搜尋及導航裝置而後者即爲雷達(radar)之前身。20 世紀初的另一重大事件是航空工業的起飛。早期的飛機亦沿用航海之導航方式採用磁羅盤經以定向，但不久隨著飛機性能的提昇與無線電導航的發展，許多新型的導航系統應運而生。1907 年貝里尼(Bellini)及托西 (Tosi) 二人改善了環形天線。此一天線若再附加摩斯 (Morse) 編碼則可提供方向歸尋的導航，亦即飛行員可以沿一定方向飛行而到達導引的站台。於此同時，1929 年左右，方向陀螺儀也被成功地發展出而提供飛機指向的依據。二次大戰更促進電子導航的發展。在無線電導引方面，德國採用電波導引以指揮轟炸機夜襲倫敦；英國與美國則有效地發展雷達以提早預警。另一方面，採用加速規與陀螺儀之慣性導航系統亦被開發成功並首用於德國 V2 火箭上。二次大戰後，許多軍用技術轉爲民用而有多項無線電導航系統被開發以滿足民航定位之需求。當蘇聯於 1957 年發射史普尼克(Spunik)衛星後，除了開啓太空年代外，同時也將導航推進另一境界。

無線電導航系統係利用地面之發射站傳送出導航電波，而接收機則主要藉由量測至發射站之方位來取得定位線；一旦有多條定位線則得以利用角度修正導航決定出位置。此一由地面站發射進行角度量測之系統包含無指向性之歸航台 (Non-Directional Beacon, NDB)、多向導航台、儀器降落系統與微波降落系統(Microwave Landing System, MLS)等。當然亦有引用距離修正導航之測距設備以及距離差修正導航之羅遠系統。採用衛星導航則主要將導航訊號之發射源置於環繞地球的衛星，此一設計之好處爲可以利用通視 (line-of-sight) 方式接收無線電波並藉由量取訊號傳送時間進行導航。由於衛星環繞地球飛行故採用衛星導航可以有全球涵蓋之優點；相較而言地面發射之導航系統之涵蓋範圍一般有所限制。另一方面，相較於許多地面發射之導航系統利用地表波 (ground wave) 或天波 (sky wave) 進行傳送，通視訊號之接收不受到天候之影響，定位誤差也因此得以降低。衛星導航之發展始於冷戰期間，美國陸續進行 Transit、621B 與 Timation 計畫發展相關之技術，俄羅斯亦有相對應之 Cicada 計畫。於 1973 年，美國正式啓動全球定位系統 GPS (Global Positioning System)計畫而俄羅斯亦隨之於 1976 年發展全球導航衛星系統 GLONASS (GLObal NAvigation Satellite System)。到了今日環繞地球的衛星導航系統提供了即時且無遠弗屆的高精密定位與定時服務，導航這項智能更因此深入我們的日常生活而提供了多項民生的便利。

1.3　世界各國導航衛星之發展

近年來，衛星導航已成功地提供全球各地不同需求之用戶精確且妥善之定位 (positioning)、導航(navigation)與授時(timing)服務。衛星導航利用環繞地球之一群衛星傳送可供測距之訊號，由於訊號中包含衛星軌道與時鐘訊息故當接收機接收與解碼出訊號後，可藉由多顆衛星之同時觀測，推算出接收機所處之位置、速度、方向與時鐘差而達到定位、導航與授時之功能。導航衛星之發展與應用，已對人們之生活產生重大之貢獻與影響，聯合國於焉於 2005 年決議成立全球導航衛星系統委員會 (International Committee on Global Navigation Satellite Systems, ICG)期能於現有發展基礎下促進世界各國有關衛星定位、導航、授時與相關加值服務之合作，同時也協調各國於發展此一科技之際可以兼顧頻譜協調(frequency coordination)與訊號之相容 (compatibility)。現今提供此類型導航訊號之衛星系統依其涵蓋與訊號性質可概分爲全球導航衛星系統 (Global Navigation Satellite System, GNSS)、區域導航衛星系統

(Regional Navigation Satellite System, RNSS)與星基增強系統 (Space-Based Augmentation System, SBAS) 三種。所謂全球導航衛星系統意指可提供全球各地用戶導航服務之衛星系統，一般藉由一群繞行於中地軌道之衛星傳送出同步之測距訊號以供用戶定位與導航。區域導航衛星系統則利用相似原理傳送訊號但衛星之軌道與訊號之格式與全球導航衛星系統有所差異致令其涵蓋之範圍僅限於特定區域。星基增強系統則爲利用衛星傳送訊號並足以改善一全球導航衛星系統或區域導航衛星系統性能之系統。表 1.1 列出世界各國於此一領域之發展情況。不同之國家根據其國力與安全需求考量，均有不盡相同之規劃與建置方案。這其中，美國、俄羅斯、歐盟與中國擁有或擬建置全球導航衛星系統。亞洲之國家如中國、日本、印度等則有區域導航衛星系統之建置或規劃。至於星基增強系統則往往與一特定全球或區域衛星導航系統相配合以強化精度 (accuracy)、完整性 (integrity)、妥善率 (availability) 與持續服務 (continuity of service) 程度。由於美國之 GPS 爲最成熟之系統，目前美國、歐盟、日本與印度之星基增強系統均用以增進 GPS 定位與導航之性能。

表 1.1 世界各國之導航衛星系統

	全球導航衛星系統	區域導航衛星系統	星基增強系統
美國	GPS		WAAS
俄羅斯	GLONSSS		SDCM
歐盟	Galileo		EGNOS
中國	Beidou (Compass)	Beidou	
日本		QZSS	MSAS
印度		IRNSS	GAGAN

於 2012 年，全世界有兩套全球導航衛星系統即美國的 GPS 與俄羅斯之全球導航衛星系統 GLONASS 正常運作並提供全球導航之服務。歐盟之伽利略 (Galileo) 系統則蓄勢待發預計於 2014 年後提供全球性之導航與定位服務；中國之亦全力發展北斗導航衛星系統，預期部署之時間約與 Galileo 相近。此些全球導航衛星系統之發展將豐富導航服務於涵蓋率、定位精度、妥善程度與訊號多元性。以下首先針對此四套全球導航衛星系統進行說明。

1.3.1　美國 GPS

GPS 為美國國防部所發展之涵蓋全球的衛星導航及定位系統。此一系統利用 24 顆以上之中地(medium earth orbit, MEO)軌道衛星傳送於 L 頻段之導航訊號以提供包括陸地、海洋、天空乃至太空之用戶，全天候之位置與時間訊息。GPS 發展之原始目的為軍事用途，但此一系統自 1993 年開放民用與 1995 年正式運作後，即持續且穩定地提供導航訊號進而開啓相當多導航相關領域之應用。GPS 為最具代表性之衛星導航系統。事實上，正由於 GPS 成功地提供了普及與高精度之定位服務，使衛星導航系統之應用由單純之導航訊號授時與測距 (NAVigation Signal Timing And Ranging, NAVSTAR)服務推廣至一系列位置加值服務與科學應用。有鑑於 GPS 已成為國防、經濟與民生用之一重要基礎設施，美國也因此成立一跨部會之國家太空定位導航授時執行委員會 (National Space-based Positioning, Navigation, and Timing Executive Committee) 並頒佈定位導航授時政策 (PNT policy) 以確保此一系統之正常運作。

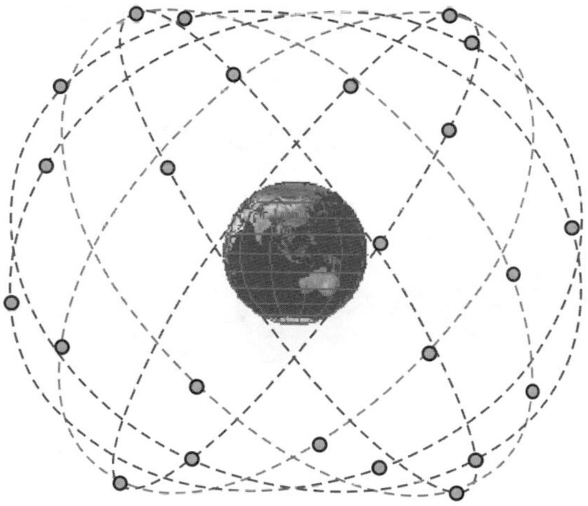

圖 1.16　GPS 衛星軌道

GPS 系統一般區分為用戶、太空與控制三個部門分別扮演不同功能。用戶部門 (user segment) 意指各類型接收器其用途為接收來自衛星之訊號並予以解碼並進行定位計算。GPS 提供兩類型訊號予用戶包括標準定位服務(Standard Positioning Service, SPS)之民用訊號與精確定位服務 (Precision Positioning Service, PPS) 之具軍事用途訊號。太空部門 (space segment) 泛指分佈於太空之衛星，這些衛星利用原子鐘取得時間上之同步並發射出導航訊息以供用戶定位。GPS 衛星星座由 24 顆以上之衛星構成，這些衛星如圖 1.16 所示分佈在 6 個軌道平面(orbital plane)上。軌道平面與赤道面的夾角或軌道傾角 (inclination)則爲 55 度。衛星軌道的高度爲 20200 公里，也因此每繞行地球一周約耗時 11 小時 58 分。每一恆星日(sidereal day)，GPS 衛星繞行地球兩圈。GPS 衛星之軌道經過特殊設計以確保地面上的用戶在任何時刻、任何地點均可觀測到四顆以上的衛星。事實上，2012 年，太空之 GPS 衛星共有 31 顆正常運作並傳送導航訊息，也因此於地面上平均可觀測到六顆以上的衛星。

GPS 之控制部門(control segment)係由一系列監控站所構成，其功能爲對 GPS 衛星傳送之訊號品質進行監測，並適時地修正衛星傳送之訊息乃至衛星之軌道。控制部門包括了主控站、衛星通訊站與監控站。主控站位於美國科羅拉多州之 Schriever 空軍基地，其功能爲彙集所有觀測資料、計算各衛星軌道與時鐘參數，並負責 GPS 系統之管理與維護。衛星通訊站主要將導航有關的資料藉由地面天線上傳至太空中的衛星。衛星通訊站有三，分別座落在太平洋的卡瓦哈林 (Kwajalein)群島、印度洋的迪亞哥島(Diego Garcia)及大西洋的亞申島 (Ascension)。監控站的功用爲接收各衛星的訊號並以近乎即時的方式傳送回主控站。監控站目前有六座，其中四座與主控站及衛星通訊站相同，另兩座則分別位在太平洋的夏威夷 (Hawaii)與卡納維爾角 (Cape Canaveral)。圖 1.17 分別顯示此些地面主控站、監控站與衛星通訊站之位置。

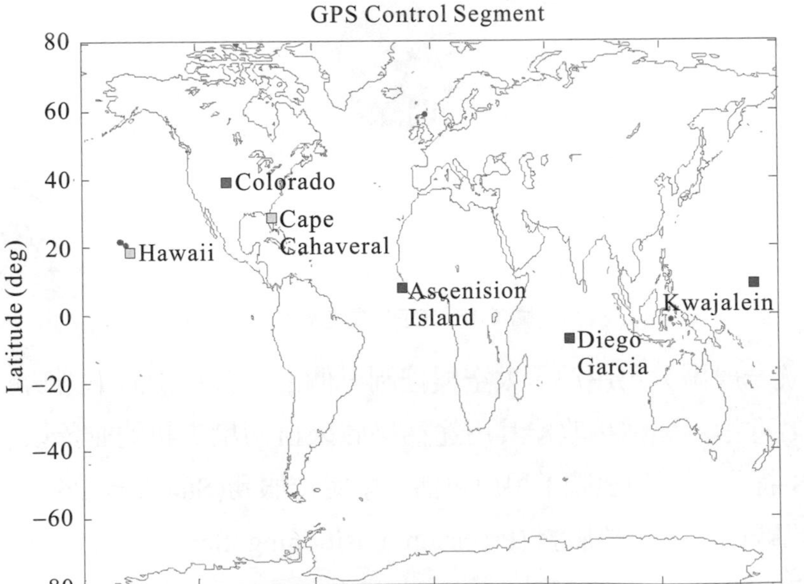

圖 1.17　GPS 控制部門中地面主控站、監控站與衛星通訊站之分佈

GPS 計畫於 1973 年開始。第一代(block I)的 GPS 衛星計有 11 顆，在 1978 年至 1985 年間發射，主要用來提供系統設計與驗證之用。事實上，在 GPS 發展之前，太空中已有功能相近的美國海軍之 transit 定位衛星。但 transit 衛星顆數不足、涵蓋有限，目前已不使用。第一代的 GPS 衛星目前亦已停止工作，但它成功地驗證衛星定位導航之可行性。第二代 GPS 衛星由 1989 年起發射，又分爲第二代基本型(block II)、第二代改良型(block IIA)、第二代替代型(block IIR)、第二代新版替代型(block IIR-M)、第二代後續型(block IIF)等數種。目前用以定位的 GPS 衛星均爲第二代各型之衛星。於 2012 年初，提供服務之 31 顆 GPS 衛星中，有 11 顆屬於第二代改良型、12 顆爲第二代替代型、7 顆屬於第二代新版替代型且有 2 顆第二代後續型衛星。第二代改良型較基本型具較長之資料儲存與自主工作能力，也因此可以在沒有地面通訊站上傳修正資料之情況持續工作。第二代替代型則具有自動導航與訊號監測之功能。傳統之 GPS 訊號主要於 L1 頻段上有 C/A 碼與 P(Y)碼之訊號及於 L2 頻段上有 P(Y)碼之訊號。C/A 碼主要提供民用而 P(Y)碼保留給軍用。由於 P(Y)碼碼率爲 C/A 碼之 10 倍，故藉由 P(Y)碼定位之精度較佳。同時，藉由雙頻之接收可以有效地降低電離層之影響，進一步改善精度。爲了因應高精度定位之需求與歐盟 Galileo 三頻之設計，美國近年亦著手於 GPS 之現代化(modernization)。就導航訊號之內容而言，此一現代化之過程引進諸多先進之編碼與通訊技術並增加於 L2 頻段之民用碼(L2C)以及 L5 頻段之訊號。對於民用導航而言，若可接收雙頻訊號可有效地降低電離層之影響。2005 年開始發射之第二代新版替代型衛星除了傳送前期衛星於 L1 頻段之民用碼與 L1/L2 頻段之軍用碼外，另外傳送出 L2C 電碼與軍用之 M 碼。於 2010 年，第二代後續型之衛星額外傳送 L5 頻段之導航訊號。預計於 2014 年後，則將有第三代(block III)的衛星加入服務除傳送前述訊號外並傳送 L1C 訊號。L2C、L5、與 L1C 訊號之引入將確保後續 GPS 系統訊號之完整且多元，以因應不同用戶之需求。表 1.2 整理 GPS 訊號之頻率與頻段。

表 1.2 GPS 訊號之頻段

頻段	頻率範圍	中心頻率	頻寬
L1	1563.42～1587.42 MHz	1575.42 MHz	24 MHz
L2	1215.60～1239.60 MHz	1227.60 MHz	24 MHz
L5	1164.45～1188.45 MHz	1176.45 MHz	24 MHz

1.3.2 俄羅斯 GLONASS

俄羅斯的全球導航衛星系統 GLONASS 是另一套可以提供導航者決定位置、速度與時間的衛星定位系統。GLONASS 的太空部門主要由 24 顆導航衛星構成。這些衛星分佈在 3 個軌道平面上，各軌道平面相差 120 度。每一軌道平面則平均分配了 8 顆衛星如圖 1.18 所示。原則上，24 顆衛星中的 21 顆衛星可提供正常導航服務，另外 3 顆則爲主動備份，視需要方可啓動。GLONASS 衛星之軌道傾角爲 64.8 度，此一軌道傾角較 GPS 衛星之軌道傾角高主要是俄羅斯之平均緯度亦較高於美國。衛星之軌道爲圓形軌道而高度爲 19100 公里，衛星運行的週期因此爲 11 小時 15 分鐘。GLONASS 的地面控制部門如圖 1.19 主要藉由散佈於俄羅斯境內之監控與追蹤站對衛星訊號品質持續監控並上傳修正指令。GLONASS 初期發展亦以軍事用途爲導向，後來隨著政治環境之變遷，亦開放民用。因此，GLONASS 與 GPS 相似亦分別提供軍事用之高精度導航服務及民用之標準精度導航服務。於 1976 年俄羅斯開始發展此一無線電衛星導航系統期與美國 GPS 相抗衡之系統。GLONASS 衛星由 1982 年起陸續發射，於 1993 年此一系統正式運作，並於 1995 年達到全星座衛星之部署並開放民用。但由於 GLONASS 衛星壽命較短，再加上俄羅斯的財政一度惡化，致使整個星座缺乏維護，可觀測到 GLONASS 衛星的顆數頗有起伏。在 2000 年 10 月，太空中的 GLONASS 衛星顆數一度僅有 8 顆。近年，隨著俄羅斯經濟之發展，GLONASS 系統之妥善程度有所提升。於 2011 年底，正常運作之 GLONASS 衛星達到原先設計之 24 顆，提供適當的涵蓋與妥善率。目前運作之 GLONASS 衛星爲新一代之 GLONASS-M 級衛星，此一衛星相較於早期之 GLONASS 衛星有較長之生命週期。

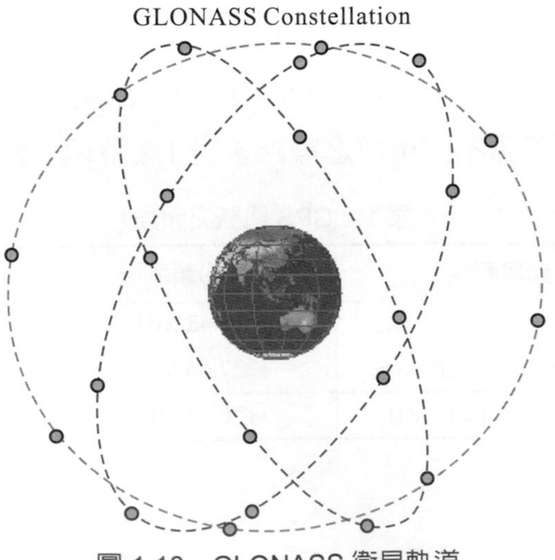

圖 1.18　GLONASS 衛星軌道

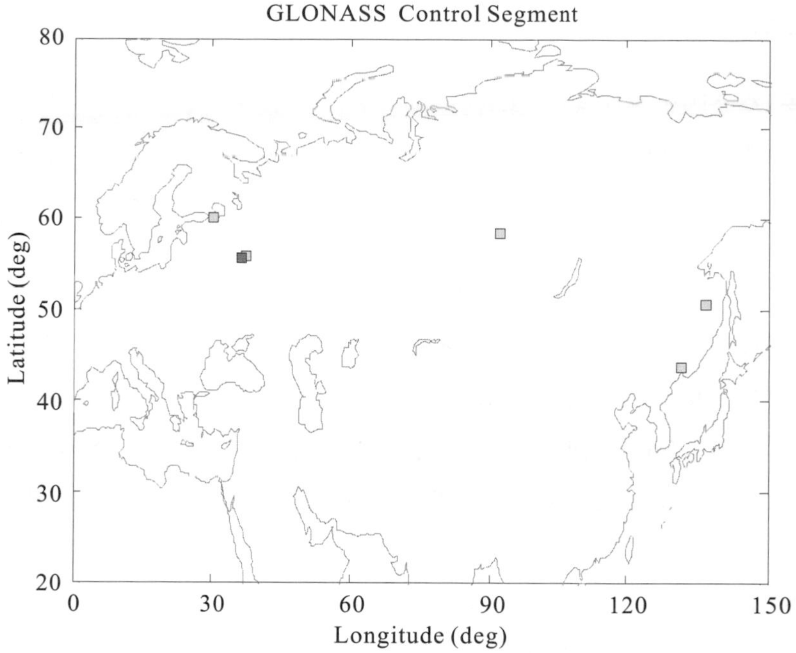

圖 1.19　GLONASS 地面部門

由於 GLONASS 涵蓋能力與定位精度無法與 GPS 相抗衡，故俄羅斯在滿足 GLONASS 設計之需求後可望增加後續 GLONASS 衛星顆數。另一方面，由於 GLONASS 之控制部門均座落於俄羅斯境內，也影響到 GLONASS 之定位精度；故俄羅斯當局亦規劃增加境內與境外之 GLONASS 追蹤站以取得較佳之定位與授時品質。

GLONASS 之訊號設計採用分頻共享(frequency division multiple access, FDMA)之方式以利接收機辨別衛星並於訊號中採用展頻(spread spectrum)方式以利測距。GLONASS 衛星傳送之載波有兩組，分別於 G1 與 G2 頻段。GLONASS 實際應用之 G1 頻段介於 1597.8 MHz 與 1604.5 MHz 之間，可提供 12 頻段供衛星使用而各衛星頻率之間隔為 562.5 kHz。相對而言，G2 訊號頻段介於 1242.7 MHz 與 1248.0 MHz 之間而各衛星頻率之間隔為 437.5 kHz。但是採用分頻共享之方式與現今主流之分碼共享(code division multiple access, CDMA)不相容，故 GLONASS 亦規劃進行更新以採用分碼共享之訊號格式發射訊號；如此將有利於與 GPS 和 Galileo 之整合。另一方面，俄羅斯亦規劃於 G3 頻段(1197.6 MHz～1212.2 MHz)傳送導航訊號。GLONASS 之分碼共享訊號於 2011 年後藉由更新一代之 GLONASS-K 級衛星傳送，首先將利用 G3 頻段，中心頻率為 1202.025MHz，進行測試；然後將於 G1 與 G2 頻段傳送 CDMA 格式之訊號。

1.3.3 歐盟 Galileo

由於 GPS 與 GLONASS 初期之發展均具軍事用途，雖然後續開放民用而成軍民通用之系統，但歐盟基於政治、經濟、科技發展、安全、整體形象等諸多理由認爲有必要發展另一套全球導航衛星系統，伽利略 Galileo 計畫於焉於 1999 年啓動。此計畫由歐盟執行委員會(European Commission, EC)、歐洲議會和歐洲太空總署(Europe Space Agency, ESA)所主導，目的爲開發一全球導航衛星星座以提供不同用戶所需之導航定位與授時服務並與美國 GPS 以及俄羅斯 GLONASS 相容互補。整個 Galileo 衛星星座將由 30 顆衛星構成，其中 27 顆爲正常運作之衛星而另 3 顆爲備用衛星。此些衛星分據於 3 個傾角爲 56 度之圓軌道面，衛星軌道高度則爲 23223 公里。Galileo 衛星之軌道傾角較 GPS 衛星之傾角稍高，主要期望能提供較高緯度之歐洲國家比較佳之定位性能。圖 1.20 顯示 Galileo 衛星軌道。Galileo 於 2005 年底發射第一顆實驗衛星 GIOVE(Galileo In-Orbit Verification)-A 並於 2008 年發射第二顆實驗衛星 GIOVE-B 以驗證導航訊號之性能及偵測中軌道環境特性。Galileo 系統於 2011 年發射兩顆衛星並於 2012 年發射另兩顆衛星；更同時發展相關的地面設施以進行初期軌道驗證。在 2014 年前 Galileo 系統將再發射 14 顆衛星以完成 18 顆衛星之部署及初步運作之能力。Galileo 完全運作之能力則預計於 2019 年完成。Galileo 之控制部門將於全球各地建置近 30 座地面監控與追蹤站(如圖 1.21)而主站則設於歐洲。對於導航用戶而言，由於 Galileo 之訊號與 GPS 訊號具相容性(compatibility)與共用性(interoperability)，故可接收到之衛星顆數將明顯增加。

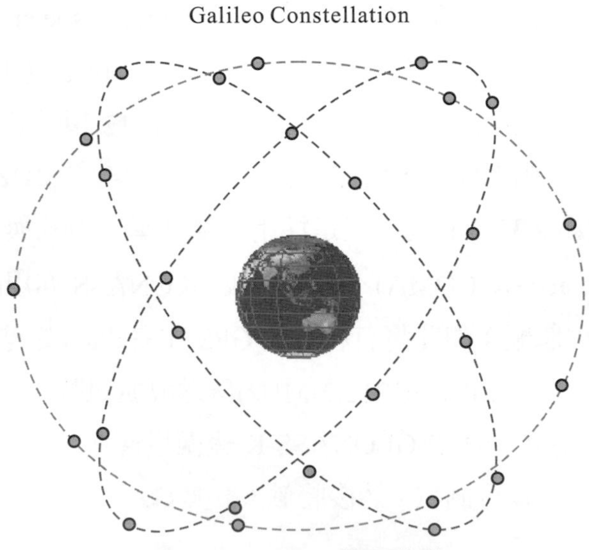

圖 1.20　Galileo 衛星軌道

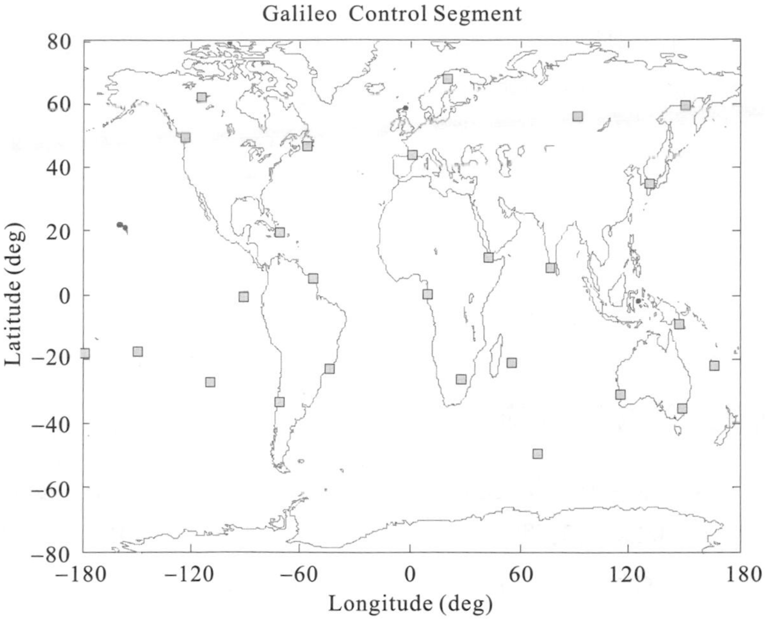

圖 1.21 Galileo 所規劃之地面監控與追蹤站分佈情形

由於 Galileo 之發展較 GPS 與 GLONASS 晚，因此於服務項目與訊號設計做了較多之變化。Galileo 提供了四類型不同之導航服務予不同用戶，另外 Galileo 亦兼具搜尋與救援(Search and Rescue, SAR)服務之功能。Galileo 導航服務中之開放服務(open service, OS)主要提供民用訊號；生命安全服務(Safety-of-Life, SoL, service)主要確保導航訊號之品質，期供飛航導引與有安全顧慮之導航應用；商業服務(commercial service, CS)提供特定高精度之導航予付費之使用者；而公共管理服務(public regulation service, PRS)則具有安全相關用途之功用。上述不同用戶之需求有些強調定位之精度有些則較重視完整性。Galileo 所規劃之導航訊號佔據三不同頻段，由低至高分別為 E5 頻段、E6 頻段與 E1 頻段如表 1.3 所列。為滿足不同用戶之需求，Galileo 之訊號設計亦採用多項先進通訊與訊號處理技術。相較於 GPS，Galileo 可提供更多之觀測訊號予用戶，採用較寬之頻寬與較新穎之調變可降低測距誤差且整個星座之設計可強化用戶端所可觀測之衛星數與衛星相對幾何關係。Galileo 之設計不僅僅留意於用戶之定位功能亦強調此一定位能力之品質保證。Galileo 之 E1 頻段與 GPS 之 L1 頻段基本上是重疊的，故歐盟與美國針對 Galileo 與 GPS 訊號於此一頻段之相容與共用進行多次協商。於 2004 年，雙方協議於 L1 頻段之導航訊號採用 BOC(1,1)之型式以利相容與共用。到了 2007 年更確定了 L1 民用訊號之調變方式為 MBOC(6,1,1/11)型式。另一方面，Galileo 之導航訊息中包含了 Galileo 與 GPS 系統之時鐘差修正量；如此有利於此二系統之共用。對於用戶而言，將來所謂雙模之 GNSS 接收機最有可能的構型應是結合 GPS 與 Galileo 訊號接收與處理之接收機。

表 1.3 Galileo 訊號之頻段

頻段	頻率範圍	中心頻率	頻寬
E1	1559～1591 MHz	1575.42 MHz	24.552 MHz
E5	1164～1215 MHz	1191.795 MHz	40.920 MHz
E6	1260～1300 MHz	1278.75 MHz	51.150 MHz

1.3.4 中國北斗導航系統

除了美國 GPS 與俄羅斯 GLONASS 之部署以及歐盟 Galileo 之發展外，中國於導航衛星之技術發展與系統建置亦持續投入，除一度加入 Galileo 聯盟外，另自行發展自主之區域與全球導航衛星系統。中國發展之導航衛星系統有具區域導航功能之第一代北斗系統(Beidou Navigation Test System)以及具全球導航功能之北斗系統(Beidou/Compass Navigation Satellite System)。此些導航衛星由中國之衛星導航計畫中心(China Satellite Navigation Project Center)統合相關之科研、建置與管理工作。

中國之第一代北斗系統係利用靜地軌道(geostationary earth orbit, GEO)衛星進行定位之區域導航系統。此一系統由三顆(兩顆工作衛星、一顆備用衛星)靜地軌道衛星構成太空部門，並藉由分佈於中國境內之數個接收站進行監控與訊號調校，主控制站則設於北京。此一系統於 2004 年正式運作，精度約爲 20 公尺，服務範圍則涵蓋中國境內與東亞地區。目前之三顆靜地衛星分別於 2000 年 10 月 31 日、2000 年 12 月 21 日與 2003 年 5 月 25 日發射。這其中前兩顆衛星分別位於東經 140 與 80 度之靜地軌道，第三顆位於東經 110.5 度是備用衛星，圖 1.22 爲第一代北斗系統之衛星與地面站位置。第一代北斗系統利用雙靜地軌道衛星以雙向傳輸進行測距。主控制站持續發射於 S 頻段之訊號至一顆衛星，衛星隨之將訊號轉頻於 L 頻段(1615.68 MHz)傳至用戶；當用戶要求定位時，該定位要求之訊號會分別經由兩顆衛星傳回主控制站。如此，主控制站可以取得兩組測距訊號。若夥同用戶之高度，則可以推算出用戶所處之經緯度。當主控制站推算出用戶位置後再將位置資訊傳給用戶。第一代北斗系統之控制部門亦利用數個分散於中國境內之參考站台，藉由北斗衛星將測距訊息回至北京之主控制站，後者則可推算系統之誤差參數，以確保定位之品質。第一代北斗定位系統基本上是二維之定位系統。此一系統可同時兼具通訊與回報之功能，較有利於指管通情之應用。但於實際使用時，該系統之用戶數有所限制、定位服務往往僅是近即時且對使用者會有暴露訊號之危險。爲了解決前述暴露之所謂有源定位之限制，可以進一步地採用三靜地軌道衛星定位方法，此法要求使用者同時接收來自三顆衛星之測距訊號，而所有定位計算於使用者之平台完成，如此可達無源定位之要求；因此北斗導航系統之第三顆衛星有相當之重要性。

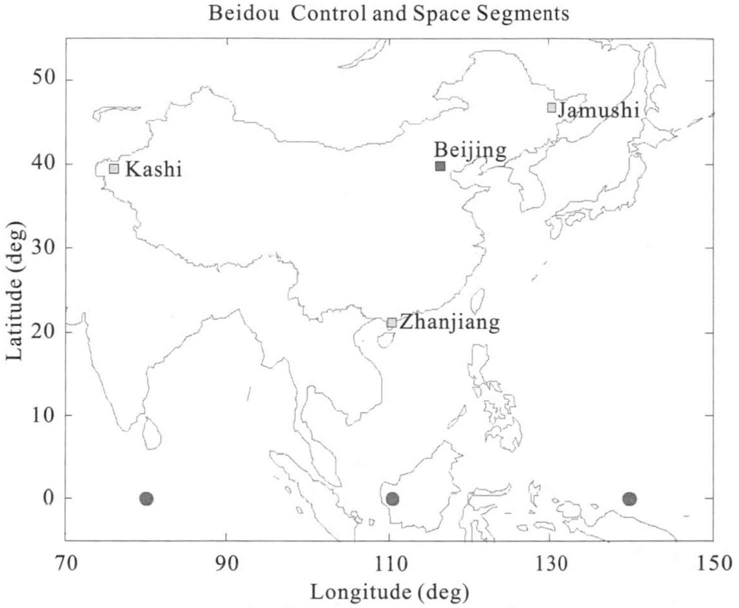

圖 1.22　第一代北斗系統地面部門

中國第一代之北斗系統出於得藉由衛星與用戶間雙向之通聯方可進行定位，一般歸類爲無線定位訊號衛星系統(radio determination satellite system, RDSS)而非無線導航衛星系統(radio navigation satellite system, RNSS)。但有了第一代北斗導航系統之經驗，中國目前正著手發展北斗導航衛星系統預計將由 5 顆靜地軌道衛星、3 顆傾斜地球同步軌道(inclined geosynchronous orbit, IGSO)衛星與 27 顆中地軌道衛星構成，如 1.23 圖所示。中地軌道衛星可環繞全球運行進而提供全球導航之服務，而同步軌道衛星沿襲第一代北斗系統之基礎，則主要可增強中國及其周遭地區定位之精度與妥善程度。新一代北斗系統之建置將分區域導航與全球導航兩階段進行，於 2012 年開始建立由 5 顆靜地軌道衛星、5 顆 IGSO 軌道衛星與 4 顆中軌道衛星構成並具區域性導航功能之系統。實際上，中國於 2007 年發射一枚中地軌道之實驗導航衛星(Compass-M1)，此一衛星位於高度爲 21150 公里，軌道傾角 55.5 度之圓形軌道。於 2012 年初，在軌之北斗衛星計有 3 顆靜地軌道衛星、5 顆 IGSO 軌道衛星與一顆中地軌道衛星。中國將於 2020 年前進入北斗系統之全球導航階段，建立由 35 顆衛星構成之系統。

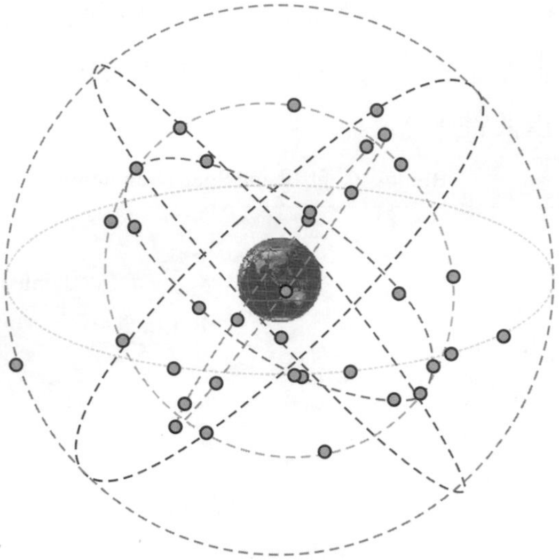

圖 1.23　北斗導航系統之衛星軌道

北斗導航衛星於 B1、B2 與 B3 頻段發射訊號，此些頻段之實際頻率範圍可參考表 1.4。但是實際北斗衛星所發射訊號之中心頻率與訊號格式於區域導航階段與全球導航階段會有所差異，亦如表 1.4 所示。

表 1.4　北斗導航訊號之頻段

頻段	頻率範圍	中心頻率	
		區域導航	全球導航
B1	1559.052～1591.788 MHz	1561.098 MHz	1575.42 MHz
B2	1166.22～1217.37 MHz	1207.14 MHz	1191.795 MHz
B3	1250.618～1286.423 MHz	1268.52 MHz	1268.52 MHz

對於衛星導航而言，由於各衛星得發射訊號至地面故訊號之頻率與頻寬爲相當重要之公共資源亦爲世界各國極力爭取與相互協調之標的。國際電信聯盟世界無線電通訊會議於 2003 年決議出無線電導航衛星服務(Radio Navigation Satellite Service, RNSS)可以於下列三個頻段傳送訊號：高 L 頻段(1559 MHz～1610 MHz)、低 L 頻段(1164 MHz～1300 MHz)與 C 頻段(5010 MHz～5030 MHz)。圖 1.24 顯示目前於高 L 與低 L 頻段之使用情形。明顯地，此一 RNSS 頻段已相當擁擠。於航空界爲確保飛航之安全亦規劃一航空導航服務 (aeronautical radio navigation service, ARNS)之頻段，亦如圖 1.25 所示。於 ARNS 頻段之好處爲此一頻段有較佳之管制也比較不會受到其他無線電系統之

影響。世界各國均透過頻率協調取得導航訊號之頻段，美國與俄羅斯由於佈局較早，均有較完整之頻率規劃。歐盟之 E1 頻段由於與美國 GPS 之 L1 頻段重疊，就得經歷冗長之協調過程以避免干擾。中國則因起步較慢，故於實際建置時得與其他國家進行頻率協調。

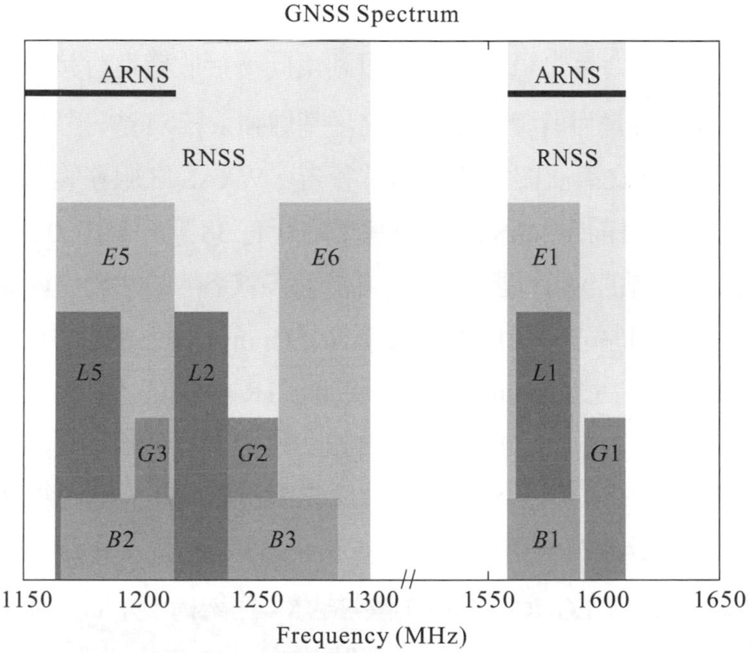

圖 1.24　衛星導航服務頻段之使用情形

1.3.5　星基增強系統與區域導航系統

單純利用 GPS 或一 GNSS 星座進行定位，並沒有辦法滿足生命安全相關的航空與航海上之應用所需之嚴格的精度，完整性、妥善率與持續服務程度上的要求。因此，近年內許多國家紛紛發展星基增強系統，以提供用戶測距量之修正與即時之異常告警。美國之廣域增強系統(Wide Area Augmentation System, WAAS)，歐盟之 European Geostationary Navigation Overlay Service (EGNOS)、日本之 Multi-functional Satellite Augmentation System(MSAS)與印度之 GPS Aided GEO Augmented Navigation (GAGAN)均為特定星基增強系統之實現。由於 GPS 為應用最成功之系統，故上述之星基增強系統之建立均用以強化 GPS 導航之精度與完整性。

一星基增強系統與 GNSS 類似亦包含控制、太空與用戶三部門。控制部門包括分佈各地之基準站(reference station, RS)、主控站與衛星通訊站。基準站之 GNSS 接收器連續地監視全部的 GNSS 衛星，並將觀測訊號傳至主控站。後者隨之根據各地之資料計算各衛星之軌道與時鐘修正量、電離層格點誤差與各基準站之時鐘誤差量。於此一計算過程，可因此同時推算各衛星訊號是否異常及修正量之品質。衛星通訊站將修正量等上傳至同步軌道之衛星。於太空部門之同步軌道衛星將修正量、異常告警及品質因子等資料以 GNSS 訊號相同之頻率與編碼傳送至用戶。對於用戶而言，由於來自 GNSS 衛星與 SBAS 衛星之訊號相似，可利用同一接收機進行接收與處理。

美國的 WAAS 系統是目前發展較完整之星基增強系統，此一系統於 2003 年 7 月正式運作可提供較高精度之導航與適時之異常警告。WAAS 之服務範圍涵蓋美國本土、加拿大與阿拉斯加等。目前 WAAS 之地面基準站計有 38 座，其中 20 站位於美國本土、7 站位於阿拉斯加、1 站座落於夏威夷、1 站於波多黎各、5 站於墨西哥及 4 站於加拿大。WAAS 之太空部門原先係租用國際海事衛星(Inmarsat)，但於 2007 年改用分別位於西經 133 度與西經 107 度之 Galaxy15 與 Anik F1R 兩顆同步軌道衛星，傳送修正量與系統是否適用之訊息。一般 GPS 接收機，如前所述，可以於不修改硬體之狀況下接收 WAAS 訊號。但由於 WAAS 系統之設計原先著重於飛航安全之要求，故軟體得經適度修改方可利用 WAAS 之軌道與電離層修正訊息以降低誤差而得較佳之精度。

歐盟之星基增強系統 EGNOS 類似美國 WAAS 之架構，亦期望提供更安全與精確的導航服務。EGNOS 於 2005 年開始傳送訊號並於 2010 年提供服務。EGNOS 之太空部門由三顆同步衛星構成分別爲 Inmarsat AOR-E 衛星(西經 15.5 度)、Inmarsat IOR-W 衛星(東經 25 度)與 ESA 之 Artemis 衛星(東經 21.5 度)。EGNOS 之地面基準站計有 34 座主要分佈於歐洲各地，主控站則有 4 座分別座落於西班牙、義大利、英國與德國。主控站根據地面參考站之資料推算各個衛星之完整性與測距量之修正值然後藉由衛星通訊站將此些訊息傳至太空之衛星。EGNOS 利用分散於六不同地點之衛星通訊站將訊息傳至同步衛星。

星基增強系統主要是依靠各地的基準站量測衛星訊號誤差與電離層延遲，並由地面主控站處理後上傳誤差訊號至同步衛星，再由同步衛星以與 GPS 相同頻率傳送修正訊號。由於星基增強系統依靠同步衛星傳送修正訊號，因此 SBAS 系統的精確性與同步衛星所能涵蓋的範圍有密切關係。就服務範圍而言，WAAS 涵蓋北美洲及部分南美洲地區，EGNOS 涵蓋歐洲地區，至於亞太區域之星基增強系統主要是日本之 MSAS 及印度之 GAGAN。圖 1.25 爲各星基增強系統之同步衛星涵蓋區域圖。

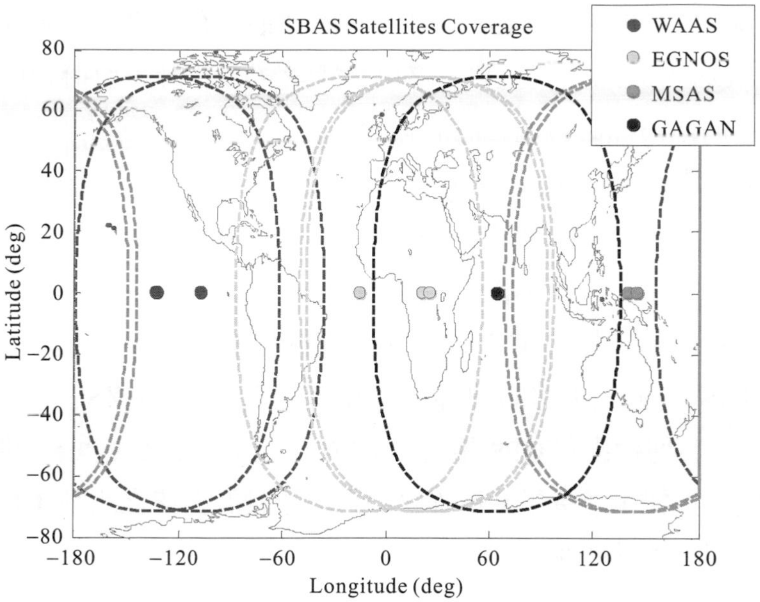

圖 1.25　星基增強系統之衛星位置與涵蓋範圍

亞洲星基增強系統之發展以日本之 MSAS 最具代表性。此一系統已於 2007 年 9 月正式運作，提供東亞地區較高精度與較安全之導航服務。MSAS 之地面基準站有 8 座，其中 6 座位於日本本土另有 2 座分別於澳洲與夏威夷。太空部門主要藉由位於東經 140 度之 MTSAT-1R 衛星與位於東經 145 度之 MTSAT-2 衛星傳送完整性與修正訊息。圖 1.26 顯示 MSAS 系統之監控站與衛星位置。

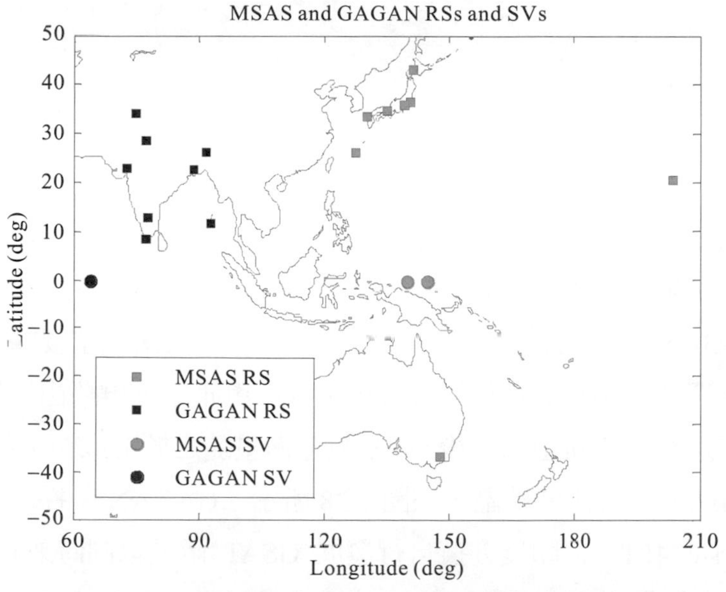

圖 1.26　MSAS 與 GAGAN 系統之基準站與衛星位置

除了具增強 GPS 效能之 MSAS 外，日本亦期望藉由準天頂衛星(Quasi Zenith Satellite System, QZSS)之發展建立自主之導航能量。QZSS 計畫原擬利用三顆位於地球同步軌道，藉由高傾角橢圓軌道之設計以令於地球表面之衛星路徑形成特殊的 8 字型，進而確保任何時刻至少會有一顆衛星在日本的天頂。圖 1.27 顯示 QZSS 衛星之軌道與地面軌跡。原始之 QZSS 規劃具導航、通訊與廣播功能且由日本政府與民間共同開發。但由於衛星通訊之需求不如預期，故於 2006 年改由日本政府出資。於 2010 年，日本發射第一顆具導航功能之 QZSS 衛星以進行實驗；目前更規劃逐步進行擴增，以建立由四顆 IGSO 與三顆 GEO 所構成之區域導航系統。QZSS 之訊號基本上沿用 GPS 衛星之訊號，將傳送出與 GPS 相同之 L1 C/A、L1C、L2C 與 L5 訊號。由於 QZSS 之設計亦希望此一系統可兼具星基增強之能力，故設計獨特之訊號 L1 SAIF 與 LEX 以提供差分修正與完整性監測。

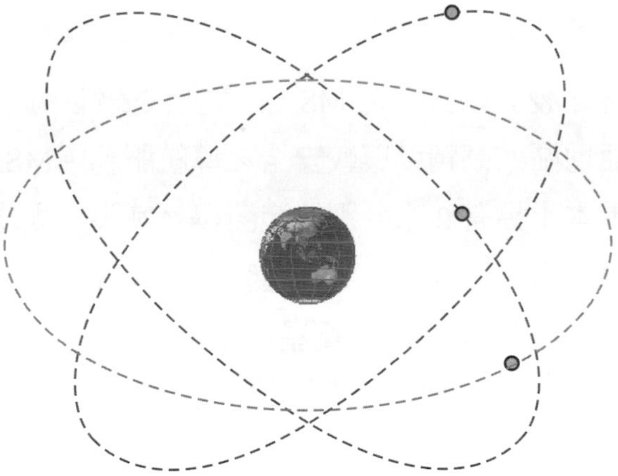

圖 1.27　QZSS 衛星軌道

處於南亞之印度在太空科學領域近年來有相當不錯之成果，也進而激發該國發展具導航功能衛星之計畫。印度由於位於較低之緯度，故受到電離層影響較嚴重，故該國之作法先行利用地面 GPS 觀測網路，觀測 GPS 訊號並估算電離層之誤差。以此一基礎，後有 GAGAN 系統之發展。GAGAN 爲一星基增強系統主要藉由一群地面基準站接收訊號，處理站過濾訊號並估算各修正量及可用旗標，再藉由衛星通訊站將修正量及可用旗標傳送至同步軌道衛星後，同步軌道衛星隨之於 L1 頻段傳送此些修正量。GAGAN 之地面站分佈於印度地區，如圖 1.28 所示。GAGAN 所採用之同步軌道衛星初期利用 Inmarsat 4F1，但印度亦擬自行發展 GSAT 衛星以同時兼具 C 頻段通訊與 L1/L5 頻段導航之能力。

印度除發展 GAGAN 之星基增強系統外，另亦於 2006 年開始著手規劃具備區域自主導航能力的區域導航衛星系統(Indian Regional Navigation Satellite System, IRNSS)。IRNSS 之太空部門預計由七顆衛星構成，這其中三顆將位於靜地軌道另四顆則爲於傾角 29 度之同步軌道上；其軌跡如圖 1.28 所示。此一星座設計可以較少之衛星數達到印度區域(東經 40 度至 140 度、南北緯 40 度之間)導航之需求。IRNSS 除了於星座設計外，於訊號之設計亦進行諸多考量。由於 L1 頻段相當擁擠，故 IRNSS 於 L1 之訊號原則上將只有 GAGAN 所用之 SBAS 修正與測距訊號。IRNSS 之導航訊號於 L5 頻段。除此之外，IRNSS 系統規劃於 S 頻段傳送導航訊號。

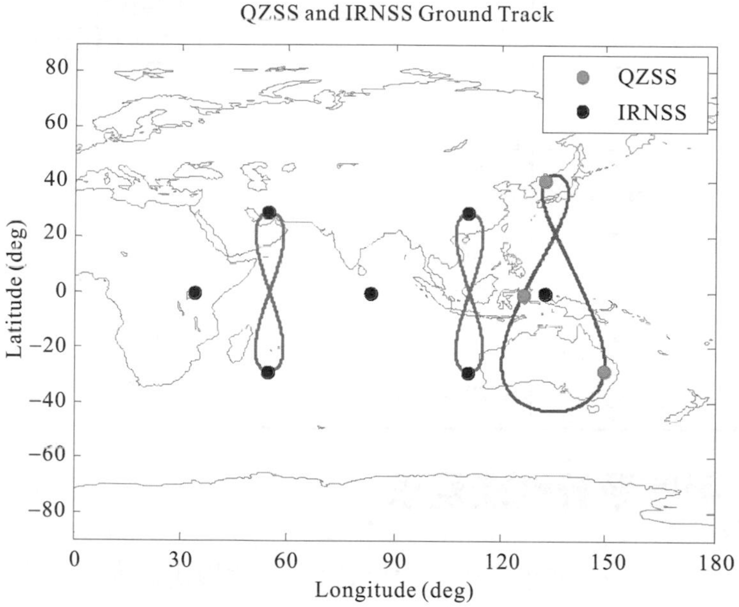

圖 1.28　QZSS 與 IRNSS 之衛星軌跡

非洲之奈及利亞於 2007 年藉由中國之火箭發射非洲第一顆同步軌道(於東經 42.5 度)通訊衛星 NigComsat-1，主要任務爲提供非洲部分地區通訊之用，但此一衛星上有一具增強 GPS 功能之酬載可發射於 L1 與 L5 頻段之導航訊號。不過由於此一系統之地面設施並未有完善之規劃與建置，故其影響較有限。

目前各國星基增強系統之發展均以強化 GPS 之性能爲目的。GLONASS 相對而言精度較差、妥善率較低又兼訊號不相容，使其應用相對受限。爲扭轉此一情勢，俄羅斯目前除擬以分碼共享方式傳送訊號外，亦著手開發 SDCM (System of Differential Correction and Monitoring)之差分修正與訊號監測系統，其功能與其他星基增強系統相類似。

表 1.5 針對現有與規劃中之系統進行整理。總結前面之說明可知，衛星導航系統之發展雖已有 GPS 與 GLONASS 奠定良好之基礎，但各國仍持續投入，期能增強整體服務之功能與性能。

表 1.5　各衛星導航系統之整理

系統	設計之衛星數	部署時間	實際運作之衛星數	涵蓋	民用訊號
美國 GPS	24	1995	32 (2011)	全球	L1 C/A, L2C, L5, (L1C)
俄羅斯 GLONASS	24	1995	24 (2011)	全球	G1, G2, (G3)
歐盟 Galileo	30	2014	2 (2011)	全球	E1, E5, E6
中國北斗	35	2020	9(2011)	全球	B1, B2, B3
印度 IRNSS	7	2014		區域	(L1, L5, S)
日本 QZSS	3		1(2011)	區域	L1 C/A, L1C, L2C, L5, L1-SAIF, LEX
美國 WAAS	2	2003	2	區域	L1 C/A, L5, (L1C)
歐盟 EGNOS	3	2009	3	區域	L1 C/A, (L5, L1C)
日本 MSAS	2	2007	2	區域	L1 C/A
中國第一代北斗	3	2008	3	區域	
印度 GAGAN	3	2008	1	區域	L1, L5
俄羅斯 SDCM	2	2014		區域	
奈吉利亞 NigComsat-1	1	2007	1	區域	L1, L5

1.4　導航系統性能要求

一導航系統主要將所量測或取得的原始資料，利用處理、估測和轉換方法，推算出導航者之導航量如位置、方向、速度與時間等。至於原始資料的來源則有賴提供導航服務之系統。因此，在實用上得檢視導航者所需之精度與性能，相對地，提供導航服務之系統所可提供之訊號品質。一提供導航服務或導航輔助系統之性能可以利用多項指標予以量化。最常見的性能指標包括了精度，涵蓋(coverage)、妥善率、可靠性(reliability)、定位時間(fix interval)、維度(dimension)、系統容量(system capacity)、持續性(continuity)、完整性、告警時限(time to alarm)等。

精度可用以描述導航者眞實位置與所推算出位置之誤差，一般可利用多種量化指標如均方根値、距離均方根値、誤差公算以描述之。精度分成三類分別爲預測性(predictable)精度、再現性(repeatable)精度及相對性(relative)精度。預測性精度係指在同一大地基準坐標系統下，採用量測量所推算出導航解相對於眞實解之精度。再現性精度則指導航者在不同時刻利用相同的導航系統重覆進行定位後所推算出導航解之精度。相對性精度則爲二個使用相同導航系統之使用者於同一時刻進行導航推算所得到導航解間之相對誤差。簡言之，預測性精度用來描述進行一時一地量測後所推算出導航解的誤差，再現性精度爲多時一地量測後之誤差，相對性精度則爲一時多地量測後之誤差。

涵蓋意指導航系統之服務範圍。導航者在此一涵蓋內理應可取得所聲明之定位精度。至於涵蓋的範圍會受到幾何遮蔽、訊號強度、接收器靈敏度、大氣特性等的影響。妥善率的定義是一導航系統可提供滿足精度與涵蓋要求之服務時間百分比。可靠性則爲在特定時間與條件之下正確無誤地完成導航工作之機率。定位時間用來描述導航者歷經量測推算而得到導航解所需的時間。定位時間亦可用以描述導航資料更新的速率。維度意指導航服務是一度空間、二度空間或三度空間之定位。系統容量用來描述可同時使用此一導航系統進行導航的個數。完整性用來表示當一導航系統無法提供正常服務時，仍可適時地提供導航者告警的能力。告警時間則指由異常現象發生至警報發出所經歷的時間。

明顯地，導航用戶會要求導航服務是高精度、高妥善率、廣涵蓋、高可靠性、短定位時間、三維定位、無限制容量、持續之服務、高完整性及短告警時限。但是由供給的角度，衛星導航以及相關之輔助或增強系統會受到訊號品質、傳送特性、成本、安全等諸多限制。因此在描述導航系統性能要求時，得由需求的角度出發。導航系統的性能要求會依導航載具、運動特性、交通流量、環境因素、安全考量等有所差別。一般可以將應用區分成航空、航海、太空、陸地及其它等並分別探討其性能需求。

航空導航之需求包含決定飛航載具之位置、判別方向、建立航路資訊、推算到達目的地之距離與時間以及評估軌跡偏移之程度。隨著 GNSS 之導入，可以將航空導航分爲四個階段：航程(en route)、終端(terminal)、起飛(takeoff)及進場/降落(approach/landing)。不同飛航階段，隨著飛機高度、飛航流量、離機場遠近之考量，各有不同的精度要求。航程的飛航由於離機場較遠，要求的精度低於其他飛航階段之精度。終端之飛航爲介於航程與進/離場之間之飛航，此時飛機可能有必要更換高度、改變航道等。起飛一般泛指由機場跑道滑行至飛機離場之階段。進場/降落則又區分爲非精確進場(non-precision approach)、垂直導引進場(approach with vertical guidance)以及精確進場(precision approach)。表 1.6 列出不同飛航階段之性能要求。當飛機進場與降落時，所要求的精度與妥善率較高，所容許的告警時間也較短。由於飛機具有甚高的動態，故有時在描述導航精度時，將誤差分爲導航源誤差(navigation sensor error, NSE)及飛航技術誤差(flight technical error, FTE)。前者指導航服務系統導引訊號的等效誤差，後者則指飛航系統追隨導引訊號之誤差程度。實用上，導航源誤差與飛航技術誤差二者不相關，但都會影響飛航載具之定位性能。

表 1.6　飛航之導航性能要求

飛航階段	精度		妥善率	持續性	完整性	告警時限
	水平	垂直				
大洋航程	10 或 4 nmi	N/A	0.99 至 0.99999	$1-1\times10^{-4}$ /hr 至 $1-1\times10^{-8}$ /hr	$1-1\times10^{-7}$ /hr	N/A
內陸航程	2 nmi	N/A	0.99 至 0.99999	$1-1\times10^{-4}$ /hr 至 $1-1\times10^{-8}$ /hr	$1-1\times10^{-7}$ /hr	5 分鐘
終端飛航	1 nmi	N/A	0.99 至 0.99999	$1-1\times10^{-4}$ /hr 至 $1-1\times10^{-8}$ /hr	$1-1\times10^{-7}$ /hr	15 s
非精確進場	220 m	N/A	0.99 至 0.99999	$1-1\times10^{-4}$ /hr 至 $1-1\times10^{-8}$ /hr	$1-1\times10^{-7}$ /hr	10 s
APV-I	16 m	20 m	0.99 至 0.99999	$1-8\times10^{-6}$ / 15s	$1-2\times10^{-7}$ /進場	10 s
APV-II	16 m	8 m	0.99 至 0.99999	$1-8\times10^{-6}$ / 15s	$1-2\times10^{-7}$ /進場	6 s
第一類精確進場	16 m	4 至 6 m	0.99 至 0.99999	$1-8\times10^{-6}$ / 15s	$1-2\times10^{-7}$ /進場	6 s

航海與航空一樣亦分成不同階段來律定導航性能要求。航海可分成內陸河道(inland waterway)航行、港灣(harbor)航行、沿岸(coastal)航行及大洋(ocean)航行。爲達到船隻之安全與效率，各階段之導航性能均有不同之要求；即使在同一階段與水域，所需的精度要求會隨船隻大小及應用而有所不同。例如爲確保安全之航行，於河道航行，大型船隻與拖船之導航精度要求爲 2 至 5 公尺，但小型船隻之要求爲 5 至 10 公尺。於港灣航行，此一需求可以放鬆至 8 至 20 公尺。

陸地上交通運輸一般可分爲鐵路與公路。對於鐵路運輸之需求，火車位置追蹤意指對每一節火車車箱位置之決定與追蹤，火車控制則爲控制中心對各火車位置之掌握及鐵道之切換，而平交道警示是在火車到達平交道前自動的燈號及柵欄警示。由於火車行駛於一維之空間，故許多定位與導航之議題較易因應，而目前隨著 GNSS 之普及，也促進正向車輛控制(positive train control)技術之發展。公路運輸的導航最近這些年隨著智慧型運輸系統之推廣已有長足之改善；車用導航機已成爲新車之一項相當普遍之配備。當然隨著應用之不同，所要求之定位性能亦有差異。表 1.7 說明不同公路運輸之導航需求。

表 1.7　不同公路運輸之導航需求

應用	精度	妥善率	完整性(告警極限)	告警時限
導航與路線導引	1 至 20 m	> 95%	2 至 20 m	5 s
車輛監視	0.1 至 30 m	> 95%	0.2 至 30m	5 s 至 5 分鐘
車輛識別	1 m	99.7%	3 m	5 s
公共安全	0.1 至 30 m	95 至 99.7%	0.2 至 30m	2 至 15s
資源管理	0.005 至 30m	99.7%	0.2 至 1m	2 至 15 s
碰撞預防	0.1 m	99.9%	0.2 m	5 s
車禍資料收集	0.1 至 4 m	99.7%	0.2 至 4 m	30 s
緊急救援	0.1 至 4 m	99.7%	0.2 至 4 m	30 s
智慧車輛應用	0.1 m	99.9 %	0.2 m	5 s

除了上述陸地、航海及航空導航外，有許多科學與工程等非運輸相關之工作亦可仰賴衛星導航系統所提供的服務得到位置與時間資訊。此些應用包括了遙測、搜救、空照、測量、時/頻校準等。當然非運輸相關之定位由於不涉即時性，往往在精度的要求會提高但妥善率則可放鬆。表 1.8 爲典型測量應用之需求。授時之應用攸關許多重要之應用。日前許多時間之基準亦利用 GNSS 進行同步。對於商業交易之應用，此一計時之精度要求爲 1s。對於電力系統與智慧電網之應用，則要求有 1μs 之精度。對於手機通訊、電話與無線網路等之應用亦要求可達 1μs 之時間同步。

表 1.8　測量應用之需求

測量方式	精度		妥善率	持續性	完整性(測量時段)	取樣間格
	垂直	水平				
靜態測量	0.015 m	0.04 m	99%	$1-1\times10^{-4}$ /hr 至 $1-1\times10^{-8}$ /hr	4 hr	30 s
快速測量	0.03 m	0.08 m	99%	$1-1\times10^{-4}$ /hr 至 $1-1\times10^{-8}$ /hr	15 分鐘	30 s
動態測量	0.04 m	0.06 m	99%	$1-1\times10^{-4}$ /hr 至 $1-1\times10^{-8}$ /hr	相隔 45 分鐘 各取 3 分鐘	1 s
水文測量	3 m	0.15 m	99%	$1-8\times10^{-6}$ /15s	1 s	1 s

結語

導航所提供之地理資訊對於新一代行動通訊與計算乃至於數位內容之應用有相當關鍵之作用。早期之導航知識往往爲特定領航員所擁有，哥倫布正因擁有此一知識方足以駕馭同船之水手。今日，隨著行動通訊之發展，導航資訊爲人人都可以取得與應用之資訊。這其中，衛星導航當然扮演關鍵性之角色。本章介紹導航之基本定義與歷史沿革。對於衛星導航之發展現況亦進行一全面之回顧與展望。由所陳述之內容可知，衛星導航是一仍處於演化過程之科技。事實上，環顧 GPS 之發展可知，此一系統於 1980 年代即已提供軍用定位之服務。到了 1990 年代，此一系統開放民用一方面開啓相當多之應用，另一方面也暴露其潛在之缺失。因此於此一階段，許多增強系統於焉陸續發展期改善精度與完整性。到了 2000 年代，商業應用之需求與行動通訊之發展使得衛星導航晶片有相當長足之發展；與行動通訊之結合也引領一波輔助型衛星導航功能之建立。到了 2010 年代，許多國家均致力於衛星導航系統之建置，目前之導航實際上到達多星座、多訊號之年代。但另一方面，許多伴隨而來之訊號相容、共用乃至於干擾之議題陸續浮上台面。不同之導航與定位應用往往對於導航系統有不盡相同之需求與規格。本章同時回顧諸項定位與導航應用之規格。如圖 1.1 之說明，實際導航應用得慎選感測裝置並搭配相當之計算處理與資料庫以建構一能提供滿足所需精度、妥善率與可靠度之系統。當然，衛星導航由於具有全球涵蓋與高精度之特色，往往是導航系統與行動裝置之關鍵(key enabler)。

參考文獻說明

以導航爲主題之書早期比較偏重於航海或航空之應用，可參考[24] [39] [46] [90] [119][199]。當然導航與測繪是息息相關之學問，故亦有一些書籍著重於測繪應用、地理資訊系統與位置加值服務。導航與製圖之相關資料，可以參考[30] [32] [146]。結合導航與圖資爲一重要之議題，目前 Google 地圖與街景以及 Apple 之 3D 地圖均引領出創新之應用。至於導航歷史之回顧可以參考[118] [224]之說明。文獻[188]對於經度之決定有詳盡的描述，有關指南針與指南車之發展可參考[66][72]，天文導航之作法可參考[40]，另外於[54][63][65][67][164][197]對於地面之不同無線電導航系統有所說明，而慣性導航之系統則可參考[36][68][80][122][134] 之說明。GPS 之發展歷史可以參考[161][163]，另外亦可以於 YouTube 回顧此一段經驗[159]。近年來，隨著衛星導航之發展，亦有相當多書籍以衛星導航為主題，如[49][51][92][96][138][117][152][162][167][182][221][226]。另外，美國導航學會(Institute of Navigation)更出版一系列 GPS 紅皮書[42][74][98][99][216]闡述 GPS 技術。有關近期 GNSS 之演進則可參考[70][89]。各國 GNSS 與 RNSS 依照規定應頒布介面標準文件以利全體人類分享資源。美國 GPS 之介面文件主要為[75]，目前已經歷數次更新。其他 GNSS 或 RNSS 亦均有相關之介面標準文件，可參考相關之網站。有關導航系統之需求與規格，則可參考美國之聯邦無線電導航規劃書[48]。表 1.9 為數個具代表性之官方網站。事實上，若於 Google 搜尋網頁鍵入關鍵字 GPS，可以找到超過 10 億之連結，足見此一議題之普及程度。目前 ESA 亦建置 Navipedia 提供許多 GNSS 近況之說明。針對衛星導航發行之雜誌則有 GPS World，Inside GNSS 與 Coordinates 等。

表 1.9　GNSS/RNSS 之網站

GPS 網頁	http://www.gps.gov/
GLONASS 網頁	http://www.glonass-center.ru/
Galileo 網頁	http://www.esa.int/esaNA/galileo.html
北斗網頁	http://www.beidou.gov.cn/
QZSS 網頁	http://qzss.jaxa.jp/
聯合國 ICG 網頁	http://www.oosa.unvienna.org/oosa/es/SAP/gnss/icg.html
Navipedia 網頁	http://www.navipedia.net/index.php/Main_Page

習題

1. 為何經度之決定較緯度之決定困難？
2. 查出台南與東京之經緯度，並根據公式(1.9)計算兩地之距離。
3. 查出台北與舊金山之經緯度，並計算由台北至舊金山之等角航路角。
4. 利用一 GNSS 接收機取得你所在位置之經緯度，並利用 Google 地圖查看你所在位置之經緯度，二者是否有差異？
5. 假設 A 與 B 二已知點分別於(0,0)與(100,0)，今有一導航者利用距離修正導航測得與 A 和 B 之距離分別為 70 與 60，請問導航者之可能位置為何？
6. 承上一題，若導航者採用角度修正導航且與 A 和 B 之方位角分別為 45 度與 120 度，試計算出導航者之位置。

7. 聲音之傳送速度為 340 m/s。假設三同步站台之位置分別為 A：(0,0) m，B：(100,0) m 與 C：(0,100) m。一導航者量測出相對於此三站台之時間差，其中 A 站台之訊號比 B 站台訊號早到 0.1s 而 B 站台之訊號比 C 站台訊號早到 0.2s，試推算導航者之位置。

8. 承上一題，假設導航者之時鐘與站台之時鐘未同步，A、B 與 C 站台於零秒同時發射訊號而導航者分別於 0.1s、0.2s 與 0.1s 收到訊號，請問導航者之位於何處？導航者之時鐘與站台之時鐘之差異為何？

9. 歐盟為了激發民眾對於 Galileo 系統之興趣並發掘潛在應用每年均舉辦 European Satellite Navigation Competition (伽利略創新大賽)。試搜尋此一競賽之網頁並瞭解 GNSS 之新穎應用。

10. GPS 接收機目前已廣泛安裝於車輛中提供定位與道路導引，但有時會出現 GPS 導航造成迷路之報導，試探討此一現象之原因。

11. 試上網搜尋目前 GPS、GLONASS 與北斗導航系統之衛星顆數。

12. 目前 Google 與 Apple 均力推三維之地理資訊，就導航定位之觀點，三維地圖有哪些優點？

Chapter 2

坐標與衛星軌道

Coordinates and Satellite Orbits

導航之目的主要係決定出人員或載具之位置、速度與時間以利規劃行程、推算距離與方位並估測到達之時間，空間與時間之描述因此是導航運算之基本。一般而言，空間資訊爲三維的而時間資訊是一維的。於實際應用時，相同空間位置於不同坐標系統下會有不同之表示。本章首先介紹不同坐標系統以利描述位置。接著針對不同時間系統加以解說。由於衛星導航主要利用環繞地球之衛星傳送導航訊號，於定位過程有必要知道衛星於特定時間之位置與速度，方得以計算出導航者之位置與速度，本章因此接著說明衛星軌道。不同衛星導航系統對於軌道之描述不盡相同，本章針對不同 GNSS 系統之軌道參數與星座設計加以說明，最後並整理一下常見之軌道參數描述方式。

2.1 坐標系統

爲有效且精確地描述導航活動，有必要定義坐標系統以描述空間中之位置。於導航過程中，量測資訊所處之坐標系統與最終處理過之導航資訊所處之坐標系統亦不見得相同，因此除瞭解不同坐標系統外，另得探討坐標系統彼此間之轉換關係。一坐標系統主要藉由定義其原點、三維空間之坐標軸與尺度以做爲描述空間中位置與方位之依據。導航應用上，最常見的坐標系統包含地球慣性(Earth-Centered Inertial, ECI)系統、地球固定(Earth-Centered Earth-Fixed, ECEF)系統與本地水平(local level)系統。

2.1.1 地球慣性系統

慣性系統意指一不受外力或旋轉作用之靜止或等速運動系統。地球慣性系統爲一原點位於地球質量中心之慣性系統，於本書中以 i- 坐標系統表示之。此一系統之第一軸 (i_1) 指向春分點 (vernal equinox)，第三軸 (i_3) 指向北極，第二軸 (i_2) 則與其餘二軸相互垂直而構成一直角坐標系統。由於 i_3 爲地球之自轉軸，i_1 與 i_2 即構成了地球之赤道面。事實上，此一地球慣性系統由於受到非慣性力之作用並非一眞正的慣性系統。這些非慣性作用包括地球之不均勻、橢球效應、月地效應、進動 (precession)、章動 (nutation) 以及極軸運動 (polar motion) 等。在大地測量、星象觀測及高精度導航應用，爲了因應上述之非慣性作用一般可定義特定時間點之指向爲坐標軸之指向。例如協議慣性系統 (Conventional Inertial System, CIS) 即以 J2000 年時地球角動量方向來定義第三軸，以當時之春分點指向爲第一軸，而第二軸則由第三軸與第一軸之外積定義之。J2000 年時則相當於公元 2000 年 1 月 1 日正午。對於大部份的導航應用，可忽略此些非慣性作

用並視 ***i***- 坐標系統為一慣性系統。地球慣性系統為許多導航感測與計算採用之坐標系統。常見之慣性導航系統所量測之加速度與角速度即可視為地球慣性系統之加速度與角速度。導航計算於地球慣性系統下，因為不必要額外考慮地球自轉效應一般較為容易實現。

在地球慣性系統下之，任一點可利用三維向量代表三度空間之坐標。給定任一點位向量 $\boldsymbol{r}$，可將此一向量表示成各軸之線性組合，而組合之係數為各軸坐標值，即

$$\boldsymbol{r} = x_i \boldsymbol{i}_1 + y_i \boldsymbol{i}_2 + z_i \boldsymbol{i}_3 \tag{2.1}$$

點位向量 $\boldsymbol{r}$ 其於 ***i***- 坐標系統下之表示因此為 $\boldsymbol{r}^{[i]} = \begin{bmatrix} x_i \\ y_i \\ z_i \end{bmatrix} = \begin{bmatrix} x_i & y_i & z_i \end{bmatrix}^T$，此處上標 T 用以代表轉置(transpose)。

2.1.2　地球固定系統

由於人們之生活一般以地球之表面為範圍，故於描述所處位置時習慣上利用一地球固定坐標系統為之。地球固定系統係一以地心為原點且其三個軸相對於地球卻是固定的。隨著地球之自轉，此一地球固定坐標系統或 ***e***- 坐標系統之坐標軸隨之轉動。此一系統第一軸 $\boldsymbol{e}_1$ 指向主子午線，第三軸 $\boldsymbol{e}_3$ 為地球自轉軸而第二軸 $\boldsymbol{e}_2$ 則分別與 $\boldsymbol{e}_1$ 和 $\boldsymbol{e}_3$ 垂直而構成一直角坐標系統。也因此，$\boldsymbol{e}_2$ 指向東經 90 度之方向，而 $\boldsymbol{e}_1$ 與 $\boldsymbol{e}_2$ 構成了赤道面。假設一點位 $\boldsymbol{r}$ 於地球固定系統之表示為 $\boldsymbol{r}^{[e]} = \begin{bmatrix} x_e & y_e & z_e \end{bmatrix}^T$，即代表此一點位向量 $\boldsymbol{r}$ 為

$$\boldsymbol{r} = x_e \boldsymbol{e}_1 + y_e \boldsymbol{e}_2 + z_e \boldsymbol{e}_3 \tag{2.2}$$

在描述一點位時除了採用直角坐標系統外，有時可採用球坐標系統。如圖 2.1 所示，假設一點位於地球固定系統之坐標為 $\boldsymbol{r}^{[e]} = \begin{bmatrix} x_e & y_e & z_e \end{bmatrix}^T$，此一點位亦可分別以徑距 (radial distance) r，經度(longitude) λ 與地心緯度(geocentric latitude) ϕ' 描述之。徑距即為地心至點位之距離，經度則為沿極軸以主子午線為初始向東旋轉至點位之角度，而地心緯度則以地心為中心之點位向量與赤道面夾角。若已知 x_e、y_e 與 z_e，則可計算出徑距、經度與地心緯度如下：

$$r = \sqrt{x_e^2 + y_e^2 + z_e^2} \tag{2.3}$$

$$\lambda = \arctan(y_e, x_e) \tag{2.4}$$

$$\phi' = \sin^{-1} \frac{z_e}{\sqrt{x_e^2 + y_e^2 + z_e^2}} \tag{2.5}$$

於(2.4)中 arc tan 代表四象限反正切(arc tangent)函數。反之，若已知r、λ與ϕ'，則可根據下式計算直角坐標系統之成分：

$$\begin{aligned} x_e &= r \cdot \cos\phi' \cdot \cos\lambda \\ y_e &= r \cdot \cos\phi' \cdot \sin\lambda \\ z_e &= r \cdot \sin\phi' \end{aligned} \tag{2.6}$$

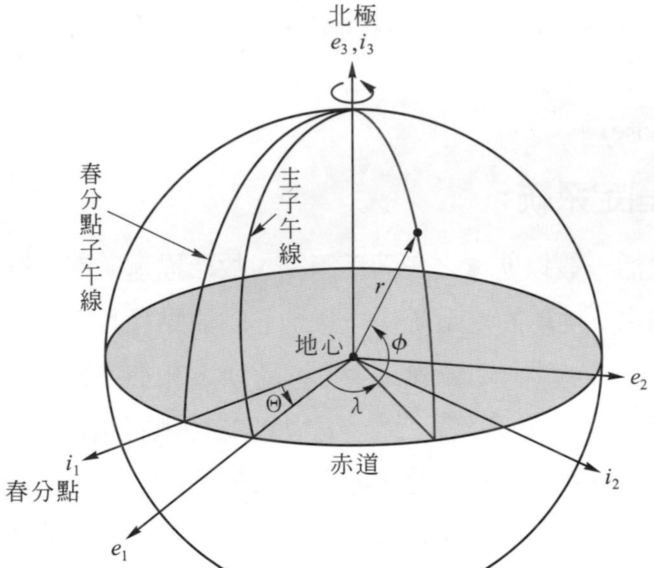

圖 2.1　直角與球坐標均可用來描述地球固定坐標系統

於描述旋轉動作時往往藉由旋轉矩陣表示。若沿第一軸旋轉且旋轉角度爲ν，則所相對應之旋轉矩陣爲

$$\boldsymbol{R}_1(\nu) = \begin{bmatrix} 1 & 0 & 0 \\ 0 & \cos\nu & \sin\nu \\ 0 & -\sin\nu & \cos\nu \end{bmatrix} \tag{2.7}$$

所以若一點位向量在原始系統的坐標爲$[x \quad y \quad z]^T$則經第一軸旋轉ν角度後，其坐標爲

$$\boldsymbol{R}_1(\nu) \begin{bmatrix} x \\ y \\ z \end{bmatrix} = \begin{bmatrix} 1 & 0 & 0 \\ 0 & \cos\nu & \sin\nu \\ 0 & -\sin\nu & \cos\nu \end{bmatrix} \begin{bmatrix} x \\ y \\ z \end{bmatrix} = \begin{bmatrix} x \\ y \cdot \cos\nu + z \cdot \sin\nu \\ -y \cdot \sin\nu + z \cdot \cos\nu \end{bmatrix} \tag{2.8}$$

採用坐標旋轉矩陣，因之可以有效地描述坐標轉換之關係。相似地，若沿第二軸或第三軸旋轉 ν 角度，其所對應之旋轉矩陣將分別為

$$R_2(\nu)=\begin{bmatrix}\cos\nu & 0 & -\sin\nu\\ 0 & 1 & 0\\ \sin\nu & 0 & \cos\nu\end{bmatrix} \tag{2.9}$$

及

$$R_3(\nu)=\begin{bmatrix}\cos\nu & \sin\nu & 0\\ -\sin\nu & \cos\nu & 0\\ 0 & 0 & 1\end{bmatrix} \tag{2.10}$$

由於 ***i***- 坐標系統與 ***e***- 坐標系統之原點相同，可利用上述基本旋轉矩陣說明此二坐標系統之轉換關係。

假設一點位 $\boldsymbol{r}$ 於 ***i***- 坐標系統與 ***e***- 坐標系統之坐標表示分別為 $\boldsymbol{r}^{[i]}$ 與 $\boldsymbol{r}^{[e]}$。如圖 2.1 所示，***i***- 坐標系統與 ***e***- 坐標系統主要差別在於慣性參考子午線(春分點子午線)與主子午線之差異。令 Θ 為此二子午線之夾角(由春分點子午線起算)，則若知道 $\boldsymbol{r}^{[i]}$ 即可透過下述轉換推算出 $\boldsymbol{r}^{[e]}$

$$\boldsymbol{r}^{[e]}=\boldsymbol{R}_3(\Theta)\boldsymbol{r}^{[i]} \tag{2.11}$$

或

$$\begin{aligned} x_e &= x_i\cdot\cos\Theta+y_i\cdot\sin\Theta\\ y_e &= -x_i\cdot\sin\Theta+y_i\cdot\cos\Theta\\ z_e &= z_i \end{aligned} \tag{2.12}$$

因此若以 $\boldsymbol{C}_i^e$ 代表由 ***i***- 坐標系統至 ***e***- 坐標系統之轉換矩陣，則

$$\boldsymbol{C}_i^e=\boldsymbol{R}_3(\Theta) \tag{2.13}$$

此處之 Θ 又稱為恆星時角(sidereal hour angle)。令 t 為零時起算之時間而 Θ_g 為零時之格林威治時角(Greenwich hour angle)，則

$$\Theta=\Theta_g+\dot{\Omega}_E\cdot t \tag{2.14}$$

其中 $\dot{\Omega}_E$ 爲地球自轉率。因此若知道時差，則可推算出轉換矩陣 $\boldsymbol{C}_i^e$。對於高精度之定位或製圖應用，***i***-坐標系統與 ***e***-坐標系統間之轉換得進一步考慮地球進動與章動等之影響，較完整之轉換矩陣可表爲

$$\boldsymbol{C}_i^e = \boldsymbol{C}_M \boldsymbol{C}_S \boldsymbol{C}_N \boldsymbol{C}_P \tag{2.15}$$

其中 $\boldsymbol{C}_P$ 代表進動之轉換矩陣、$\boldsymbol{C}_N$ 代表章動之轉換矩陣、$\boldsymbol{C}_S$ 代表地球自轉之轉換矩陣而 $\boldsymbol{C}_M$ 代表極軸運動之轉換矩陣。

速度向量爲位置向量隨時間變化之微分。不同坐標系統下速度轉換得考慮坐標系統隨時間之變化。令 $\boldsymbol{v}^{[i]}$ 與 $\boldsymbol{v}^{[e]}$ 分別爲 ***i***-坐標系統與 ***e***-坐標系統之速度向量，而 $\boldsymbol{r}^{[i]}$ 與 $\boldsymbol{r}^{[e]}$ 分別爲位置向量，則 $\boldsymbol{v}^{[i]}$ 與 $\boldsymbol{v}^{[e]}$ 間之關係爲

$$\boldsymbol{v}^{[e]} = \boldsymbol{R}_3(\Theta)\boldsymbol{v}^{[i]} + \dot{\boldsymbol{R}}_3(\Theta)\boldsymbol{r}^{[i]} = \boldsymbol{R}_3(\Theta)\boldsymbol{v}^{[i]} - \boldsymbol{\omega}_E \times \boldsymbol{r}^{[i]} \tag{2.16}$$

其中

$$\dot{\boldsymbol{R}}_3(\Theta) = \dot{\Omega}_E \begin{bmatrix} -\sin\Theta & \cos\Theta & 0 \\ -\cos\Theta & -\sin\Theta & 0 \\ 0 & 0 & 0 \end{bmatrix} \tag{2.17}$$

且 $\boldsymbol{\omega}_E$ 爲地球自轉向量 $\boldsymbol{\omega}_E = \begin{bmatrix} 0 & 0 & \dot{\Omega}_E \end{bmatrix}^T$。反之，

$$\boldsymbol{v}^{[i]} = \boldsymbol{C}_e^i \boldsymbol{v}^{[e]} + \boldsymbol{\omega}_E \times \boldsymbol{r}^{[e]} \tag{2.18}$$

2.1.3 大地基準

由國際天文學會與國際大地測量暨地球物理學會所成立之國際地球自轉與坐標系統服務(International Earth Rotation and Reference Systems Service, IERS)， 主要頒佈與提供有關地球自轉、天體參考系統與框架、大地參考系統與框架及與地球物理有關之模式、常數與標準。而國際地球坐標系統(International Terrestrial Reference System, ITRS) 規範地球坐標系統之原點、尺度、方向與時間單位以供不同之參考框架引用，至於國際地球坐標框架(International Terrestrial Reference Frame, ITRF) 則可視爲依循 ITRS 規範所定義之坐標。各框架利用一組位於地球表面之基準站組成全球網，並藉由精確之空間定位技術如 GNSS、極長基線干涉術(VLBI)、衛星雷射測距(SLR)、月球雷射測距(LLR) 及全球定位系統(DORIS) 等以確定基準站之坐標值與速度向量。由於地球板塊之變動與測量技術之提升等之因素，每隔數年 ITRS 即公告不同之國際地球坐

標框架。根據此一框架，許多大地基準(geodetic datum)得以訂定並藉由與 ITRF 間關係之建立與其他基準進行轉換。

大地基準是測定地球表面上任意點位之位置所必具之基礎。一大地基準描述了地球之大小、形狀、轉速、重力場等。大地基準依其適用範圍可分爲全球性與區域性。由於地球之表面不規則，其眞實形狀爲赤道地帶略爲膨脹而兩極地區略成扁平，故全球性之大地基準採用一參考橢圓球(reference ellipsoid)以描述地球之表面，如此一方面可以相當近似地表之眞實外型，另一方面，於數學計算並不複雜。目前最通行的全球性大地基準是美國國家影像與測繪局(National Imagery and Mapping Agency, NIMA)所頒訂之 WGS-84(World Geodetic System, 1984)系統，爲協議地球坐標系統(Conventional Terrestrial Reference System, CTRS)之一特定實現。此一直角坐標系統參考橢球中心位於地球(包含海洋與大氣)之質量中心。基準之子午平面切割 IERS 所定義之參考子午線(IERS Reference Meridian, IRM)，亦即其第一軸沿赤道指向參考子午線之方向。此一橢球系統之第三軸則指向 IERS 所定義之參考極軸(IRES Reference Pole, IRP)之方向，至於第二軸則分別與第一軸與第三軸垂直而構成一直角坐標系統。參考圖 2.2，若沿任一子午線縱切此一橢球則可得一橢圓形之地表參考面。但若沿赤道橫切此一橢球，可得一正圓。圖 2.3 爲沿任一子午線所得之剖面圖。圖中之橢圓即爲參考橢球之投影其半長軸(semi major axis)或赤道半徑爲 a_E，而半短軸(semi minor axis)或極半徑爲 b_E。除了參考橢圓外，於圖中亦繪出了大地水準面(geoid)以及眞實地表面。大地水準面一般係以平均水平面來定義，而參考橢圓參數之決定係令參考橢圓與大地水準面之誤差愈小越好。參考橢圓之扁率(flattening)定義爲

$$f_E = \frac{a_E - b_E}{a_E} \tag{2.19}$$

而其離心率(eccentricity)則爲

$$e_E = \sqrt{\frac{a_E^2 - b_E^2}{a_E^2}} \tag{2.20}$$

大地基準系統除了定義了參考橢球之大小外，同時定義了地球之重力場常數値μ、自轉角速度$\dot{\Omega}_E$、眞空光速 c 及地球重力場不同階數之區段諧振係數(zonal coefficient)等。表 2.1 爲 WGS-84 系統之各參數值。由於 GPS 採用 WGS-84 大地基準，故隨著 GPS 應用之推廣，許多測繪與導航均亦相繼引用此一基準，目前已衍然成爲大地基準

或地球固定坐標系統之代表。至於其他導航衛星座統亦分別以 ITRF 爲依據，發展並維護定位用之坐標系統。例如，Galileo 系統採用稱之爲 GTRS(Galileo Terrestrial Reference System)之坐標系統，而 GLONASS 採用 PZ-90(Earth Parameter System, 1990)之坐標系統。

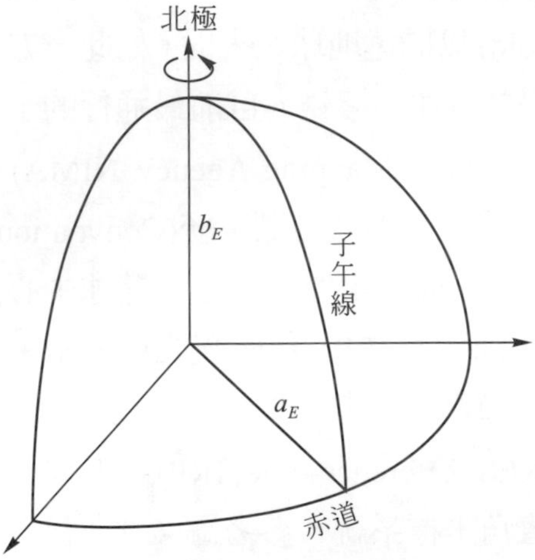

圖 2.2　橢球表示

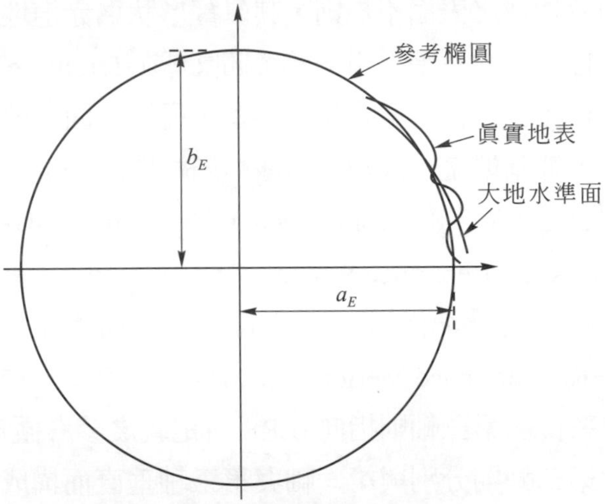

圖 2.3　參考橢圓與大地水準面

表 2.1　WGS-84 系統之參數

參數		數值	
半長軸、赤道半徑	a_E	6378137.0	m
半短軸、極半徑	b_E	6356752.3142	m
扁率	f_E	1/298.25722563	
地球重力場常數	μ	3986005×10^{8}	m^3/sec^2
地球自轉角速度	$\dot{\Omega}_E$	7292115×10^{-11}	rad/sec
第二階區段諧振係數	J_2	1082630×10^{-9}	
眞空光速	c	299792458	m/sec

由於大地基準係以橢球近似地球而沿著子午縱切地球可得一橢圓，此時會造成不同緯度之定義。參照圖 2.4 之說明，令 P 點位於一大地參考橢圓上，所謂地心緯度 ϕ' 係指由地心 O 至 P 點之線段與赤道面之夾角，即 $\phi' = \measuredangle AOP$。除了地心緯度 ϕ' 外，在測量與導航時亦定義出大地緯度 (geodetic latitude) ϕ 及減化緯度(reduced latitude) β。如圖 2.4 所示，由於橢圓之半長軸爲 a_E 故可取相同原點繪出一半徑爲 a_E 之外接圓。另繪出通過 P 點且垂直於赤道面之線段。若 Q 爲此一線段與外接圓之交點，此一交點因之定義出減化緯度 $\beta = \measuredangle AOQ$ 如圖 2.4 所示。減化緯度可視同由地心至 Q 點之線段與赤

道面之夾角。另外若於 P 點上繪出垂直於橢圓之線段，此一線段與赤道面之夾角即為大地緯度 $\phi = \measuredangle AMP$，如圖 2.5 所示。

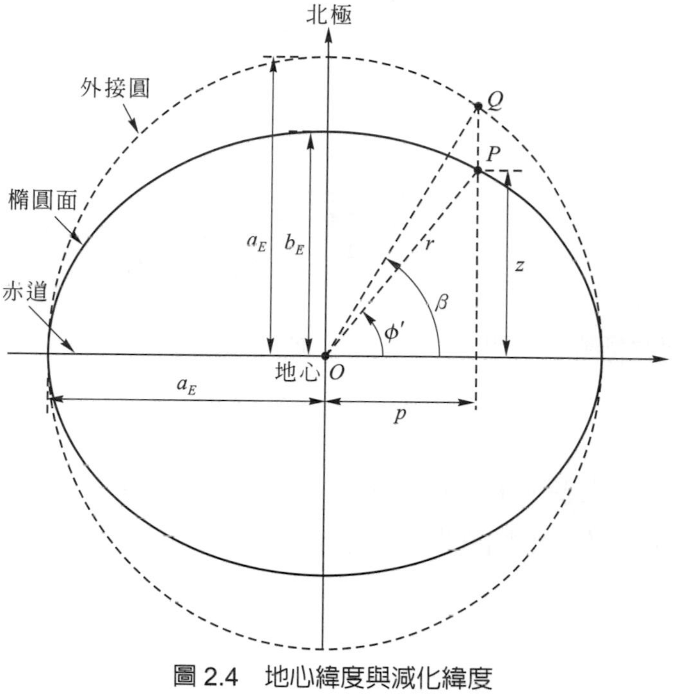

圖 2.4　地心緯度與減化緯度

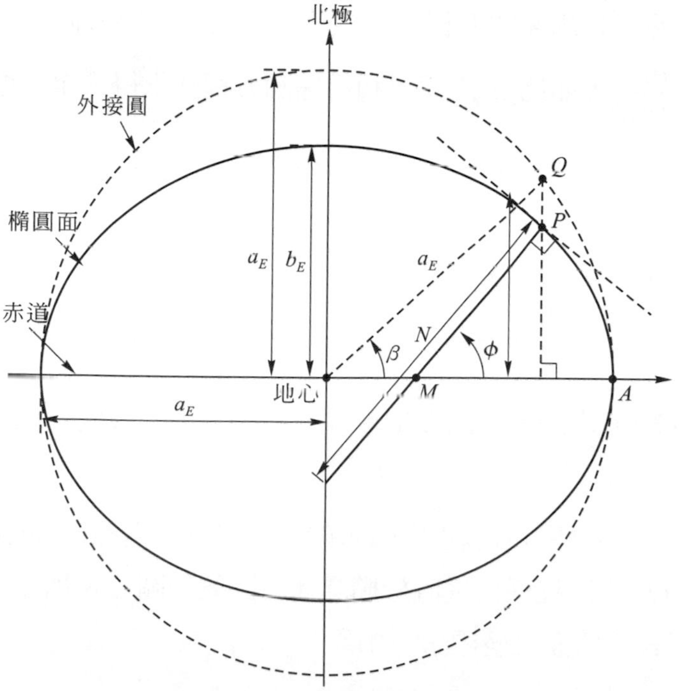

圖 2.5　減化緯度與大地緯度

了解此三種緯度之定義後，可分別描述 P 點之坐標 (p, z) 如下。若 P 點與地心之距離為 r，則

$$p = r \cdot \cos\phi' \quad 和 \quad z = r \cdot \sin\phi' \tag{2.21}$$

由於 P 點位於橢圓上，p 與 z 需滿足橢圓方程式 $\frac{p^2}{a_E^2} + \frac{z^2}{b_E^2} = 1$，也因此 r 與 ϕ' 之關係為

$$\frac{1}{r} = \sqrt{\frac{\cos^2\phi'}{a_E^2} + \frac{\sin^2\phi'}{b_E^2}} \tag{2.22}$$

另外若由減化緯度之觀點，P 點之坐標 (p, z) 應滿足

$$p = a_E \cdot \cos\beta \quad 和 \quad z = b_E \cdot \sin\beta \tag{2.23}$$

方程式(2.23) 中之 z 值主要利用橢圓方程式求得。再者若令 N 為橢圓於 P 點之曲率半徑(radius of curvature) 又稱卯酉圈曲率半徑，則 p 與 z 可利用大地緯度以描述之

$$p = N \cdot \cos\phi \quad 和 \quad z = \frac{b_E^2}{a_E^2} \cdot N \cdot \sin\phi \tag{2.24}$$

方程式(2.24) 之推導可利用橢圓方程式之微分，建立其法線方向之向量以確認大地緯度 ϕ 應滿足 $\tan\phi = \frac{a_E^2 z}{b_E^2 p}$，如此 z 之值可利用橢圓方程式求得。至於曲率半徑亦可根據橢圓方程式計算為 $N = \frac{a_E}{\sqrt{1 - e_E^2 \cdot \sin^2\phi}}$。若對上項三種表示方式(2.21)、(2.23) 與(2.24) 加以運算可推算出 ϕ'、β 與 ϕ 之關係如下：

$$\tan\phi' = (1 - f_E)\tan\beta = (1 - f_E)^2 \tan\phi \tag{2.25}$$

其中 f_E 為定義於(2.19) 之扁率。由於地球扁率甚小，地心緯度、減化緯度與大地緯度是相近的。

在大地基準系統中之點位可利用大地緯度 ϕ、經度 λ 與橢球高(ellipsoidal height) h 以描述。所謂橢球高或高程係指垂直於橢圓面之距離如圖 2.6 所示。因此若一點位 S 之橢球高為 h，則其於切面之坐標 (p', z') 為

$$p' = p + h \cdot \cos\phi \quad 和 \quad z' = z + h \cdot \sin\phi \tag{2.26}$$

而 (p, z) 則爲橢圓上次緯度(sub-latitude)點 P 之坐標。因此，由大地基準坐標之表示式 (ϕ, λ, h) 可轉換成地球固定坐標如下

$$\boldsymbol{r}^{[e]} = \begin{bmatrix} x_e \\ y_e \\ z_e \end{bmatrix} = \begin{bmatrix} p'\cdot\cos\lambda \\ p'\cdot\sin\lambda \\ z' \end{bmatrix} = \begin{bmatrix} (N+h)\cdot\cos\phi\cdot\cos\lambda \\ (N+h)\cdot\cos\phi\cdot\sin\lambda \\ (N(1-e_E^2)+h)\cdot\sin\phi \end{bmatrix} \tag{2.27}$$

反之如欲由 x_e、y_e 與 z_e 推算相對應之 ϕ、λ 與 h 則得藉由疊代與三角函數方式以求解。

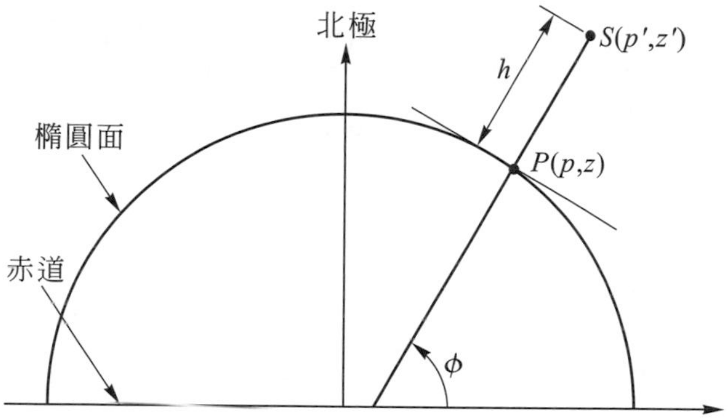

圖 2.6　橢球高

由於大地水準面與參考橢球面之差異，對於高度之定義會隨基準之不同而異。如圖 2.7 所示，相較於大地水準面之正高(normal-orthometric height) H 與相較於參考橢球面之橢球高 h 會隨大地起伏(geoidal undulation) N 而異，關係式爲

$$N = h - H \tag{2.28}$$

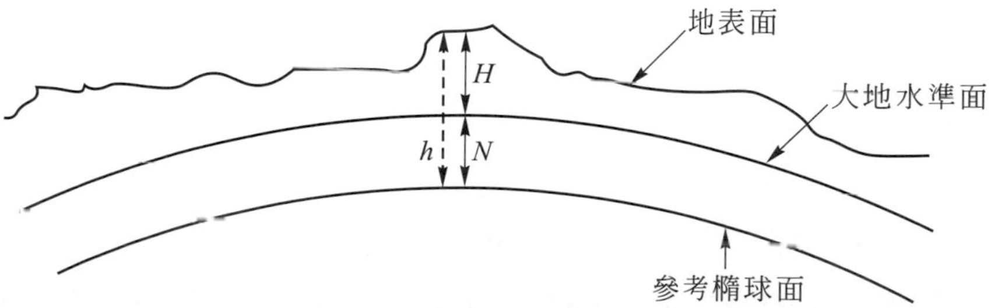

圖 2.7　橢球高與大地起伏

除全球性大地基準外，各國家或地區往往建立區域性基準以利測繪與地籍管理。目前習用的大地基準將三維之坐標系統分爲水平與垂直兩組基準面。平面大地基準是建構於一個參考橢球體之上，並藉由 8 組參數分別爲半長軸、扁率、測定原點之經緯度坐標值、原點對一參考點方位角、原點之大地起伏值與垂線偏垂量予以定義。台灣

地區舊有之水平基準係採用 GRS-67(Geodetic Reference System, 1967) 橢圓球爲基礎並以埔里之虎子山一等三角點爲起算點，垂直之高程基準則以基隆驗潮站 18.6 年之平均潮位爲水準基點。近年來隨著 GPS 衛星定位技術的進步及其施測便利與高精度成果的特性，目前已建立一個適用於台灣地區之 TWD97 (Taiwan Datum, 1997) 系統。此一系統之建構係依循 ITRF 之規範，並採用與 WGS-84 相同之 GRS-80(Geodetic Reference System, 1980) 大地參考系統。表 2.2 比較二者之差異。值得留意的是此二台灣地區之坐標系統並不一致，於測繪與導航應用時得進行坐標轉換。

表 2.2 TWD67 與 TWD97 坐標系統之比較

坐標系統 / 項目	TWD67 (虎子山坐標系統)	TWD97 (1997 台灣大地基準)
參考橢球體	GRS-67	GRS-80
半長軸 a_E	6378160 m	6378137 m
扁率 f_E	1/298.247167427	1/298.257222101
測量觀測技術	三角三邊	GPS
坐標原點	虎子山	ITRF 基準站
起始點坐標來源	天文測量	太空大地測量技術
坐標系統型式	區域	全球
主要坐標分量	平面	三維
高程種類	正高	橢球高

2.1.4 本地水平系統

本地水平系統可直接提供導航者方位、航向等訊息，在導航上應用廣泛。本地水平系統之原點有些定義在導航者所處之點位亦有些定義在地心，其第一軸 $\boldsymbol{n}_1$ 指向點位之東方，第二軸 $\boldsymbol{n}_2$ 指向北方，而第三軸 $\boldsymbol{n}_3$ 則根據直角坐標系統之法則指向垂直上方；如此定義的本地水平系統因之又名 ENU(east-north-up) 系統，以 $\boldsymbol{n}$- 坐標系統表之。本地水平系統的定義往往視導航者之需要而有所差別。例如，有些習慣採用北方、東方與向下之系統以構成本地水平系統稱之爲 NED(north-east-down) 系統。圖 2.8 說明了本地水平系統與其他系統之關係。

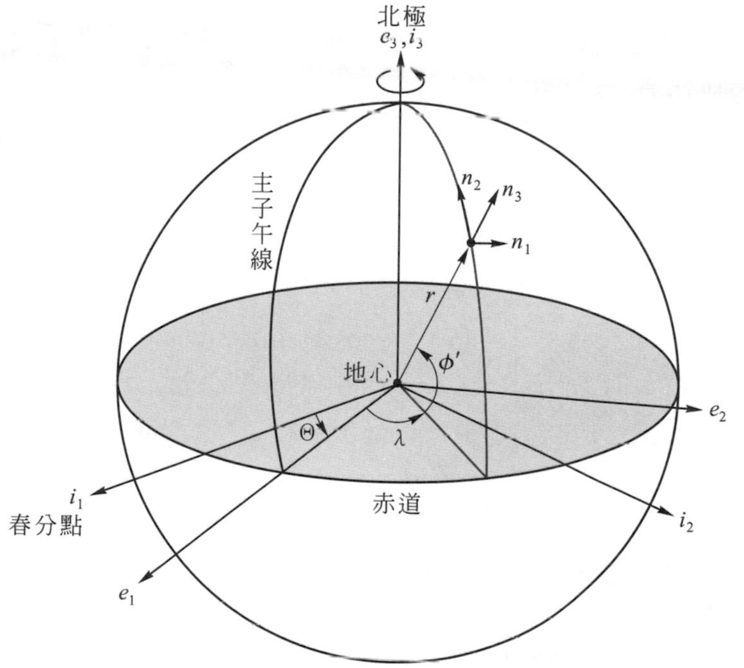

圖 2.8 各坐標系統之關係

二個不同坐標系統間之關係可藉由坐標轉換來描述。假設 ***n*-** 坐標系統的原點於地心。若以 C_e^n 代表由 ***e*-** 坐標系統至 ***n*-** 坐標系統之轉換矩陣，則 C_e^n 可經由下述三步驟以建立之。首先由 ***e*-** 坐標系統開始先沿第三軸旋轉經度λ之角度，如此新的坐標系統其第一軸與第三軸位於本地之橢圓縱切面、第三軸指向北極而第二軸則指向本地東方。接著沿著新的第二軸旋轉 $\frac{\pi}{2}-\phi'$ 之角度其中ϕ'爲地心緯度，則經此一轉換第一軸指向本地南方、第二軸維持在本地東方、而第三軸則指向本地上方。最後沿本地上方旋轉 $\frac{\pi}{2}$ 則可得到東方、北方與上方之坐標系統，故

$$C_e^n = R_3(\frac{\pi}{2})R_2(\frac{\pi}{2}-\phi')R_3(\lambda) = \begin{bmatrix} -\sin\lambda & \cos\lambda & 0 \\ -\cos\lambda\cdot\sin\phi' & -\sin\lambda\cdot\sin\phi' & \cos\phi' \\ \cos\lambda\cdot\cos\phi' & \sin\lambda\cdot\cos\phi' & \sin\phi' \end{bmatrix} \tag{2.29}$$

一旦取得了 C_i^e 與 C_e^n，則可推算由 ***i*-** 坐標系統至 ***n*-** 坐標系統之轉換矩陣 C_i^n 如下

$$C_i^n = C_i^e C_e^n = R_3(\Theta)R_3(\frac{\pi}{2})R_2(\frac{\pi}{2}-\phi')R_3(\lambda) = R_3(\frac{\pi}{2}+\Theta)R_2(\frac{\pi}{2}-\phi')R_3(\lambda) \tag{2.30}$$

由於矩陣之乘法不具交換性，故得留意轉換之次序。

轉換矩陣爲可逆之矩陣，故如欲推算由 **n**- 坐標系統至 **e**- 坐標系統之轉換矩陣 $\boldsymbol{C}_n^e$ 則可利用矩陣倒數(inverse)求得

$$\boldsymbol{C}_n^e = (\boldsymbol{C}_e^n)^{-1} = \boldsymbol{R}_3(-\lambda)\boldsymbol{R}_2(\phi' - \frac{\pi}{2})\boldsymbol{R}_3(-\frac{\pi}{2}) \tag{2.31}$$

但在實用上由於轉換矩陣亦具正交性(orthogonality)，故其倒數實爲其轉置，因此

$$\boldsymbol{C}_n^e = (\boldsymbol{C}_e^n)^T = \begin{bmatrix} -\sin\lambda & -\cos\lambda\cdot\sin\phi' & \cos\lambda\cdot\cos\phi' \\ \cos\lambda & -\sin\lambda\cdot\sin\phi' & \sin\lambda\cdot\cos\phi' \\ 0 & \cos\phi' & \sin\phi' \end{bmatrix} \tag{2.32}$$

前述之 **n**- 坐標系統是假設原點位於地心，若 **n**- 坐標系統定義原點於導航者之點位，則得於轉換時兼顧位移。以圖 2.9 爲例若導航者之點位於 **e**- 坐標系統之表示爲 $\boldsymbol{r}^{[e]} = \begin{bmatrix} r\cdot\cos\phi'\cdot\cos\lambda \\ r\cdot\cos\phi'\cdot\sin\lambda \\ r\cdot\sin\phi' \end{bmatrix}$ 且另一點位 Q 相較於導航者於 **n**- 坐標系統之表示爲 $\boldsymbol{q}^{[n]}$，則 Q 點位於 **e**- 坐標系統之表示爲

$$\boldsymbol{q}^{[e]} = \boldsymbol{r}^{[e]} + \boldsymbol{p}^{[e]} = \boldsymbol{r}^{[e]} + \boldsymbol{C}_n^e\boldsymbol{q}^{[n]} \tag{2.33}$$

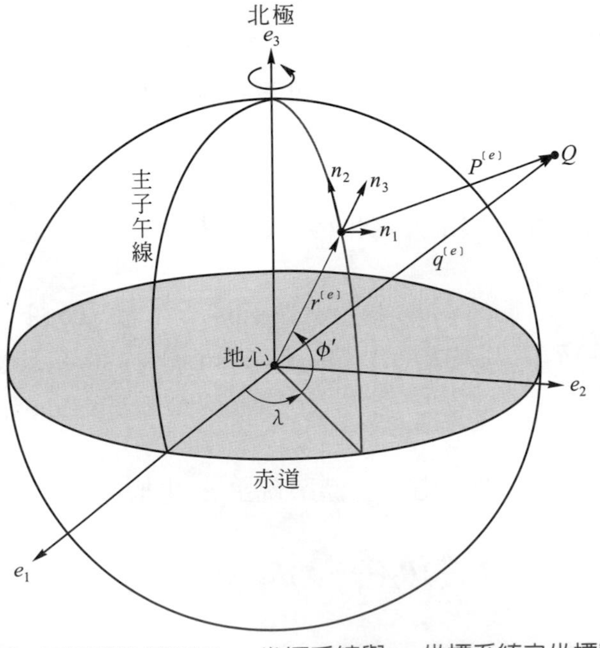

圖 2.9　不同原點情況下 **n**- 坐標系統與 **e**- 坐標系統之坐標轉換

因此若由 ***n***- 坐標系統轉換至 ***e***- 坐標系統，則在旋轉完成後得進行位移。反之，若由 ***e***- 坐標系統轉換至 ***n***- 坐標系統，則得先行位移修正後再行旋轉

$$\boldsymbol{q}^{[n]} = \boldsymbol{C}_e^n\left(\boldsymbol{q}^{[e]} - \boldsymbol{r}^{[e]}\right) \tag{2.34}$$

本地水平系統由於以導航者爲原點，故可以用以描述目標相較於導航者之關係。若目標 Q 相較於導航者於 ENU 或 ***n***- 坐標系統之表示爲 $\boldsymbol{q}^{[n]}$ 且 $\boldsymbol{q}^{[n]} = \begin{bmatrix} x_n & y_n & z_n \end{bmatrix}^T$，則可計算出目標 Q 相較於導航者之方位角(azimuth) α 與仰角(elevation) ε 如下

$$\alpha = \text{arc}\ \ \tan(x_n, y_n) \tag{2.35}$$

與

$$\varepsilon = \sin^{-1}\left(\frac{z_n}{\sqrt{x_n^2 + y_n^2 + z_n^2}}\right) \tag{2.36}$$

於導航上，一般視北方爲方位角之零度。

衛星繞地球運行時，方位角與仰角會隨時間改變。假設地球爲半徑爲 a_E 之圓球，若衛星離地表之高度爲 h，則可參考圖 2.10 計算衛星 S 與觀測者 R 間之距離(slant range) d 與仰角 ε 之關係。由地心 O 至衛星 S 之連線與地球表面之交點 P 一般稱之爲星下點(subsatellite point)意指該點位於衛星正下方。若觀測者位於星下點則衛星處於天頂(zenith)相當於 90 度仰角。令 β 爲天底角(nadir angle)而 ϕ 爲地心角則根據三角形邊長與角度正弦公式可知

$$\frac{\sin\beta}{a_E} = \frac{\sin(\varepsilon + \pi/2)}{a_E + h} = \frac{\sin\phi}{d} \tag{2.37}$$

但由於 $\beta + \varepsilon + \phi = \pi/2$，故可計算出距離 d 爲

$$d = \sqrt{(a_E + h)^2 + a_E^2(\sin^2\varepsilon - 1)} - a_E\sin\varepsilon \tag{2.38}$$

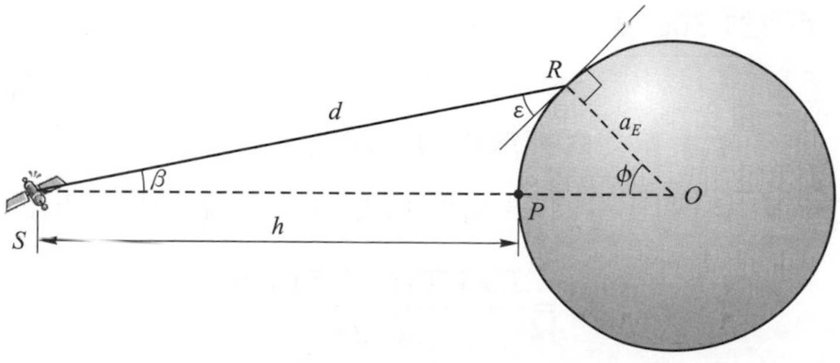

圖 2.10　衛星之觀測

2.2 時間系統

正如描述空間可採用不同之坐標系統一樣，於導航應用對於時間之描述亦可採不同之時間系統描述包含恆星時(sidereal time)、動態時(dynamic time)及原子時(atomic time)等。早期人們之生活，日出而作日入而息，一切以太陽作爲計時與曆書之依據。所謂太陽時(solar time)係以太陽觀測與日影記錄爲參考之計時標準。但是由於地球繞日公轉之速度並不均勻且赤道面與黃道面間有傾斜，故太陽時並非一均勻之時間系統。但是，習慣上，日期之表示仍以年、月與日爲之。對於導航而言日期之表示方式另有幾種方式。儒略日(Julian Date, JD)係由公元前 4713 年 1 月 1 日協定世界時之正午起算所經歷之天數，由於不受制於年月進位廣泛爲天文學家採用。令年、月、日與時分別爲 year、month、day 與 hour，則儒略日 JD 爲

$$\text{JD} = \text{int}(365.25Y) + \text{int}(30.6001(M+1)) + \text{day} + \text{hour}/24 + 1720981.5 \tag{2.39}$$

其中若 month > 2，則 Y= year 且 M= month；反之若 month ≤ 2，則 Y= year − 1 且 M= month + 12。方程式(2.39)中之 int 運算表示取整數部分。舉例而言，2000 年元月一日正午之 JD 值爲 2451545 日，此一 JD 值一般又稱之爲 J2000。GPS 之起算日爲 1980 年一月六日零時，其 JD 值爲 2444244.5 日。

由於地球自轉，故時間之參考可以利用主子午線與某一恆星所處之子午線間之夾角稱之爲時角以計時。所謂世界時(Universal Time, UT)或格林威治時間(Greenwich mean time, GMT)係以太陽爲基準並根據地球之自轉相較於太陽計時，相當於格林威治相鄰兩次觀測太陽經過中天的平均時間間隔。由於地球之自轉速度並不固定再加上公轉效應，故世界時並非一均勻之時間系統。恆星時或格林威治恆星時(Greenwich mean sidereal time, GMST)用以描述地球之自轉其定義爲主子午線相對於春分點之時角。一恆星日相當於地球轉動 360 度。以世界時計算，一太陽日之時間爲 24 小時但若以恆星時計算則一恆星日約 23 小時 56 分鐘。爲因應 UT 之不均勻，可針對極軸運動進行修正而得 UT1。此一 UT1 可視自轉爲均勻的運動，故較有利於計時。若知曉 UT1 可以利用下列方式計算 GMST。令 T_U 爲儒略日 UT1 之儒略世紀(Julian century)

$$T_U = \frac{\text{JD(UT1)} - 2451545}{36525} \tag{2.40}$$

則於 UT1 之 GMST 爲

$$\begin{aligned}\mathrm{GMST(UT1)} = 24110.54841 + 8640184.812866T_U + 0.093104T_U^2 \\ - 0.0000062T_U^3 + 1.002737909350795 \times \mathrm{UT1}\end{aligned} \tag{2.41}$$

上式之單位爲秒而 1.002737909350795 爲太陽時與恆星時間之轉換因子。

動態時間之發展主要顧慮到地球轉動之不均勻而將太陽、月球等星球之影響一併考慮，期以建立一足供計算太陽系內衛星飛行軌跡與進行天文觀測之參考。動態時間之發展亦經歷不同之階段，目前以大地時間(terrestrial time, TT) 較常被使用。此一時間由國際天文聯盟(International Astronomical Union, IAU)所定義並以原子時之一秒爲計時單位。原子時則根據分佈全球各地約 130 原子鐘經過對時後建立之均勻時間系統，稱之爲國際原子時(International Atomic Time, TAI)爲目前通用的時間參考標準。TAI 定義時間單位的 1 秒爲銫 133 原子輻射電磁波週期之 9192631770 倍。世界時透過國際原子時進行修正後，則爲協定世界時(Coordinated Universal Time, UTC)。此一修正主要要求 UT1 與 UTC 間之誤差應低於 0.9 秒。若有必要，對於 UTC 進行之潤秒修正於每年元月一日零時或七月一日零時進行。採用原子鐘計時之穩定度是比較高的。以銫原子鐘爲例，其穩定度約爲 10^{-12} 至 10^{-14}。相較而言，動態時間(考慮太陽與月球效應但未採原子時計時之前) 之穩定度約爲 10^{-10}，而地球自轉計時之穩定度約爲 10^{-8}。世界各國均維持一本地之標準時間或協定世界時。所謂 UTC(USNO) 係美國海軍天文台(U. S. Naval Observatory, USNO) 所維持的協定世界時。UTC(SU) 則指俄羅斯之協定世界時。台灣目前 UTC 之維持與廣播則由交通部電信研究所負責。

上述不同時間之關係有些是固定的有些卻會隨時間而更動。大地時間與國際原子時之間維持一固定約 32.184 秒之時間差

$$\mathrm{TT} = \mathrm{TAI} + 32.184\ \mathrm{s} \tag{2.42}$$

而 TAI 與 UTC 間之有整秒之差異。於 2000 年 TAI 較 UTC 快 32 秒，於 2011 年 TAI 領先 UTC 達 34 秒。至於 UTC 與 UT1 之間之差異由於 UT1 並不仰賴原子鐘計時故其間之關係較複雜一般利用下式說明

$$\mathrm{UT1} = \mathrm{UTC} + \mathrm{dUT1} \tag{2.43}$$

其中 dUT1 可以利用查表之方式取得。至於 TT 與 UT1 之間之差別亦會隨時間而異。

圖 2.11 說明以 TAI 爲基準說明各不同時間之差異。

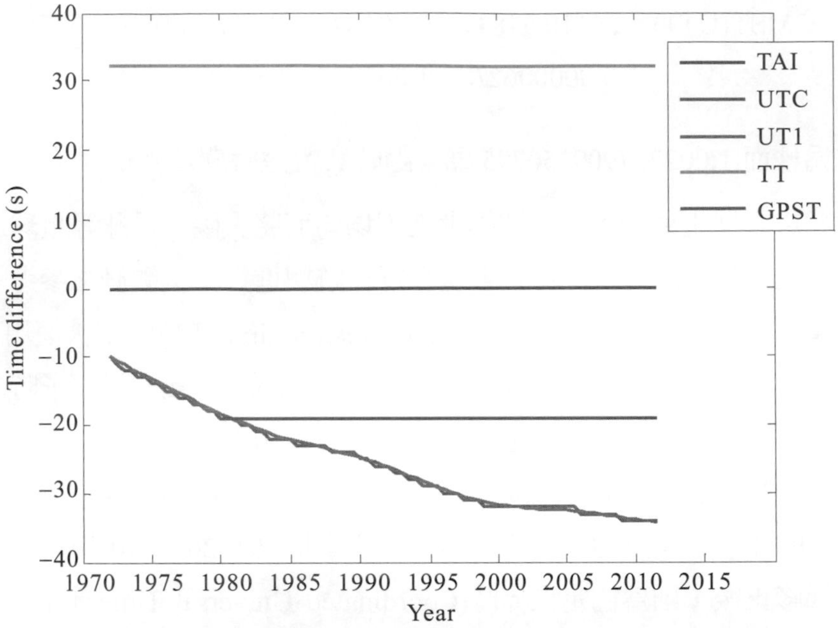

圖 2.11　各不同時間之差異

GPS 之計時採用週數與一週內時間秒數作爲單位。若給定儒略日之 JD 值，則 GPS 週數爲

$$\text{week}=\text{mod}(\text{int}((JD-2444244.5)/7),1024) \tag{2.44}$$

這其中，mod 代表將 int((JD−2444244.5)/7) 除以 1024 後取餘數部分。GPS 由於採用 10 位元來表示週數故其週數由 0 至 1023。每超過 1023，會有進位與重置之現象。於每一週，GPS 以週日零時爲起算時間。

GPS 之系統時間(GPST)主要由美國海軍天文台利用原子鐘加以維護，因此 GPS 之系統時間可視爲一連續之原子時；GPST 與 TAI 差了 19 秒。由於 UTC 會受到潤秒修正之影響，故 GPS 之系統時間與 UTC 之差異會有變化。事實上，於 1980 年當 GPS 開始運作，GPS 之系統時間與 UTC 是沒有秒差的但到了 1990 年元月二者間有 6 秒之差異，到了 2000 年此一差異增大至 13 秒，到了 2010 年元月此一差異擴大到 15 秒；可參考圖 2.11。其他 GNSS 亦均利用原子鐘系統以維持時間。Galileo 採用 Galileo 系統時間(GST)以計時，此一時間由 1999 年 8 月 22 日零時開始計時。爲了與 GPS 相容共用，Galileo 與 GPS 同時彼此傳送彼此之時間差。GLONASS 系統時間之設計與

UTC(SU) 有三小時差異並有潤秒之修正。由於時間系統之不一致，於利用多星座進行定位或定時之場合得留意時間系統與坐標系統之差異。表 2.3 說明不同 GNSS 之系統時間。

表 2.3　不同 GNSS 之時間

系統時間	時間特性	計時起始	註
GPS 系統時間	連續之原子時	1980/1/6 0h (UTC)	
GLONASS 系統時間	有潤秒之修正		與 UTC(SU) 同步
Galileo 系統時間	連續之原子時	1999/8/22 0h (UTC)	
北斗系統時間	連續之原子時	2006/1/1 0h (UTC)	

2.3　衛星軌道

軌道力學(orbital mechanics)探討自然或人造物體在萬有引力影響下之運動方式。由於 GNSS 定位有賴正確的衛星位置資訊，故在探討 GNSS 定位問題時有必要了解軌道力學。軌道力學之發展可追溯至古希臘亞理士多德(Aristotle)、托勒密(Ptolemy)等對天體運動之觀察與探討。有名之科學家如克卜勒(Kepler)、伽利略(Galileo)與牛頓(Newton)等均對軌道力學之發展有所貢獻。本節將首先說明雙體(two-body)系統之動態與軌道參數(orbital elements)，然後針對衛星軌道之擾動加以說明。

2.3.1　雙體系統之動態

衛星繞地球運行之軌跡可藉由受重力影響下地球與衛星雙體系統動態加以說明。假設地球之質量爲 M_E，衛星之質量爲 m 且二者相距 r，則根據牛頓萬有引力定律，衛星相對於地球之運動方程式爲

$$\frac{d^2\boldsymbol{r}}{dt^2}+\frac{G(M_E+m)}{r^3}\boldsymbol{r}=\boldsymbol{0} \tag{2.45}$$

其中 $\boldsymbol{r}$ 爲由地球至衛星之向量，G 爲萬有引力常數(universal gravitational constant)，而 r 爲 $\boldsymbol{r}$ 之長度或地心至衛星之距離，即 $r=\|\boldsymbol{r}\|$。假設 M_E 遠大於 m 且令 $\mu=GM_E$ 則(2.45)可近似成

$$\frac{d^2\boldsymbol{r}}{dt^2}+\frac{\mu}{r^3}\boldsymbol{r}=\boldsymbol{0} \tag{2.46}$$

對於此一考慮地球爲均勻球體且不受外力影響之雙體系統，加速度向量爲位置向量之函數。原則上若知道某一時間之位置向量，則可推算相對應之加速度向量；經由積分運算則可計算出速度與位置於一特定時間間隔之變化量。因此若取得某一時間之位置與速度向量，應用此方程式可推算出任一時刻之位置與速度向量。由於位置與速度向量均爲三維，故此一雙體系統之狀態變數爲六。軌道力學建立此一雙體系統之性質並利用六項軌道參數以描述軌道。以下首先說明雙體系統之性質並介紹軌道參數及其與位置和速度之關係。

根據古典力學，可推論雙體系統之性質如下：

1. 此一雙體系統之質心不具加速度，因此可視爲一慣性系統之原點。
2. 此一系統之能量(specific energy)守恆。
3. 此一系統之角動量(specific angular momentum)守恆；因此，雙體之運動將限制於一垂直於角動量向量之平面。
4. 雙體系統中衛星之運動軌跡爲二次曲線(conic section)型式；即可能之軌道爲圓形、橢圓、拋物線或雙曲線。

欲驗證能量守恆可令 $\boldsymbol{r}=r\boldsymbol{e}$ 其中 $\boldsymbol{e}$ 爲長度爲 1 之單位向量。此時速度向量 $\boldsymbol{v}$ 可寫成

$$\boldsymbol{v}=\frac{d\boldsymbol{r}}{dt}=\dot{r}\boldsymbol{e}+r\frac{d\boldsymbol{e}}{dt} \tag{2.47}$$

若取 $\boldsymbol{v}$ 與 (2.46) 之左項之內積可推論出

$$v\dot{v}+\frac{\mu}{r^3}r\dot{r}=0 \tag{2.48}$$

其中 v 爲速度量，即 $v=\|\boldsymbol{v}\|$。若將(2.48) 予以積分則得

$$\frac{v^2}{2}-\frac{\mu}{r}=E_m \tag{2.49}$$

方程式(2.49) 之 E_m 爲一常數代表此一雙體系統的總機械能，其中 $\frac{v^2}{2}$ 爲動能而 $-\frac{\mu}{r}$ 爲位能。此一系統的總機械能無疑地是守恆地。角動量向量 $\boldsymbol{h}$ 之定義爲位置向量與速度向量之外積，即

$$\boldsymbol{h}=\boldsymbol{r}\times\boldsymbol{v} \tag{2.50}$$

若對 $\boldsymbol{h}$ 進行微分並代入(2.46)可得

$$\frac{d\boldsymbol{h}}{dt}=\frac{d}{dt}(\boldsymbol{r}\times\dot{\boldsymbol{r}})=\dot{\boldsymbol{r}}\times\dot{\boldsymbol{r}}+\boldsymbol{r}\times\ddot{\boldsymbol{r}}=\boldsymbol{0}+\boldsymbol{r}\times\left(-\frac{\mu}{r^3}\boldsymbol{r}\right)=\boldsymbol{0} \tag{2.51}$$

在(2.51)中由於向量本身取外積爲零，故可推論角動量向量 $\boldsymbol{h}$ 爲一守恆量。根據(2.50)之定義，位置向量 $\boldsymbol{r}$ 與速度向量 $\boldsymbol{v}$ 均正交於角動量向量 $\boldsymbol{h}$，由於後者爲一守恆量故衛星之運動將被限制在與角動量向量垂直之平面上，此一平面即所謂的軌道平面(orbital plane)。事實上此一運動方程式爲二次曲線，說明如下。令

$$\boldsymbol{g}=-\boldsymbol{h}\times\boldsymbol{v}-\frac{\mu}{r}\boldsymbol{r} \tag{2.52}$$

此一向量 $\boldsymbol{g}$ 有時稱爲拉普拉斯(Laplace)向量。若取此一向量之微分可得

$$\frac{d}{dt}\boldsymbol{g}=\boldsymbol{0} \tag{2.53}$$

此即意謂 $\boldsymbol{g}$ 爲另一守恆量。若取 $\boldsymbol{g}$ 與 $\boldsymbol{r}$ 內積可得

$$\boldsymbol{r}\cdot\boldsymbol{g}=-\boldsymbol{r}\cdot(\boldsymbol{h}\times\boldsymbol{v})-\frac{\mu}{r}\boldsymbol{r}\cdot\boldsymbol{r} \tag{2.54}$$

將(2.50)代入(2.54)可得

$$gr\cos\nu=h^2-\mu r \tag{2.55}$$

其中 h 與 g 分別爲 $\boldsymbol{h}$ 與 $\boldsymbol{g}$ 向量之長度，即 $h=\|\boldsymbol{h}\|$ 與 $g=\|\boldsymbol{g}\|$，而 ν 爲 $\boldsymbol{g}$ 與 $\boldsymbol{r}$ 之夾角。對(2.55)進行整理可進一步推論出地球至衛星的距離 r 滿足

$$r=\frac{h^2}{\mu}\frac{1}{1+\dfrac{g}{\mu}\cos\nu} \tag{2.56}$$

此方程式爲二次曲線之通式。令 $p=\dfrac{h^2}{\mu}$ 及 $e=\dfrac{g}{\mu}$，則(2.56)可表示成

$$r=\frac{p}{1+e\cos\nu} \tag{2.57}$$

其中 e 爲離心率(eccentricity)決定了二次曲線之型式。當 $e>1$ 時，此一運動軌跡爲雙曲線；當 $e=1$ 時，則爲拋物線；當 $1>e>0$，則爲橢圓；而當 $e=0$ 時，則爲正圓形。ν爲向量 $\boldsymbol{r}$ 與參考軸之夾角又稱爲眞近點角(true anomaly)。p 可視同 ν爲 $\frac{\pi}{2}$ 時之距離值，一般稱 p 爲角徑(semilatur rectum)。在此描述衛星運動之二次曲線中，根據克卜勒第一定律，地球座落於其中之一焦點(focus)上。

由於 GNSS 衛星環繞地球運行，其軌跡一般爲近似圓形之橢圓軌道。如圖 2.12 之橢圓軌跡所示，令 A 與 B 分別爲衛星運行軌道上離地球最近與最遠的點，分別稱爲近地點(perigee)與遠地點(apogee)。橢圓之離心率 e 可定義爲橢圓中心至焦點 M 相較於橢圓中心至近地點 A 之距離比值。令 a 與 b 分別爲橢圓之半長軸與半短軸，則其離心率 e 亦可表爲

$$e=\sqrt{\frac{a^2-b^2}{a^2}} \tag{2.58}$$

由於 $a>b$ 故 e 介於 0 與 1 之間。半軸長描述衛星軌道之大小，而離心率描述軌道之形狀。離心率描述於橢圓軌道與眞圓之差異程度。

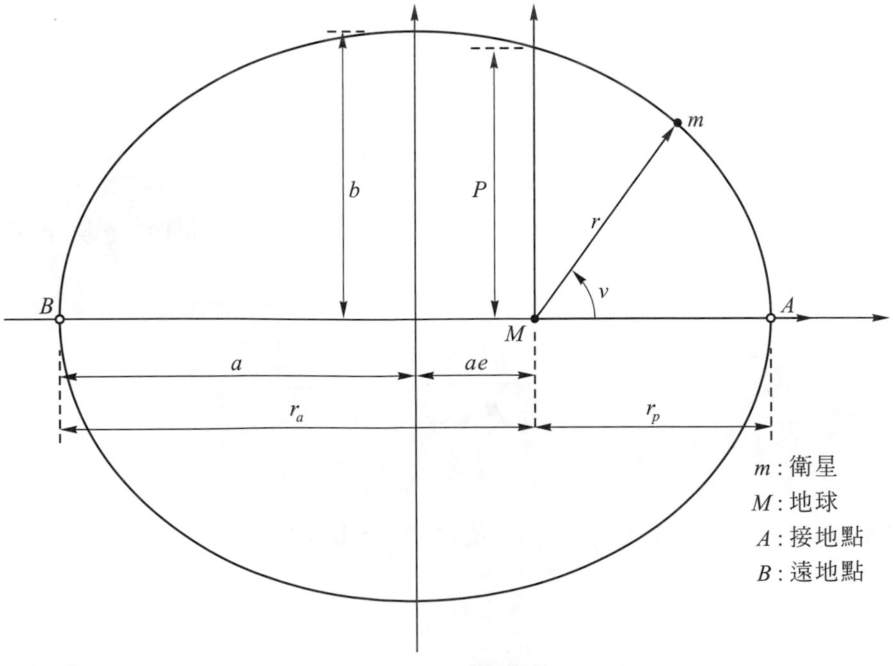

圖 2.12　橢圓軌跡

於近地點時，眞近點角爲零且距離以 r_p 表示；於遠地點時，眞近點角爲π而距離以 r_a 表示。r_p 與 r_a 之值分別爲

$$r_p = \frac{p}{1+e} \quad \text{和} \quad r_a = \frac{p}{1-e} \tag{2.59}$$

由於 $r_a + r_p = 2a$，故由(2.59)可推得 $p = a(1-e)^2$，也因此(2.57)之二次曲線之方程式可寫成

$$r = \frac{a(1-e^2)}{1+e\cos\nu} \tag{2.60}$$

此處，r 與ν均會隨時間而變化而 a 與 e 基本上可視爲常數。同時，角動量之值 h 等於

$$h = \sqrt{\mu a(1-e^2)} \tag{2.61}$$

假設於一微小時間 dt 內衛星沿橢圓軌道前進 $d\nu$之角度則所涵蓋之面積應爲 $dA = \frac{1}{2} r \cdot r d\nu = \frac{1}{2} r \cdot v dt$。因此衛星移動之面積覆蓋速率應爲 $\frac{dA}{dt} = \frac{1}{2} h$。由於 h 爲一固定値故於橢圓運動單位時間內衛星所掃過之面積是相同的，此即爲克卜勒第二定律。對於一半長軸爲 a、半短軸爲 b 之橢圓其面積爲 $A_m = \pi ab$，故衛星運行週期 T 爲

$$T = \frac{2}{h} A_m = \frac{2\pi ab}{h} \tag{2.62}$$

由於 $b = a\sqrt{1-e^2}$，若代入(2.61)至(2.62)可得

$$T = 2\pi\sqrt{\frac{a^3}{\mu}} \tag{2.63}$$

此即爲克卜勒第三定律：週期之平方正比於半長軸之立方。同時，週期與離心率是沒有關係的。橢圓運動之平均角速度(mean motion) n_0 可因此表示爲

$$n_0 = \frac{2\pi}{T} = \sqrt{\frac{\mu}{a^3}} \tag{2.64}$$

根據(2.52)向量 $\boldsymbol{g}$ 之定義，

$$\begin{aligned}(\boldsymbol{h}\times\boldsymbol{v})\cdot(\boldsymbol{h}\times\boldsymbol{v}) &= (-\boldsymbol{g} - \mu\frac{\boldsymbol{r}}{r})\cdot(-\boldsymbol{g} - \mu\frac{\boldsymbol{r}}{r}) \\ &= \mu^2\left(2(1+e\cos\nu) - (1-e^2)\right)\end{aligned} \tag{2.65}$$

可因此推論衛星之速度v應滿足

$$v^2 = \mu\left(\frac{2}{r} - \frac{1}{a}\right) \tag{2.66}$$

若代入(2.66)至(2.49)可得能量之另一表示方式

$$E_m = \frac{1}{2}\frac{\mu}{a} \tag{2.67}$$

因此能量與半長軸息息相關。對於圓形軌道之衛星，由於距離 r 與半長軸 a 相等故衛星之速度為

$$v\big|_{e=0} = \sqrt{\frac{\mu}{a}} \tag{2.68}$$

對於橢圓軌道之衛星其速度會隨距離之變動而異，但由(2.66)可知於近地點與遠地點之速度分別為

$$v_p = \sqrt{\frac{\mu}{a}}\sqrt{\frac{1+e}{1-e}} \quad 和 \quad v_a = \sqrt{\frac{\mu}{a}}\sqrt{\frac{1-e}{1+e}} \tag{2.69}$$

衛星之速度介於上述二速度之間，於近地點之速度最快而遠地點之速度最慢。

前述之真近點角ν可表為由地球至近地點之向量與 $\boldsymbol{r}$ 向量之夾角即$\nu = \measuredangle AMm$。今以半長軸 a 為半徑，橢圓中心為圓心，可建立一外接橢圓之正圓如圖 2.13 所示。令 Q 為通過衛星且垂直於半長軸之直線與此一外接圓之交點。所謂離心角(eccentric anomaly)或偏近點角 E 為以橢圓中心為原點由 A 至 Q 之夾角，即 $E = \measuredangle AOQ$。由圖 2.13 可知於任一時刻真近點角ν與偏近點角 E 之關係為

$$a\cos E = ae + r\cos\nu \tag{2.70}$$

若代入(2.60)可得

$$\cos E = \frac{e+\cos\nu}{1+e\cos\nu} \tag{2.71}$$

也因此可反解出 $\cos\nu$與 $\sin\nu$分別為

$$\cos\nu = \frac{-e+\cos E}{1-e\cos E} \tag{2.72}$$

與

$$\sin\nu = \frac{\sqrt{1-e^2}\sin E}{1-e\cos E} \tag{2.73}$$

再將(2.72)代入(2.60)可取得距離 r 與偏近點角 E 之關係爲

$$r = a\left(1-e\cos E\right) \tag{2.74}$$

眞近點角 ν 與偏近點角 E 間之另一關係爲

$$\tan(\frac{\nu}{2}) = \frac{\sin\nu}{1+\cos\nu} = \frac{\sin E}{1+\cos E}\frac{\sqrt{1-e^2}}{1-e} = \frac{\sqrt{1-e}}{\sqrt{1+e}}\tan(\frac{E}{2}) \tag{2.75}$$

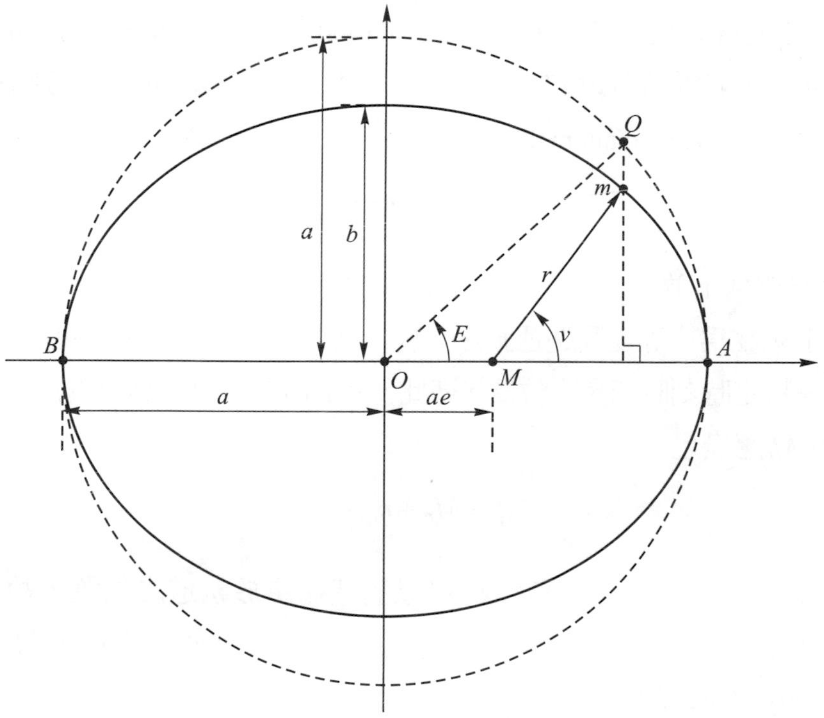

圖 2.13　橢圓與外接圓

2.3.2　克卜勒軌道元素

在探討 GNSS 衛星於軌道平面之位置時，可定義一克卜勒坐標系統如下：以地心爲原點，$\boldsymbol{p}_1$ 軸指向軌道之近地點，$\boldsymbol{p}_2$ 軸則於軌道平面上且由近地點前進了 90 度而 $\boldsymbol{p}_3$ 軸則正交於軌道面以構成一直角坐標系統。如此，$\boldsymbol{p}_1$ 與 $\boldsymbol{p}_2$ 構成了軌道平面，而 $\boldsymbol{p}_3$ 與角動量向量相同。根據前面之推導，衛星於此一克卜勒坐標系之位置可表成

$$\boldsymbol{r}^{[p]} = r\begin{bmatrix}\cos\nu\\ \sin\nu\\ 0\end{bmatrix} = a\begin{bmatrix}\cos E - e\\ \sqrt{1-e^2}\sin E\\ 0\end{bmatrix} \tag{2.76}$$

方程式(2.76)之第一等式可直接觀測得到而第二等式則可利用橢圓方程式求得。事實上，若令$\boldsymbol{r}^{[p]} = [x \quad y \quad 0]^T$，則 x 與 y 得滿足$\frac{(x+ae)^2}{a^2}+\frac{y^2}{b^2}=1$，這其中由於克卜勒坐標系統之原點位於地心而非橢圓中心，故橢圓方程式之 x 得平移 ae，即橢圓中心與橢圓焦點之距離。

假設衛星通過近地點之時間為 t_p，則隨著時間之增加真近點角 ν 與偏近點角 E 會隨之變化，而當時間經過一週期後，真近點角 ν 與偏近點角 E 均前進了 360 度。不過，對橢圓運動而言，真近點角 ν 與偏近點角 E 之變動並不是均勻的。由於平均角速度已知可另行定義平均角(mean anomaly)或平近點角於時間 t 之值為

$$M = n_0(t-t_p) \tag{2.77}$$

平近點角 M 在幾何上並不代表某特定向量。當衛星繞行地球一週時，M 亦由 0 前進了 360 度；故可視 M 為一等速圓週運動之角度。此一平近點角會隨時間成線性之變化，較有利於推算特定時刻時衛星之位置。準此，令 t_0 時刻之平近點角為 M_0，則任一時刻 t 之平近點角 M_t 應滿足

$$M_t = M_0 + n_0(t-t_0) \tag{2.78}$$

平近點角、偏近點角與真近點角均可用以描述衛星於軌道之位置，故三者息息相關。欲推論平近點角與偏近點角間之關係，可令衛星於克卜勒坐標系之速度為 $\boldsymbol{v}^{[p]} = [\dot{x} \quad \dot{y} \quad 0]^T$，此時角動量之值為

$$x\dot{y} - y\dot{x} = h = \sqrt{a\mu(1-e^2)} \tag{2.79}$$

針對(2.76)位置向量之偏近點角表示方式進行微分可得

$$\dot{x} = -a\sin E\frac{dE}{dt} \quad 與 \quad \dot{y} = a\sqrt{1-e^2}\cos E\frac{dE}{dt} \tag{2.80}$$

因此若代入(2.76)之 $x = a(\cos E - e)$ 與 $y = a\sqrt{1-e^2}\sin E$ 則(2.80)可改寫為

$$(1-e\cos E)\,dE = n_0 dt \tag{2.81}$$

經積分後可推得克卜勒方程式(Kepler's equation)，以描述平近點角 M 與偏近點角 E 間之關係：

$$M = E - e\sin E \tag{2.82}$$

若給定平近點角 M 則可利用克卜勒方程式(2.82)求解偏近點角 E。此一方程式包含三角函數不易找到解析解。所幸對 GNSS 之應用而言，離心率 e 均相當接近 0，故可以利用疊代法來求解。令第 l 次之偏近點角 E_l 則此一疊代過程為設定起始偏近點角為 $E_0 = M$ 並依序引用下式進行疊代

$$E_{l+1} = M + e\sin E_l \tag{2.83}$$

或

$$E_{l+1} = E_l - \frac{E_l - e\sin E_l - M}{1-e\cos E_l} \tag{2.84}$$

當 e 值甚小時，此一疊代法可以快速收斂。至於衛星之速度則可利用位置之微分求得。事實上由(2.81)可知 $\frac{dE}{dt} = \frac{n_0}{1-e\cos E}$，再利用(2.80)可得

$$\boldsymbol{v}^{[p]} = \frac{n_0 a}{1-e\cos E}\begin{bmatrix} -\sin E \\ \sqrt{1-e^2}\cos E \\ 0 \end{bmatrix} = \sqrt{\frac{\mu}{a\left(1-e^2\right)}}\begin{bmatrix} -\sin\nu \\ \cos\nu + e \\ 0 \end{bmatrix} \tag{2.85}$$

於給定半長軸 a 與離心率 e 的橢圓軌道上，如果於時間 t_0 其平近點為 M_0；則在其於時刻 t 之平近點角 M 應滿足 $M = M_0 + \sqrt{\frac{\mu}{a^3}}(t-t_0)$。再根據克卜勒方程式(2.82)可求得偏近點角 E，同時眞近點角 ν 與距離 r 可分別依(2.72)、(2.73)與(2.74)求得。因此一旦知道前述之 a、e、t_0 與 M_0 則可以推算任一時刻衛星於軌道平面之位置。事實上，描述一衛星在軌道平面上之位置可更簡化地利用三參數：分別為軌道半長軸 a，軌道離心率 e 及通過近地點時間 t_p 以表之。不過於 GNSS 應用上，導航衛星一般傳送之軌道參數由於均得包含此一組軌道參數之參考時間，故習慣上利用參考時間 t_0，軌道半長軸 a，軌道離心率 e 及於參考時間 t_0 之平近點為 M_0 來描述衛星於軌道平面之參數。一旦此些參數給定，可據以計算衛星於克卜勒坐標系統之位置與速度向量。

除了探討軌道面上之位置外，仍需對軌道面與赤道面之關係加以探討，以描述衛星相對於地球坐標之位置。圖 2.14 說明了軌道平面與赤道平面之相關參數。赤道平面與軌道平面間之夾角稱爲軌道傾角(inclination)。赤道面與軌道面的交集即爲一節點線(line of nodes)，其中由軌道面上昇(由南半球往北半球)而與赤道面交點即稱之爲昇交點(ascending node)。在赤道面上，由春分點往東至昇交點之夾角稱爲昇交角(right ascension of the ascending node)或昇交點赤經(longitude of the ascending node)。若由昇交點開始，於軌道面沿著衛星運行方向至近地點之夾角則稱之爲近地夾角(argument of the perigee)或近地點變角。近地夾角、昇交角與軌道傾角分別以ω、Ω與 i 表之。如果已知衛星於克卜勒坐標系統之位置，則可利用近地夾角、昇交角與傾斜角所構成之坐標轉換，推算出衛星於地球慣性坐標之位置。令 $\boldsymbol{r}^{[i]}$ 爲衛星在地球慣性坐標之位置，則參考圖 2.14 可推論 $\boldsymbol{r}^{[i]}$ 與 $\boldsymbol{r}^{[p]}$ 之關係爲

$$\boldsymbol{r}^{[i]} = \boldsymbol{R}_3(-\Omega)\boldsymbol{R}_1(-i)\boldsymbol{R}_3(-\omega)\boldsymbol{r}^{[p]} \tag{2.86}$$

這其中，$\boldsymbol{R}_1$ 與 $\boldsymbol{R}_3$ 分別代表沿第一軸與第三軸旋轉之矩陣。令緯度變角(argument of latitude)爲近地夾角與眞近點角之和，$u=\omega+\nu$，相當於由昇交點沿軌道面至衛星位置之角度，則衛星在地球慣性坐標之位置 $\boldsymbol{r}^{[i]}$ 可寫成

$$\boldsymbol{r}^{[i]} = \boldsymbol{R}_3(-\Omega)\boldsymbol{R}_1(-i)\boldsymbol{R}_3(-u)\begin{bmatrix} r \\ 0 \\ 0 \end{bmatrix} = r\begin{bmatrix} \cos u\cos\Omega - \sin u\cos i\sin\Omega \\ \cos u\sin\Omega + \sin u\cos i\cos\Omega \\ \sin u\sin i \end{bmatrix} \tag{2.87}$$

至於速度亦可利用相似公式求得

$$\boldsymbol{v}^{[i]} = \boldsymbol{R}_3(-\Omega)\boldsymbol{R}_1(-i)\boldsymbol{R}_3(-\omega)\boldsymbol{v}^{[p]} \tag{2.88}$$

如欲計算衛星在地球固定坐標之位置 $\boldsymbol{r}^{[e]}$，則可引用(2.11)而得

$$\boldsymbol{r}^{[e]} = \boldsymbol{R}_3(\Theta)\boldsymbol{R}_3(-\Omega)\boldsymbol{R}_1(-i)\boldsymbol{R}_3(-\omega)\boldsymbol{r}^{[p]} = \boldsymbol{R}_3(\Theta-\Omega)\boldsymbol{R}_1(-i)\boldsymbol{R}_3(-\omega)\boldsymbol{r}^{[p]} \tag{2.89}$$

或

$$\boldsymbol{r}^{[e]} = r\begin{bmatrix} \cos(\Theta-\Omega) & \sin(\Theta-\Omega) & 0 \\ -\sin(\Theta-\Omega) & \cos(\Theta-\Omega) & 0 \\ 0 & 0 & 1 \end{bmatrix}\begin{bmatrix} 1 & 0 & 0 \\ 0 & \cos i & -\sin i \\ 0 & \sin i & \cos i \end{bmatrix}\begin{bmatrix} \cos u \\ \sin u \\ 0 \end{bmatrix} \tag{2.90}$$

於計算衛星於地球固定坐標之速度時得考慮地球之自轉，公式可參考(2.16)和(2.18)。

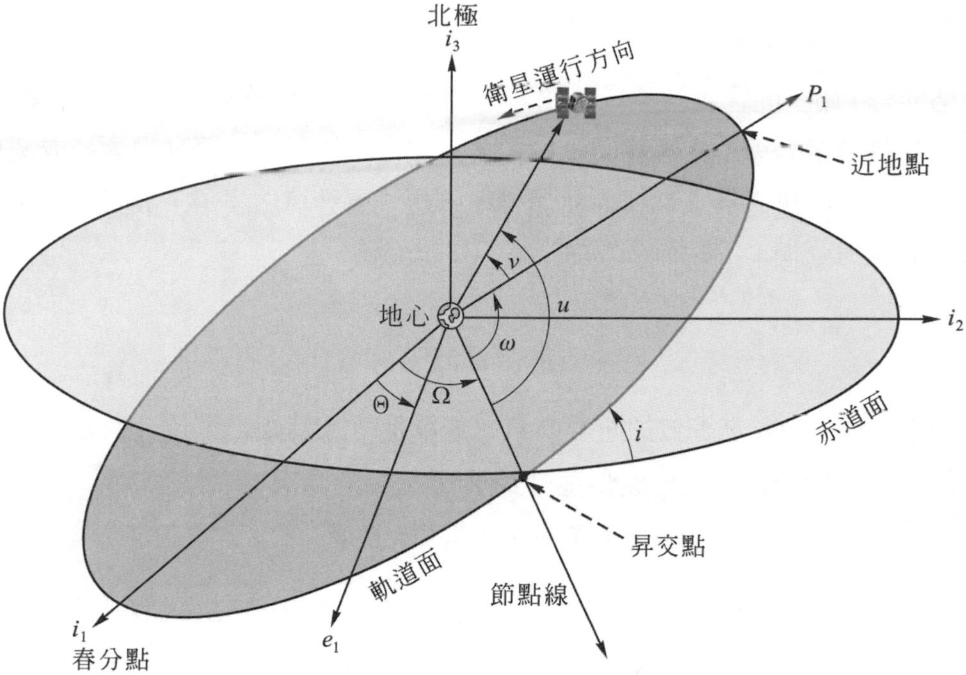

圖 2.14 克卜勒軌道參數

對於一衛星，如果知道其軌道之半軸長、離心率、通過近地點時間、軌道傾角、昇交角與近地夾角，則可據之推算任一時刻衛星之位置與速度。前述六參數一般稱之爲克卜勒軌道參數(orbital elements)。利用此六軌道參數可完全描述一不受外在干擾力之衛星軌道。前三項參數用以說明衛星於軌道面之位置而後三項描述軌道面於空間之相對方位。表 2.4 總結此些軌道參數之定義與意義。於文獻上，除了克卜勒軌道參數，另有其他軌道參數之表示方法。但無論參數之表示爲何，軌道參數之個數均爲六項，用以描述於空間中三自由度之衛星運動。

表 2.4 軌道六參數

軌道參數	意義
半軸長 a	衛星軌道之大小與運行之週期
離心率 e	衛星軌道之形狀與二次曲線之型式
通過近地點時間 t_p	衛星軌道描述之參考點
軌道傾角 i	軌道面與赤道面之夾角
昇交角Ω	由春分點沿赤道面至昇交點之夾角
近地夾角ω	由昇交點沿軌道面至近地點之夾角

2.3.3 軌道之擾動

嚴格而言，衛星的運動並不是一個守恆的系統。衛星位置與速度向量方程式(2.46)除了受到點質量重力場之影響外尚包括了多種類型之擾動力。擾動力會造成衛星軌道之擾動使其偏離前述之克卜勒軌道並連帶地引起位置計算之誤差，故對此些擾動量得有一定之瞭解與掌握。受擾動的運動方程式可寫成

$$\frac{d^2\boldsymbol{r}}{dt^2}+\frac{\mu}{r^3}\boldsymbol{r}=\boldsymbol{\delta} \tag{2.91}$$

而$\boldsymbol{\delta}$代表擾動力所造成之等效加速度向量。如欲進行較精確之定位，有必要了解此些擾動之影響。一般而言，此一擾動量可表示成

$$\boldsymbol{\delta}=\boldsymbol{\delta}_g+\boldsymbol{\delta}_a+\boldsymbol{\delta}_3+\boldsymbol{\delta}_{sr}+\boldsymbol{\delta}_x \tag{2.92}$$

其中$\boldsymbol{\delta}_g$源於地球之重力場不均勻現象，$\boldsymbol{\delta}_a$爲大氣阻力之影響，$\boldsymbol{\delta}_3$代表其他星球如太陽引力和月球引力之作用，$\boldsymbol{\delta}_{sr}$爲太陽輻射之影響，而$\boldsymbol{\delta}_x$則爲其他項目如潮汐或磁作用力之影響。

若考慮地球爲一均勻之球體，則其重力場位能可表示成

$$V(r)=\frac{\mu}{r} \tag{2.93}$$

而受重力影響之運動方程式爲

$$\frac{d^2\boldsymbol{r}}{dt^2}=\nabla V(r) \tag{2.94}$$

其中$\nabla V(r)$代表$V(r)$之梯度(gradient)。若將(2.93)代入(2.94)則可以重建(2.46)之運動方程式。但由於地球並非一均勻體，故重力場位能除與距離有關外，另與經度和緯度亦有關係，因此較精確之衛星定軌與位置估算得考慮較複雜之重力場位能。在地球表面之上，地球之重力場位能滿足了拉普拉斯(Laplace)方程式，一般因此以球諧振(spherical harmonic)函數展開來近似地球重力場位能，其型式如下

$$\begin{aligned}V(r,\phi',\lambda)&=\frac{\mu}{r}+\frac{\mu}{r}\sum_{n=1}^{\infty}c_n^0\left(\frac{a_E}{r}\right)^n P_n^0(\sin\phi')\\&+\frac{\mu}{r}\sum_{n=1}^{\infty}\sum_{m=1}^{n}\left(\frac{a_E}{r}\right)^n P_n^m(\sin\phi')\left[s_n^m\sin(m\lambda)+c_n^m\cos(m\lambda)\right]\end{aligned} \tag{2.95}$$

其中 P_n^m 階數爲 n、排序爲 m 之附屬李堅德雷(associated Legendre)多項式，且 c_n^m 與 s_n^m 分別爲位能函數之諧振係數。當 $m=0$ 時，此些係數，即 c_n^0 稱之爲區段(zonal)諧振係數；當 $m=n$ 時，相對應之係數爲扇形(sectorial)諧振係數而當 $m\neq n$ 時則稱爲塊狀(tesseral)諧振係數。附屬李堅德雷多項式之定義如下。首先李堅德雷(Legendre)多項式之定義爲

$$P_n(u)=\frac{1}{2^n n!}\frac{d^n}{du^n}(u^2-1)^n \tag{2.96}$$

而附屬李堅德雷多項式則爲

$$P_n^m(u)=(1-u^2)^{m/2}\frac{d^m}{du^m}P_n(u) \tag{2.97}$$

對於階數與排序較低之附屬李堅德雷多項式，若自變數爲 $\sin\phi'$則其值可參考表 2.5。實際計算應用時，不同階數與排序之附屬李堅德雷多項式之值可利用迴歸方式進行疊代。至於地球之重力場不均勻現象所導致之加速度$\boldsymbol{\delta}_g$ 可藉由計算地球重力場位能之梯度而得

$$\boldsymbol{\delta}_g=\frac{\mu}{r^3}\boldsymbol{r}+\nabla V(r,\phi',\lambda) \tag{2.98}$$

表 2.5　部分附屬李堅德雷多項式

n	m	$P_n^m(\sin\phi')$
0	0	1
1	0	$\sin\phi'$
1	1	$\cos\phi'$
2	0	$\frac{1}{2}\left(3\sin^2\phi'-1\right)$
2	1	$3\cos\phi'\sin\phi'$
2	2	$3\cos^2\phi'$

於探討地球以外星球對衛星運動之影響可近似星球爲點質量，再應用萬有引力公式加以描述。若僅考慮月球與太陽對衛星軌道之影響，則其加速度擾動向量$\boldsymbol{\delta}_3$ 可表示爲

$$\boldsymbol{\delta}_3=-\mu_m\left(\frac{\boldsymbol{r}-\boldsymbol{r}_m}{\|\boldsymbol{r}-\boldsymbol{r}_m\|^3}+\frac{\boldsymbol{r}_m}{\|\boldsymbol{r}_m\|^3}\right)-\mu_s\left(\frac{\boldsymbol{r}-\boldsymbol{r}_s}{\|\boldsymbol{r}-\boldsymbol{r}_s\|^3}+\frac{\boldsymbol{r}_s}{\|\boldsymbol{r}_s\|^3}\right) \tag{2.99}$$

其中μ_m爲月球萬有引力常數，μ_s爲太陽萬有引力常數，$\boldsymbol{r}_m$爲地球至月球之向量而$\boldsymbol{r}_s$爲太陽至月球之向量。至於太陽輻射之影響可以表示成

$$\boldsymbol{\delta}_{sr} = c_{sr}\frac{\boldsymbol{r}-\boldsymbol{r}_s}{\|\boldsymbol{r}-\boldsymbol{r}\|^3} \tag{2.100}$$

其中c_{sr}爲一常數，此一常數與太陽輻射常數、衛星之反射係數、表面積和質量有關。於計算$\boldsymbol{\delta}_{sr}$時得將地球之遮蔽現象納入考慮。大氣阻力之干擾可以利用以下公式計算

$$\boldsymbol{\delta}_a = -\frac{1}{2}\rho(\boldsymbol{r})|\boldsymbol{v}_r|\boldsymbol{v}_r\frac{C_d A}{m} \tag{2.101}$$

其中$\rho(\boldsymbol{r})$爲大氣密度、$\boldsymbol{v}_r$爲衛星相對於大氣之速度、C_d爲大氣阻力(drag)係數、A爲截面積而m爲質量。於計算$\boldsymbol{v}_r$時主要先計算出衛星之速度$\boldsymbol{v}$，然後可得$\boldsymbol{v}_r = \boldsymbol{v} - \boldsymbol{\omega}_E \times \boldsymbol{r}$，此一大氣阻力之方向與衛星相對於大氣速度之方向相反。有關地球重力場位能函數之諧振係數，月球與太陽位置，遮蔽現象以及大氣阻力模式與係數均可以由已知模式與資料庫取得，因此若知道衛星之重量與外型則可以根據(2.98)、(2.99)、(2.100)與(2.101)計算擾動影響之加速度(2.92)，再代入(2.91)即可以估算受到擾動下衛星位置與速度之變化。

對於 GNSS 衛星而言，此些擾動量所造成加速度之影響約爲雙體運動加速度之萬分之一左右。表 2.6 整理 GPS 衛星受到此些不同作用力之影響。對於其他處於中軌道之 GNSS 衛星，此一影響是相似地。在這些擾動項中以重力場不均勻之第二階區段諧振的影響最大。

表 2.6　GPS 衛星之外來作用力與軌道偏移

	作用力來源	最大加速度(g)	每小時最大偏移(公尺)
常態項	地球引力	5×10^{-2}	-
擾動項	第二階區段諧振	5×10^{-6}	305
	月球引力	5×10^{-7}	40
	太陽引力	3×10^{-7}	20
	第四階區段諧振	10^{-8}	0.6
	太陽輻射	10^{-8}	0.6
	其他	10^{-9}	0.06

若考慮地球爲對稱之橢圓則(2.95)之地球重力場位能 V 不會隨經度而變化，故可近似成

$$V(r,\phi') = \frac{\mu}{r} - \frac{\mu}{r}\sum_{n=2}^{\infty} J_n \left(\frac{a_E}{r}\right)^n P_n(\sin\phi') \tag{2.102}$$

其中 $J_n = c_n^0$。方程式(2.102)之右項並不受到 $J_1 = c_1^0$ 之影響，因爲若坐標系統之原點爲地球質量中心，則 $c_1^0 = 0$。重力場位能不均勻所引發之擾動將導致衛星之軌道不再是封閉的橢圓形，也會造成昇交角與近地夾角等之變化。若考慮最重要第二階區段諧振之影響，則可推論出下列變化趨勢

$$\frac{dM}{dt} = n_0\left[1 + \frac{3}{2}J_2\left(\frac{a_E}{p}\right)^2\sqrt{1-e^2}\left(1 - \frac{3}{2}\sin^2 i\right)\right] \tag{2.103}$$

$$\frac{d\Omega}{dt} = -\frac{3}{2}J_2\left(\frac{dM}{dt}\right)\left(\frac{a_E}{p}\right)^2 \cos i \tag{2.104}$$

與

$$\frac{d\omega}{dt} = \frac{3}{2}J_2\left(\frac{dM}{dt}\right)\left(\frac{a_E}{p}\right)^2\left(2 - \frac{5}{2}\sin^2 i\right) \tag{2.105}$$

因此若考慮擾動影響時，克卜勒參數將不再是常數而是隨時間變動之變數。於 GNSS 導航過程，GNSS 衛星將一特定時刻之克卜勒參數與其變化率傳送至接收機，而後者則可以修正不同時刻之克卜勒參數再據以計算衛星之位置與速度。由於重力場位能係 $\sin\phi'$ 之函數而地心緯度 ϕ' 並非軌道參數，故有必要將擾動之修正量表示成軌道參數之函數。考慮如圖 2.15 之由軌道、赤道與子午線所構成之球三角形，根據球三角形公式可得

$$\sin\phi' = \sin i \cdot \sin(\omega + \nu) = \sin i \cdot \sin u \tag{2.106}$$

因此重力場位能以及其梯度可以表示成眞近點角 ν 或緯度變角 u 之函數。以第二階李堅德雷多項式爲例，

$$P_2(\sin\phi') = \frac{3}{2}\sin^2\phi' - \frac{1}{2} = \frac{1}{4} - \frac{3}{4}\cos^2 i - \left(\frac{1}{4} - \frac{3}{4}\cos^2 i\right)\cos(2u) \tag{2.107}$$

因此衛星軌道參數會隨 $2u$ 之變化而變化。一般 GNSS 之廣播星曆會傳送軌道參數修正用之資料，以供計算出較精確之衛星位置與速度。這其中，一部份之資料會以 $\cos(2u)$ 和 $\sin(2u)$ 函數之型式進行修正。

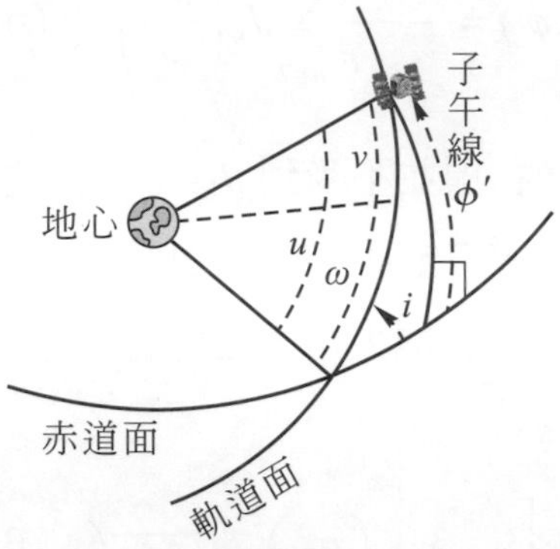

圖 2.15　地心緯度與緯度變角和軌道傾角之關係

2.4　衛星星座

GNSS 導航衛星系統由一群彼此構成一特定星座(constellation)之衛星，提供導航訊號以利用戶進行定位與授時。爲維護星座之各衛星均處於所規劃之軌道，各系統均有特定之控制部門持續追蹤各衛星並計算正確之位置。當然，欲提供涵蓋全球之導航服務，星座之設計亦有相當多考量。一般 GNSS 均採相同之高度以及圓形軌道(零離心率)之設計以取得均勻之全球涵蓋。若依軌道高度對衛星進行分類可歸類成低地軌道(low earth orbit, LEO)、中地軌道(MEO)、同步軌道(geosynchronous orbit)及其他。低地軌道之衛星高度在 2000 公里以下，中地軌道之衛星高度則於 2000 公里至 35786 公里之間，而同步軌道之衛星則位於 35786 公里之高度。由於衛星導航定位得仰賴四顆或以上之衛星，採用赤道上空之同步軌道一方面得利用較大之衛星且涵蓋之範圍與相對衛星幾何分佈均不理想，故一般不採用同步軌道安置 GNSS 衛星。但是，對於僅具區域性服務功能之 RNSS 或提供修正訊息之 SBAS，同步軌道由於可以以較少之衛星達到目的，故常被使用。若採用低地軌道則由於衛星與地面通聯之時間相當短暫、衛星分佈之變化較激烈且需要較多數目之衛星，故低地軌道亦非理想之 GNSS 衛星軌道。因此目前之 GNSS 如 GPS、GLONASS 或 Galileo 均佈放導航衛星於中地軌道。當然中地軌道之范愛倫帶(Van Allen belt)亦不適合佈放衛星，故現有 GNSS 星座之衛星軌道高度約在地球表面 20000 公里之高空。GPS 衛星之高度約爲 20200 公里，GLONASS 衛星高度約爲 19100 公里而 Galileo 衛星高度約爲 23222 公里。根據(2.63)，衛星運行之週期與軌道高度息息相關。GPS 衛星高度之選擇主要令衛星於地面之軌跡每一恆星日可重複一次。由於恆星日與太陽日不同，故對於地面觀測者，GPS 衛星每一太陽日會有 4 分鐘之進動。GPS 衛星之運行週期則為 11 小時 58 分鐘。GLONASS 衛星之週期為 11 小時 15 分鐘而每經 8 恆星日後衛星會重複地面之軌跡。至於 Galileo 衛星之週期為 14 小時 5 分鐘，相當於每一恆星日繞行 1.7 圈之軌道。對於地面觀測者，每一顆 Galileo 衛星將於 10 恆星日後重複地面之軌跡。

衛星之軌道傾角為軌道面與赤道面之夾角，當衛星高度確定此一角度會影響到衛星之涵蓋範圍。所謂星下點如圖 2.10 之說明係指衛星至地心連線與地球表面之交會點。衛星之軌道傾角相當於星下點最大之緯度。若傾角太小(近於赤道軌道)則無法涵蓋高緯度範圍；反之，若傾角太大(近乎極地軌道)則衛星停留於中低緯度之時間較短暫。因此不同 GNSS 為取得均勻之涵蓋均慎選衛星之軌道傾角。GPS 衛星之傾角為 55 度，GLONASS 衛星之傾角為 64.8 度，而 Galileo 衛星之傾角為 56 度。

設定了星座中各衛星之離心率、軌道高度與傾角後，仍得決定衛星之總數，軌道面個數以及相對之關係。GNSS 星座之設計要求為提供全球、全時段之涵蓋並可以取得良好之衛星幾何分佈。衛星幾何分佈之描述主要期望衛星訊號來自不同方向，如此各定位線之交會較明確而定位結果亦較不受量測誤差之影響。GPS 星座之基本設計採用二十四顆衛星與六個軌道面之設計。表 2.7 為經優化之基本二十四顆衛星星座(baseline 24-slot constellation)於一參考時間之參數。原則上，此些衛星均有相同之半長軸、離心率、軌道傾角與近地夾角。但不同軌道面對應至不同之昇交角，而相鄰昇交點之差異為 60 度，意即六個軌道面等分 360 度。於每一軌道面上有四顆衛星，此四顆衛星之軌道參數之差異為通過近地點時間之不同。於此表中，編號 1 至 4 之衛星位於同一軌道面，由於此些衛星位於圓形軌道，故以不同之緯度變角凸顯差異。GPS 選用不規則之緯度變角主要是期望提供用戶較均勻之涵蓋與精度。近年來，為確保良好之定位性能，美國增加 GPS 衛星之顆數並定義可擴充之 24 衛星星座(expandable 24-slot constellation)，主要將表 2.7 中之 B1、D2 與 F2 位置之前後予以擴充以容納額外之衛星如表 2.8 所示。此一可擴充之 24 衛星星座最多可容許 27 顆衛星。實際上之 GPS 衛星比所規劃之基本的 24 顆或可擴充之 27 顆衛星多。現行 GPS 星座因此稱之為擴展 24 衛星星座(expanded 24-slot constellation)。

衛星星座之設計與地球上用戶之觀測有關。若由衛星軌道參數計算出衛星位置可隨之判斷此一衛星是否可視，並利用(2.35)與(2.36)計算此一衛星與觀測者間之方位角與仰角。圖 2.16 爲採用 27 顆 GPS 可擴充衛星星座於一特定時刻地面任何一點於 10 度仰角以上所可觀測之衛星顆數之分析。此圖顯示可觀測之衛星顆數介於 5 至 11 顆之間均大於定位計算所需之 4 顆衛星。圖 2.17 進一步顯示當仰角爲 30 度之可觀測 GPS 衛星顆數；此時於全球各地仍有許多地方可觀測到 4 顆或以上之衛星，但亦有一些地區衛星顆數低於 4。

表 2.7 GPS 二十四顆衛星星座之設計

編號	軌道位置	半長軸(km)	離心率	傾斜角(度)	昇交角(度)	近地夾角(度)	緯度變角(度)
1	A1	26559.7	0.0	55.0	272.847	0.0	268.126
2	A2	26559.7	0.0	55.0	272.847	0.0	161.786
3	A3	26559.7	0.0	55.0	272.847	0.0	11.676
4	A4	26559.7	0.0	55.0	272.847	0.0	41.806
5	B1	26559.7	0.0	55.0	332.847	0.0	80.956
6	B2	26559.7	0.0	55.0	332.847	0.0	173.336
7	B3	26559.7	0.0	55.0	332.847	0.0	309.976
8	B4	26559.7	0.0	55.0	332.847	0.0	204.376
9	C1	26559.7	0.0	55.0	32.847	0.0	111.876
10	C2	26559.7	0.0	55.0	32.847	0.0	11.796
11	C3	26559.7	0.0	55.0	32.847	0.0	339.666
12	C4	26559.7	0.0	55.0	32.847	0.0	241.556
13	D1	26559.7	0.0	55.0	92.847	0.0	135.226
14	D2	26559.7	0.0	55.0	92.847	0.0	265.446
15	D3	26559.7	0.0	55.0	92.847	0.0	35.136
16	D4	26559.7	0.0	55.0	92.847	0.0	167.356
17	E1	26559.7	0.0	55.0	152.847	0.0	197.046
18	E2	26559.7	0.0	55.0	152.847	0.0	302.596
19	E3	26559.7	0.0	55.0	152.847	0.0	66.066
20	E4	26559.7	0.0	55.0	152.847	0.0	333.686
21	F1	26559.7	0.0	55.0	212.847	0.0	238.886
22	F2	26559.7	0.0	55.0	212.847	0.0	345.226
23	F3	26559.7	0.0	55.0	212.847	0.0	105.206
24	F4	26559.7	0.0	55.0	212.847	0.0	135.346

表 2.8 GPS 擴展二十四顆衛星星座之變更

原軌道位置	擴充之軌道位置	昇交角(度)	緯度變角(度)
B1	B1F	332.847	94.916
	B1A	332.847	66.356
D2	D2F	92.847	282.676
	D2A	92.847	257.676
F2	F2F	212.847	0.456
	F2A	212.847	334.016

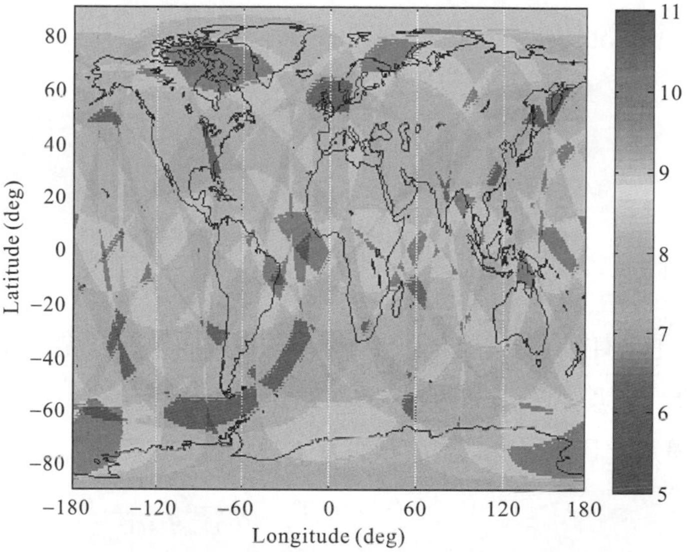

圖 2.16　GPS 觀測衛星顆數之分析(10 度仰角以上)

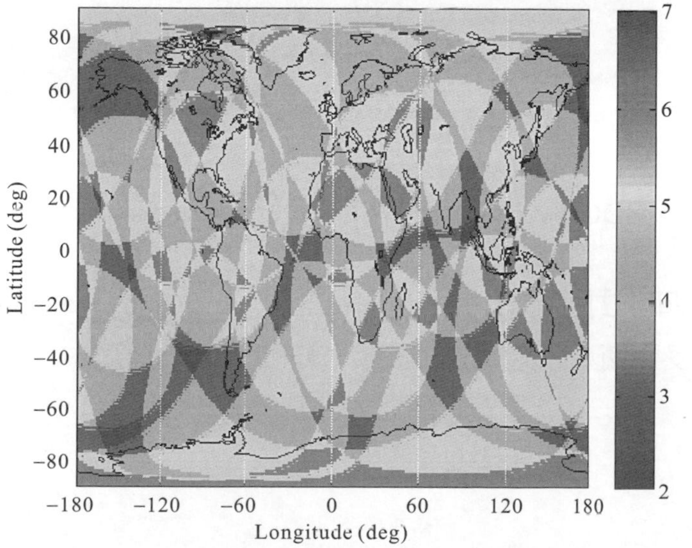

圖 2.17　GPS 觀測衛星顆數之分析(30 度仰角以上)

於量化衛星觀測之情形除引用可觀測衛星顆數外，較常使用之指標爲精度因子(dilution of precision, DOP)。精度因子可用以描述定位誤差與量測誤差間之關係。假設可觀測 n_s 顆衛星並令 $\boldsymbol{r}^i$ 爲第 i 顆衛星之位置而 $\boldsymbol{r}_0$ 爲觀測者之位置。此時由觀測者至第 i 顆衛星之單位向量 $\boldsymbol{h}_i$ 爲

$$\boldsymbol{h}_i = \frac{\boldsymbol{r}_0 - \boldsymbol{r}^i}{\left\| \boldsymbol{r}_0 - \boldsymbol{r}^i \right\|} \tag{2.108}$$

定義 $n_s \times 4$ 之觀測矩陣(observation matrix)爲

$$\boldsymbol{H} = \begin{bmatrix} \boldsymbol{h}_1^T & 1 \\ \boldsymbol{h}_2^T & 1 \\ \vdots & \vdots \\ \boldsymbol{h}_{n_s}^T & 1 \end{bmatrix} \tag{2.109}$$

觀測矩陣之前三行由單位觀測向量構成與位置有關，而第四行全爲 1 代表定位過程時鐘誤差之影響。幾何精度因子(geometric DOP, GDOP)描述於定位與授時解算過程中衛星分佈之情形對誤差之影響，可利用矩陣 $(\boldsymbol{H}^T\boldsymbol{H})^{-1}$ 對角線和之開根號求得。假設

$$\left(\boldsymbol{H}^T \boldsymbol{H}\right)^{-1} = \begin{bmatrix} d_{11} & d_{12} & d_{13} & d_{14} \\ d_{12} & d_{22} & d_{23} & d_{24} \\ d_{13} & d_{23} & d_{33} & d_{34} \\ d_{14} & d_{24} & d_{34} & d_{44} \end{bmatrix} \tag{2.110}$$

則 GDOP 值等於

$$\text{GDOP} = \sqrt{\text{trace}\left(\boldsymbol{H}^T \boldsymbol{H}\right)^{-1}} = \sqrt{d_{11} + d_{22} + d_{33} + d_{44}} \tag{2.111}$$

其中 trace 代表矩陣主對角元素之和。位置精度因子(position dilution of precision, PDOP)則描述定位誤差受到衛星分佈情形之影響，可利用下式計算之

$$\text{PDOP} = \sqrt{d_{11} + d_{22} + d_{33}} \tag{2.112}$$

GDOP 值或 PDOP 值愈小則表示衛星之分佈情形愈理想。一般而言，若 PDOP 值超過 10 則定位誤差過大，定位品質堪虞。於分析衛星分佈時，衛星顆數為 4(或以上) 表示可以進行定位解算。若以 PDOP 值進行評估，一般要求 PDOP 值小於 6，方可有一定之定位品質。

於設計星座取得均勻之地球涵蓋時，沃克星座(Walker constellation) 係一相當常見之設計。沃克星座由一群圓形軌道衛星構成，其描述方式為

$$i:T/P/F \tag{2.113}$$

其中 i 代表軌道傾角、T 為星座總衛星數、P 為軌道面個數而 F 代表相鄰兩軌道面衛星之相位差。沃克星座假設衛星均勻分佈，故當有 T 顆衛星與 P 軌道面時，每一軌道面有 $S=T/P$ 顆之衛星且此些衛星均勻分佈於軌道面；因此同一軌道面二相鄰衛星之角度差為 $2\pi/S$。沃克星座中相鄰二軌道面昇交角之差異為 $2\pi/P$。至於 F 所代表相位差主要係指當一衛星通過昇交點時其相鄰東邊軌道面之一衛星經過該軌道昇交點之角度為 $2\pi F/T$。許多通訊與導航星座均採用近似沃克星座之設計。前述 GPS 之衛星分佈基本上可視為沃克星座之變型，採用相同之軌道傾角與昇交角差異，但於相同軌道面上衛星並不均勻分佈。俄羅斯之 GLONASS 與歐盟 Galileo 之均為沃克星座。Galileo 星座之描述為

$$56°:27/3/1 \tag{2.114}$$

GLONASS 星座之描述則為

$$64.8°:24/3/1 \tag{2.115}$$

一位於台灣台南之觀測者於某一天觀測到於 10 仰角以上之 GPS 衛星與 Galileo 衛星如圖 2.18 所示。由於衛星之運行，故所觀測之衛星個數持續變化。採用擴充式 GPS 衛星星座或 Galileo 衛星星座均可看到 4 顆以上之衛星。若觀測者使用的是雙系統之接收機，則所觀測之衛星顆數可望倍增。圖 2.19 則為相對應之 GDOP 與 PDOP 值之變化。GDOP 值同時也是位置之函數，圖 2.20 與圖 2.21 分別為 GPS 與 Galileo 衛星星座於一特定時刻全球各地觀測之 GDOP 值分佈。GPS 由於優化星座之參數，故偶有瞬間之 GDOP 峰值，而 Galileo 衛星星座之 GDOP 值則較平均。

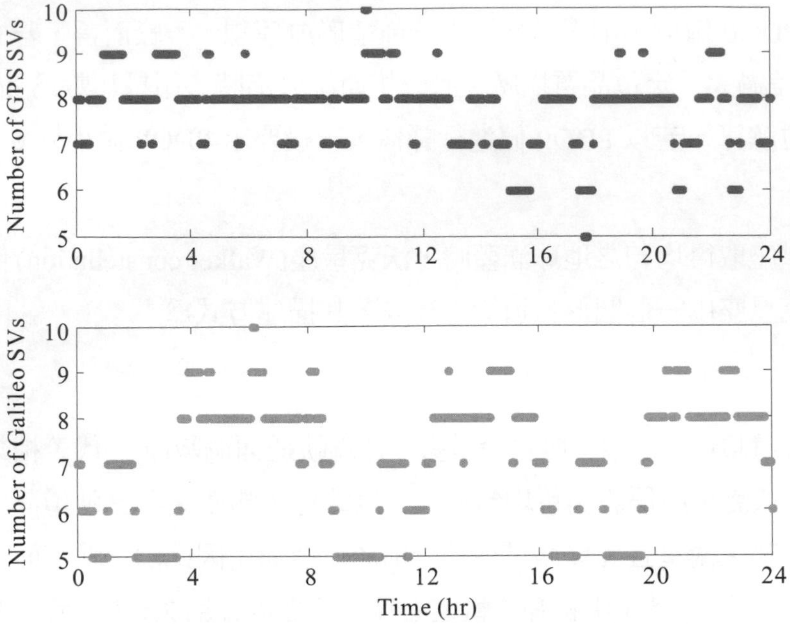

圖 2.18　GPS 與 Galileo 觀測衛星之個數變化

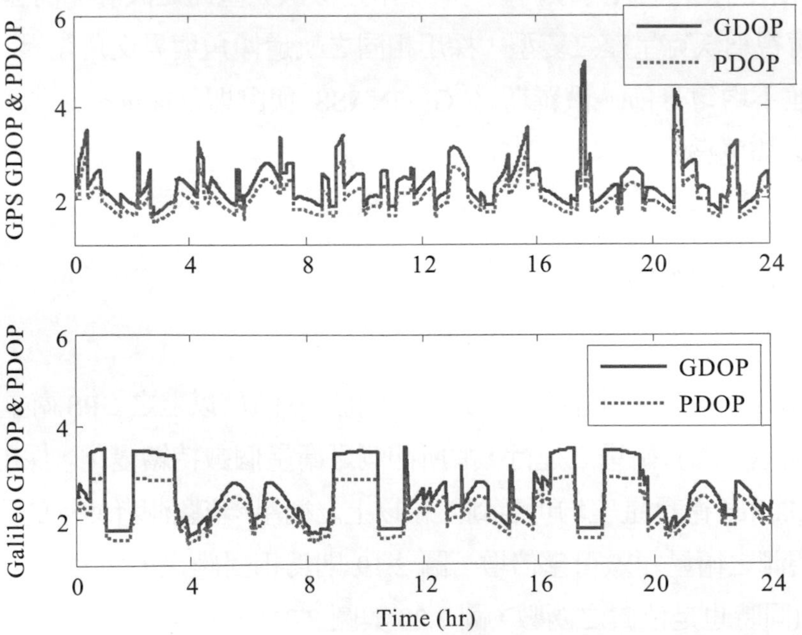

圖 2.19　GPS 與 Galileo 觀測之 GDOP 與 PDOP 值之變化

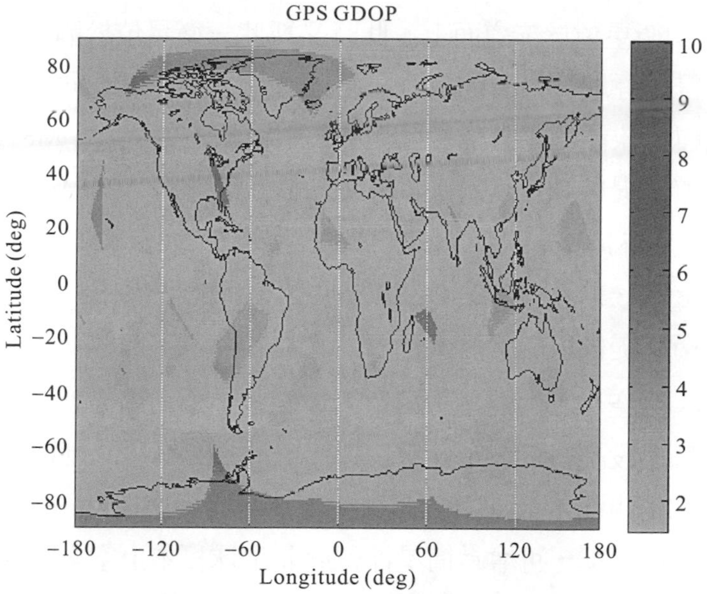

圖 2.20　GPS 於不同地點之 GDOP

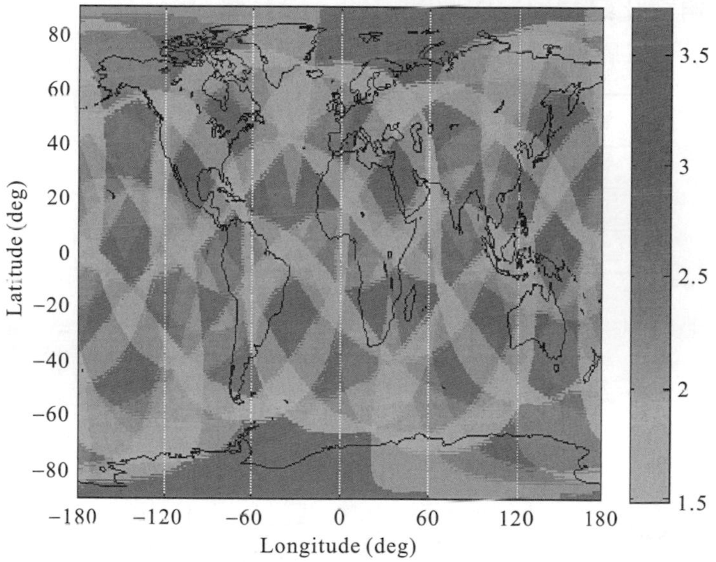

圖 2.21　Galileo 於不同地點之 GDOP

GNSS 之設計主要期望取得全球之均勻涵蓋以提供世界各地用戶所需之定位與授時服務。相較而言，RNSS 之服務對象集中於特定區域，故 RNSS 衛星軌道之設計與 GNSS 之設計有明顯不同。目前規劃之 RNSS 有日本之 QZSS 與印度之 IRNSS，二者不約而同地採用地球同步軌道佈放導航衛星，而中國之北斗系統亦利用地球同步軌道進行衛星之佈放。若衛星之角速度與地球之轉速相同則稱此一衛星位於地球同步軌道。部份根據(2.63)，此一軌道之高度約爲 35786 公里。若一地球同步軌道衛星之軌道傾角為 0 度則此一衛星位於赤道面上；此時又稱此一衛星位於靜地軌道(GEO)，因為對地面觀測者而言，靜地軌道衛星之俯仰角是固定的。許多通訊與氣象衛星均位於靜地軌道提供通訊與氣象觀測之服務。星基增強系統如 WAAS 或 MSAS 之導航衛星一般亦位於靜地軌道以提供修正訊號。如果衛星位於地球同步軌道但卻有非零之軌道傾角，則此位於傾斜地球同步軌道(IGSO)之衛星所對應之地面軌跡並不會像靜地軌道衛星般地落於赤道上之一點。日本之 QZSS、印度之 IRNSS 與中國之北斗系統均規劃利用傾斜地球同步衛星提供導航服務。

日本之 QZSS 之空中部門規劃由三至四顆同步軌道衛星構成，其參數如表 2.9 所示。此一系統之軌道設計特別設定昇交角以使得 QZSS 衛星之地面軌跡中線位於東經 135 度附近。QZSS 衛星之地面軌跡，呈 8 字形，可參考圖 1.28。由於離心率不是零，故此一軌跡上下並不對稱，可增長衛星停留於北半球日本上空之時間。由台灣台南觀測 QZSS 衛星，所得之天視圖(sky plot)如圖 2.22 所示。天視圖係以觀測者為中心畫出衛星方位角與仰角變化之情形。由此圖可知，於台灣可全程接收 QZSS 衛星之訊號。

表 2.9　QZSS 之軌道參數

軌道半長軸 (km)	42164
離心率	0.075±0.015
傾斜角(度)	43±4
近地夾角 (度)	270±2

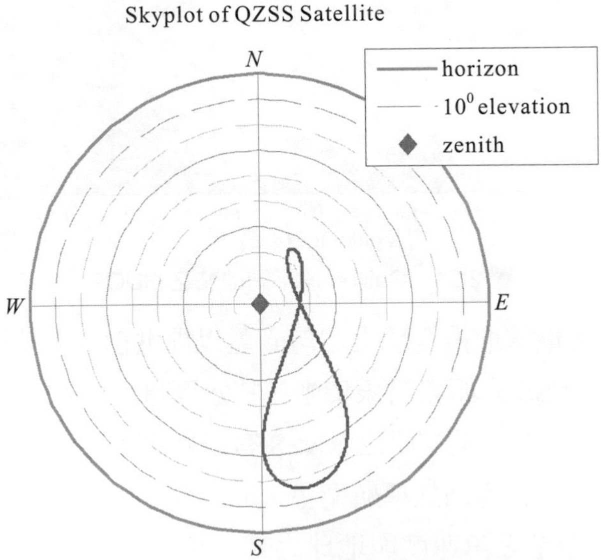

圖 2.22　於台灣台南觀測 QZSS 衛星之天視圖

中國之北斗導航衛星星座採用混合星座之設計，最終建置之北斗星座將由 35 顆衛星構成，其中 27 顆衛星位於中地軌道提供全球之涵蓋，5 顆靜地軌道與 3 顆傾斜地球同步軌道衛星則強調區域性導航服務。於 2010 年底，中國發射七顆北斗導航衛星其中 1 顆衛星位於中地軌道，4 顆衛星位於靜地軌道而 2 顆衛星位於傾斜地球同步軌道。圖 2.23 為此些衛星於 2011 年前三天之地面軌跡圖。若於台灣台南觀測北斗導航衛星則於此段期間之天視圖 2.24 如所示。基本上可全程觀測靜地軌道與傾斜地球同步軌道之衛星。

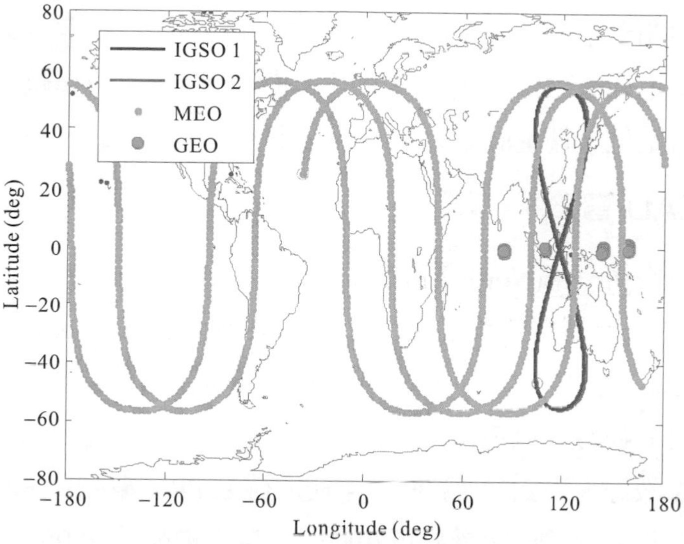

圖 2.23　北斗衛星之地面軌跡

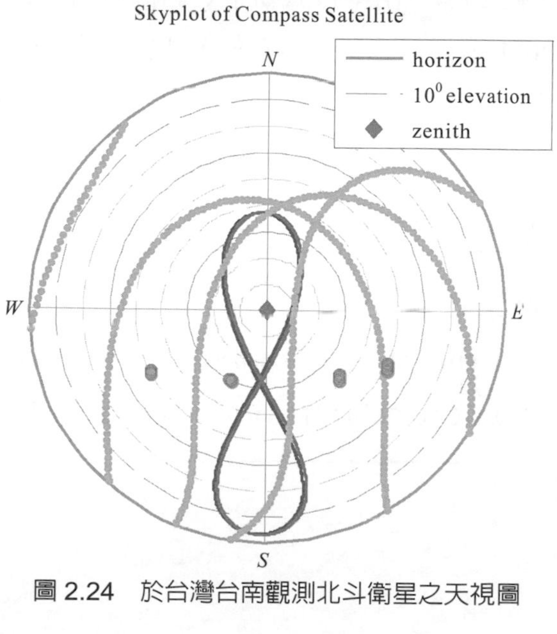

圖 2.24　於台灣台南觀測北斗衛星之天視圖

2.5 衛星軌道資料

由第 2.3 節有關衛星軌道力學之敘述可知，若可取得衛星軌道參數及相關修正量則可以計算出衛星於任一時刻之位置；而第 2.4 節更說明一 GNSS 星座各衛星分佈之情形。本節主要整理此些星座與個別軌道參數之取得方式與檔案型式。軌道參數資料描述往往視應用與精度要求而有所區別，一般而言可概分爲三類型：粗略星曆資料(almanacs)、導航用軌道資料(ephemeris)以及精密軌道(precision orbit)資料。粗略星曆資料可用以大略估測全星座各衛星位置有利於衛星之追蹤及相關作業之規劃，導航用軌道資料則包含特定衛星之軌道資料主要用以進行即時定位與導航應用，而精密軌道資料主要用於精密定位、衛星測量以及科學應用。

2.5.1 NORAD 資料

美國之北美防空司令部(North American Aerospace Defense Command, NORAD)針對全球在軌之衛星進行持續追蹤並公布各衛星之兩行式軌道資料(two line element, TLE)。兩行式軌道資料主要包含衛星編號、衛星發射時間與批次、軌道資料參考時間、平均角變化率、阻力係數、軌道傾角、昇交角、離心率、近地夾角、平均角、平均角速度以及運行之圈數等。表 2.10 爲 2011 年初取得之 PRN 編號爲 32 之 GPS 衛星之兩行式軌道資料。由此兩行式軌道資料可知此一衛星之編號爲 20959，於 1990 年發射，表示此一 GPS 衛星已在軌 20 年。由兩行式軌道資料同時可知此一衛星於 2011 年之第 2.97861857 天(相當於 2011 年元月二日 23 時 29 分 12.64 秒)之軌道傾角爲 54.8095 度，昇交角爲 260.2100 度，離心率爲 0.0126107，近地夾角爲 310.3460 度，平均角爲 48.6377 度，平均角速度爲每天 2.00551349 週，且在軌運行了 14723 圈。

表 2.10　兩行式軌道資料之範例

```
GPS BIIA-10 (PRN 32)
1 20959U 90103A    11002.97861857 -.00000002   00000-0   10000-3 0   9721
2 20959   54.8059 260.2100 0126107 310.3460   48.6377   2.00551349147234
```

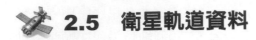

2.5.2　粗略星曆資料

對於 GPS 之衛星軌道，美國海岸巡防隊(Coast Guard)負責維護通稱為 YUMA 之 GPS 衛星星曆。此一粗略星曆之內容包含 GPS 衛星編號、健康狀態、離心率(e)、參考時間(t_{0e})、軌道傾角(i)、昇交角變化率($\dot{\Omega}$)、半長軸之方根($\sqrt{a}$)、昇交角(Ω_0)、近地夾角(ω)、均近點角(M_0)、兩項時鐘修正參數以及 GPS 週數。典型之 YUMA 資料範例如表 2.11 所示。表 2.11 為 PRN 編號 32 之 GPS 衛星於 593 週 61440 秒之星曆資料。由於 GPS 週數以 10 位元表示，故 593 週實係 1980 年元月六日後之 1024 + 593 = 1617 週而此一資料之時間為 2011 年元月二日 17 時 4 分 0 秒。由於 HEALTH 欄位為 000，此一衛星處於健康狀態。衛星之離心率為 0.0124，軌道傾斜角為 54.8208 度，近地夾角為 311.4224 度以及平均角為 214.2492 度。另外，由半長軸之方根可推算平均角速度。表中之昇交角為 159.0071 度，主要是定義為該週起始時間之格林威治經度。此些資料與 NORAD 之資料並不完全相同，但彼此相近。YUMA 資料除提供 GPS 衛星之軌道參數外，另提供 GPS 衛星時鐘之修正值包含時鐘偏置與時鐘漂移之修正量。

表 2.11　YUMA 資料之範例

******** Week 593 almanac for PRN-32 ********	
ID:	32
Health:	000
Eccentricity:	0.1241588593E-001
Time of Applicability(s):	61440.0000
Orbital Inclination(rad):	0.9567985535
Rate of Right Ascen(r/s):	-0.7621565601E-008
SQRT(A)　(m 1/2):	5153.726562
Right Ascen at Week(rad):	0.2775198221E+001
Argument of Perigee(rad):	-0.847838640
Mean Anom(rad):	-0.2543830752E+001
Af0(s):	-0.1668930054E-003
Af1(s/s):	-0.7275957614E-011
week:	593

GPS 衛星之位置與速度可利用 YUMA 資料計算，方式如下：

1. 計算軌道半長軸

$$a=(\sqrt{a})^2 \tag{2.116}$$

2. 計算衛星運行之平均角速率

$$n=\sqrt{\frac{\mu}{a^3}} \tag{2.117}$$

3. 計算觀測時刻 i 與 YUMA 資料參考時刻之時間差並進行週末修正

$$t_k=t-t_{0e} \tag{2.118}$$

週末修正之原因主要是 GPS 系統係以週數進行時間之管理且於每週六半夜(週日凌晨)重置，此一修正之公式為

$$t_k=\begin{cases} t_k-604800, & \text{若 } t_k>302400 \\ t_k, & \text{若 } 302400\ge t_k\ge -302400 \\ t_k+604800, & \text{若 } t_k<-302400 \end{cases} \tag{2.119}$$

4. 計算平近點角

$$M_k=M_0+nt_k \tag{2.120}$$

5. 計算偏近點角

$$M_k=E_k-e\sin E_k \tag{2.121}$$

離近點角之計算一般利用疊代方式求解克卜勒方程式。

6. 計算眞近點角

$$\cos\nu_k=\frac{-e+\cos E_k}{1-e\sin E_k} \quad \text{與} \quad \sin\nu_k=\frac{\sqrt{1-e^2}\sin E_k}{1-e\cos E_k} \tag{2.122}$$

7. 計算緯度變角

$$u_k=\nu_k+\omega \tag{2.123}$$

8. 計算軌道半徑

$$r_k=a\left(1-e\cos E_k\right) \tag{2.124}$$

此時衛星於軌道平面之位置為 $r_k\begin{bmatrix}\cos u_k\\ \sin u_k\end{bmatrix}$。

9. 計算修正過之昇交點經度

$$\Omega_k = \Omega_0 + \left(\dot{\Omega} - \dot{\Omega}_E\right) t_k - \dot{\Omega}_E t_{0e} \tag{2.125}$$

10. 計算衛星於地球固定坐標系統之位置

$$\boldsymbol{r}^{[e]} = r_k \begin{bmatrix} \cos u_k \cos\Omega_k - \sin u_k \cos i \sin\Omega_k \\ \cos u_k \sin\Omega_k + \sin u_k \cos i \cos\Omega_k \\ \sin u_k \sin i \end{bmatrix} \tag{2.126}$$

2

上述之步驟可參考第 2.3 節之說明與公式。要留意的是步驟 9 之昇交點經度相當於由主子午線而非由春分點起算之昇交角，若視 $\Omega_0 + \dot{\Omega} t_k$ 爲由春分點起算之昇交角，則昇交點經度相當於 $\Omega_0 + \dot{\Omega} t_k - \Theta$ 其中 $\Theta = \dot{\Omega}_E t = \dot{\Omega}_E t_k + \dot{\Omega}_E t_{0e}$。步驟 10 之公式與(2.90)一致。

對於 GPS 系統而言，各衛星同時傳送出整體星座中全部衛星之粗略星曆資料(almanac)又稱長效型星曆或週效型星曆，此一資料之型式與內容與 YUMA 資料相當近似。當接收機可接收並解碼出此星曆資料即可引用上述衛星位置計算方式估算出各衛星之位置，如此用戶可用以規劃精密定位與測量之時段而接收機亦可適時且較有效率地進行衛星訊號之擷取。長效型星曆之精度不夠高，一般不用於定位導航計算。GLONASS 與 Galileo 之導航訊息中亦包含有長效型星曆資料。不過，YUMA 資料或長效型星曆亦歸類爲粗略軌道資料，其適用範圍一般爲一週。以 GLONASS 爲例其長效型星曆於一天後會有 0.83 公里(均方根值)之誤差，十天後之誤差可達 2.0 公里而二十天後之誤差爲 3.3 公里。

2.5.3　導航星曆資料

影響衛星軌道之干擾力除了重力場之不均勻外上包含其他外力，由於詳細之模式相當複雜，爲了因應這些變化與擾動，在 GNSS 所傳送的衛星軌道資訊中除了克卜勒軌道參數外，同時也包括了修正量以供用戶對擾動的影響進行估算與修正，進而降低衛星位置解算之誤差。目前 GPS 與後續之 Galileo 均藉由傳送出十六項導航用導航軌道資料(ephemeris)，以利用戶計算衛星於特定時間之衛星位置與速度。此十六項軌道資料包含六項克卜勒軌道參數、一項昇交角變化率資料、一項平均角速度修正量資料、六項修正用之諧振係數、一項軌道傾角變化率資料以及一軌道資料參考時間。此些軌道資料及相對應之位元數如表 2.12 所示。原則上比較重要之資料利用較多之位元予以表示。除了軌道資料參考時間之外，GPS 與 Galileo 對於其他各項軌道資料均採用相同之位元數予以表示。

表 2.12　GPS 與 Galileo 之導航星曆資料

軌道資料參數	定義	位元數	
		GPS	Galileo
M_0	於軌道資料參考時間之平均角	32	32
e	離心率	32	32
$\sqrt{a}$	半長軸之均方根	32	32
Ω_0	於每週參考時間之昇交角	32	32
i_0	於軌道資料參考時間之軌道傾角	32	32
ω	近地夾角	32	32
$\dot{\Omega} = d\Omega / dt$	昇交角變化率	24	24
Δn	平均角速度之修正量	16	16
C_{uc}	緯度變角修正之餘弦諧振係數	16	16
C_{us}	緯度變角修正之正弦諧振係數	16	16
C_{rc}	軌道半徑修正之餘弦諧振係數	16	16
C_{rs}	軌道半徑修正之正弦諧振係數	16	16
C_{ic}	軌道傾角修正之餘弦諧振係數	16	16
C_{is}	軌道傾角修正之正弦諧振係數	16	16
$\dot{i} = di / dt$	軌道傾角變化率	14	14
t_0	軌道資料參考時間	14	16

當接收機可順利解碼出上述軌道資料，則可沿用軌道計算法則(ephemeris algorithm)以推算衛星於特定時間點之位置。表 2.13 說明軌道計算法則之各步驟。相較於粗略星曆資料，廣播星曆資料增加了數項修正之係數，因此也增加數個修正之步驟。此些修正可以因應擾動之影響而得到較精確之衛星位置，也因此一般接收機利用導航星曆資料計算衛星位置並據以定位與授時。

美國針對 GPS 之現代化規畫對廣播星曆進行更改。表 2.14 爲目前之廣播星曆(稱之爲 NAV)與現代化後之廣播星曆(稱之爲 CNAV)之比較。基本上仍採用軌道參數進行衛星位置之計算，但 CNAV 額外增加數項修正量。由於資料內容與格式之差異故如欲利用 CNAV 資料進行衛星位置之解算，其方法與利用 NAV 資料解算之方法有些微差異。表 2.15 說明利用 CNAV 資料進行衛星位置解算之步驟。

表 2.13　軌道計算法則

步驟	說明	公式
1	計算軌道半長軸 a	$a=(\sqrt{a})^2$
2	計算平均角速度 n_0	$n_0=\sqrt{\mu/a^3}$
3	計算時間差 t_k	$t_k=t-t_{0e}$
4	計算修正過之平均角速度 n	$n=n_0+\Delta n$
5	計算均近點角 M_k	$M_k=M_0+nt_k$
6	求解克卜勒方程式計算偏近點角 E_k	$M_k=E_k-e\sin E_k$
7	計算眞近點角 ν_k	$\nu_k=\tan^{-1}\left(\dfrac{\sqrt{1-e^2}\sin E_k/(1-e\cos E_k)}{(\cos E_k-e)/(1-e\cos E_k)}\right)$
8	整理偏近點角 E_k	$E_k=\cos^{-1}\left(\dfrac{e+\cos\nu_k}{1+e\cos\nu_k}\right)$
9	計算修正前之緯度變角 ϕ_k	$\phi_k=\nu_k+\omega$
10	計算緯度變角之修正量 δu_k	$\delta u_k=C_{uc}\cos(2\phi_k)+C_{us}\sin(2\phi_k)$
11	計算軌道半徑之修正量 δr_k	$\delta r_k=C_{rc}\cos(2\phi_k)+C_{rs}\sin(2\phi_k)$
12	計算軌道傾角修正量 δi_k	$\delta i_k=C_{ic}\cos(2\phi_k)+C_{is}\sin(2\phi_k)$
13	計算修正過之緯度變角 u_k	$u_k=\phi_k+\delta u_k$
14	計算修正過之軌道半徑 r_k	$r_k=a(1-e\cos E_k)+\delta r_k$
15	計算修正過之軌道傾角 i_k	$i_k=i_0+\delta i_k+(di/dt)t_k$
16	計算軌道平面之位置 x_p 與 y_p	$x_p=r_k\cos u_k$ 與 $y_p=r_k\sin u_k$
17	計算修正過之昇交點經度 Ω_k	$\Omega_k=\Omega_0+(\dot{\Omega}-\dot{\Omega}_E)t_k-\dot{\Omega}_E t_{0e}$
18	計算衛星於地球固定系統之位置	$x_k=x_p\cos\Omega_k-y_p\cos i_k\sin\Omega_k$ $y_k=x_p\sin\Omega_k+y_p\cos i_k\cos\Omega_k$ $z_k=y_p\sin i_k$

表 2.14　GPS 廣播星曆之比較

軌道資料參數	定義	位元數	
		NAV	CNAV
M_0	於軌道資料參考時間之平均角	32	33
e	離心率	32	33
$\sqrt{a}$	半長軸之均方根	32	
Δa	半長軸之修正量		26
$\dot{a} = da / dt$	半長軸之變化率		25
Δn	平均角速度之修正量	16	
Δn_0	平均角速度之修正量		17
$d\Delta n_0 / dt$	平均角速度之變化率		23
Ω_0	於每週參考時間之昇交角	32	33
$\dot{\Omega} = d\Omega / dt$	昇交角變化率	24	
$\Delta\dot{\Omega}$	昇交角變化率之修正值		17
i_0	於軌道資料參考時間之軌道傾角	32	33
$\dot{i} = di / dt$	軌道傾角變化率	14	15
ω	近地夾角	32	33
C_{uc}	緯度變角修正之餘弦諧振係數	16	16
C_{us}	緯度變角修正之正弦諧振係數	16	16
C_{rc}	軌道半徑修正之餘弦諧振係數	16	16
C_{rs}	軌道半徑修正之正弦諧振係數	16	16
C_{ic}	軌道傾角修正之餘弦諧振係數	16	16
C_{is}	軌道傾角修正之正弦諧振係數	16	16
t_{0e}	軌道資料參考時間	14	11

表 2.15　利用 CNAV 資料進行衛星位置解算之步驟。

步驟	說明	公式
1	計算參考時間之軌道半長軸 a_0	$a_0 = a_{ref} + \Delta a$
2	計算時間差 t_k	$t_k = t - t_{0e}$
3	計算平均角速度 n_0	$n_0 = \sqrt{\mu / a_0^3}$
4	計算軌道半長軸 a_k	$a_k = a_0 + \dot{a} t_k$
5	計算平均角速度之差值Δn_a	$\Delta n_a = \Delta n_0 + (1/2)(d\Delta n_0 / dt) t_k$
6	計算修正過之平均角速度 n_a	$n_a = n_0 + \Delta n_a$
7	計算均近點角 M_k	$M_k = M_0 + n_a t_k$
8	解克卜勒方程式計算偏近點角 E_k	$M_k = E_k - e \sin E_k$
9	計算真近點角ν_k	$\nu_k = \tan^{-1}\left(\frac{\sqrt{1-e^2} \sin E_k / (1 - e\cos E_k)}{(\cos E_k - e)/(1 - e\cos E_k)} \right)$
10	整理偏近點角 E_k	$E_k = \cos^{-1}\left(\frac{e + \cos\nu_k}{1 + e\cos\nu_k} \right)$
11	計算修正前之緯度變角ϕ_k	$\phi_k = \nu_k + \omega$
12	計算緯度變角之修正量δu_k	$\delta u_k = C_{uc}\cos(2\phi_k) + C_{us}\sin(2\phi_k)$
13	計算軌道半徑之修正量δr_k	$\delta r_k = C_{rc}\cos(2\phi_k) + C_{rs}\sin(2\phi_k)$
14	計算軌道傾角修正量δi_k	$\delta i_k = C_{ic}\cos(2\phi_k) + C_{is}\sin(2\phi_k)$
15	計算修正過之緯度變角 u_k	$u_k = \phi_k + \delta u_k$
16	計算修正過之軌道半徑 r_k	$r_k = a_k(1 - e\cos E_k) + \delta r_k$
17	計算修正過之軌道傾角 i_k	$i_k = i_0 + \delta i_k + (di/dt) t_k$
18	計算軌道平面之位置 x_p與 y_p	$x_p = r_k \cos u_k$ 與 $y_p = r_k \sin u_k$
19	計算昇交點經度變化率 $\dot{\Omega}$	$\dot{\Omega} = \dot{\Omega}_{ref} + \Delta\dot{\Omega}$
20	計算修正過之昇交點經度Ω_k	$\Omega_k = \Omega_0 + \left(\dot{\Omega} - \dot{\Omega}_E\right) t_k - \dot{\Omega}_E t_{0e}$
21	計算衛星於地球固定系統之位置	$x_k = x_p \cos\Omega_k - y_p \cos i_k \sin\Omega_k$ $y_k = x_p \sin\Omega_k + y_p \cos i_k \cos\Omega_k$ $z_k = y_p \sin i_k$

俄羅斯 GLONASS 廣播軌道資料之型式迴異於 GPS 或 Galileo 之方式。GPS 或 Galileo 系統廣播克卜勒參數與修正量以供計算衛星之位置與速度；GLONASS 則直接傳送出位置、速度與加速度至接收機。因此對於用戶而言，只要使用單純之內插運算即可以計算衛星位置與速度；如此大大地降低計算之複雜度。但是直接傳送衛星位置、速度與加速度之缺點為缺乏軌道預測之能力；因此如欲估算較長時間以後之位置或對於無法順利解碼出資料之場合會有較大之誤差。

廣播星曆主要由接收機接收來自衛星之訊號後解調而得，故不同接收機往往利用不同之資料格式儲存廣播星曆。至於廣播星曆之檔案最常見的是採用 RINEX(Receiver INdependent EXchange) 格式，此一檔案格式主要將接收之所量測之資料完全記錄，其內容包含量測資料檔、導航訊息檔與氣象資料檔。採用此一通用之資料格式可克服不同接收機之差異有利於資料之統整。

2.5.4 精密星曆資料

對於高精度之定位與測量應用而言，有必要取得精密之軌道資料以推算衛星之位置。目前公分等級或十公分等級之精密軌道資料主要可利用國際 GNSS 服務 (International GNSS Service, IGS) 取得。IGS 利用分佈於全球各地之超過 400 多座衛星追蹤站進行持續之 GNSS 衛星訊號接收。圖 2.25 顯示 IGS 目前之追蹤站分佈情形。由於各追蹤站之位置已知，接收裝置之時鐘可以調整校對且大氣資料可以量測，故 IGS 主要收集此些分佈於不同位置之資料，進行同化、處理與計算並精確地推算各 GNSS 衛星於不同時間之軌道與時鐘參數。

IGS 所提供之 GNSS 軌道與時鐘參數之資料版本計有五類，分別為廣播版本、超即時(預測) 版本、超即時(觀測) 版本、即時版本與最終版本。廣播版本主要為來自 GNSS 衛星之廣播星曆，其餘版本則根據各追蹤站資料與模式對於衛星軌道與時鐘所進行之估測結果。這其中，超即時(預測) 版本為對於衛星未來之軌道與時鐘之預測，而最終版本則為經平滑處理後對於各衛星軌道與時鐘之最終推算值。此些不同版本之精度、延遲間隔、更新率與取樣率各有不同，可參考表 2.16 之說明。基本上，若累積愈多觀測資料和採用更複雜模式進行估測則可得到較精準之衛星位置與時鐘資料。目前最終版本之位置精度可達 5 公分以下，而時鐘精度則於 0.1ns 以內。延遲間隔指的是此一版本資料取得之時間與相對應估測衛星軌道之時間差異。目前 ICG 所提供之軌道與時鐘資料之取樣率為 15 分鐘，即每 15 分鐘有一筆資料。快速版本與最終版本之時鐘資料則每 5 分鐘有一筆資料。此些資料一般利用 sp3 檔案之格式發佈。超快速(預測)版本一般用於即時之導航與測量，但其他版本資料則視其延遲時間與精度而有不同之用途。許多利用 GNSS 資料進行之科學研究均仰賴 IGS 精密軌道資料。我國福衛三號掩星計畫即利用 IGS 精密軌道資料進行精確之定軌以反演出大氣與電離層之參數。

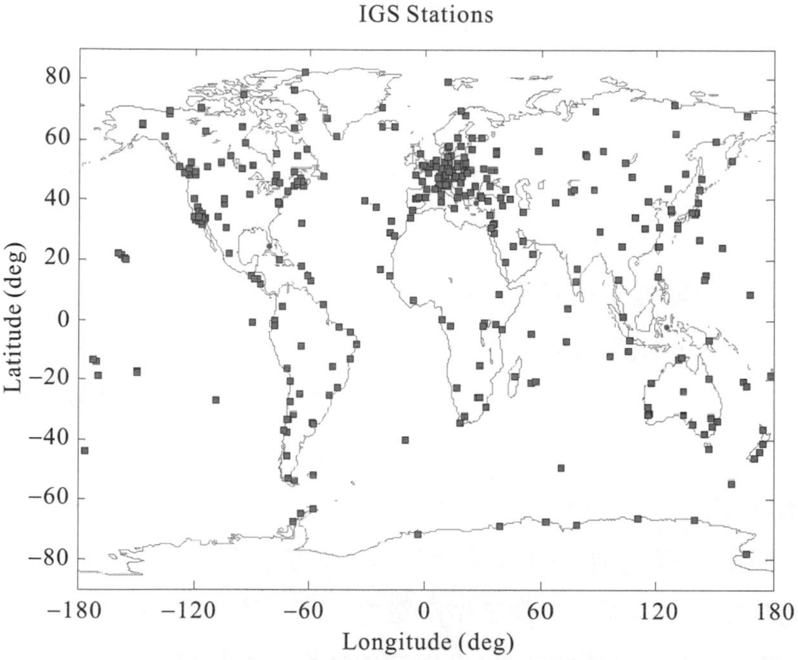

圖 2.25　IGS 目前之追蹤站分佈情形

表 2.16　不同精密星曆資料

資料版本	精度		延遲間隔	更新	取樣率	
	軌道誤差	時鐘誤差			軌道誤差	時鐘誤差
廣播版本	～160cm	～7ns	即時		每日	
超快速(預測) 版本	～10cm	～5ns	即時	每日四次	15min	
超快速(觀測) 版本	<5cm	～0.2ns	3h	每日四次	15min	
快速版本	<5cm	0.1ns	13h	每日	15min	5min
最終版本	<5cm	<0.1ns	8～10 天	每週	15min	5min

由於上述精密軌道之取樣時間爲 15 分鐘，故如欲計算任何時間之衛星位置時得利用相鄰之數筆資料進行內差，一般以拉格朗日(Lagrange)內插方法爲之。令 $\boldsymbol{r}(t_k)$ 爲檔案中於時間 t_k 時衛星之位置，假設 t 近於 t_0 與 t_M 之中間，則衛星於時間 t 之位置可利用下式計算

$$\boldsymbol{r}(t) = \sum_{k=0}^{M} L_k(t)\boldsymbol{r}(t_k) \tag{2.127}$$

其中 $L_k(t)$ 爲拉格朗日加權因子

$$L_k(t) = \prod_{l=0}^{M} \frac{t - t_l}{t_k - t_l}, \qquad k \neq l \tag{2.128}$$

衛星軌道之計算雖然是一相當歷史之技術，但是隨著 GNSS 應用之普及仍有許多新的思維與發展。以 GNSS 接收機之定位爲例，一般接收機得開機後持續穩定地接收來自衛星之廣播星曆資料方進行定位計算。但是要完整地接收廣播星曆資料會耗掉一段時間，對於行動接收機而言亦會消耗相當之電力。更重要地，若接收機工作於訊號較微弱的場合(如室內)有時無法順利地解碼出資料。所謂輔助型 GNSS(assisted GNSS, A-GNSS)主要利用無線基地台或無線網路將當時與當地之粗略或廣播星曆資料傳送至用戶，以加速 GNSS 訊號鎖定與定位解算之過程。於 A-GNSS 之中央處理站因此得持續讀取新的精密星曆，並推算出足供用戶定位之導航星曆。另一方面，對於接收機而言，若有一段時間沒有 GNSS 訊號或無線基地台/網路之更新，亦希望一開機後即可以快速地進行訊號之鎖定與定位。所以於接收機內亦得儲存一份長效且精確之星曆。此一長效星曆往往藉由分析各 GNSS 衛星於長時間之軌道變化取得各星曆資料之變化趨勢，以方便接收機於一開機後可迅速掌握可視衛星之分佈進行訊號之擷取與鎖定。因此，不同接收裝置往往另外定義特定之星曆資料內容與格式，以利衛星導航與位置加值服務之應用，相關之說明與應用可參考第九章。

結語

木章介紹衛星定位系統中重要之坐標、時間與衛星軌道之概念。此些概念雖然源於古典物理學，但是卻在衛星定位應用上眞實地展現。對於衛星定位與導航而言，時間與空間是相當關鍵卻又相互影響之物理量。衛星之運行基本上依襲古典力學，故其軌跡具有相當程度之可預測性，也因此足以成爲接收機定位與授時之參考。描述衛星軌道之參數主要利用克卜勒參數爲之，但由於衛星會受到擾動，故一般會增加一些修正參數以較精確地描述軌道。如何以有限之參數來提供足夠精確且長效之軌道估測，此爲一重要議題。目前，GPS 與 Galileo 利用 16 參數來描述導航用之軌道參數；GLONASS 相對而言卻直接傳送位置與速度至接收機。對於導航衛星而言，一般得利用一星座方足以提供所需之全球或區域涵蓋；所以星座之設計與維護爲確保品質之要務。原則上，GNSS 與 RNSS 之涵蓋範圍有異，但爲求利用較少衛星顆數達到目的，星座與軌道之設計均採用不同思維。目前，GNSS 星座一般位於中地軌道，而 RNSS 則採地球同步軌道。對於接收機而言，取得各衛星星曆資料爲定位導航之必要動作。日前已有相當不同之星曆資料通用格式，視精度與有效期限而有所差異。對於接收機而言，可於定位前取得粗略星曆以估測可以接收哪些衛星以及大略之相對速度，以利訊號之擷取與鎖定，並粗估定位品質。同時於即時導航過程，取得導航星曆資料以計算衛星之位置，並進而推算接收機之位置與時間。對於後處理型式之定位、量測或科學應用，則可以利用精密軌道資料取得衛星精確之位置與速度。

參考文獻說明

空間與時間之描述爲探討動態系統之基礎，故目前有相當多針對坐標系統與時間系統均有詳實之描述，可參考[186][223]。對於 ITRF 與 WGS-84 之詳細說明，可參考[23][145]與[156]。軌道力學爲物理學之一重要分支，主要探討牛頓力學應用於星球或衛星之動態。此一方面之參考文獻亦相當多，可以參考[56][154][231]。這其中，有一些教科書和參考書包含同時涵蓋衛星導航與軌道力學之說明。對於星座之設計，比較著名之書籍有[222]。衛星之兩行式軌道資料可經由 http://www.celestrak.com/NORAD/elements/取得，而由 ICG 之網址爲 http://igs.org/，可以取得許多 GNSS 之觀測資料。RINEX 與 SP3 資料格式之說明則可分別參考[84] [194]。

習題

1. 試根據公式(2.21)、(2.23)與(2.24)確認(2.25)之關係式。
2. 地球扁率 f_E 與離心率 e_E 之關係爲何？
3. 一導航者之經度爲東經 119 度 45 分 19.5 秒、大地緯度爲 22 度 40 分 30.85 秒而橢球高爲 200 公尺，試計算其地球固定坐標。
4. 一導航者之地球固定坐標爲 $\boldsymbol{r}^{[e]} = \begin{bmatrix} -2926354.377 \\ 5068594.461 \\ 2527795.467 \end{bmatrix}$(公尺)，計算其所處之經度、大地緯度與橢球高。
5. 於解算大地緯度與橢球高時可利用解析之方法爲之。進行文獻搜尋並寫出一給定 x_e、y_e 與 z_e 後計算 ϕ、λ 與 h 之解析方法。
6. 參考圖 2.10 有關衛星之觀測，試驗證以下公式

$$\beta = \sin^{-1}\left(\frac{a_E}{a_E + h}\cos\varepsilon\right)$$

與

$$d^2 = a_E^2 + (a_E + h)^2 - 2a_E(a_E + h)\sin\left(\varepsilon + \sin^{-1}\left(\frac{a_E}{a_E + h}\right)\cos\varepsilon\right)$$

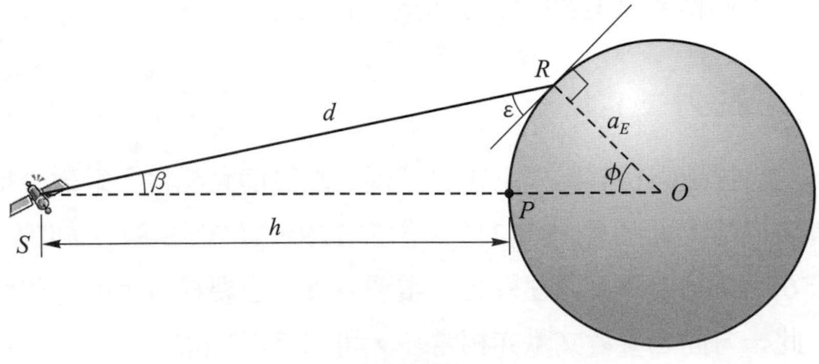

圖 2.10

7. 兩座位於地表之地面站可同時以 10 度仰角觀測到同一顆高度爲 20500 公里之衛星，請問此二地面站之最大距離爲何？
8. 假設地球之質量爲 M_E 而衛星之質量爲 m 且令於慣性系統下地球與衛星之位置向量分別爲 $\boldsymbol{r}_M$ 與 $\boldsymbol{r}_m$。根據牛頓萬有引力定律，地球之運動方程式滿足

$$M_E \frac{d^2 \boldsymbol{r}_M}{dt^2} = -\frac{GM_E m}{\left\| \boldsymbol{r}_M - \boldsymbol{r}_m \right\|^3} \left(\boldsymbol{r}_M - \boldsymbol{r}_m \right)$$

其中右項為重力場所造成之引力。相似地，衛星之運動方程式應滿足

$$m \frac{d^2 \boldsymbol{r}_m}{dt^2} = -\frac{GM_E m}{\left\| \boldsymbol{r}_m - \boldsymbol{r}_M \right\|^3} \left(\boldsymbol{r}_m - \boldsymbol{r}_M \right)$$

利用上二式確認質心位置向量 $\boldsymbol{r}_c = \dfrac{M_E \boldsymbol{r}_M + m \boldsymbol{r}_m}{M_E + m}$ 之二次微分為零向量。

9. 承上題，若 $\boldsymbol{r}$ 為地球至衛星之向量即 $\boldsymbol{r} = \boldsymbol{r}_m - \boldsymbol{r}_M$，試利用上題之公式推導出 (2.45)。

10. 於雙體系統，除公式(2.49)之能量 E_m 與(2.50)之角動量 $\boldsymbol{h}$ 為守恆量，離心向量 (eccentricity vector) $\boldsymbol{e}$ 亦為守恆量。離心向量之定義為

$$\boldsymbol{e} = \frac{1}{\mu} \left[\left(v^2 - \frac{\mu}{r} \right) \boldsymbol{r} - \left(\boldsymbol{r} \bullet \boldsymbol{v} \right) \boldsymbol{v} \right]$$

試驗證 $\boldsymbol{e}$ 為守恆量並說明 $\boldsymbol{e}$ 之意義及與 $\boldsymbol{g}$ 之關係。同時，確認 $e = \left\| \boldsymbol{e} \right\|$。

11. 確認拉普拉斯向量 $\boldsymbol{g}$ 為一守恆量。

12. 一圓形軌道衛星之高度為 25200 公里，試計算此一衛星繞行地球之速度。

13. 對於一離心率為 0.1 之衛星，其最大速度與最小速度之比值為何？

14. 若衛星於某一時刻之位置向量為 $\boldsymbol{r}$ 而速度向量為 $\boldsymbol{v}$，試推論出相對應之克卜勒軌道參數。

15. 試驗證以下有關附屬李堅德雷多項式之疊代公式

$$P_n^0(\sin\phi') = \frac{1}{n}\left[(2n-1)\sin\phi' P_{n-1}^0(\sin\phi') - (n-1) P_{n-2}^0(\sin\phi') \right]$$

$$P_n^n(\sin\phi') = (2n-1)\cos\phi' P_{n-1}^{n-1}(\sin\phi')$$

$$P_n^m(\sin\phi') = (2n-1)\cos\phi' P_{n-1}^{m-1}(\sin\phi') + P_{n-2}^m(\sin\phi'), \quad m \neq 0, m < n$$

16. 衛星運動受到地球重力場位能梯度之影響如公式(2.94)所說明。假設於慣性系統下衛星之位置向量為 $\boldsymbol{r} = \begin{bmatrix} x & y & z \end{bmatrix}^T$，試驗證衛星受到地球重力場位能梯度影響下之衛星運動方程式為

$$\ddot{x} = \left(\frac{1}{r}\frac{\partial V}{\partial r} - \frac{z}{r^2\sqrt{x^2+y^2}}\frac{\partial V}{\partial \phi'} \right) x - \left(\frac{1}{x^2+y^2}\frac{\partial V}{\partial \lambda} \right) y$$

$$\ddot{y} = -\left(\frac{1}{x^2+y^2}\frac{\partial V}{\partial \lambda} \right) x + \left(\frac{1}{r}\frac{\partial V}{\partial r} - \frac{z}{r^2\sqrt{x^2+y^2}}\frac{\partial V}{\partial \phi'} \right) y$$

$$\ddot{z} = \left(\frac{1}{r^2}\frac{\partial V}{\partial \phi'} \right)\sqrt{x^2+y^2} + \left(\frac{1}{r}\frac{\partial V}{\partial r} \right) z$$

其中

$$\frac{\partial V}{\partial r} = -\frac{1}{r}\left(\frac{\mu}{r}\right)\sum_{n=2}^{\infty}\left(\frac{r_E}{r}\right)^n (n+1)\sum_{m=0}^{n} P_n^m(\sin\phi')\left[c_n^m\cos(m\lambda) + s_n^m\sin(m\lambda)\right]$$

$$\frac{\partial V}{\partial \phi'} = \left(\frac{\mu}{r}\right)\sum_{n=2}^{\infty}\left(\frac{r_E}{r}\right)^n \sum_{m=0}^{n}\left[P_n^{m+1}(\sin\phi') - mP_n^m(\sin\phi')\tan\phi'\right]\left[c_n^m\cos(m\lambda) + s_n^m\sin(m\lambda)\right]$$

$$\frac{\partial V}{\partial \lambda} = \left(\frac{\mu}{r}\right)\sum_{n=2}^{\infty}\left(\frac{r_E}{r}\right)^n \sum_{m=0}^{n} mP_n^m(\sin\phi')\left[s_n^m\cos(m\lambda) - c_n^m\sin(m\lambda)\right]$$

17. 根據表 2.11 之星曆資料估算該衛星於時間 62000 至 62500 秒之位置以及相對應之星下點。

表 2.11　YUMA 資料之範例

******** Week 593 almanac for PRN-32 ********	
ID:	32
Health:	000
Eccentricity:	0.1241588593E-001
Time of Applicability(s):	61440.0000
Orbital Inclination(rad):	0.9567985535
Rate of Right Ascen(r/s):	-0.7621565601E-008
SQRT(A)　(m 1/2):	5153.726562
Right Ascen at Week(rad):	0.2775198221E+ 001
Argument of Perigee(rad):	-0.847838640
Mean Anom(rad):	-0.2543830752E+ 001
Af0(s):	-0.1668930054E-003
Af1(s/s):	-0.7275957614E-011
week:	593

Chapter 3

訊號與數位調變

Signals and Digital Modulation

衛星導航屬於無線電導航之一，主要利用電波之傳送與接收以達到導航之目的。欲瞭解此一系統之運作有必要說明無線電波訊號之表示方式與性質。一般而言，無線電接收機除接收所欲接收之訊號外也受到雜訊之影響。本章將由訊號與雜訊觀點對導航系統訊號與雜訊之表示方式進行說明，同時亦將針對訊號傳輸所必需之調變(modulation)進行描述。雖然訊號與雜訊均會於時域(time domain)上形成特定之波形，但二者本質上並不相同。訊號一般具有所謂命定(deterministic)之特性，而雜訊卻擁有隨機(stochastic)之性質；二者之表示方式因此不盡相同。除了命定訊號與隨機訊號之分別外，一訊號亦視其應用與呈現之差異區分爲連續時間(continuous-time)或離散時間(discrete-time)訊號。一連續時間之訊號一般可表示成隨時間 t 變化之函數 $x(t)$；相較而言，一離散時間之訊號一般表示成序列之型式 x_k，其中 k 爲整數代表時刻。爲瞭解一訊號之特性除了由時域觀察外，往往還分析該訊號於頻域(frequency domain)之特性。本章將首先說明命定訊號之表示與性質，然後回顧隨機訊號之性質。由於無線訊號之傳輸一般利用載波進行調變後方始傳送，本章亦闡述調變之方式以及相對應訊號之性質，再然後探討訊號與系統間之關係，最後說明無線訊號接收之性能。

3.1 命定訊號

對於一隨時間變化之電波訊號 $x(t)$，其直流值或時間平均值可定義爲

$$\langle x(t) \rangle = \lim_{T\to\infty} \frac{1}{T} \int_{-T/2}^{T/2} x(t)dt \tag{3.1}$$

由於電波訊號會隨時間變化，爲有效量化其強度，一般復定義能量(energy)與功率(power)如下。對於訊號 $x(t)$ 其能量之定義爲

$$E_x = \int_{-\infty}^{\infty} | x(t) |^2 \, dt \tag{3.2}$$

若一訊號之能量爲有界(bounded)，則稱此一訊號爲能量訊號(energy signal)。一般而言，若一訊號僅於特定時段方有值則可視其爲能量訊號。不過於通訊與導航系統分析時，有時爲方便故得處理非能量訊號。例如，一單純之弦式訊號之能量並非有界。爲有效描述此一類型訊號之特性，定義功率如下

$$P_x = \lim_{T\to\infty} \frac{1}{T} \int_{-T/2}^{T/2} |x(t)|^2 \, dt \tag{3.3}$$

功率一般又稱為均方值(mean square value)。若取 P_x 之根號則得 $x(t)$ 之均方根(root mean square, rms)值。若一訊號之功率有界，則稱此一訊號為功率訊號(power signal)。明顯地，一能量訊號之功率為零；若一功率訊號之功率值非零則其能量為無限大。若一訊號 $x(t)$ 滿足

$$x(t+T_0) = x(t), \quad \forall t \tag{3.4}$$

則 $x(t)$ 為一週期為 T_0 之週期訊號(periodic signal)。對於一週期為 T_0 之週期訊號 $x(t)$，其功率可依下式計算之

$$P_x = \frac{1}{T_0} \int_{0}^{T_0} |x(t)|^2 \, dt \tag{3.5}$$

功率與能量均與訊號之強度或振幅有關。除此之外，頻率為相當重要之變數。無線電磁波是由電場與磁場交互作用而生成的。一變動之磁場可產生電場，而一變動之電場亦可產生磁場，如此電與磁之交互作用即形成一電磁波。電磁波以光速 c 行進。光速之值如表 2.1 之說明約為 3×10^8 m/sec。一電磁波之頻率 f 與波長 λ 之乘積等於光速，即

$$c = \lambda \cdot f \tag{3.6}$$

因此頻率越高，波長越短。無線電波頻率的單位為赫芝(Hertz, Hz)，即每秒幾周，而波長之單位為公尺。電波依頻率之不同復區分為不同之頻段，如表 3.1 所示，包含極低頻、低頻、中頻等。由於頻譜為一公共財，對於無線電波頻道之使用，得仰賴頻率協調以取得合法之使用並避免衝突與干擾，此一協調主要由 ITU(International Telecommunication Union)負責。而各國家地區復有主管頻道協調之單位，以規範該地區頻率使用之情形。圖 3.1 顯示有關無線導航頻段之劃分與使用。不同之無線導航系統視其涵蓋與精度之差異以及技術之變革與成熟度，選擇不同之頻段進行訊號之傳送。

表 3.1　電磁波頻率、波長

頻段	頻率	波長
極低頻(Very Low Frequency, VLF)	30kHz 以下	10 公里以上
低頻、長波(Low Frequency, LF)	30kHz 至 300kHz	1 公里至 10 公里
中頻、中波(Medium Frequency, MF)	300 kHz 至 3MHz	100 公尺至 1000 公尺
高頻、短波(High Frequency, HF)	3 MHz 至 30MHz	10 公尺至 100 公尺
極高頻、超短波(Very High Frequency, VHF)	30 MHz 至 300MHz	1 公尺至 10 公尺
超高頻、超極短波(Ultra High Frequency, UHF)	300MHz 至 3GHz	10 公分至 1 公尺
特高頻、微波(Super High Frequency, SHF)	3GHz 至 30GHz	1 公分至 10 公分
特極高頻(Extremely High Frequency, EHF)	30GHz 至 300GHz	0.1 公分至 1 公分

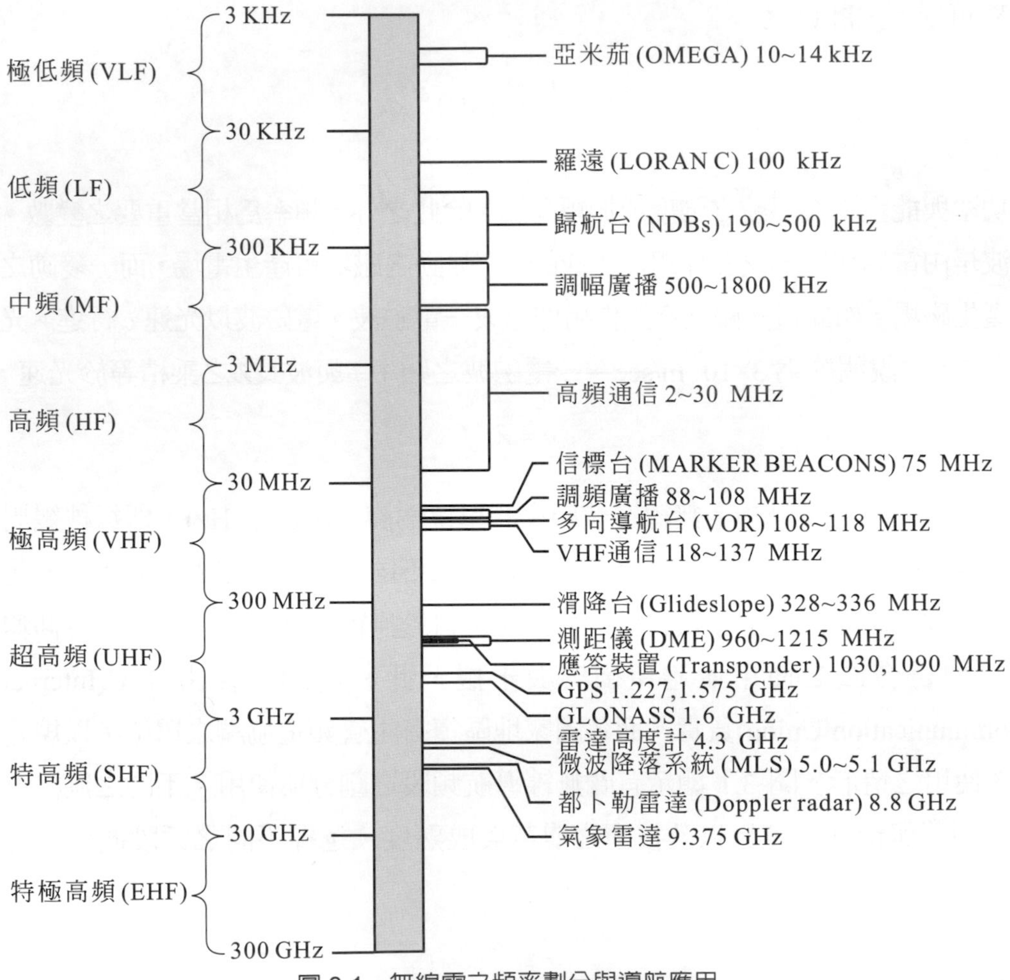

圖 3.1　無線電之頻率劃分與導航應用

對於衛星導航而言，目前 ITU 之規劃之衛星無線電導航服務(Radio Navigation Satellite Service, RNSS)計有 5 個頻段分別如表 3.2 所示。目前 GNSS 衛星一般採用 L 頻段傳送導航之訊號；L 頻段介於 1 至 2GHz 之間，屬於超高頻。於 2000 年前，規劃 L 頻段之 L1 與 L2 以供美國 GPS 與俄羅斯 GLONASS 衛星無線電導航服務。但 2000 年後，隨著衛星導航之日益重要，又增加三個頻段分別為 L5/E5、E6 與 C 頻段。C 頻段介於 4 至 8GHz 之間。採用較高之頻率具有之好處包括較精確之測距能力與較小之天線，但缺點為較大之傳輸損耗。與此一 RNSS 頻段相關的是 ARNS (Aeronautical Radio Navigation Service)頻段，此一頻段主要應用於飛航無線電導航。由於飛航安全係攸關生命安全之議題，故若納入 ARNS 頻段則該頻率會有較佳之保護。ARNS 座落於 960～1215MHz 與 1559～1610MHz 之頻段。因此 RNSS 頻段之 L5/ E5 與 L1 / E1 為 ARNS 頻段所涵蓋，可用於有生命安全(safety of life)顧慮之應用。實際目前頻率之應用情形亦可參考圖 1.24。當然，隨著 GNSS 之普及，頻譜之佔用相當擁擠也引發相當多有關訊號間相容(compatibility)與共用(interoperability)之討論。另外，衛星導航之相關單位亦期望藉由 ITU 之協調取得更多之頻段。例如，目前衛星導航界全力爭取利用 S 頻段 2483.5～2500 MHz 以進行導航訊號之傳送。

表 3.2　RNSS 頻段

頻段	頻率	用途
L5/ E5	1164～1215 MHz	GPS L5, Galileo E5
L2	1215～1260 MHz	GPS L2
E6	1260～1300 MHz	Galileo E6
L1/ E1	1559～1610 MHz	GPS L1, Galileo E1
C	5010～5030 MHz	未來衛星導航應用

今考慮如圖 3.2 所示頻率為 f_0 且振幅為 A 之弦式訊號

$$v(t) = A\cos(2\pi f_0 t) \tag{3.7}$$

此一訊號之週期 T_0 恰為頻率之倒數即 $T_0 = 1/f_0$。根據(3.5)，$v(t)$ 之功率可計算為

$$P_v = \frac{1}{T_0}\int_0^{T_0} A^2\cos^2(2\pi f_0 t)dt = \frac{1}{T_0}\frac{A^2}{2}\int_0^{T_0}(1+\cos(4\pi f_0 t))dt = \frac{A^2}{2} \tag{3.8}$$

功率之單位一般以瓦(watts)或毫瓦(mini-watts)表之。訊號強度之表示往往以分貝(decibel)爲之。分貝值 $[P_x]$ 與實際值 P_x 之關係爲

$$[P_x] = 10 \cdot \log_{10} P_x \tag{3.9}$$

在此利用中括號代表分貝值。因此，一實際功率爲 P_x 瓦之訊號相當於 $[P_x]$ 分貝瓦(dBW)。一分貝瓦相當於 30 分貝豪瓦(dBm)而一 0.1 瓦之訊號相當於−10dBW 亦相當於 20dBm。

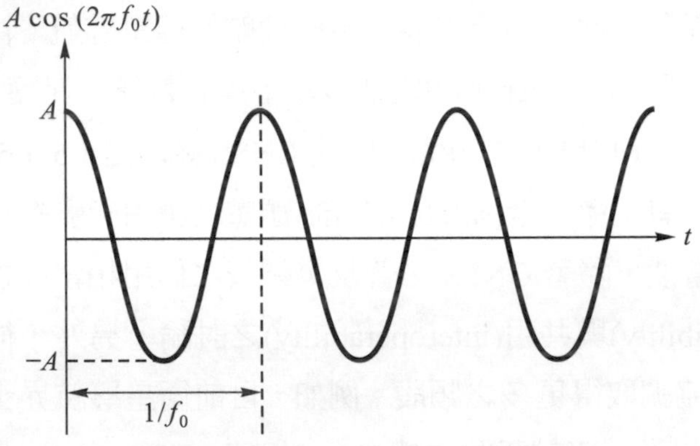

圖 3.2 頻率為 f_0 之弦式訊號波形

3.1.1 傅立葉轉換

觀察一訊號時，除可利用示波器觀察訊號於時域之變化外，亦可觀察該訊號於頻域之頻譜特性。一訊號於頻域之特性一般藉由頻譜密度(spectral density)予以描述，此一頻譜密度展現訊號之能量或功率於不同頻率之值。由於傅立葉轉換(Fourier transform)可用以將一時域之訊號轉換成頻域之表示式，故訊號頻譜之描述一般藉由傅立葉轉換爲之。給定任一訊號 $x(t)$，其傅立葉轉換之定義爲

$$X(f) = \Im\{x(t)\} = \int_{-\infty}^{\infty} x(t)\exp(-j2\pi ft)dt \tag{3.10}$$

這其中 f 代表頻率而 $j=\sqrt{-1}$。若給定 $X(f)$，則可利用反傅立葉轉換(inverse Fourier transform)計算出 $x(t)$，公式如下：

$$x(t) = \Im^{-1}\{X(f)\} = \int_{-\infty}^{\infty} X(f)\exp(j2\pi ft)df \tag{3.11}$$

傅立葉轉換 $X(f)$ 爲一複數，具有實部與虛部，但一般習慣以強度(magnitude)$|X(f)|$ 與相位(phase) $\Theta(f)$ 描述之：

$$X(f)=\left|X(f)\right|\exp(j\Theta(f)) \qquad (3.12)$$

當 $x(t)$ 爲一不含虛部之實數訊號時，即 $\mathrm{Re}\{x(t)\}=x(t)$，其傅立葉轉換 $X(f)$ 滿足下述性質：$X^*(f)=X(-f)$，其中 $X^*(f)$ 爲 $X(f)$ 之共軛複數。此時，強度 $|X(f)|$ 爲頻率 f 之偶函數，而相位 $\Theta(f)$ 爲頻率 f 之奇函數。於一般工程數學教科書中針對傅立葉轉換之應用與性質均有相當詳盡的說明。表 3.3 列出部分後續會採用之性質。

表 3.3　傅立葉轉換之性質

性質	函數	傅立葉轉換
	$x(t), x_1(t), x_2(t)$	$X(f), X_1(f), X_2(f)$
線性	$ax_1(t)+bx_2(t)$	$aX_1(f)+bX_2(f)$
時延	$x(t-\tau)$	$X(f)\exp(-j2\pi f\tau)$
移頻	$x(t)\cos(2\pi f_0 t+\theta)$	$\frac{1}{2}\left[X(f-f_0)\exp(j\theta)+X(f+f_0)\exp(-j\theta)\right]$
通帶	$\mathrm{Re}\{x(t)\exp(j2\pi f_0 t)\}$	$\frac{1}{2}\left[X(f-f_0)+X^*(-f-f_0)\right]$
迴旋 (convolution)	$\int_{-\infty}^{\infty}x_1(\tau)x_2(t-\tau)d\tau$	$X_1(f)X_2(f)$

考慮前述 (3.7) 之弦式訊號 $v(t)$。若對 $v(t)$ 進行傅立葉轉換可得

$$V(f)=\int_{-\infty}^{\infty}A\cdot\left(\frac{e^{j2\pi f_0 t}+e^{-j2\pi f_0 t}}{2}\right)e^{-j2\pi ft}dt=\frac{A}{2}\left[\delta(f+f_0)+\delta(f-f_0)\right] \qquad (3.13)$$

於(3.13)，$\delta(\cdot)$ 代表 Dirac 脈衝函數(impulse function)。此一函數是一零寬度與無限強度之脈波，且積分之值等於一之函數，即滿足下列性質

$$\int_{-\infty}^{\infty}\delta(t)dt=1 \quad 且 \quad \delta(t)=\begin{cases}\infty, & t=0\\ 0, & t\neq 0\end{cases} \qquad (3.14)$$

脈衝函數於訊號處理與系統理論領域應用相當廣泛。對於任一於 τ 連續之函數 $y(t)$

$$\int_{-\infty}^{\infty}y(t)\delta(t-\tau)dt=y(\tau) \qquad (3.15)$$

由(3.13)可知，對於一頻率為 f_0 之弦式訊號，其經過傅立葉轉換後之頻譜僅於 f_0 與 $-f_0$ 有值；此類型之頻譜由於僅於某些特定頻率方有值，一般稱為線狀頻譜(line spectra)。圖 3.3 顯示弦式訊號於頻域之線狀頻譜。

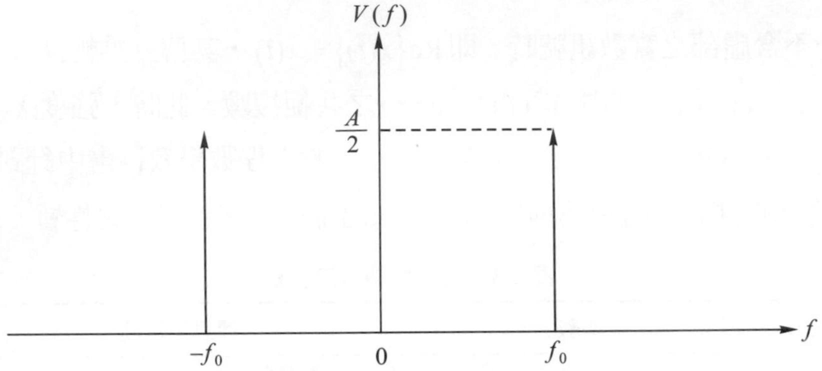

圖 3.3　弦式訊號之線狀頻譜

一直流訊號，$u(t)=A$，可視同一頻率為零之訊號，此一訊號之傅立葉轉換為 $\Im\{u(t)\} = A\delta(f)$，代表訊號僅具直流成份。反之，若針對一強度為 A 之脈衝時間函數 $A\delta(t)$ 取傅立葉轉換可得 $\Im\{A\delta(t)\} = A$，表示脈衝時間函數之頻譜涵蓋所有頻率；脈衝時間函數因此為一無限寬頻之訊號。

若一訊號 $x(t)$ 之傅立葉轉換為 $X(f)$，則此一訊號之能量頻譜密度(energy spectral density)為該訊號傅立葉轉換強度之平方，即

$$\Psi_x(f) = X(f)X^*(f) = |X(f)|^2 \tag{3.16}$$

一訊號之能量不論由時域或頻域觀察均應是相同的，故

$$E_x = \int_{-\infty}^{\infty} |x(t)|^2\, dt = \int_{-\infty}^{\infty} |X(f)|^2\, df \tag{3.17}$$

此一性質是極為重要之帕斯維爾(Parseval)定理。由(3.17)可知，一訊號之能量可視為能量頻譜密度 $\Psi_x(f)$ 隨頻率積分之結果。

今考慮一單位矩形脈波如圖 3.4 所示。此一脈波之表示式為

$$\Pi_T(t) = \begin{cases} 1, & |t| \le \dfrac{T}{2} \\ 0, & |t| > \dfrac{T}{2} \end{cases} \tag{3.18}$$

這其中 T 爲脈波之寬度。若針對此一脈波進行傅立葉轉換可得

$$\Im\{\Pi_T(t)\} = \int_{-T/2}^{T/2} \exp(-j2\pi ft)dt = T\frac{\sin(\pi fT)}{\pi fT} = T\ \mathrm{sinc}(fT) \tag{3.19}$$

在此，sinc 函數之定義爲 $\mathrm{sinc}(x) = \dfrac{\sin(\pi x)}{\pi x}$。衛星通訊與導航系統往往利用矩形脈波建構出所傳送之訊號，故所得之頻譜會與 sinc 函數有關。圖 3.4 同時顯示單位矩形脈波之傅立葉轉換。對於此一於時域僅於某一時段有值之單位矩形脈波，其頻域之表示會佔用頗爲寬廣之頻寬。由(3.18)可知，於頻率爲 $1/T$ 或 $-1/T$ 時，傅立葉強度頻譜之值爲零，此些頻率稱之爲零點頻率(null frequency)。對於寬度爲 T 之單位矩形脈波，此二相鄰零點頻率之間距爲 $2/T$，即爲所謂零點間距頻寬(null-to-null bandwidth)。當脈波寬度增加時，零點間距頻寬相對地縮小。當然，若令寬度 T 趨近於零，則單位矩形脈波近似一脈衝訊號而其頻寬則近乎無限大。

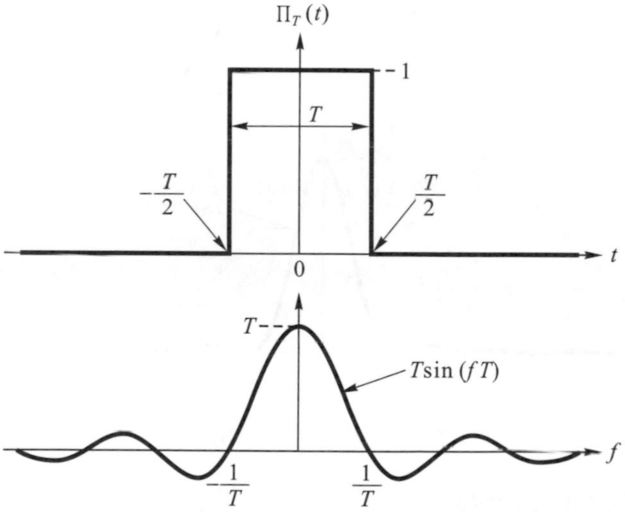

圖 3.4　單位矩形脈波波形(上)及其傅立葉轉換(下)

與矩形脈波函數息息相關的是三角型脈波函數，其表示式爲

$$\Lambda_T(t) = \begin{cases} 1-\dfrac{|t|}{T}, & |t| \le T \\ 0, & |t| > 0 \end{cases} \tag{3.20}$$

經傅立葉轉換，三角型脈波函數(3.20)之頻譜爲

$$\Im\{\Lambda_T(t)\} = T\ \mathrm{sinc}^2(fT) \tag{3.21}$$

事實上，三角型脈波函數可視爲 $\Pi_T(t)$ 與 $\Pi_T(t)/T$ 之迴旋，故其傅立業轉換可引用表 3.3 之迴旋公式計算。圖 3.5 分別顯示三角型脈波函數及其頻譜。另外，所謂 sinc 脈波之定義爲

$$p_{\text{sinc}}(t) = 2W\text{sinc}(2Wt) \tag{3.22}$$

若針對此一 sinc 脈波取傅立葉轉換可得

$$\Im\{p_{\text{sinc}}(t)\} = \begin{cases} 1, & |f| \le W \\ 0, & \text{其他} \end{cases} \tag{3.23}$$

於頻域上，此一訊號具單位矩形頻譜。

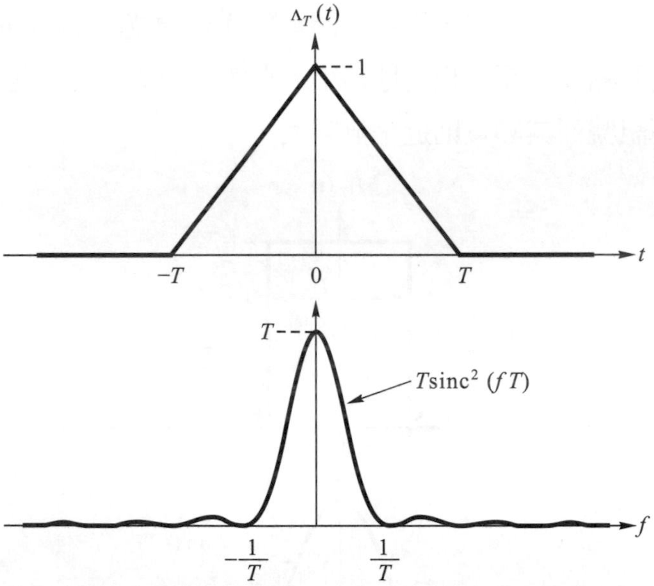

圖 3.5　三角型脈波函數之波形(上)及其傅立葉轉換(下)

對於一能量訊號，其能量如(3.17)所示爲能量頻譜密度之積分。對於一功率訊號而言，其功率亦滿足類似之公式，即功率等於功率頻譜密度(power spectral density) $S_x(f)$ 之積分：

$$P_x = \int_{-\infty}^{\infty} S_x(f)df \tag{3.24}$$

功率頻譜密度因此顯示一功率訊號於不同頻率之成分。功率頻譜密度之計算可利用矩形脈波函數與 Parseval 定理，說明如下。對於一隨時間變化之訊號 $x(t)$，利用前述之單位矩形脈波函數 $\Pi_T(t)$，可定義出一僅介於$\pm T/2$ 間方有值之函數 $x_T(t)$ 如下

$$x_T(t) = x(t)\Pi_T(t) = \begin{cases} x(t), & |t| \le T/2 \\ 0, & |t| > T/2 \end{cases} \tag{3.25}$$

根據(3.3)功率之定義可知

$$P_x = \lim_{T\to\infty}\frac{1}{T}\int_{-T/2}^{T/2}|x(t)|^2\,dt = \lim_{T\to\infty}\frac{1}{T}\int_{-T/2}^{T/2}|x_T(t)|^2\,dt \tag{3.26}$$

引用 Parseval 定理，若 $X_T(f)$ 爲 $x_T(t)$ 之傅立葉轉換則可推論

$$P_x = \lim_{T\to\infty}\frac{1}{T}\int_{-\infty}^{\infty}|X_T(f)|^2\,df = \int_{-\infty}^{\infty}\left(\lim_{T\to\infty}\frac{|X_T(f)|^2}{T}\right)df \tag{3.27}$$

比較(3.24)與(3.27)，對於一命定訊號其功率頻譜密度可因此定義爲

$$S_x(f) = \lim_{T\to\infty}\frac{|X_T(f)|^2}{T} \tag{3.28}$$

一訊號之自我相關函數(autocorrelation function)可用以描述此一函數經時延後與原始訊號之關連性。功率訊號之自我相關函數定義爲

$$R_x(\tau) = \lim_{T\to\infty}\frac{1}{T}\int_{-T/2}^{T/2}x(t)x(t+\tau)dt \tag{3.29}$$

若 $x(t)$ 經過 τ 之時延成爲 $x(t+\tau)$ 後仍與原先之 $x(t)$ 有強烈相關性，則此一自我相關函數之值會近於原始訊號之功率；反之若經時延後相關性變低，則自我相關函數之值亦將降低。對於實數之訊號 $x(t)$ 其自我相關函數爲一偶函數

$$R_x(\tau) = R_x(-\tau) \tag{3.20}$$

另外，當時延 τ 爲零時之自我相關函數值相當於該訊號之功率且滿足

$$R_x(0) = P_x \ge R_x(\tau), \quad \tau \ne 0 \tag{3.31}$$

一週期爲 T_0 之訊號其自我相關函數亦具週期性且週期亦爲 T_0，即

$$R_x(\tau + T_0) = R_x(\tau), \quad \forall\tau \tag{3.32}$$

也因此，若 $x(t)$ 爲一週期爲 T_0 之訊號，其自我相關函數等於

$$R_x(\tau) = \frac{1}{T_0}\int_{t_0}^{t_0+T_0} x(t)x(t+\tau)dt \tag{3.33}$$

針對前述(3.7)之弦式訊號 $v(t)$ ，其自我相關函數爲

$$R_v(\tau) = \lim_{T\to\infty}\frac{1}{T}\int_{-T/2}^{T/2} A^2\cos(2\pi f_0 t)\cos(2\pi f_0(t+\tau))dt = \frac{A^2}{2}\cos(2\pi f_0\tau) \tag{3.34}$$

一訊號之功率頻譜除可用以說明該訊號於特定頻率之功率強度外，同時亦彰顯該訊號佔用之頻率範圍。頻寬(bandwidth)代表一訊號之強度不爲零所佔用之頻率範圍。對於通訊與導航而言，頻率與頻寬爲相當重要之資源。各不同 GNSS 與 RNSS 系統之頻率與頻寬亦已於前面討論。對於實數訊號，其頻譜之強度於正頻率與負頻率相互對稱，故一般僅考慮正頻率之頻寬。因此，假設一訊號之頻譜強度僅於 f_1 與 f_2 之間有值且 $f_2 > f_1$，則此一訊號之絕對頻寬(absolute bandwidth)爲 $f_2 - f_1$；但此一絕對頻寬並不易量測。假設一訊號之傅立葉轉換強度 $|X(f)|$ 之最大值發生於頻率 f_0，而 f_1 與 f_2 滿足 $f_2 > f_0 > f_1$，且 $|X(f)|$ 於 f_1 與 f_2 之值爲 $|X(f_0)|$ 之 $1/\sqrt{2}$ ，則此一訊號之三分貝頻寬(3dB bandwidth)爲 $f_2 - f_1$。若一訊號之頻寬有界且包含直流之零頻率成份，則此一訊號稱之爲基帶(baseband)訊號；反之，若一訊號頻寬有界但不包含零頻率成份，則稱之爲通帶(passband)或帶通(bandpass)訊號。若一通帶訊號之強度頻譜最大值發生於 f_0，且 f_1 與 f_2 分別爲相鄰最近之零點頻率並同時滿足 $f_2 > f_0 > f_1$，則 f_1 與 f_2 之頻率間距爲零點間距頻寬。對於基帶訊號，由零頻率至相鄰之零點頻率可視爲該訊號之零點頻寬。對於前述寬度爲 T 之單位矩形脈波，其傅立葉頻譜之零點頻率爲 $1/T$，故零點頻寬亦爲 $1/T$，而零點間距頻寬則爲零點頻寬之兩倍。單位矩形脈波爲許多數位傳輸之基本波形，當採用較高資料率傳送數位訊號時，由於採用較窄之脈波寬，因此需要較寬之頻寬。

於本書中除利用傅立葉轉換說明訊號於時域與頻域間之關係外，同時將引用傅立葉級數與快速傅立葉轉換(fast Fourier transform, FFT)。在通訊與導航應用中，許多訊號具有週期性，一週期爲 T_0 之訊號可利用傅立葉級數予以展開

$$x(t) = \sum_{n=-\infty}^{\infty} c_n \exp(j2\pi n f_0 t) \tag{3.35}$$

其中頻率 $f_0=1/T_0$ 爲訊號之基本頻率。由於 $\exp(j2\pi nf_0t)$ 爲正交(orthogonal)之函數即

$$\frac{1}{T_0}\int_{-0}^{T_0}\exp(j2\pi nf_0t)\exp(-j2\pi mf_0t)dt=\delta_{m,n}=\begin{cases}1, & m=n\\0, & m\neq n\end{cases} \tag{3.36}$$

故(3.35)之傅立葉係數 c_n 可依下式計算

$$c_n=\frac{1}{T_0}\int_0^{T_0}x(t)\exp(-j2\pi nf_0t)dt \tag{3.37}$$

由(3.35)可知，藉由傅立葉級數展開可將一週期性訊號表示成一群頻率爲基本頻率和其倍頻之弦式訊號之加權組合。同時，此時 $x(t)$ 之頻域特性可藉由傅立葉係數描述之。若取(3.35) $x(t)$ 之傅立葉轉換可得

$$X(f)=\sum_{n=-\infty}^{\infty}c_n\delta(f-nf_0) \tag{3.38}$$

此即顯示，$X(f)$ 僅於頻率爲 f_0 之整數倍方有値且其値取決於 c_n，而其中 c_0 爲訊號之直流値。若 $x(t)$ 爲實數訊號，則傅立葉係數 c_n 滿足 $c_n=c_{-n}^*$，即 c_n 與 c_{-n} 互成共軛。方程式(3.38)之頻譜 $X(f)$ 形成線狀頻譜，此一類型頻譜係週期性訊號之一特性。如一訊號之頻譜並不存在線狀頻譜，則該訊號不具週期成份。針對一週期性訊號，若沿用(3.5)計算其功率可得

$$P_x=\sum_{n=-\infty}^{\infty}|c_n|^2 \tag{3.39}$$

至於功率頻譜密度函數則爲

$$S_x(f)=\sum_{n=-\infty}^{\infty}|c_n|^2\,\delta(f-nf_0) \tag{3.40}$$

3.1.2　離散序列

由於通訊與導航訊號處理一般利用數位處理方式，故所處理之訊號一般是離散時間之訊號。一離散時間之序列 $\{x_k\}$ 可藉由對一連續時間訊號 $x(t)$ 之取樣產生，若 T_s 爲取樣時間，則

$$x_k=x(kT_s) \tag{3.41}$$

經過取樣後之樣本序列 $\{x_k\}$ 應可用以代表並重建原始之訊號 $x(t)$。根據奈奎取樣定理(Nyquist sampling theorem)，假設一訊號不具 $f=W$Hz 頻率以上之成分(相當於絕對頻寬低於 WHz)，則若取樣時間 T_s 秒滿足 $T_s < \frac{1}{2W}$，經取樣後之樣本序列可重建原始訊號。經取樣後之訊號 $x_s(t)$ 由於僅於取樣時間點有值，且其與原始訊號 $x(t)$ 之關係為

$$x_s(t) = \sum_{k=0}^{\infty} x_k \delta(t - kT_s) \tag{3.42}$$

若將此一訊號輸入至一頻寬為 B 之理想低通濾波器，且 B 滿足 $W < B < \frac{1}{T_s} - W$，則可重建原始訊號。一般定義兩倍之訊號頻寬即 $2W$ 為奈奎頻率(Nyquist frequency)。根據奈奎定理，取樣頻率應高於奈奎頻率方不導致失真。實用上，考慮到實現之不確定性，取樣頻率往往為五至十倍之原始訊號頻寬。

有關序列 $\{x_k\}$ 之能量、功率與頻譜，基本上亦可沿用連續時間之說明。一序列 $\{x_k\}$ 之能量為

$$E_x = \sum_{k=-\infty}^{\infty} x_k^2 \tag{3.43}$$

而功率則為

$$P_x = \lim_{N\to\infty} \frac{1}{2N+1} \sum_{k=-N}^{N} x_k^2 \tag{3.44}$$

至於一序列之自我相關函數可利用下式計算之

$$R_x(m) = \lim_{N\to\infty} \frac{1}{2N+1} \sum_{k=-N}^{N} x_k x_{k+m} \tag{3.45}$$

當時間延遲 m 為零時，自我相關函數等於該序列之功率，即 $P_x=R_x(0)$。一週期為 N 之序列滿足

$$x_{k+N} = x_k, \quad \forall k \tag{3.46}$$

對於一週期為 N 之序列其自我相關函數可因此定義為

$$R_x(m) = \frac{1}{N}\sum_{k=0}^{N-1} x_k x_{k+m} \tag{3.47}$$

假設 $\{x_k\}$ 與 $\{y_k\}$ 分別爲週期爲 N 之序列，$\{x_k\}$ 與 $\{y_k\}$ 之交互相關函數(cross correlation function)之定義爲

$$R_{xy}(m) = \frac{1}{N}\sum_{k=0}^{N-1} x_k y_{k+m} \tag{3.48}$$

交互相關函數可用以表示二不同訊號間經過一定時延後之相關性。若對任何 m，$R_{xy}(m)$ 之絕對值均很小，則表示 $\{x_k\}$ 與 $\{y_k\}$ 彼此相關性低。

3

對於離散序列，離散傅立葉轉換(discrete Fourier transform, DFT)之公式爲

$$X(n) = \sum_{k=0}^{N-1} x_k \exp(-j\frac{2\pi nk}{N}) \tag{3.49}$$

而反傅立葉轉換則爲

$$x_k = \frac{1}{N}\sum_{n=0}^{N-1} X(n)\exp(j\frac{2\pi kn}{N}) \tag{3.50}$$

於計算上述離散傅立葉轉換或反轉換時，如果 N 爲 2 的冪方則可以利用快速傅立葉轉換方法進行計算。一般離散傅立葉轉換之計算複雜度爲 N^2 之等級，但若採用快速傅立葉轉換則計算複雜度爲 $N\log_2 N$ 之等級。當 N 足夠大時，快速傅立葉轉換可相當幅度地精簡計算。

交互相關函數之計算亦可利用離散傅立葉轉換爲之。假設 $\{x_k\}$ 與 $\{y_k\}$ 分別爲週期爲 N 之實數序列且令 $X(n)$ 與 $Y(n)$ 分別爲其離散傅立葉轉換，若針對交互相關函數 $R_{xy}(m)$ 取離散傅立葉轉換可得

$$\begin{aligned} Z(n) &= \sum_{m=0}^{N-1} R_{xy}(m)\exp(-j\frac{2\pi mn}{N}) \\ &= \sum_{m=0}^{N-1}\frac{1}{N}\sum_{k=0}^{N-1} x_k y_{k+m}\exp(-j\frac{2\pi(k+m)n}{N})\exp(j\frac{2\pi kn}{N}) \\ &= \frac{1}{N}Y(n)X^*(n) \end{aligned} \tag{3.51}$$

其中 $X^*(n)$ 為 $X(n)$ 之共軛複數。因此如欲計算 $\{x_k\}$ 與 $\{y_k\}$ 之交互相關函數 $R_{xy}(m)$，可先計算出 $X(n)$ 與 $Y(n)$，然後再針對 $\frac{1}{N}Y(n)X^*(n)$ 取離散反傅立葉轉換即可。有些 GNSS 接收機，利用(3.51)進行快速之交互相關函數計算以加速 GNSS 訊號擷取(acquisition)之性能。

3.2 隨機訊號

於通訊與導航應用，縱使所傳送之訊號為命定訊號，但由於訊號傳送過程會受到雜訊之影響，故所接收之訊號會具有後者引發之隨機特性。另一方面，有些通訊與導航系統特意設計訊號以具有近似隨機之性質，因此於分析通訊和導航系統之特性時，有必要瞭解隨機訊號之描述方式並分析其對訊號接收之影響。本節將介紹隨機訊號，首先回顧隨機變數(random variable)與隨機過程(random process)之部分結果，然後說明隨機訊號之特性與性質。

3.2.1 隨機變數

一隨機變數為一樣本空間上之任一實函數如圖 3.6 所示。對於一隨機變數，一般利用累積分佈函數(cumulative distribution function)描述事件發生之機率。令 X 為一隨機變數，其累積分佈函數 $F_X(x)$ 與機率之關係為

$$P(X \le x) = F_X(x) \tag{3.52}$$

此即表示事件 X 低於 x 之機率為 $F_X(x)$。累積分佈函數為一介於 0 與 1 之間之非漸減(nondecreasing)函數。機率密度函數(probability density function) $p_X(x)$ 用以描述 X 之分佈，其定義為累積分佈函數 $F_X(x)$ 之微分：

$$p_X(x) = \frac{dF_X(x)}{dx} \tag{3.53}$$

機率密度函數描述一隨機變數於樣本空間出現之機率，例如 X 介於 x_1 與 x_2 間之機率為

$$P(x_1 \le X \le x_2) = F_X(x_2) - F_X(x_1) = \int_{x_1}^{x_2} p_X(x)dx \tag{3.54}$$

明顯地，機率密度函數為非負函數且滿足

$$\int_{-\infty}^{\infty} p_X(x)dx = 1 \tag{3.55}$$

隨機變數 X 之平均值(mean)或期望值(expected value)定義為

$$m_x = E\{X\} = \int_{-\infty}^{\infty} x p_X(x)dx \tag{3.56}$$

若取 X 的 n 次方之期望值可得此一隨機變數之 n 階動差(moment)

$$E\{X^n\} = \int_{-\infty}^{\infty} x^n p_X(x)dx \tag{3.57}$$

X 之均方值為其二階動差即 $E\{X^2\}$。隨機變數之方差(variance)或變異量之定義為

$$\sigma_x^2 = E\left\{(X - m_x)^2\right\} = \int_{-\infty}^{\infty} (x - m_x)^2 p_X(x)dx \tag{3.58}$$

方差 σ_x^2 描述 X 相對於期望值之分佈情形。當方差較大時，整體分佈情形較散開；反之，當方差較小時，分佈較為集中。方差之平方根 σ_x 一般稱之為標準差(standard deviation)。方差與均方值之關係為

$$E\{X^2\} = m_x^2 + \sigma_x^2 \tag{3.59}$$

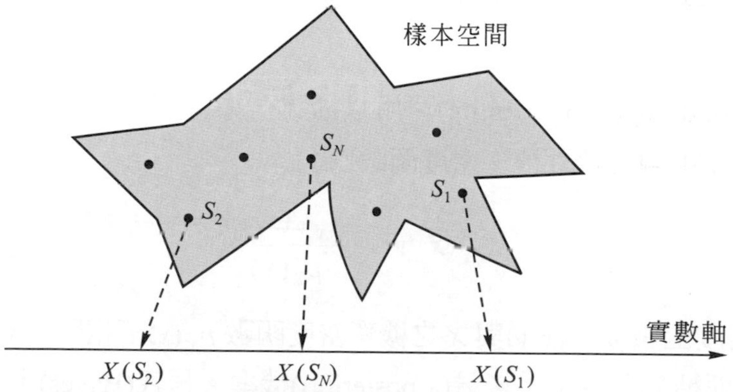

圖 3.6　隨機變數

若 X 與 Y 爲二隨機變數，且其合成機率密度函數(joint probability density function)爲 $p_{X,Y}(x,y)$，則 X 與 Y 之協方差(covariance)或協變量爲

$$\sigma_{x,y}^2 = E\left\{(X-m_x)(Y-m_y)\right\} = \int_{-\infty}^{\infty}\int_{-\infty}^{\infty}(x-m_x)(y-m_y)\,p_{X,Y}(x,y)dxdy \tag{3.60}$$

其中 m_x 與 m_y 分別爲 X 與 Y 之期望值。若 σ_x 與 σ_y 分別爲 X 與 Y 之標準差，則 X 與 Y 之相關係數(correlation coefficient)爲

$$\rho_{x,y} = \frac{\sigma_{x,y}^2}{\sigma_x\sigma_y} \tag{3.61}$$

相關係數 $\sigma_{x,y}$ 介於 -1 與 1 之間。如果二隨機變數之相關係數或協方差爲零，則此二隨機變數不相關(uncorrelated)。當合成機率密度函數 $p_{X,Y}(x,y)$ 已知，X 之邊際機率密度函數(marginal probability density function)可利用下式計算

$$p_X(x) = \int_{-\infty}^{\infty} p_{X,Y}(x,y)dy \tag{3.62}$$

同理，亦可計算出 $p_Y(y)$。但一般而言，若已知 $p_X(x)$ 與 $p_Y(y)$，合成機率密度函數 $p_{X,Y}(x,y)$ 是無法直接求得的。不過若 X 與 Y 是統計獨立(independent)，則其合成機率密度函數可表示成個別機率密度函數之乘積

$$p_{X,Y}(x,y) = p_X(x)p_Y(y) \tag{3.63}$$

若二隨機變數彼此獨立，則二者必定是不相關的，但不相關的隨機變數未必是相互獨立的。

條件機率(conditional probability)可用以描述一事件發生後另一事件發生之或然率。給定 y 後，X 出現之條件機率密度函數爲

$$p_{X|Y}(x\mid y) = \frac{p_{X,Y}(x,y)}{p_Y(y)} \tag{3.64}$$

此一條件機率密度函數 $p_{X|Y}(x|y)$ 與 X 之機率密度函數 $p_X(x)$ 不相同；一般稱 $p_X(x)$ 爲先驗(a priori)機率而稱 $p_{X|Y}(x|y)$ 爲後驗(a posteriori)機率。貝氏(Bayes)定理陳述二不同條件機率密度函數間之關係：

$$p_{X|Y}(x|y) = \frac{p_X(x)p_{Y|X}(y\mid x)}{p_Y(y)} \tag{3.65}$$

最常見之機率分佈爲高斯(Gaussian)分佈或正規(normal)分佈。高斯分佈有相當多良好之性質。首先，許多具隨機性質之物理現象例如受到熱雜訊影響之電路訊號往往呈現高斯分佈。另外，根據機率學之中央極限定理(central limit theorem)，當取一群隨機變數之和，則隨著變數個數之增加其分佈近似高斯分佈。於機率計算與統計分析時，若呈現高斯分佈時，分析工作一般較容易。同時，若已知高斯分佈之期望值與標準差，則可以寫出此一分佈之機率密度函數。一期望值爲 m 且方差爲 σ^2 之高斯分佈一般以 $\mathcal{N}(m,\sigma^2)$ 表示，其機率函數之型式爲

$$p_X(x) = \frac{1}{\sqrt{2\pi\sigma^2}}\exp(-\frac{(x-m)^2}{2\sigma^2}) \tag{3.66}$$

圖 3.7 顯示在不同標準差下，一均值爲零之高斯分佈機率密度函數。此一分佈原則上呈現出一鐘狀型式；當標準差越低，此一分佈越集中。高斯分佈之線性轉換亦爲高斯分佈。假設 X 爲期望值爲 m 且方差爲 σ^2 之高斯分佈，即 $X \sim \mathcal{N}(m,\sigma^2)$，且 $Y = aX + b$，其中 a 與 b 均爲常數，則可驗證 $Y \sim \mathcal{N}(am+b, a^2\sigma^2)$。

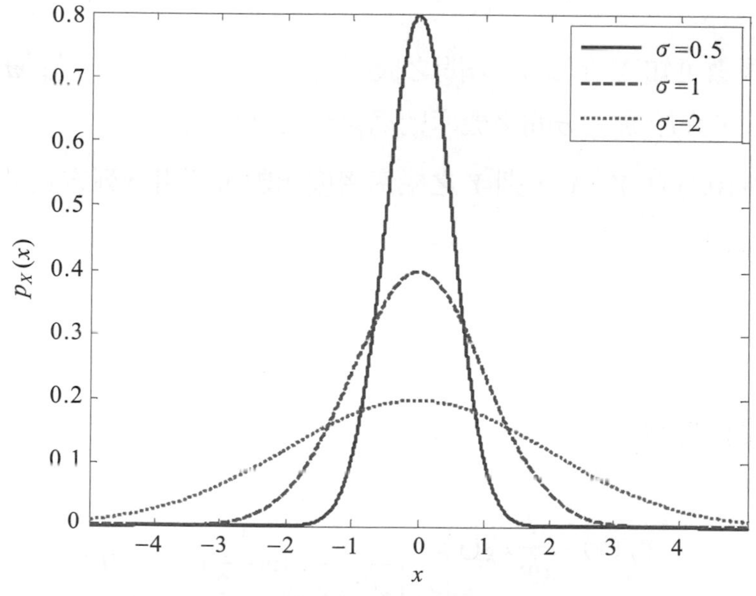

圖 3.7　高斯分佈

累積分佈函數 $F_X(x_0)$代表一分佈之樣本值低於 x_0 之機率。對於高斯分佈而言，其累積分佈函數可藉由下述積分計算

$$F_X(x_0) = \int_{-\infty}^{x_0} p_X(x)dx = \int_{-\infty}^{x_0} \frac{1}{\sqrt{2\pi\sigma^2}} \exp(-\frac{(x-m)^2}{2\sigma^2})dx \tag{3.67}$$

若定義誤差函數(error function)爲

$$\text{erf}(z) = \frac{2}{\sqrt{\pi}} \int_0^z \exp(-u^2)du \tag{3.68}$$

則上述高斯分佈之累積分佈函數可表示成

$$F_X(x_0) = \frac{1}{2} + \frac{1}{2}\text{erf}(\frac{x_0 - m}{\sqrt{2}\sigma}) \tag{3.69}$$

因此對於一高斯分佈 $N(m,\sigma^2)$ 之隨機變數 X，其值介於 $m \pm y_0$ 間之機率爲

$$\int_{m-y_0}^{m+y_0} p_X(x)dx = F_X(m+y_0) - F_X(m-y_0) = \text{erf}(\frac{y_0}{\sqrt{2}\sigma}) \tag{3.70}$$

根據此一誤差函數可知 X 介於 $m \pm \sigma$間之機率爲百分之 68.3，X 介於 $m \pm 2\sigma$間之機率爲百分之 95.5，X 介於 $m \pm 3\sigma$間之機率則爲百分之 99.7 等。

假設 $X \sim N(0,1)$ 且 $Y = X^2$，則 Y 之機率密度函數可利用下列方式推導。首先利用累積分佈函數可知

$$F_Y(y) = P(Y \le y) = P(X^2 \le y) = 2P(0 \le X \le \sqrt{y}) = 2\left(F_X(\sqrt{y}) - \frac{1}{2}\right) \tag{3.71}$$

故 Y 之機率密度函數爲

$$p_Y(y) = \frac{d}{dy}F_Y(y) = \begin{cases} 0, & y \le 0 \\ \frac{1}{\sqrt{2\pi y}} \exp(-\frac{y}{2}), & y > 0 \end{cases} \tag{3.72}$$

此一機率密度函數爲凱平方(chi-square)分佈，廣泛應用於訊號偵測與錯誤排除。

二維高斯分佈之機率密度函數爲

$$p_{X,Y}(x,y)$$
$$=\frac{1}{2\pi\sigma_x\sigma_y\sqrt{1-\rho_{xy}^2}}\exp\left(-\frac{1}{2(1-\rho_{xy}^2)}\left[\frac{(x-m_x)^2}{\sigma_x^2}+\frac{(y-m_y)^2}{\sigma_y^2}-\frac{2P_{xy}(x-m_x)(y-m_y)}{\sigma_x\sigma_y}\right]\right) \quad (3.73)$$

在此假設 X 與 Y 之期望值分別爲 m_x 與 m_y，標準差分別爲 σ_x 與 σ_y，而 P_{xy} 則爲 X 與 Y 之相關係數。若給定高斯型式之合成機率密度函數，則可計算出 X 與 Y 之邊際機率密度函數，此二機率密度函數亦均爲高斯分佈。事實上，若代入(3.73)至(3.62)可得

$$p_X(x)=\int_{-\infty}^{\infty}p_{X,Y}(x,y)dy=\frac{1}{\sqrt{2\pi\sigma_x^2}}\exp(-\frac{(x-m_x)^2}{2\sigma_x^2}) \quad (3.74)$$

另一方面，若嘗試計算給定 y 後 X 之條件機率密度函數可得

$$p_{X|Y}(x|y)$$
$$=\frac{\frac{1}{2\pi\sigma_x\sigma_y\sqrt{1-\rho_{xy}^2}}\exp\left(-\frac{1}{2(1-\rho_{xy}^2)}\left[\frac{(x-m_x)^2}{\sigma_x^2}+\frac{(y-m_y)^2}{\sigma_y^2}-\frac{2\rho_{xy}(x-m_x)(y-m_y)}{\sigma_x\sigma_y}\right]\right)}{\frac{1}{\sqrt{2\pi\sigma_y^2}}\exp(-\frac{(y-m_y)^2}{2\sigma_y^2})} \quad (3.75)$$
$$=\frac{1}{\sqrt{2\pi(1-\rho_{xy}^2)\sigma_x^2}}\exp\left(-\frac{(x-m_x-\frac{\rho_{xy}\sigma_x}{\sigma_y}(y-m_y))^2}{2(1-\rho_{xy}^2)\sigma_x^2}\right)$$

此一條件機率密度函數亦爲高斯分佈。若比較先驗機率密度函數(3.74)與後驗機率密度函數(3.75)可知，當取得 y 後，後驗機率密度函數之期望值由原先之 m_x 修正爲 $m_x+\frac{\rho_{xy}\sigma_x}{\sigma_y}(y-m_y)$ 且標準差下修爲 $\sqrt{1-\rho_{xy}^2}\sigma_x$。

3.2.2　隨機過程

隨機過程或統計過程(stochastic process)是一隨時間變化之隨機變數。圖 3.8 顯示一隨機過程於時間軸與樣本空間之呈現型式。對一隨機過程 $X(t)$ 而言，若將時間 t 固定則 $X(t)$ 爲一隨機變數，例如圖中之 $X(t_0)$ 即爲一隨機變數；反之若持續追蹤隨機過程中某一樣本之變化則可得一隨時間變化之函數，例如由圖中之樣本空間中之某一樣本 S_2 代表一隨間變化之函數 $X(t,\ S_2)$。隨機過程具有隨時間與樣本變化之特性，可用以

描述導航與通訊之訊號或雜訊。圖 3.9 更進一步地描述兩特定之隨機訊號，其中左圖代表一振幅與頻率均固定，但相位卻爲隨機之弦式訊號，而右圖則爲一隨機之二位元數位序列。

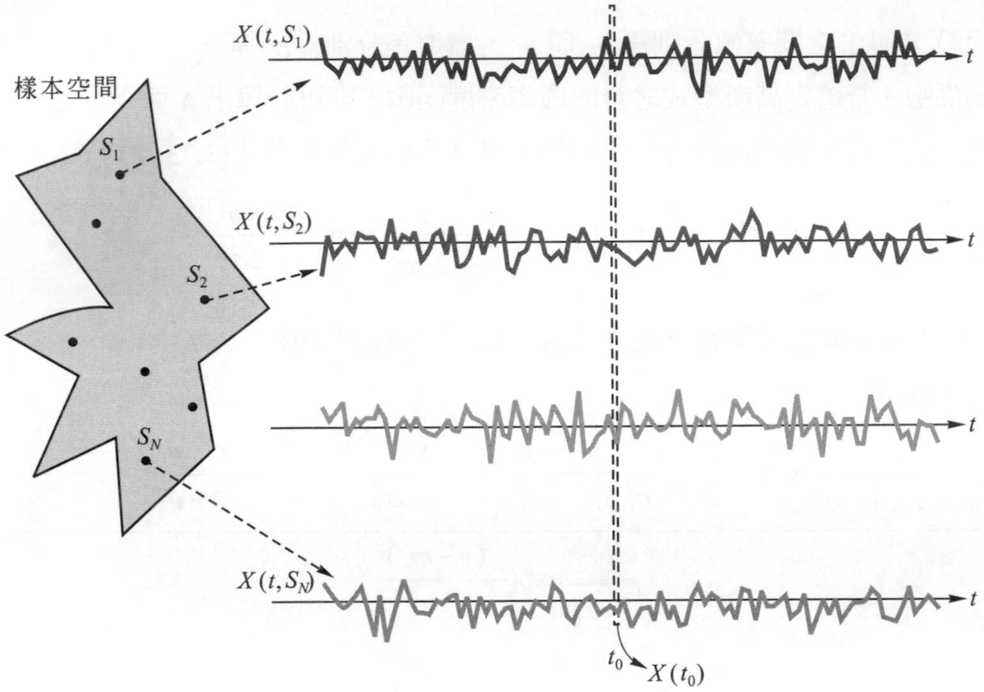

圖 3.8　隨機過程

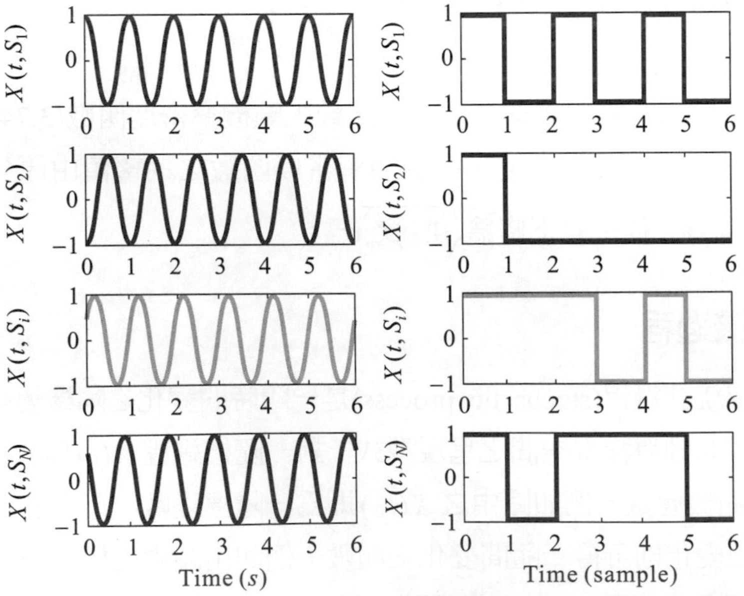

圖 3.9　不同之隨機過程

若一隨機過程 $X(t)$ 之機率密度函數為 $p_X(x)$，則該隨機過程之期望值或樣本平均值為

$$m_x(t) = E\{X(t)\} = \int_{-\infty}^{\infty} x(t) p_X(x) dx \tag{3.76}$$

若取 $X^2(t)$ 之期望值可以得到均方值

$$E\{X^2(t)\} = \int_{-\infty}^{\infty} x^2(t) p_X(x) dx \tag{3.77}$$

隨機過程之方差為

$$\sigma_x^2(t) = E\{(X(t) - m_x(t))^2\} = E\{X^2(t)\} - (m_x(t))^2 \tag{3.78}$$

由於期望值之運算主要探討樣本空間之分佈，故所得之期望值、均方值或方差為一時間函數。至於此一隨機過程之時間平均值或直流值則亦如(3.1)，即

$$\langle X(t) \rangle = \lim_{T\to\infty} \frac{1}{T} \int_{-T/2}^{T/2} x(t) dt \tag{3.79}$$

一實數隨機過程 $X(t)$於時間點 t_1 與 t_2 之自我相關函數(autocorrelation function)，以 $R_X(t_1, t_2)$表之，定義為

$$R_x(t_1,t_2) = E\{X(t_1)X(t_2)\} = \int_{-\infty}^{\infty} x(t_1)x(t_2) p_X(x) dx \tag{3.80}$$

如果此一隨機過程 $X(t)$ 在所有時間 t 均有相同之機率分佈，則稱此一過程為狹義靜止(strict-sense stationary)。若一隨機過程之期望值為一常數且自我相關函數僅與時間差有關，即

$$R_X(t_1,t_2) = R_X(t_2 - t_1) \tag{3.81}$$

則稱此一過程為廣義靜止(wide-sense stationary)。一實數廣義靜止之隨機過程 $X(t)$，其自我相關函數可寫成 $R_X(\tau)$，此處τ代表時間差。$R_X(\tau)$滿足下述性質

- $R_X(\tau)$為偶函數即 $R_X(\tau)=R_X(-\tau)$，
- $R_X(\tau)$之最大值出現於時間差為零時，即 $R_X(0)\geq|R_X(\tau)|$，
- 時間差為零時之自我相關函數等於該訊號之均方值，即 $R_X(0)=E\{X^2(\tau)\}$，

- 若 $X(t)$ 為一週期函數，則 $R_X(\tau)$ 亦為一週期函數且週期相等。反之，若 $X(t)$ 並不包含週期成分，則當 τ 趨近於無窮大時 $R_X(\tau)$ 趨近於零，
- $R_X(\tau)$ 之傅立葉轉換是一實數、對稱且非負之函數。

對於均為實數之二隨機過程 $X_1(t)$ 與 $X_2(t)$，其交互相關函數(cross-correlation function)之定義為

$$R_{X_1,X_2}(t_1,t_2)=E\{X_1(t_1)X_2(t_2)\} \tag{3.82}$$

若交互相關函數滿足

$$R_{X_1,X_2}(t_1,t_2)=E\{X_1(t_1)\}E\{X_2(t_2)\} \tag{3.83}$$

則稱此二隨機過程不相關。

若一隨機過程之時間平均與樣本平均相同，則稱此一隨機過程滿足遍歷(ergodic)性質。此一過程因此滿足

$$E\{X^n(t)\}=\langle X^n(t)\rangle,\ \forall n \tag{3.84}$$

對於一 ergodic 隨機過程，可藉由單一樣本特性之觀察推算出整體隨機過程之性質。一 ergodic 之隨機過程必須滿足靜止之要求，因為時間平均必須不隨時間改變；但是一靜止之隨機過程未必是 ergodic。

3.2.3 功率頻譜密度

一隨機過程之頻域特性一般利用功率頻譜密度予以描述。功率頻譜密度之計算可沿用前述命定訊號之計算方式：利用一寬度為 T 之脈波函數 $\Pi_T(t)$ 加諸於隨機過程 $x(t)$ 而得一具隨機特性之視窗函數 $x_T(t)=\Pi_T(t)x(t)$，隨之計算此一視窗函數 $x_T(t)$ 之傅立葉轉換 $X_T(f)=\Im\{x_T(t)\}=\int_{-T/2}^{T/2}x(t)\exp(-j2\pi ft)dt$ 並針對 $X_T(f)$ 強度之平方除以 T 且令 T 趨近於無限大以計算功率密度。但由於此時之訊號為隨機訊號，取視窗函數之傅立葉轉換仍具隨機性，於計算功率頻譜密度時得額外利用期望運算。因此，參照(3.28)，一隨機訊號之功率頻譜密度之計算公式為

$$S_X(f)=\lim_{T\to\infty}\left(\frac{E\{|X_T(f)|^2\}}{T}\right) \tag{3.85}$$

功率頻譜密度之單位爲每單位頻率幾瓦(W/ Hz)。若對上述功率頻譜密度進行整理並代入自我相關函數可推導出

$$\begin{aligned} S_X(f) &= \lim_{T\to\infty}\left(\frac{E\{|X_T(f)|^2\}}{T}\right) \\ &= \lim_{T\to\infty}\frac{1}{T}E\left\{\int_{-T/2}^{T/2}x(t)\exp(-j2\pi ft)dt\int_{-T/2}^{T/2}x(s)\exp(j2\pi fs)ds\right\} \\ &= \lim_{T\to\infty}\frac{1}{T}\int_{-T/2}^{T/2}\int_{-T/2-s}^{T/2-s}R_X(\tau)\exp(-j2\pi f\tau)d\tau ds \\ &= \int_{-\infty}^{\infty}R_X(\tau)\exp(-j2\pi f\tau)d\tau \end{aligned} \tag{3.86}$$

上式說明另一種計算功率頻譜密度之方式爲針對自我相關函數取傅立葉轉換，此即有名之韋納-柯欽(Wiener-Khintchine)定理。令 $S_X(f)$ 爲一廣義靜止之隨機過程 $X(t)$ 之功率頻譜密度，則

$$S_X(f) = \Im\{R_X(\tau)\} = \int_{-\infty}^{\infty}R_X(\tau)\exp(-j2\pi f\tau)d\tau \tag{3.87}$$

若功率頻譜密度已知，則自我相關函數可利用反傅立葉轉換求得

$$R_X(\tau) = \Im^{-1}\{S_X(f)\} = \int_{-\infty}^{\infty}S_X(f)\exp(j2\pi f\tau)df \tag{3.88}$$

功率頻譜密度 $S_X(f)$ 亦爲一實數、對稱且非負之函數。更重要地，當 $X(t)$ 爲廣義靜止時，其功率 P_X 可分別利用功率頻譜密度或自我相關函數求得：

$$P_X = \int_{-\infty}^{\infty}S_X(f)df = E\{X^2(t)\} = R_X(0) \tag{3.89}$$

同時，功率頻譜密度於頻率爲零時之值爲

$$S_X(0) = \int_{-\infty}^{\infty}R_X(\tau)d\tau \tag{3.90}$$

對於一訊號而言，其自我相關函數與功率頻譜密度均爲重要之特性。但是對於命定訊號與隨機訊號，自我相關函數與功率頻譜密度之定義並不相同。要言之，隨機訊號之自我相關函數與功率頻譜密度主要描述此一訊號所有樣本之期望特性，而命定訊號之自我相關函數與功率頻譜密度則描述單一訊號之時間平均行爲。表 3.4 整理自我相關函數與功率頻譜密度之計算公式。

表 3.4 自我相關函數與功率頻譜密度之計算

	命定訊號	隨機訊號
自我相關函數	$R_x(\tau) = \lim_{T\to\infty} \frac{1}{T} \int_{-T/2}^{T/2} x(t)x(t+\tau)dt$	$R_x(\tau) = \int_{-\infty}^{\infty} x(t)x(t+\tau)p_x(x)dx$
功率頻譜密度	$S_x(f) = \lim_{T\to\infty} \frac{\lvert X_T(f)\rvert^2}{T}$	$S_X(f) = \lim_{T\to\infty} \left(\frac{E\{\lvert X_T(f)\rvert^2\}}{T} \right)$

對於光線而言，白光涵蓋不同顏色之光譜。所謂白雜訊(white noise)意指一均值爲零之訊號且其功率頻譜密度於不同頻率均相同。在實用上，白色隨機過程由於其功率頻譜強度並不隨頻率而變化，故可用以描述具寬頻特性之訊號。對於一白雜訊 $n(t)$ 之功率頻譜密度 $S_n(f)$ 可因此表示成

$$S_n(f) = \frac{N_0}{2} \tag{3.91}$$

其中 N_0 爲定値。此處功率頻譜密度之表示採用 N_0 除以二之原因主要是因爲 $S_n(f)$ 代表雙邊(two-sided)之功率頻譜密度。針對功率頻譜密度進行積分可知白雜訊之功率爲無限大，也因此白雜訊事實上是無法實現的。但是通訊與導航系統所接收之訊號往往假設受到加成式白高斯雜訊(additive white Gaussian noise, AWGN)之影響，以方便數學上之運算與描述。若影響系統之雜訊具有特定的行爲或頻譜特性，則亦可利用白雜訊與特定濾波器予以描述。由於自我相關函數爲功率頻譜密度之反傅立葉轉換，故白雜訊之自我相關函數爲

$$R_n(\tau) = \mathfrak{I}^{-1}\{S_n(f)\} = \frac{N_0}{2}\delta(\tau) \tag{3.92}$$

由於此一自我相關函數爲一脈衝函數，故任二不同時刻之白雜訊彼此不相關。圖 3.10 分別顯示白雜訊之功率頻譜密度與自我相關函數。

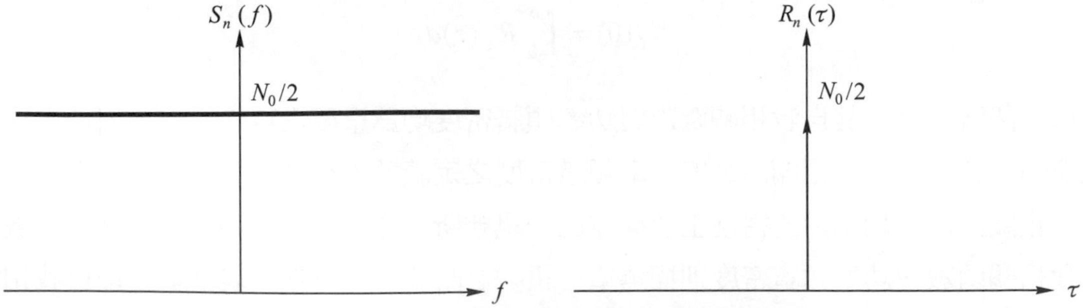

圖 3.10 白雜訊之功率頻譜密度與自我相關函數

3.3　調變與通帶訊號

如前所述，於探討通訊系統之訊號時一般將訊號歸類爲基帶訊號或通帶訊號。所謂基帶訊號係指訊號之頻譜強度於零頻率附近並不爲零，且訊號之頻寬有界；至於通帶訊號則指該訊號之頻譜強度於某一載波頻率附近有值但於零頻率附近則沒有值。一般而言，原始之語音、影像或資料訊號均屬於基帶訊號。於通訊系統中，爲有效利用頻寬資源與便利傳輸，往往藉由調變將基帶訊號藉由載波轉換成較高頻率之通帶訊號，以一方面縮小天線，另一方面降低被干擾之可能。於接收過程則藉由解調之動作重建出原始語音、影像或資料訊號。

3.3.1　傳輸編碼

若利用基帶訊號進行數位訊號之傳輸，得先將數位之訊號轉換成對應之波形再進行傳輸。雖然衛星通訊與導航並非利用基帶傳輸，但對於基帶傳輸之說明有利於通帶或載波傳輸之瞭解。基帶傳輸主要則應用於光纖電纜線或光碟磁碟記憶裝置之訊號傳輸。所謂傳輸編碼(line code)主要說明如何利用不同脈波波形表示數位位元，如此當傳送一數位序列時，實際上之訊號爲一串脈波波形。於傳送過程利用有限之符號(symbol)來表示數位資料，而每一符號可代表單一位元(bit)或多個位元，視調變方式之不同而異。每傳送一符號之時間稱之爲符號寬(symbol interval)以 T_s 表示。符號寬之倒數即爲符號率(symbol rate)或鮑率(baud rate)代表一單位時間所傳送之符號數，符號率單位爲每秒幾符號(symbols per second, sps)以 R_s 表示且 $T_s = 1 / T_s$。位元率代表一單位時間所傳送之位元數，以 R_b 表之，其單位則爲每秒幾位元(bits per second, bps)。

對於二進位位元序列之傳輸，傳輸編碼可採用單極性(unipolar)或雙極性(bipolar)方式爲之。所謂單極性之傳輸表示訊號爲正或零而雙極性之傳輸則包含正與負之訊號。於傳輸過程同時可採用歸零(return-to-zero, RZ)或非歸零(non-return-to-zero, NRZ)方式進行；歸零意指傳輸之過程波形會停留於零準位一段時間，而非歸零則無。實際應用上，傳輸編碼方式之選擇主要視干擾與雜訊程度、頻寬之要求、同步之設計、誤碼偵測之能力與實現之複雜度及成本而異。

假設 $\{b_k\}$ 爲數位 0 與 1 之訊號，經傳輸編碼之極性非歸零 (polar NRZ) 訊號可表示成

$$x_{NRZ}(t) = \sum_{k=-\infty}^{\infty} x_k p_{T_s}(t - kT_s) \tag{3.93}$$

其中數位符號序列$\{x_k\}$與位元序列$\{b_k\}$之關係爲

$$x_k = A(-1)^{b_k} = \begin{cases} A, & b_k = 0 \\ -A, & b_k = 1 \end{cases} \tag{3.94}$$

此處 A 表示振幅。至於 $p_{T_s}(t-kT_s)$ 則爲一波寬或符號寬爲 T_s 之單位矩形脈波波形函數(pulse shaping function)，僅於 t 介於 kT_s 與 $(k+1)T_s$ 之間方有值，即 $p_{T_s}(t)$ 與(3.18)之單位矩形脈波 $\Pi_{T_s}(t)$ 具下述之關係

$$p_{T_s}(t-kT_s) = \Pi_{T_s}(t-kT_s-\frac{T_s}{2}) \tag{3.95}$$

由於 $x_{NRZ}(t)$ 之值於任一時刻不是 A 即 $-A$，且於位元轉換之間，訊號並不回到零準位，故稱此一類型訊號爲非歸零之極性波形(NRZ polar signaling)。另外由於傳送之數位訊號爲二位元 0 與 1 之訊號，故符號率與位元率相同，均爲 $1/T_s$。所謂極性歸零(polar RZ)之傳送主要係傳送符號波形後隨之回到零準位，其表示式爲

$$x_{RZ}(t) = \sum_{k=-\infty}^{\infty} x_k p_{T_s/2}(t-kT_s) \tag{3.96}$$

此種歸零波形利用波寬爲 $T_s/2$ 之脈波傳輸，可確保於每一波寬均有歸零之訊號，有利於訊號之同步，但缺點爲佔用較大頻寬。採用曼徹斯特(Manchester)非歸零方式進行傳輸編碼則所傳輸之訊號可表示成

$$x_{Manchester}(t) = \sum_{k=-\infty}^{\infty} x_k \left(p_{T_s/2}(t-kT_s) - p_{T_s/2}(t-kT_s-T_s/2) \right) \tag{3.97}$$

當利用 Manchester 非歸零方式編碼時，每一位元 0 或 1 均分別利用一正一負或一負一正之脈波進行傳輸；相對而言，極性非歸零方式編碼之傳輸利用正向脈波傳送數位之 0，並利用負向脈波傳送數位之 1。採用 Manchester 非歸零方式編碼亦可以確保每一數位位元傳輸時，訊號會有極性之變化，有利於接收過程之時脈重建；但此舉之缺點爲傳輸之頻寬較大，爲極性非歸零方式編碼之兩倍。Manchester 非歸零方式編碼之另一好處爲訊號不具直流成分。圖 3.11 說明多種不同傳輸編碼方式。

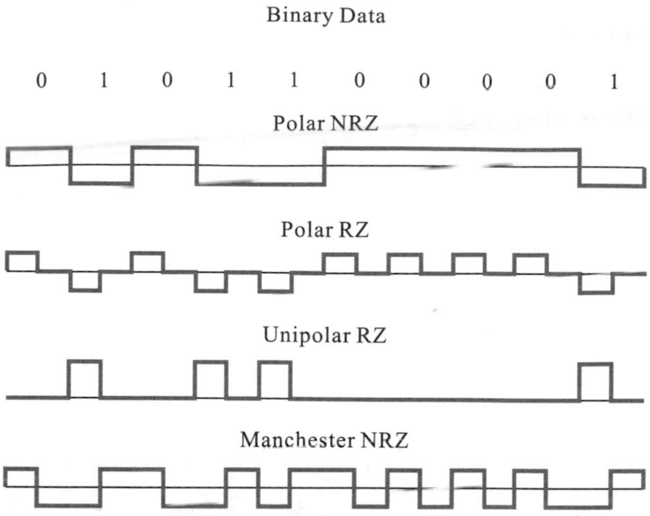

圖 3.11　不同傳輸編碼之波形

於基帶訊號傳輸時，採用前述矩形脈波之優點爲時間軸上有明確之分隔，但其缺點爲頻譜會擴散至高頻。對於訊號之傳輸，目前已發展相當多不同波形如 sinc 波形或上升餘弦(raised cosine)波形，以取得較有效之頻譜應用；另外亦可利用正交之波形以進行傳輸。除此之外，利用基帶訊號傳輸數位位元時，符號率與位元率可以是不相等的。事實上，可以將多位元利用一符號予以表示並進行傳送，如此單一之 x_k 可對應至多個數位位元。若一符號可代表不同 M 位元，此時位元率爲符號率之 $\log_2 M$ 倍。

不同數位基帶傳輸編碼除所傳輸之波形不同外，於頻譜上亦有不同之呈現。數位基帶傳輸編碼訊號之頻譜除與所傳輸之數位序列有關外，另與脈波波形函數有關。經傳輸編碼之訊號可表爲

$$x(t) = \sum_{k=-\infty}^{\infty} x_k h(t - kT_s) \tag{3.98}$$

其中 $h(t)$ 爲脈波波形函數。明顯地，前述(3.93)，(3.96)與(3.97)之訊號均可視爲(3.98)之特例。若二進位序列 $\{b_k\}$ 爲一隨機序列且 b_k 於 k 時刻之値爲 0 或 1 之機率各爲 $1/2$，同時 x_k 與 b_k 之關係如(3.94)所示。欲求 $x(t)$ 之功率頻譜密度可利用視窗函數先行計算

$$x_T(t) = \Pi_T(t)x(t) = \sum_{k=-N}^{N} x_k h(t - kT_s) \tag{3.99}$$

其中 N 與 T 之關係爲 $T = (2N+1)T_s$。若 $H(f)$ 爲 $h(t)$ 之傅立葉轉換則

$$X_T(f) = \Im\{x_T(t)\} = \sum_{k=-N}^{N} x_k \Im\{h(t - kT_s)\} = H(f)\sum_{k=-N}^{N} x_k \exp(-j2\pi kfT_s) \tag{3.100}$$

因此，功率頻譜密度應爲

$$S_x(f)=\lim_{T\to\infty}\left(\frac{|H(f)|^2}{T}E\left\{\left(\sum_{k=-N}^{N}x_k\exp(-j2\pi kfT_s)\right)^2\right\}\right)$$
$$=|H(f)|^2\lim_{T\to\infty}\left(\frac{1}{T}\sum_{k=-N}^{N}\sum_{l=-N}^{N}E\{x_kx_l\}\exp(j2\pi(k-l)fT_s)\right) \tag{3.101}$$

由於 $\{x_k\}=\{A(-1)^{b_k}\}$ 之機率分佈已知，故可計算出 x_k 之期望値爲 0。同時 $E\{x_kx_l\}$ 之値爲

$$E\{x_kx_l\}=\begin{cases}A^2, & k=l\\ 0, & k\neq l\end{cases} \tag{3.102}$$

將(3.102)代入(3.101)可得(3.98)訊號之功率頻譜密度爲

$$S_x(f)=\frac{A^2}{T_s}|H(f)|^2 \tag{3.103}$$

由(3.103)可知，傳輸編碼訊號之功率頻譜密度與脈波波形函數息息相關。若脈波波形函數 $h(t)$ 爲寬度爲 T_s 之單位矩形脈波即 $h(t)=p_{T_s}(t)$，因爲 $H(f)=e^{-j\pi fT_s}T_s\text{sinc}(fT_s)$ 所以此時 NRZ 數位傳輸編碼訊號之功率頻譜密度爲

$$S_{x_{NRZ}}(f)=A^2T_s\text{sinc}^2(fT_s) \tag{3.104}$$

若採用 Manchester 脈波波形函數，則依上述方法計算出功率頻譜密度爲

$$S_{x_{Manchester}}(f)=A^2T_s\text{sinc}^2(fT_s/2)\sin^2(\pi fT_s/2) \tag{3.105}$$

功率頻譜密度之另一種算法係採用自我相關函數。若計算(3.98)訊號之自我相關函數可得

$$R_x(\tau)=E\{x(t)x(t+\tau)\}$$
$$=\sum_{k=-\infty}^{\infty}\sum_{l=-\infty}^{\infty}E\{x_kx_l\}h(t-kT_s)h(t+\tau-lT_s) \tag{3.106}$$

對於 $x_{NRZ}(t)$ 其波形函數 $h(t)$ 爲寬度爲 T_s 之單位矩形脈波，故自我相關函數爲

$$R_{x_{NRZ}}(\tau)=\begin{cases}A^2\dfrac{T_s-|\tau|}{T_s}, & |\tau|\leq T_s\\ 0, & \text{其他}\end{cases} \tag{3.107}$$

此一函數相當於 $A^2\Lambda_{T_s}(t)$，恰爲 $S_{x_{NRZ}}(f)=A^2T_s\text{sinc}^2(fT_s)$ 之反傅立葉轉換。圖 3.12 爲經功率正規化後以分貝值表示 $x_{NRZ}(t)$、$x_{Manchester}(t)$ 與 $x_{RZ}(t)$ 之功率頻譜密度。約略而言，採用 NRZ 傳輸編碼則大部分功率集中於頻率低於 $1/T_s$ 之頻段內；相對而言，採用 Manchester 傳輸編碼則大部分功率集中於頻率低於 $2/T_s$ 之頻段內。但由此圖也可知，利用此些矩形脈波進行之傳輸，訊號仍具有高頻成分；因此如欲降低失真，傳輸之頻寬得增加。由此圖可知，採用 NRZ 傳輸編碼之零點頻率為 $1/T_s$，但 NRZ 訊號除了主波瓣(main lobe)外，尚有許多次波瓣(side lobes)。至於 Manchester 和 RZ 傳輸編碼則得更寬之頻寬。頻譜效率(spectral efficiency)或頻寬效率(bandwidth efficiency)之定義爲每單位頻寬可傳送之位元率，單位爲 bps / Hz。假設 B 爲頻寬而 R_b 爲位元率則頻譜效率 η 爲

$$\eta=\frac{R_b}{B} \tag{3.108}$$

若考慮主波瓣之頻寬則 NRZ 傳輸編碼之頻寬爲 $1/T_s=R_b$，而 Manchester 和 RZ 傳輸編碼之頻寬爲 $2/T_s=2R_b$，故 NRZ 傳輸編碼之頻譜效率爲 1，而 Manchester 和 RZ 傳輸編碼之頻譜效率爲 1/2。

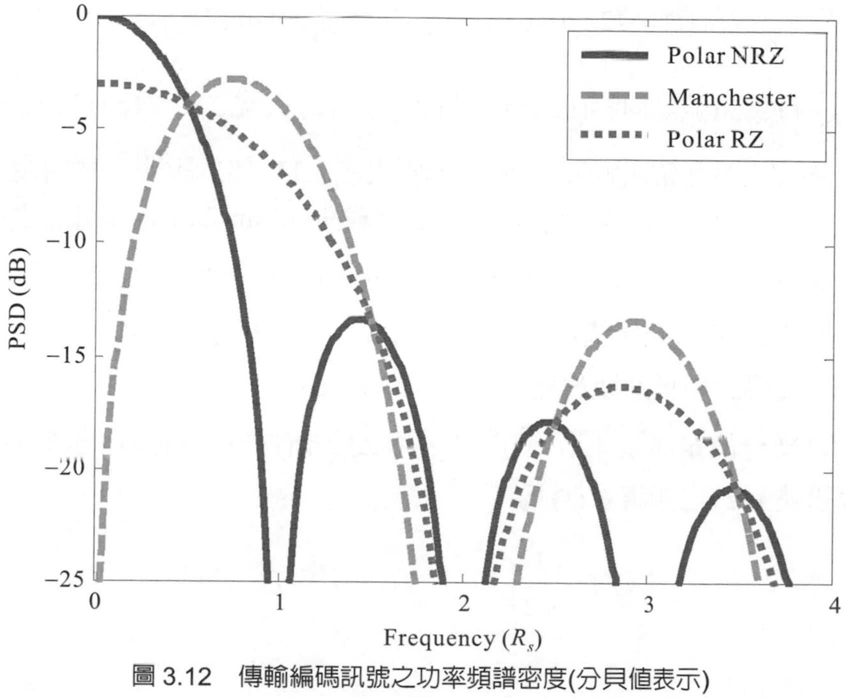

圖 3.12　傳輸編碼訊號之功率頻譜密度(分貝值表示)

3.3.2 等效基帶訊號

無線訊號之傳輸一般係將所欲傳送之資訊或基帶訊號調變至一弦式載波後爲之。由於載波並不含有所欲傳輸之資訊，故於描述或分析經調變後之通帶訊號時可以利用複數之基帶訊號以簡化表示式。相較於原始之通帶訊號，複數之基帶訊號可視爲等效表示之方式，且數學分析較簡化。對於通訊系統之模擬分析，此種複數之基帶訊號之作法更顯重要，因爲於模擬時所採用之取樣時間僅需滿足複數基帶訊號之取樣定理而不用去滿足較高頻通帶訊號之取樣定理。

假設載波頻率爲 f_0，調變後之通帶訊號 $v(t)$ 一般可表示成

$$v(t) = \sqrt{2}\,\mathrm{Re}\left\{g(t)\exp(j2\pi f_0 t)\right\} \tag{3.109}$$

其中 $g(t)$ 爲 $v(t)$ 之複數包絡(complex envelope)，即爲原始通帶訊號 $v(t)$ 之等效基帶表示。於有些通訊系統之書籍將通帶訊號與複數包絡之關係表示爲 $v(t)=\mathrm{Re}\{g(t)\exp(j2\pi f_0 t)\}$；於本書中採用(3.109)之關係，因爲如此可以確保 $v(t)$ 之能量(或功率)與 $g(t)$ 之能量(或功率)是相等的。若此複數包絡之實部與虛部分別爲 $g_I(t)$ 與 $g_Q(t)$，即 $g(t)=g_I(t)+jg_Q(t)$ 則通帶訊號亦可寫成

$$v(t) = \sqrt{2}g_I(t)\cos(2\pi f_0 t) - \sqrt{2}g_Q(t)\sin(2\pi f_0 t) \tag{3.110}$$

於上式中，$g_I(t)$ 爲訊號之同相(in phase)項而 $g_Q(t)$ 爲訊號之正交(quadrature)項。

複數基帶訊號與通帶訊號間之轉換可利用圖 3.13 加以說明。藉由產生弦式載波 $\sqrt{2}\cos(2\pi f_0 t)$，並利用相位轉換器產生正交之載波 $\sqrt{2}\sin(2\pi f_0 t)$，可隨之與輸入之複數基帶訊號 $g(t)=g_I(t)+jg_Q(t)$ 分別進行混頻(mixing)後，即可組成通帶訊號 $v(t)$。相對而言，如欲由通帶訊號建構出複數基帶訊號亦可以藉由載波產生與混頻之動作完成，但最終階段得利用低通濾波器(low-pass filter, LPF)以濾除高頻之成分。

假設 $g(t)$ 爲一能量訊號並令 $G(f)$ 爲 $g(t)$ 之頻譜(傅立業轉換)。根據表 3.3 之公式可推算通帶訊號 $v(t)$ 之頻譜 $V(f)$ 爲

$$V(f) = \frac{1}{\sqrt{2}}\left[G(f-f_0) + G^*(-f-f_0)\right] \tag{3.111}$$

由(3.111)可知若複數基帶訊號之頻寬爲 $B/2$，則經過調變後之通帶訊號之頻譜會包含兩部分，其一以載波頻率 f_0 爲中心佔用 B 之頻寬；另一則以 $-f_0$ 爲中心亦佔用 B 之頻寬。事實上，(3.111)同時顯示通帶訊號之頻譜特性可以藉由複數基帶訊號之頻譜描述之，圖 3.14 說明此情形。

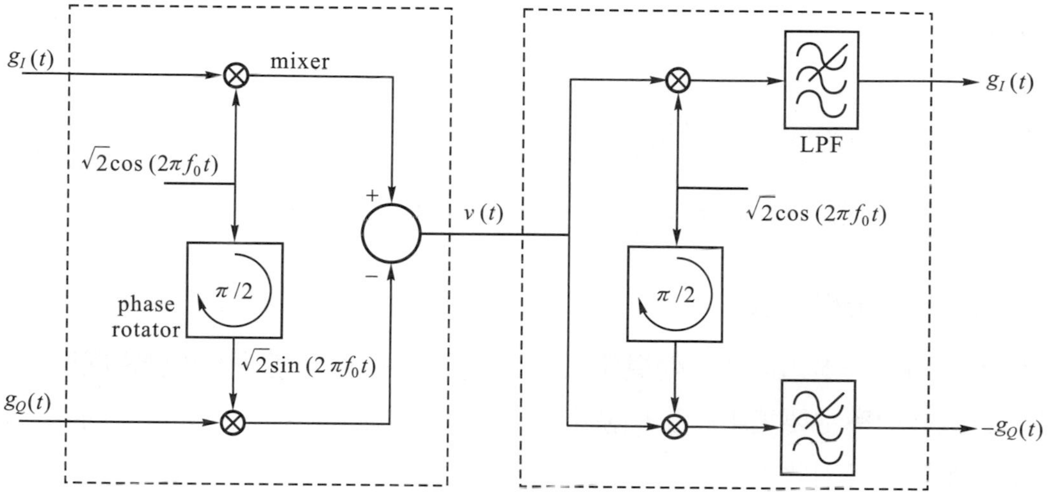

圖 3.13　通帶訊號與複數基帶訊號間之轉換

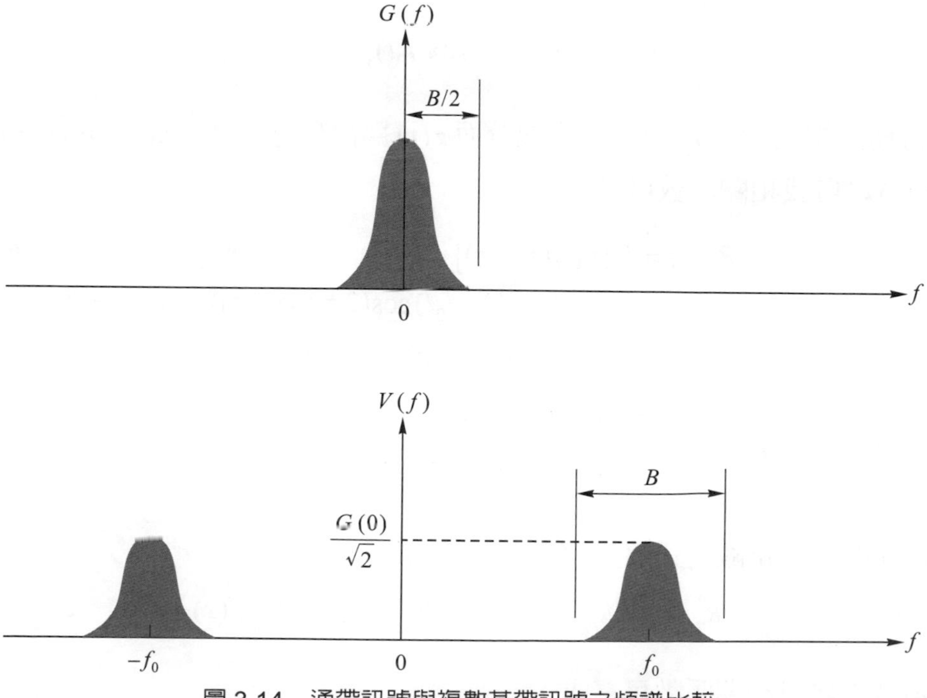

圖 3.14　通帶訊號與複數基帶訊號之頻譜比較

令 $\Psi_g(f)$ 爲複數基帶訊號之能量頻譜密，度且 $\Psi_v(f)$ 爲通帶訊號之能量頻譜密度，則由(3.111)可推知

$$\Psi_v(f)=\frac{1}{2}\left[\Psi_g(f-f_0)+\Psi_g^*(-f-f_0)\right] \tag{3.112}$$

因此若對(3.112)進行頻率軸之積分，可以知道複數基帶訊號之能量等於通帶訊號之能量。相似地，若 $g(t)$ 爲一功率訊號，則可知複數基帶訊號之功率頻譜密度 $S_g(f)$ 與通帶訊號之功率頻譜密度 $S_v(f)$ 滿足

$$S_v(f)=\frac{1}{2}\left[S_g(f-f_0)+S_g^*(-f-f_0)\right] \tag{3.113}$$

同時二者之功率是相同地。

假設 $n(t)$ 爲一廣義靜止之隨機雜訊且其均值爲零，而雙邊功率頻譜密度爲 $S_n(f)$。若此一雜訊之功率主要集中於 $\pm f_0$ 附近且一旦頻率遠離 $\pm f_0$ 則功率爲零，則 $n(t)$ 爲一窄頻通帶雜訊，可因此表示爲

$$\begin{aligned} n(t)&=\sqrt{2}n_I(t)\cos(2\pi f_0 t)-\sqrt{2}n_Q(t)\sin(2\pi f_0 t)\\ &=\sqrt{2}\,\mathrm{Re}\{z(t)\exp(j2\pi f_0 t)\} \end{aligned} \tag{3.114}$$

其中 $n_I(t)$ 爲同相成分，$n_Q(t)$ 爲正交成分而 $z(t)$ 爲複數包絡滿足 $z(t)=n_I(t)+jn_Q(t)$。若計算 $n(t)$ 之自我相關函數可得

$$\begin{aligned} R_n(\tau)&=E\{n(t)n(t+\tau)\}\\ &=2R_{n_I}(\tau)\cos(2\pi f_0 t)\cos(2\pi f_0(t+\tau))\\ &\quad+2R_{n_Q}(\tau)\sin(2\pi f_0 t)\sin(2\pi f_0(t+\tau))\\ &\quad-2R_{n_I n_Q}(\tau)\sin(2\pi f_0 t)\cos(2\pi f_0(t+\tau))\\ &\quad-2R_{n_Q n_I}(\tau)\cos(2\pi f_0 t)\sin(2\pi f_0(t+\tau)) \end{aligned} \tag{3.115}$$

由於 $n(t)$ 係廣義靜止故上式應與 t 無關，故可得

$$R_{n_I}(\tau)=R_{n_Q}(\tau) \quad \text{且} \quad R_{n_I n_Q}(\tau)=-R_{n_Q n_I}(\tau) \tag{3.116}$$

也因此 $n(t)$ 之自我相關函數可寫成

$$R_n(\tau)=2R_{n_I}(\tau)\cos(2\pi f_0\tau)-2R_{n_Q n_I}(\tau)\sin(2\pi f_0\tau) \tag{3.117}$$

經由同相與正交成分間自我相關與交互相關之計算，再夥同載波之資訊可以推算出通帶雜訊之自我相關函數。對於複數包絡 $z(t)$ 之自我相關函數可計算爲

$$\begin{aligned} R_z(\tau) &= E\left\{z^*(t)z(t+\tau)\right\} \\ &= E\left\{\left(n_I(t)+jn_Q(t)\right)^*\left(n_I(t+\tau)+jn_Q(t+\tau)\right)\right\} \\ &= 2R_{n_I}(\tau)+j2R_{n_Q n_I}(\tau) \end{aligned} \tag{3.118}$$

故 $n(t)$ 之自我相關函數亦可寫成

$$R_n(\tau) = \mathrm{Re}\left\{R_z(\tau)\exp(j2\pi f_0\tau)\right\} \tag{3.119}$$

若針對(3.119)取傅立葉轉換可得功率頻譜密度間之關係

$$S_n(f) = \frac{1}{2}\left[S_z(f-f_0)+S_z^*(-f-f_0)\right] \tag{3.120}$$

但是由於自我相關函數 $R_z(\tau)$ 滿足 $R_z(\tau)=R_z^*(-\tau)$ ，故 $S_z(f)$ 爲一實函數也因此

$$S_n(f) = \frac{1}{2}\left[S_z(f-f_0)+S_z(-f-f_0)\right] \tag{3.121}$$

若將一白雜訊送入一理想濾波器則可得到通帶白雜訊。若白雜訊之雙邊雜訊頻譜密度爲 $N_0/2$，且濾波器之中心頻率爲 f_c 而頻寬爲 B，則所得之通帶白雜訊 $n(t)$ 可利用(3.119)表示。此時相對應之基帶等效白雜訊 $z(t)$ 具有以下之功率頻譜

$$S_z(f) = \begin{cases} N_0, & |f| \le B/2 \\ 0, & \text{其他} \end{cases} \tag{3.122}$$

至於 $z(t)$ 之自我相關函數則爲

$$R_z(\tau) = N_0\frac{\sin(\pi B\tau)}{\pi\tau} = N_0 B\,\mathrm{sinc}(B\tau) \tag{3.123}$$

對於白雜訊而言，其同相成分與正交成分並不相關，即

$$R_{n_I n_Q}(\tau) = 0 \tag{3.124}$$

3.3.3 類比調變

無線通訊與導航一般利用通帶訊號進行傳輸。由於訊息為基帶訊號，故得利用調變將基帶訊號轉換成相對應之通帶訊號。調變主要將基帶之訊號加諸於一載波訊號而構成一通帶訊號，其中通帶訊號之振幅、頻率或相位會隨基帶訊號而異。一弦式電波之表示為

$$v(t) = A(t)\cos(2\pi f_0 t + \theta(t)) \tag{3.125}$$

其中 $A(t)$代表振幅、f_0為載波頻率而$\theta(t)$為相位。類比調變之方法主要根據基帶訊號改變振幅 $A(t)$、頻率 $d\theta(t)/dt$ 或相位$\theta(t)$。所謂振幅調變(amplitude modulation, AM)或調幅係將根據基帶之調變訊號(modulating signal)以改變通帶之被調變訊號(modulated signal)之振幅。假設基帶訊號為 $m(t)$此時經調幅後之訊號 $v(t)$之振幅 $A(t)$為

$$A(t) = A_0\left[1 + m(t)\right] \tag{3.126}$$

其中 A_0為固定之參考振幅。圖 3.15 之最上二小圖顯示調變訊號與相對應之調幅訊號；調幅訊號之包絡與調變訊號有關。經頻率調變(frequency modulation, FM)或調頻後的訊號，其被調變訊號之頻率會隨調變訊號而異。相位調變(phase modulation, PM)則利用調變訊號改變被調變訊號之相位。圖 3.15 同時顯示頻率調變與相位調變後之訊號波形。

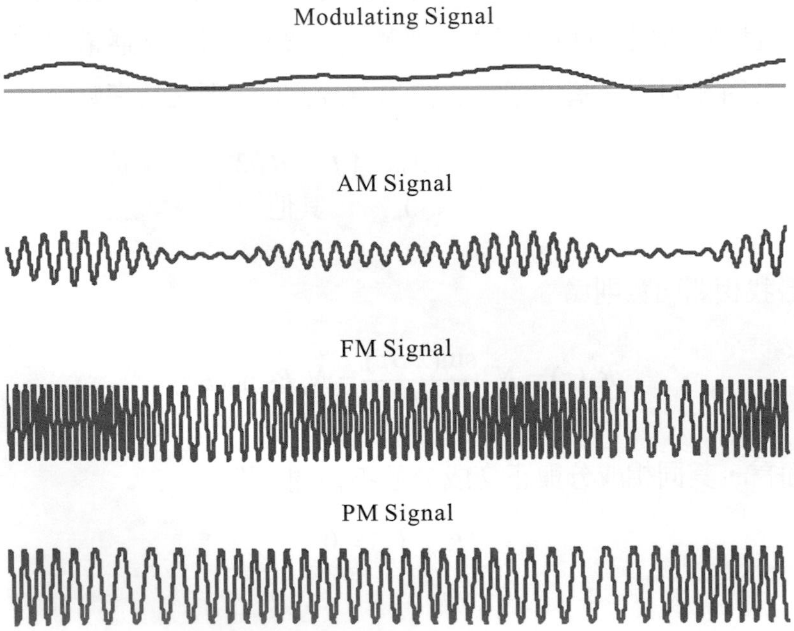

圖 3.15　不同類比調變之波形

3.3.4 數位調變

數位調變(digital modulation)利用有限之符號來表示數位資料並傳送此些符號。數位調變與類比調變相似，可以藉由調幅、調頻或調相之方式以調變載波。於每一符號寬，依數位調變方式之不同，所對應之載波因此可具有不同之型式。所謂振幅偏移(amplitude-shift keying, ASK)係依數位調變訊號 $b(t)$ 改變調變後訊號之振幅，於一符號寬內此一振幅偏移調變訊號為

$$s(t)=\begin{cases} s_0(t)=0, & b(t)=0 \\ s_1(t)=A\cos(2\pi f_0 t), & b(t)=1 \end{cases} \tag{3.127}$$

即分別以沒有載波與單純載波代表數位之 0 與 1，故此一振幅偏移調變亦可視為開關(on-off)型式之調變。當然，振幅偏移調變亦可利用兩種不同振幅之載波來表示數位符號。頻率偏移(frequency shift keying, FSK)之作法主要依不同之數位位元傳送出不同頻率之訊號，於一符號寬內頻率偏移調變訊號因此為

$$s(t)=\begin{cases} s_0(t)=A\cos(2\pi(f_0+f_x)t), & b(t)=0 \\ s_1(t)=A\cos(2\pi(f_0-f_x)t), & b(t)=1 \end{cases} \tag{3.128}$$

其中 f_x 代表調變後訊號之頻率與載波頻率之差。為確保於符號轉換時間之相位是連續的，一般 FSK 訊號之頻率與符號寬之乘積為一整數。在導航上，最常見的數位調變方式是相位偏移(phase shift keying, PSK)。相位偏移調變訊號之相位會依調變之符號而異。這其中，雙相位偏移(binary phase shift keying, BPSK)訊號之相位可以是 0 度或 180 度，視符號是 0 或 1 而定。於一符號寬內，BPSK 訊號之型式可表為

$$s(t)=\begin{cases} s_0(t)=A\cos(2\pi f_0 t), & b(t)=0 \\ s_1(t)=A\cos(2\pi f_0 t+\pi)=-A\cos(2\pi f_0 t), & b(t)=1 \end{cases} \tag{3.129}$$

由於僅有兩種相位，BPSK 訊號之相位差異亦可表為載波極性之差異，即

$$s(t)=A(-1)^{b(t)}\cos(2\pi f_0 t) \tag{3.130}$$

一般採用 BPSK 時均假設載波訊號頻率 f_0 與符號寬 T_s 之乘積為一整數；如此可確保當有符號變化時，BPSK 訊號正巧有 180 度之相位變化。對於 BPSK 訊號而言，當有符號變化時，該 BPSK 訊號會有極性之變化。圖 3.16 分別顯示 ASK、FSK、BPSK 以及稍後介紹之 QPSK 之波形。

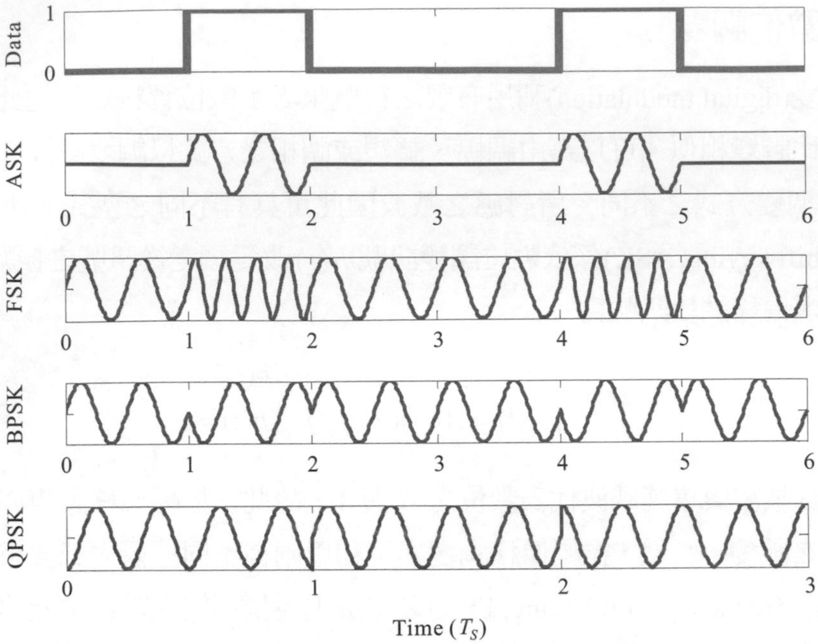

圖 3.16　ASK、FSK、PSK 與 QPSK 之波形

BPSK 訊號可利用平衡式調變器 (balanced modulator) 產生。一平衡式調變器之示意如圖 3.17 所示，由兩組變壓器及一組橋式二極體電路構成。當 $b(t)$ 爲 0 時，控制訊號爲正，D_1 與 D_2 兩個二極體是導通的而 D_3 與 D_4 是截止的，載波因此在二次側變壓器中產生了同相位之訊號，即 $s(t)=s_0(t)$。反之，當 $b(t)$ 爲 1 時，控制電壓爲負，促使 D_3 與 D_4 導通而 D_1 與 D_2 截止，經由反向之變壓器，此時的輸出訊號成爲 $s(t)=s_1(t)$。

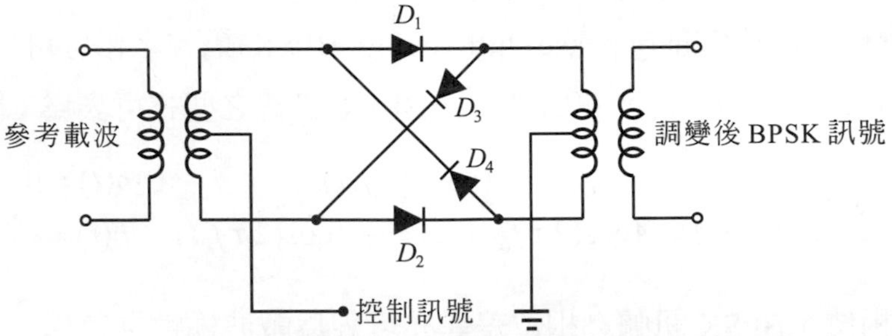

圖 3.17　平衡式調變器可用以產生 BPSK 訊號

BPSK 訊號由於每一符號寬內僅傳送一位元故符號率等於位元率。由(3.129)可計算每一位元或符號之能量爲 $E_b = E_s = A^2 T_s / 2$。當振幅 A 增加或符號寬 T_s 增長，則符號能量可增加。至於此一訊號之功率則爲 $P_s = E_s / T_s$。令 $\phi_I(t)$ 爲

$$\phi_I(t) = \sqrt{\frac{2}{T_s}} \cos(2\pi f_0 t) \tag{3.131}$$

此一$\phi_I(t)$函數之能量爲 1。BPSK 訊號可因此表示爲

$$s(t)=\begin{cases} s_0(t)=\sqrt{2P_s}\cos(2\pi f_0 t)=\sqrt{E_s}\phi_I(t), & b(t)=0 \\ s_1(t)=\sqrt{2P_s}\cos(2\pi f_0 t+\pi)=-\sqrt{E_s}\phi_I(t), & b(t)=1 \end{cases} \tag{3.132}$$

數位調變常利用星座圖(constellation diagram)說明此一訊號於同相與正交成分之分佈情形。圖 3.18 爲 BPSK 訊號之星座圖，令同相軸沿著$\phi_I(t)$方向，BPSK 訊號於星座圖分別座落於$\sqrt{E_s}$與$-\sqrt{E_s}$之位置。

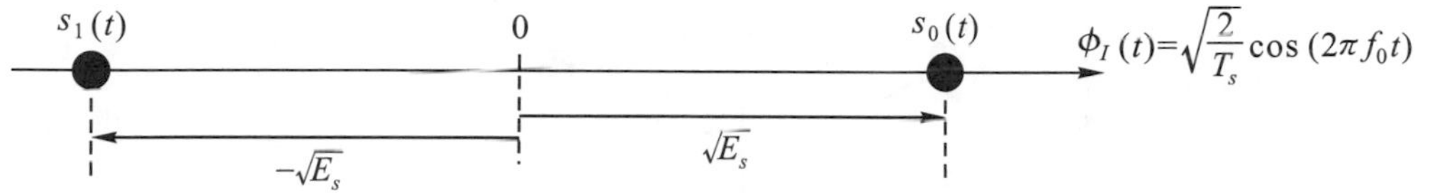

圖 3.18　BPSK 訊號之星座圖

採用 BPSK 調變於單一符號寬內可用以表示一位元。如欲提升位元率可以採用多相位偏移調變(M-ary PSK)方式。此處，M 等於 2^n 而 n 爲每一符號代表之位元數。當 M 爲 4 時之訊號爲 QPSK(quadrature PSK 或 quaternary PSK)訊號，此時於一符號寬內，訊號之表示式爲

$$s_i(t)=\sqrt{2P_s}\cos(2\pi f_0 t+\frac{(2i-1)\pi}{4}),\qquad i=1,\ldots,4 \tag{3.133}$$

於一符號寬，BPSK 調變方式可傳送一位元而 QPSK 調變方式可傳送出兩位元，故 QPSK 之位元率爲 BPSK 之兩倍。視前述$\phi_I(t)=\sqrt{\frac{2}{T_s}}\cos(2\pi f_0 t)$爲同相軸並視$\phi_Q(t)=\sqrt{\frac{2}{T_s}}\cos(2\pi f_0 t+\frac{\pi}{2})=-\sqrt{\frac{2}{T_s}}\sin(2\pi f_0 t)$爲正交軸，則 QPSK 調變訊號於二維星座圖上會分別座落於$\sqrt{E_s}\cos(\frac{(2i-1)\pi}{4})$與$\sqrt{E_s}\sin(\frac{(2i-1)\pi}{4})$。於圖 3.19 之星座圖，QPSK 訊號座落於一半徑爲$\sqrt{E_s}$之圓上且以沿 45°、135°、225°與 315°方向均勻分割此圓。若令$b_I(t)$與$b_Q(t)$分別爲 QPSK 調變過程中一符號所代表之位元，則(3.133)可改寫成

$$\begin{aligned} s_i(t)&=\sqrt{P_s}(-1)^{b_I(t)}\cos(2\pi f_0 t)-\sqrt{P_s}(-1)^{b_Q(t)}\sin(2\pi f_0 t) \\ &=\sqrt{\frac{E_s}{2}}(-1)^{b_I(t)}\phi_I(t)+\sqrt{\frac{E_s}{2}}(-1)^{b_Q(t)}\phi_Q(t) \end{aligned} \tag{3.134}$$

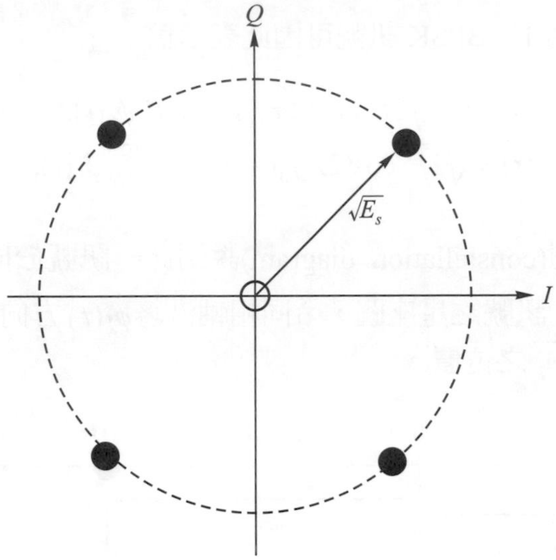

圖 3.19　QPSK 之星座圖

於 M-ary PSK 調變，若選擇 M 爲 8 則可得 8-PSK 方式，相當於每一符號對應至三位元。於星座圖上，M-ary PSK 調變之訊號均會座落於一半徑爲 $\sqrt{E_s}$ 之圓上且以 M 等分方式均勻分割此圓。爲了增加位元率，人們已發展許多不同之數位調變方法，除 M-ary PSK 外尚有 M-ary FSK 與正交振幅調變(quadrature amplitude modulation, QAM)之作法。M-ary FSK 利用多項頻率進行符號之傳送但往往需要較寬之頻寬。QAM 主要利用不同振幅與相位之組合以建立各位元組合所對應之符號。對於地面通訊系統，QAM 可以大幅增加傳輸之位元率。但是對於衛星導航而言，一般並不採用高階之 M-ary PSK 或 QAM，而僅利用 BPSK 或 QPSK 方式對於數位資料進行調變，主要原因爲訊號強度經由衛星傳送至地面會大幅衰減，故採用高階之 M-ary PSK 或 QAM 會造成接收之困難。再者，衛星發射器之設計一般需求能維持總輸出功率不隨位元之變動而異。對於 QAM 訊號之傳送會有不同之輸出功率，並不適合於衛星應用。

BPSK 訊號之完整表示式爲

$$\begin{aligned} v_{BPSK}(t) &= \sum_{k=-\infty}^{\infty} (-1)^{b_k} s(t-kT_s) \\ &= \sum_{k=-\infty}^{\infty} (-1)^{b_k} \sqrt{2P_s}\, p_{T_s}(t-kT_s)\cos(2\pi f_0(t-kT_s)) \end{aligned} \tag{3.135}$$

其中 b_k 爲 k 時刻之數位位元。由於 $f_0\,T_s$ 爲整數，(3.135)可化簡爲

$$v_{BPSK}(t)=\sqrt{2P_s}\left[\sum_{k=-\infty}^{\infty}(-1)^{b_k}\,p_{T_s}(t-kT_s)\right]\cos(2\pi f_0 t) \tag{3.136}$$

參照 3.3.2 節之說明，BPSK 訊號之等效複數基帶訊號爲

$$g_{BPSK}(t)=\sum_{k=-\infty}^{\infty}(-1)^{b_k}\sqrt{P_s}\,p_{T_s}(t-kT_s) \tag{3.137}$$

此一基帶訊號僅包含實部。若數位位元 b_k 出現 0 或 1 之機率各爲 1/2，則由(3.104)可知基帶訊號 $g_{BPSK}(t)$ 之功率頻譜密度爲

$$S_{g_{BPSK}}(f)=E_s\mathrm{sinc}^2(fT_s) \tag{3.138}$$

利用(3.113)可推算 BPSK 訊號之功率頻譜密度爲

$$S_{v_{BPSK}}(f)=\frac{E_s}{2}\left[\mathrm{sinc}^2((f-f_0)T_s)+\mathrm{sinc}^2((f+f_0)T_s)\right] \tag{3.139}$$

如圖 3.20 所示 BPSK 訊號之功率集中於 f_0 與 $-f_0$ 附近。於 f_0 之功率頻譜，其零點間距頻寬爲 $2/T_s$。

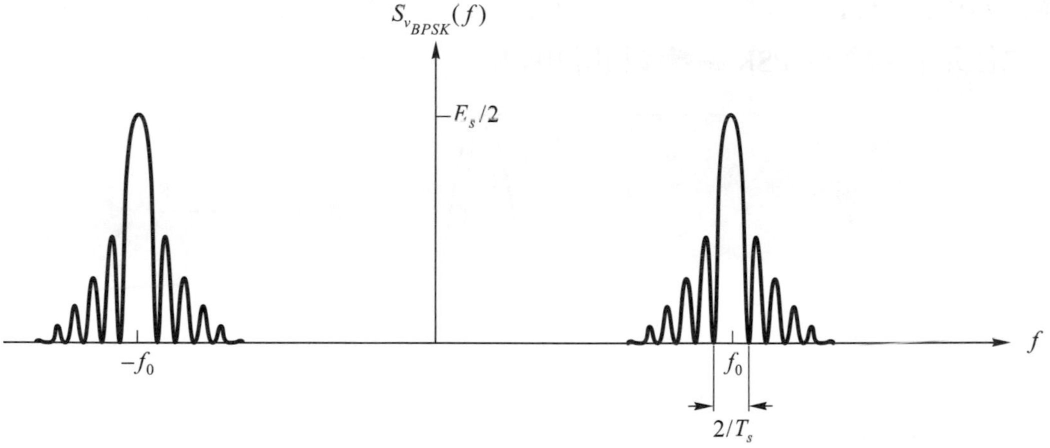

圖 3.20　BPSK 訊號之功率頻譜密度

完整之 QPSK 訊號可表示爲

$$\begin{aligned}v_{QPSK}(t)=&\sum_{k=-\infty}^{\infty}(-1)^{b_{I,k}}\sqrt{\frac{E_s}{T_s}}\,p_{T_s}(t-kT_s)\cos(2\pi f_0 t)\\&-\sum_{k=-\infty}^{\infty}(-1)^{b_{Q,k}}\sqrt{\frac{E_s}{T_s}}\,p_{T_s}(t-kT_s)\sin(2\pi f_0 t)\end{aligned} \tag{3.140}$$

其中 $b_{I,k}$ 與 $b_{Q,k}$ 分別爲 k 時刻之數位位元。QPSK 訊號之等效基帶包絡因此爲

$$g_{QPSK}(t)=\sum_{k=-\infty}^{\infty}(-1)^{b_{I,k}}\sqrt{\frac{E_s}{2T_s}}p_{T_s}(t-kT_s)+j\sum_{k=-\infty}^{\infty}(-1)^{b_{Q,k}}\sqrt{\frac{E_s}{2T_s}}p_{T_s}(t-kT_s) \qquad (3.141)$$

若計算 QPSK 訊號之功率頻譜密度可得與 BPSK 相同之結果，亦如(3.139)或圖 3.20。但由於 QPSK 之位元率 R_b 爲符號率 R_s 之兩倍，即 $R_b=2R_s=2/T_s$，故若比較 BPSK 訊號與 QPSK 訊號之功率頻譜密度可得圖 3.21。頻譜效率之定義如(3.108)所述爲 $\eta=\dfrac{R_b}{B_{RF}}$，其中 B_{RF} 爲頻寬而 R_b 爲位元率。若視主波瓣之頻寬或零點間距頻寬爲訊號之頻寬則對於 M-ary PSK 訊號

$$B_{RF}=\frac{2}{T_s}=2R_s=\frac{2R_b}{\log_2 M} \qquad (3.142)$$

故

$$\eta=\frac{1}{2}\log_2 M \qquad (3.143)$$

基本上，由於同時利用同相與正交項，故 QPSK 之頻譜效率爲 BPSK 之兩倍。換言之，相同之位元率傳輸，QPSK 調變僅利用 BPSK 調變之一半頻寬。

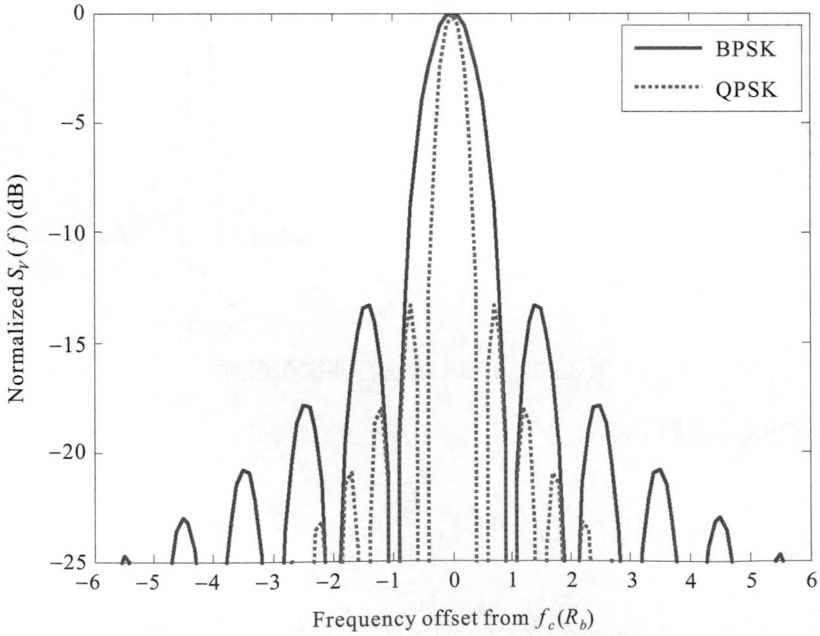

圖 3.21　BPSK 與 QPSK 調變之功率頻譜密度比較

3.4　系統與響應

根據線性系統理論，一線性(linear)非時變(time-invariant)且初始狀態爲零之系統，其輸出 $y(t)$ 爲輸入訊號 $x(t)$ 與系統脈衝響應 $h(t)$ 之迴旋(convolution)

$$y(t)=\int_{-\infty}^{t}x(\tau)h(t-\tau)d\tau=h(t)*x(t) \tag{3.144}$$

此處*代表迴旋運算。若 $X(f)$、$H(f)$ 與 $Y(f)$ 分別爲 $x(t)$、$h(t)$ 與 $y(t)$ 之傅立葉轉換則根據表 3.1 可知

$$Y(f)=H(f)X(f) \tag{3.145}$$

由於(3.145)之乘積計算較(3.144)之迴旋來得容易，同時 $H(f)$ 可呈現線性系統之頻率選擇特性，故(3.145)廣泛應用於系統理論。此處 $H(f)$ 亦稱爲系統之轉移函數(transfer function)。此一轉移函數爲一複數函數，其增益與相位響應分別爲 $|H(f)|$ 與 $\measuredangle H(f)$。若輸入一頻率爲 f 之訊號至此一系統，則於此頻率所得之輸出會有 $|H(f)|$ 之增益以及 $\measuredangle H(f)$ 之相位變化。

當一線性非時變系統之輸入爲隨機訊號時，其輸出亦爲隨機訊號。假設 $x(t)$ 與 $y(t)$ 分別爲廣義靜止之輸入與輸出，則輸入與輸出期望值間之關係爲

$$m_y=E\{y(t)\}=E\left\{\int_{-\infty}^{t}x(\tau)h(t-\tau)d\tau\right\}=m_x\int_{-\infty}^{t}h(t-\tau)d\tau=H(0)m_x \tag{3.146}$$

因此輸入期望值與輸出期望值具一線性關係且比值爲系統之直流增益。至於輸入功率頻譜密度 $S_x(f)$ 與輸出功率頻譜密度 $S_y(f)$ 間之關係可引用功率頻譜密度之定義求得

$$S_y(f)=\lim_{T\to\infty}\left(\frac{E\{|Y_T(f)|^2\}}{T}\right)=|H(f)|^2\,S_x(f) \tag{3.147}$$

因此一系統之功率轉移函數(power transfer function)爲 $|H(f)|^2$。方程式(3.147)又可寫成

$$S_y(f)=H(f)H^*(f)S_x(f) \tag{3.148}$$

根據傅立葉之迴旋性質與 Wiener-Khintchine 定理可知輸入訊號之自我相關函數 $R_x(\tau)$ 與輸入訊號之自我相關函數 $R_y(\tau)$ 爲

$$R_y(\tau) = h(\tau) * h(-\tau) * R_x(\tau) \tag{3.149}$$

對於一線性系統 $H(f)$，其等效頻寬(equivalent bandwidth)爲

$$B = \frac{1}{\left|H(f_0)\right|^2} \int_0^\infty \left|H(f)\right|^2 df \tag{3.150}$$

其中 f_0 爲 $|H(f)|$ 出現最大增益之頻率。假設 $H(f)$ 爲一低通濾波器則 $f_0 = 0$，若此一濾波器之輸入爲白色雜訊即 $S_x(f) = \frac{N_0}{2}$ 則輸出之雜訊功率爲

$$P_y = \int_{-\infty}^{\infty} S_y(f) df = \frac{N_0}{2} \int_{-\infty}^{\infty} \left|H(f)\right|^2 df = \left|H(0)\right|^2 BN_0 \tag{3.151}$$

若將一通帶訊號輸入至一線性非時變系統，則其輸出亦可沿用上述方式計算之。但是由於通帶訊號可以利用等效之複數基帶訊號表示，故若建立一通帶系統之等效基帶系統則可充分利用複數基帶訊號表示之優點。假設輸入訊號之通帶表示與複數包絡分別爲 $v_{in}(t)$ 與 $g_{in}(t)$，則根據前述說明可知

$$v_{in}(t) = \sqrt{2}\,\mathrm{Re}\{g_{in}(t)\exp(j2\pi f_0 t)\} \tag{3.152}$$

相似地，令 $v_{out}(t)$ 與 $g_{out}(t)$ 分別爲輸出訊號之通帶表示與複數包絡，即

$$v_{out}(t) = \sqrt{2}\,\mathrm{Re}\{g_{out}(t)\exp(j2\pi f_0 t)\} \tag{3.153}$$

若以頻域型式表示，則通帶與複數基帶訊號間之關係爲

$$V_{in}(f) = \frac{1}{\sqrt{2}}\left[G_{in}(f - f_0) + G_{in}^*(-f - f_0)\right] \tag{3.154}$$

與

$$V_{out}(f) = \frac{1}{\sqrt{2}}\left[G_{out}(f - f_0) + G_{out}^*(-f - f_0)\right] \tag{3.155}$$

若 $H_{lp}(f)$ 與 $H_{bp}(f)$ 分別爲基帶系統與通帶系統之轉移函數，即

$$G_{out}(f) = H_{lp}(f)G_{in}(f) \quad \text{與} \quad V_{out}(f) = H_{bp}(f)V_{in}(f) \tag{3.156}$$

明顯地，基帶系統 $H_{lp}(f)$ 與通帶系統 $H_{bp}(f)$ 應具一定關連性。由於通帶系統之轉移函數 $H_{bp}(f)$ 應滿足 $H_{bp}^{*}(-f)=H_{bp}(f)$，若將(3.154)與(3.155)代入(3.156)可推論出

$$H_{bp}(f)=H_{lp}(f-f_0)+H_{lp}^{*}(-f-f_0) \tag{3.157}$$

若 $h_{lp}(f)$ 與 $h_{bp}(f)$ 分別爲 $H_{lp}(f)$ 與 $H_{bp}(f)$ 之脈衝響應，則

$$h_{bp}(t)=2\mathrm{Re}\left\{h_{lp}(t)\exp(j2\pi f_0 t)\right\} \tag{3.158}$$

此些關係之建立有助於利用基帶系統與訊號探討通帶訊號之行爲。

3.5 數位訊號接收性能

對於數位通訊或導航系統之設計，一般設計之目的包含增加傳送之位元率 R_b、降低誤碼率 P_e、降低所需之傳送功率、降低所需之系統頻寬、提高服務品質以及降低系統複雜度與成本等。但是上述有關位元率、誤碼率、位元能量雜訊密度比(bit energy to noise density ratio, E_b/N_0)與系統頻寬之需求往往相互抵觸，故於通訊及導航系統之設計過程得視需求與傳輸通道之特性進行最佳之設計。其中，瞭解接收性能與傳輸環境特性間之關係尤屬重要。本節將說明基帶之傳輸編碼與載波調變之訊號傳輸於數位訊號接收與位元偵測過程受到雜訊影響之性能。

圖 3.22 爲一典型數位訊號傳送與接收之示意圖，其中 $s(t)$ 爲發射器所傳送之訊號、$n(t)$ 爲傳送與接收過程所受到之雜訊，而接收器所接收之訊號爲 $r(t)$ 滿足

$$r(t)=s(t)+n(t) \tag{3.159}$$

在此假設 $n(t)$ 爲高斯分佈之白色雜訊且其雙邊功率頻譜密度爲 $\frac{1}{2}N_0$。由於雜訊 $n(t)$ 直接加諸於接收之訊號故此一傳送通道稱之爲加成式白色高斯雜訊通道。一般而言，訊號之傳輸同時會經歷時間延遲與訊號強度衰減等現象，而且訊號間之相互干擾以及裝置所造成之失眞均會影響最終接收訊號之品質。爲方便說明，此處僅考慮雜訊之影響並同時假設接收器得以與發射器同步。由於假設符號得以同步，接收器之工作主要係根據受雜訊影響之訊號波形進行處理並偵測出所傳送之數位符號。

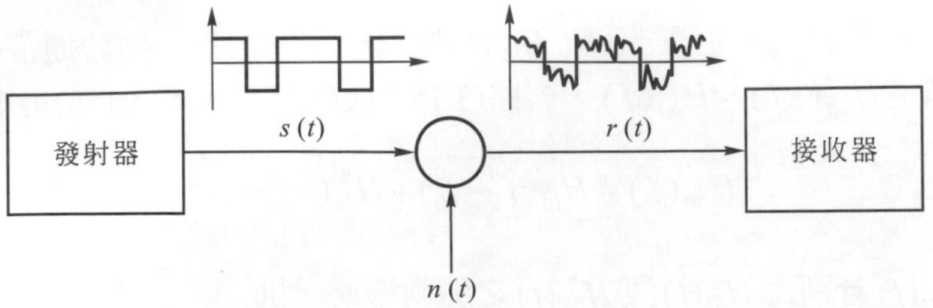

圖 3.22 傳送與接收架構

假設所傳送訊號爲 NRZ 訊號其表示式如(3.93)所示即 $s(t)=\sum_{k=-\infty}^{\infty} x_k p_{T_s}(t-kT_s)$，其中 $x_k = A(-1)^{b_k}$ 而 b_k 爲數位位元。爲因應雜訊之影響，一般可以將所接收之訊號送入一低通濾波器，並於一定時刻針對濾波後之訊號進行取樣，以分辨原始傳送之訊號爲 A 或 $-A$(或者是 0 或 1)；但是利用低通濾波器並未善用數位訊號之特性。由於 NRZ 訊號之傳輸於一符號時間寬度內所傳送之訊號爲 A 或 $-A$，故可以於符號時間寬度進行持續積分以將訊號進行累積。另一方面由於雜訊之均值爲零，故經持續積分後雜訊之影響可望降低。圖 3.23 顯示此一經由積分、取樣與判斷之接收器。此一經由積分一符號時間後進行讀取之動作又稱積分與讀取(integrate and dump, I&D)。針對 NRZ 訊號，於 $t_k = kT_s$ 時刻之積分結果爲

$$z(t_k)=\int_{t_k-T_s}^{t_k} r(t)dt=\begin{cases} AT_s+n_k, & \text{當傳送}+A\text{或0時} \\ -AT_s+n_k, & \text{當傳送}-A\text{或1時} \end{cases} \tag{3.160}$$

其中 n_k 爲雜訊經過積分後之結果：

$$n_k=\int_{-t_k-T_s}^{t_k} n(t)dt \tag{3.161}$$

由於 $n(t)$ 之均值爲零故 n_k 之均值亦爲零；同時 n_k 之方差可計算爲

$$\begin{aligned} E\left\{n_k^2\right\} &= E\left\{\left(\int_{t_k-T_s}^{t_k} n(t)dt\right)^2\right\} = \int_{t_k-T_s}^{t_k}\int_{t_k-T_s}^{t_k} E\left\{n(t)n(\tau)\right\}dtd\tau \\ &= \int_{t_k-T_s}^{t_k}\int_{t_k-T_s}^{t_k} \frac{1}{2}N_0\delta(t-\tau)dtd\tau = \frac{1}{2}N_0T_s \end{aligned} \tag{3.162}$$

經積分讀取之 n_k 爲高斯隨機過程 $\mathcal{N}(0,\frac{1}{2}N_0T_s)$，其機率密度函數可寫成

$$p_{n_k}(\eta)=\frac{1}{\sqrt{\pi N_0T_s}}\exp\left(-\frac{\eta^2}{N_0T_s}\right) \tag{3.163}$$

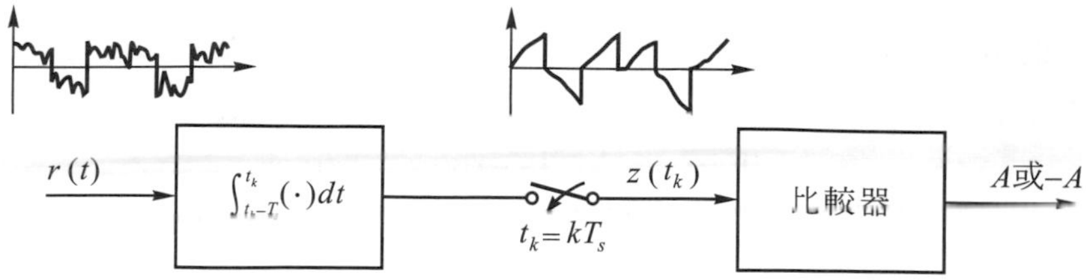

圖 3.23　積分取樣與判斷之接收器

所以若原始傳送之位元為 0 或訊號為 A，則經積分讀取之訊號 $z(t_k)$為一均值為 AT_s 之高斯分佈訊號 $\mathcal{N}(AT_s, \frac{1}{2}N_0T_s)$；反之，若原始傳送之位元為 1 或訊號為$-A$ 則 $z(t_k)$呈現均值為$-AT_s$之高斯分佈 $\mathcal{N}(-AT_s, \frac{1}{2}N_0T_s)$。

經過此一積分運算後隨之判斷所傳送之訊號為 A 或$-A$，所謂訊號之偵測(detection)主要期望藉由所接收之 $z(t_k)$判斷出所傳送之訊號是 A 或$-A$。由於只考慮二位元訊號之傳送故可分為以下四種狀況：

1. 傳送 A，判斷為 A；
2. 傳送 A，判斷為$-A$；
3. 傳送$-A$，判斷為 A；
4. 傳送$-A$，判斷為$-A$。

明顯地，狀況 1 與 4 均為正確之判斷而狀況 2 與 3 為錯誤之判斷。判斷之作法為將積分讀取結果 $z(t_k)$與一選定之門檻值(threshold)γ相互比較並進行判斷，判斷準則則為

$$\text{判斷所傳送訊號為}\begin{cases} A, & \text{當}z(t_k) \ge \gamma \\ -A, & \text{當}z(t_k) < \gamma \end{cases} \tag{3.164}$$

所謂誤碼率(bit error rate, BER)即指錯誤判斷之機率。採用上述判斷準則，若所傳送之訊號為 A 則誤判發生之情況為 $AT_s + n_k < \gamma$ 或 $n_k < \gamma - AT_s$。由於 n_k之機率密度函數如(3.163)，故可計算傳送 A 之誤碼機率為

$$\begin{aligned} P(n_k < \gamma - AT_s | \text{傳送}A) &= \int_{-\infty}^{\gamma - AT_s} \frac{1}{\sqrt{\pi N_0 T_s}} \exp(-\frac{\eta^2}{N_0 T_s}) d\eta \\ &= Q\left(\sqrt{\frac{2}{N_0 T_s}}(AT_s - \gamma)\right) \end{aligned} \tag{3.165}$$

上式中之 Q 函數(Q function)定義爲

$$Q(\mu)=\frac{1}{\sqrt{2\pi}}\int_{\mu}^{\infty}\exp(-\frac{\nu^2}{2})d\nu \tag{3.166}$$

圖 3.24 說明 Q 函數之定義，可視爲方差爲 1 之高斯分佈函數之積分。$Q(\mu)$爲一隨μ增加而遞減之函數，如圖 3.25 所示。同時此一函數滿足

$$Q(\mu)=1-Q(-\mu) \tag{3.167}$$

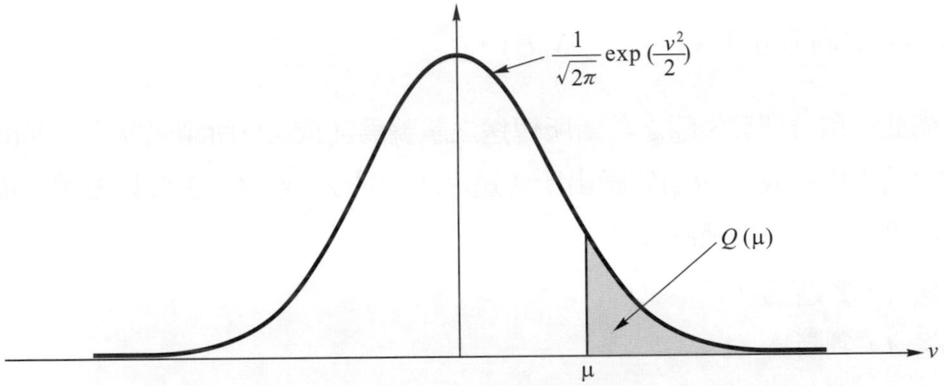

圖 3.24　Q 函數之定義

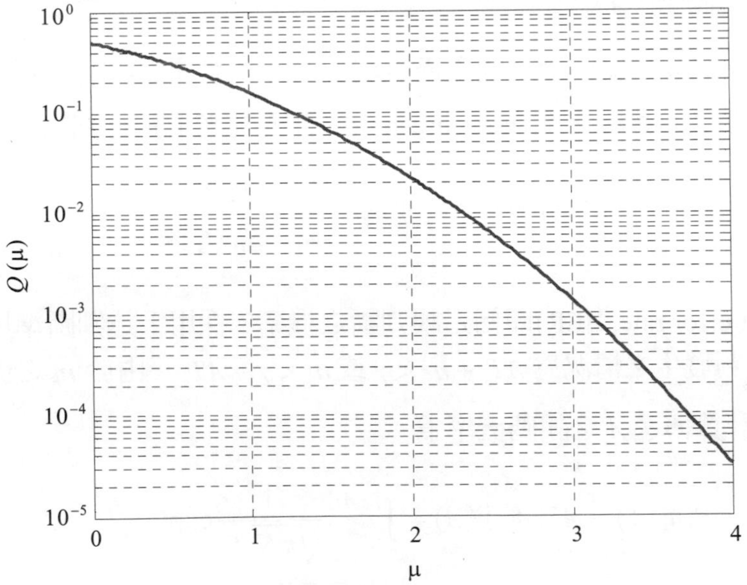

圖 3.25　Q 函數

另一方面，若所傳送之訊號爲 $-A$ 則誤判發生之情況爲 $-AT_s + n_k \geq \gamma$。可計算傳送 $-A$ 之誤碼機率爲

$$P(n_k \geq \gamma + AT_s | \text{傳送} - A) = \int_{\gamma+AT_s}^{\infty} \frac{1}{\sqrt{\pi N_0 T_s}} \exp(-\frac{\eta^2}{N_0 T_s}) d\eta$$
$$= Q\left(\sqrt{\frac{2}{N_0 T_s}}(\gamma + AT_s)\right) \tag{3.168}$$

因此，如圖 3.26 之說明，誤碼發生之機率應爲

$$P_e = P(\text{傳送 } A) \cdot P(n_k < \gamma - AT_s | \text{傳送 } A) + P(\text{傳送} -A) \cdot P(n_k \geq \gamma - AT | \text{傳送} -A) \tag{3.169}$$

其中 $P(\text{傳送 } A)$ 與 $P(\text{傳送} -A)$ 分別代表傳送 A 或 $-A$ 之機率。假設傳送 A 或 $-A$ 之機率分別爲 π_0 與 π_1，則綜合(3.165)與(3.168)可知

$$P_e = \pi_0 Q\left(\sqrt{\frac{2}{N_0 T_s}}(AT_s - \gamma)\right) + \pi_1 Q\left(\sqrt{\frac{2}{N_0 T_s}}(AT_s + \gamma)\right) \tag{3.170}$$

誤碼之機率與原始位元傳送之機率、雜訊之功率密度、訊號之振幅、積分之時間以及門檻值之選定有關。如果傳送機率均爲 1/2，則如欲誤碼率最低，門檻值應設定爲 $\gamma = 0$；此時誤碼率爲

$$P_e = Q\left(\sqrt{\frac{2A^2 T_s}{N_0}}\right) \tag{3.171}$$

於一符號寬內之訊號脈波能量或位元能量爲

$$E_s = E_b = \int_{t_k - T_s}^{t_k} A^2 dt = A^2 T_s \tag{3.172}$$

故誤碼率可表成

$$P_e = Q\left(\sqrt{2E_b / N_0}\right) \tag{3.173}$$

因此誤碼率與訊號之位元能量相對於雜訊密度比息息相關。

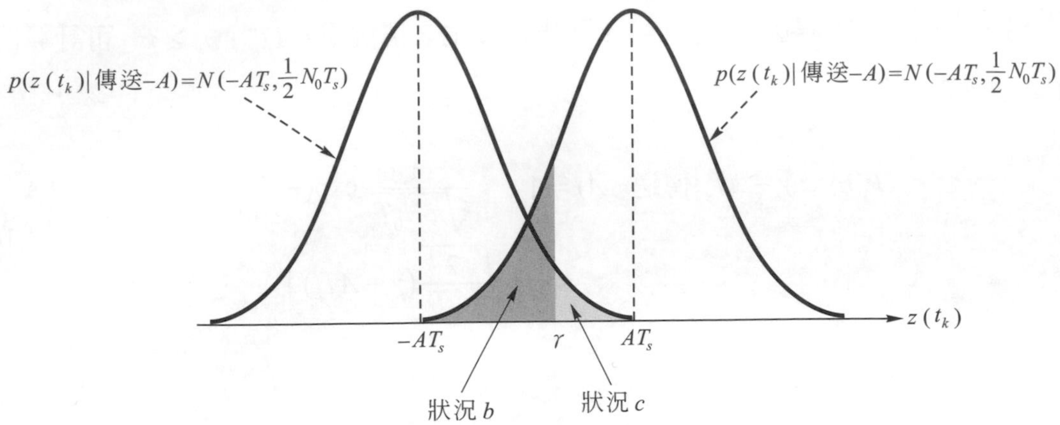

圖 3.26　誤碼率之計算

如果採用 Machester 脈波波形進行傳輸編碼，則圖 3.23 之接收架構並不適用，得進行修改。圖 3.27 為接收與偵測 Machester 脈波波形數位訊號之示意圖。原則上，積分、取樣與判斷之機制仍保留但於訊號接收端，$r(t)$ 先行與一參考脈波波形進行相乘後方送入積分與讀取裝置。於接收 Machester 脈波波形數位訊號時，接收機本身所產生之參考脈波波形亦為 Machester 脈波波形；此舉一般稱之為相關運算動作，而結合參考脈波波形產生器、乘法器、積分器與取樣讀取裝置之系統則稱之為相關器 (correlator)。相關器之設計會考慮所擬接收與偵測訊號之波形函數。採用相關器進行 Machester 脈波波形數位訊號之接收與偵測所得之誤碼率亦為

$$P_e = Q(\sqrt{2E_b / N_0}) \tag{3.174}$$

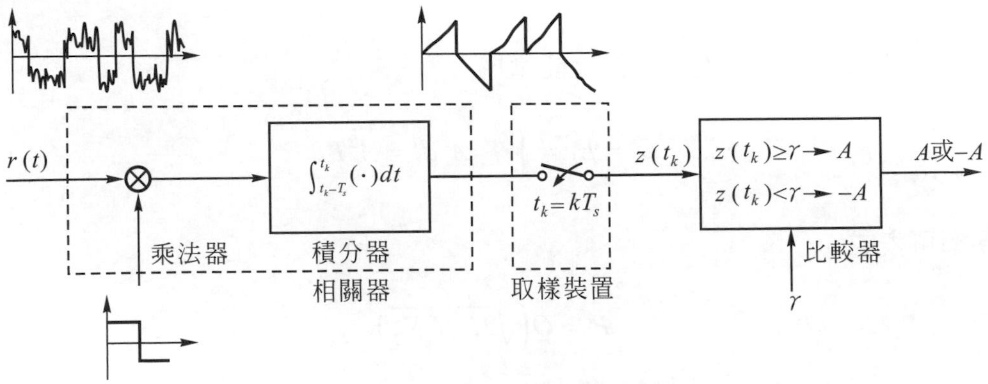

圖 3.27　利用相關器進行 Manchester 波形訊號之接收與偵測

以上有關 NRZ 與 Manchester 訊號之接收與誤碼率分析亦可推論至 RZ 訊號之接收與誤碼率分析。但是採用 RZ 訊號時，由於等效之積分時間僅爲符號寬之一半，故訊號之位元能量相對於雜訊密度比爲 NRZ 訊號之一半而所得之誤碼率爲

$$P_e = Q(\sqrt{E_b / N_0}) \tag{3.175}$$

由於 Q 函數爲一遞減函數，故 RZ 訊號之誤碼率高於 NRZ 或 Manchester 訊號。圖 3.28 顯示此些傳輸編碼之誤碼率隨 E_b / N_0 變化之情形。

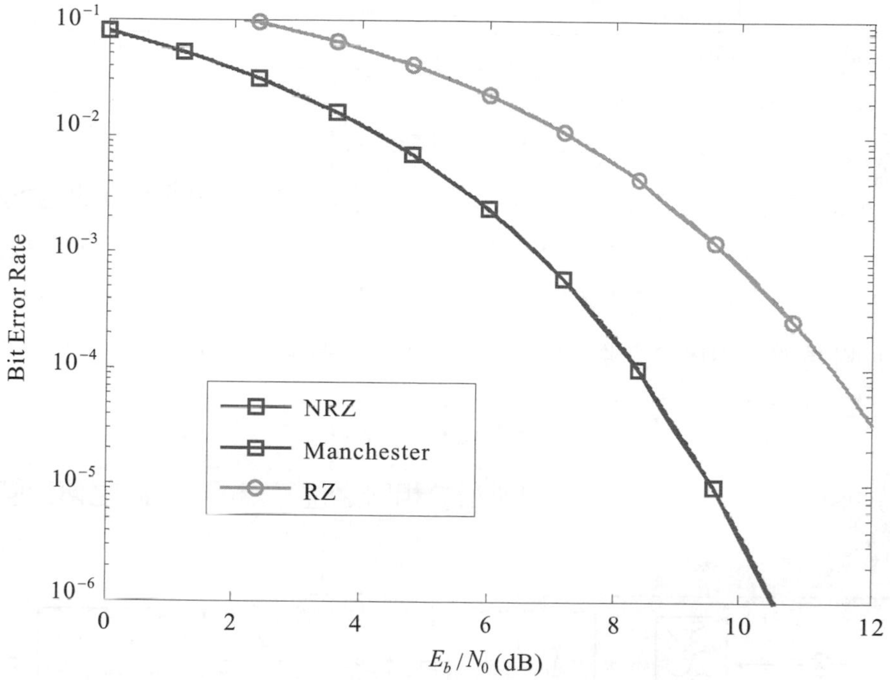

圖 3.28 傳輸編碼之誤碼率與 E_b / N_0 之關係

針對載波調變傳輸之誤碼率分析亦可沿用傳輸編碼訊號之分析方法。若採用 BPSK 調變則接收機將產生訊號並與輸入訊號進行相關運算如圖 3.29 所示。於一符號寬內，輸入之訊號與本地產生之訊號 $\sqrt{2}\cos(2\pi f_0 t)$ 相乘後送入一低通濾波器再經積分可得

$$\begin{aligned} z(t_k) &= \int_{t_k - T_s}^{t_k} r(t)\sqrt{\frac{2}{T_s}}\cos(2\pi f_0 t)dt \\ &= \int_{t_k - T_s}^{t_k} \pm 2\sqrt{\frac{E_s}{T_s}}\cos^2(2\pi f_0 t)dt + \int_{t_k - T_s}^{t_k} n(t)\sqrt{2}\cos(2\pi f_0 t)dt \\ &= \pm\sqrt{E_s T_s} + \int_{t_k - T_s}^{t_k} n(t)\sqrt{2}\cos(2\pi f_0 t)dt \end{aligned} \tag{3.176}$$

上式中雜訊成分 $\int_{t_k-T_s}^{t_k} n(t)\sqrt{2}\cos(2\pi f_0 t)dt$ 之期望值爲零且方差爲 $\frac{1}{2}N_0T_s$。若數位位元出現 0 與 1 之機率相同，於偵測 BPSK 訊號時，最佳之門檻值爲零。參照基帶傳輸有關誤碼率之推導可知 BPSK 訊號傳輸之誤碼率亦爲

$$P_e = Q(\sqrt{2E_b / N_0}) \tag{3.177}$$

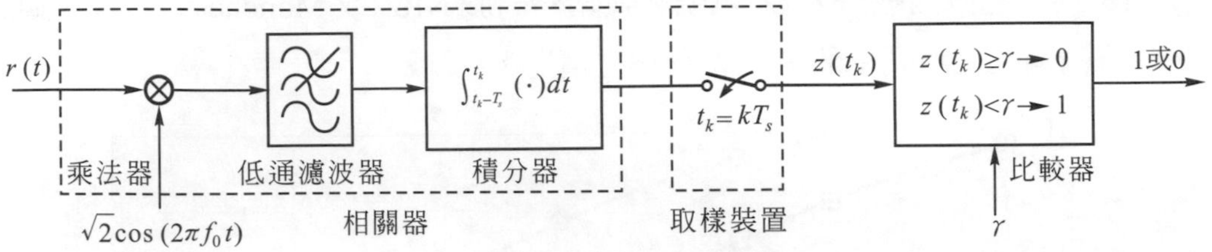

圖 3.29　BPSK 訊號之偵測

由於 QPSK 訊號之等效基帶包絡爲複數，故得進一步推廣圖 3.29 之 BPSK 訊號偵測器架構。於接收與偵測 QPSK 訊號時，接收機得產生同相與正交之載波分別爲 $\sqrt{2}\cos(2\pi f_0 t)$ 與 $-\sqrt{2}\sin(2\pi f_0 t)$ 然後進行相關處理，如圖 3.30 所示。QPSK 訊號之偵測可視爲兩個通道之 BPSK 訊號之偵測，故 QPSK 誤碼率與 BPSK 之誤碼率相同亦爲

$$P_e = Q(\sqrt{2E_b / N_0}) \tag{3.178}$$

QPSK 與 BPSK 之誤碼率雖然相同但是對於相同之位元率，QPSK 之傳送僅需 BPSK 之一半頻寬。

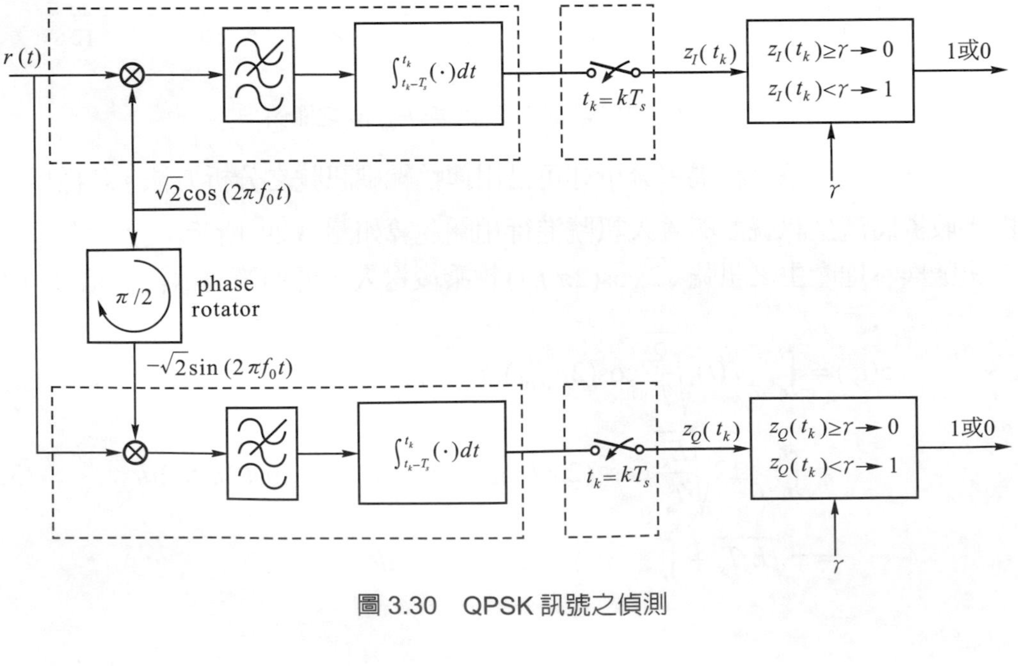

圖 3.30　QPSK 訊號之偵測

於分析與比較不同數位調變方法時，頻寬效率與功率效率(power efficiency)爲相當重要之指標。這主要肇因於頻率協調過程，將各發射源之頻寬與功率進行規範。功率效率代表爲完成特定誤碼率之傳送所需之 E_b/N_0 值。整體而言，採用 BPSK 調變相較於 ASK 或 FSK 有較優之功率效率。因此雖然 PSK 之頻寬效率並不如 QAM，但由於其良好的功率效率、簡單的調變與解調電路以及固定之振幅(星座形成一圓形)，使得 BPSK 與 QPSK 成爲 GNSS 訊號設計之最常見方式。

結語

本章之內容原則上整理一般訊號與系統、通訊系統和數位通訊等參考書之內容。GNSS 訊號藉由調變得以傳輸但調變技術之應用得考慮頻寬效率、功率效率及誤碼率之需求。要言之，由於通訊與導航訊號傳送過程受到雜訊與干擾之影響，再加上頻寬之限制，故得審慎選擇調變之方式與波形函數之設計。爲瞭解 GNSS 訊號之設計，本章將習見之訊號表示與轉換做一陳述並探討基帶與通帶訊號。有了此些基礎，下一章將進一步探討通聯分析與展頻通訊技術。

參考文獻說明

本章有關訊號、系統與通訊相關之說明實係參考與整理眾多文獻如[9] [11] [16] [133][157][169][230][231]。於文獻 [234]，可提供通訊系統實習之範例。

習題

1. 單位矩形脈波之零點間距頻寬爲 2/T，試計算此一訊號之 3dB 頻寬。

2. 高斯脈波訊號於時域之表示式爲

$$p_{gauss}(t) = \exp(-at^2), \quad a > 0$$

試計算此一訊號之傅立葉轉換並驗證此一傅立葉轉換亦爲高斯函數之型式。

3. 於傳送脈波時，脈波於時域與頻域之寬度均爲重要考量。一訊號 $p(t)$ 之時間寬度 W_t 可定義爲 $W_t = \dfrac{\int_{-\infty}^{\infty}(t-t_0)^2 p^2(t)dt}{\int_{-\infty}^{\infty}p^2(t)dt}$ 其中 t_0 相當於訊號於時域之重心滿足 $0 = \int_{-\infty}^{\infty}(t-t_0)p^2(t)dt$ ；而若 $P(f)$ 爲 $p(t)$ 之傅立葉轉換則頻率寬度之定義爲

$$W_f = \frac{\int_{-\infty}^{\infty} f^2 |p(f)|^2 df}{\int_{-\infty}^{\infty} |p(f)|^2 df}$$ 。應用 Parseval 定理驗證下列不等式。

$$W_t W_f \geq \frac{1}{4\pi}$$

4. 試計算高斯脈波訊號之時域寬度與頻域寬度。
5. 於傳輸編碼時，如欲利用最小之頻寬進行傳輸則所採用之脈波波形函數應為何？
6. 於選擇脈波波形進行傳輸時，有些系統採用上升餘弦脈波(raised cosine pulse)或根上升餘弦脈波(root raised cosine pulse)，試說明此二脈波之型式以及利用此二脈波之優點。
7. 試驗證公式(3.34)。
8. 考慮一具隨機相位之弦式訊號

$$V(t) = A\cos(2\pi f_0 t + \theta)$$

其中 f_0 為固定值而 θ 為均勻分佈於 π 與 $-\pi$ 間之隨機變量，其機率分佈函數為 $p(\theta) = \begin{cases} \frac{1}{2\pi}, & |\theta| \leq \pi \\ 0, & 其他 \end{cases}$ 。驗證此一隨機過程為 ergodic 過程。

9. 針對公式(3.127)之 ASK 調變，試計算 ASK 調變訊號之功率頻譜密度。比較 ASK 與 BPSK 之頻寬。
10. 試計算公式(3.128)FSK 訊號之功率頻譜密度並比較 FSK 與 BPSK 之頻寬。
11. 假設 $g(t)$ 為一於 0 與 T 間有值且能量為 E_g 之訊號且令 $n(t)$ 為一均值為零之白色雜訊且其雙邊功率頻譜密度為 $N_0/2$。若 $y = \frac{1}{T}\int_0^T n(t)g(t)dt$ ，試計算隨機變數 y 之平均值與方差。
12. 假設 $n(t)$ 為一廣義靜止、白色高斯過程其均值為零且雙邊功率頻譜密度為 $N_0/2$。若 $n(t)$ 為一理想低通濾波器之輸入而 $y_n(t)$ 為輸出。理想低通濾波器滿足。

$$H(f)=\begin{cases}1, & |f|\le B/2\\ 0, & \text{其他}\end{cases}$$

試計算 $y_n(t)$ 之功率密度函數、自我相關函數與功率。

13. 承接上題，若輸入 $x(t)$ 至理想低通濾波器而得到輸出 $y_x(t)$，其中 $x(t)$ 爲一廣義靜止之過程且其自我相關函數爲 $R_x(\tau)=A\cdot\exp(-\beta|\tau|)$。試計算輸入 $x(t)$ 與輸出 $y_x(t)$ 之功率頻譜密度函數。

14. 承上兩題，假設理想低通濾波器之輸入爲 $x(t)+n(t)$ 而輸出爲 $y_x(t)+y_n(t)$。試計算輸出訊號之功率與雜訊功率之比值。

15. 一濾波器之輸入爲訊號 $x(t)$ 與加成型式雜訊 $n(t)$ 之和。假設 $x(t)$ 之型式已知，僅於 0 與 T 之間有值且其傅立葉轉換爲 $X(f)$。另外，雜訊之功率頻譜密度爲 $S_n(f)$。如欲於 t_0 時間點於濾波器之輸出端偵測此一訊號，則要求輸出訊號之訊號雜訊比於 t_0 爲最大。試驗證最佳匹配濾波器(matched filter)之型式爲

$$H(f)=K\frac{X^*(f)}{S_n(f)}\exp(-j2\pi ft_0)$$

其中 K 爲一非零實數。

16. 承上題若雜訊 $n(t)$ 之功率頻譜密度爲 $S_n(f)=N_0/2$ 且訊號 $s(t)$ 之能量爲 $E_s=\int_{-\infty}^{\infty}s^2(t)dt$，試驗證輸出訊號雜訊比爲 $2E_s/N_0$。

17. 承上兩題若輸入訊號之波形爲矩形脈波，試確認積分與讀取動作實係匹配濾波器。

18. 試驗證公式(3.68)誤差函數與公式(3.166)Q 函數間具以下關係

$$Q(\mu)=\frac{1}{2}\left(1-\text{erf}\left(\frac{\mu}{\sqrt{2}}\right)\right)$$

19. 參考公式(3.170)，採用 NRZ 訊號進行基頻訊號傳送，若傳送 0 與 1 之機率分別爲 π_0 與 π_1，則最佳之門檻值 γ 應如何設定？此時所對應之誤碼率爲何？

20. 對於二進位位元之傳輸，試驗證 ASK 與 FSK 之誤碼率爲 $P_e=Q(\sqrt{E_b/N_0})$。

Chapter 4

通聯與展頻技術

Link and Spread Spectrum Techniques

於通訊系統設計時，如前一章所述，一般注重的指標爲頻寬效率與功率效率。但是於一些特定通訊應用需求抗干擾、避免被偵測、工作在低訊號雜訊比狀況、測距以及分享，採用較寬頻寬進行傳輸或所謂展頻(spread spectrum)技術爲滿足此些需求之一種作法。簡而言之，展頻技術主要是利用比訊號頻寬更寬之頻寬進行傳輸。明顯地，採用一較寬之頻寬以傳送一窄頻寬之訊號，在頻寬使用上是不經濟的，但是如此也降低了被干擾的可能。展頻技術之發展早期是由於軍事或保密通訊之需求；但是由於此一技術可提供抗干擾、共享與測距之功能，故近年來廣泛應用於無線網路與行動通訊。對於衛星導航，展頻技術並不是一個偶然而是一個必然。本章第一節說明通聯分析之技術並應用此一分析 GNSS 系統之通聯狀況。地面之接收機所接收到來自 GNSS 衛星之訊號相當微弱，而且訊雜比(signal to noise ratio, S/N)亦相當低，故得仰賴較新穎之展頻調變技術以彌補此一限制。展頻技術爲前一章數位調變技術之延伸，主要作法爲於傳送過程額外增加一展頻電碼調變，以使訊號傳送之頻寬遠大於實際資訊所需之頻寬。由於傳送之頻寬較寬，故於接收過程可以將分散於較寬頻段之訊號成分收集並克服雜訊之影響。有關展頻技術之作法將於第二節加以說明。於展頻通訊與導航系統中，展頻電碼(spreading code)爲整體系統之關鍵。第三節針對展頻電碼之特性、構成與設計加以說明。本章第四節進一步說明近代 GNSS 所採用之雙偏置載波(binary offset carrier, BOC)調變之作法與性質。

4.1 通聯損益分析

衛星導航訊號利用無線電波將訊號由導航衛星傳送至接收機，於建立此一訊號通聯之過程有必要進行通聯損益分析(link budget analysis)以確定訊號得以穩定地接收。通聯分析主要建立發射機、接收機與傳輸環境參數間之關係。所有通訊與導航系統於建置之前得進行通聯分析做爲設計之依據。

4.1.1 無線電波與天線

無線電磁波如前一章所述，是由電場與磁場交互作用而生成的。電磁波之電場方向爲其偏極化方向(polarization)。依電場方向之不同，電磁波可歸類成水平偏極化(horizontal polarization)、垂直偏極化(vertical polarization)、圓形偏極化(circular polarization)等。水平偏極化代表電場方向是水平的，垂直偏極化波之電場是垂直的，圓形偏極化一般表示電場之方向沿行進方向旋轉且強度維持不變。依旋轉之方向之不同又可區分為右旋圓形偏極化(right-handed circular polarization, RHCP)與左旋圓形偏極化(left-handed circular polarization)。如果電場之強度會因方向之不同而變化則為橢圓形偏極化(elliptical polarization)。在訊號接收時，如欲得最大強度就得採取與電波具相同偏極化之天線。對於 GNSS 而言，目前一般採用右旋圓形偏極化之方式傳送訊號。因此，一般之接收機亦採用右旋圓形偏極化之天線以進行接收。

天線為無線通訊與導航必備之裝置，主要用以輻射訊號與接收訊號。天線之參數包含孔徑(aperture)、增益(gain)、效率(efficiency)、指向性(directivity)、波束寬(beamwidth)等；這其中，增益為最重要之參數。天線之增益可依下式計算

$$G = \eta \frac{4\pi A}{\lambda^2} \tag{4.1}$$

其中 A 為天線孔徑，η 為效率而 λ 為無線電波之波長。天線孔徑與天線之尺寸有關，對於一碟型天線而言，孔徑相當於碟面之大小；效率則與天線材質與製作有關。明顯地，天線之孔徑愈大則可接收/發射愈大功率；同時，效率愈高則效果愈佳。天線之增益同時與波長有關。天線增益並沒有單位，若以分貝值表示則為

$$[G] = 10 \cdot \log_{10} G = 10 \cdot \log_{10}\left(\eta \frac{4\pi A}{\lambda^2}\right) \tag{4.2}$$

如果 G 之值為 2 則其分貝值$[G]$為 3dBi；如果 G 之值為 100 則其分貝值為 20dBi。此一分貝值之單位為 dBi，為相較於無指向性(isotropic)天線增益之分貝值。所謂無指向性天線係指天線沿各方向所輻射之能量均相同，如同球形擴散一樣。但是於通訊導航應用，一般希望將發射天線之輻射能量聚焦集中至接收機方向；如此造成天線增益會隨方位角與俯仰角不同而有所不同也就是所謂的指向性。實際上，天線並沒有放大功率，只是將輻射之功率集中至所設定之方向。圖 4.1 顯示一典型天線增益隨方位不同之變化。天線所輻射之訊號集中於主波束(main lobe)而所謂波束寬以θ_{3dB}表示一般定義為增益與最大增益差 3dB 所涵蓋之角度。指向性天線除了有主波束外往往另外有數個旁波束(side lobes)。於衛星導航應用，天線之實現方式有相當多種。導航衛星之天線一般利用一天線陣列(antenna array)以取得較高之增益與波束控制。由於 GNSS 訊號採用圓形偏極化故各發射天線一般為螺旋型天線(helical antenna)並具高指向性。相對而言，接收天線之設計一般期望可接收來自天空各方位與仰角之衛星訊號，故接收天線之主波束較寬。

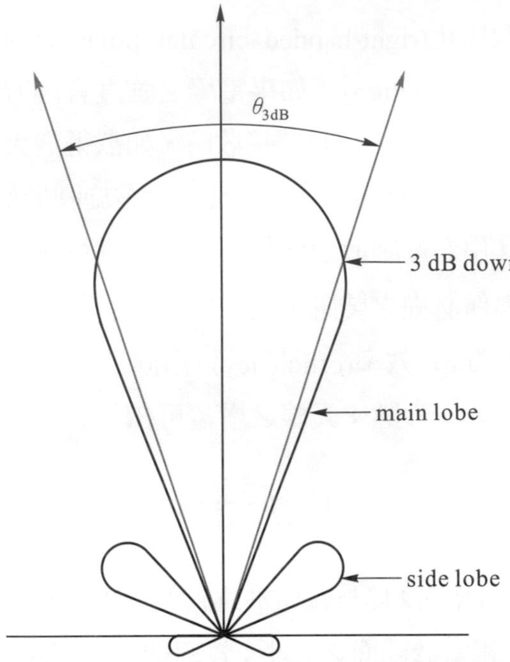

圖 4.1　天線增益與波束寬

4.1.2　通聯

GNSS 利用無線電波將導航訊號由衛星傳送至用戶。由於無線電波之訊號強度會隨傳送距離之增加而減弱，故有必要進行通聯損益分析，以確保接收機可穩定地接收到來自衛星之訊號。通聯分析根據通訊系統之發射機、接收機與傳輸通道之重要參數如發射功率、載波頻率、頻寬、雜訊指數(noise figure)、天線增益、雜訊溫度與要求之訊雜比探討是否可以順利完成通聯。此一分析於給定發射機與接收機參數後，可用以估算傳輸之距離與性能；另一方面，於設定頻率與距離後，可用以提供發射機和接收機設計之參考。

令發射機所發射之功率為 P_T 且發射天線增益為 G_T，則所發射之有效全向發射功率(effective isotropic radiated power, EIRP)為發射機功率與發射天線增益之乘積：

$$\mathrm{EIRP} = P_{\mathrm{EIRP}} = P_T \cdot G_T \tag{4.3}$$

由於通訊系統之設計與天線之安排，一般均期望可以將發射訊號之波束集中至接收天線，故於分析過程可因此視發射源以 EIRP 之功率採無指向性天線傳送。

無線電波由天線發射出後，會輻射至空間中。如圖 4.2 所示，於離發射天線距離爲 d 之地點其功率通量密度(power flux density)爲

$$\text{功率通量密度} = \frac{P_{\text{EIRP}}}{4\pi d^2} \tag{4.4}$$

其中 $4\pi d^2$ 爲一半徑爲 d 之球表面積。若接收器天線之有效口徑爲 A_R 而效率爲 η，則所接收之功率爲

$$P_R = \left(\frac{P_{\text{EIRP}}}{4\pi d^2}\right) \cdot A_R \cdot \eta \tag{4.5}$$

令 G_R 爲接收天線之增益則利用(4.2)可知接收功率與傳送功率之關係可表成

$$P_R = P_T G_T G_R \left(\frac{\lambda}{4\pi d}\right)^2 \tag{4.6}$$

其中 $\left(\frac{4\pi d}{\lambda}\right)^2$ 爲路徑損耗(path loss)或空間損耗，代表發射電波散溢至接收天線無法接收到範圍所造成之散溢損耗(spreading loss)。若以 L_p 表示路徑損耗則 $P_R = P_T G_T G_R / L_p$。由(4.6)可知，接收功率是發射功率、天線增益及路徑損耗之函數。若以 dB 值表之，則得

$$[P_R] = [P_T] + [G_T] + [G_R] - 20 \cdot \log_{10}\left(\frac{4\pi d}{\lambda}\right) \tag{4.7}$$

或

$$[P_R] = [P_T] + [G_T] + [G_R] - [L_p] \tag{4.8}$$

路徑損耗之 dB 值爲 $[L_p] = 10\log_{10}\left(\frac{4\pi d}{\lambda}\right)^2 = 20\log_{10}\left(\frac{4\pi d}{\lambda}\right)$。若 d 與 f 之單位分別爲 km 與 GHz，則

$$[L_p] = 92.44 + 20 \cdot \log_{10} d_{[\text{km}]} + 20 \cdot \log_{10} f_{[\text{GHz}]} \tag{4.9}$$

由(4.9)可知，電磁波於空間傳送之路徑損耗與頻率之平方和距離之平方均成正比關係。當頻率加倍時，損耗將增加 6dB；當距離加倍時，損耗亦增加 6dB。相同發射強度之訊號，若波長愈長或頻率愈低，其傳送距離可增大；但另一方面，低頻的訊號由

於波長越長，天線之尺寸也相對變大。如果沒法實現一相當尺寸之天線，則會造成傳送/接收之匹配損耗。因此在導航與通訊用上，得依距離及操作考量，慎選頻率與設定功率。

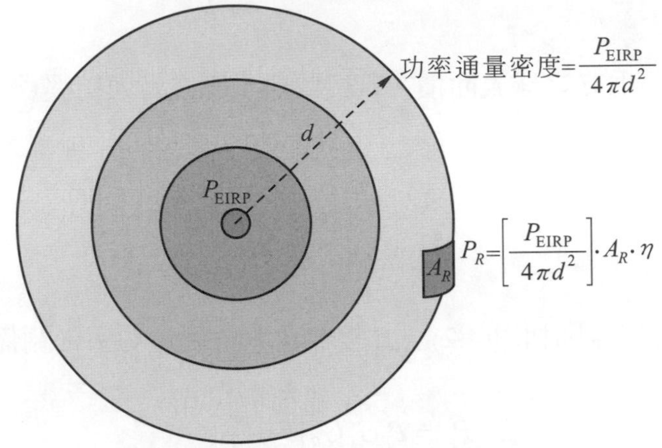

圖 4.2　功率通量密度與接收功率

衛星導航訊號由位於中地軌道或同步軌道之衛星傳送至地面用戶之過程中，無線電波會穿過電離層與對流層。對流層由地表延伸至數十公里之高空而電離層大約位於離地表 80 至 1000 公里之高度。此二者會造成無線電波之衰減與漫射也引發額外之損耗；此一由大氣所造成之損耗以 L_a 表示。除此之外，由於發射裝置與接收裝置設計或安裝之不當亦會有其他損耗。例如，若天線沒有對準，則最大之功率無法傳出或收到；如此造成了指向損耗 L_θ。發射機和接收機之接頭與電纜也會引起饋入損耗 L_f。有時極化之不匹配會造成極化損耗 $L_{\|}$。另外尚有法拉弟旋轉(Faraday rotation)損耗、雨衰損耗、多路徑效應、人爲因素等等。因此，接收訊號之載波功率應改寫成

$$[P_R]=[P_T]+[G_T]+[G_R]-[L_p]-[L_a]-[L_\theta]-[L_f]-[L_{\|}]-\cdots \tag{4.10}$$

但是對於衛星通訊或導航，路徑損耗是最重要之損耗，也因此(4.8)基本上仍適用。

在考慮訊號傳送與接收之功率通聯損益時，除了推算路徑損耗外，另得留意接收器之雜訊。由於來自衛星之訊號相當微弱，故雜訊之影響不容忽視。如果接收器之雜訊強度高於或近於訊號之強度，會造成訊號接收之困難。因此傳統的電波通信與導航均要求良好的訊號雜訊比或訊雜比，定義爲

$$\text{S/N}=\text{SNR}=\frac{P_S}{P_N} \tag{4.11}$$

其中 P_S 代表訊號之功率而 P_N 代表雜訊之功率。雜訊的成份可能來自傳送之媒介如大氣之影響，其他訊號之干擾，亦有可能源於接收器之熱雜訊(thermal noise)。熱雜訊的計算公式爲

$$P_N = \kappa T B \tag{4.12}$$

其中 κ 爲波茲曼(Boltzmann's)常數，其數值爲 $\kappa = 1.3806 \times 10^{-23}$ J/K，T 代表等效雜訊之絕對溫度(equivalent temperature)而 B 則爲接收訊號之頻寬。若以 dBW 表示，

$$[P_N] = -228.6 + 10 \cdot \log_{10} T + 10 \cdot \log_{10} B \tag{4.13}$$

雜訊密度 N_0 爲功率除以頻寬之值，即

$$N_0 = \kappa T \tag{4.14}$$

代表單位頻寬之雜訊功率。

載波功率相較於雜訊功率之比值(carrier to noise ratio) $[C/N]$ 或載波功率相較於雜訊功率密度之比值(carrier to noise density ratio) $[C/N_0]$， 一般適用於類比傳輸之分析。對於數位傳輸一般改以位元能量相較於雜訊密度之比值 $[E_b/N_0]$ 表示。假設傳輸之位元率爲 R_b，則位元能量可表示成 $E_b = C/R$，因此

$$[E_b] = [C] - [R_b] \tag{4.15}$$

另外 $[E_b/N_0]$ 與 $[C/N]$ 之關係爲

$$[E_b / N_0] = [C / N] + [B] - [R_b] \tag{4.16}$$

如前所述，接收之載波雜訊比會隨雜訊之程度而異。於計算雜訊功率時除了考慮環境之影響外，另得考慮接收機所產生之雜訊。以圖 4.3 之典型放大器電路爲例，假設此一放大器之功率增益爲 $G\,(G>1)$，則輸入端之訊號功率 S_{in} 與輸出端之訊號功率 S_{out} 間之關係爲 $S_{out} = GS_{in}$。如果 N_{in} 與 N_{out} 分別爲輸入端與輸出端之雜訊功率，則

$$N_{out} = GN_{in} + GN_{add} \tag{4.17}$$

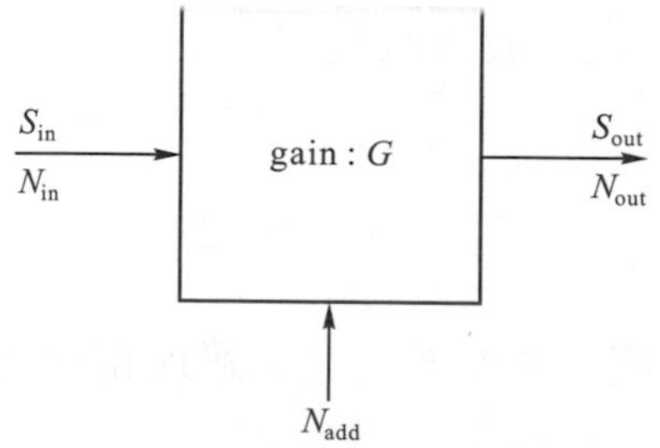

圖 4.3　放大電路與訊雜比關係

此處 N_{add} 爲放大器本身之雜訊功率。因此如果訊號之接收與偵測於輸出端進行，則於通聯分析時得考慮放大器雜訊之影響。對任一裝置而言，雜訊因子(noise factor)或雜訊指數之定義爲輸入端訊雜比與輸出端訊雜比之比值。有些文獻定義雜訊指數爲雜訊因子之分貝值，但此處不予區別。令 SNR_{in} 與 SNR_{out} 分別爲輸入端與輸出端之訊雜比，則雜訊指數爲

$$F=\frac{\mathrm{SNR}_{in}}{\mathrm{SNR}_{out}} \tag{4.18}$$

以分貝表示則爲

$$[F]=10\cdot\log_{10}\left(\frac{\mathrm{SNR}_{in}}{\mathrm{SNR}_{out}}\right)=[\mathrm{SNR}_{in}]-[\mathrm{SNR}_{out}] \tag{4.19}$$

此一指數可因此說明一元件受到雜訊影響以致最終訊雜比之惡化程度。以圖 4.3 之放大器爲例，此一裝置之雜訊指數爲

$$F=\frac{S_{in}/N_{in}}{S_{out}/N_{out}}=1+\frac{N_{add}}{N_{in}} \tag{4.20}$$

所以除非內部雜訊爲零，主動元件之雜訊指數大於 1，且若內部雜訊相較於輸入端雜訊愈大，則雜訊指數愈大。對於被動元件(如電纜)而言，雜訊指數相當於損耗值 $L=1/G$，故雜訊指數亦大於 1。由於雜訊功率與溫度有關，若令 T_{in} 與 T_E 分別爲輸入端之溫度與內部雜訊之有效溫度(effective temperature)則 $N_{in}=\kappa T_{in}B$ 且 $N_{add}=\kappa T_E B$，方程式(4.25)可因此改寫爲

$$F=1+\frac{T_E}{T_{in}} \tag{4.21}$$

習慣上，若沒有額外聲明 T_{in} 則一般可假設其爲室溫，即 $T_{in}=290\mathrm{K}$；如此雜訊指數與有效溫度 T_E 之關係爲

$$T_E=(F-1)\times 290 \tag{4.22}$$

當雜訊指數太大時，有效溫度升高而系統之訊雜比相對而言變差。

於訊號接收過程，由天線接收之訊號往往經過數級之放大、濾波與混頻動作方進行偵測。於通聯分析計算載波雜訊密度時，得考慮接收裝置各級之設計，此時得引用系統有效溫度進行雜訊之計算。今考慮如圖 4.4 之接收系統由二級裝置串聯而成，各級裝置之放大增益、雜訊因子與有效輸入溫度分如圖 4.4 所示。此時若計算最後一級輸出之訊號功率可得

$$S_3 = G_3 G_2 G_1 S_{ant} \tag{4.23}$$

其中 S_{out} 代表天線端之訊號功率。因此整個接收系統之增益爲各級增益之乘積：

$$G_S = G_3 G_2 G_1 \tag{4.24}$$

由於雜訊密度與溫度有關，故於分析雜訊時可以有效溫度來代表。若 T_{out} 爲天線之雜訊溫度則於天線端之雜訊密度爲 κT_{out}。若系統之頻寬爲 B，最後一級輸出之雜訊功率可計算爲

$$\begin{aligned} N_3 &= G_3(\kappa T_{E3}B + G_2(\kappa T_{E2}B + G_1(\kappa T_{ant}B + \kappa T_{E1}B))) \\ &= G_3 G_2 G_1 \kappa (T_{ant} + T_{E1} + \frac{T_{E2}}{G_1} + \frac{T_{E3}}{G_2 G_1})B \end{aligned} \tag{4.25}$$

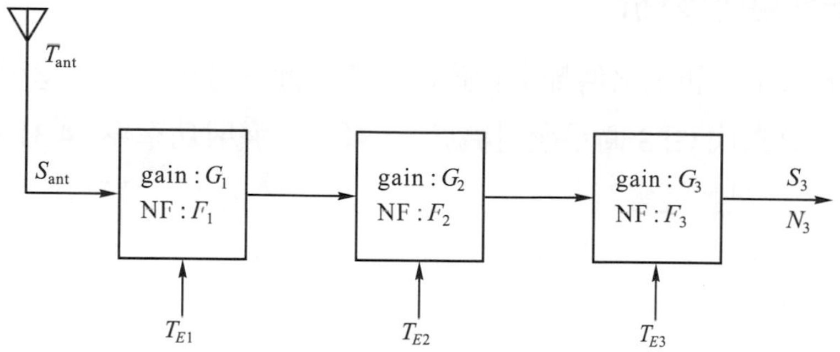

圖 4.4　三級串聯電路

因此，系統之整體有效溫度爲

$$T_S = T_{ant} + T_{E1} + \frac{T_{E2}}{G_1} + \frac{T_{E3}}{G_2 G_1} \tag{4.26}$$

所以接收機之訊雜比應爲

$$\frac{S_3}{N_3} = \frac{S_{ant}}{\kappa T_S B} \tag{4.27}$$

而非於天線端之訊雜比 $S_{art}/(\kappa T_{ant}B)$。由於 T_S 較 T_{ant} 爲高故接收機之訊雜比低於天線端之訊雜比。若沿用相似之計算，整個接收裝置之雜訊指數爲

$$F_S = F_1 + \frac{F_2 - 1}{G_1} + \frac{F_3 - 1}{G_2 G_1} \tag{4.28}$$

雜訊指數會影響前述通聯損益分析之方程式。對於熱雜訊功率之計算，應由(4.12)修正爲

$$P_N = \kappa TBF \tag{4.29}$$

若以 dBW 表示系統之雜訊水平(noise floor)，則(4.13)應修正爲

$$[P_N] = -228.6 + [T] + [B] + [F] \tag{4.30}$$

由上述分析同時可知，於接收機第一級裝置之雜訊指數扮演相當重要角色。因此一般設計上均於第一級採用低雜訊放大器(low noise amplifier, LNA)以放大訊號且不惡化訊雜比。若天線與低雜訊放大器間之纜線過長則不僅訊號衰減，雜訊之影響亦隨之加劇。

4.1.3 GPS 通聯分析

以下將針對 GPS 訊號之傳輸進行通聯分析。此一分析當然亦適用於其他 GNSS 與 RNSS 訊號。第二代 GPS 衛星發射機於 L1 頻段之發射功率爲 14.31 dBW 相當於實際功率 27W，此一訊號經發射天線傳送至地球。由於 GPS 之定位服務涵蓋全球，故得考慮不同仰角之用戶。GPS 衛星位於 20200 公里之高空，若接收機於地表則可以利用(2.38)計算於不同仰角時，接收機與衛星間之距離。由於 L1 之頻率爲 1.57542 GHz，故可隨之利用(4.9)計算路徑損耗。表 4.1 顯示於地球表面不同仰角與衛星之距離與路徑損耗。對於 GPS L1 訊號，此一路徑損耗介於 182.5 dB 與 184.5 dB 之間。由於天底(nadir)位置之路徑較短、損耗較小而低仰角位置路徑較長、損耗較大，若發射天線之主波束集中於天底方向將迫使不同仰角之用戶有相當大之接收訊號強度變化。爲了取得較均勻之涵蓋，GPS 系統針對增益場型進行設計以彌補距離與損耗之差異。此一設計如圖 4.5 所示將天底之增益下修而將中仰角之增益提升；如此地面不同仰角之用戶所接收到之訊號強度不會隨仰角變動而有太大變化。表 4.1 復針對不同仰角之 GPS L1 C/ A 碼訊號接收之通聯損益分析。此處考慮低仰角(5 度)、中仰角(40 度)與高仰角(90

度)之情形。由於發射天線之不同，EIRP 值有所差異，但由於中仰角方向之損耗較高仰角大故當訊號傳送到地面時之功率通量密度變動幅度相對減少。若用戶採用一典型之天線則所接收之載波功率如表 4.1 所示介於 –154 dBW 與 –162 dBW 之間。根據 GPS 介面文件，於地表 5 度仰角以上則最低接收功率應為–158.5 dBW 以上。此一通聯分析基本上與 GPS 介面文件一致。若接收訊號之功率為 –158.5 dBW，其功率之實際值為 1.41×10^{-16} W 或 0.000000000000000141 W，所以接收到之 GPS 訊號相當地微弱。

表 4.1　GPS 通聯分析

	低仰角	中仰角	高仰角(天頂)
發射機功率	14.31 dBW	14.31 dBW	14.31 dBW
發射天線增益	12.1 dB	12.9 dB	10.2 dB
EIRP	26.41 dBW	27.21 dBW	24.51 dBW
傳送距離	25252 km	22025 km	20200 km
路徑損耗	184.44 dB	183.25 dB	182.5 dB
功率通量密度	-132.63 dBW/m^2	-130.64 dBW/m^2	-132.59 dBW/m^2
載波接收功率 (採用無指向性天線)	-158.03 dBW	-156.04 dBW	-157.99 dBW
接收天線增益	-4 dBi	2 dBi	4 dBi
載波接收功率	-162.06 dBW	-154.04 dBW	-153.99 dBW

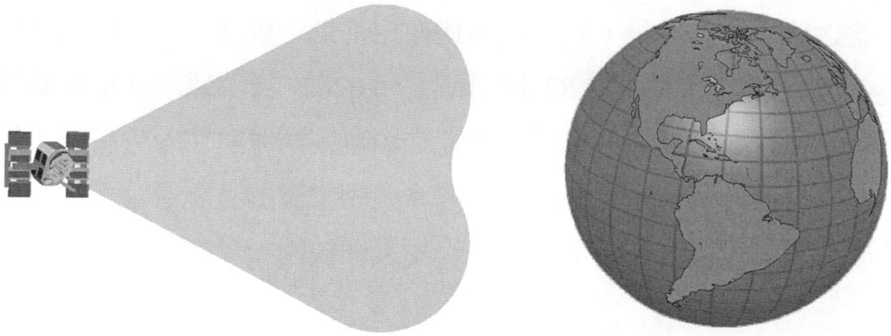

圖 4.5　GPS 天線增益場型

於分析 GPS 訊號之通聯時得同時探討雜訊之影響。若瞭解接收環境以及接收機各級之雜訊溫度，則可以計算出有效之系統溫度進而得知雜訊頻譜密度。圖 4.6 為典型 GPS 接收機前端各級之安排，由天線、電纜、濾波器、低雜訊放大器、混頻器與中級放大器構成；這其中電纜與濾波器為被動裝置而放大器與混頻器為主動裝置。由於電纜與濾波器為被動裝置，故其雜訊指數等於電纜與濾波器之損耗，相

當於 $F_1=1/G_1=1.25$。考慮於室溫下之接收，根據(4.27)各級之有效雜訊溫度分別爲 $T_{E1}=(F_1-1)\cdot 290=72.5\,\mathrm{K}$，$T_{E2}=(F_2-1)\cdot 290=290\,\mathrm{K}$，$T_{E3}=580\,\mathrm{K}$ 與 $T_{E4}=1160\,\mathrm{K}$。因此系統之有效溫度爲

$$T_S=T_{ant}+T_{E1}+\frac{T_{E2}}{G_1}+\frac{T_{E3}}{G_1G_2}+\frac{T_{E4}}{G_1G_2G_3}=551.92\ \mathrm{K} \quad (4.31)$$

接收機之雜訊頻譜密度因此爲

$$N_0=10\cdot\log_{10}(\kappa T_S)=-201.18\ \mathrm{dBW/Hz} \quad (4.32)$$

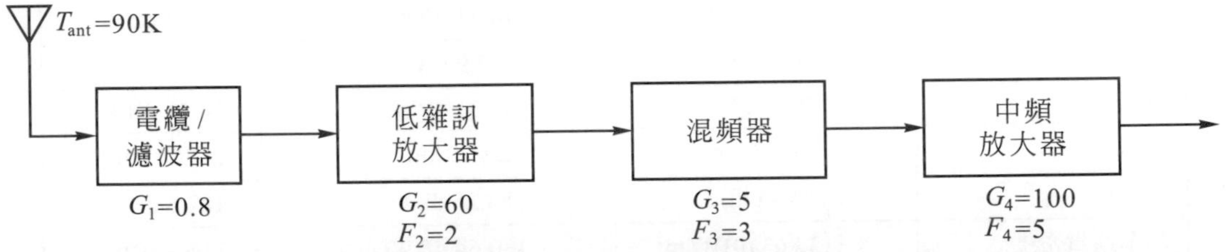

圖 4.6 典型 GPS 接收機之前端安排

根據上述有關 GPS 訊號與雜訊之分析，可隨之計算載波雜訊密度比與載波雜訊比，如表 4.2 所示。對於 GPS 訊號之接收，若僅接收 C/A 碼則一般可採用 2MHz 之頻寬但若擬接收 P(Y)電碼則得有 20MHz 之頻寬。由此一分析可知，於地表所接收之 GPS 訊號不僅訊號之功率相當微弱，載波雜訊比亦相當低。以高仰角之接收爲例，若採用 2MHz 頻寬，其載波雜訊比爲 −15.82 dB 相當於 0.0262，表示雜訊功率比載波訊號功率高將近 38.19 倍。若處於低仰角或採用更寬之頻寬，則雜訊功率更將遠大於載波訊號功率。因此根據通聯分析可知 GNSS 訊號基本上相當微弱且訊號遠低於雜訊，故得思考訊號設計以克服先天之限制。下一節將介紹展頻技術，可有效地克服訊號微弱之限制。

表 4.2 GPS 通聯分析之載波雜訊比

	低仰角	中仰角	高仰角
載波接收功率 (C)	−162.03 dBW	−154.04 dBW	−153.99 dBW
雜訊頻譜密度 (N_0)	−201.18 dBW/Hz	−201.18 dBW/Hz	−201.18 dBW/Hz
載波雜訊密度比 (C/N_0)	39.15 dB Hz	47.14 dB Hz	47.19 dB Hz
頻寬爲 2 MHz 之載波雜訊比 (C/N)	−23.86 dB	−15.87 dB	−15.82 dB
頻寬爲 20 MHz 之載波雜訊比 (C/N)	−33.86 dB	−25.87 dB	−25.82 dB

4.2 展頻系統

展頻系統之構成條件有二，其一係傳送訊號之頻寬遠大於原始訊號之頻寬，其二則為傳送訊號之頻寬與原始訊號之內容無關。對於 GNSS 訊號之接收，採用展頻技術確實可以克服長途路徑損耗所造成之低訊雜比現象。展頻技術之所以可以用以克服低訊雜比之限制，主要是因為功率可視為功率密度與頻寬之乘積，當功率密度或訊雜比相當低時，若可以應用較寬之頻寬則仍可獲得所期望之訊號功率。展頻技術之發展有許多誘因，除了因應衛星通訊與導航之低訊雜比議題外，尚包含較佳之干擾抑制能力、較不易被偵測或截聽、較優良之測距性能以及具有共享(multiple access)之功能。對於干擾之抑制議題，一般無線電之干擾源均藉由強大之發射機於設定之頻率發射，期能促使接收機於接收過程訊號功率低於干擾功率。但是一發射機之功率與頻寬均無法無限上綱之增加，一般而言，強大功率之發射機其頻率相當窄，而寬頻之干擾器其發射之功率無法太大。展頻系統主要將所擬傳送訊息進行特定編排，以分散於寬頻之通道傳送；縱使某一頻段受到干擾影響，接收機仍可以利用其他未受干擾影響頻段所收到之訊號重建原始訊息。對於無線電波之偵測或截聽一般會監測特定頻段之能量密度：將所接收之訊號經濾波後加以平方後進行積分並與門檻值比較。如果訊號之強度低於雜訊，則此一訊號將無法利用前述方法偵測也因此沒有被截聽之危險。由於具有抗干擾與難偵測之特性，展頻系統因此廣泛應用於軍事和保密通訊系統。對於衛星導航系統而言，採用展頻技術除了有上述克服低雜訊比、抗干擾與難偵測之優點外，最主要的係展頻系統提供良好之測距與共享。於數位傳輸，數位脈波之上升時間(或時間常數)與頻寬近乎反比之關係。若訊號頻寬愈寬則數位脈波之上升時間愈小，也意謂時間差之量測可以更精準。GNSS 之測距主要利用精確測量訊號由衛星發射機傳送至接收機之時間差以推算距離並據以定位，故頻寬增加與測距精準有利於提升定位精度。共享之需求主要是接收機得同時接收到來自四顆以上衛星之訊號，方得以進行定位導航與授時。當接收機同時接收到多顆衛星之訊號時，應有能力分辨出各訊號之來源以分別進行測距。展頻系統應用分碼共享(code division multiple access, CDMA)之機制以達到共享之目的。

4.2.1 展頻調變

相較於前一章所說明之數位調變，展頻調變訊號之產生主要額外引用一展頻波形進行調變爲之。以下以 BPSK 調變來說明展頻調變之作法。BPSK 訊號如 3.3.4 節之說明可利用平衡式調變器產生，其訊號之表示式爲

$$\sqrt{2P}d(t)\cos(2\pi f_0 t) \tag{4.33}$$

其中 P 爲訊號功率、f_0 爲載波頻率而 $d(t)$ 代表 ±1 之數位資料。若數位訊號之位元寬爲 T_b 或位元率爲 $R_b=1/T_b$，則此一 BPSK 訊號之功率頻譜密度爲

$$\frac{1}{2}PT_b\left[\operatorname{sinc}^2((f-f_0)T_b)+\operatorname{sinc}^2((f+f_0)T_b)\right] \tag{4.34}$$

於載波 f_0 附近此一功率頻譜密度之峰值爲 $PT_b/2$ 且零點間距頻寬爲 $2/T_b$。展頻調變之 BPSK 訊號可利用圖 4.7 之方式產生：將前述經資料調變後之訊號利用一展頻電碼波形進行 BPSK 電碼調變。若展頻電碼波形 $g(t)$ 之值亦爲 ±1，則所得之展頻調變 BPSK 訊號之表示式爲

$$\sqrt{2P}g(t)d(t)\cos(2\pi f_0 t) \tag{4.35}$$

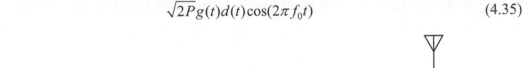

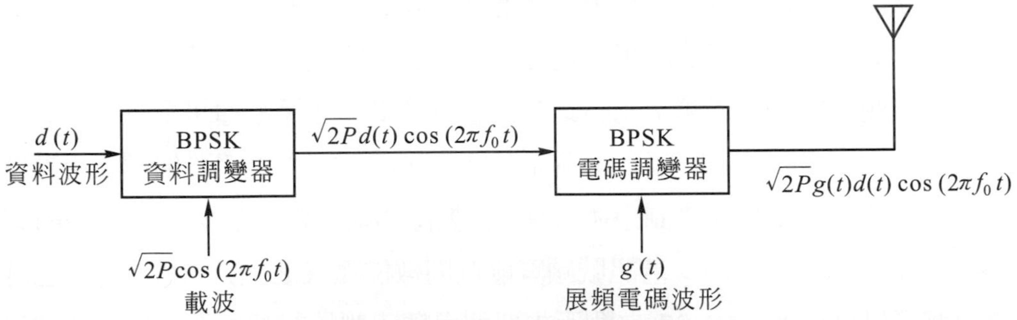

圖 4.7 展頻調變之示意

實際應用上，由於資料與電碼均爲數位訊號可以先行將二者結合後，方透過載波進行 BPSK 調變如圖 4.8 所示。令展頻電碼波形 $g(t)$ 之碼寬 T_c 而其碼率爲 $R_c=1/T_c$。展頻電碼波形 $g(t)$ 一般利用一展頻電碼產生器產生一具所需性質之電碼，再藉由波形函數(pulse shaping)以形成展頻電碼波形。若 $\{g_k\}$ 爲電碼而波形函數選定爲單位矩形脈波則 $g(t)$ 之表示式爲

$$g(t)=\sum_k g_k p_{T_c}(t-kT_c) \tag{4.36}$$

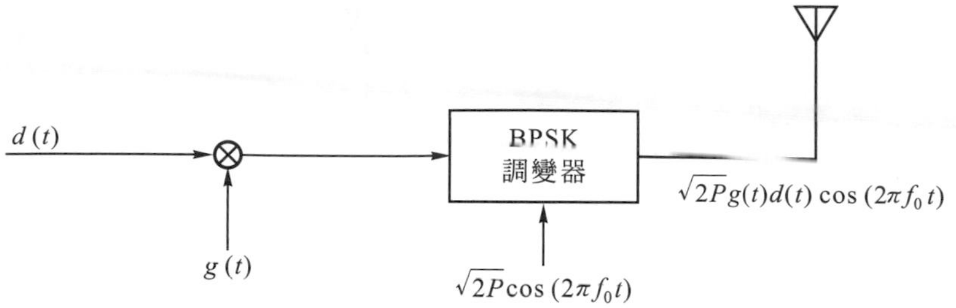

圖 4.8　展頻調變之方式

圖 4.9 為展頻調變 BPSK 訊號波形之示意圖。此一訊號之設計一般令資料位元之變化與展頻電碼之變化於同一時刻發生。同時，T_c 遠小於 T_b 故 $g(t)d(t)$ 較 $d(t)$ 有更頻繁之變化，頻率因此得以擴展。展頻調變 BPSK 訊號之功率頻譜密度為

$$\frac{1}{2}PT_c\left[\operatorname{sinc}^2((f-f_0)T_c)+\operatorname{sinc}^2((f+f_0)T_c)\right] \tag{4.37}$$

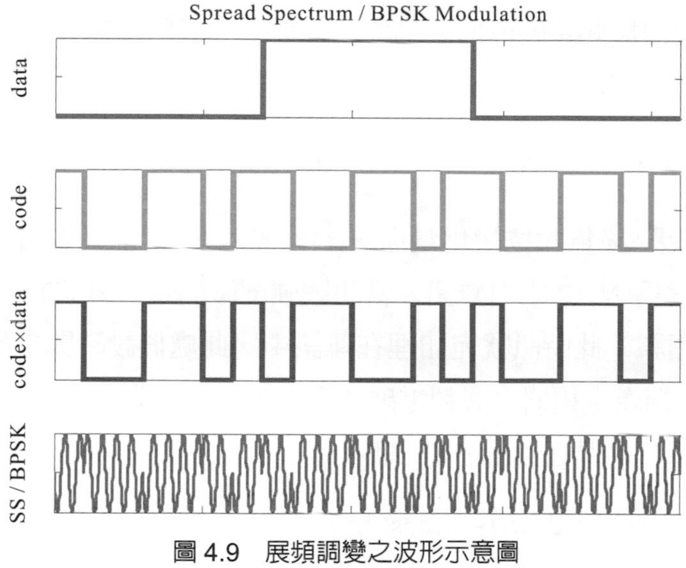

圖 4.9　展頻調變之波形示意圖

若比較原始 BPSK 訊號與經展頻調變 BPSK 訊號之功率頻譜密度可知，由於 $T_c< T_b$，展頻調變 BPSK 訊號之零點間距頻寬增大為 $2/T_c$。圖 4.10 說明展頻前與展頻後之功率頻譜密度。此二頻寬之比值一般定義為處理增益(processing gain) G_P

$$G_p=\frac{T_b}{T_c}=\frac{R_c}{R_b} \tag{4.38}$$

明顯地，經展頻調變後訊號之頻寬增大為原先頻寬之 G_P 倍。同時，展頻調變 BPSK 訊號之峰值強度相較於原先訊號之峰值強度縮小了 G_P 倍，而二者之功率是相同的。

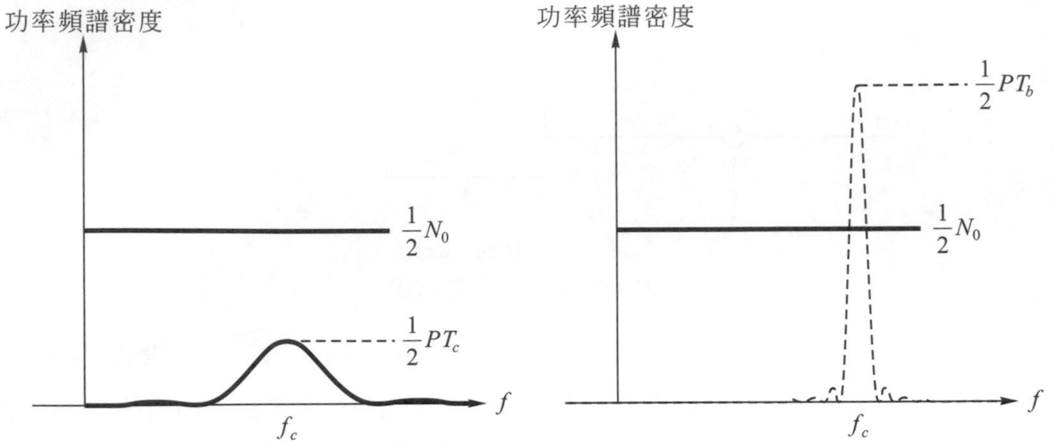

圖 4.10 解展頻前後之頻譜

展頻系統於傳送過程藉由展頻調變之方式，將實際傳送訊號之頻寬予以擴展。相對地，於接收過程得進行解展頻 (de-spreading)之動作以重建原始之訊號。此一訊號回復的過程一般亦利用展頻電碼波形 $g(t)$ 完成。以前述展頻調變 BPSK 訊號爲例，若經過傳輸於接收端所收到之訊號爲

$$r(t) = \sqrt{2P}g(t-\tau)d(t-\tau)\cos(2\pi f_0(t-\tau)+\phi)+n(t) \tag{4.39}$$

此處τ爲時間之延遲、ϕ 爲相位變化量而 $n(t)$ 代表雜訊。此處假設雜訊爲均值爲零且雙邊功率頻譜密度爲 $N_0/2$ 之白雜訊。當訊號強度微弱時，訊號成分之功率頻譜低於雜訊成分之功率頻譜；此時訊號宛如埋在雜訊中。此處假設時間之延遲τ得以正確估測，則可以於接收端產生相同之展頻電碼波形 $g(t-\tau)$。若將此一波形與接收訊號 $r(t)$ 相互混波則由於展頻電碼之值爲 ± 1，即 $g^2(t-\tau)=1$，故可得

$$r_d(t) = \sqrt{2P}d(t-\tau)\cos(2\pi f_0(t-\tau)+\phi)+n(t)g(t-\tau) \tag{4.40}$$

此一經解展頻之訊號 $r_d(t)$ 可視爲一資料率爲 R_b 之 BPSK 訊號以及受展頻電碼影響之雜訊之加成。這其中，後者仍爲一均值爲零之寬頻雜訊而前者之功率頻譜得以回復如(4.34)所示。一旦取得(4.40)之訊號可隨之利用 3.5 節有關 BPSK 訊號之偵測方法進行資料之偵測。圖 4.11 說明結合前述解展頻動作與 BPSK 訊號偵測之處理流程。首先將接收之訊號與重建之載波 $\sqrt{2}\cos(2\pi f_0(t-\hat{\tau})+\hat{\phi})$ 相乘再經濾波後與複製之訊號 $g(t-\hat{\tau})$ 進行混波，然後進行積分與偵測。此一處理之過程與 BPSK 訊號偵測之過程相似，其差異爲額外進行複製展頻訊號 $g(t-\hat{\tau})$ 之混波動作。於此一處理電路中，$\hat{\tau}$ 與 $\hat{\phi}$ 分別爲

τ與ϕ之估測值。爲簡便起見，假設時間之延遲與相位變化量得以正確估測，即$\hat{\tau}=\tau$且$\hat{\phi}-\phi$，則經混波、積分與取樣後，接收機之輸出$z(t_k)$可寫成

$$\begin{aligned} z(t_k) &= \frac{1}{T_b}\int_{t_k-T_b}^{t_k} \sqrt{P}g(t-\tau)d(t-\tau)g(t-\hat{\tau})dt + z_n(t_k) \\ &= \pm\sqrt{P} + z_n(t_k) \end{aligned} \tag{4.41}$$

此處之雜訊成分$z_n(t_k)$爲一均值爲零之隨機過程，其方差爲

$$E\left\{z_n^2(t_k)\right\} = \frac{N_0}{2T_b} \tag{4.42}$$

由此計算過程可知，若進行積分之時間越長則訊雜比得以提高，訊號可因此得以偵測。由此一說明可知，握有展頻電碼$g(t-\tau)$之資訊以及掌握時間延遲τ是解展頻之關鍵；若二者可得則縱使原始訊號低於雜訊仍可一進行接收與解調。

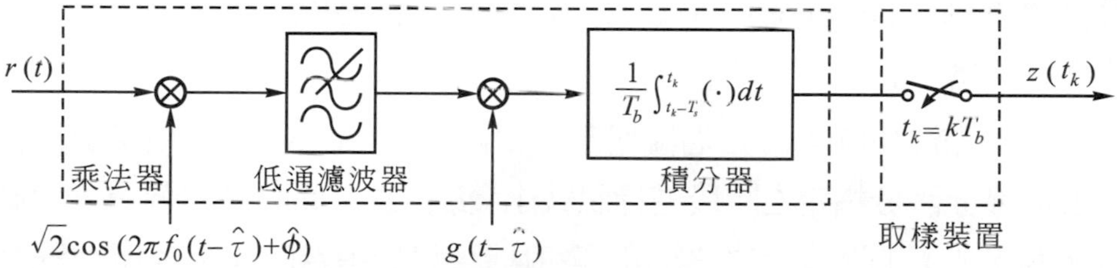

圖 4.11 展頻調變 BPSK 訊號之偵測

4.2.2　共享

於 GNSS 系統與訊號設計除了得考慮接收訊號相當微弱之問題外，尚得思考共享之議題。無線通訊系統若僅提供兩收發機之間之通訊一般稱之爲點對點(point to point)或一對一通訊，但點對點通訊所可提供之用戶受到限制。對於衛星導航而言，一顆衛星所傳送之訊息基本上係以一對多之廣播型式傳送至不同用戶。另外多顆衛星發射器同時發射訊號至接收機而完成多對一之工作模式。於此　工作模式下，若不同發射機之間沒有經過協調，則來自不同訊號源之訊號會造成相互間之干擾。共享型式之通訊主要是發展一機制以避免相互間之干擾。衛星導航接收機得同時接收來自不同的四顆或以上之衛星訊號方得以定位與授時，如何設計衛星之訊號以避免相互干擾即是一共享之問題。目前常見之共享方式爲分頻共享(frequency-division multiple access, FDMA)、分時共享(time-division multiple access, TDMA)、分碼共享

(CDMA)與載波偵測共享(carrier-sense multiple access, CSMA)。以下將主要介紹FDMA、TDMA與CDMA技術。這其中以CDMA技術爲最重要，因爲新一代之通訊與衛星導航均採用此一技術。至於CSMA以及相關之衍生則一般應用於網路通訊。當然有些系統結合不同共享方式以提供更靈活與便捷之服務。

分頻共享是一種相當成熟之技術。基本上，不同訊號源佔用不同且不重疊之頻段並同時傳送訊號。接收機可因此採用不同帶通濾波裝置選擇所擬接收之訊號；如此用戶得以於同一時段接收不同頻率之訊號進而處理。電視播放訊號之傳送即以此一FDMA 方式提供共享。此一方法之優點除技術成熟外尙包含成本低廉、無需額外建立不同訊號源之時間控制機制等。俄羅斯之GLONASS衛星導航系統採用FDMA方式實現共享，各衛星訊號之載波不同，故接收機可同時接收與處理不同衛星之訊號以進行定位解算。於通訊應用上，FDMA之缺點爲頻段之使用較缺乏變通性、得於相鄰頻段間預留相當的空白頻段以避免干擾、各訊號源必須維持相當程度之線性以避開諧振與交互調變(inter-modulation)之影響，以及得適當地協調各發射裝置之功率以避免有太強或太弱之訊號。圖4.12之左圖顯示FDMA之方式。

分時共享的作法如圖4.12之右圖所示亦相當直覺，主要將傳送時間分成多個時段而各發射裝置僅允許於指定之時段進行訊號之發射，由於單一時段僅有一訊號發射故不會造成干擾。此法同時具有之優點爲發射機可以於指定時段發射所允許之最大功率、傳輸時段之規劃亦可以靈活地變更以及可以與數位通訊及編碼較緊密地結合。但採用TDMA得要求有一時間協調機制以確實控制各發射裝置之發射時段，同時所採用之等化技術也較複雜。

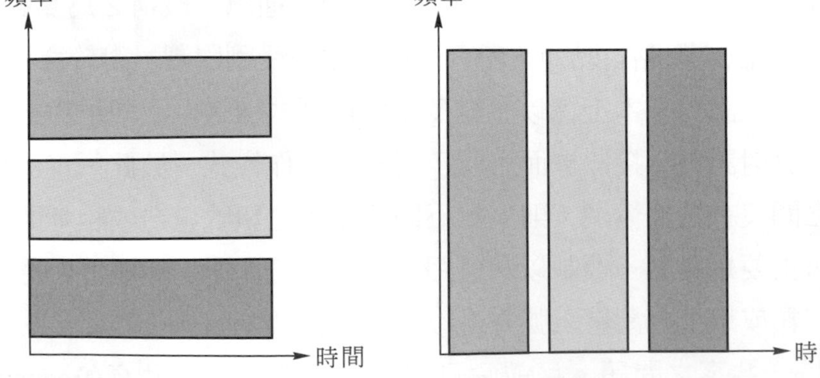

圖 4.12　分頻共享與分時共享

前述分頻或分時共享之缺點在於無法充分利用頻寬或傳送時間。分碼共享於各發射裝置傳送過程調變一電碼於發射訊號中，當接收機接收到來自不同訊號源之訊號可藉由特定電碼分辨出所對應之正確訊號，並避免其他訊號之干擾。此一作法之優點爲各訊號源可以採用相同之頻段同時發射訊號；但電碼之導入會增加發射與接收系統之複雜度。CDMA 系統之一設計關鍵爲電碼之選用。原則上，不同發射裝置所採用之電碼應彼此相互正交以避開接收機受到之共享干擾(multiple access interference)。CDMA 技術爲第三代無線通訊廣泛採用。GPS 與 Galileo 亦均採用 CDMA 技術以利用戶於同一時段與頻段接收到不同衛星之訊號。圖 4.13 爲 CDMA 之示意圖，主要應用電碼以分辨訊號。

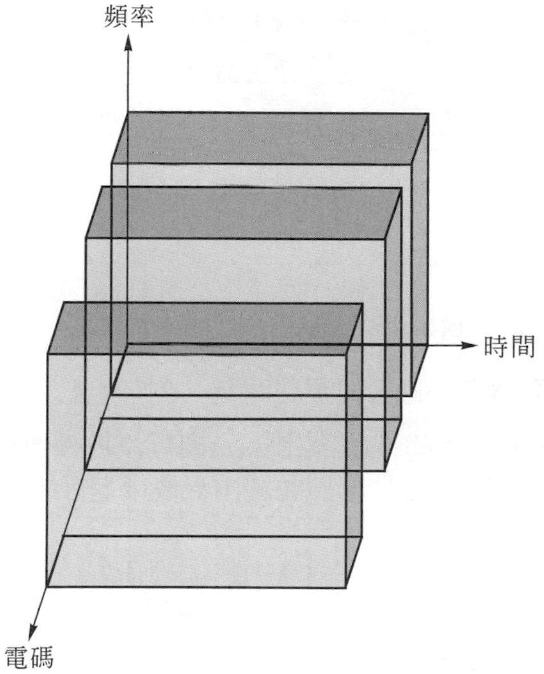

圖 4.13　分碼共享

事實上，GPS 與 Galileo 利用電碼達到衛星識別與共享之功能外，亦利用電碼達到展頻與測距之功能。展頻通信之方式分二類，一類是平均(average)方式，即將資訊平均分散於一較寬之頻段或較長之時段以傳送；另一則爲避開(avoidance)方式，即採用跳躍方式於不同頻段或時段傳送。至於 GNSS 之展頻方法係採用平均方式並利用擬亂碼進行展頻調變，同時滿足共享之需求。

圖 4.14 說明了 CDMA 訊號傳送與接收器之工作原理。對第 i 個訊號源而言，其訊號 $s_i(t)$ 與識別之展頻波形函數 $g_i(t)$ 經調變後以 $s_i(t)g_i(t)$ 傳送。因此空間中之訊號將爲

$$r(t)=\sum_i s_i(t-\tau_i)g_i(t-\tau_i)+n(t) \tag{4.43}$$

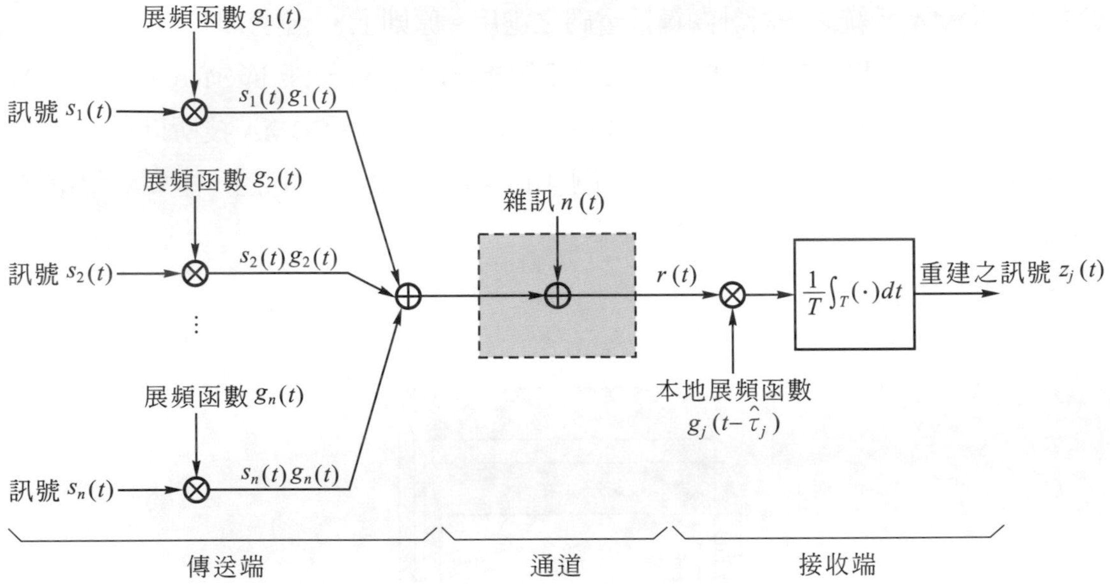

圖 4.14　CDMA 訊號之傳送與接收

其中 $n(t)$ 爲雜訊而 τ_i 則爲第 i 個訊號源之時延。對於合法之使用者而言，可握有展頻波形函數。在接收過程時，如欲解調出 $s_j(t)$ 則可以於接收機本地端產生展頻函數 $g_j(t-\hat{\tau}_j)$，其中 $\hat{\tau}_j$ 爲時間延遲之估測值並經由混波後進行如下之相關積分動作

$$z_j(t)=\frac{1}{T}\int_T r(t)g_j(t-\hat{\tau}_j)dt \tag{4.44}$$

理想之展頻波形函數因此需滿足以下關係

$$\frac{1}{T}\int_T g_i(t-\tau_i)g_j(t-\hat{\tau}_j)dt=\begin{cases}1, & i=j \text{ 且 } \tau_i=\hat{\tau}_j\\ 0, & \text{其他}\end{cases} \tag{4.45}$$

如此前述所接收之 $r(t)$ 經調解與積分後所得之 $z_j(t)$ 可近似 $s_j(t)$，訊號也因此得以接收。由(4.45)可知，理想展頻函數之自我相關函數應滿足

$$R_{g_i}(\tilde{\tau})=\frac{1}{T}\int_0^T g_i(t)g_i(t+\tilde{\tau})dt=\begin{cases}1, & \tilde{\tau}=0\\ 0, & \text{其他}\end{cases} \tag{4.46}$$

且其交互相關函數滿足

$$R_{g_i g_j}(\tilde{\tau}) = \frac{1}{T}\int_0^T g_i(t) g_j(t+\tilde{\tau})dt = 0 \tag{4.47}$$

要言之，欲達到共享與展頻之目的，展頻波形函數集合$\{g_i(t)\}$是相當關鍵的，其要求爲具有如(4.46)之自我相關函數與(4.47)之交互相關函數。若回顧 3.2 節所討論之隨機函數，確實具有(4.46)與(4.47)所要求之性質。但是隨機電碼或訊號於實現上有所困難，下一節將介紹如何使用命定之方式產生近似隨機之電碼以具良好之自我相關與交互相關性質。

4.3 展頻電碼

於衛星導航與展頻通信中，具展頻特性之隨機擬亂(pseudorandom, PRN)碼扮演關鍵性之角色。隨機擬亂碼之理論廣泛應用於測距、展頻通訊、分碼共享、密碼學、系統鑑別等領域。此一理論之精髓在於如何產生一具有特定性質，包含良好之自我相關與交互相關特性之電碼。由於 GNSS 訊號係由衛星發射至地面以進行接收與定位，當訊號至地面時，其強度遠低於雜訊。欲將訊號由相當低之準位提高，主要仰賴隨機擬亂碼或展頻碼所提供之處理增益。另一方面，不同之衛星得利用相同之頻率於同一時間進行傳送，爲避免相互之干擾，有必要發展出可供共享之機制。隨機擬亂碼間彼此之交互相關函數值相當低也因此適合分碼共享之應用。再者，GNSS 訊號測距主要利用隨機擬亂碼之自我相關函數特性，以令接收機所產生之電碼同步於接收之電碼。由於展頻電碼之碼率較資料率來得高，故測距之解析度得以提升。要言之，具有「看似雜亂、實係有序」特性之隨機擬亂碼或展頻碼主要期望能達成下述目的：

- 展頻碼具一近似隨機序列之性質
- 展頻碼之自我相關特性可提供辨識與測距用途
- 不同展頻碼間之交互相關函數極低，彼此不相互干擾

滿足上述性質之展頻碼當然有相當多種，本節首先說明二進位電碼之表示與性質，然後闡述具展頻特性直接時序(direct sequence, DS)與高德電碼(Gold code)之產生方式以及其自我與交互相關函數。

4.3.1 序列及其表示方式

電碼可視為一隨離散時間變動之序列。對於序列之表示除了以一串符號表示外另亦可藉由多項式方式為之；前者將電碼表示為 $\{b_k\}=b_0,b_1,b_2,\cdots$ 而後者則為 $b(z^{-1})=b_0+b_1z^{-1}+b_2z^{-2}+\cdots$，此處 z^{-1} 代表單位延遲運算而 z^{-k} 則代表延遲 k 個時刻。如果電碼 $\{b_k\}$ 具週期性且週期為 N，則對所有的 k，b_k 滿足 $b_k=b_{k+N}$。以下考慮 $\{b_k\}$ 為二進位序列，亦即 b_k 之值為 0 或 1。b_k 可因此視為二進位伽羅瓦代數場(Galois field)GF(2)之元素。二進位元素之加法以邏輯 XOR(符號⊕)表示，其關係為

$$0\oplus 0=0,\ \ 0\oplus 1=1,\ \ 1\oplus 0=1,\ \ 1\oplus 1=0 \tag{4.48}$$

為方便起見，以下仍以+符號代表二進位或模二(modulo 2)之加法。b_k 間之加法與乘法運算之眞值表如表 4.3 所示。GF(2)對於加法與乘法均具封閉性。對於一係數為 GF(2)元素之多項式

$$g(z^{-1})=g_0+g_1z^{-1}+g_2z^{-2}+\cdots+g_{m-1}z^{-(m-1)}+g_mz^{-m},\quad g_i\in \mathrm{GF}(2) \tag{4.49}$$

若 g_m 之值為 1，則此一多項式之階數為 m。係數為 GF(2)元素多項式之加法與乘法運算可利用一般多項式之加法與乘法運算為之，但其結果得引用表 4.3 眞值表以令最終多項式之係數亦為 GF(2)之元素。例如，若 $g_1(z^{-1})=1+z^{-1}$ 且 $g_2(z^{-1})=z^{-1}+z^{-2}$ 則 $g_1(z^{-1})$ 與 $g_2(z^{-1})$ 之和與積應該分別為 $1+z^{-2}$ 與 $z^{-1}+z^{-3}$。至於除法可利用尤氏(Euclidean)除法計算。一多項式 $g(z^{-1})$ 除以另一階數為 m 之多項式 $h(z^{-1})$ 可分別得到商 $q(z^{-1})$ 與餘數 $r(z^{-1})$，其中餘數多項式之階數應小於 m。

$$g(z^{-1})=h(z^{-1})q(z^{-1})+r(z^{-1}) \tag{4.50}$$

餘數多項式也因此可表為除式與被除式間之關係：

$$r(z^{-1})=g(z^{-1})\ \bmod h(z^{-1}) \tag{4.51}$$

例如，$1+z^{-1}+z^{-3}$ 除以 $z^{-1}+z^{-2}$ 所得之商為 $1+z^{-1}$ 餘數則為 1。一多項式若無法分解為較低階數多項式之乘積，則稱此一多項式為不可分解(irreducible)。例如，$1+z^{-3}$ 為可分解之多項式因為 $1+z^{-3}=(1+z^{-1})\cdot(1+z^{-1}+z^{-2})$；另一方面，$1+z^{-1}+z^{-4}$ 為不可分解多項式因為無法找到更低階之多項式可整除此一多項式。

表 4.3 二進位加法與乘法運算之真值表

加法運算			乘法運算		
+	0	1	×	0	1
0	0	1	0	0	0
1	1	0	1	0	1

係數爲 GF(2)元素之 m 階多項式之加法雖具封閉性，但乘法卻不具封閉性，因爲兩 m 階多項式之乘積未必爲 m 階多項式。由於多項式可代表序列，故若可建立兼具加法與乘法封閉性之有限場(finite field)則將有利於週期性電碼之表示。所謂基本(primitive)多項式係一不可分解多項式且滿足以下之性質：一階數爲 m 之基本多項式若可整除 $1+z^{-N}$ 則 N 之最小值爲 $N=2^m-1$。利用基本多項式可建構出具封閉性之有限擴增代數場 GF(2^m)；此時若二多項式相乘其乘積將復除以基本多項式，而視所得餘數多項式爲乘算結果。例如，$1+z^{-1}+z^{-3}$ 爲一階數爲 3 之基本多項式，利用此一多項式可建構出 GF(2^3)=GF(8)。擴增代數場 GF(2^3)元素個數爲 8，除加法單位元素 0 與乘法單位元素 1 外尙包含一基本元素α及其次方項即α^2、α^3、α^4、α^5與α^6。若令基本元素α爲 z^{-1}，則 GF(2^3)之元素如表 4.4 所示。由於

$$1+z^{-1}=z^{-3} \bmod (1+z^{-1}+z^{-3}) \tag{4.52}$$

故可視 z^{-3} 相等於 $1+z^{-1}$。同時 z^{-4} 相當於 $z^{-1}+z^{-2}$ 因爲

$$z^{-1}+z^{-2}=z^{-4} \bmod (1+z^{-1}+z^{-3}) \tag{4.53}$$

以此類推可建立出 GF(2^3)之元素如表 4.4 所示。由表中可知，GF(2^3)包含所有係數爲 GF(2)元素且階數低於 3 之多項式，亦相當於長度爲 3 之二進位數字之集合。至於利用 $1+z^{-1}+z^{-3}$ 建立之 GF(2^3)其加法與乘法眞值表分如表 4.5 與表 4.6 所示。明顯地，有限擴增代數場 GF(2^m)具加法與乘法之封閉性。

表 4.4 以 $1+z^{-1}+z^{-3}$ 所建立 GF(2^3)之元素及其表示方式

	多項式型式	二進位表示式
0	0	000
1	1	100
α	z^{-1}	010
α^2	z^{-2}	001
α^3	$1+z^{-1}$	110
α^4	$z^{-1}+z^{-2}$	011
α^5	$1+z^{-1}+z^{-2}$	111
α^6	$1+z^{-2}$	101

表 4.5　以 $1+z^{-1}+z^{-3}$ 所建立 $GF(2^3)$ 之加法真值表

+	000	100	010	001	110	011	111	101
000	000	100	010	001	110	011	111	101
100	100	000	110	101	010	111	011	001
010	010	110	000	011	100	001	101	111
001	100	101	011	000	111	010	110	100
110	110	010	100	111	000	101	001	011
011	011	111	001	010	101	000	100	110
111	111	011	101	110	001	100	000	010
101	101	001	111	100	011	110	010	000

表 4.6　以 $1+z^{-1}+z^{-3}$ 所建立 $GF(2^3)$ 之乘法真值表

×	000	100	010	001	110	011	111	101
000	000	000	000	000	000	000	000	000
100	000	100	010	001	110	011	111	101
010	000	010	001	110	011	111	101	100
001	000	001	110	011	111	101	100	010
110	000	110	011	111	101	100	010	001
011	000	011	111	101	100	010	001	110
111	000	111	101	100	010	001	110	011
101	000	101	100	010	001	110	011	111

基本多項式除可用以建構一擴增代數場外，同時亦爲展頻電碼產生之重要數學基礎。如前所述，展頻通訊與導航之關鍵爲產生具隨機擬亂性質，且擁有良好相關函數之二進位電碼。所謂隨機擬亂意指此一電碼或序列出現 0 或 1 之機會近乎相等。由於此一電碼將藉由一命定式機制產生，故所產生之電碼不會是純粹隨機雜亂之電碼，僅能以擬亂碼而非雜亂碼稱之。

4.3.2　直接序列

本小節將介紹具隨機擬亂性質之直接序列，此一序列主要藉由一基本多項式產生。假設 $h(z^{-1})$ 爲一 m 階基本多項式

$$h(z^{-1})=1+h_1z^{-1}+h_2z^{-2}+\cdots+h_{m-1}z^{-(m-1)}+z^{-m},\quad h_i\in \mathrm{GF}(2) \tag{4.54}$$

如前所述，若令 $N=2^m-1$ 則多項式 $1+z^{-N}$ 可整除於 $h(z^{-1})$；即存在一多項式 $f(z^{-1})$ 滿足

$$\frac{1+z^{-N}}{h(z^{-1})}=f(z^{-1}) \tag{4.55}$$

由於 $h(z^{-1})$ 之階數爲 m，故 $f(z^{-1})$ 爲階數 $N-m$ 之多項式，其型式爲 $f(z^{-1})=1+f_1z^{-1}+\cdots+f_{N-m-1}z^{-(N-m-1)}+z^{-(N-m)}$。如果取 $h(z^{-1})$ 之倒數可得

$$\begin{aligned}\frac{1}{h(z^{-1})}&=f(z^{-1})+z^{-N}f(z^{-1})+z^{-2N}f(z^{-1})+\cdots\\&=f(z^{-1})\left[1+z^{-N}+z^{-2N}+\cdots\right]\end{aligned}\tag{4.56}$$

由於此一倒數多項式之階數爲無限大，可用以代表一序列或電碼；同時此一電碼具週期性且週期爲 N，故相對應之序列亦爲週期爲 N 之序列。對於任一非零且階數至多爲 $(m-1)$ 之多項式 $g(z^{-1})$

$$g(z^{-1})=g_0+g_1z^{-1}+\cdots+g_{m-1}z^{-(m-1)},\quad g_i\in \mathrm{GF}(2)\tag{4.57}$$

藉由多項式除法將 $g(z^{-1})$ 除以 $h(z^{-1})$ 可產生一序列 $b(z^{-1})$ 如下

$$\begin{aligned}b(z^{-1})&=\frac{g(z^{-1})}{h(z^{-1})}=g(z^{-1})f(z^{-1})\left[1+z^{-N}+z^{-2N}+\cdots\right]\\&=b_0+b_1z^{-1}+b_2z^{-2}+\cdots,\quad b_i\in \mathrm{GF}(2)\end{aligned}\tag{4.58}$$

此一完全由 $h(z^{-1})$ 與 $g(z^{-1})$ 決定之序列亦爲一週期爲 N 之序列稱之爲直接序列。此一序列又稱最長序列(maximum sequence)，因爲週期 $N=2^m-1$ 爲利用階數爲 m 之多項式經上述運算所可能取得之最長週期。直接序列產生之關鍵爲基本多項式 $h(z^{-1})$；事實上若產生多項式(generating polynomial) $h(z^{-1})$ 爲可分解之多項式則沿用此法產生所得序列之週期將低於 2^m-1。

舉例說明如下。對於以下之四階基本多項式

$$h(z^{-1})=1+z^{-1}+z^{-4}\tag{4.59}$$

若希望 $h(z^{-1})$ 整除 $1+z^{-N}$ 則最小之 N 應爲 $2^4-1=15$。若將 $1+z^{-15}$ 除以 $h(z^{-1})$ 可得

$$\frac{1+z^{-15}}{1+z^{-1}+z^{-4}}=1+z^{-1}+z^{-2}+z^{-3}+z^{-5}+z^{-7}+z^{-8}+z^{-11}=f(z^{-1})\tag{4.60}$$

如令 $g_1(z^{-1})=1$，則

$$b_1(z^{-1})=\frac{g_1(z^{-1})}{h(z^{-1})}=\frac{1}{1+z^{-1}+z^{-4}}=f(z^{-1})+z^{-15}f(z^{-1})+z^{-30}f(z^{-1})+\cdots\tag{4.61}$$

若以二進位序列表示 $b_1(z^{-1})$ 可得

$$b_1(z^{-1}):\ 111101011001000|111101011001000|111101011001000|11\cdots \quad (4.62)$$

此一直接序列之週期爲 15 或 2^4-1。若仔細觀察此一序列，其出現 0 或 1 之機率近乎相當而位置近乎隨機，此即所謂擬亂性質。如果令 $g_2(z^{-1})=1+z^{-1}$，則所產生之二進位電碼爲

$$b_2(z^{-1}):\ 100011110101100|100011110101100|100011110101100|10\cdots \quad (4.63)$$

此一電碼具相同週期亦具隨機擬亂性質。若比較 $b_1(z^{-1})$ 與 $b_2(z^{-1})$ 可知二者之差別在於電碼之相位；若延遲 $b_2(z^{-1})$ 四碼元則其結果與 $b_1(z^{-1})$ 相同。

4.3.3 直接序列產生器

雖然多項式除法可以產生具擬亂性質之序列，實用上期望可以利用簡單之邏輯電路實現此一序列或電碼產生器。以下將說明一利用移位暫存器與回授連接實現 GF(2) 多項式除法之邏輯電路進而產生直接序列。移位暫存器爲一記憶或延遲裝置其示意圖如圖 4.15 所示。此一移位暫存器之輸出爲記憶體所記憶之值即 s_{i-1}；但當此一裝置受到一時脈驅動時，原先輸入端之值 s_i 會被移動到輸出端，裝置隨之將此一輸出記憶下來直迄下一時脈驅動爲止。

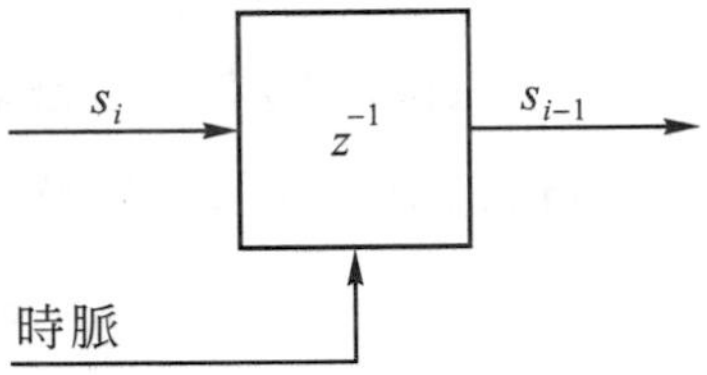

圖 4.15　移位暫存器

欲產生前述具擬亂特性之電碼，得串聯數級移位暫存器並結合回授連接以構成一邏輯電路。圖 4.16 爲 $h(z^{-1})=1+z^{-1}+z^{-4}$ 之電碼產生器之一種實現方式。由於基本多項式爲四階，故採用四級之移位暫存器，至於回授連接則由基本多項式之係數決定。圖中第一級輸入 s_4 由第四級之輸出 s_0 回授而得，第二級與第三級之輸入分別引用前一級之輸出結果，另一方面第四級輸入由第三級輸出 s_3 與第四級之輸出 s_0 經模二相加而得。至於此一電路之輸出 y 則爲第四級輸出，相當於 s_0。當此一產生器電路設定初始值後，隨著時脈之驅動，各級移位暫存器之值隨之前移並藉由回授改變各級之輸入，如此可產生持續之序列。假設移位暫存器之初始值爲 $s_0s_1s_2s_3=1000$，即除第四級外各級之輸出爲零，則隨時脈驅動之驅動可產生以下之輸出序列

$$y：111101011001000|111101011001000|111101011001000|11\cdots \tag{4.64}$$

此一序列與前述多項式除法所得(4.62)之結果 $b_1(z^{-1})$ 相同，顯示具回授連接之移位暫存器邏輯電路可實現多項式除法運算。此一序列之產生過程中，各暫存器輸出或系統狀態可利用表 4.7 加以說明。於一週期內，系統狀態之變化涵蓋除了 0000 之外的四位元二進位數字。事實上，若某一時刻，此一系統之狀態為 0000 則無論時脈之驅動，系統之狀態將停留在 0000。因此，此一由四級移位暫存器所構成之電路於動作過程之狀態變化實已涵蓋最大可能之 2^4-1 狀態。

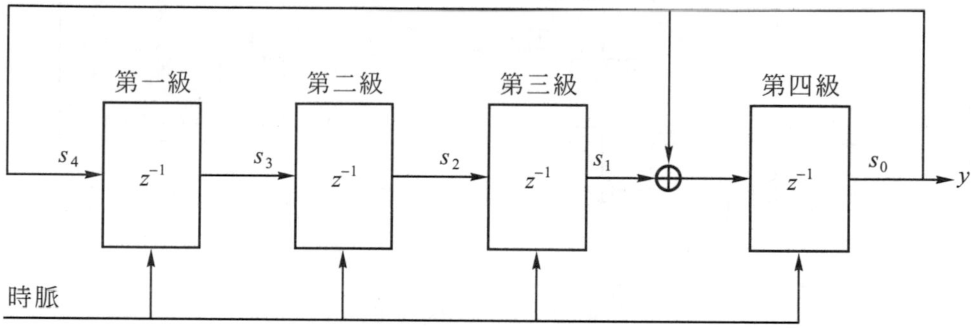

圖 4.16　電碼產生器電路(基本多項式為 $1+z^{-1}+z^{-4}$)

表 4.7　圖 4.16 電路隨時脈變動之輸出與系統狀態

時刻	輸出	各級之輸出，系統狀態			
		第一級 s_3	第二級 s_2	第三級 s_1	第四級 s_0
起始 0	1	0	0	0	1
1	1	1	0	0	1
2	1	1	1	0	1
3	1	1	1	1	1
4	0	1	1	1	0
5	1	0	1	1	1
6	0	1	0	1	0
7	1	0	1	0	1
8	1	1	0	1	1
9	0	1	1	0	0
10	0	0	1	1	0
11	1	0	0	1	1
12	0	1	0	0	0
13	0	0	1	0	0
14	0	0	0	1	0
15	1	0	0	0	1

圖 4.17 較完整地說明直接序列產生器之構成，此一產生器主要由下列三組參數決定其所產生電碼

- 移位暫存器個數 m
- 回授之端點
- 起始值

這其中移位暫存器個數與回授端點設定完全由所相對應之基本多項式或產生多項式決定。

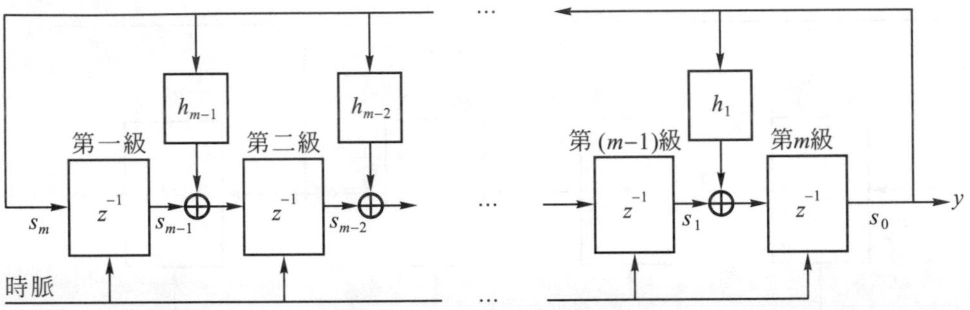

圖 4.17　直接序列產生器

相對應於圖 4.17 之產生多項式為

$$h(z^{-1}) = 1 + h_1 z^{-1} + h_2 z^{-2} + \cdots + h_{m-1} z^{-(m-1)} + z^{-m} \tag{4.65}$$

此一多項式之階數與移位暫存器個數相同，同時根據多項式之係數決定是否將最後一級移位暫存器之輸出回授至各移位暫存器。當 h_i 為 0 代表開關開啓，即第 $m-i+1$ 級移位暫存器之輸入為前一級(第 $m-i$ 級)移位暫存器之輸出；反之，當 h_i 為 1 代表第 $m-i+1$ 級移位暫存器之輸入為前一級移位暫存器之輸出與最後一級移位暫存器之輸出之和。最後一級移位暫存器之輸出可視同此一電碼產生器之輸出。當 $h(z^{-1})$為一基本多項式，只要初始值並非全零，此一電路將產生週期為 $N=2^m-1$ 之直接序列或擬亂電碼。但是若 $h(z^{-1})$ 可分解為較低階多項式之乘積則所產生之直接之週期將不會是最長的。此一系統之狀態可定義為各移位暫存器之輸出，若於 k 時刻，由第一至第 m 級之輸出分別為 $g_{m-1}, g_{m-2}, \cdots, g_1, g_0$ 或以多項式方式描述為

$$g(z^{-1}) = g_0 + g_1 z^{-1} + \cdots + g_{m-2} z^{-(m-2)} + g_{m-1} z^{-(m-1)} \tag{4.66}$$

此一時刻之輸出為 g_0。當受到時脈驅動下一時刻(第 $k+1$ 時刻)之系統狀態應為

$$g'(z^{-1}) = (g_1 + g_0 h_1) + (g_2 + g_0 h_2) z^{-1} + \cdots + (g_{m-1} + g_0 h_{m-1}) z^{-(m-2)} + g_0 z^{-(m-1)} \tag{4.67}$$

相對而言，當 $g(z^{-1})$除以 $h(z^{-1})$可得

$$\frac{g(z^{-1})}{h(z^{-1})}=g_0+z^{-1}\frac{g'(z^{-1})}{h(z^{-1})} \tag{4.68}$$

因此具回授連接之移位暫存器邏輯電路受到一時脈驅動之動作類比於多項式除法動作，其中 $g(z^{-1})$爲邏輯電路於該時刻之系統狀態，餘數多項式 $g'(z^{-1})$相當於下一時刻之系統狀態，而商 g_0 則爲系統之輸出有關。若參照圖 4.16 之範例，於第二時刻系統狀態爲 $s_0s_1s_2s_3=1011$ 或 $g(z^{-1})=1+z^{-2}+z^{-3}$，經歷一時脈後於第三時刻輸出爲 1 且系統狀態成爲 1111 或 $g'(z^{-1})=1+z^{-1}+z^{-2}+z^{-3}$。若利用多項式除法驗證則得

$$\frac{1+z^{-2}+z^{-3}}{1+z^{-1}+z^{-4}}=1+z^{-1}\frac{1+z^{-1}+z^{-2}+z^{-3}}{1+z^{-1}+z^{-4}} \tag{4.69}$$

4

於圖 4.17 之電碼產生器中，僅由最後一級之輸出進行回授至各級，而各級輸入爲前一級輸出與回授之組合；此一架構稱之爲伽羅瓦(Galois)架構。除此之外，亦可利用如圖 4.18 之費比納西(Fibonacci)架構實現直接序列之產生。圖 4.18 之電碼產生器所對應之基本多項式亦爲 $h(z^{-1})$。當 h_i 爲 0 代表開關開啓，即第 i 級移位暫存器之輸出並未直接回授；反之，當 h_i 爲 1 代表第 i 級移位暫存器之輸出直接回授至第一級。此一產生器之第一級移位暫存器輸入之值可因此表示成各級移位暫存器輸出之組合：

$$s_m=s_0+h_{m-1}s_1+\cdots+h_2s_{m-2}+h_1s_{m-1} \tag{4.70}$$

而係數 h_i 代表產生器電路中各級輸出是否回授至第一級。此一 Fibonacci 架構與 Galois 架構相似，當 $h(z^{-1})$爲一基本多項式，只要初始值並非全零，此一電路將產生週期爲 $N=2^m-1$ 之擬亂電碼。

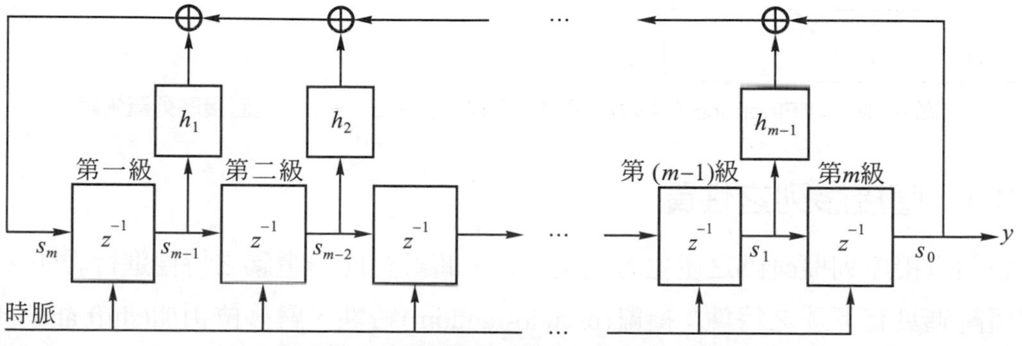

圖 4.18　直接序列產生器(Fibonacci 架構)

當基本多項式為 $h(z^{-1})=1+z^{-1}+z^{-4}$，所對應之 Fibonacci 架構電碼產生器如圖 4.19 所示係由四級移位暫存器構成，其中第一級輸入 s_4 由第一級輸出 s_3 與第四級之輸出 s_0 相加而成

$$s_4=s_0+s_3 \tag{4.71}$$

此處同時考慮兩輸出，其一輸出 y 為最後第四級之輸出，相當於 s_0；另一輸出 y' 則為第一級輸出與第四級之輸出之和，相當於 s_4。當此一產生器電路設定初始值後，隨著時脈之驅動，各級移位暫存器之值隨之前移並藉由回授改變第一級之輸入，如此可產生持續之序列。假設移位暫存器之初始值為 $s_0s_1s_2s_3=1000$，即除第四級外各級之輸出為零，則隨時脈驅動之驅動可產生以下之輸出序列

$$y:\quad 1000|111101011001000|111101011001000|111101011001000|11\cdots \tag{4.72}$$

與

$$y':\quad 111101011001000|111101011001000|111101011001000|111101\cdots \tag{4.73}$$

此二輸出序列具相同之週期與內容。同時，此些輸出電碼與圖 4.16 所產生電碼具亦相同之週期與內容，所不同的在於序列之相位。

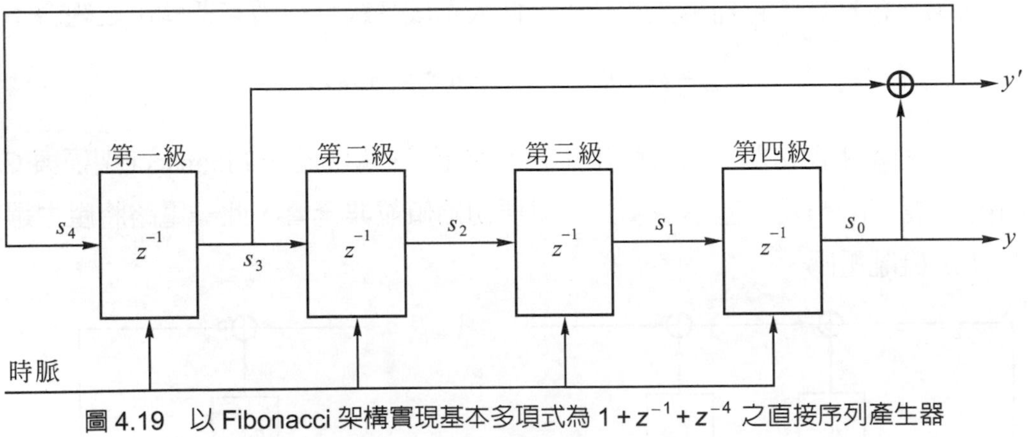

圖 4.19　以 Fibonacci 架構實現基本多項式為 $1+z^{-1}+z^{-4}$ 之直接序列產生器

4.3.4　直接序列之性質

說明直接序列擬亂碼之產生方式後，以下將針對此一電碼之特性進行說明。直接序列擬亂碼具有下述之特性：擬亂(pseudo-random)特性、對移位相加(shift and add)具封閉特性與優良自我相關特性。首先說明此一電碼之擬亂特性。直接序列於一週期

內，共有 $N=2^m-1$ 電碼之產生，其中有 2^{m-1} 輸出爲 1 而 $2^{m-1}-1$ 輸出爲 0；故於一週期內 1 出現之次數比 0 出現之次數多一次。當 m 或 N 足夠大時，直接序列擬亂碼所產生 0 與 1 之機率近乎相等。以圖 4.16 或 4.19 週期爲 15 之直接序列爲例，於一週期中共有 8 之輸出爲 1 與 7 之輸出爲 0。因此，輸出爲 1 與爲 0 之機率近乎各半。爲擁有擬亂之特性就得避開長串之 0 或 1，直接序列於一週期內具有以下之性質：

- 擁有一串長度爲 m 之連續 1
- 擁有一串長度爲 $m-1$ 之連續 0
- 擁有一串連續長度爲 $m-2$ 之 0 與一串連續長度爲 $m-2$ 之 1
- 擁有兩串連續長度爲 $m-3$ 之 0 與兩串連續長度爲 $m-3$ 之 1
- 擁有四串連續長度爲 $m-4$ 之 0 與四串連續長度爲 $m-4$ 之 1

以此類推，可推論出當 r 小於 m 時，直接序列出現長度爲 r 之連續 0 或 1 之機率爲 $1/2^r$，而且不可能有超過長度爲 m 之連續 0 或 1。此一性質，亦可參照表 4.7 之序列觀察。

4

將一直接序列擬亂碼延遲一定相位並與原始擬亂碼進行模二相加，其結果相等於原始擬亂碼延遲另一相位後之電碼。欲驗證此一「相加如延遲」之性質可參照多項式除法之說明，若原始電碼由 $g(z^{-1})/h(z^{-1})$ 產生而經延遲之電碼由 $g'(z^{-1})/h(z^{-1})$ 產生，則其相加之結果相當於另一多項式 $g''(z^{-1})=g(z^{-1})+g'(z^{-1})$ 除以 $h(z^{-1})$ 所產生之電碼；如此對於移位相加動作此一直接序列具有封閉性。

對於展頻通訊與衛星導航，優良之自我相關函數具有相當關鍵之意義。欲說明直接時序之自我相關函數，首先回顧一下純隨機序列之自我相關函數。假設 $\{b_k\}$ 爲一週期爲 N 之二進位隨機序列，b_k 因此滿足 $b_k=b_{k+N}$。同時若 k 與 l 之差非 N 之整數倍則 b_k 與 b_l 爲統計獨立。至於 b_k 爲 0 或 1 之機率則分別爲 1/2。令

$$c(k)=(-1)^{b_k}=\begin{cases}1, & b_k=0\\ -1, & b_k=1\end{cases} \tag{4.74}$$

$c(k)$ 爲 1 或 -1 之機率因此亦各爲 1/2。對於此一週期性隨機之序列其自我相關函數之定義爲

$$R_b(l)=\frac{1}{N}\sum_{k=0}^{N-1}c(k)c(k+l) \tag{4.75}$$

若隨機序列之碼寬(chip)爲 T_c，則此一隨機序列對應一時間函數如下

$$g(t)=\sum_{k} c(k) p_{T_c}(t-kT_c) \tag{4.76}$$

其中 $p_{T_c}(\cdot)$ 爲一波寬爲 T_c 脈波函數

$$p_{T_c}(t-kT_c)=\begin{cases}1, & 0\le t-kT_c<T_c\\ 0, & \text{其他}\end{cases} \tag{4.77}$$

此一隨機波形時間函數 $g(t)$ 之週期爲 $T=NT_c$。圖 4.20 爲假設週期 N 爲 10 時，此一隨機波形函數之多種可能呈現。至於此一時間函數之自我相關函數參照表 3.4 定義爲

$$R_g(\tau)=\frac{1}{T}\int_0^T g(t)g(t+\tau)dt \tag{4.78}$$

相較於 $R_b(l)$，$R_g(\tau)$ 可用以描述當相對延遲非 T_c 之整數倍時之自我相關性。

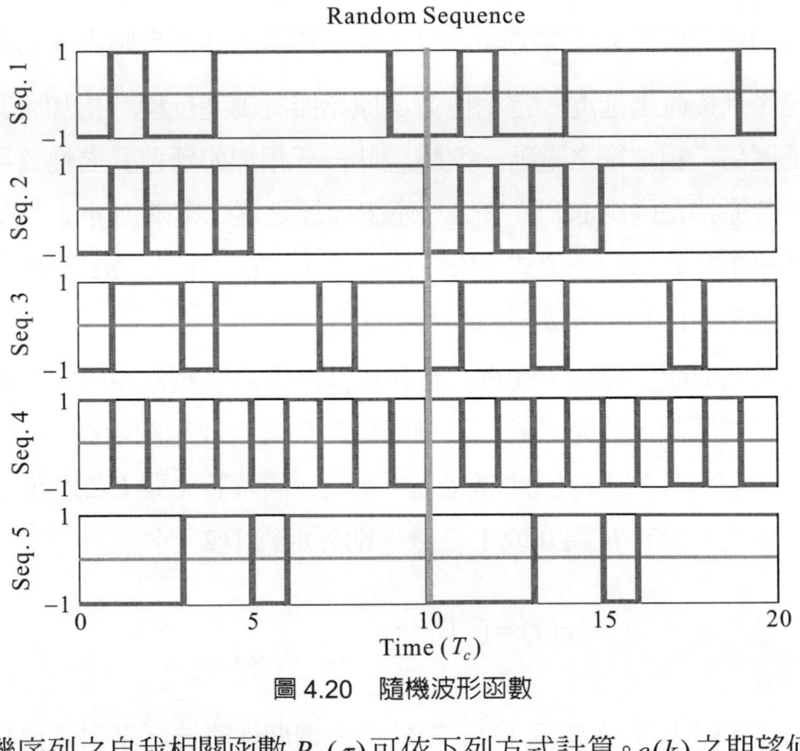

圖 4.20　隨機波形函數

此一隨機序列之自我相關函數 $R_g(\tau)$ 可依下列方式計算。$c(k)$ 之期望值與協方差可分別計算爲

$$E\{c(k)\}=(1)\cdot\frac{1}{2}+(-1)\cdot\frac{1}{2}=0 \tag{4.79}$$

與

$$E\{c(k)c(l)\} = \begin{cases} E\{c(k)\}E\{c(l)\} = 0, & k \neq l \bmod N \\ E\{c^2(k)\} = (1)^2 \cdot \frac{1}{2} + (-1)^2 \cdot \frac{1}{2} = 1 & k = l \bmod N \end{cases} \tag{4.80}$$

準此，自我相關函數 $R_b(l)$ 之期望值為

$$E\{R_b(l)\} = \frac{1}{N}\sum_{k=0}^{N-1} E\{c(k)c(k+l)\} = \begin{cases} 1, & l = 0 \bmod N \\ 0, & l \neq 0 \bmod N \end{cases} \tag{4.81}$$

此一自我相關函數亦為週期函數且週期為 N。當時延 l 為零或 N 之整數倍時，此一電碼具有強烈相關性；反之，則相關性相當微弱。由於於一週期內不同 b_k 彼此統計獨立，故此一序列於一週期內所展現之特性類似一白色雜訊。自我相關函數 $R_b(l)$ 之協方差可利用下式計算

$$E\left\{\left(R_b(l) - E\{R_b(l)\}\right)^2\right\} = E\left\{\left(R_b(l)\right)^2\right\} - \left(E\{R_b(l)\}\right)^2 \tag{4.82}$$

由於

$$E\left\{\left(R_b(l)\right)^2\right\} = \frac{1}{N^2} E\left\{\sum_{k=0}^{N-1} c(k)c(k+l) \sum_{m=0}^{N-1} c(m)c(m+l)\right\} = \begin{cases} 1, & l = 0 \bmod N \\ \frac{1}{N}, & l \neq \bmod N \end{cases} \tag{4.83}$$

故協方差為

$$E\left\{\left(R_b(l) - E\{R_b(l)\}\right)^2\right\} = \begin{cases} 0, & l = 0 \bmod N \\ \frac{1}{N}, & l \neq 0 \bmod N \end{cases} \tag{4.84}$$

至於 $R_g(\tau)$ 之計算，根據定義可知

$$\begin{aligned} R_g(\tau) &= \frac{1}{T}\int_0^T g(t)g(t+\tau)dt \\ &= \frac{1}{NT_c}\sum_{k=0}^{N-1}\sum_{m=0}^{N-1} c(k)c(m)\int_0^T p_{T_c}(t-kT_c)\,p_{T_c}(t+\tau-mT_c)dt \end{aligned} \tag{4.85}$$

由於 $p_{T_c}(\cdot)$ 函數之波寬為 T_c，故若 $t-kT_c$ 與 $t+\tau-mT_c$ 之差超過 T_c，則上式之積分項將為零。令 $\tau=lT_c+\varepsilon$，其中 l 為一整數且 ε 介於 0 與 T_c 之間($0\le\varepsilon<T_c$)，則上述之積分僅需考慮 $m=k+l$ 與 $m=k+l+1$ 之狀況。引用 $R_b(l)$ 之定義，自我相關函數 $R_g(\tau)$ 可寫成

$$R_g(\tau)=R_g(lT_c+\varepsilon)=\left(1-\frac{\varepsilon}{T_c}\right)R_b(l)+\frac{\varepsilon}{T_c}R_b(l+1) \tag{4.86}$$

此時隨機波形函數之自我相關函數於 τ 之值 $R_g(\tau)$ 可寫成隨機序列自我相關函數 $R_b(l)$ 與 $R_b(l+1)$ 之線性組合。若代入(4.86)則可知於一週期內此一自我相關函數之期望值為

$$E\left\{R_g(\tau)\right\}=\begin{cases}1-\dfrac{|\tau|}{T_c}, & |\tau|\le T_c\\ 0, & T_c<|\tau|\le\dfrac{NT_c}{2}\end{cases} \tag{4.87}$$

若引用(3.20)三角波形函數之定義可知

$$E\left\{R_g(\tau)\right\}=\sum_{i=-\infty}^{\infty}\Lambda_{T_c}(t-iNT_c) \tag{4.88}$$

圖 4.21 顯示此一自我相關函數之圖形。當隨機波形之相對時延超過碼寬時，相關函數之期望值為零；若相對時延低於一碼寬時，相關函數呈現三角形之關連性。若比較此一自我相關函數與圖 3.10 之白雜訊之自我相關函數，可知當週期增加與碼寬縮小，則隨機序列之函數具有白雜訊之性質。週期性隨機波形之功率頻譜密度可利用其自我相關函數之傅立葉轉換求得。由於 $\Im\left\{\Lambda_{T_c}(\tau)\right\}=T_c\operatorname{sinc}^2(fT_c)$，故 $g(t)$ 之功率頻譜密度為

$$S_g(f)=\Im\left\{\sum_{i=-\infty}^{\infty}\Lambda_{T_c}(t-iNT_c)\right\}=\frac{1}{N}\sum_{i=-\infty}^{\infty}\operatorname{sinc}^2(\frac{i}{N})\delta(f-\frac{i}{NT_c}) \tag{4.89}$$

此即表示，功率頻譜密度由線頻譜構成，各頻譜線之間距為 $\dfrac{1}{NT_c}$，整體功率頻譜密度之包絡為 sinc^2 函數而包絡之零點頻率為 $\dfrac{1}{T_c}$。

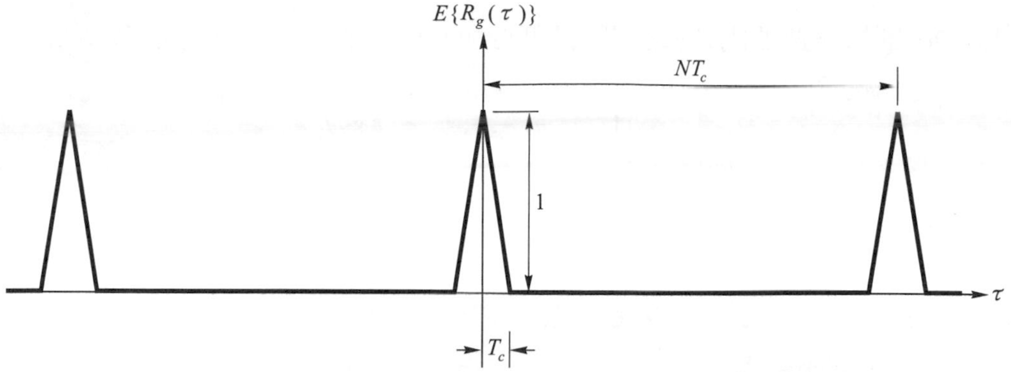

圖 4.21　隨機波形之自我相關函數

瞭解隨機序列與隨機波形之自我相關函數後，以下將探討直接序列與相對應之函數之自我相關性質。假設$\{b_k\}$為一週期為 N 之直接序列其自我相關函數之定義亦如(4.75)。此一自我相關函數之推導可應用前述之擬亂特性與移位相加特性。當相對相位差 l 為零時，相當於電碼 $c(k)$自乘後相加再除上 N，由於 $c(k)$之值為 1 或 -1，自乘結果均為 1，故當 l 為零或 N 之整數倍時，自我相關函數為 1。當相對相位差 l 不為零或 N 之整數倍時，電碼 $c(k)$與電碼 $c(k+l)$之相乘可視同於原始電碼 b_k 與 b_{k+l} 之相加，其結果，根據移位相加特性，相當於另一經延遲之電碼。但此一經延遲之電碼，根據擬亂特性，於一週期內 1 出現之次數比 0 出現之次數多一次，因此 $\sum_{k=0}^{N-1} c(k)c(k+l) = (-1)\cdot 2^m + (1)\cdot(2^m - 1) = -1$；此時之自我相關函數因此為$-1/N$。所以直接序列之自我相關函數為

$$R_b(l) = \begin{cases} 1, & l = 0 \bmod N \\ -\dfrac{1}{N}, & \text{其他} \end{cases} \tag{4.90}$$

由電碼自我相關函數可推論出訊號波形之自我相關函數。令 $g(t)$為相對於此一直接序列之波形如(4.76)，則其相關函數可表為

$$R_g(\tau) = \frac{1}{T}\sum_{k=0}^{N-1}\sum_{j=0}^{N-1} c(k)c(j)\int_0^T p_{T_c}(t-kT_c)\,p_{T_c}(t+\tau-jT_c)\,dt \tag{4.91}$$

類似前述之推導可得

$$R_g(\tau) = \left(1-\frac{\varepsilon}{T_c}\right)R_b(l) + \frac{\varepsilon}{T_c}R_b(l+1) \tag{4.92}$$

若代入(4.90)則於一週期內當τ之絕對值低於 $NT_c/2$ 時自我相關函數爲

$$R_g(\tau)=\begin{cases}1-\dfrac{N+1}{N}\dfrac{|\tau|}{T_c}, & |\tau|\le T_c\\ -\dfrac{1}{N}, & T_c<|\tau|\le\dfrac{NT_c}{2}\end{cases} \tag{4.93}$$

此一函數如圖 4.22 所示近似三角形函數。若引用三角形函數則由直接序列所建構之展頻波形之自我相關函數爲

$$R_g(\tau)=-\frac{1}{N}+\frac{N+1}{N}\sum_{l=-\infty}^{\infty}\Lambda_{T_c}(\tau-lNT_c) \tag{4.94}$$

當展頻波形之延遲超過 T_c 則相關函數值相當低。當延遲低於碼寬時，自我相關函數會有一支撐。當然由於電碼具週期性，故自我相關函數具週期性且有相同之週期。若比較圖 4.21 與圖 4.22 之自我相關函數可知，當階數 m 或週期 N 足夠大時，$-1/N$ 值相當小，此時直接時序擬亂碼之波形之自我相關函數與雜亂碼之自我相關函數近似；均只有當延遲或領先於一碼寬內方有足夠相關性。

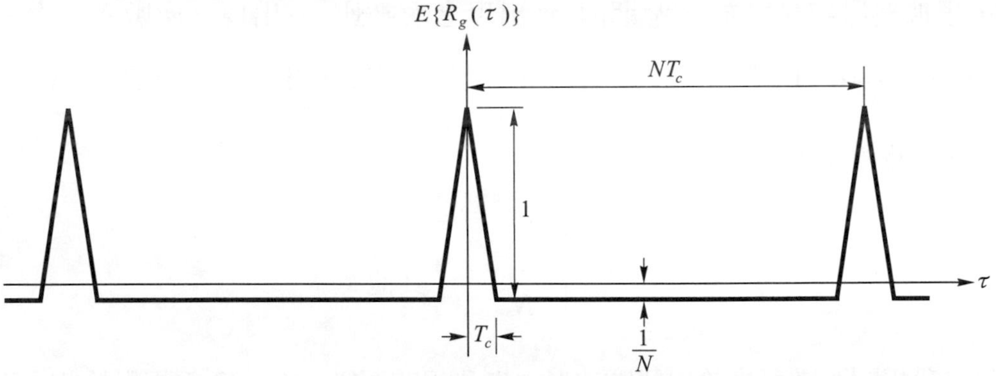

圖 4.22　直接序列之自我相關函數

功率頻譜密度函數可利用自我相關函數之傅立葉轉換求得。若計算直接序列之功率頻譜密度函數可得

$$S_b(f)=\frac{1}{N^2}\delta(f)+\frac{N+1}{N^2}\sum_{\substack{l=-\infty\\ l\neq 0}}^{\infty}\operatorname{sinc}^2\left(\frac{l}{N}\right)\delta\left(f-\frac{l}{NT_c}\right) \tag{4.95}$$

由於直接序列之展頻波形具有週期為 NT_c 之週期性，故其功率頻譜密度函數為一群線狀頻譜所構成且二相鄰頻譜線之間距為 $\frac{1}{NT_c}$。另外，由於自我相關函數為一群位於不同 NT_c 整數倍之三角形函數，故功率頻譜密度之包絡線為 sinc^2 函數。圖 4.23 顯示直接序列之功率頻譜密度。由包絡線觀察，此一功率頻譜密度之零點間距頻寬為 $\frac{2}{T_c}$。同時，當頻率為零時，功率頻譜密度之值為 $\frac{1}{N^2}$。

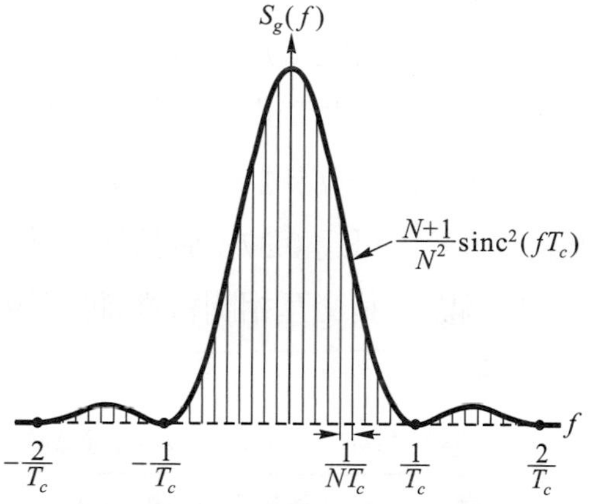

圖 4.23　直接序列之功率頻譜密度

4.3.5　交互相關與高德碼

直接序列與所產生之波形具有相當優良之自我相關函數，但於衛星導航應用時，由於得同時接收來自不同衛星之訊號故得考慮交互相關特性。對於週期均為 N 之兩電碼 $\{C_A(k)\}$ 與 $\{C_B(k)\}$，其交互相關函數之定義為

$$R_{AB}(l)=\frac{1}{N}\sum_{k=0}^{N-1}c_A(k)c_B(k+l) \tag{4.96}$$

其中 $c_A(k)=(-1)^{C_A(k)}$ 且 $c_B(k)=(-1)^{C_B(k)}$。此處以大寫之 $C_A(k)$ 代表以 0 與 1 表示之電碼而以小寫之 $c_A(k)$ 代表以 1 或 −1 表示之電碼。若考慮 $g_A(t)=\sum_{k=0}^{\infty}c_A(k)p_{T_c}(t-kT_c)$ 與 $g_B(t)=\sum_{k=0}^{\infty}c_B(k)p_{T_c}(t-kT_c)$，則此二波形間之交互相關函數定義為

$$R_{AB}(\tau)=\frac{1}{T}\int_0^T g_A(t)g_B(t+\tau)dt \tag{4.97}$$

其中 $T=NT_c$ 爲波形函數之週期。由前述推導可知 $R_{AB}(\tau)$ 可表示成 $R_{AB}(l)$ 之內插。事實上，若 $\tau=lT_c+\varepsilon$ 則

$$R_{AB}(\tau)=\left(1-\frac{\varepsilon}{T_c}\right)R_{AB}(l)+\frac{\varepsilon}{T_c}R_{AB}(l+1) \tag{4.98}$$

爲避免其他衛星訊號之干擾而達到分碼共享之目的，於電碼設計與選用時一般均希望交互相關函數不論於任何時延均相當低。

直接序列雖具良好之自我相關性質，但二直接序列間之交互相關函數並不滿足要求。參照表 4.8 之說明。首先，一旦階數確定，可以選用之基本多項式或直接序列個數往往有所限制，也因此限制了可同時共享之訊號個數。同時，取二直接序列可發現其交互相關值並不低。以 10 階直接序列爲例，可以選擇之不同序列計有 60 組，但此些序列彼此間之交互相關函數值最大可達 0.37。直接序列雖具有良好之自我相關特性可逼近之需求但囿於多項式之個數，其交互相關特性卻無法控制於一定範圍，因此直接序列並不適用於共享之通訊和導航。

表 4.8　直接序列之個數與交互相關函數值

階數	電碼長度	直接序列個數	最大交互相關值
3	7	2	0.71
4	15	2	0.60
5	31	6	0.35
6	63	6	0.36
7	127	18	0.32
8	255	16	0.37
9	511	48	0.22
10	1023	60	0.37
11	2047	176	0.14
12	4095	144	0.34

解決交互相關函數可能太大以致引發共享不易之困擾的方法一般可採用高德序列或高德碼(Gold code)。每一高德序列係由二組經特定選定之 m 階直接序列組合而成一乘積碼(product code)如圖 4.24 所示。一旦設定了非全零之起始值，則此二 m 階之直接序列產生器可產生直接序列，再進行二進位加法運算可得高德碼。依起始值設定之

不同，此一架構可用以產生不同型式之高德碼。此一族群之各高德碼具有與原始直接序列相同之週期，均為 $N=2^m-1$ 倍之碼寬。假設原始 m 階直接序列之表示分別為 $\{C_A(k)\}$ 與 $\{C_B(k)\}$ 則所得之高德碼可表示成

$$G_i(k) = C_A(k) \oplus C_B(k-n_i) \tag{4.99}$$

這其中 i 用以代表不同之高德碼而 n_i 相當於不同之延遲。此一族群之電碼個數為 2^m+1 除原始之 $\{C_A(k)\}$ 與 $\{C_B(k)\}$ 外尚包括 2^m-1 不同位移或不同 n_i 值之電碼。高德碼之產生方式如圖 4.24 所示並不特別複雜，但卻可產生一族群之電碼且此些電碼間之交互相關函數值有一上限。以下說明高德碼之一範例。利用 $h_A(z^{-1}) = 1 + z^{-3} + z^{-5}$ 與 $h_B(z^{-1}) = 1 + z^{-1} + z^{-2} + z^{-3} + z^{-5}$ 二基本多項式可產生直接序列 $\{C_A(k)\}$ 與 $\{C_B(k)\}$。此二直接序列之電碼分別為

$$C_A : 1111100110100100001010111011000|111110011010010000\cdots \tag{4.100}$$

與

$$C_B : 1111101100111000011010100100010|111110110011100001\cdots \tag{4.101}$$

表 4.9 列出由此二直接序列所建構之高德碼族群於一週期內之呈現。這其中除了第一列之 $\{C_A(k)\}$ 與 $\{C_B(k)\}$ 外，其餘高德碼係由 $\{C_A(k)\}$ 與移位後之 $\{C_B(k)\}$ 經模二相加而得；共有 33 組電碼。若計算 $\{C_A(k) \oplus C_B(k)\}$ 與 $\{C_A(k) \oplus C_B(k+1)\}$ 之交互相關函數，當時延為碼寬之整數倍時，此一交互相關函數之值可能為 $-\frac{1}{31}$、$\frac{7}{31}$ 或 $-\frac{9}{31}$。若計算此一高德碼之自我相關函數時，由於 $\{C_A(k)\}$ 與 $\{C_B(k)\}$ 為直接序列故其自我相關函數之值為 1 或 $-\frac{1}{31}$。但若計算 $\{C_A(k) \oplus C_B(k+1)\}$ 之自我相關函數，則可能之值為 1、$-\frac{1}{31}$、$\frac{7}{31}$ 或 $-\frac{9}{31}$。

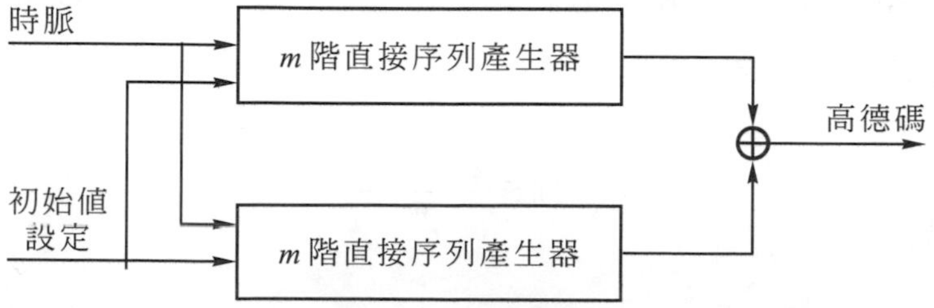

圖 4.24 高德碼產生器

表 4.9　高德碼範例

11111001101001000010101110110000	11111011001110000110101001000010
1000010000111000000111101001001	1110001100110101010101100010110
0100011101101010001100010010000	1111010011101100100101010111111
1010011011000011001001101111100	0111111100000000011101001101011
1101011000010111101011010001010	0011101011110110000001000000001
1110111001111101111010001110001	0001100000001101001111000110100
0111001001001000110010100001100	1000100101110000101000000101110
1011110001010010010110110110010	1100000111001110011011100100011
1101101101011111000100111101101	0110010110010001000010010100101
0110100011011001101101111000010	0011011110111110101110101100110
1011000100011010111001011010101	1001111010101001011000110000111
0101110111111011010011001011110	0100101000100010100011111110111
1010101110001011100110000011011	0010000001100111011110011001111
0101000010110011111100100111001	0001010101000101100000101010011
0010110100101111110001110101000	0000111111010100111111110011101
1001001111100001110111011100000	0000001010011100010000011111010
1100110010000110110100001000100	

高德碼之週期性交互相關函數如表 4.10 所示。當時延爲整數時，高德碼之交互相關函數值有三種可能，但重要的是此一交互相關函數值小於一上限：對於不同之 i 與 j 以及任何時延 l，交互相關函數之絕對值均滿足

$$\left|R_{ij}(l)\right| = \left|\frac{1}{N}\sum_{k=0}^{N-1}(-1)^{G_i(k)}\cdot(-1)^{G_j(k+l)}\right| \le \begin{cases} \dfrac{2^{(m+1)/2}+1}{2^m-1}, & m\text{為奇數} \\ \dfrac{2^{(m+2)/2}+1}{2^m-1}, & m\text{為偶數} \end{cases} \tag{4.102}$$

如此當 m 或 N 夠大時，交互相關函數可以甚小而滿足展頻之要求。以 10 階之高德碼爲例，其交互相關函數之值如表 4.11 之說明有 $\frac{1}{2}$ 之機率爲 $-\frac{1}{1023}$，$\frac{1}{8}$ 之機率爲 $\frac{63}{1023}$ 及 $\frac{1}{8}$ 之機率爲 $-\frac{65}{1023}$；此一數值遠小於原始直接序列之交互相關函數值。高德碼由於具有良好之交互相關性質故可適用於分碼共享之應用。若令 $\lfloor x \rfloor$ 代表小於或等於 x 之整數則(4.102)之上限可改寫爲

$$\left|R_{ij}(l)\right| \le \frac{2^{\lfloor (m+2)/2 \rfloor}+1}{2^m-1} \tag{4.103}$$

值得留意的是雖然高德碼之交互相關函數有(4.103)之上限，但當超過一碼寬，其自我相關函數較直接序列之自我相關函數來得大。當時延於一碼寬內，高德碼之自我相關函數仍具三角函數之型式，而當時延超過一碼寬後，高德碼之自我相關函數仍低於(4.103)之上限；因此基本上仍具有良好之自我相關函數性質。至於高德碼之功率頻譜密度則與直接序列之功率頻譜密度相似：於中心頻率附近呈現 sinc^2 函數之型式且主波瓣之零點間距頻寬爲兩倍之碼率。

表 4.10 高德碼之交互相關函數

階數	週期	交互相關	機率
m(奇數)	$N=2^m-1$	$-\dfrac{2^{(m+1)/2}+1}{N}$	0.25
		$-\dfrac{1}{N}$	0.5
		$\dfrac{2^{(m+1)/2}-1}{N}$	0.25
m (偶數)	$N=2^m-1$	$-\dfrac{2^{(m+2)/2}+1}{N}$	0.125
		$-\dfrac{1}{N}$	0.75
		$\dfrac{2^{(m+2)/2}-1}{N}$	0.125

4.3.6 展頻電碼設計

爲了滿足精確測距與分碼共享之需求，GNSS 訊號之設計均慎重選用展頻電碼。電碼之設計主要得考慮以下有關之參數與指標

- 電碼長度
- 族群內之電碼個數
- 相關函數上限

一般而言，若電碼之長度越長則處理增益越高、有較優良之展頻特性且抗拒干擾之能力亦較佳，但相對而言越長之電碼其複雜度越高且擷取亦較耗時。對於 GNSS 訊號設計而言，由於 GPS 民用之 C/A 電碼長度爲 1023，故無形中現代化之 GPS 訊號電碼與 Galileo 訊號電碼長度均爲 1023 之倍數。由於每一 GNSS 衛星得搭配一電碼故於電碼設計過程，往往要求該族群有足夠個數之電碼以因應分碼共享之需求。對於一族群之

電碼若各電碼之長度爲 N 而族群中電碼之個數爲 P 且以 $c_i(k)$ 代表以±1 表示之第 i 組電碼第 k 電碼。第 i 組電碼自我相關函數之定義爲

$$R_i(l) = \frac{1}{N}\sum_{k=0}^{N-1} c_i(k)c_i(k+l) \tag{4.104}$$

當時延 l 爲 0 則 $R_i(l)$ 之值爲 1。但於電碼設計時，關心的是時延超過一碼寬之結果，因此可定義偏離一碼寬後之自我相關函數最大值爲一評估指標

$$\overline{R}_i = \max_{l \neq 0 \bmod N} \left| R_i(l) \right| \tag{4.105}$$

交互相關函數之定義爲

$$R_{ij}(l) = \frac{1}{N}\sum_{k=0}^{N-1} c_i(k)c_j(k+l) \tag{4.106}$$

於電碼設計時一般要求交互相關函數低於一上限故評估指標爲

$$\overline{R}_{ij} = \max_{l} R_{ij}(l) \tag{4.107}$$

所謂相關函數上限 η 可視爲 $\overline{R}_i$ 與 $\overline{R}_{ij}$ 之上限而滿足

$$\max_i \overline{R}_i \le \eta \quad \text{與} \quad \max_{i,j} \overline{R}_{ij} \le \eta \tag{4.108}$$

以 m 階高德碼爲例，其電碼長度爲 $N = 2^m - 1$，該族群之電碼個數爲 $P = 2^m + 1$ 而相關函數上限則如表 4.11 所示可寫成 $\eta = \dfrac{2^{\lfloor (m+2)/2 \rfloor} + 1}{2^m - 1}$。

除了高德碼之外，於文獻上可以發現相當多具展頻與共享功能之電碼如卡莎米(Kasami)電碼、威爾(Weil)電碼、轉折函數(bent function)碼等。表 4.11 比較這些電碼之電碼長度、族群內電碼個數與相關函數上限。卡莎米電碼一般復分爲小卡莎米電碼與大卡莎米電碼兩類型。卡莎米電碼與高德碼相似亦以直接序列爲基礎加以建構。假設 $\{C_A(k)\}$ 爲一長度爲 2^m-1 且 m 爲偶數之直接序列。令 $q=2^{m/2}+1$ 並產生一新的簡化序列(decimated sequence)如下：$\{C_B(k)\}=\{C_A(qk)\}$ 相當於每隔 q 碼元由 $\{C_A(k)\}$ 取出一電碼。由於 2^m-1 整除於 $2^{m/2}+1$，故所得之簡化序列 $\{C_B(k)\}$ 之週期爲 $2^{m/2}-1$。小卡莎米電碼可隨之根據以下方法建立之

$$K_i(k) = C_A(k) \oplus C_B(k - n_i) \tag{4.109}$$

此一電碼之建構方式較高德碼複雜但重要的是小卡莎米電碼具相當好之交互相關函數特性。舉例說明如下：令(4.62)之 4 階直接序列爲$\{C_A(k)\}$且每隔 $q=2^{4/2}+1=5$ 碼元取一電碼則所得之$\{C_B(k)\}$爲 110|110|110|110|⋯。若根據(4.109)再加上原始之序列可得到以下之小卡莎米電碼族群

$$K:\begin{cases} 111101011001000|111101\cdots \\ 001011101111110|001011\cdots \\ 010000110100101|010000\cdots \\ 100110000010011|100110\cdots \end{cases} \tag{4.110}$$

此一族群之電碼個數爲 $2^{4/2}=4$。若時延爲碼寬之整數倍，此一小卡莎米電碼之自我相關函數之可能值有下列四種可能：1、$-\frac{1}{15}$、$\frac{3}{15}$和$-\frac{5}{15}$。若計算小卡莎米電碼交互相關函數，可得到之値爲$-\frac{1}{15}$、$\frac{3}{15}$或$-\frac{5}{15}$。相較於高德碼，小卡莎米電碼之相關函數值上限更低也因此更有利於分碼共享之應用。但是，於一小卡莎米族群之電碼個數卻較少，不利於較多用戶之應用。至於大卡莎米電碼之建構則根據一直接序列考慮了兩組簡化序列分別每隔 $2^{m/2}+1$ 碼元與 $2^{(m+2)/2}+1$ 碼元，再利用此直接序列與移位後簡化序列之合成建立一族群之電碼。高德碼與小卡莎米電碼均歸屬於大卡莎米電碼。

表 4.11 不同電碼之比較

	電碼長度	電碼個數	相關函數值上限	限制
高德碼	2^m-1	2^m+1	$\frac{2^{\lfloor (m+2)/2 \rfloor}+1}{2^m-1}$	$0\neq 4 \bmod m$
小卡莎米電碼	2^m-1	$2^{m/2}$	$\frac{2^{m/2}+1}{2^m-1}$	$0=2 \bmod m$
大卡莎米電碼	2^m-1	$2^{m/2}(2^m+1)$	$\frac{2^{(m+2)/2}+1}{2^m-1}$	$2=4 \bmod m$
威爾電碼	p	$(p-1)/2$	$\frac{1+4\lfloor p^{0.5}/2 \rfloor}{p}$	$1=2 \bmod p$ p 爲質數
轉折函數碼	2^m-1	$2^{m/2}$	$\frac{2^{m/2}+1}{2^m-1}$	$0=4 \bmod m$

假設 p 爲一質數，李堅德雷(Legendre)序列 $L(k)$爲長度爲 p 之序列而其第 k，$k=0,1,\ldots,p-1$，碼元主要利用下式判斷

$$L(k)=\begin{cases}1, & \text{若存在非零整數x滿足 } k=x^2 \bmod p \\ 0, & \text{若不存在非零整數x滿足 } k=x^2 \bmod p\end{cases} \tag{4.111}$$

而當 $i=0$ 時，$L(0)=0$。李堅德雷序列之特色與直接序列一樣具有相當優良之自我相關函數。事實上，當時延τ不是週期 p 之整數倍時，此一序列之自我相關函數滿足

$$R_L(\tau)=\begin{cases}\dfrac{1}{p}\text{或}-\dfrac{3}{p}, & \text{當}p=1\bmod 4 \\ -\dfrac{1}{p}, & \text{當}p=3\bmod 4\end{cases} \tag{4.112}$$

所以若質數 p 除以 4 之餘數爲 3 則李堅德雷序列之自我相關函數與直接序列之自我相關函數是相當的。根據前述李堅德雷序列 $L(k)$可建構出相同長度之威爾序列

$$W_i(k)=L(k)\oplus L(k-w_i) \tag{4.113}$$

此處稱 w_i 爲威爾指標(Weil index)係一介於 1 與$(p-1)/2$ 之整數。方程式(4.113)係將李堅德雷序列 $L(k)$移位 w_i 後與原始李堅德雷序列進行模二相加而得。此一威爾序列保有良好之自我相關函數特性，且不同威爾序列間之交互相關函數存一上限。因此，威爾序列亦適合應用於分碼共享之展頻通訊與導航。若比較威爾序列與高德碼可知威爾序列之長度必需爲一質數而高德碼之長度必需滿足 2^m-1 而 m 爲一整數。由於質數之個數多於可表成 2^m-1 之整數，因此利用威爾序列有相當的靈活性。

轉折函數碼利用轉折函數以產生長度爲 2^m-1 之電碼其中 m 得爲 4 之倍數。轉折函數碼之一項重要特性爲其產生機制具有相當程度之非線性，故無法輕易利用移位暫存器電路實現，也因此所得之電碼具有較佳之保密性。除了採用特定函數或電路之安排以產生電碼外，隨著電子電路與記憶裝置之發展，可以利用數值最佳化方式設計一群滿足設計要求之電碼，並將此一隨機之電碼儲存於記憶裝置中於應用時逐一讀出。此一設計方式所得之電碼一般稱之爲記憶碼(memory code)。此一作法之好處爲電碼之長度可依設計之要求進行設定並可以要求電碼具有特定之性質。

4.4 雙偏置載波調變

應用展頻電碼可以將傳送訊號之頻寬有效地由原始之資料頻寬擴展到展頻碼之頻寬。如前所述，若所傳送資料之位元寬為 T_b 並採用 BPSK 調變，則傳送訊號之頻譜會以載波為中心並形成 sinc^2 函數型式之包絡，且此一訊號之零點間距頻寬為 $\frac{2}{T_b}$。如果資料先經過展頻調變後再利用 BPSK 調變，則所得之訊號頻譜仍以載波為中心呈現 sinc^2 函數型式之包絡，但此一訊號之零點間距頻寬變成為 $\frac{2}{T_c}$，其中 T_c 為碼寬。由於碼寬一般遠窄於位元寬故所傳送訊號之頻寬得以擴展為原先之 $G_p = T_b/T_c$ 倍。對於 GNSS 之應用，若有兩項服務期望採用相同載波但彼此間展頻電碼之產生機制並不相同，則會產生訊號彼此干擾和不相容之問題。例如，當 GPS 利用展頻方式於 L1 頻段傳送訊號，若 Galileo 亦採用相同頻段但卻採用不相容之展頻電碼時，彼此間會有相互干擾之問題。欲避免干擾、取得相容並共用相同之載波就得於訊號設計之議題下功夫。雙偏置載波(BOC)調變之設計構想主要導入次載波(subcarrier)以令所得頻譜之主波瓣偏離載波頻率，如此由於經 BOC 調變與經 BPSK 調變訊號之主波瓣彼此相互錯開故可以取得相容性。展頻調變 BPSK 訊號之表示式如第 4.2.1 節所說明主要利用一展頻訊號 $g(t) = \sum_{k=0}^{\infty} c_k p_{T_c}(t - kT_c)$ 調變至原始之訊號。BOC 調變除應用展頻訊號 $g(t)$ 外另外亦應用次載波。假設 $h(t)$ 為次載波訊號則參照(4.35)經 BOC 調變之訊號可以表示成

$$\sqrt{2P}g(t) \cdot h(t) \cdot d(t) \cdot \cos(2\pi f_0 t) \tag{4.114}$$

圖 4.25 顯示此一 BOC 調變訊號之產生方式。相較於圖 4.8 之展頻 BPSK 訊號此一 BOC 調變嘗試將資料、展頻訊號與次載波結合後再進行調變。次載波之頻率一般與展頻電碼之碼率相近且往往以數位電路實現，故此一 BOC 調變過程並不特別複雜。次載波訊號之選擇攸關頻譜主波瓣相較於載波頻率之位置，一般選用以下之次載波訊號

$$h(t) = \text{sgn}\big(\sin(2\pi f_s t)\big) \quad \text{或} \quad \text{sgn}\big(\cos(2\pi f_s t)\big) \tag{4.115}$$

其中 f_s 為次載波訊號之頻率。$\text{sgn}\big(\sin(2\pi f_s t)\big)$ 為頻率為 f_s 之正弦訊號經取正負符號進行整流後之波形。若選用 $\text{sgn}\big(\sin(2\pi f_s t)\big)$ 為次載波則此一調變又稱正弦型式 BOC 調變，此時 BOC 調變訊號可表示成

$$s_{\mathrm{BOC}_s}(t) = g(t)\cdot \mathrm{sgn}\big(\sin(2\pi f_s t)\big) \tag{4.116}$$

若採用 $\mathrm{sgn}\big(\cos(2\pi f_s t)\big)$ 則構成餘弦型式 BOC 調變而 BOC 調變訊號成為

$$s_{\mathrm{BOC}_c}(t) = g(t)\cdot \mathrm{sgn}\big(\cos(2\pi f_s t)\big) \tag{4.117}$$

一般而言，若未特別聲明則 BOC 調變訊號泛指正弦型式 BOC 調變訊號。

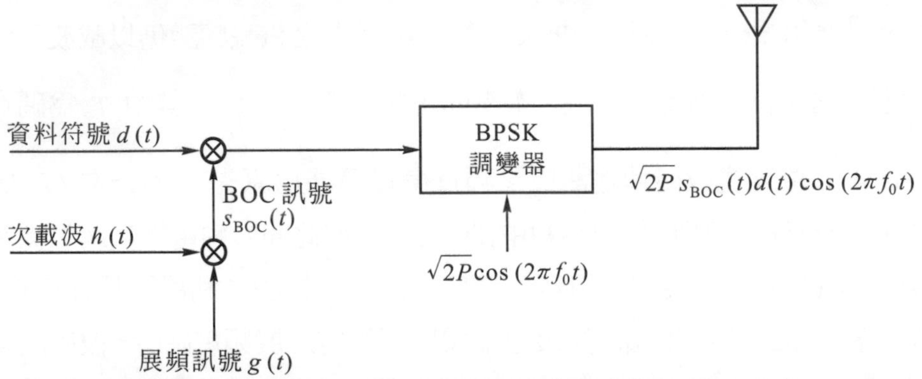

圖 4.25　BOC 訊號之產生

一 BOC 調變訊號主要取決於兩個頻率，分別為次載波頻率與展頻碼之碼率。若令 f_c 為展頻碼之碼率則 BOC 訊號一般表示成 BOC(f_s, f_c)。由於 BOC 訊號主要應用於衛星導航故其表示方式往往又寫成 BOC(m, n) 其中 $f_s = m\cdot 1.023$MHz 而 $f_c = n\cdot 1.023$MHz；此處 1.023 MHz 可視為衛星導航之基本頻率。原則上，BOC 訊號之次載波頻率與展頻碼之碼率可以是彼此不相干的；但實用上一般要求次載波倍頻與展頻碼碼率之比值為一整數。定義

$$L = 2\frac{f_s}{f_c} = 2\frac{m}{n} \tag{4.118}$$

此一比值 L 可視同一展頻碼碼寬所包含之次載波半週期之個數。令次載波之半週期長度為 T_h 即 T_h 相當於 $T_h = 1/(2f_s)$，則此一 BOC 調變亦可視為利用以下波形函數取代原始之單位脈波

$$h_{\mathrm{BOC}}(t) = \sum_{l=0}^{L-1}(-1)^l p_{T_h}(t - lT_h) \tag{4.119}$$

而 T_c 與 T_h 間之關係恰為 $T_c = LT_h$。因此若未採用 BOC 調變前之展頻訊號為(4.76)之型式 $g(t) = \sum_{k=0}^{\infty} c_k p_{T_c}(t - kT_c)$，則經 BOC 調變後之展頻訊號變成

$$s_{\mathrm{BOC}_s}(t) = \sum_{k=0}^{\infty} c_k \left(\sum_{l=0}^{L-1} (-1)^l p_{T_h}(t - kT_c - lT_h) \right) \tag{4.120}$$

由上述說明可知，BOC 調變訊號之產生基本上並不困難僅需另外產生一頻率為 f_s 之 ±1 方塊波再與原始 ±1 展頻訊號相乘即可；而若利用 0 與 1 之數位電路則藉由模二相加以建構此一訊號。由於 T_h 一般小於 T_c，故經由 BOC 調變，訊號之頻譜益形擴大。圖 4.26 說明如何由原始展頻訊號與次載波建構出 BOC(1,1)訊號。對於 BOC(1,1)訊號而言，其次載波頻率與展頻電碼碼率相同，故一碼寬相當於兩倍之次載波半週期，即 $L=2$。由圖中可知，BOC(1,1)訊號較原始之展頻訊號有較頻繁之轉換也因此頻寬更寬。同時由於採用一正一負之波形函數，故 BOC(1,1)於中心頻率之強度為零。事實上，BOC(1,1)之產生亦可以參考傳輸編碼之說明。圖 4.27 進一步描述 BOC(2,1)訊號之產生，此時一碼寬相當於四個次載波半週期，故 BOC(2,1)訊號於正負間之轉換更為頻繁。

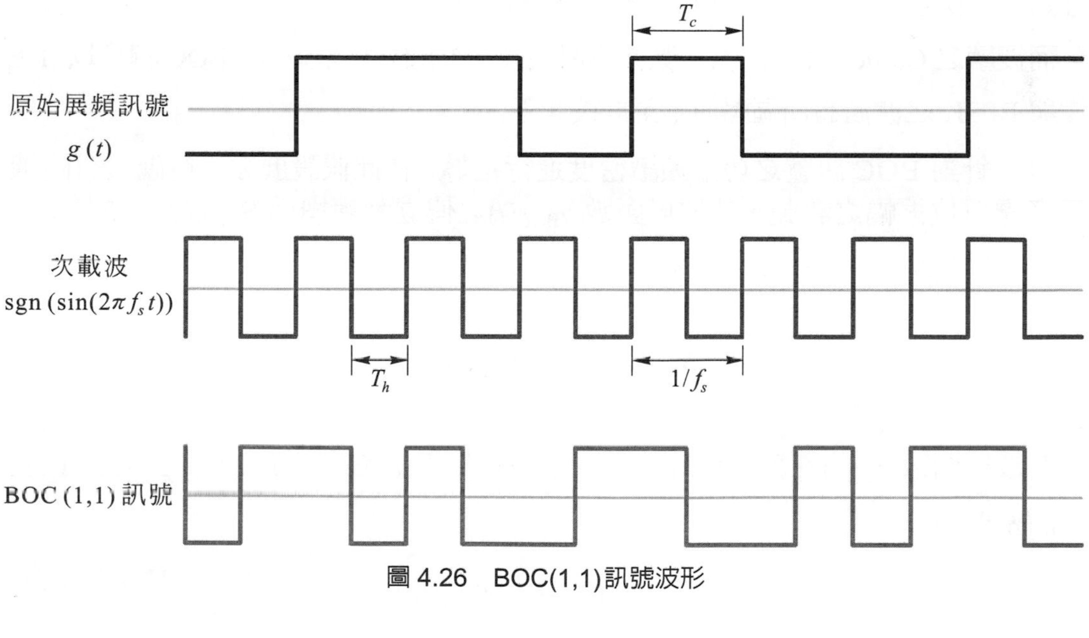

圖 4.26　BOC(1,1)訊號波形

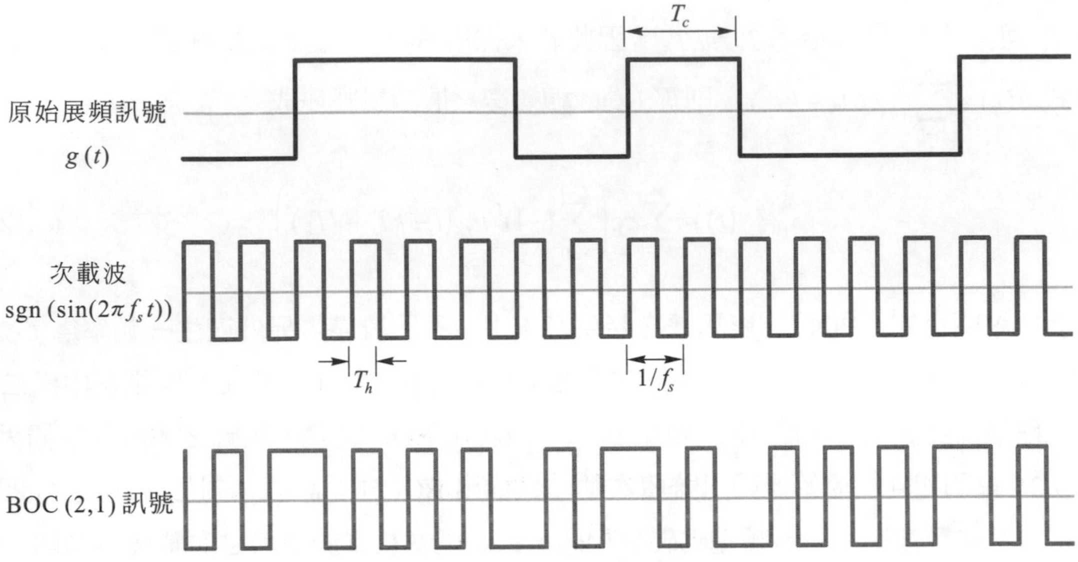

圖 4.27　BOC(2,1)訊號波形

由於 BOC 訊號較原先之展頻訊號有較頻繁之轉換，故頻譜更為擴展但是此一擴頻並未改變原始展頻訊號之中心頻率。也因此 BOC 訊號得以與原先之展頻訊號一併傳送且彼此相容並達到共用之目的。對於 GNSS 應用而言，此一相容與共用之需求有相當重要之意義。例如，GPS 於 L1 頻段之民用訊號採用展頻電碼與 BPSK 方式調變至 L1 載波，而後續之 Galileo 開放服務訊號亦擇用相同之 L1 載波但卻利用 BOC 調變以令主要波瓣與 BPSK 之波瓣有所區隔而不至於彼此干擾。

以下針對 BOC 訊號之功率頻譜密度進行推導。在此假設展頻之電碼具有隨機特性且考慮單位振幅之訊號，若波形函數 $h_{\text{BOC}}(t)$之傅立葉轉換為 $H_{\text{BOC}}(f)=\Im\{h_{\text{BOC}}(t)\}$ 則該 BOC 訊號之功率頻譜密度應為

$$S_{\text{BOC}}(f)=\frac{1}{T_c}\left|H_{\text{BOC}}(f)\right|^2 \tag{4.121}$$

首先若波形函數 $h_{\text{BOC}}(t)$為寬度為碼寬 T_c 之單位矩形脈波，即 $h_{\text{BOC}}(t)=p_{T_c}(t)$，則其功率頻譜密度為

$$S_{\text{BPSK}}(f)=T_c\text{sinc}^2(fT_c) \tag{4.122}$$

此處以下標 BPSK 來描述此一訊號因為採用此一波形函數等同於進行 BPSK 調變。以下以 BPSK(f_c)或 BPSK(n)描述碼率為 f_c 或 $n\cdot 1.023$MHz 之經由展頻之 BPSK 調變訊

號。由於 BOC 調變訊號之產生可視爲採用不同之脈波波形函數，故其功率頻譜密度可以應用傅立葉轉換之性質求得。對於(4.121)之正弦型式 BOC 訊號脈波波形，取其傅立葉轉換可得

$$\begin{aligned} H_{\mathrm{BOC}}(f) &= \sum_{l=0}^{L-1}(-1)^l \int_{lT_h}^{(l+1)T_h} \exp(-j2\pi ft)dt \\ &= \exp(-j\pi fT_h)\frac{\sin(\pi fT_h)}{\pi f}\frac{1-(-1)^L\exp(-j2\pi fLT_h)}{1+\exp(-j2\pi fT_h)} \end{aligned} \tag{4.123}$$

由於 $T_c=L\,T_h$ 故 $H_{\mathrm{BOC}}(f)$ 可表成

$$H_{\mathrm{BOC}}(f)=\begin{cases} j\dfrac{\sin(\pi fT_h)}{\pi f}\dfrac{\exp(-j\pi fT_c)\sin(\pi fT_c)}{\cos(\pi fT_h)}, & L\text{為偶數} \\ \dfrac{\sin(\pi fT_h)}{\pi f}\dfrac{\exp(-j\pi fT_c)\cos(\pi fT_c)}{\cos(\pi fT_h)} & L\text{為奇數} \end{cases} \tag{4.124}$$

將(4.124)代入(4.121)可知若 L 爲偶數則 BOC 訊號之功率頻譜密度函數爲

$$S_{\mathrm{BOC}_s(f_s,f_c)}(f)=\frac{1}{f_c}\mathrm{sinc}^2(\frac{f}{f_c})\tan^2(\frac{\pi f}{2f_s})=T_c\mathrm{sinc}^2(fT_c)\tan^2(\frac{\pi f}{2f_s}) \tag{4.125}$$

同時若 L 爲奇數則功率頻譜密度函數爲

$$S_{\mathrm{BOC}_s(f_s,f_c)}(f)=\frac{1}{f_c}\frac{\cos^2(\pi f/f_c)}{(\pi f/f_c)^2}\tan^2(\frac{\pi f}{2f_s})=T_c\frac{\cos^2(\pi fT_c)}{(\pi fT_c)^2}\tan^2(\frac{\pi f}{2f_s}) \tag{4.126}$$

圖 4.28 比較 BPSK(1)、正弦型式 BOC(1,1)與 BOC(2,1)之功率頻譜密度。由此圖可知，BPSK(1)之頻譜集中於中心頻率，其零點間距頻寬爲 $2f_c$。BOC 訊號頻譜之主波瓣分別座落於離中心頻率 ±fs 之位置。因此 BOC 訊號之主波瓣恰好位於 BPSK(1)之零點頻率，也因此得以與 BPSK 訊號之頻譜有所區隔。另一方面，BOC 訊號之頻譜呈現兩個主波瓣，主波瓣峰值之頻率與中心頻率之差異爲次載波頻率，而各主波瓣之零點間距頻寬則爲兩倍之碼率。如果欲同時接收 BOC 訊號之二主波瓣則得需要更寬之頻寬。以 BOC(1,1)爲例，欲接收兩個主波瓣頻寬則所需之頻寬爲 $4f_c$。BOC(2,1)之峰值分別於$\pm 2f_c$出現，主要佔用之頻寬爲離中心頻率 f_c 至 $3f_c$ 與 $-f_c$ 至 $-3f_c$ 之間。

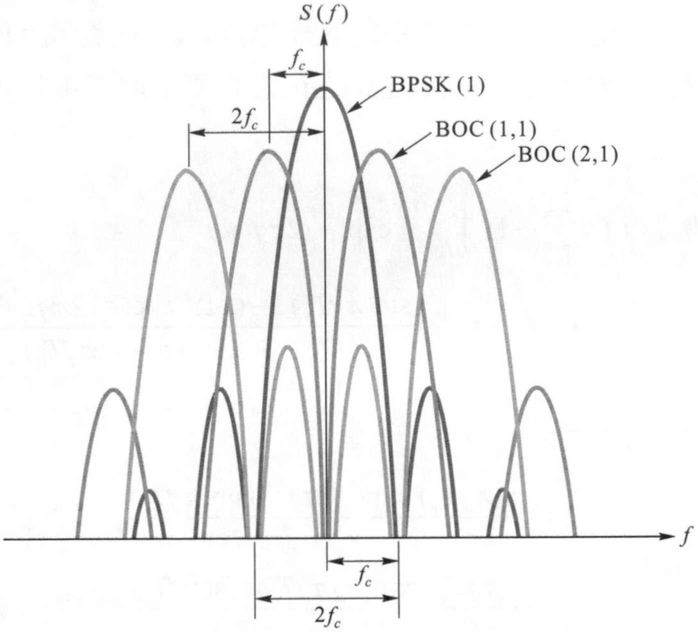

圖 4.28　BPSK(1)、正弦型式 BOC(1,1)與 BOC(2,1)之功率頻譜密度

對於 BOC(m, n)訊號，其自我相關函數可利用功率頻譜密度之反傅立葉轉換求得。此一自我相關函數計有 $2L-1$ 峰值分別座落於 $lT_h/2$，其中 l 爲介於$-2L+2$ 與 $2L-2$ 間之整數。同時，於時間差爲 $lT_h/2$，自我相關函數爲

$$R_{\mathrm{BOC}_s(m,n)}(\tau)\Big|_{\tau=lT_h/2}=\begin{cases}(-1)^{l/2}\dfrac{L-|l/2|}{L}, & l\text{為偶數}\\[2ex](-1)^{(|l-1|/2)}\dfrac{1}{2L}, & l\text{為奇數}\end{cases}\tag{4.127}$$

對於 BPSK(1)訊號，其自我相關函數爲標準之三角型函數

$$R_{\mathrm{BPSK}}(\tau)=\Lambda_{T_c}(\tau)=\begin{cases}1-\dfrac{|\tau|}{T_c}, & |\tau|\le T_c\\ 0, & \text{其他}\end{cases}\tag{4.128}$$

以 BOC(1,1)爲例，其自我相關函數

$$R_{\mathrm{BOC}(1,1)}(\tau)=\begin{cases}1-4\dfrac{|\tau|}{T_c}, & |\tau|\le\dfrac{T_c}{2}\\[2ex]-1+\dfrac{|\tau|}{T_c}, & \dfrac{T_c}{2}<|\tau|\le T_c\\ 0, & \text{其他}\end{cases}=2\Lambda_{T_c/2}(\tau)-\Lambda_{T_c}(\tau)\tag{4.129}$$

圖 4.29 顯示 BPSK(1)、正弦型式 BOC(1,1)與 BOC(2,1)之自我相關函數。BOC 調變後之訊號其自我相關函數較為複雜且有多個轉折點。於訊號偵測時，非零之轉折點會形成旁峰值(side peaks)有造成誤判之可能。因此於 BOC 訊號擷取與追蹤時，得額外針對此一現象進行探討。

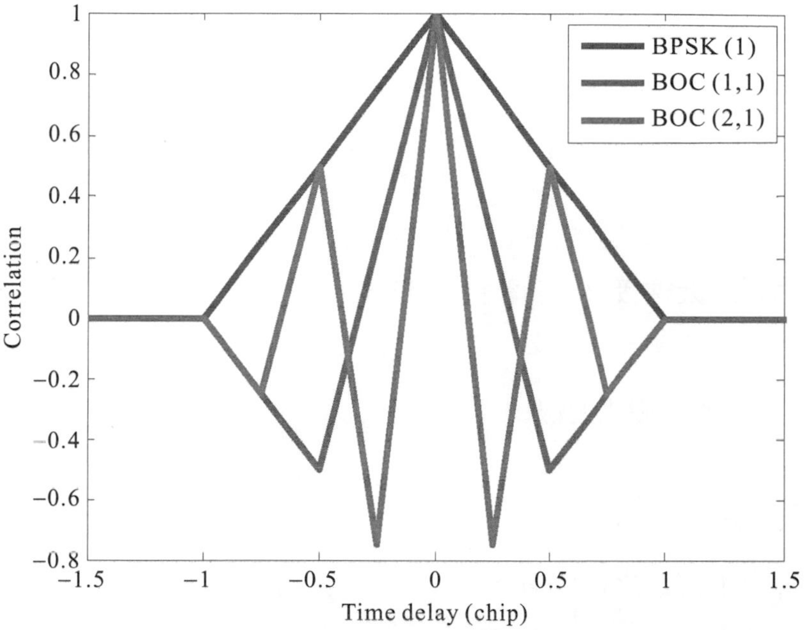

圖 4.29　BPSK(1)、正弦型式 BOC(1,1)與 BOC(2,1)之自我相關函數

結語

通聯損益分析為通訊與導航系統設計之基本分析。藉由此一分析可確切掌握重要之參數如最大傳送功率、訊號與通道頻寬、傳送距離與環境、完成通聯之訊雜比等。對於衛星導航用而言，展頻技術之導入並不是個偶然而是一個必然。由通聯損益分析之結果可知，由於衛星距地球有一段距離，故地面上可接收到之訊號功率相當微弱，往往低於本地端之熱雜訊。展頻技術主要利用以頻率換取功率之思維，獲得珍貴之處理增益以有效地進行微弱訊號之接收。實現此一展頻技術之機制相對而言亦並不複雜。尤其是隨著高速電子與晶片系統之發展，不同展頻電碼均可以輕易地晶片予以實現。

參考文獻說明

通訊系統分析首要確定可以成功通聯，於許多通訊系統與太空通訊之書籍均對通聯分析有完整之說明，可參考[143][170][187][225]。展頻通訊之書籍則可參考[93][165][185][202][214][232]；另外文獻[95]針對 GNSS 訊號特別說明。電碼之設計則可參考[227]。高德碼最先由高德所發展[78]。BOC 訊號之特性於[17][168]有所說明。文獻[7]對於許多適用於 GNSS 之訊號調變有精闢之見解。至於 BOC 訊號之功率頻譜密度之推導與應用，可參考[18]與[172]。

習題

1. 若採用以下天線接收一功率爲 20dBW 之右旋圓形偏極化訊號，請問所得功率爲何？
   a. 右旋圓形偏極化天線
   b. 左旋圓形偏極化天線
   c. 垂直偏極化天線
2. 試計算以下傳送之路徑損耗
   a. 頻率爲 1 GHz，距離爲 1000 公里
   b. 頻率爲 10 GHz，距離爲 1000 公里
   c. 頻率爲 1 GHz，距離爲 10000 公里
   d. 頻率爲 10 GHz，距離爲 10000 公里
3. 一 10GHz 之接收機包含一增益爲 30dB 且雜訊溫度爲 20K 之射頻前級、增益爲 10dB 且雜訊溫度爲 300K 之降頻器以及增益爲 15dB 且雜訊溫度爲 1000K 之中頻放大器。假設參考之溫度爲 290K，試計算系統之雜訊溫度與雜訊指數。
4. 假設電纜之損耗爲 3dB，放大器之增益爲 20dB 而雜訊指數爲 2dB 且接收機之增益爲 40dB 而雜訊指數爲 8dB。比較以下二種不同構型之系統雜訊指數
   a. 天線→電纜→放大器→接收機
   b. 天線→放大器→電纜→接收機

5. 判斷以下多項式是否爲基本多項式

   a. $1+z^{-3}+z^{-4}$

   b. $1+z^{-2}+z^{-5}$

   c. $1+z^{-2}+z^{-3}+z^{-4}+z^{-5}$

6. 利用以下多項式 $1+z^{-2}+z^{-4}$ 產生電碼，評估所得電碼之週期、雜亂性、自我相關函數與功率頻譜密度。

7. 重複上一題但假設多項式爲 $1+z^{-2}+z^{-4}+z^{-5}$ 。

8. 考慮以下多項式：$h_A(z^{-1})=1+z^{-1}+z^{-3}$，繪出以 Fibonacci 架構實現之序列產生器並計算此一序列之自我相關函數。

9. 給定 $h_B(z^{-1})=1+z^{-2}+z^{-3}$，繪出以 Galois 架構實現之序列產生器並計算此一序列之自我相關函數。

10. 試計算前兩題所產生序列間之交互相關函數。

11. 利用第 8 與第 9 題之多項式，參考高德碼產生方式，產生一組電碼，並計算交互相關函數。

12. 高德碼係利用直接序列建構而成。試說明無法利用兩組 4 階之直接序列建立高德碼。

13. 試驗證直接序列之功率頻譜密度函數公式(4.95)。

14. 試以三角型函數表示 BOC(2,1)之自我相關函數。

15. 對於 BOC(m, n)訊號假設 $m=qn$ 其中 q 爲一整數，試推論此一訊號之自我相關函數可表示成

$$R_{\mathrm{BOC}(qn,n)}(\tau)=\begin{cases}(-1)^k\left[\dfrac{1}{q}(-k^2+2kq+k-q)-(4q-2k+1)\dfrac{|\tau|}{T_c}\right], & |\tau|\le\dfrac{T_c}{2}\\ 0, & \text{其他}\end{cases}$$

其中 k 爲大於或等於 $2q|\tau|/T_c$ 之最小整數。

16. 對於餘弦型式之 $\mathrm{BOC_c}(m, n)$訊號，試驗證其功率頻譜密度為

$$S_{\mathrm{BOC}_c(f_s,f_c)}(f)=\begin{cases}4T_c\mathrm{sinc}^2(fT_c)\left(\dfrac{\sin^2(\frac{\pi f}{4f_s})}{\cos(\frac{\pi f}{2f_s})}\right)^2, & L\text{為偶數}\\[2ex] 4T_c\dfrac{\cos^2(\pi fT_c)}{(\pi fT_c)^2}\left(\dfrac{\sin^2(\frac{\pi f}{4f_s})}{\cos(\frac{\pi f}{2f_s})}\right), & L\text{為奇數}\end{cases}$$

Chapter 5

導航衛星訊號

Navigation Satellite Signals

本章介紹導航衛星之訊號。衛星導航訊號之設計引用相當多近代數位與展頻通訊之技術以期接收機可以接收微弱訊號並取得測距與導航資料。就訊號內容而言，導航衛星訊號包含導航資料與測距訊號，前者提供用戶解算出導航衛星之位置、時鐘誤差與其他有關導航定位之資訊，而後者提供衛星與用戶間距離相關之量測量以供計算出用戶之位置與時間。另一方面，導航衛星訊號之構成包含訊號頻率與頻寬、展頻技術與電碼、資料編排與內容、訊號調變方式等。根據 ICG 之共識，各不同 GNSS 均得頒布該系統之介面文件以利全民使用該訊號。介面文件說明導航訊號之格式與內容包含導航資料之編排、展頻電碼之型式、訊號調變方式等。本章分別說明 GPS、Galileo、GLONASS、北斗、QZSS 與 SBAS 之訊號內容與格式。瞭解此些訊號之內容與格式爲設計 GNSS 接收機必備之基礎。

衛星導航訊號一般由導航資料、展頻電碼以及次載波構成基頻訊號後調變至載波以進行傳輸。對於 0 或 1 之導航位元或符號以下以大寫之 D 表示之，例如，D_{L1} 代表 GPS 於 L1 頻段之數位資料符號。爲方便起見，同時以小寫之 d 代表資料符號但 d 之值爲 1 或−1；即 $d=(-1)^D$。展頻電碼之表示亦採相類似之型式，分別以大寫之 C 與小寫之 c 代表展頻電碼，C 之值爲 0 或 1 而 c 之值則爲 1 或−1。由於展頻碼具週期性，故於表示特定點之展頻碼之值時利用了絕對值符號。例如，$c_{\mathrm{L1_C/A},|k|}$代表以 1 或−1 表示之 GPS C/A 電碼於第 $|k|$ 點之值，此處 $|k|$ 爲 k 除以 L1 C/A 展頻碼週期後之餘數。由於 C/A 展頻碼之週期爲 1023 碼，故此處之 $|k|$ 介於 0 與 1022 之間。於不同訊號成分中，每一資料符號之時間與相對應之展頻碼寬之關係不盡相同。令 $T_{c,\mathrm{L1\_C/A}}$ 爲 L1 C/A 展頻碼之碼寬而 $T_{d,\mathrm{L1\_C/A}}$ 爲每一資料符號之時間或符號寬，於此定義 $d_{\mathrm{L1_C/A},[k]}$表示於第 $[k]$ 點之 L1 C/A 訊號之導航資料，而 $[k]$ 爲 $\dfrac{k\cdot T_{c,\mathrm{L1\_C/A}}}{T_{d,\mathrm{L1\_C/A}}}$ 之整數部分。令 T_x 爲任一時間長度，$p_{T_x}(t)$ 代表時間長度爲 T_x 之單位脈波函數：

$$p_{T_x}(t)=\begin{cases}1, & 0\le t<T_x\\ 0, & \text{其他}\end{cases} \tag{5.1}$$

因此，$p_{T_x}(t-kT_y)$ 僅於 t 介於 kT_y 與 kT_y+T_x 之間方有値。

5.1　GPS 訊號

GPS 爲最具代表性之 GNSS，如 1.3.1 節之說明，GPS 系統歷經多次之演進與變革，目前所傳送之訊號如表 1.2 所示計有三個頻段分別爲 L1、L2 與 L5。於此些頻段上，分別調變有不同之展頻電碼。表 5.1 整理不同型式 GPS 衛星所傳送訊號之電碼。Block IIA(第二代改良型)與 Block IIR(第二代替代型)所傳送之導航訊號可稱之爲傳統訊號(legacy signals)，於 L1 頻段上有民用之 C/A 電碼與軍事用途之 P(Y)電碼且於 L2 頻段上有軍事用途之 P(Y)電碼。自 2005 年佈建之 Block IIRM(第二代新版替代型)增加了 L2 頻段之民用 L2C 電碼同時也引入 L1 與 L2 頻段之 M 碼。於 2010 年開始發射之 Block IIF(第二代後續型)衛星更增加了 L5 頻段之訊號。L5 頻段之訊號採用兩組電碼分別稱之爲 L5I 與 L5Q。預計於 2014 年發射之 Block III 衛星更會增加 L1C 電碼。由於訊號之多元，也開啓多樣之定位、導航與科學應用。原則上每一電碼可代表一可供定位之訊號，而多頻與多碼之接收機亦爲未來發展之趨勢。以下說明 GPS 訊號之內容與格式並描述 C/A 碼、L2C 碼與 L1C 碼之產生方式與性質；P(Y)碼與 M 碼由於係供軍事用途且相關文獻不多，故僅概略描述。

表 5.1　GPS 訊號之電碼型式

	L1				L2			L5	
Block IIA, IIR	C/A	P(Y)			P(Y)				
Block II RM	C/A	P(Y)	M		P(Y)	L2C	M		
Block IIF	C/A	P(Y)	M		P(Y)	L2C	M	L5I	L5Q
Block III	C/A	P(Y)	M	L1C	P(Y)	L2C	M	L5I	L5Q

5.1.1　傳統訊號

圖 5.1 顯示傳統 GPS 訊號之產生方式。衛星上之原子鐘產生頻率爲 10.23MHz 之基本震盪時脈。爲因應相對論之影響，衛星上時鐘實際震盪頻率修正爲 10.2299999954326MHz，如此對地面觀測者而言所觀測到的頻率爲 10.23MHz。此一時脈訊號直接驅動 P(Y)碼之產生，另一方面藉由除頻方式產生 1.023MHz 之時脈驅動 C/A 碼之產生；因此 P(Y)碼之碼率爲 10.23 Mcps 而 C/A 碼之碼率爲 1.023 Mcps。GPS 訊號提供民用之標準定位服務與軍用之精確定位服務。民用服務主要利用 C/A 電碼來達到測距之目的，此一電碼長度爲 1023 電碼故週期爲 1 msec，相當於 1kHz。藉由除頻電路可產生 50Hz 之時脈驅動導航資料產生器而產生位元率爲 50 bps 之導航資料。

導航資料、C/A 電碼與軍事服務 P(Y)碼均爲二位元訊號。實際 L1 頻段之訊號之同相成分由導航資料 $d_{nav}(t)$ 利用 C/A 展頻電碼 $c_{C/A}(t)$ 調變後復與頻率爲 $f_{L1}=1575.42$ MHz 之 L1 載波進行 BPSK 調變而得，至於正交成分則由導航資料 $d_{nav}(t)$ 與 P(Y)展頻電碼 $c_{P(Y)}(t)$ 組合後再與載波進行 BPSK 調變而得，故 L1 頻段之訊號可視爲 QPSK 訊號。L1 頻段之訊號可因此表示爲

$$v_{L1}(t)=\sqrt{2P_{C1}}d_{\text{nav}}(t)c_{\text{C/A}}(t)\cos(2\pi f_{L1}t)-\sqrt{2P_{Y1}}d_{\text{nav}}(t)c_{\text{P(Y)}}(t)\sin(2\pi f_{L1}t) \tag{5.2}$$

其中 P_{C1} 與 P_{Y1} 分別爲 L1 C/A 碼訊號與 P(Y)碼訊號之功率。一般而言，P_{Y1} 較 P_{C1} 低 3dB。由(5.2)可知 C/A 電碼訊號與 P(Y)電碼訊號彼此正交。若以複數基頻訊號表示則 L1 頻段之訊號爲

$$g_{L1}(t)=\sqrt{P_{C1}}d_{\text{nav}}(t)c_{\text{C/A}}(t)+j\sqrt{P_{Y1}}d_{\text{nav}}(t)c_{\text{P(Y)}}(t) \tag{5.3}$$

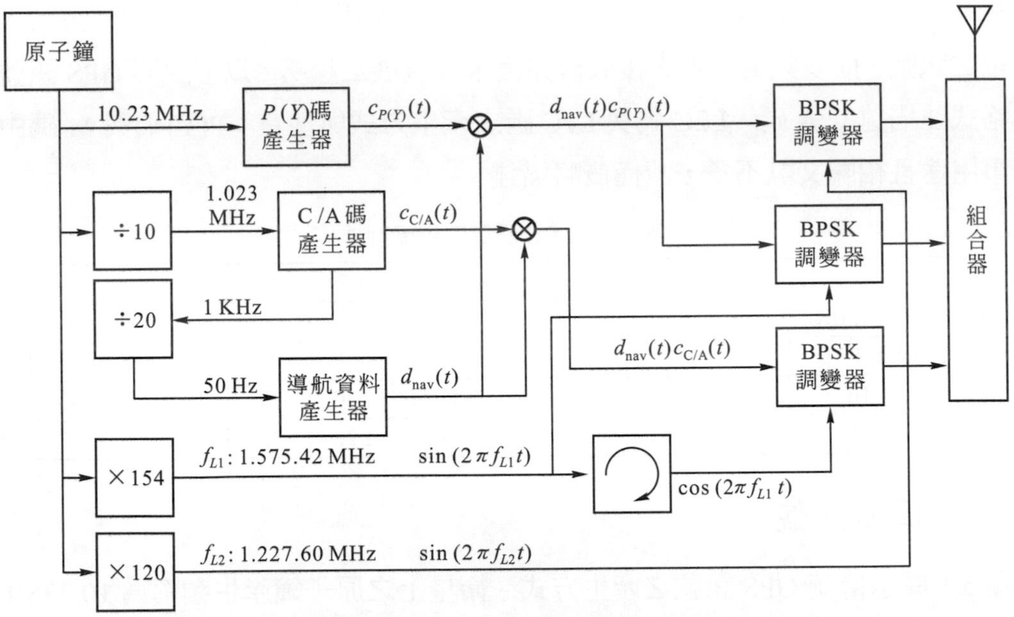

圖 5.1　GPS 傳統訊號之產生方式

由於導航資料訊號與展頻電碼訊號均由導航資料與展頻電碼利用方塊波型式建構而成，若以導航資料與展頻電碼方式表示 L1 頻段之複數基頻訊號可得

$$\begin{aligned} g_{L1}(t)=&\sqrt{P_{C1}}\sum_{k=-\infty}^{\infty}d_{\text{nav},[k]}\cdot c_{\text{C/A},|k|}\cdot p_{T_{c,\text{C/A}}}(t-kT_{c,\text{C/A}}) \\ &+j\sqrt{P_{Y1}}\sum_{k=-\infty}^{\infty}d_{\text{nav},[k]}\cdot c_{\text{P(Y)},|k|}\cdot p_{T_{c,\text{P(Y)}}}(t-kT_{c,\text{P(Y)}}) \end{aligned} \tag{5.4}$$

這其中，$T_{c,\mathrm{C/A}}$ 與 $T_{c,\mathrm{P(Y)}}$ 分別爲 C/A 電碼與 P(Y)電碼之碼寬。

於 L2 頻段，傳統 GPS 訊號將導航資料利用 P(Y)電碼展頻後利用 BPSK 方式調變至頻率爲 f_{L2}= 1227.60 MHz 之 L2 載波，由於此一頻段之導航資料與 L1 頻段導航資料相同且 P(Y)電碼亦與 L1 之 P(Y)電碼相同，故表示式爲

$$v_{L2}(t) = -\sqrt{2P_{Y2}}d_{\mathrm{nav}}(t)c_{\mathrm{P(Y)}}(t)\sin(2\pi f_{L2}t) \tag{5.5}$$

L2 P(Y)訊號之功率 P_{Y2} 比 L1 P(Y)訊號之功率 P_{Y1} 更低 3dB。若以複數基頻方式表示 L2 頻段之訊號可得

$$g_{L2}(t) = j\sqrt{P_{Y2}}d_{\mathrm{nav}}(t)c_{\mathrm{P(Y)}}(t) \tag{5.6}$$

或

$$g_{L2}(t) = j\sqrt{P_{Y1}}\sum_{k=-\infty}^{\infty} d_{\mathrm{nav},[k]}\cdot c_{\mathrm{P(Y)},|k|}\cdot p_{T_{c,\mathrm{P(Y)}}}(t-kT_{c,\mathrm{P(Y)}}) \tag{5.7}$$

GPS 之導航資料，如圖 5.1 所示，於 L1 C/A 訊號、L1 P(Y)訊號與 L2 P(Y)訊號均相同，此一導航資料之位元率或符號率爲 50 bps 或 50 sps，故 $T_{d,\mathrm{nav}}$ =20msec。L1 C/A 展頻電碼之碼率爲 1.023Mcps 故 $T_{c,\mathrm{C/A}}=9.7752\times10^{-7}$ sec；相對而言，L1 P(Y)與 L2 P(Y)展頻電碼亦相同其碼率爲 10.23 Mcps 故 $T_{c,\mathrm{P(Y)}}=9.7752\times10^{-8}$ sec。GPS 傳統訊號雖具有三組訊號成分，但實際上僅採用一組導航資料與兩組展頻電碼建立此些訊號。

5.1.1.1　導航資料

以下說明 GPS 傳統訊號之導航資料與展頻電碼。GPS 所傳送的導航資料是用戶進行定位與授時之重要資訊。基本上，傳統 GPS 導航資料提供下述之資訊：

1. 衛星訊號傳送之時間：該筆資料設定與傳送之時間。
2. 衛星軌道(ephemeris)資料：供用戶推算出衛星之所在位置進而提供定位功能。
3. 衛星健康狀態：提供 GPS 訊號是否可用以及訊號品質監測之參考。
4. 衛星時鐘修正量：供用戶推算衛星時鐘與 GPS 時間之誤差量。
5. 傳輸延遲有關之參數：供定位計算所需之電離層延遲與群延遲(group delay)。
6. 與 UTC 時間之時間修正：供時鐘校準。
7. 整體 GPS 星座之粗略星曆(almanac)與時鐘參數：供分析各衛星之分佈。

GPS 的導航資料每 30 位元合成一字(word)，每 10 字構成一子框(subframe)，而每 5 個子框即爲一資料框(frame)。因此每一子框相當於 6 秒之傳送時間，而每一資料框花費 30 秒以傳送。每一總框由 25 頁資料框構成，計有 37500 位元，共耗時 12.5 分鐘傳送。圖 5.2 說明此些導航資料之安排情形。在此 25 頁中，子框一、二與三之每一頁均相同；但子框四與五之資料隨頁數不同而更動。採用此安排主要是因爲子框一、二與三之資料比較重要。子框一、二與三之資料爲用戶進行導航定位計算所必備之資料，有必要較即時之傳送；相對而言，子框四與五之資料主要提供修正與星座狀況之掌握，即時性之要求較低。

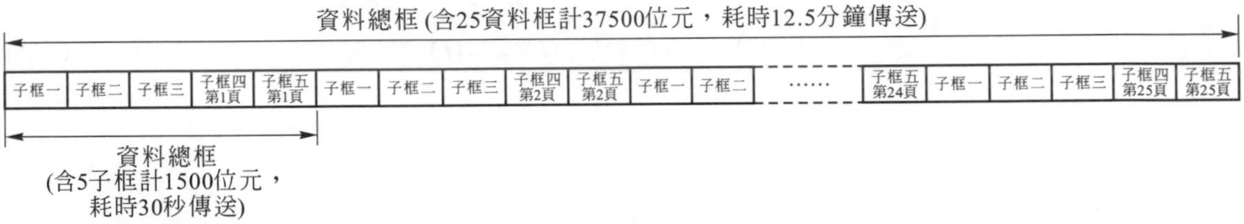

圖 5.2 GPS 導航資料之安排

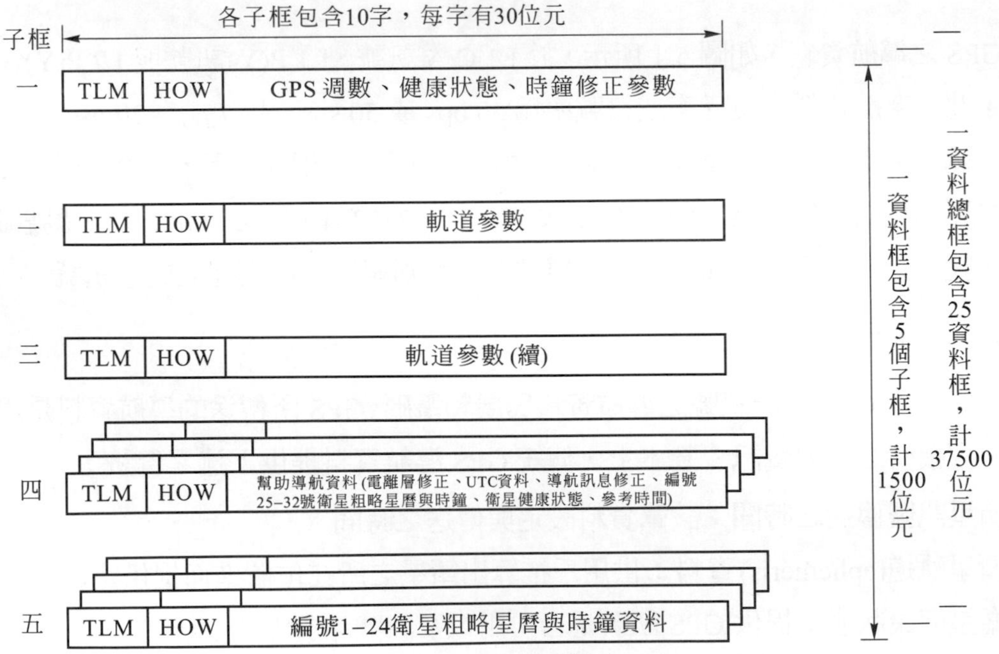

圖 5.3 各子框之格式

圖 5.3 更詳細的說明各子框之格式。各子框之第一字稱爲下傳(telemetry, TLM)字碼包含 8 位元之同步碼與其他識別偵測碼等。第二字爲交換字碼(handover word, HOW)可用以推算出 Z 計數以供 P(Y)碼追蹤。如前所述，GPS 之定位服務包含標準定位服

務與精確定位服務。此二項服務之差異在於所採用展頻電碼之不同，標準定位服務採用民用之 C/A 電碼，而精確定位服務採用軍用之 P(Y)電碼。P(Y)電碼之長度較長且碼率較快，也因此較不易鎖定。經由鎖定訊號強度較強之 C/A 電碼後解碼出資料可以得到 Z 計數，相當於 P(Y)電碼構成成分之 X_1 電碼於該週開始後所重複之次數。一旦取得導航資料子框之 Z 計數，將有利於 P(Y)電碼之擷取與鎖定。

較完整有關 GPS 資料之格式與內容可參考 GPS 介面文件，以下概述各子框之資料內容。子框一包含了 GPS 週數、精度指數、健康狀態、群延遲 T_{gd}、資料設定時間、衛星時鐘修正參考時間 t_{oc}、衛星時鐘偏置 a_{f0}、衛星時鐘漂移 a_{f1} 與衛星時鐘頻率漂移 a_{f2} 等。原則上，衛星上之原子時鐘應與 GPS 系統時間同步。但實際上，衛星上之時鐘受環境之影響會有誤差與漂移。GPS 衛星傳送出時鐘修正參數以供用戶進行修正。至於這些修正參數則由控制部門根據各地監控站之接收資料進行推算並傳送至各衛星以設定之。子框二與三主要傳送的導航資料包括了該顆衛星之軌道參數。接收機可依據此些軌道參數與修正參數計算出衛星之坐標。此些導航資料如第 2.5.3 節之說明主要爲克卜勒參數及修正量。有了此些資料，則可計算出衛星之位置。子框四與五提供了其他輔助導航定位有關的資料。此二子框各包含了 25 頁依次傳送。對於子框四而言，第 1、6、11、12、16、19、20、21、22、23 與 24 頁保留給後續使用，第 2、3、4、5、7、8、9 與 10 頁爲第 25 至 32 顆衛星之粗略星曆與時鐘誤差資料，第 13 頁爲導航訊息修正表(navigation message correction table, NMCT)，第 14 與 15 頁保留供系統使用，第 17 頁包含了特殊用途之資料，第 18 頁則爲電離層修正資料及 UTC 資料，第 25 頁爲全部 32 顆衛星之組態資料以及第 25 至 32 顆衛星之健康狀態。對於子框五而言，第 1 至 24 頁包含了第 1 至 24 顆衛星之粗略星曆與時鐘誤差資料，第 25 頁則爲衛星之健康狀態、星曆參考時間等。

傳統 GPS 導航資料採用極性編碼(parity encoding)方法進行誤碼之偵測與修正。於每一字之 30 位元，所傳送之前 24 位元實爲該 24 位元資料與上一字之第 30 位元之模二相加結果，而後 6 位元則依據特定極性編碼方式計算出。假設 d_{29}^{-} 與 d_{30}^{-} 分別爲前一字之以 1 與−1 表示之第 29 與 30 位元且 d_1 至 d_{24} 代表此一字所擬傳送之 24 資料位元，則眞正傳送之 d_1^{+} 至 d_{30}^{+} 位元根據下列極性編碼之方程式產生

$$
\begin{aligned}
d_1^+ &= d_1 d_{30}^- \\
d_2^+ &= d_2 d_{30}^- \\
&\vdots \\
d_{24}^+ &= d_{24} d_{30}^- \\
d_{25}^+ &= d_1 d_2 d_3 d_5 d_6 d_{10} d_{11} d_{12} d_{13} d_{14} d_{17} d_{18} d_{20} d_{23} d_{29}^- \\
d_{26}^+ &= d_2 d_3 d_4 d_6 d_7 d_{11} d_{12} d_{13} d_{14} d_{15} d_{18} d_{19} d_{21} d_{24} d_{30}^- \\
d_{27}^+ &= d_1 d_3 d_4 d_5 d_7 d_8 d_{12} d_{13} d_{14} d_{15} d_{16} d_{19} d_{20} d_{22} d_{29}^- \\
d_{28}^+ &= d_2 d_4 d_5 d_6 d_8 d_9 d_{13} d_{14} d_{15} d_{16} d_{17} d_{20} d_{21} d_{23} d_{30}^- \\
d_{29}^+ &= d_1 d_3 d_5 d_6 d_7 d_9 d_{10} d_{14} d_{15} d_{16} d_{17} d_{18} d_{21} d_{22} d_{24} d_{30}^- \\
d_{30}^+ &= d_3 d_5 d_6 d_8 d_9 d_{10} d_{11} d_{13} d_{15} d_{19} d_{22} d_{23} d_{24} d_{29}^-
\end{aligned}
\tag{5.8}
$$

此處可視每一字之最後 6 位元(d_{25}^+至 d_{30}^+位元)爲極性偵測之位元。於接收過程，若計算之極性位元與所接收之位元不符則表示有誤碼出現。

5.1.1.2 C/A 電碼

GPS 衛星訊號採用分碼共享之展頻通訊技術。各 GPS 衛星所傳送之訊號利用一特定之展頻電碼予以調變，此一電碼因此提供衛星識別與測距之依據。由於電碼具有擬亂之性質故稱之爲 PRN (Pesudo Random Noise)碼，而各衛星之識別亦以 PRN 稱之。GPS 的 C/A 碼爲調變於 L1 頻段訊號供民用之展頻電碼，C/A 碼之全名爲 coarse/acquisition，代表提供粗略定位與容易擷取之電碼。此一電碼是利用兩組 10 階直接序列產生器所產生之高德碼。圖 5.4 爲此一 C/A 碼產生器之示意圖。二直接序列產生器分別產生 G_1 碼與 G2 碼，其基本多項式分別爲

$$G_1(z^{-1}) = 1 + z^{-3} + z^{-10} \tag{5.9}$$

與

$$G_2(z^{-1}) = 1 + z^{-2} + z^{-3} + z^{-6} + z^{-8} + z^{-9} + z^{-10} \tag{5.10}$$

而 C/A 碼係由 G1 碼與 G2 碼組合而成之高德碼。由於此二基本多項式爲 10 階，故 C/A 碼之長度爲 $2^{10}-1=1023$ 碼元，如此短之週期可使電碼搜尋與追蹤易於達成。由圖 5.4 可知，C/A 碼之產生可利用相位選擇之方式爲之。於起始時，所有移位暫存器之狀態均設爲 1。而一旦啓動，藉由相位選擇，各衛星之 C/A 碼各自具有良好的自我相關

特性，也彼此間具有良好的交互相關特性，達到展頻與共享之要求。GPS 實際 PRN 碼與相位選擇之設定可參考表 5.2。由於不同 GPS 衛星之 PRN 碼不同，故一般以 PRN 對於 GPS 衛星進行辨認識別。在此 C/A 碼之產生器架構下，GPS 共擇定了 37 組 PRN 碼以供不同衛星或地面測試使用。

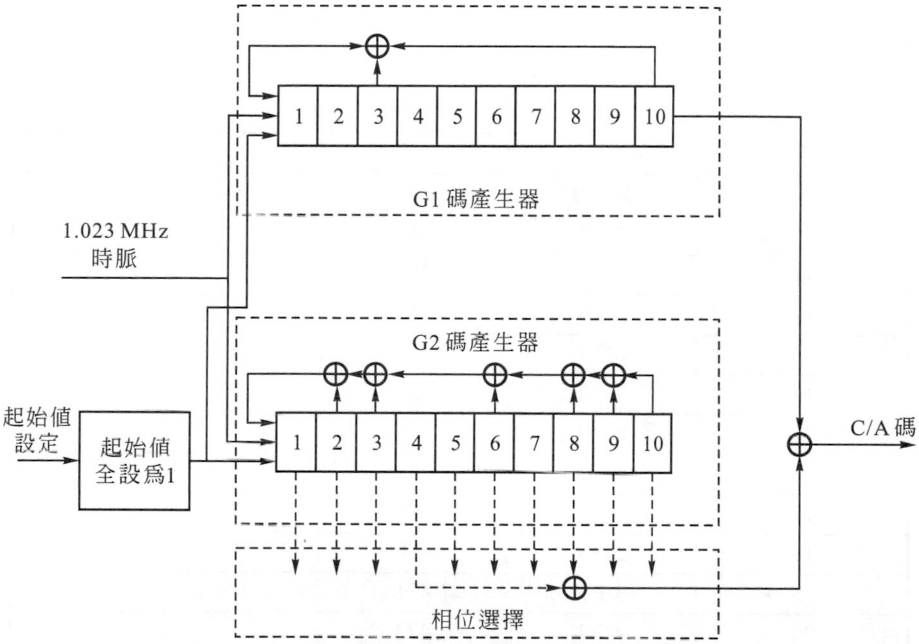

圖 5.4　C/A 碼產生器

於產生 GPS C/A 碼除可應用圖 5.4 相位選擇之方法外，尚可利用 G2 碼時延以及預置初始值之作法。G2 碼時延之作法如圖 5.5 所示，此時各移位暫存器之初始值亦均為 1。當系統啟動時，G1 電碼產生器隨之產生電碼然而 G2 電碼產生器得經由計數器控制邏輯閘直迄延遲量到達之後方產生電碼，此二電碼再藉由模二相加產生出 C/A 碼。因此，第 i 顆衛星於 k 時刻之 C/A 碼可以表示成

$$C_{C/A,i}(k) = G_1(k) \oplus G_2(k - n_{CA,i}) \tag{5.11}$$

此處 $n_{CA,i}$ 代表第 i 顆衛星 G2 電碼產生器之延遲量，其值可參考表 5.2。另一方面，採用預置初始值之作法可參考圖 5.6，此處 G1 電碼產生器之初始值仍全為 1，但 G2 電碼產生器之初始值則為特定 0 與 1 之組合；藉由此一初始值之設定可產生不同之 C/A 碼。實際應用上，雖然圖 5.4 之方式足以產生 GPS 傳統訊號，但是圖 5.5 與圖 5.6 之作法具有較佳之靈活性。

表 5.2　GPS PRN 編號與 G2 碼相位選擇

GPS PRN 編號	G2 碼相位選擇	G2 碼延遲	備註
1	2⊕6	5	
2	3⊕7	6	
3	4⊕8	7	
4	5⊕9	8	
5	1⊕9	17	
6	2⊕10	18	
7	1⊕8	139	
8	2⊕9	140	
9	3⊕10	141	
10	2⊕3	251	
11	3⊕4	252	
12	5⊕6	254	
13	6⊕7	255	
14	7⊕8	256	
15	8⊕9	257	
16	9⊕10	258	
17	1⊕4	469	
18	2⊕5	470	
19	3⊕6	471	
20	4⊕7	472	
21	5⊕8	473	
22	6⊕9	474	
23	1⊕3	509	
24	4⊕6	512	
25	5⊕7	513	
26	6⊕8	514	
27	7⊕9	515	
28	8⊕10	516	
29	1⊕6	859	
30	2⊕7	860	
31	3⊕8	861	
32	4⊕9	862	
33	5⊕10	863	保留供地面測試用
34	4⊕10	950	保留供地面測試用
35	1⊕7	947	保留供地面測試用
36	2⊕8	948	保留供地面測試用
37	4⊕10	950	保留供地面測試用

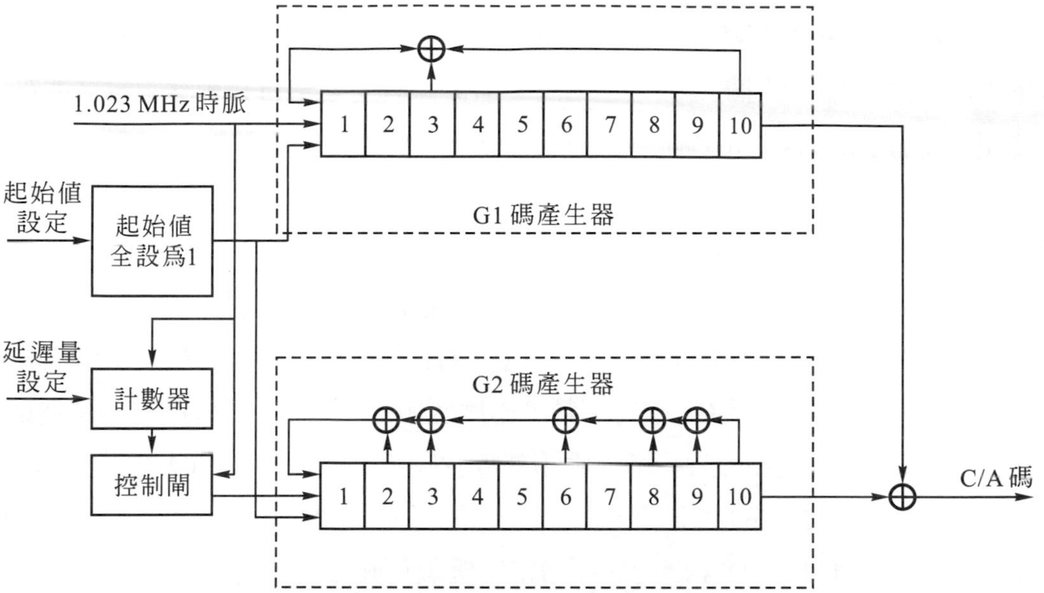

圖 5.5　採用 G2 碼時延方式之 C/A 碼產生器

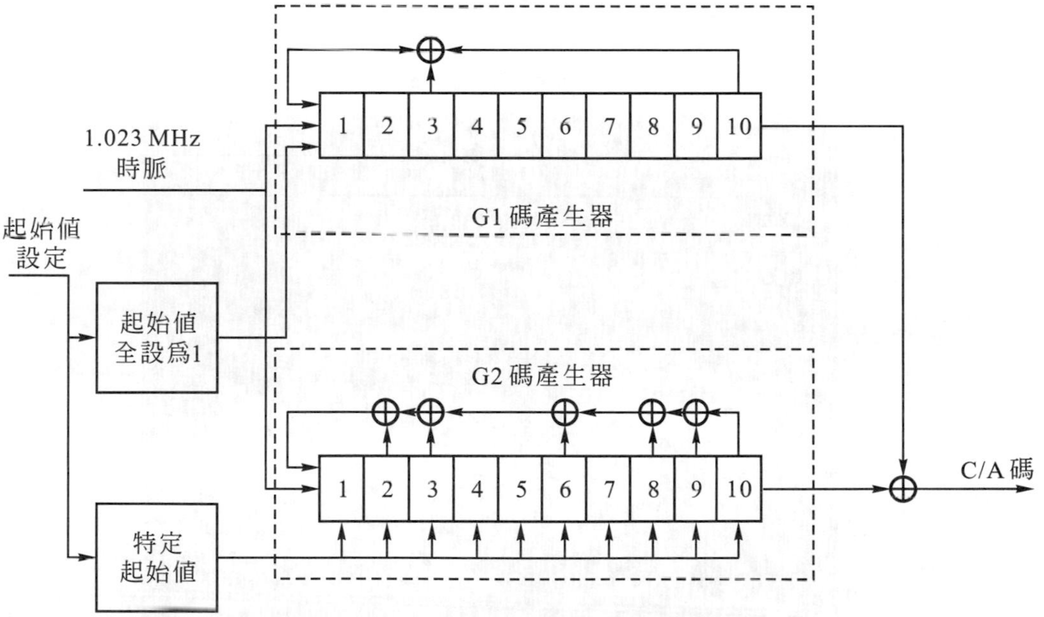

圖 5.6　採用預置初始值作法之 C/A 碼產生器

圖 5.7 顯示用於實際衛星發射之 32 組 C/A 碼，可略窺此一電碼擬亂性質。展頻電碼必需要具有良好的自我相關與交互相關特性。圖 5.8 顯示 G1 碼之自我相關函數，由於 G1 碼係一直接序列故其自我相關函數之表示式如(4.93)，由於電碼長度爲 1023，故當時延超過一碼寬後，自我相關函數之值爲 $-1/1023$。當時延於 ± 1 碼寬以內時，自我相關函數呈現三角形函數之特性。若計算 C/A 碼之自我相關函數，當時延爲碼寬

之整數倍時，自我相關函數之可能值為 1、-1/1023、63/1023 或-65/1023。此一自我相關函數與 G1 電碼之相關函數並不相同，但仍保有所期望自我相關函數之性質：當時延超過一碼寬後，自我相關函數之值甚小。圖 5.9 為 PRN 編號 10 電碼之自我相關函數。不同 C/A 碼間之交互相關函數應滿足表 4.11 之公式。圖 5.10 為 PRN 編號 10 與編號 20 C/A 碼之交互相關函數。當時延為碼寬之整數倍時，交互相關函數之值可能為-1/1023、63/1023 或-65/1023；C/A 碼具有足夠低之交互相關函數值。因此，GPS C/A 碼具有良好的自我相關與交互相關特性。由於 G1 碼為直接序列，故其功率頻譜密度可表為(4.95)。圖 5.11 顯示 G1 碼功率頻譜密度函數之包絡。由於 G1 碼均具週期性，故實際之功率頻譜密度為線狀頻譜。兩相鄰線狀頻譜之頻率為 1/(1023T_c=1 KHz 而零點間距頻寬為 2/T_c=2.046 MHz。圖 5.12 進一步顯示 C/A 碼與 G1 碼功率頻譜密度函數之包絡。若比較 G1 碼與 C/A 碼功率頻譜密度函數可知二者之包絡均為 sinc^2 形狀，但 G1 碼具較平順之變化。C/A 碼由於自我相關函數之變動，故功率頻譜密度亦有較大之變動。

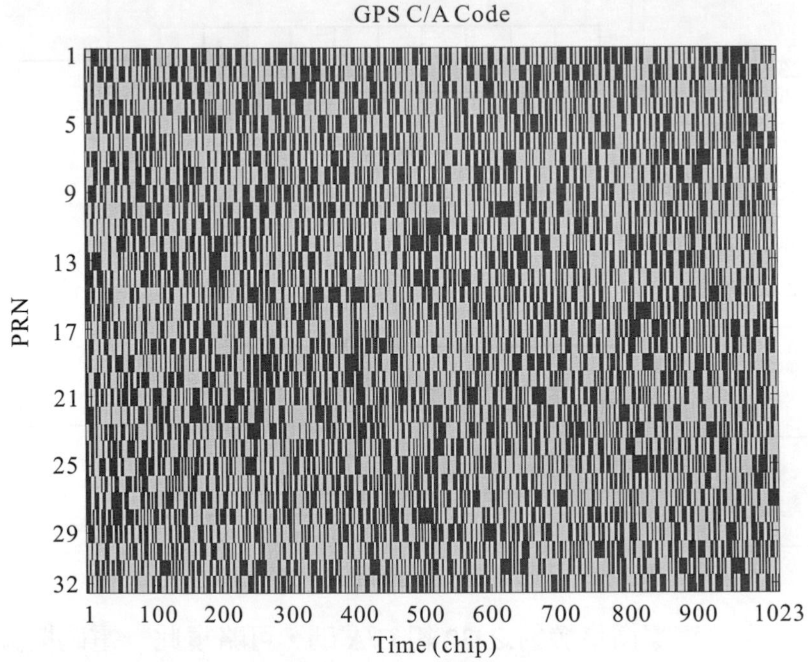

圖 5.7 GPS C/A 電碼

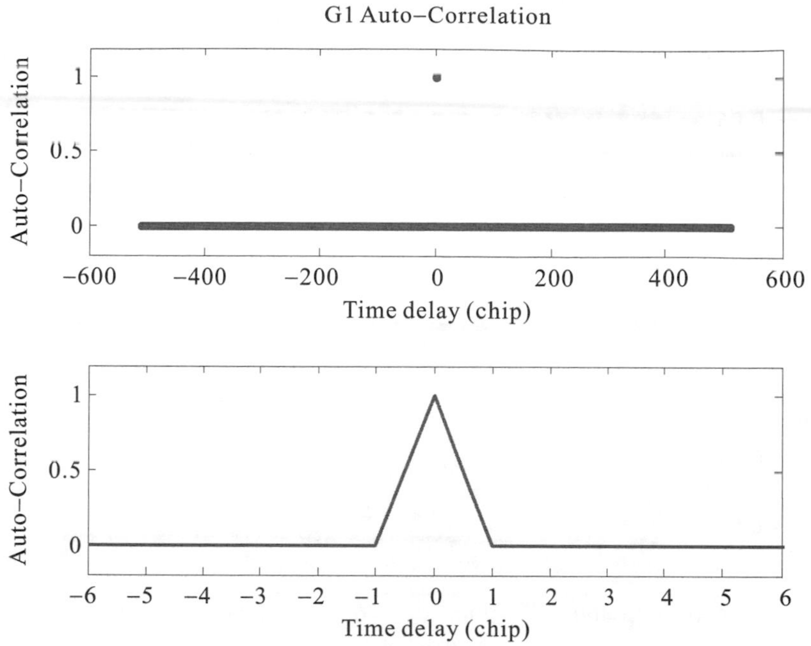

圖 5.8　G1 電碼自我相關函數

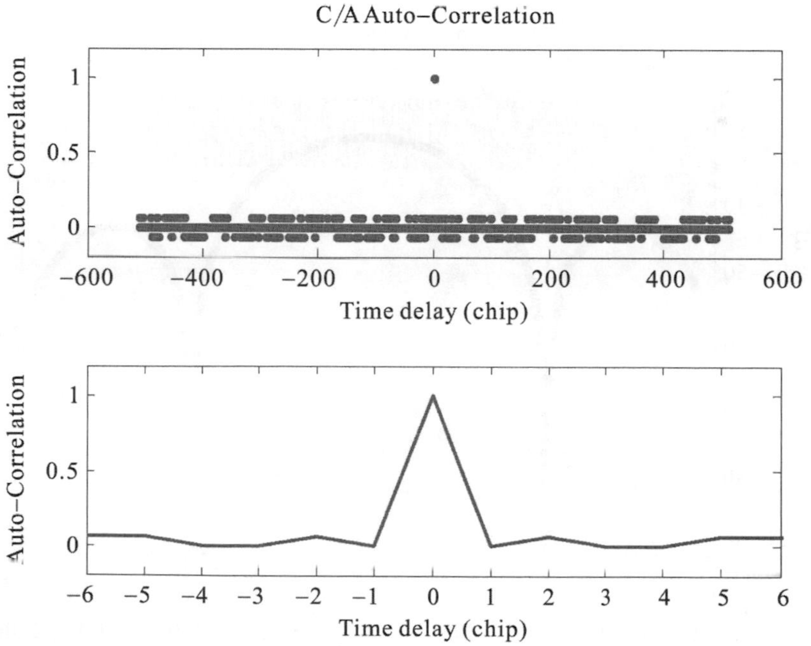

圖 5.9　C/A 電碼自我相關函數

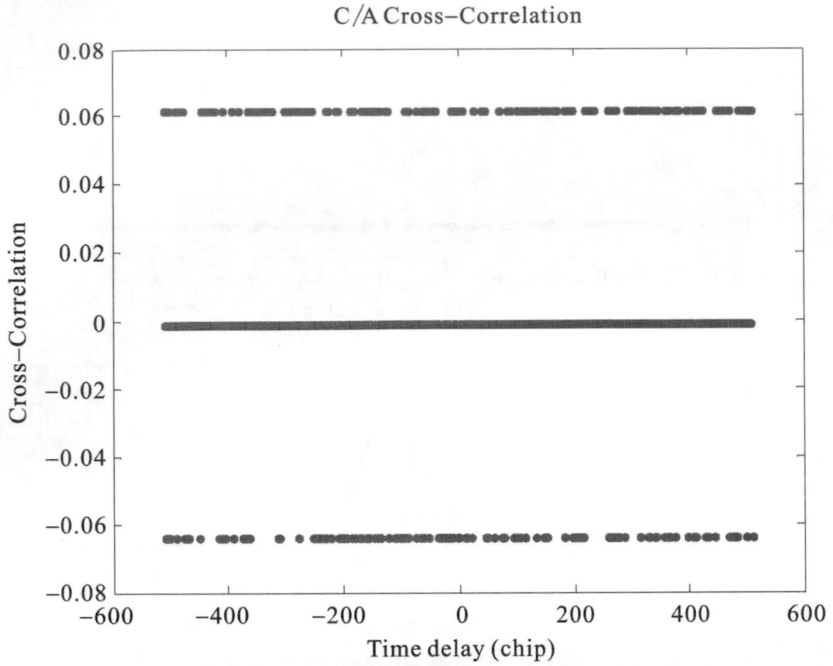

圖 5.10　C/A 電碼交互相關函數

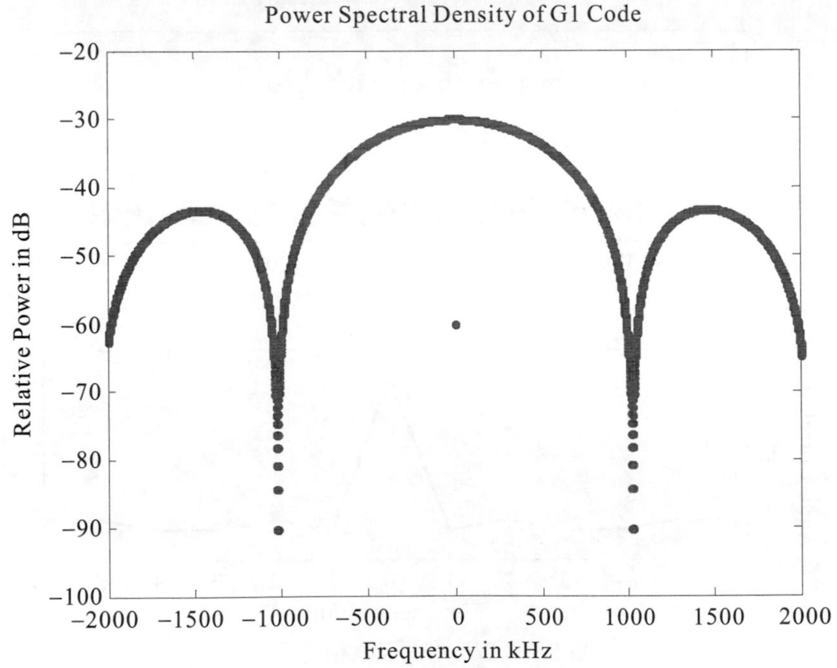

圖 5.11　G1 電碼功率頻譜密度函數

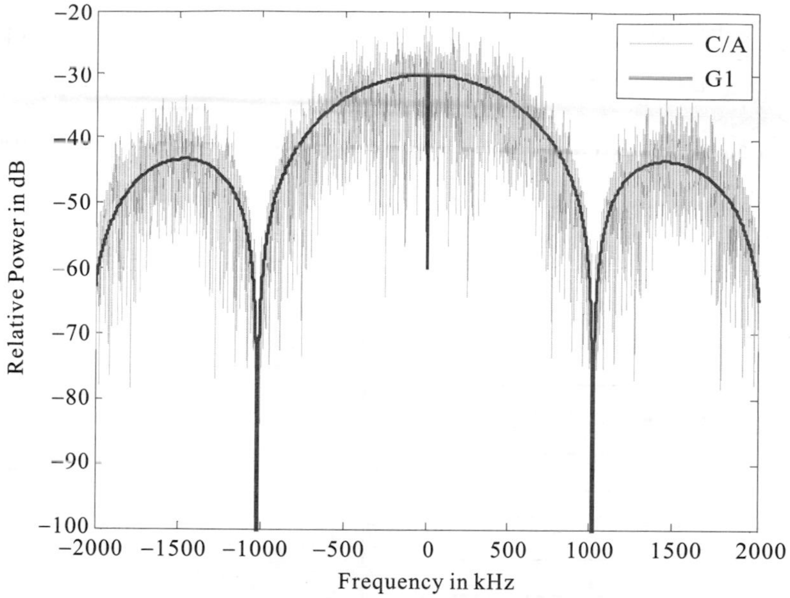

圖 5.12 C/A 電碼與 G1 電碼功率頻譜密度函數

5.1.1.3 P(Y)電碼

GPS 之 P 碼以及經過加密後之 Y 碼通稱為 P(Y)碼主要提供有精確定位服務需求之用戶使用。此一 P(Y)電碼之碼率為 10.23 Mcps 為民用 C/A 碼之十倍。較高之碼率代表較佳之測距解析度，故利用 P(Y)碼定位之精度較 C/A 碼定位為佳。P 碼是由二組電碼 X_1 與 X_2 合併產生，如圖 5.13 所示。這其中，X_1 電碼係由二組 12 階之電碼 X_{1A} 與 X_{1B} 經模二相加而得之高德碼，而 X_{1A} 與 X_{1B} 之基本多項式分別為

$$X_{1A}(z^{-1}) = 1 + z^{-6} + z^{-8} + z^{-11} + z^{-12} \tag{5.12}$$

與

$$X_{1B}(z^{-1}) = 1 + z^{-1} + z^{-2} + z^{-5} + z^{-8} + z^{-9} + z^{-10} + z^{-11} + z^{-12} \tag{5.13}$$

至於 X_2 電碼原則上亦為兩組 12 階電碼 X_{2A} 與 X_{2B} 所構成之高德碼，而其基本多項式分別為

$$X_{2A}(z^{-1}) = 1 + z^{-1} + z^{-3} + z^{-4} + z^{-5} + z^{-7} + z^{-8} + z^{-9} + z^{-10} + z^{-11} + z^{-12} \tag{5.14}$$

與

$$X_{2B}(z^{-1}) = 1 + z^{-2} + z^{-3} + z^{-4} + z^{-8} + z^{-9} + z^{-12} \tag{5.15}$$

實際之 P 碼於 k 時刻之構成則根據下式

$$C_{\mathrm{P(Y)},i}(k) = X_1(k) \oplus X_2(k - n_{\mathrm{P(Y)},i}) \tag{5.16}$$

其中 i 用以代表不同 PRN 為 1 至 37 間之整數。上述 X_1 碼之長度為 1534500 碼，由於碼率為 10.23 Mcps 故 X_1 碼之週期為 1.5 秒；相對而言，X_2 碼之長度為 1534537 碼。經 X_1 碼與(延遲之)X_2 碼模二相加後之 P 碼週期將近 266.4 天。如此長的電碼將甚難追蹤鎖定。GPS 之 P 碼之設計係將經模二相加之電碼抽出不重覆且長度均為 7 天之 37 段電碼以分別供各衛星使用。實際操作上，P 碼於每週六半夜予以重置更新。

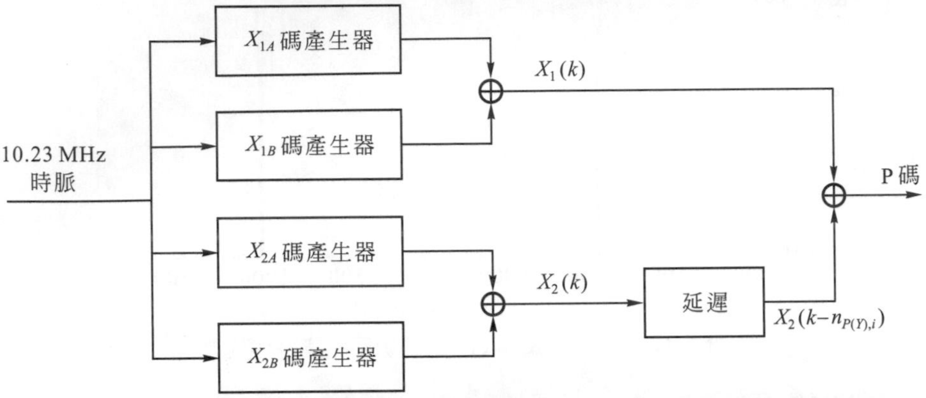

圖 5.13　P 碼產生方式

GPS 訊號導航資料之位元率遠低於展頻電碼之碼率，故實際於 L1 與 L2 頻率附近之功率頻譜主要受到展頻電碼之影響。圖 5.14 與圖 5.15 為 GPS 傳統訊號於 L1 頻段與 L2 頻段之功率頻譜密度。此些功率頻譜密度呈現 sinc^2 之包絡，其中 L1 C/A 電碼訊號之頻寬為 2.046 MHz 而 P(Y)電碼之頻寬為 20.46MHz。原則上，頻寬較寬之 P(Y)電碼有較佳之測距解析度且較不受到多路徑效應之影響。

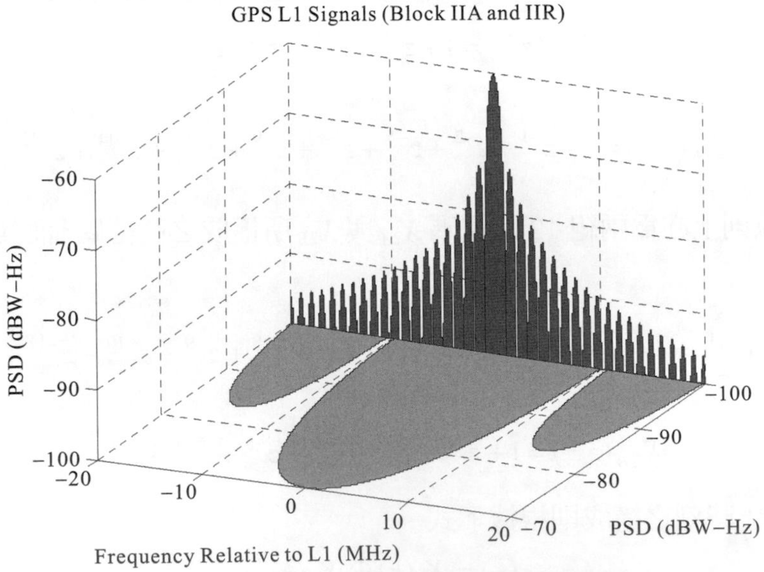

圖 5.14　GPS L1 傳統訊號之功率頻譜密度

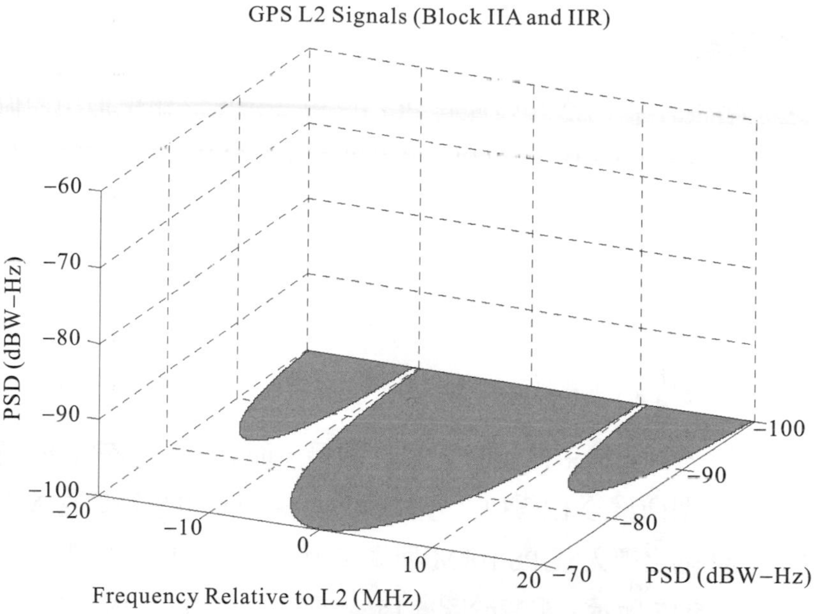

圖 5.15 GPS L2 傳統訊號之功率頻譜密度

5.1.2 現代化訊號

GPS 現代化之歷程採用分階段之方式以建構完整之訊號格式與內容。此一現代化過程逐步引入 L2C 電碼、M 碼、L5 與 L1C 訊號，進而完整地建立三頻之 GPS 系統並與 Galileo 系統相容共用。相較於傳統訊號，現代化訊號之特點可歸納為

1. 較長之電碼。L2C、L5 與 L1C 之電碼長度均高於 C/A 電碼之長度，也因此現代化訊號有較高之處理增益可以有較佳之定位性能與較能抗拒干擾。
   較高之碼率。L5 訊號採用較高之碼率可以提高定位與授時之解析度。
2. 順向誤碼修正(forward error correction, FEC)。現代化訊號採用 FEC 進行編碼可以有效地降低誤碼率。
3. 導引(pilot)訊號。現代化訊號一般同時提供不調變資料之導引訊號，如此當訊號微弱時亦可以有機會進行接收。
4. 頻率分散(frequency diversity)。現代化訊號規劃三個頻段傳送導航訊號，可以一方面避免干擾另一方面可以降低電離層之影響。

以下分別介紹 L2C、L5 與 L1C 訊號。

5.1.2.1 L2C 訊號

於 GPS 之原始設計中，L2 頻段僅有 P(Y)碼供高精度之定位但用戶侷限於美國軍方相關之單位。由於採用雙頻接收可以有效地抑制電離層所產生之誤差故民間用戶一直期望可以增加 L2 頻段之電碼。於 2005 年 GPS IIRM 型衛星於 L2 頻段除傳送軍事用途之 P(Y)碼外，另外也傳送民用之 L2C 電碼。此二電碼以正交方式調變至 L2 載波，因此 L2 訊號之表示爲

$$v_{L2}(t)=\sqrt{2P_{C2}}\,d_{L2C}(t)c_{L2C}(t)\cos(2\pi f_{L2}t)-\sqrt{2P_{Y2}}\,d_{nav}(t)c_{P(Y)}(t)\sin(2\pi f_{L2}t) \quad (5.17)$$

此處 P_{C2} 代表功率、$c_{L2C}(t)$ 爲 ±1 之展頻 L2C 電碼，而 $d_{L2C}(t)$ 則爲 L2C 之導航資料。實際上，GPS IIRM 型衛星於 L1 與 L2 頻段另分別調變有軍事用途之 M(military)碼。由於 L2C 訊號與 M 碼之導入，GPS IIRM 型衛星所傳送於 L1 與 L2 頻段之功率頻譜密度分如圖 5.16 與圖 5.17 所示。相較於圖 5.15 之傳統訊號功率頻譜，於 L2 頻段之同相成分 L2C 訊號亦展現 2.046MHz 頻寬之 sinc^2 包絡。M 碼採用 BOC(10,5)調變方式故主波瓣分別位於載波上下 10.23MHz 之處而頻寬各爲 10.23MHz，如此軍用之 M 訊號與民用之訊號有適度區隔，可避免彼此之干擾。

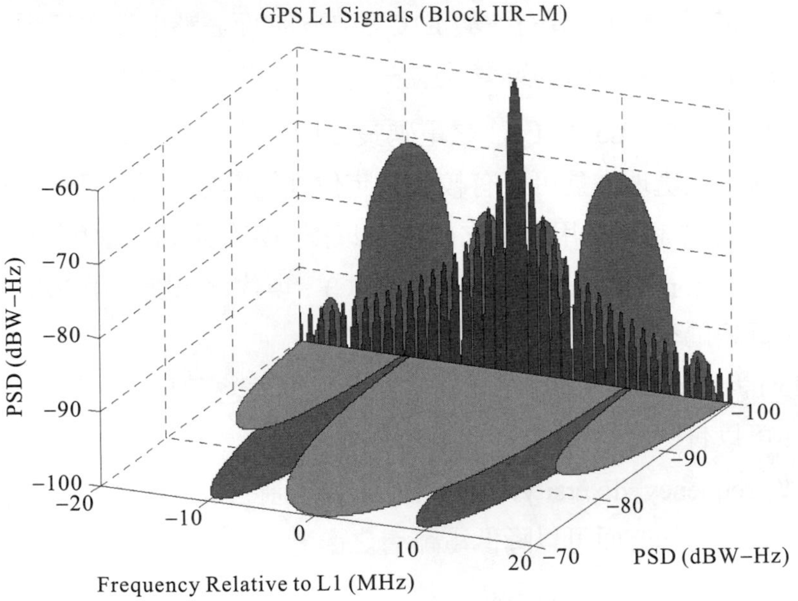

圖 5.16　目前 GPS L1 訊號之功率頻譜密度

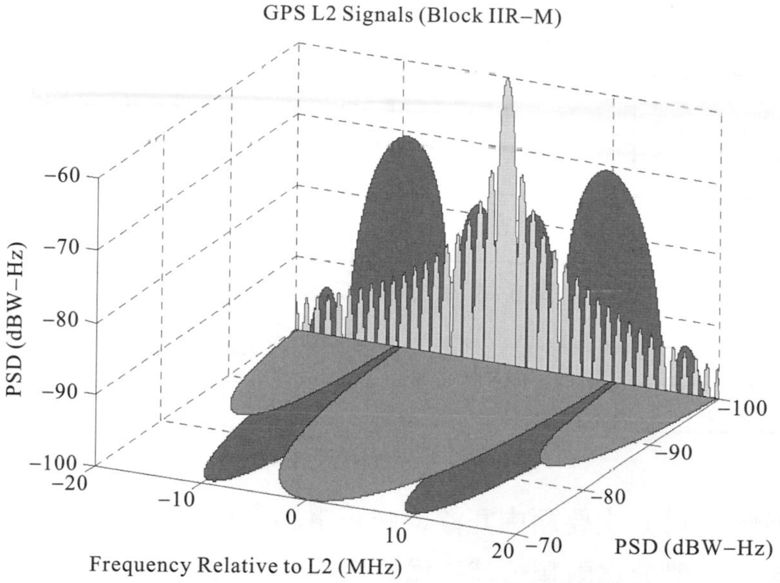

圖 5.17　目前 GPS L2 訊號之功率頻譜密度

若忽略功率之影響，L2C 訊號之產生方式可參考圖 5.18，分別由兩組稱之爲 CM 與 CL 之展頻電碼，連同 CNAV 導航資料調變至 L2 載波。CM 電碼之長度爲 10230 碼元而 CL 電碼之長度爲 767250 碼元，均較 L1 頻段 C/A 碼來得長。L2C 展頻電碼之基本多項式爲

$$C_{L2C}(z^{-1})=1+z^{-3}+z^{-4}+z^{-5}+z^{-6}+z^{-9}+z^{-11}+z^{-13}+z^{-16}+z^{-19}+z^{-21}+z^{-24}+z^{-27} \quad (5.18)$$

此一 27 階之多項式可用以產生週期爲 $2^{27}-1=134217727$ 之直接序列電碼。圖 5.19 顯示此一電碼之產生電路。實際之 CM 與 CL 電碼係由此一直接序列中分段萃取出長度相當之電碼。CM 與 CL 電碼之碼率均爲 511.5 kcps，故 CM 與 CL 電碼之週期分別爲 20 msec 與 1.5 sec。於實際傳送之 L2C 訊號，CL 電碼並未調變導航資料而 CM 電碼則如圖 5.18 所示調變經順向誤碼修正之 CNAV 導航資料。由於資料調變會於資料位元轉換時造成相位追蹤迴路之瞬間相位變化，故若未調變有資料，則接收機有機會進行較長時間之積分運算，有利於擷取與追蹤微弱訊號。CL 電碼由於有此特性故有時稱之爲導引電碼。經資料調變後之 CM 電碼與未經調變之 CL 電碼利用一碼元多工器(chip-to-chip multiplexer)加以組合後進行載波調變。碼元多工器之原理爲將兩個輸入之序列相互交錯重排出一輸出序列，此一輸出序列之碼率因此爲 1023 kcps，與 L1 頻段 C/A 電碼之碼率相同。碼率爲 1.023 Mcps 之交錯排列電碼復經頻率爲 f_{L2} 之載波調變方進行傳送。

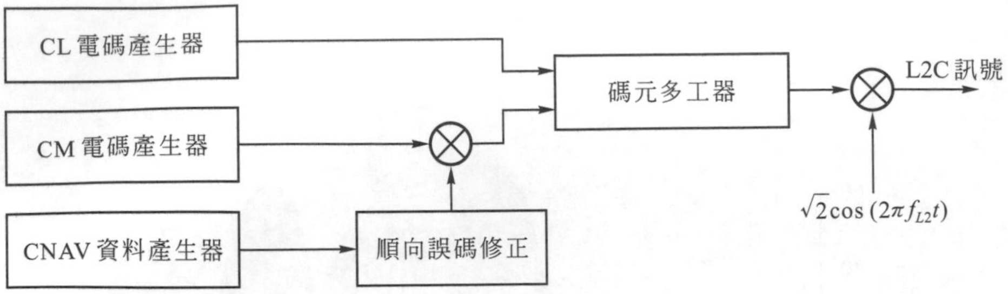

圖 5.18　L2C 訊號之產生方式

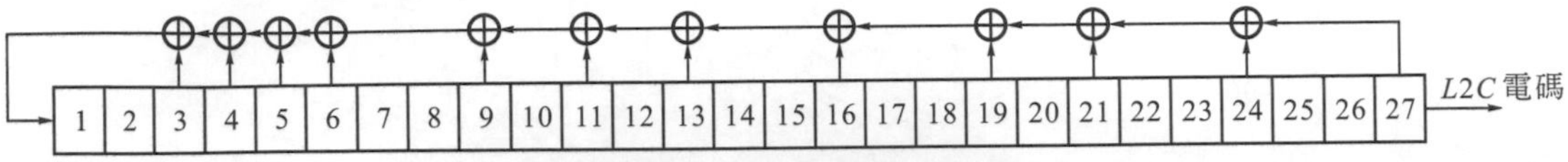

圖 5.19　L2C 電碼產生電路

順向誤碼修正 FEC 主要藉由冗餘或修正電碼之加入以降低資料傳輸過程之誤碼率。FEC 技術一般分爲兩類，其一爲區塊編碼(block coding)另一則爲迴旋編碼(convolutional coding)技術，主要用以提升電碼傳輸時之容錯能力。於 GPS 傳統訊號之導航資料主要利用區塊編碼技術之極性編碼方式進行誤碼之偵測與修正。L2C 訊號則結合區塊編碼與迴旋編碼，這其中於 CNAV 資料產生過程增加循環多餘檢查碼(cyclic redundancy code, CRC)，並隨之應用較先進之迴旋編碼以產生 L2C 資料。圖 5.20 爲 L2C 迴旋編碼之作法，將 25bps 之 CNAV 資料送入一串移位暫存器並分別取出一些暫存器之輸出進行模二相加後而得到輸出。實際之輸出是先送出上端之符號再送出下端之符號。由於每一資料位元進入時會送出兩個符號，此一裝置之編碼率(coding rate)因此爲 1/2 而輸出之符號率爲 50sps。圖 5.20 之迴旋編碼器一般稱之爲限制長度爲 7 之編碼器，因爲每一時刻之輸出符號會與目前爲止七個相鄰時刻之輸入資料有關。若視輸入之資料爲一多項式則輸出之符號相當於輸入多項式與迴旋編碼器多項式之乘積多項式所構成。圖 5.20 之迴旋編碼器之多項式分別爲 $1+z^{-2}+z^{-3}+z^{-5}+z^{-6}$ 與 $1+z^{-1}+z^{-2}+z^{-3}+z^{-5}+z^{-6}$。舉例而言，若輸入之資料爲

$$101101110001101 \tag{5.19}$$

則此一編碼器之輸出符號爲

$$11|01|00|01|10|01|10|11|00|11|01|10|11|01|11| \tag{5.20}$$

由於輸出之符號較資料位元爲多，故可以取得誤碼偵測與修正之機會，因爲不論輸入之資料如何安排均得經由編碼器之動作使得輸出之符號多項式得以整除編碼器多項式。

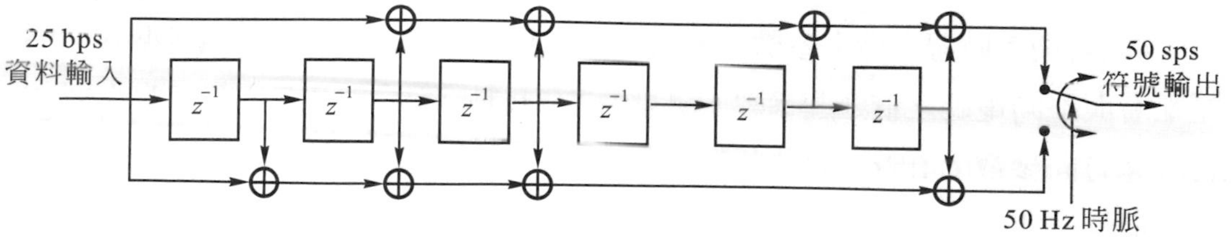

圖 5.20 L2C 訊號 FEC 之迴旋編碼器

CNAV 導航資料相較於傳統訊號之 NAV 導航資料較爲精確且豐富。此一資料爲獨立之一組導航資料不得與 NAV 導航資料混合使用。CNAV 資料採用不同之訊息型式來表示導航資料。各訊息由 300 位元構成。由於位元率爲 25 bps，故每一訊息耗時 12 秒傳送。每一訊息如圖 5.21 所示包含 8 位元之序文(內容爲 10001011)，6 位元之衛星 PRN 編號，6 位元之訊息型式，17 位元之週內時間(time of week, TOW)，1 位元之警告位元，導航資料以及 24 位元之循環多餘檢查碼。CNAV 資料之誤碼偵測方式亦採用循環多餘檢查碼進行極性編碼。循環多餘檢查碼之多項式表示式爲訊息資料多項式除以 $C(z^{-1})$後之餘數多項式，而

$$C(z^{-1})=1+z^{-3}+z^{-4}+z^{-5}+z^{-6}+z^{-7}+z^{-10}+z^{-11}+z^{-14}+z^{-17}+z^{-18}+z^{-23}+z^{-24} \tag{5.21}$$

此一除式多項式(5.21)可分解爲

$$C(z^{-1})=(1+z^{-1})(1+z^{-3}+z^{-5}+z^{-7}+z^{-8}+z^{-9}+z^{-11}+z^{-12}+z^{-13}+z^{-17}+z^{-23}) \tag{5.22}$$

選擇此一除式多項式產生名爲 CRC-24Q 循環多餘檢查碼之優點爲：可偵測一筆訊息傳送過程中單一誤碼、可偵測連續雙碼之錯誤、可偵測奇數個數之傳輸錯誤，可偵測長度小於 24 位元之集體錯誤(burst error)。

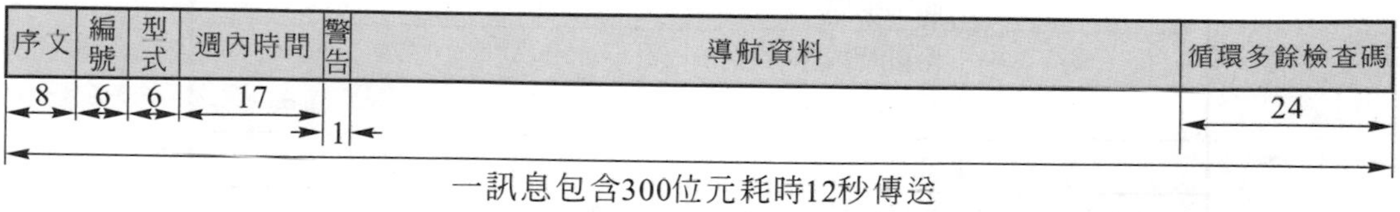

圖 5.21 CNAV 訊息格式

CNAV 採用不同之訊息型式以區別導航資料之內容，可以較靈活地安排資料之傳輸。表 5.3 爲 CNAV 訊息型式與對應之內容。由此表可知，CNAV 採用較靈活的傳送方式以提供較多元之導航資料。這其中，訊息型式 0 代表預設(default)資料，僅用於測試。訊息型式 10 與 11 合併代表衛星之軌道星曆資料主要包含克卜勒參數與軌道修正參數。有關利用 CNAV 資料進行衛星位置計算之法則可參考表 2.14。訊息型式 30

至 37 均包含衛星時鐘有關之參數，可用以進行時間之調整與修正。訊息型式 30 另包含電離層與不同電碼之群延遲參數。訊息型式 31 則另包含簡化星曆。訊息型式 32 另包含地球方向參數(earth orientation parameter, EOP)，可以較精確地建立地球固定坐標與地球慣性坐標間之轉換。訊息型式 33 另包含 UTC 之參數用以推算 GPS 系統時間與 UTC 之關係。訊息型式 34 另包含差分修正之參數。此處之差分修正意指其他 GPS 衛星時鐘與軌道資料之差分修正量。有關差分修正，CNAV 之訊息型式 13 之內容爲時鐘之差分修正量，而訊息型式 14 則爲軌道資料之差分修正量。訊息型式 35 除包含衛星時鐘修正之參數外，另包含稱之爲 GGTO(GPS/GNSS time offset)之 GPS 與其他 GNSS 系統時間差異之參數，主要可促成多星座 GNSS 之共用。訊息型式 36 另包含文字訊息，主要由 GPS 控制部門設定特定之文字予特定之用戶。另外，訊息型式 15 之內容則只包含文字訊息。訊息型式 37 之內容包含衛星時鐘修正參數與所謂 Midi 星曆，此一星曆與傳統訊號之長效型星曆之內容相近。相較而言，簡化星曆爲更精簡之星曆資料。於 CNAV 訊息，除了利用訊息型式 31 傳送簡化星曆外另有訊息型式 12 專門傳送簡化星曆，有利於粗略估算其他 GPS 衛星之位置以及判斷其健康狀況。藉由不同資料型式之設定，採用 CNAV 資料之傳送可以相當靈活且適時地提供導航資料於用戶。

表 5.3　CNAV 訊息型式與對應之內容

訊息型式編號	內容
0	預設資料
10	衛星軌道資料一
11	衛星軌道資料二
12	簡化星曆
13	衛星時鐘差分修正
14	衛星軌道差分修正
15	文字
30	衛星時鐘、電離層與群延遲
31	衛星時鐘與簡化星曆
32	衛星時鐘與地球方向參數
33	衛星時鐘與世界協定時間
34	衛星時鐘與差分修正
35	衛星時鐘與 GNSS 時間差
36	衛星時鐘與文字資料
37	衛星時鐘與 Midi 星曆

5.1.2.2　L5 訊號

於 2010 年，GPS IIF 衛星開始播放於 L5 頻段之訊號。L5 頻率由於座落於 ARNS 頻段，可以受到保護而不會受到干擾的影響。L5 頻段訊號之載波頻率為 $f_{L5} = 1176.45\text{MHz}$。相較於 L1 C/A 與 L2C 頻段之民用訊號，L5 訊號有將近 10 倍之頻寬，比較有利於高精度之定位。同時，L5 頻段目前未規劃有軍用訊號。L5 訊號為 QPSK 型式之訊號其表示式為

$$v_{L5}(t) = \sqrt{2P_{I5}}\, d_{I5}(t) h_I(t) c_{I5}(t) \cos(2\pi f_{L5} t) - \sqrt{2P_{Q5}}\, h_Q(t) c_{Q5}(t) \sin(2\pi f_{L5} t) \quad (5.23)$$

其中 P_{I5} 與 P_{Q5} 分別為 L5 同相成分與正交成分之訊號功率、$d_{I5}(t)$ 為經順向誤碼修正後之導航資料、$c_{I5}(t)$ 與 $c_{Q5}(t)$ 分別為此二成分之展頻電碼，而 $h_I(t)$ 與 $h_Q(t)$ 為紐曼荷夫曼(Neumann Hoffmann, N-H)電碼。導航資料只調變於同相成分故正交成分可視為導引訊號。此一訊號產生之方式可參考圖 5.22。

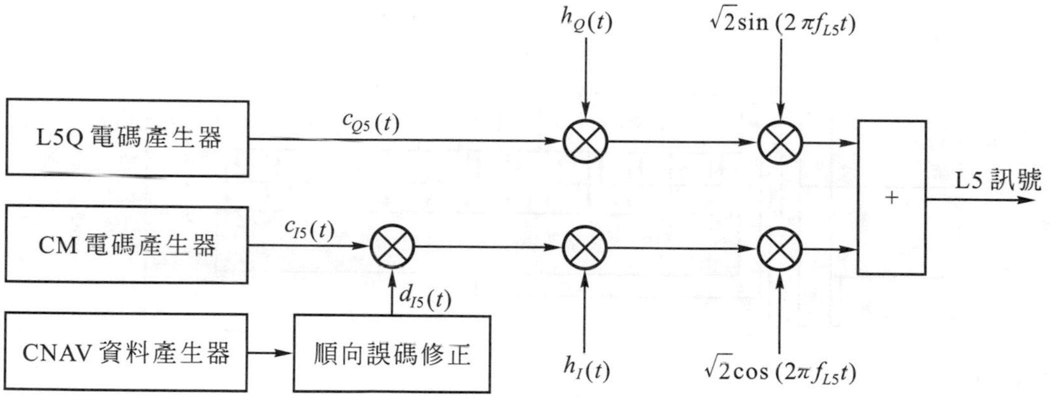

圖 5.22　L5 訊號之產生方式

L5 訊號之展頻電碼分為同相訊號之 L5I 電碼 $c_{I5}(t)$ 與正交訊號之 L5Q 電碼 $c_{Q5}(t)$，二者之產生方式如圖 5.23 所示。第 i 顆衛星之 I5 電碼 $C_{I5,i}$ 與 Q5 電碼均由 X_A 電碼與經移位之 X_B 電碼經模二相加而得。

$$C_{\mathrm{I5},i}(k) = X_A(k) \oplus X_B(k - n_{\mathrm{I},i}) \quad (5.24)$$

與

$$C_{\mathrm{Q5},i}(k) = X_A(k) \oplus X_B(k - n_{\mathrm{Q},i}) \quad (5.25)$$

X_A 電碼藉由截斷一 13 階之直接序列而得，其產生多項式為

$$X_A(z^{-1}) = 1 + z^{-9} + z^{-10} + z^{-12} + z^{-13} \tag{5.26}$$

此一直接序列之長度應為 $2^{13}-1=8191$，但實際之 X_A 電碼由全為 1 之初始值開始經移位與回授之運算到 1111111111101 時，系統即進行重置(設定為全為 1 之狀態)，故 X_A 電碼之長度為 8190。X_B 電碼為一 13 階之直接序列其產生多項式為

$$X_B(z^{-1}) = 1 + z^{-1} + z^{-3} + z^{-4} + z^{-6} + z^{-7} + z^{-8} + z^{-12} + z^{-13} \tag{5.27}$$

不同衛星之 I5 與 Q5 電碼之差別在於延遲量 $n_{,i}$ 與 $n_{Q,i}$ 之差異；於實現上如圖 5.23 所示之電碼產生器可藉由初始值之設定為之。由 X_A 電碼與延遲之 X_B 電碼經模二相加之 L5 電碼於每一 msec 即進行重置。由於 L5 電碼之碼率為 10.23 Mcps，故 L5I 與 L5Q 電碼之長度均為 10230。相較於 GPS L1 C/A 之電碼，L5 之電碼由於碼率為 C/A 電碼之 10 倍故處理增益亦增加 10 dB，可以有較佳之追蹤誤差與干擾抑制能力。

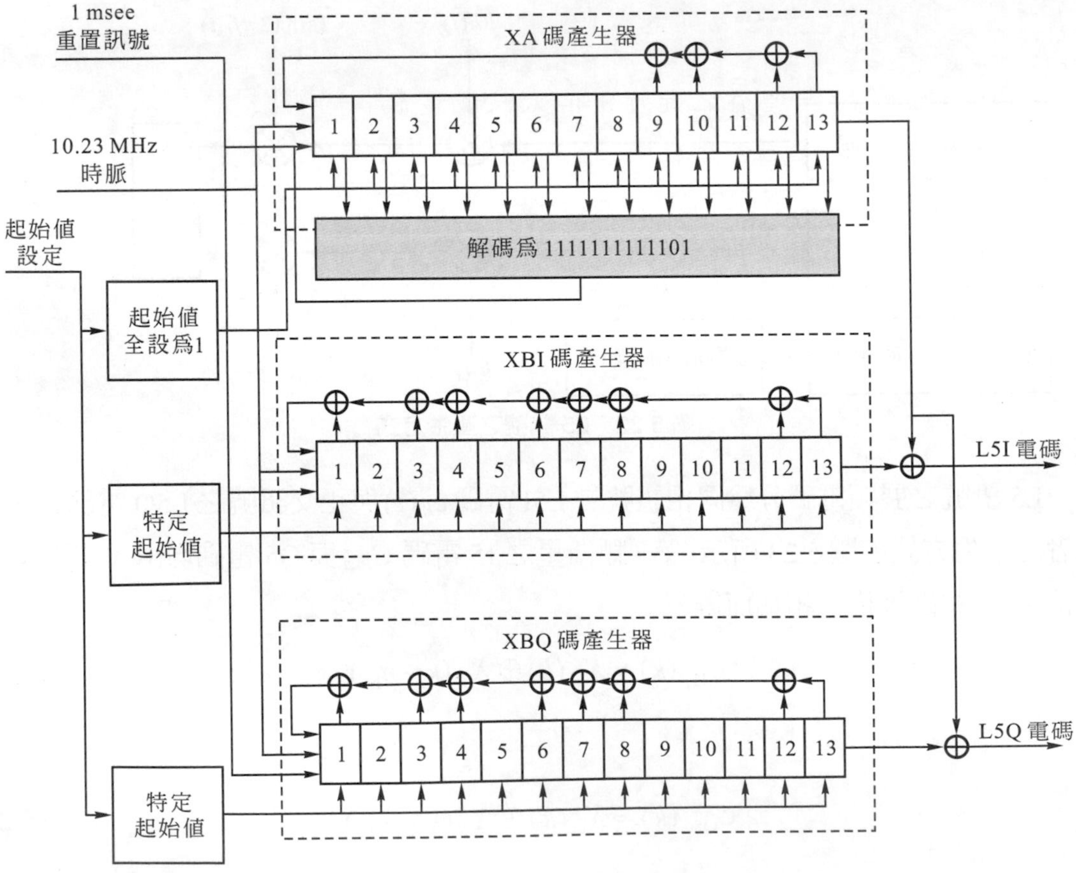

圖 5.23　L5 電碼產生方式

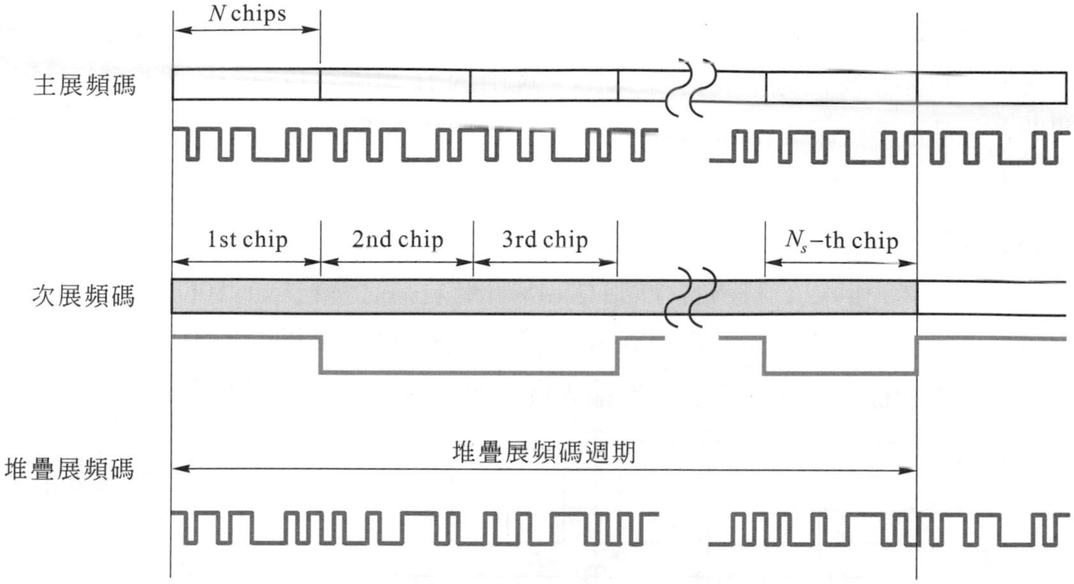

圖 5.24　堆疊展頻電碼

展頻碼之設計攸關 GNSS 衛星之識別、訊號之測距與分碼共享性能。一 GNSS 接收機得產生與衛星相同之展頻碼以順利擷取與追蹤訊號。於衛星導航或展頻通訊，較長之電碼有利於處理增益之提升；但太長的電碼往往實現上較複雜。堆疊碼(concatenated code)之作法主要利用二或多組電碼以乘積方式堆疊可兼具容易產生與長電碼之優點。堆疊展頻碼之構成方式將主展頻碼與次展頻碼以模二相加而成，可利用圖 5.24 說明。令 N 與 N_s 分別爲主展頻碼與次展頻碼之長度。主展頻碼之碼率爲 f_c，故每 $T_c=1/f_c$ 會有碼元之變化且每經 NT_c 主展頻碼會重複一次。今若以 f_c/N 爲次展頻碼之碼率，則每經歷主展頻碼一週期之時間方可能有次展頻碼之變化。將二展頻碼之輸出以模二方法合成可以產生一週期爲 N_SNT_c 之展頻碼，稱之爲堆疊展頻碼。

GPS L5 訊號之電碼採用堆疊型式構成乘積碼(product code)。除了原始 I5 與 Q5 之主展頻電碼外，同時加上了 N-H 電碼構成次展頻碼。結合 N-H 電碼與 L5I/L5Q 電碼因此形成了乘積碼。L5 同相訊號之 N-H 碼與正交訊號之 N-H 碼均爲週期性之電碼且具有擬亂之性質。$h_I(t)$電碼之週期爲 10 碼元而碼寬爲 1msec，相當於 $c_{I5}(t)$之一週期，故由 $h_I(t)$與 $c_{I5}(t)$組合而成之乘積碼 $h_I(t)c_{I5}(t)$可視爲一長度爲 102300 碼寬，週期爲 10 msec 之電碼。$h_Q(t)$電碼之週期爲 20 碼元而碼寬亦爲 1 msec，如此乘積碼 $h_Q(t)c_{Q5}(t)$形如一長度爲 204600 碼寬，週期爲 20 msec 之電碼。$h_I(t)$與 $h_Q(t)$電碼之內容分別爲

$$h_I : 0000110101 \quad 與 \quad h_Q : 00000100110100111 0 \tag{5.28}$$

理論上，原始 I5 或 Q5 電碼之週期均為 1msec，此電碼於頻域上呈現之頻譜為線狀頻譜，不同頻譜線之頻率間格為 1kHz。經由 N-H 電碼可以有效地增長所得乘積碼之週期，也因此乘積碼 $h_I(t)c_{I5}(t)$ 之線狀頻譜頻率間格為 100Hz 而 $h_Q(t)c_{Q5}(t)$ 之線狀頻譜頻率間格為 50Hz。當頻率間格縮小，訊號之頻譜較近似於一連續頻譜。

L5 訊號之導航資料沿用 L2C 訊號之 CNAV 資料，此一資料如前所述採用不同之訊息格式以區隔不同之資料內容。原始 CNAV 導航資料之資料率為 50bps 經過如圖 5.25 之順向誤碼修正產生出符號率為 100sps 之符號。L5 訊號之順向誤碼修正裝置與 L2 之誤碼修正裝置一樣，所不同之處在於輸入資料與輸出符號之速率不同。

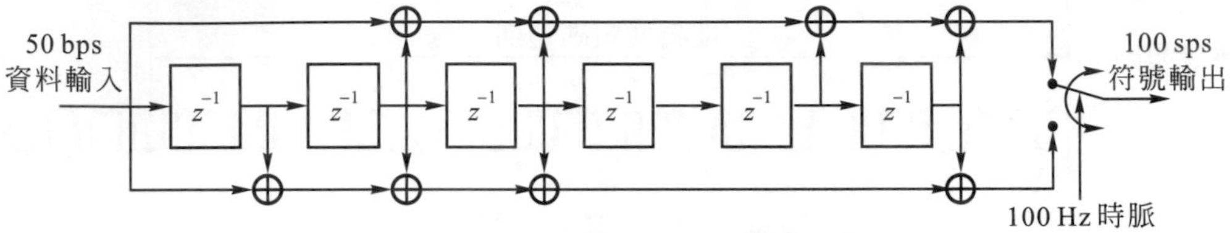

圖 5.25　L5 訊號 FEC 之迴旋編碼器

GPS IIF 型衛星所傳送訊號之頻譜可參考圖 5.26，所發射之訊號採用三個不同頻段具有頻率分散之優勢。於 L5 頻段之訊號功率頻譜密度可參考圖 5.27，於 I 與 Q 通道分別傳送資料與導引訊號。

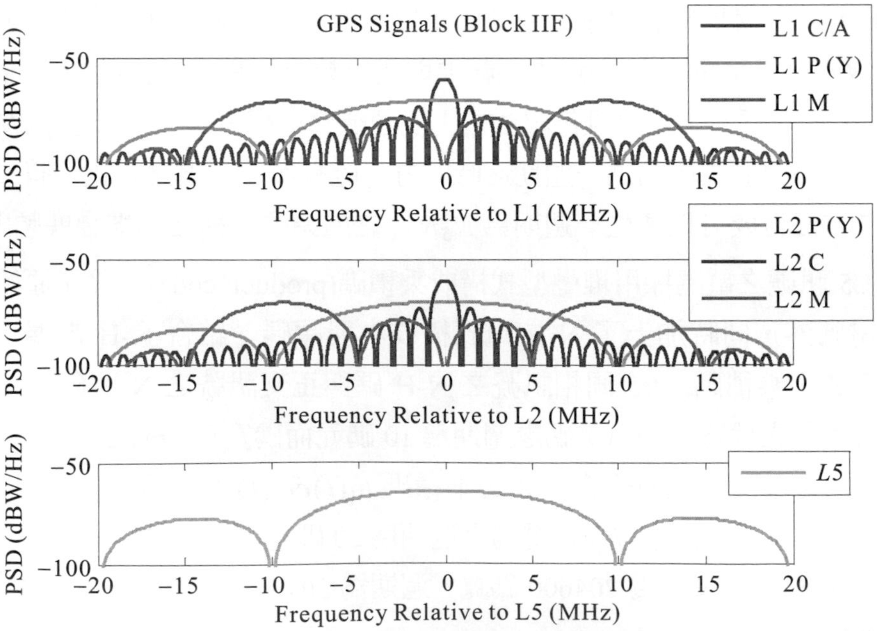

圖 5.26　第二代後續型 GPS 衛星於三頻段訊號之頻譜

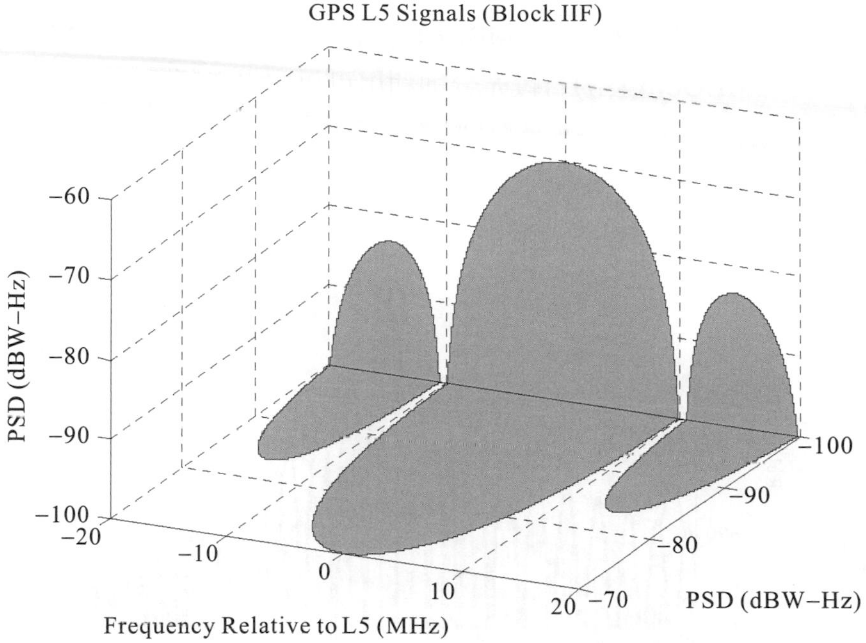

圖 5.27　GPS L5 訊號之功率頻譜密度

5.1.2.3　L1C 訊號

第三代 GPS 衛星將發射於 L1 頻段之新的民用 L1C 訊號。此一訊號之一項設計考量為與 Galileo 取得相容與共用。於 2004 年，GPS 與 Galileo 經過討論取得於 L1 頻段訊號相容與共用之共識並決議以 BOC(1,1)調變作為訊號設計之基礎。於 2007 年，雙方更確定於 L1 頻段之訊號採用 MBOC(6,1,1/11)型式，要求功率頻譜密度應為

$$S_{\text{MBOC}(6,1,1/11)}(f) = \frac{10}{11} S_{\text{BOC}(1,1)}(f) + \frac{1}{11} S_{\text{BOC}(6,1)} \tag{5.29}$$

其中 $S_{\text{BOD}(1,1)}(f)$為 BOC(1,1)訊號之頻譜而 $S_{\text{BOC}(6,1)}(f)$為 BOC(6,1)訊號之頻譜其表示式分別為

$$S_{\text{BOC}(1,1)}(f) = T_c \cdot \text{sinc}^2(\pi f T_c) \cdot \tan^2(\frac{\pi f T_c}{2}) \tag{5.30}$$

與

$$S_{\text{BOC}(6,1)}(f) = T_c \cdot \text{sinc}^2(\pi f T_c) \cdot \tan^2(\frac{\pi f T_c}{12}) \tag{5.31}$$

此處 T_c 相等於 $T_c = \dfrac{1}{1.023\text{MHz}}$。相較於 BOC(1,1)，MBOC(6,1,1/11)增加了 BOC(6,1)訊號之成分，頻譜得以較充分地利用，同時對於訊號之追蹤特性尤其是受到多路徑效

應之影響下得以改善。圖 5.28 顯示 MBOC(6,1,1/11)、BOC(1,1)與 BPSK(1)訊號頻譜之比較。原則上，MBOC(6,1,1/11)較充分地利用可以取得之頻段。

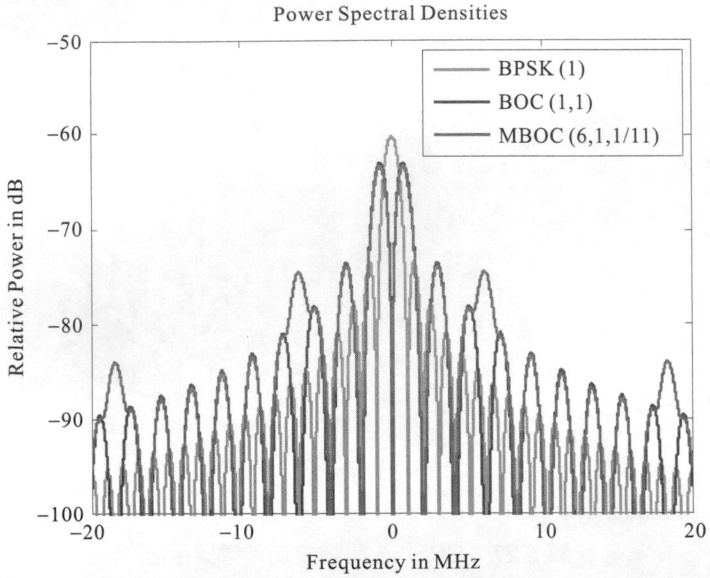

圖 5.28　功率頻譜密度之比較

於 L1 頻段，GPS 第三代衛星因此將發射 L1 C/A、L1 P(Y)、M 與 L1C 訊號。這其中，提供民用之 L1 C/A 訊號與 L1C 訊號彼此正交。未來於 L1 頻段之功率頻譜密度如圖 5.29 所示。

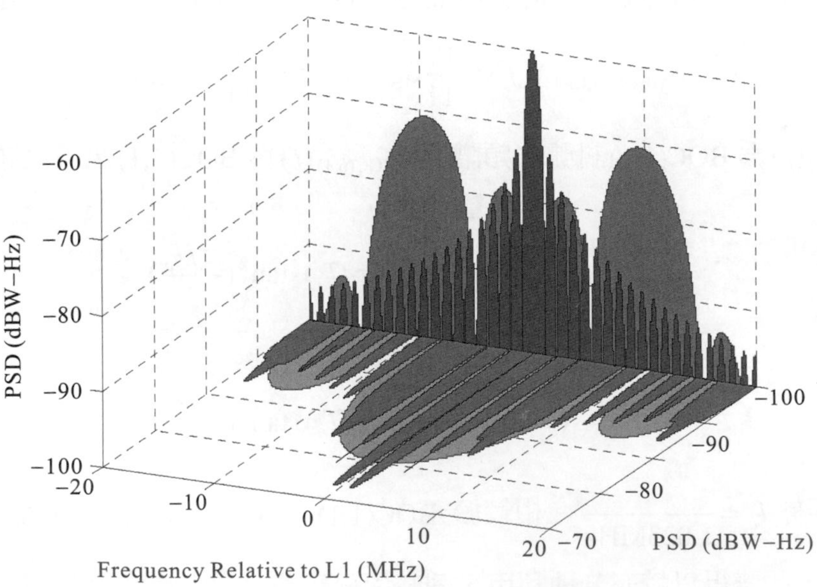

圖 5.29　未來 L1 訊號功率頻譜密度

為實現(5.29)之功率頻譜並同時提供包含導航資料之訊號與導引訊號，L1C 訊號包含兩種成分，分別為調變有導航資料之 L1CD 成分與僅調變展頻電碼之 L1CP 成分。L1CD 訊號採用 BOC(1,1)方式調變至 L1 之載波，而 L1CP 訊號卻採用 TMBOC (time-multiplexed BOC)方式調變至 L1 之載波。對於 L1CD 之 BOC(1,1)調變訊號，次載波之波形函數為

$$\chi_{\mathrm{BOC}(1,1)}(t)=\begin{cases}\mathrm{sgn}(\sin(2\pi t/T_c)), & 0\le t<T_c\\ 0, & \text{其他}\end{cases} \tag{5.32}$$

此一 L1CD 訊號之頻譜密度因此為

$$S_{\mathrm{L1CD}}(f)=S_{\mathrm{BOC}(1,1)}(f) \tag{5.33}$$

TMBOC 方式採用時間分工方式將經 BOC(1,1)調變與 BOC(6,1)調變之展頻符號加以組合。這其中，BOC(6,1)調變之波形函數為

$$\chi_{\mathrm{BOC}(6,1)}(t)=\begin{cases}\mathrm{sgn}(\sin(12\pi t/T_c)), & 0\le t<T_c\\ 0, & \text{其他}\end{cases} \tag{5.34}$$

於一單位碼寬 T_c 內，$\chi_{\mathrm{BOC}(6,1)}(t)$ 有較頻仍之變化，表示具較高頻之成分。圖 5.30 說明 L1CD 與 L1CP 分別採用 BOC(1,1)與 TMBOC 之次載波符號之安排。對於 L1CD 訊號成分，次載波符號均如(5.32)；對於 L1CP 訊號，則以每 33 電碼為一週期，於此 33 電碼中之第 1、5、7 與 30 電碼所對應之次載波為(5.34)而其他電碼之次載波如(5.32)。要言之，隨著時間之不同，採用之次載波亦有所不同。若計算 L1CP 訊號之功率頻譜密度可得

$$S_{\mathrm{L1CP}}(f)=\frac{29}{33}S_{\mathrm{BOC}(1,1)}(f)+\frac{4}{33}S_{\mathrm{BOC}(6,1)}(f) \tag{5.35}$$

於發射過程，L1CP 之訊號功率佔總功率之 75%而 L1CD 佔 25%，故最終之功率頻譜密度函數為

$$S_{\mathrm{L1C}}(f)=\frac{3}{4}S_{\mathrm{L1CP}}(f)+\frac{1}{4}S_{\mathrm{L1CD}}(f)=S_{\mathrm{MBOC}(6,1,1/11)}(f) \tag{5.36}$$

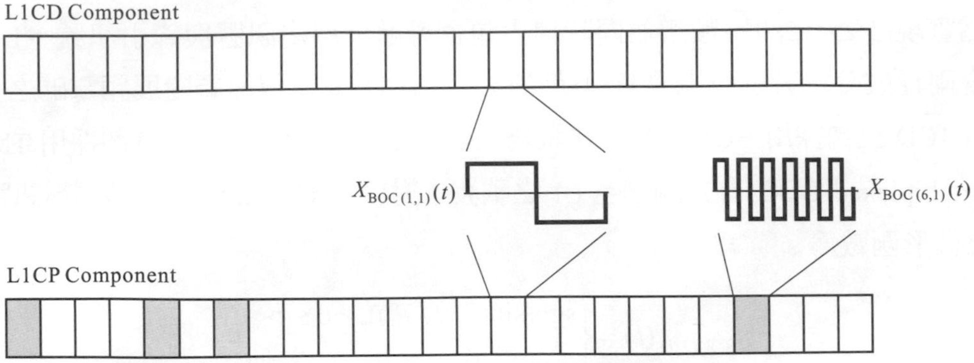

圖 5.30　L1CD 與 L1CP 次載波符號之安排

GPS L1C 電碼爲長度 10230、碼率 1.023 Mbps、週期爲 10msec 之電碼，主要根據以下步驟產生

- 產生長度爲 10223 碼元之李堅德雷(Legendre)序列
- 利用李堅德雷序列進行移位相加以產生長度亦爲 10223 碼元之威爾(Weil)序列
- 於威爾序列之適當位置插入 0110100 七碼元而構成長度爲 10230 之電碼

由於李堅德雷序列之一限制爲長度必需爲質數。GPS L1C 訊號之設計又得與 GPS 傳統訊號有一定程度之相容與一致，這其中展頻電碼之長度被限制爲 1023 之倍數。GPS L1C 之電碼長度爲 10230 碼元，而所選用李堅德雷序列之長度 10223 爲最接近此一長度之質數。由(4.112)可知，此時 GPS L1C 李堅德雷序列自我相關函數之旁波瓣之值爲相當小之 $-1/10223$。李堅德雷序列 $L(k)$ 可根據(4.113)建構出相同長度之威爾序列。不同之衛星選用不同之威爾指標以構成其電碼。此一威爾序列保有良好之自我相關函數特性且不同威爾序列間之交互相關函數存一上限。但是，由於 GPS L1C 要求電碼之長度爲 10230 而威爾序列之長度爲 10223，故於設計上額外插入七碼元 0110100 以滿足長度之要求。不同衛星電碼之插入位置並不相同主要期望保有良好之自我相關函數與交互相關函數特性。另一方面，由於實際使用之電碼亦具有平衡之特性，即 0 與 1 之個數相等。GPS 不同衛星 L1C 電碼利用相同之李堅德雷序列，選用不同之威爾指標與插入位置而構成一組電碼。L1CD 與 L1CP 所採用之電碼均以上述相同方式產生，但彼此間有不同之威爾指標與插入位置。對於 L1CP 訊號除了此一主展頻碼外，另利用次展頻碼加以堆疊。次展頻碼爲 11 階直接序列產生器之輸出或利用兩組 11 階直接序列產生器之輸出進行模二相加而得；不同之衛星所採用之產生多項式並不相同。

L1CD 訊號調變有導航資料，L1C 導航資料之編排引用相當多編碼與誤碼修正理論，除前述之循環多餘檢查碼外尚有 BCH 編碼、低密度極性檢查(low density parity check, LDPC)與交錯排列等。圖 5.31 為 L1C 導航資料之編排方式。每一資料框包含三個子框，子框一為時間區間(time of interval, TOI)資訊，子框二包含衛星時鐘與軌道參數而子框三之可變動資料。子框三之資料這其中第一頁為 UTC 與電離層資料，第二頁為 GGTO 與 EOP 資料，第三頁為簡化之星曆資料，第四頁為 Midi 星曆資料，第五頁為差分修正資料而第六頁為文字資料。如圖 5.31 所示，原始之子框一長度為 9 位元，子框二為 576 位元而子框三為 250 位元但子框二與子框三之原始資料之後面增加了 24 位元之循環多餘檢查碼，故子框二有 600 位元而子框三有 274 位元。此一循環多餘檢查碼採用與 L2C 資料相同之 24 階除式多項式產生。子框一之 9 位元資料隨之進行 BCH 編碼而得到 52 符號之資料。將 TOI 之後 8 位元藉由一 BCH(51,8)編碼器產生 51 符號之訊息，隨之將此 51 符號與原始 TOI 之第一位元進而模二相加可得 51 符號即成為所傳送訊息之第 2 至 52 符號而傳送訊息之第一符號則與 TOI 之第一位元相同。BCH(51,8)編碼器之產生多項式為

$$G_{BCH}(z^{-1}) = 1 + z^{-1} + z^{-4} + z^{-5} + z^{-6} + z^{-7} + z^{-8} \qquad (5.37)$$

於此一如圖 5.32 之 8 階移位暫存器所構成之產生器中首先載入 TOI 之第二至第九位元作為一為暫存器之初始值，藉由移位 51 次可產生 51 符號之訊息。

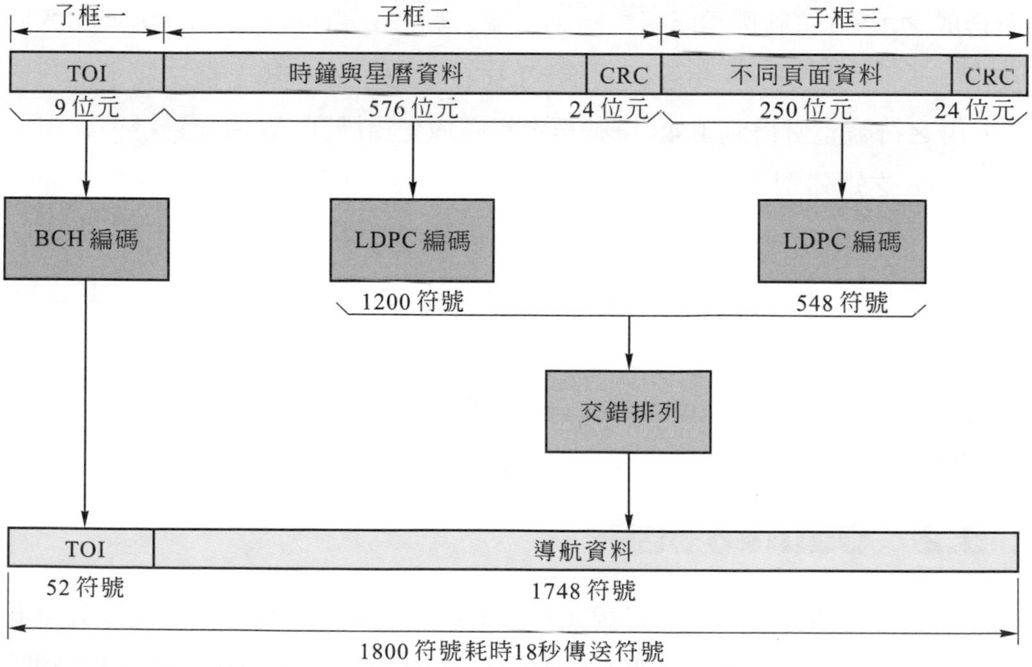

圖 5.31 L1CD 之資料編碼

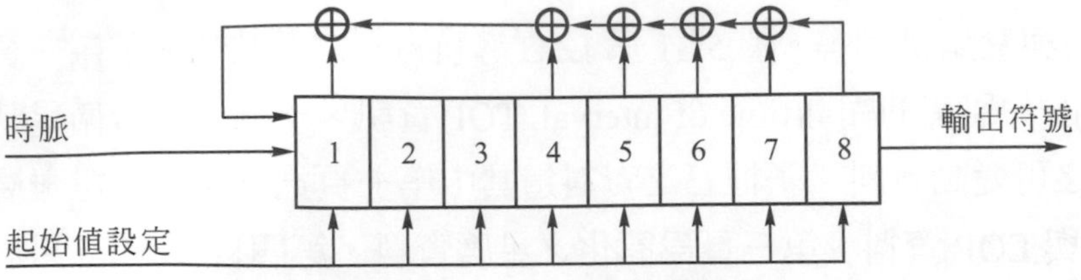

圖 5.32 BCH(51,8)編碼器

LDPC 編碼爲一線性錯誤修正編碼方法，利用一稀疏(sparse)矩陣進行極性檢查(parity check)，其特點爲可以以較低的功率發送訊號仍可以順利接收，有較低的計算複雜度，可利用平行方式實現解碼，同時其性能可以逼近向農極限(Shannon limit)。L1CD 資料編碼採用速率爲 1/2 之 LDPC，子框二之 600 位元資料利用 LDPC 產生 1200 符號之資料，而子框二之 274 位元資料利用 LDPC 產生 548 符號之資料。LDPC 之動作可簡述如下，假設子框二之位元資料爲 $\boldsymbol{s}$，係一 600×1 之向量。於編碼過程主要建立一 1200×1200 之稀疏編碼矩陣 $\boldsymbol{H}$ 並求得極性檢查符號向量 $\boldsymbol{p}$ 以滿足

$$\boldsymbol{H}\begin{bmatrix} \boldsymbol{s} \\ \boldsymbol{p} \end{bmatrix} = \boldsymbol{0} \tag{5.38}$$

上述方程式相當於要求 $\begin{bmatrix} \boldsymbol{s} \\ \boldsymbol{p} \end{bmatrix}$ 向量應於矩陣 $\boldsymbol{H}$ 之核心(kernel)或零空間(null space)，而 $\boldsymbol{s}$ 與 $\boldsymbol{p}$ 所合成之 1200 符號即爲所得之編碼符號。至於交錯(interleaving)排列亦爲常見之編碼技術，主要可以避開長串連續誤碼。L1CD 之資料編排將子框二與子框三分別經 LDPC 所得之符號整併得到 1748 符號再進行區塊交錯排列。區塊交錯排列之作法則是建立一 38×46 之矩陣型式之記憶體，各符號由第一列開始依序寫入此一記憶體，然後於讀取輸出時由第一行開始一行一行地讀取。經過此一系列之編碼手續，得到 1800 符號可因此用以傳送。L1CD 之符號率爲 100sps，每一符號耗時 10msec 相當於 L1C 電碼之一週期。

隨著 L2C、L5 與 L1C 訊號之導入，GPS 系統所提供之服務可望更多元也更強健，如此也確保 GPS 系統在所有 GNSS 系統中將持續扮演主流之地位。

5.2 Galileo 訊號

Galileo 之導航訊號如表 1.3 之說明佔用無線導航衛星服務頻段之三部分由低而高分別以 E5、E6 與 E1 稱之。E5 頻段介於 1164MHz 與 1215MHz 之間，E6 頻段介於 1260MHz 與 1300MHz 之間，而 E1 頻段介於 1559MHz 與 1592MH 之間。這其中由於

E5 頻段頻寬甚寬，故一般復區隔出 E5a 與 E5b 兩個頻段；E5a 頻段訊號或簡稱 E5a 訊號之中心頻率為 1176.45 MHz、頻寬為 20.46 MHz，E5b 訊號之中心頻率為 1207.14 MHz、頻寬亦為 20.46 MHz。E6 之中心頻率為 1278.75 MHz、頻寬為 40.92 MHz。E1 頻段於文獻上有些稱之為 L1 頻段或 E2-L1-E1 頻段，其中心頻率為 1575.42MHz 而頻寬 24.552MHz。於上述頻段中，Galileo 之 E1 頻段與 GPS 之 L1 訊號頻段重疊，E5a 與 GPS 之 L5 訊號重疊，而 E6 頻段則沒有與 GPS 頻段重疊。當 Galileo 與 GPS 頻率有重疊時，歐盟與美國雙方針對訊號之相容與共用性進行協調，因此於 Galileo 訊號中，E6 訊號較單純採用 BPSK 調變，而 E1 民用訊號相當複雜採用 MBOC 調變。

為提供包括開放服務、生命安全服務、商業服務與公共管理服務四種不同精度與保密程度之服務，Galileo 之訊號設計充分地利用所取得之頻寬與許多新穎之展頻調變方式以滿足不同性質之服務並與現有 GPS 取得相容與共用。於較低之 E5 頻段，有 E5a_I、E5a_Q、E5b_I 與 E5b_Q 四種訊號成分。E5a_I 與 E5a_Q 之成分位於 E5a 頻段但二者分別調變至載波之同相與正交通道。E5b_I 與 E5b_Q 亦採相同安排只是頻率位於 E5b 頻段。E6 頻段有三訊號成分，分別為 E6A、E6B 與 E6C。E1 頻段亦有三訊號成分，分別以 E1A、E1B、與 E1C 稱之。因此，Galileo 之導航訊號於 E1、E5 與 E6 三個頻段共傳送出十個不同之訊號成分。此些訊號成分中，E5a、E5b、E6A、E6B、E1A 與 E1B 包含導航資料其所相對應之服務如表 5.4 所示。至於 E5a_Q、E5b_Q、E6C 與 E1C 訊號成分則為導引訊號並不調變有資料而僅單純地傳送出展頻碼。

表 5.4 Galileo 之訊號成分與所提供之服務

	開放服務 F/NAV	生命安全服務 I/NAV	商業服務 C/NAV	公共管理服務 G/NAV
E5a_I	有		有	
E5b_I	有	有	有	
E6A				有
E6B			有	
E1A				有
E1B	有	有	有	

為提供上述之四項服務，Galileo 所傳送之資料亦歸類為四類，分別以 F/NAV 資料(Freely accessible navigation message)、I/NAV 資料(Integrity navigation message)、C/NAV 資料(commercial message)與 G/NAV 資料(governmental access navigation message)

名之。此四類資料原則上與前述四項服務相對應。F/NAV 資料之內容主要為開放服務之導航資料，此一資料主要調變於 E5a_I 訊號。I/NAV 之內容包含導航、完整性、搜救與服務管理之資料提供了生命安全服務、開放服務與部分商業服務所需之資料。I/NAV 資料主要調變於 E5b_I 與 E1B 訊號成分。Galileo 尚提供 C/NAV 與 G/NAV 資料類型，但由於此些資料主要涉及商業服務與公共管理服務，相關文獻較少。

5.2.1 Galileo 導航資料結構

Galileo 資料之格式部分參考 GPS 資料之格式但做了適度之修改與增添。每一 Galileo 資料框包含 M 個資料子框(subframe)，而資料子框則由 P 頁(page)資料構成。如此之安排主要是考慮不同之資料有其不同之即時傳送或近即時傳送之要求。例如，攸關生命安全與整體性之資料以頁之傳送方式更新，有關接收時熱開機之資料則以每一資料子框更新一次之方式傳送，至於較不急迫之資料如粗略星曆資料則以較慢速率而於不同資料框進行更新。由於衛星傳送之符號率往往受限，故利用此種編排可以有效地將重要或必要之資料以較即時之方式傳送給用戶以確保整體服務之品質。實際上，視資料之不同，符號率、頁數與資料子框數亦有差異。表 5.5 列出 F/NAV、I/NAV 與 C/NAV 資料間傳送訊號成分、速率與格式之差異。以 E5a_I 之 F/NAV 資料為例，資料符號率為 50 sps，而每一頁包含了 500 符號，故每頁之傳送耗時 10 sec。由於 I/NAV 資料涉及生命安全服務，故符號率較 F/NAV 開放服務之資料率為高；而商業服務之 C/NAV 資料之資料率更高。

表 5.5　Galileo 所傳送不同資料編排上之差異

資料類型	訊號	符號率	傳送一頁資料之時間	每一資料子框所包含資料頁個 P	每一資料框所包含資料子框個數 M
F/NAV	E5a_I	50 sps	10 sec	5	12
I/NAV	E5b_I, E1B	250 sps	2 sec	15	24
C/NAV	E6B	1000 sps	1 sec	15	8

圖 5.33 顯示 F/NAV 資料之安排，一資料子框包含了 5 頁資料，故傳送一 F/NAV 資料子框耗時 50 sec 而傳送一資料框耗時 600 sec。Galileo 資料傳送之以頁為基本單位以提供足夠靈活度以編列資料。對於 F/NAV 資料，每一頁資料主要包含有 6 位元之頁面型式與 208 位元之導航資料。

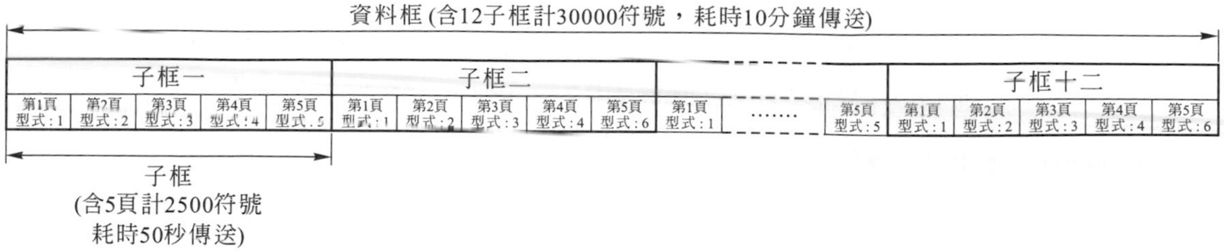

圖 5.33　F/NAV 資料之安排

於建構實際傳送之符號時，為了降低誤碼率，採用了三項誤碼偵測與修正之技術，分別為循環多餘檢查碼、順向誤碼修正與區塊交錯安排將前述資料轉換成實際傳送之符號。首先將頁面型式與導航資料之 214 位元利用二進位多餘碼除法除以除數得到一個餘數，此一餘數即循環多餘檢查碼隨之附加於頁面型式與導航資料位元之後。Galileo 循環多餘檢查碼之多項式為

$$C(z^{-1})=(1+z^{-1})(1+z^{-3}+z^{-5}+z^{-7}+z^{-8}+z^{-9}+z^{-11}+z^{-12}+z^{-13}+z^{-17}+z^{-23}) \qquad (5.39)$$

此一多項式與 GPS CNAV 資料產生之循環多餘檢查碼所採用之多項式(5.22)相同。隨之再附加 6 位元之尾部(tail)以構成 244 位元之資料。此一資料接著藉由 FEC 以形成 488 符號之表示方式。圖 5.34 為 Galileo 用以達成 FEC 功能之迴旋編碼方式，當輸入之位元後會一路經由延遲與選擇性之模二加法運算送至輸出端。由此圖可知，Galileo 迴旋編碼器之產生多項式分別為

$$\mathrm{G1}=1+z^{-1}+z^{-2}+z^{-3}+z^{-6} \qquad (5.40)$$

與

$$\mathrm{G2}^{*}=1+z^{-2}+z^{-3}+z^{-5}+z^{-6} \qquad (5.41)$$

在此利用 $\mathrm{G2}^{*}$代表 G2 之補數。迴旋編碼器之實現如圖 5.34 所示相當容易，每一輸入位元期間，輸出端會藉由切換產生兩個符號。由於輸出符號率為輸入位元率之兩倍，故稱此一迴旋編碼之速度為½。也因次當有 244 位元輸入時會形成 488 符號。圖中之移位暫存器個數為六，故輸出之值會受到目前與之前六時刻之輸入(共七個)影響，迴旋編碼之限制長度因此為 7。另值得留意的是，前述於資料尾部附加之 6 位元之均為 0，如此可避免目前資料影響到後一資料之編碼。Galileo 迴旋編碼器與 GPS L2C 與 L5 之 FEC 作法相近。當取得 488 符號後，Galileo 進一步利用區塊交錯安排以降低誤碼

之影響。在此，區塊交錯安排之作法爲建構一 61 行、8 列之記憶體，將原先之 488 符號依序一行一行地寫入但卻一列一列地讀出而形成另一種表示方式之 488 符號。至此，於所讀取之 488 資料符號之前安置 12 同步符號而形成每一頁 F/NAV 資料之 500 符號。同步符號之組成內容爲 101101110000。

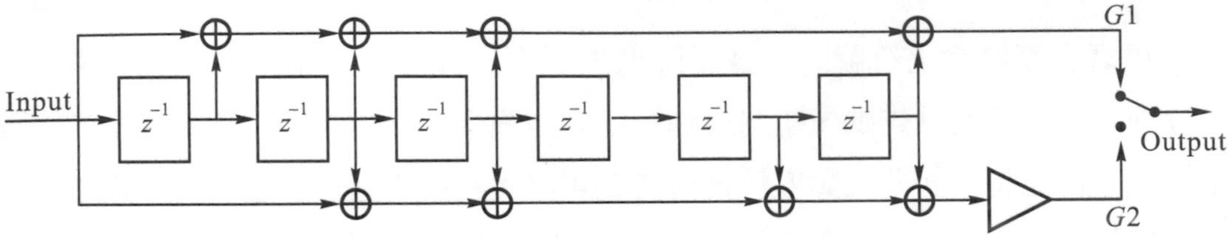

圖 5.34 Galileo 之迴旋編碼方式

對於 I/NAV 資料之編排方式與 F/NAV 資料相似，所不同的在於每一頁之符號數與區塊交錯安排之方式。I/NAV 資料每一頁由 250 符號構成，其中 10 符號爲同步符號(內容爲 0101100000)而有 240 資料符號。於區塊交錯安排時，I/NAV 資料採用 20 行 8 列之安排。

5.2.2 Galileo 導航資料內容

Galileo 之導航資料依內容而言可概分爲四項，分別爲軌道資料、時鐘資料、服務資料與粗略星曆資料。軌道資料用以計算衛星之位置，時鐘資料則可提供時鐘之修正量以修正虛擬距離量測量，服務資料包含衛星之編號與健康狀況，而粗略星曆資料則可用以推算全星座中各衛星之粗略位置。以下針對此四項資料之內容進行說明。

Galileo 之軌道資料與 GPS 之軌道資料相同亦採用 16 筆參數以描述衛星之軌道。此些參數包含 6 筆刻卜勒參數、6 筆諧振係數、1 軌道傾角變化率、1 昇交角變化率、1 平均角修正量、與 1 軌道資料參考時間。當接收機可順利解碼出上述軌道資料，則可沿用軌道計算法則以推算衛星於特定時間點之位置；可參考 2.5.3 節之說明。

Galileo 之時間沿襲 GPS 時間之表示方式，以週數與週內時間之秒數進行計時。伽俐略之週數以 12 位元表示，可因此表示之週數達 4096 週(約 78 年)；相較而言，GPS 之週數以 10 位元表示，因此當 GPS 週數超過 1024 週，會有所謂重置現象。伽俐略另利用週內時間之秒數以細分時間。一週之總秒數爲 604800 秒，故以 20 位元表示秒數。伽俐略定義伽俐略時間(Galileo System Time, GST)之起始時間爲 1999 年 8 月

22 日(週日)零時零分零秒(UTC)。此一時間因此會與 UTC 有閏秒之差異。於 2006 年，GST 領先 UTC 達 14 秒。

Galileo 之時間資料主要爲衛星之時鐘相較於 GST 之修正量。此一修正量以多項式型式表之而所傳送之時間資料中包含此一修正用多項式之係數。Galileo 亦傳送群延遲與電離層修正之資料以供較精確之定位。除此之外，爲利於與 GPS 之整合，Galileo 之時間資料中包含了 GPS 系統時間與 GST 之間之時間轉換參數。

粗略星曆泛指整個衛星系統之各衛星時鐘與軌道參數。一般而言，粗略星曆資料相較於各衛星傳送之時鐘與軌道參數其精度較差；但由星曆資料可掌握整個衛星星座中各衛星之粗略位置與時間。Galileo 衛星之粗略星曆有關軌道包含下述之參數：半長軸修正量、離心率、軌道傾角修正量、昇交角、昇交角變化率、近地夾角與平均角。至於有關時間之星曆參數則有各衛星之星曆適用時間、星曆資料參考時間、星曆資料參考週數、衛星時鐘零階與一階之修正量與衛星健康狀態。

Galileo 之導航資料除包含前述軌道、時鐘與粗略星曆資料之外，另有數筆服務資料。此些服務資料主要提供用戶一些相關之導航資料例如衛星之編號、導航資料發佈之批次、導航資料之效用旗標與導航訊號之健康旗標等。

5.2.3 Galileo 訊號格式

Galileo 訊號分別於 E5、E6 與 E1 三個頻段傳送，本節將介紹訊號調變之方式，分別針對此三頻段之訊號加以說明。

5.2.3.1 E5 頻段訊號

Galileo E5 訊號由於具有相當足夠之頻寬故如前所述將其分爲 E5a 與 E5b 兩類型之訊號以提供更多元之服務。此二類型訊號均具有同相與正交成分，這其中同相訊號調變有資料，而正交訊號爲單純展頻碼並不調變資料；因此整個 E5 訊號可視爲由 E5a_I、E5a_Q、E5b_I 與 E5b_Q 四種成分構成。表 5.6 列出 E5 訊號各成分之資料符號率、展頻碼碼率、展頻碼長度與其他參數。

表 5.6 E5 訊號成分

訊號成分	E5a_I	E5a_Q	E5b_I	E5b_Q
中心頻率	1176.45 MHz		1207.14 MHz	
展頻調變方式	AltBOC(15,10)			
次載波頻率	15.345 MHz			
碼率	10.23 Mcps			
訊號內容	資料	單純展頻碼	資料	單純展頻碼
基本展頻碼長度	10230			
展頻碼型式	經截斷與堆疊之直接序列			
次展頻碼長度	20	100	4	100
資料符號率	50 sps		250 sps	
10 度仰角之接收強度	−158 dBW			

爲了於同一頻段傳送四種不同成分之訊號，Galileo 於 E5 訊號進行多項新穎之設計以達到「一個訊號，多種表述」之目的。對於用戶而言，可以接收整個 E5 頻段之訊號，亦可以僅接收 E5a 或 E5b 之訊號。E5a_I 訊號由開放服務導航(F/NAV)資料 $D_{\text{E5a\_I}}$ 與展頻碼 $C_{\text{E5a\_I}}$ 經模二相加後調變而成，其等效基頻之表示方式爲

$$e_{\text{E5a\_I}}(t)=\sum_{i=-\infty}^{\infty}c_{\text{E5a\_I},|i|}\cdot d_{\text{E5a\_I},[i]}\cdot p_{T_{c,E5}}(t-iT_{c,E5}) \tag{5.42}$$

這其中，$d_{\text{E5a\_I},[i]}$ 與 $c_{\text{E5a\_I},|i|}$ 分別代表以 ±1 呈現之導航資料與展頻碼。至於 $T_{c,\text{E5}}$ 則爲 E5 訊號之展頻碼之碼寬，由於碼率爲 10.23 Mcps 故 $T_{c,E5}=\dfrac{1}{10.23}$ μsec。相對而言，E5a_Q 訊號則爲展頻碼 $C_{\text{E5\_Q}}$ 調變至次載波與載波後而形成

$$e_{\text{E5a\_Q}}(t)=\sum_{i=-\infty}^{\infty}c_{\text{E5a\_Q},|i|}\cdot p_{T_{c,E5}}(t-iT_{c,E5}) \tag{5.43}$$

此一正交訊號成分僅含展頻碼而不含資料。E5b_I 訊號與 E5b_Q 訊號之形成方式與前二者類似，分別可表示成

$$e_{\text{E5b\_I}}(t)=\sum_{i=-\infty}^{\infty}c_{\text{E5b\_I},|i|}\cdot d_{\text{E5b\_I},[i]}\cdot p_{T_{c,E5}}(t-iT_{c,E5}) \tag{5.44}$$

與

$$e_{\mathrm{E5b\_Q}}(t)=\sum_{i=-\infty}^{\infty} c_{\mathrm{E5b\_Q},|i|}\cdot p_{T_{c,E5}}(t-iT_{o,E5}) \tag{5.45}$$

E5b_I 訊號由生命安全服務導航(I/NAV)資料 $D_{\mathrm{E5b\_I}}$ 與展頻碼 $C_{\mathrm{E5b\_I}}$ 經模二相加後調變而成，E5b_Q 訊號則爲展頻碼 $D_{\mathrm{E5b\_Q}}$ 經調變而成。

Galileo E5 採用之展頻碼其碼率爲 10.23 Mcps，每一展頻碼以雙層堆疊之型式構成，這其中基本展頻碼之長度爲 10230 碼元而次展頻碼長度依訊號之不同而有所差別，如表 5.6 所說明。以 E5a_I 展頻碼爲例，次展頻碼之長度爲 20，因此展頻碼每 20 msec 重複一次。

Galileo E5 訊號成分之主展頻碼可利用移位暫存電路予以實現。圖 5.35 爲 Galileo E5 主展頻碼產生方式之示意圖。原則上，此一展頻碼產生方式形如高德碼產生器，即利用二組直接序列之輸出進行模二加法而生成。E5a_I 與 E5a_Q 之多項式是相同的，其第一組直接序列之產生多項式爲

$$G_{\mathrm{E5a\_1}}(z^{-1})=1+z^{-1}+z^{-6}+z^{-8}+z^{-14} \tag{5.46}$$

E5a_I 與 E5a_Q 之第二組直接序列之產生多項式則爲

$$G_{\mathrm{E5a\_2}}(z^{-1})=1+z^{-4}+z^{-5}+z^{-7}+z^{-8}+z^{-12}+z^{-14} \tag{5.47}$$

第 i 顆衛星 E5a_I 之主展頻碼之表示方式爲

$$C_{\mathrm{E5a\_I},i,P}(k)=G_{\mathrm{E5a\_1}}(k)\oplus G_{\mathrm{E5a\_2}}(k-n_{\mathrm{E5a\_I},i}) \tag{5.48}$$

而 E5a_Q 之主展頻碼之表示方式爲

$$C_{\mathrm{E5a\_Q},i,P}(k)=G_{\mathrm{E5a\_1}}(k)\oplus G_{\mathrm{E5a\_2}}(k-n_{\mathrm{E5a\_Q},i}) \tag{5.49}$$

這其中 $n_{\mathrm{E5a\_I},i}$ 與 $n_{\mathrm{E5a\_I},i}$ 代表不同之延遲。由於 $G_{\mathrm{E5a\_1}}(z^{-1})$ 與 $G_{\mathrm{E5a\_1}}(z^{-1})$ 均爲 14 階之多項式，故所產生直接序列之長度應爲 $2^{14}-1=16383$ 碼元。但 Galileo E5a 之主展頻碼僅利用此 16383 碼元中之 10230 碼元。實際之作法如圖 5.35 所示係於每一週期開始前，載入預置值至各移位暫存器，這其中第一組之移位暫存器之初始值全爲 1 而第二組之移位暫存器之初始值則視衛星與同相/正交項之差異而有所不同。當經過 10230 碼元

後，此二組移位暫存器之值進行重置，因此實際之主展頻碼可視爲截斷二直接序列之組合之電碼。此些電碼當然得具有良好之自我相關與交互相關特性。E5b 之主展頻碼之產生方式與 E5a 主展頻碼之產生方式相同但採用以下之基本多項式

$$G_{\text{E5b\_1}}(z^{-1}) = 1 + z^{-4} + z^{-11} + z^{-13} + z^{-14} \tag{5.50}$$

與

$$G_{\text{E5b\_2}}(z^{-1}) = 1 + z^{-1} + z^{-5} + z^{-6} + z^{-9} + z^{-10} + z^{-14} \tag{5.51}$$

除了主展頻碼外，E5 另有次展頻碼之設計以其增長整體展頻碼之週期。對於 E5a_I 訊號，次展頻碼之長度爲 20 碼元而內容爲 10000100001011101001。E5 電碼之碼率爲 10 Mcps，故主展頻碼之週期爲 1msec 而 E5a_I 之電碼週期爲 20msec。E5b_I 之次展頻碼爲 1110，長度爲 4 故 E5b_I 電碼週期爲 4msec。對於 E5a_Q 與 E5b_Q，次展頻碼之長度爲 100 碼元且不同衛星之次展頻碼各不相同。

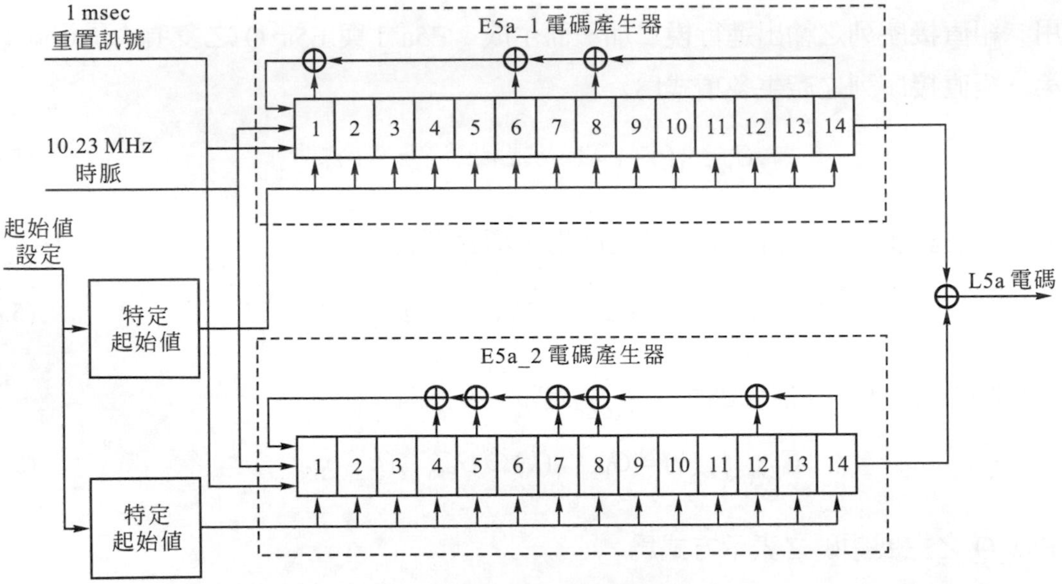

圖 5.35 Galileo E5 主展頻碼產生方式

瞭解了由電碼與資料所構成之四種訊號成分後，接著說明如何將此四種成分調變至同一載波以進行傳送。Galileo 之 E5 訊號採用交替雙偏置載波調變(Alternative BOC, AltBOC)之調變方式；此一 AltBOC 調變之碼率爲 10.23 MHz 而次載波頻率爲 15.345 MHz 故亦以 AltBOC(15,10)調變稱之。採用 AltBOC(15,10)調變主要可以讓 E5a 與 E5b 兩種訊號近似 QPSK(10)訊號；如此接收機可以個別針對 E5a 與 E5b 訊號進行接收與處理。整體 E5 訊號之產生主要結合前述四種成分，可以圖 5.36 說明之。首先利用電

碼與資料經由 AltBOC 調變而構成複數之基頻訊號 s_{E5}，然後藉由載波調變而得到可供傳送之通帶訊號 v_{E5}，其載波頻率為 1191.795 MHz。於 AltBOC 調變主要為利用次載波結合四種訊號成分 $e_{\mathrm{E5a\_I}}$、$e_{\mathrm{E5a\_Q}}$、$e_{\mathrm{E5b\_I}}$ 與 $e_{\mathrm{E5b\_Q}}$ 以達到期望之功能包含可以隨之分辨各訊號成分、易於實現發射與接收裝置及固定之訊號包絡(constant envelope)。這其中，固定之訊號包絡為衛星訊號設計與傳送之一重要需求因為若是包絡固定則可以利用較有效率 C 類之放大器於傳送過程進行訊號之放大。

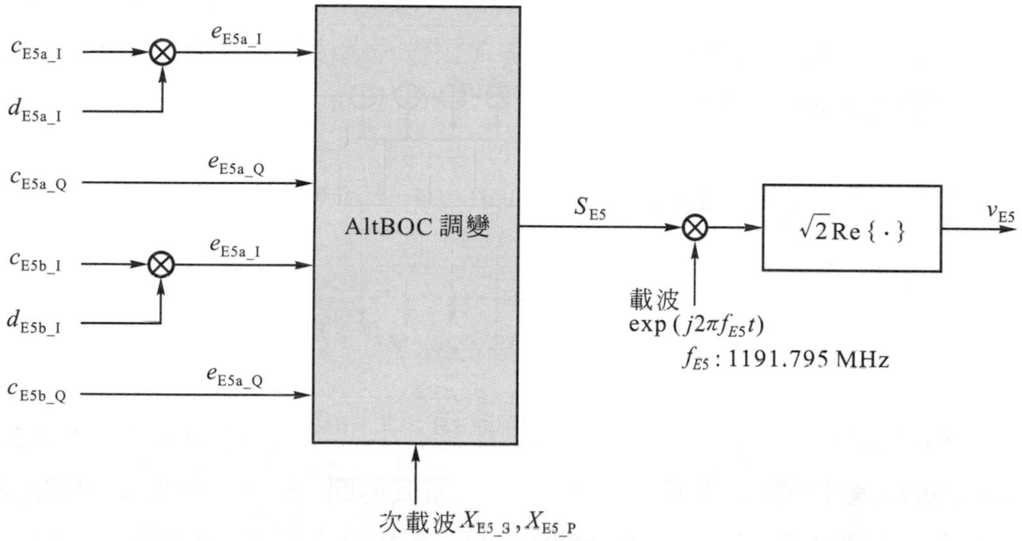

圖 5.36　AltBOC 調變

參照圖 5.36，其中 $s_{\mathrm{E5}}(t)$ 為一經次載波調變之複數訊號，包含實部與虛部。Galileo E5 訊號次載波頻率為 15.345 MHz，而次載波週期 $T_{S,\mathrm{E5}}$ 為此一頻率之倒數。於 AltBOC 調變，次載波之函數分別以 $\chi_{\mathrm{E5\_S}}(t)$ 與 $\chi_{\mathrm{E5\_P}}(t)$ 表示，前者代表單獨項而後者代表乘積項。構成複數基頻訊號 $s_{\mathrm{E5}}(t)$ 之過程，則可利用下式描述

$$
\begin{aligned}
s_{\mathrm{E5}}(t) = & \frac{1}{2\sqrt{2}}\left(e_{\mathrm{E5a\_I}}(t)+je_{\mathrm{E5a\_Q}}(t)\right)\cdot\left(\chi_{\mathrm{E5\_S}}(t)-j\chi_{\mathrm{E5\_S}}(t-\frac{T_{s,E5}}{4})\right) \\
& +\frac{1}{2\sqrt{2}}\left(e_{\mathrm{E5b\_I}}(t)+je_{\mathrm{E5b\_Q}}(t)\right)\cdot\left(\chi_{\mathrm{E5\_S}}(t)+j\chi_{\mathrm{E5\_S}}(t-\frac{T_{s,E5}}{4})\right) \\
& +\frac{1}{2\sqrt{2}}\left(\overline{e}_{\mathrm{E5a\_I}}(t)+j\overline{e}_{\mathrm{E5a\_Q}}(t)\right)\cdot\left(\chi_{\mathrm{E5\_P}}(t)-j\chi_{\mathrm{E5\_P}}(t-\frac{T_{s,E5}}{4})\right) \\
& +\frac{1}{2\sqrt{2}}\left(\overline{e}_{\mathrm{E5b\_I}}(t)+j\overline{e}_{\mathrm{E5b\_Q}}(t)\right)\cdot\left(\chi_{\mathrm{E5\_P}}(t)+j\chi_{\mathrm{E5\_P}}(t-\frac{T_{s,E5}}{4})\right)
\end{aligned}
\tag{5.52}
$$

於(5.52)中，$\overline{e}_{E5a\_I}$、$\overline{e}_{E5a\_Q}$、$\overline{e}_{E5b_I}$與$\overline{e}_{E5b_Q}$爲部分e_{E5a_I}、e_{E5a_Q}、e_{E5b_I}與e_{E5b_Q}之乘積：

$$\begin{aligned}\overline{e}_{E5a\_I} &= e_{E5a\_Q} \cdot e_{E5b\_I} \cdot e_{E5b\_Q} \\ \overline{e}_{E5a\_Q} &= e_{E5a\_I} \cdot e_{E5b\_I} \cdot e_{E5b\_Q} \\ \overline{e}_{E5b\_I} &= e_{E5a\_I} \cdot e_{E5a\_Q} \cdot e_{E5b\_Q} \\ \overline{e}_{E5b\_Q} &= e_{E5a\_I} \cdot e_{E5a\_Q} \cdot e_{E5b\_I}\end{aligned} \tag{5.53}$$

由於e_{E5a_I}、e_{E5a_Q}、e_{E5b_I}與e_{E5b_Q}之數值爲 1 或-1，故$\overline{e}_{E5a_I}$、$\overline{e}_{E5a_Q}$、$\overline{e}_{E5b_I}$與$\overline{e}_{E5b_Q}$之數值亦爲 1 或-1。爲達到固定包絡，次載波之函數經過特殊之設計。數學上，此二次載波波形函數之表示方式分別爲

$$\chi_{E5\_S}(t) = \sum_{l=0}^{7} A_{S,l} \cdot p_{T_s/8}(t - lT_s/8) \tag{5.54}$$

與

$$\chi_{E5\_P}(t) = \sum_{l=0}^{7} A_{P,l} \cdot p_{T_s/8}(t - lT_s/8) \tag{5.55}$$

方程式(5.54)與(5.55)中之$A_{S,l}$與$A_{P,l}$分別列於表 5.7 中。圖 5.37 顯示於一次載波週期內，波形函數之變化情形。原則上，每 1/8 之次載波週期，此一次載波波形會有變化。此一變化看似複雜但歸根究底主要是期望滿足固定包絡之要求。事實上，若代入不同之 1 或-1 之電碼與資料符號以及考慮於一次載波週期內之不同時段，則(5.52)之$s_{E5}(t)$可表示成

$$s_{E5}(t) = \exp(j\frac{\pi}{4}\kappa(t)) \tag{5.56}$$

其中$\kappa(t)$之爲介於 0 與 7 之間的整數。實際之$\kappa(t)$與電碼和資料符號之關係可參考表 5.8。因此無論電碼和資料符號如何變化，經 AltBOC 調變後之訊號$s_{E5}(t)$座落於如圖 5.38 之星座圖，相當於 8-PSK 調變之星座圖。當然，$s_{E5}(t)$之訊號振幅維持一固定之值。

表 5.7　E5 次載波波形函數係數之值

l	0	1	2	3	4	5	6	7
$A_{S,l}$	$\frac{\sqrt{2}+1}{2}$	$\frac{1}{2}$	$-\frac{1}{2}$	$\frac{-\sqrt{2}-1}{2}$	$\frac{-\sqrt{2}-1}{2}$	$-\frac{1}{2}$	$\frac{1}{2}$	$\frac{\sqrt{2}+1}{2}$
$A_{P,l}$	$\frac{-\sqrt{2}+1}{2}$	$\frac{1}{2}$	$-\frac{1}{2}$	$\frac{\sqrt{2}-1}{2}$	$\frac{\sqrt{2}-1}{2}$	$-\frac{1}{2}$	$\frac{1}{2}$	$\frac{-\sqrt{2}+1}{2}$

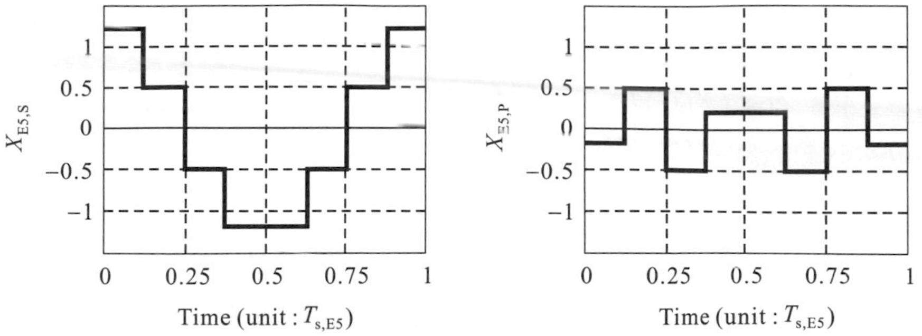

圖 5.37　次載波波形函數於一週期內之變化情形

表 5.8　電碼和資料符號相位之關係

	輸入之訊號															
e_{E5a_I}	-1	-1	-1	-1	-1	-1	-1	-1	1	1	1	1	1	1	1	1
e_{E5a_Q}	-1	-1	-1	-1	1	1	1	1	-1	-1	-1	-1	1	1	1	1
e_{E5b_I}	-1	-1	1	1	-1	-1	1	1	-1	-1	1	1	-1	-1	1	1
e_{E5b_Q}	-1	1	-1	1	-1	1	-1	1	-1	1	-1	1	-1	1	-1	1
	輸出基頻訊號之相位															
l	$\kappa(t)$															
0	5	4	6	3	4	3	1	2	6	5	7	0	7	2	0	1
1	5	4	2	3	0	3	1	2	6	5	7	4	7	6	0	1
2	1	4	2	3	0	7	1	2	6	5	3	4	7	6	0	5
3	1	0	2	3	0	7	1	6	2	5	3	4	7	6	4	5
4	1	0	2	7	0	7	5	6	2	1	3	4	3	6	4	5
5	1	0	6	7	4	7	5	6	2	1	3	0	3	2	4	5
6	5	0	6	7	4	3	5	6	2	1	7	0	3	2	4	1
7	5	4	6	7	4	3	5	2	6	1	7	0	3	2	0	1

$$S_{E5}(t)=\exp\left(j\frac{\kappa(t)\pi}{4}\right)$$
$$\kappa(t)\in\{0,1,2,3,4,5,6,7\}$$

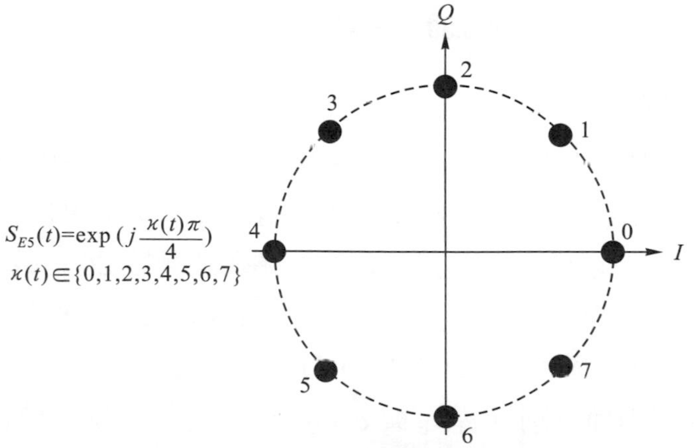

圖 5.38　AltBOC 調變後之星座圖

經過 AltBOC 調變之訊號，其功率頻譜密度函數可推導為

$$S_{E5}(f)=\frac{4}{T_c\pi^2 f^2}\frac{\cos^2(\pi f T_c)}{\cos^2(\frac{\pi f T_s}{2})}\left(\cos^2(\frac{\pi f T_s}{2})-\cos(\frac{\pi f T_s}{2})-2\cos(\frac{\pi f T_s}{2})\cos(\frac{\pi f T_s}{4})+2\right) \quad (5.57)$$

於上式中，$T_c = T_{c,E5}$ 而 $T_s = T_{s,E5}$。圖 5.39 顯示 E5 訊號之頻譜密度。AltBOC 調變方式與 BOC 調變之差異說明如下。於 BOC 調變過程主要藉由乘上一正弦或餘弦之方塊波形次載波，以將主波瓣分開至離中心頻率有次載波頻率距離之位置。相較而言，AltBOC 調變過程相當於乘上一複數型式之方塊次載波，而將主波瓣移開並複製到距中心頻率有次載波頻率距離之位置。

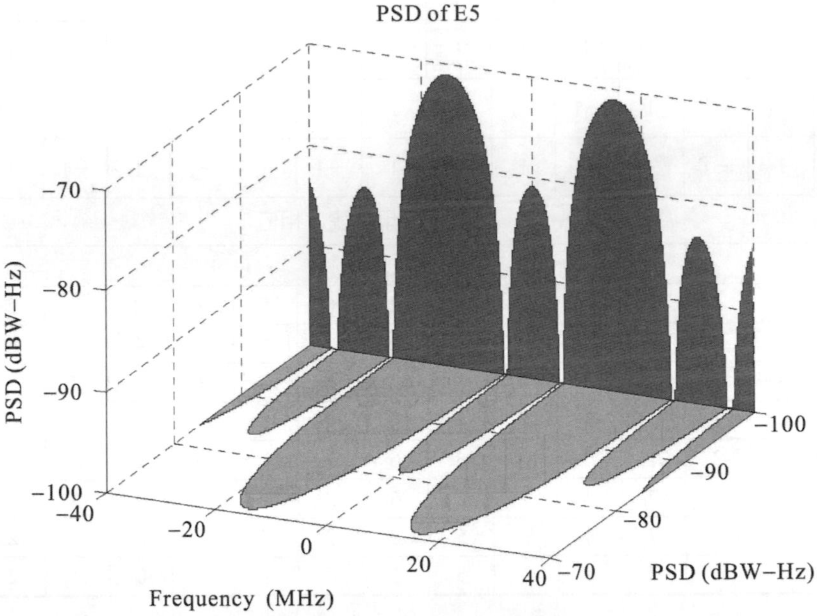

圖 5.39 E5 訊號之頻譜密度

5.2.3.2 E6 頻段訊號

Galileo 之 E6 頻段中心頻率為 1278.75MHz，頻寬為 40.92MHz。由於此一頻段基本上與其他衛星導航訊號之頻率不相重疊，沒有訊號干擾或相容之顧慮，故 Galileo 採用較單純之 BPSK 調變將商業服務資料與展頻碼調變於 E6 之載波。於此一頻段同時有公共管理服務之訊號，以 e_{E6_A} 表之。e_{E6_A} 採用 $BOC_C(10,5)$ 調變，其展頻碼率為 5.115 Mcps，而次載波頻率為 10.23 MHz，且次載波之型式為餘弦相位型式。提供商業服務 E6 訊號計有兩種分別以 e_{E6_B} 與 e_{E6_C} 表之。e_{E6_B} 訊號成分包含了商業服務資料與展頻碼，而 e_{E6_C} 訊號成分則為導引訊號並不包含資料。此二訊號成分以 BPSK(5)

方式調變至載波。$c_{\text{E6\_B}}$ 與 $c_{\text{E6\_C}}$ 可分別以下列方式描述

$$e_{\text{E6\_B}}(t)=\sum_{k=-\infty}^{\infty}\left[c_{\text{E6\_B},|k|}d_{\text{E6\_B},[k]}p_{T_{c,\text{E6}}}(t-kT_{c,\text{E6}})\right] \tag{5.58}$$

與

$$e_{\text{E6\_C}}(t)=\sum_{k=-\infty}^{\infty}\left[c_{\text{E6\_C},|k|}p_{T_{c,\text{E6}}}(t-kT_{c,\text{E6}})\right] \tag{5.59}$$

於上二式中，$e_{\text{E6_B},|k|}$與 $e_{\text{E6_C},|k|}$分別爲 E6_B 與 E6_C 訊號成分於第 k 點之展頻碼；$d_{\text{E6_B},|k|}$則爲相對應之資料符號。此二訊號成分之展頻碼率爲 5.115 Mcps；$d_{\text{E6\_B}}$ 之符號率則爲 1000 sps。採用如此高速之符號率主要是期望可滿足商業用途之需求。E6 訊號之主展頻碼採用記憶碼之型式。一般而言，若電碼長度已知，可以利用最佳化之技術設計出一群電碼以取得期望之自我相關與交互相關特性，由於相鄰電碼彼此不具關連性故此一電碼之產生主要由記憶體讀出而非利用特定移位暫存器電路產生；因此稱爲記憶碼。E6B 與 E6C 之主展頻碼長度均爲 5115 碼元，其中 E6B 訊號由於調變有資料符號故不含次展頻碼，而 E6C 包含次展頻碼並以堆疊方式與主展頻碼結合。E6C 之次展頻碼之長度爲 100 碼元，其內容與 E5a_Q 訊號之次展頻碼相同。

由於 E6 頻段有三種訊號成分，Galileo 採用一特定交錯(interplex)之方法於上述將三種不同訊號合併至一載波進行傳送。衛星通訊與地面通訊之一項重要差異爲無線衛星通訊之訊號傳送距離相當遠，故用戶如欲利用地面通訊中類似振幅調變之方式有所困難。另一方面，對於衛星訊號發射器而言，最後一級之功率放大器若操作於非飽和區會耗損相當大之功率，故一般設計衛星通訊與導航訊號會利用頻率或相位調變同時要求發射訊號之封包能維持恆定。當僅有一數位訊號成分時，典型之 BPSK 調變可達到上述要求。若有二數位訊號成分，則可利用 QPSK 調變以同時傳送同相與正交之訊號成分。前述之 AltBOC 調變則利用複數之次載波將四數位訊號予以結合而得到近似 8-PSK 調變之效果。對於 Galileo E6，特意設計同調適應性次載波調變(coherent adaptive subcarrier modulation, CASM)之多工(multiplexing)方式將三訊號成分調變至同一載波。經過 CASM，傳送前之基頻訊號表示式爲

$$s_{\text{E6}}(t)=\frac{\sqrt{2}}{3}\left[e_{\text{E6\_B}}(t)-e_{\text{E6\_C}}(t)\right]+j\frac{1}{3}\left[2e_{\text{E6\_A}}(t)+e_{\text{E6\_A}}(t)e_{\text{E6\_B}}(t)e_{\text{E6\_C}}(t)\right] \tag{5.60}$$

由於 $e_{\text{E6\_A}}$，$e_{\text{E6\_B}}$ 與 $e_{\text{E6\_C}}$ 之可能值爲 1 或 -1，$s_{\text{E6}}(t)$之值因之如表 5.9 所示。無論 $e_{\text{E6\_A}}$，$e_{\text{E6\_B}}$ 與 $e_{\text{E6\_C}}$ 之值如何變化，$s_{\text{E6}}(t)$均維持恆定之振幅。於圖 5.40 之相位星座圖上亦可

看出 $s_{E6}(t)$訊號之分佈於一圓上。$s_{E6}(t)$訊號之功率可概分成四部分：4/9 之功率用以傳送 E6A 訊號成分，2/9 之功率用以傳送 E6B 訊號成分，2/9 之功率用以傳送 E6C 訊號成分，而 1/9 之功率形成交互調變(intermodulation)。交互調變可視爲取得固定包絡之代價。若仔細檢視此一 CASM 訊號之構成可發現，公共管理服務之 E6A 訊號成分爲此一訊號之正交項。同時若令 e_{E6_B} 與 e_{E6_C} 之值相同，則全部功率將集中於 e_{E6_A}。而民用訊號之接收與處理主要針對 $s_{E6}(t)$訊號之同相項，此一同相項與 e_{E6_B} 與 e_{E6_C} 之差成比例關係。圖 5.41 爲 E6 訊號之功率頻譜密度圖，E6A 訊號僅出現於正交項而 E6B 與 E6C 主要出現於同相項但由於交互調變，於正交項會存有部分 E6B 與 E6C 訊號。表 5.10 列出 E6 訊號各成分之資料符號率、展頻碼碼率、展頻碼長度與其他參數。

表 5.9　利用 CASM，訊號強度不隨資料或電碼之變化而改變

e_{E6_A}	e_{E6_B}	e_{E6_C}	s_{E6}	$\|s_{E6}\|$
1	1	1	$j1$	1
1	1	−1	$\frac{2\sqrt{2}}{3}+j\frac{1}{3}$	1
1	−1	1	$-\frac{2\sqrt{2}}{3}+j\frac{1}{3}$	1
1	−1	−1	$j1$	1
−1	1	1	$-j1$	1
−1	1	−1	$\frac{2\sqrt{2}}{3}-j\frac{1}{3}$	1
−1	−1	1	$-\frac{2\sqrt{2}}{3}-j\frac{1}{3}$	1
−1	−1	−1	$-j1$	1

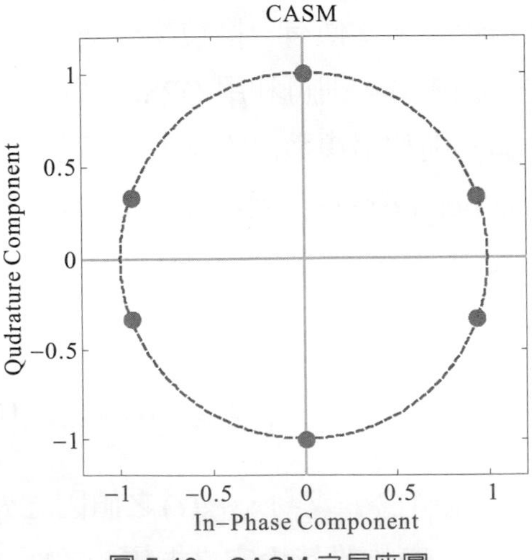

圖 5.40　CASM 之星座圖

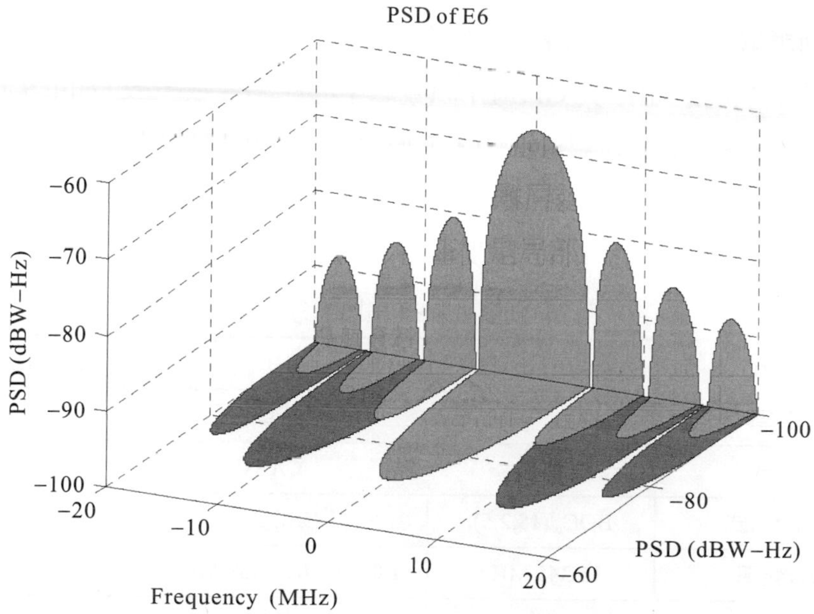

圖 5.41　E6 訊號之功率頻譜密度

表 5.10　E6 訊號成分

訊號成分	E6A	E6B	E6C
中心頻率	1278.75 MHz		
多工方式	CASM		
展頻調變方式	BOC_c (10,5)	BPSK(5)	BPSK(5)
次載波頻率	10.23 MHz		
碼率	5.115 Mcps	5.115 Mcps	5.115 Mcps
訊號內容		資料	純粹電碼
基本展頻碼長度		5115	5115
展頻碼型式		記憶碼	記憶碼
次展頻碼長度			100
符號率		1000 sps	
10 度仰角之接收強度		−158 dBW	−158 dBW

5.2.3.3　E1 頻段訊號

Galileo 之 E1 訊號與 E6 訊號相似亦具有三種訊號成分，分別以 E1A、E1B 與 E1C 稱呼之。E1A 訊號成分提供公共管理服務，E1B 訊號成分提供開放與生命安全服務之資料而 E1C 並不調變有資料僅提供導引訊號。此三種訊號成分亦利用前述 CASM 方式予以結合而調變至 1575.42 MHz 之載波後以固定包絡之方式傳送。Galileo E1 訊號之中心頻率為 1575.42 MHz 與 GPS L1 訊號之中心頻率一致，故 Galileo 於設計 E1 訊號過程得與 GPS 系統相互協調以確保訊號彼此相容且可以達到共用之目的。E1A 訊號採用 $BOC_C(15,2.5)$調變方式，其次載波頻率為 15.345 MHz 而展頻碼碼率為 2.5575 Mcps。表 5.11 列出 E1 訊號之主要參數。

表 5.11　E1 訊號成分

訊號成分	E1A	E1B	E1C
中心頻率	1575.42 MHz		
多工方式	CASM		
展頻調變方式	BOC_c (15,2.5)	CBOC	CBOC
次載波頻率	15.345 MHz	1.023 MHz, 6.138 MHz	1.023 MHz, 6.138 MHz
碼率	2.5575 Mcps	1.023 Mcps	1.023 Mcps
訊號內容		資料	純粹電碼
基本展頻碼長度		4092	4092
展頻碼型式		記憶碼	記憶碼
次展頻碼長度			25
符號率		250 sps	
10 度仰角之接收強度		−160 dBW	−160 dBW

以下主要說明可供民用之 E1B 與 E1C 訊號成分分別以 $e_{\text{E1\_B}}$ 與 $e_{\text{E1\_C}}$ 表之。此二訊號成分以 CBOC 方式調變至載波。$e_{\text{E1\_B}}$ 之表示式為

$$e_{\text{E1\_B}}(t) = \sum_{k=-\infty}^{\infty}\left[c_{\text{E1\_B},|k|}\cdot d_{\text{E1\_B},[k]}\cdot p_{T_{c,E1}}(t-kT_{c,E1})\right] \tag{5.61}$$

這其中，$c_{\text{E1_B},|k|}$代表 E1B 展頻碼而 $d_{\text{E1_B},|k|}$代表 E1B 資料。E1B 展頻碼之碼率為 1.023 Mcps，長度為 4092 碼元故 E1B 展頻碼之週期為 4msec。E1B 資料之符號率為 250sps，因此每一符號之變化相當於一展頻碼之週期。相較而言，E1C 訊號未調變資料，$e_{\text{E1\_C}}$ 因此可表示為

$$e_{\text{E1\_C}}(t) = \sum_{k=-\infty}^{\infty}\left[c_{\text{E1\_C},|k|}\cdot p_{T_{c,E1}}(t-kT_{c,E1})\right] \tag{5.62}$$

此處之展頻電碼 $c_{\text{E1_B},|k|}$之碼率亦為 1.023Mcps，但此一電碼係由主展頻碼與次展頻碼

堆疊而成，主展頻碼之長度爲 4092 碼元而次展頻碼之長度爲 25 碼元，故整組 E1C 展頻碼之週期爲 0.1sec。E1B 與 E1C 之展頻碼亦採用記憶碼且不同衛星之次展頻碼並不相同。

由(5.60)可知經過 CASM 組合後之訊號，其同相項應和 $c_{\mathrm{E1\_B}}$ 與 $c_{\mathrm{E1\_C}}$ 之差有關。但是於 E1 頻段訊號設計由於得與 GPS 於相同頻段之訊號取得相容與共用，故實際實現上得再進行調整以滿足 MBOC(6,1,1/11)型式之頻譜。實現 MBOC 調變之方式有相當多種，於 GPS 之 L1C 訊號中，利用於時間分工方式予以實現。Galileo 採用 CBOC(Composite BOC)方式實現 MBOC 調變之頻譜。於 CBOC 調變過程，前述之訊號成分 $c_{\mathrm{E1\_B}}$ 與 $c_{\mathrm{E1\_C}}$ 分別乘上不同之次載波並經過相減而得到基頻訊號之同相成分。若利用數學方程式表示，則爲

$$s'_{\mathrm{E1}}(t)=\frac{1}{\sqrt{2}}\Big(e_{\mathrm{E1\_B}}(t)\cdot\big(\alpha\chi_{\mathrm{E1\_1}}(t)+\beta\chi_{\mathrm{E1\_6}}(t)\big)-e_{\mathrm{E1\_C}}(t)\cdot\big(\alpha\chi_{\mathrm{E1\_1}}(t)-\beta\chi_{\mathrm{E1\_6}}(t)\big)\Big) \tag{5.63}$$

此處 s'_{E1} 正比於 E1 基頻訊號 s_{E1} 之實部。$\alpha\chi_{\mathrm{E1\_1}}(t)+\beta\chi_{\mathrm{E1\_6}}(t)$ 與 $\alpha\chi_{\mathrm{E1\_1}}(t)-\beta\chi_{\mathrm{E1\_6}}(t)$ 可分別視爲加諸於 $e_{\mathrm{E1\_B}}(t)$ 與 $e_{\mathrm{E1\_C}}(t)$ 之次載波。圖 5.42 顯示此一調變之情形。於此一過程，$\chi_{\mathrm{E1\_1}}(t)$ 與 $\chi_{\mathrm{E1\_6}}(t)$ 分別爲 BOC(1,1)與 BOC(6,1)調變之次載波其型式可參考(5.32)與(5.34)；而 α 與 β 爲常數，其值分別爲

$$\alpha=\sqrt{\frac{10}{11}} \tag{5.64}$$

與

$$\beta=\sqrt{\frac{1}{11}} \tag{5.65}$$

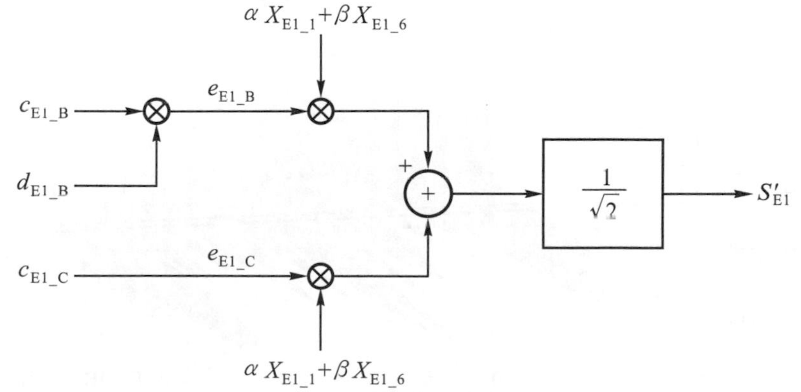

圖 5.42 E1 民用訊號之次載波調變

圖 5.43 則顯示 $\chi_{E1\_1}(t)$、$\chi_{E1\_6}(t)$、$\alpha\chi_{E1\_1}(t)+\beta\chi_{E1\_6}(t)$ 與 $\alpha\chi_{E1\_1}(t)-\beta\chi_{E1\_6}(t)$ 之波形。於此一次載波調變，次載波之週期 $T_{s,E1}$ 與展頻碼碼寬 $T_{c,E1}=\dfrac{1}{1.023\ \text{MHz}}$ 相同。於設計次載波時，α 與 β 之選擇主要爲滿足 MBOC(6,1,1/11) 頻譜之要求。圖 5.44 爲 E1 訊號之功率頻譜密度。

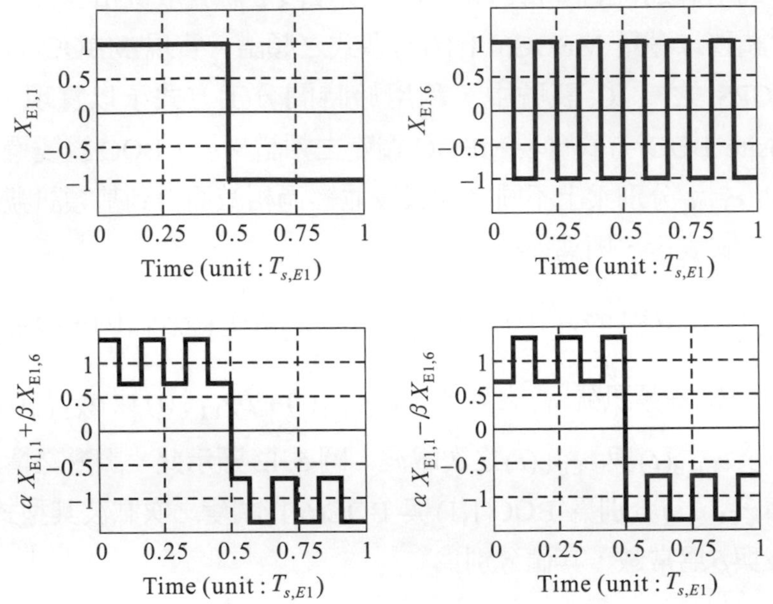

圖 5.43　E1 民用訊號次載波之波形

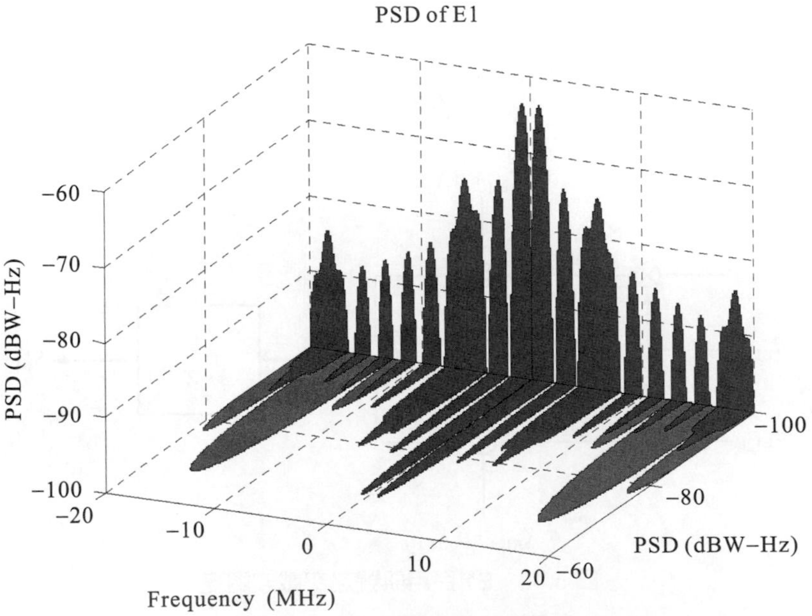

圖 5.44　E1 訊號功率頻譜密度

5.3 GLONASS 衛星訊號

GLONASS 之訊號設計採用 FDMA 之方式以利接收機辨別衛星並於訊號中採用展頻方式以利測距。相對而言，GPS 和 Galileo 採用 CDMA。一般而言，採用 FDMA 之接收機由於需要較複雜之接收機前級故接收機一般較為複雜。但是，FDMA 設計對於訊號之干擾有較優異之抗拒能力。於 L 頻段，目前之 GLONASS 衛星傳送於 G1 與 G2 頻段之導航訊號；未來之 GLONASS 衛星可望另外增加 G3 頻段之訊號並採用 CDMA 方式。以下針對現階段 GLONASS 衛星訊號進行說明。GLONASS 實際應用之 G1 頻段介於 1597.8 MHz 與 1604.5 MHz 之間，可提供 14 頻段供衛星使用而各衛星頻率之間隔為 562.5 KHz。於此一頻段，不同衛星之載波頻率為

$$f_{G1,i} = 1602 + i \times 0.5625 \ \text{MHz} \tag{5.66}$$

其中 i 為整數其值介於-7 與+6 之間。G2 訊號頻段介於 1242.7 MHz 與 1248.0 MHz 之間而各衛星頻率之間隔為 437.5 KHz，而不同衛星之載波頻率為

$$f_{G2,i} = 1246 + i \times 0.4375 \ \text{MHz} \tag{5.67}$$

上述 G1 與 G2 頻段之載波頻率事實上可表示成 $f_{G1,i} = (178 + i/16) \times 9$ MHz 與 $f_{G2,i} = (178 + i/16) \times 7$ MHz。

圖 5.45 為 GLONASS 衛星訊號產生器之方塊圖。GLONASS 上之原子鐘產生了 5 MHz 之參考振盪頻率。採用頻率合成方式可分別產生載波、電碼時脈及導航資料時脈。GLONASS 之訊號包含民用訊號與軍用訊號，前者之碼率為 511 kHz 而後者之碼率為 5.11MHz。至於導航資料率則為每秒 50 位元。導航資料與電碼經二進位加法後，利用平衡式調變器以 BPSK 方式調變載波。在 G1 訊號中同時包含了民用與軍用訊號，而彼此是利用相差了 90 度的載波調變而得。G2 訊號中則僅包含了軍用訊號。G1 與 G2 訊號最後經混合後經由天線以右旋圓形偏極化方式傳送出去。

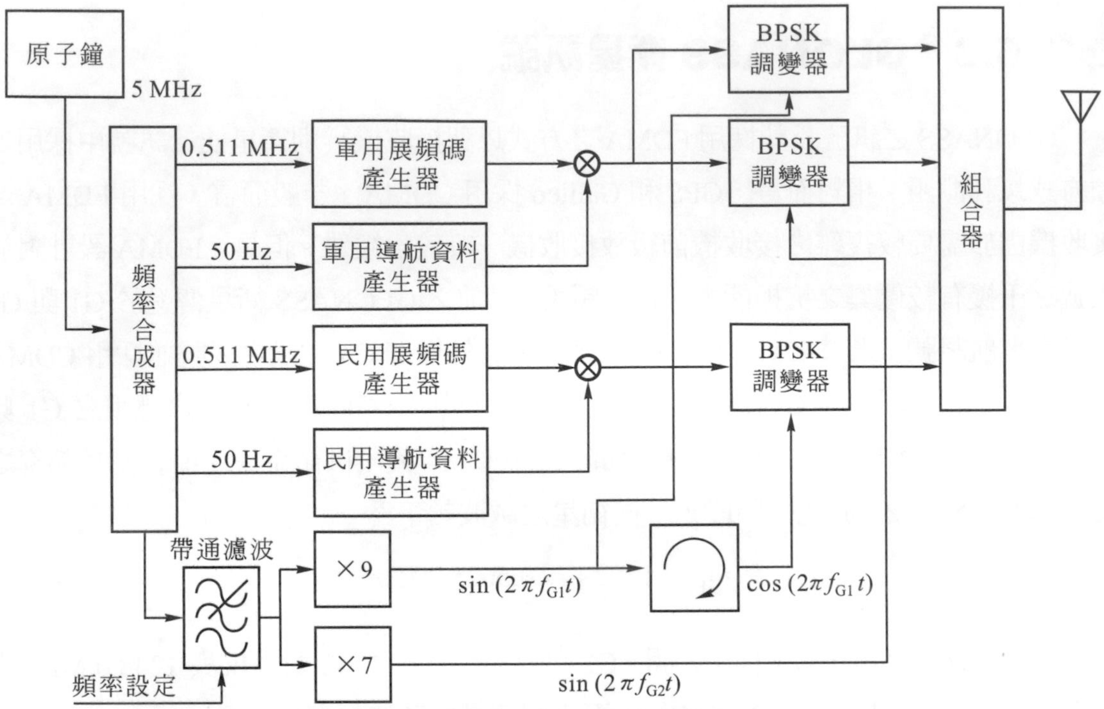

圖 5.45 GLONASS 訊號產生系統方塊圖

GLONASS 衛星所傳送之訊號調變有電碼與導航資料。電碼的調變並不是用來區分衛星而是用來測距。每一顆 GLONASS 衛星均採用相同的電碼，採直接序列型式其產生多項式為

$$G(z^{-1}) = 1 + z^{-5} + z^{-9} \tag{5.68}$$

此一 9 階之多項式所產生之電碼長度為 511 碼元。GLONASS 民用訊號之展頻碼的碼率為 0.511 Mcps，故電碼之重複率為 1 msec 相當於 1 kHz。因為經展頻後之頻寬 1 kHz 遠小於載波頻率間隔 562.5 kHz，故 GLONASS 可不受制於交互相關之影響。對 GLONASS 系統而言，由於並不採用電碼來區別衛星，對於交互相關函數的要求就不如 GPS 般嚴苛。GLONASS 軍用訊號之展頻碼亦採用直接序列型式其產生多項式之階數為 25，碼率則為 5.11Mcps。軍用訊號展頻碼之週期為每 6.57 秒；但實際上的此一軍用展頻碼每執行了 1 秒即被重置。若比較 GLONASS 與 GPS 之電碼設計可知，GPS 由於採用 CDMA 故得要求電碼具有良好之交互相關特性；相較而言，GLONASS 採用 FDMA 對於電碼之交互相關特性並不要求。GLONASS 軍用展頻碼較短也較易擷取，而 GPS 所採用的 P 碼其相關特性與安全性是較佳的。

GLONASS 的民用導航資料以每秒 50 位元傳送。每 100 位元稱之爲一字串(string)。每 15 字串構成一資料框(frame)，而每 5 個資料框構成一總框(super framc)。因此每一資料框費時 30 秒來傳送而每一總框相當於 2.5 分鐘。導航資料包括了即時用(immediate)資料及非即時用(non-immediate)資料，前者主要爲衛星時間、衛星時鐘誤差、衛星載波頻率與設定頻率之差異及軌道參數等有關該顆衛星之資料，後者則包括各衛星時鐘、粗略星曆及 GLONASS 時間與 UTC(SU)時間之差異。在資料傳送過程中，即時用資料在一資料框內傳送完畢。因此，即時導航計算之資料每 30 秒更新一次。非即時用資料則在一總框內傳送完畢。GLONASS 的軍用訊號導航資料主要提供軍用之訊息。軍用訊號導航資料的各總框包含了 72 資料框，而各資料框則由 5 個字串所構成，每一字串則仍維持 100 位元。由於資料率亦爲每秒 50 位元，故軍用訊號導航資料耗時 10 秒來傳送。

GLONASS 所傳送之星曆資料格式與 GPS 和 Galileo 有所不同。GPS 和 Galileo 之星曆基本上爲克卜勒參數和修正參數，GLONASS 之星曆資料則爲一特定時刻之衛星位置、速度與加速度。因此若定位計算之時間與星曆資料之時間相近，利用 GLONASS 星曆資料可以較快速地推算衛星之位置與速度。但是若二者之時間差異增大，則 GLONASS 星曆資料所推算之位置與速度誤差會增大。GLONASS 的位置計算採用地球參數系統 90 (Earth Parameter System 1990, PZ-90)做爲定位之坐標參考。表 5.12 列出 PZ-90 系統之參數並與 WGS-84 系統參數相互對照。PZ-90 亦爲一地球固定坐標系統其原點爲地心。第一軸指向赤道面與國際時間局之零子午線交點，第三軸指向協議地極，第二軸則構成一直角坐標系統。由於 PZ-90 與 WGS-84 系統不儘相同，故如欲整合 GLONASS 與 GPS 得留意坐標之轉換。目前經觀測所得的整理，可利用以下列方式進行轉換。令 $\boldsymbol{r}^{[WGS]}$ 與 $\boldsymbol{r}^{[PZ]}$ 分別爲一點位在 WGS-84 與 PZ-90 之座標，則

$$\boldsymbol{r}^{[WGS]} = \begin{bmatrix} 0 \\ 2.5 \\ 0 \end{bmatrix} + \begin{bmatrix} 1 & -1.96\times10^{-6} & 0 \\ 1.96\times10^{-6} & 1 & 0 \\ 0 & 0 & 1 \end{bmatrix} \boldsymbol{r}^{[PZ]} \tag{5.69}$$

即二坐標系統之差異在 y 軸平移約 2.5m，繞 z 軸旋轉約 1.95×10^{-6}rad。

GLONASS 與 GPS 的另一項差異在於時間參考的不同。GPS 系統所採用的 GPS 時間是一原子時，此一 GPS 時間與 TAI 有一固定差值。GLONASS 系統並不採用原子時而是採用 UTC 來計時。當 UTC 進行閏秒修正時，GLONASS 時鐘亦進行閏秒修正。GLONASS 時間與 UTC 時間的差值爲三小時，其關係爲

$$\text{GLONASS time} = \text{UTC(SU)} + 3\ \text{hr} \tag{5.70}$$

表 5.12　PZ-90 系統之參數

參　數	PZ-90 數值	WGS-84 數值	單　位
地球半長軸	6378136	6378137	m
地球重力場常數	39686004.4×10^{8}	39686005×10^{8}	m^3/sec^2
真空光速	299792458	299792458	m/sec
扁率	1/298.257839303	1/298.25722563	
第二區段諧振係數	1082625.7×10^{-9}	1082630×10^{-9}	
地球自轉角速度	7292115×10^{-11}	7292115×10^{-11}	rad/sec

5.4 北斗衛星訊號

北斗衛星導航系統由於採用漸進式之方式建置，故其訊號乃至定位計算方式亦隨不同階段之發展而有所差異。第一代之北斗系統為無線定位訊號衛星系統，得於衛星與接收機建立詢答式之通訊方進行定位。目前中國所發展之北斗系統則歸類為無線導航衛星系統，亦採用 CDMA 訊號以提供定位服務。於 2011 年底發佈北斗導航衛星之測試版介面文件，對於北斗衛星訊號之內容稍做說明。現階段之區域服務北斗衛星訊號之主要參數可參考表 5.13，主要有四組訊號其載波頻率分別為 1561.098 MHz、1589.742 MHz、1207.14 MHz 與 1268.52 MHz，並提供民用之開放服務訊號與軍事用途之專屬服務訊號。此一階段之訊號採用較為單純之 QPSK 調變。下一階段之全球服務北斗衛星訊號之主要參數可參考表 5.14。由此表可知，北斗衛星之訊號於近年將可望持續進行演進包括採用不同之中心頻率、頻段與調變方式。

表 5.13　現階段北斗導航系統之訊號

訊號成分	載波頻率 (MHz)	電碼碼率 (Mcps)	頻寬 (MHz)	調變方式	服務型式
B1 (I)	1561.098	2.046	4.092	QPSK	開放
B1 (Q)		2.046			專屬
B1-2 (I)	1589.742	2.046	4.092	QPSK	開放
B1-2 (Q)		2.046			專屬
B2 (I)	1207.14	2.046	24	QPSK	開放
B2 (Q)		10.23			專屬
B3	1268.52	10.23	24	QPSK	專屬

表 5.14　下一階段北斗導航系統之訊號

<table>
<tr><th>訊號成分</th><th>載波頻率
(MHz)</th><th>電碼碼率
(Mcps)</th><th>資料/符號率
(bps/sps)</th><th>調變方式</th><th>服務型式</th></tr>
<tr><td>B1-CD</td><td rowspan="4">1575.42</td><td rowspan="2">1.023</td><td>50/100</td><td>MBOC(6,1,1/11)</td><td rowspan="2">開放</td></tr>
<tr><td>B1-CP</td><td>無</td><td></td></tr>
<tr><td rowspan="2">B1</td><td rowspan="2">2.046</td><td>50/100</td><td rowspan="2">BOC(14,2)</td><td rowspan="2">專屬</td></tr>
<tr><td>無</td></tr>
<tr><td>B2AD</td><td rowspan="4">1191.795</td><td rowspan="4">10.23</td><td>25/50</td><td rowspan="4">AltBOC(15,10)</td><td rowspan="4">開放</td></tr>
<tr><td>B2AP</td><td>無</td></tr>
<tr><td>B2BD</td><td>50/100</td></tr>
<tr><td>B2BP</td><td>無</td></tr>
<tr><td>B3</td><td rowspan="3">1268.52</td><td>10.23</td><td>500</td><td>QPSK(10)</td><td>專屬</td></tr>
<tr><td>B3AD</td><td rowspan="2">2.5575</td><td>50/100</td><td rowspan="2">BOC(15,2.5)</td><td rowspan="2">專屬</td></tr>
<tr><td>B3AP</td><td>無</td></tr>
</table>

北斗衛星 B1 訊號之展頻碼採用近似美國 GPS C/A 碼之設計，由兩組具回授連接之移位暫存器分別產生電碼後，藉由相位選擇後組合成不同衛星之展頻碼。B1 展頻碼之產生多項式分別為

$$G_1(z^{-1}) = 1 + z^{-1} + z^{-7} + z^{-8} + z^{-9} + z^{-10} + z^{-11} \tag{5.71}$$

與

$$G_2(z^{-1}) = 1 + z^{-1} + z^{-2} + z^{-3} + z^{-4} + z^{-5} + z^{-8} + z^{-9} + z^{-11} \tag{5.72}$$

而且初始值均設為 01010101010。此一電碼產生方式如圖 5.46 所示，實際上不同衛星之相位選擇可參考表 5.15。B1 訊號之展頻碼長度為 2046 碼元，碼率為 2.046Mcps 故電碼之週期為 1msec。圖 5.47 為此一電碼之自我相關函數。自我相關函數具有三角型函數之特性。由於此一電碼並非一高德碼故交互相關函數之值無法以公式描述，但是交互相關函數之值基本上存有一上限。至於此一訊號之功率頻譜密度，原則上亦具 sinc^2 函數之包絡。北斗衛星於 B1_2、B2 與 B3 頻段之展頻碼目前尚未公布。

表 5.15 北斗衛星編號與 G2 碼相位選擇

衛星編號	G2 碼相位選擇	備註
1	1⊕3	GEO
2	1⊕4	GEO
3	1⊕5	GEO
4	1⊕6	GEO
5	1⊕8	GEO
6	1⊕9	
7	1⊕10	
8	1⊕11	
9	2⊕7	
10	3⊕4	
11	3⊕5	
12	3⊕6	
13	3⊕8	
14	3⊕9	
15	3⊕10	
16	3⊕11	
17	4⊕5	
18	4⊕6	
19	4⊕8	
20	4⊕9	
21	4⊕10	
22	4⊕11	
23	5⊕6	
24	5⊕8	
25	5⊕9	
26	5⊕10	
27	5⊕11	
28	6⊕8	
29	6⊕9	
30	6⊕10	
31	6⊕11	
32	8⊕9	
33	8⊕10	
34	8⊕11	
35	9⊕10	
36	9⊕11	
37	10⊕11	

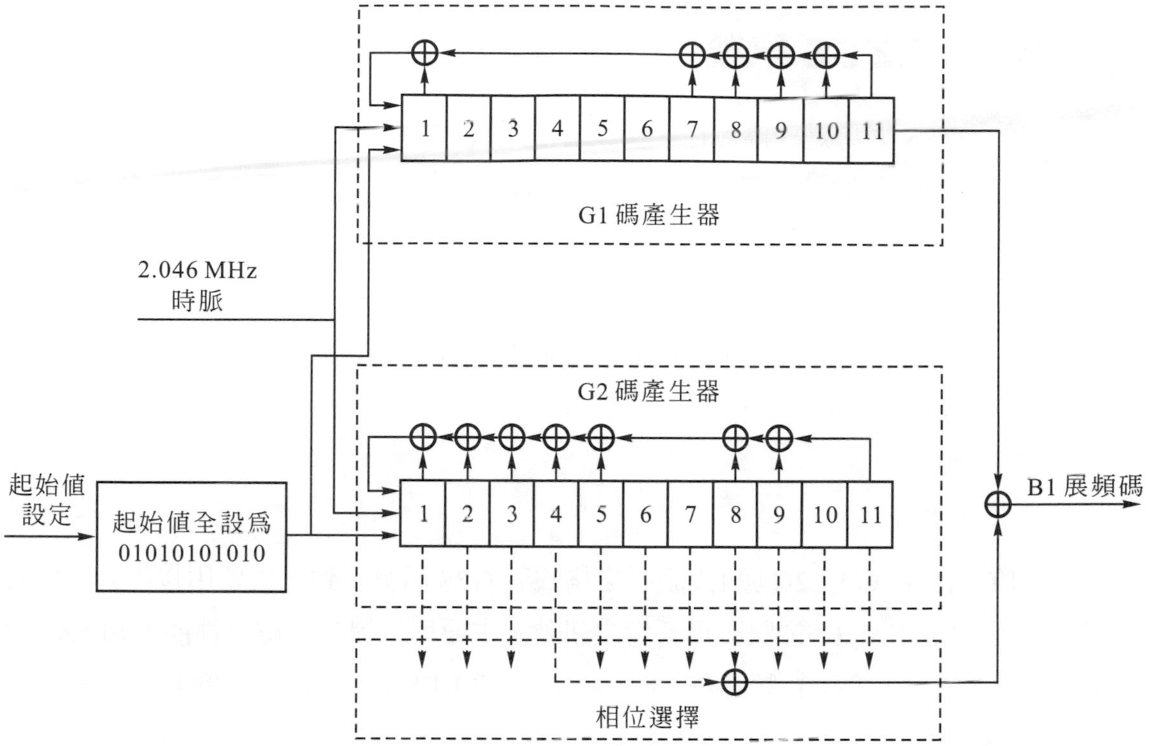

圖 5.46　北斗 B1 民用訊號之電碼產生方式

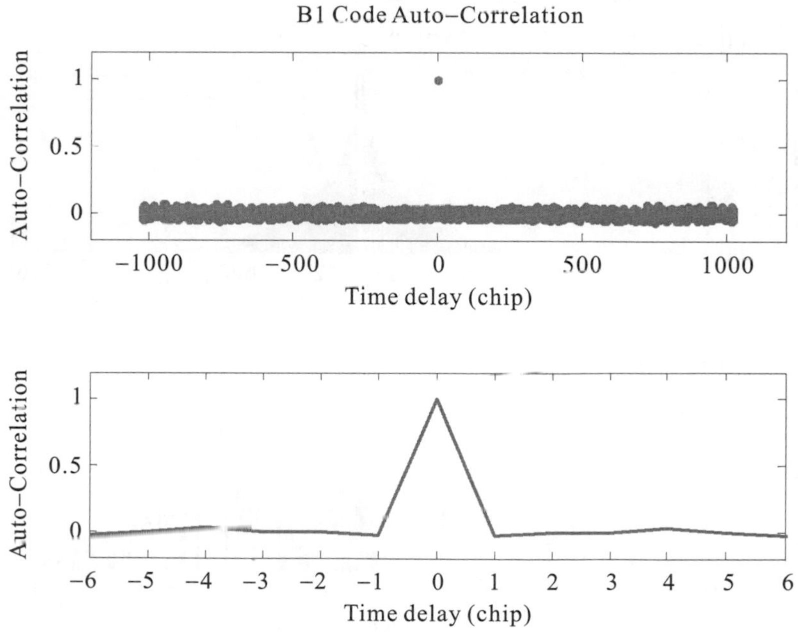

圖 5.47　B1 電碼自我相關函數

5.5 QZSS 訊號

日本的 QZSS 衛星是一區域性之衛星導航系統，主要服務範圍爲亞太地區。QZSS 衛星所發射之導航訊號包含了

- L1 C/A 訊號
- L1C 訊號
- L1 SAIF(submeter class Augmentation with Integrity)訊號
- L2C 訊號
- L5 訊號
- LEX 訊號

這其中 L1 C/A、L1C、L2C 與 L5 訊號之格式與 GPS 訊號一致，主要用以提升定位妥善率；而 L1 SAIF 與 LEX 訊號爲新增之訊號，主要用以提升定位之性能。圖 5.48 爲 QZSS 訊號之頻譜，於高 L 頻段有 L1 C/A、L1C 與 L1 SAIF 訊號且於低 L 頻段有 L5、L2C 與 LEX 訊號，這其中 L1 SAIF 訊號之中心頻率爲 1575.42 MHz 而 LEX 訊號之頻率爲 1278.75 MHz。表 5.16 整理此些訊號之重要參數。

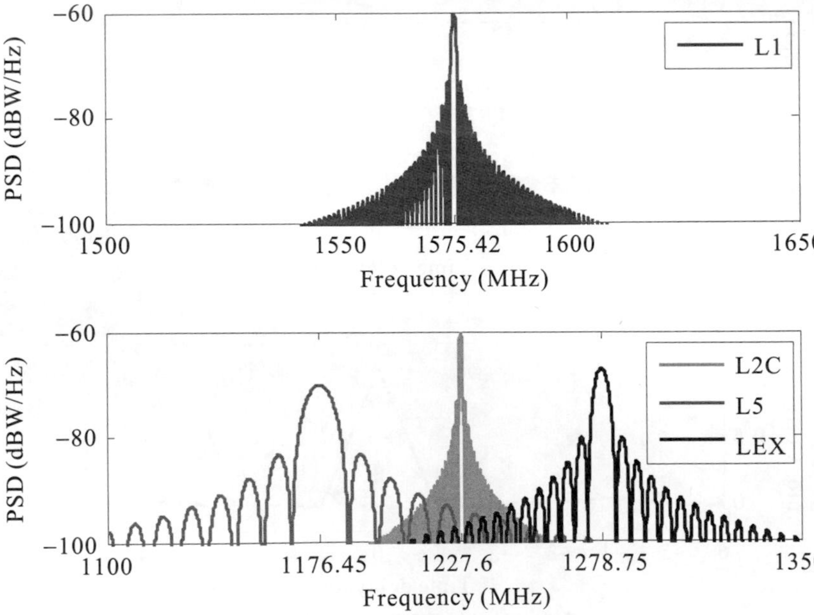

圖 5.48　QZSS 訊號之頻譜

表 5.16　QZSS 訊號之重要參數

訊號成分	I, Q 通道	中心頻率(MHz)	展頻碼率(Mcps)	頻寬(MHz)	最小接收功率(dBW)	
L1 C/A		1575.42	1.023	24	−158.5	
L1C	L1CD				−163.0	−157.0
	L1CP				−158.25	
L1-SAIF					−161.0	
L2C		1227.60	1.023	24	−160.0	
L5	L5I	1176.45	10.23	24.9	−157.9	−154.9
	L5Q				−157.9	
LEX		1278.75	5.115	42	−155.7	

由於 L1 C/A、L1C、L2C 與 L5 訊號與 GPS 訊號之差異僅係採用不同之 PRN 編號進行展頻，QZSS 之 PRN 編號爲 193 至 197。以下主要說明 L1 SAIF 與 LEX 訊號。L1 SAIF 訊號提供導航輔助之訊息予用戶，此一訊息採用 250bps 之資料率進行傳送，每一筆訊息包含 250 位元，耗時一秒傳送。L1 SAIF 之資料主要提供輔助定位之資訊以提升性能，其資料內容主要包含完整性資料、衛星軌道時鐘修正量、電離層修正量等。至於 L1 SAIF 之資料格式則如圖 5.49 所示，序文有 8 位元依序傳送 01010011、10011011 與 11000110；訊息型式採用 6 位元進行分辨總共可以有 64 種型式之訊息；循環多餘檢查碼則利用(5.22)之多項式進行除法後取得。於傳送 L1 SAIF 訊號時，上述位元率爲 250bps 之資料經過 FEC 機制後得到 500sps 之符號，此一符號隨之經由電碼展頻後利用 BPSK 方式調變，展頻電碼之格式與 GPS C/A 電碼相同只是採用不同之 PRN 設定。

L1 SAIF 之用途有一大部分用來提供星基增強之用，藉由統整地面站網路之觀測資料推算衛星軌道、時鐘以及電離層之誤差以提供用戶修正之參考。同時，亦可以提供完整性監測，有利於與生命安全有關之應用。L1 SAIF 另外可傳送對流層延遲之訊息，可進一步改善精度，以應用於測繪。L1 SAIF 另可以自訂訊息，提供特定或客製之服務。

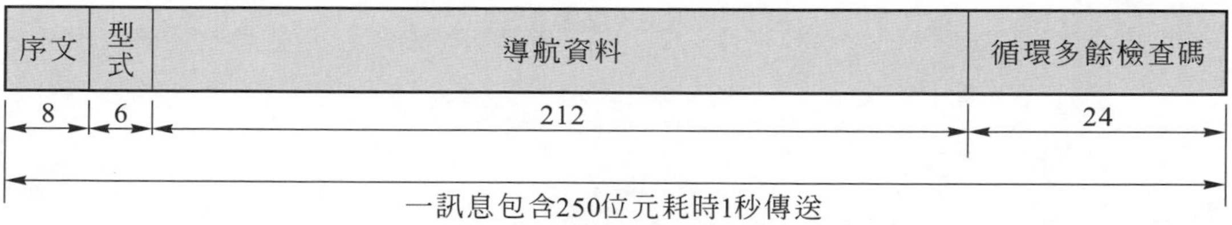

圖 5.49　L1 SAIF 資料格式

QZSS 之 LEX 訊號爲另一可以改善定位性能之訊號，此一訊號之中心頻率爲 1278.75MHz。LEX 訊號之展頻電碼包含短碼與長碼，短碼之長度爲 10230 碼元，採 2.5575Mcps 之碼率因此一週期爲 4msec；長碼之長度爲 1048575 碼元；採相同之碼率傳送而一週期相當於 410msec。展頻測距電碼係採用卡莎米電碼，圖 5.50 爲此二電碼之產生方式。至於 LEX 基頻訊號之產生如圖 5.51 所示，導航資料經過 Reed-Solomon 編碼器後藉由短碼進行電碼偏移(code shift keying, CSK)調變後產生 2.5575 Mcps 之導航符號；另一方面，長碼與一週期爲 820msec 之方塊波經模二相加後亦形成 2.5575 Mcps 之測距符號；此二成分隨之依序排列後產生 5.11Mcps 之符號並調變至載波後傳送。

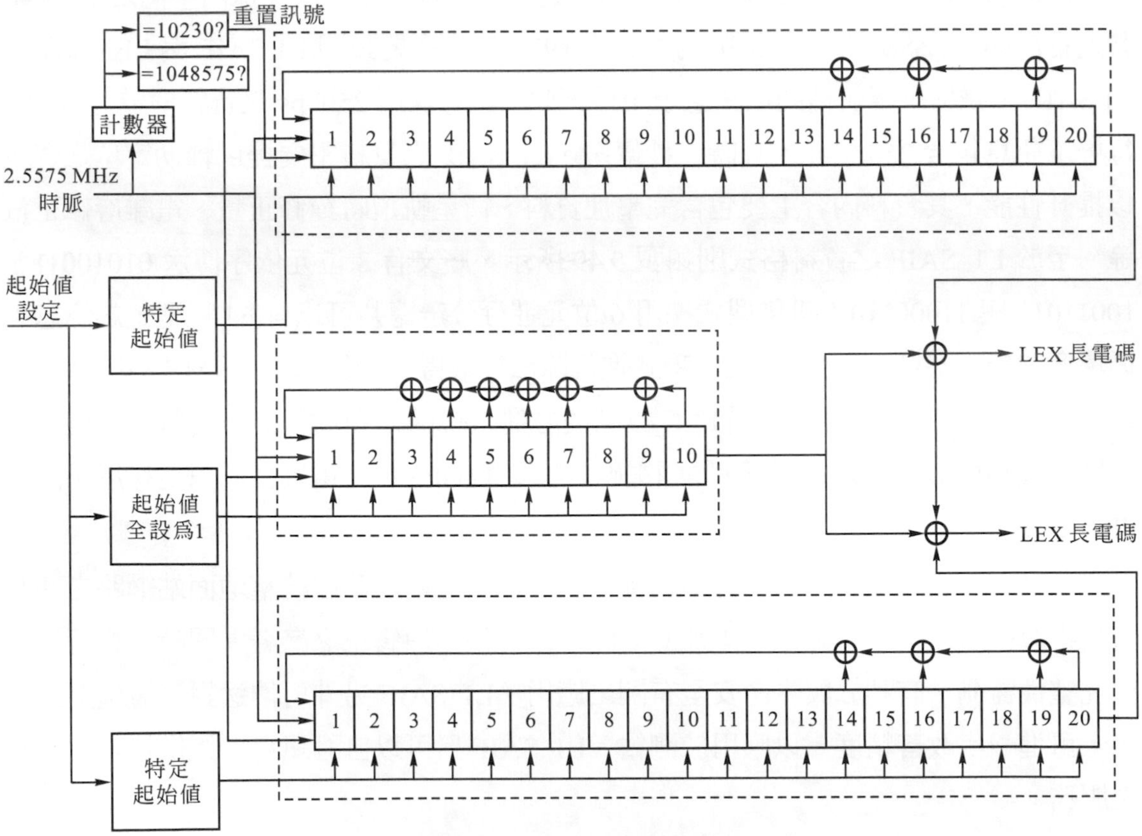

圖 5.50　LEX 電碼產生方式

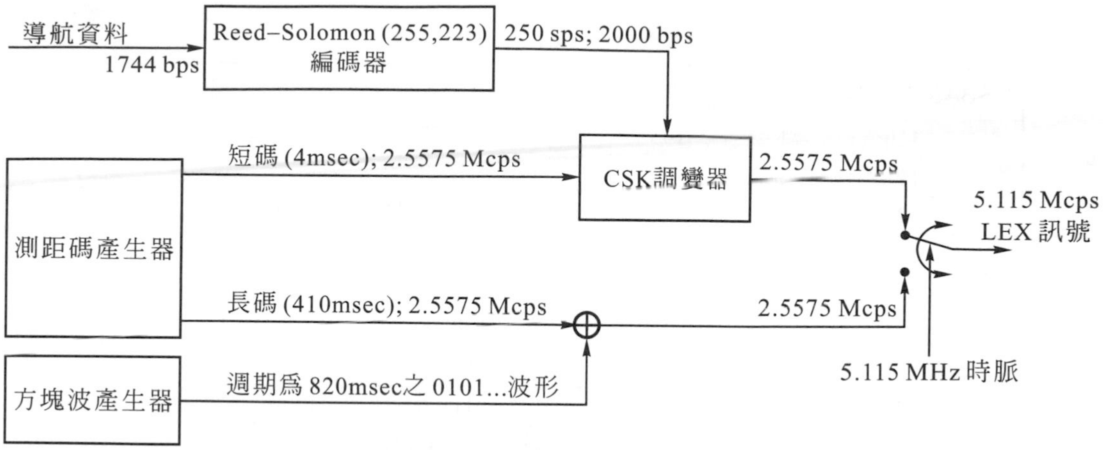

圖 5.51　LEX 基頻訊號產生方式

5.6　SBAS 訊號

星基增強系統 SBAS 之設計目的為利用衛星傳送出修正訊息予 GNSS 接收機以改善精度、完整性、持續性與妥善率。由於 GPS 為最通行之 GNSS，故目前之 SBAS 原則上以修正 GPS 訊號為主。因此，SBAS 系統無論是美國之 WAAS、歐盟之 EGNOS、日本之 MSAS 或印度之 GAGAN 均沿用 GPS 之訊號格式。SBAS 衛星發射的訊號採用與 GPS L1 相同之頻率做為載波頻率。此一載波亦受到 PRN 碼與導航資料的調變。電碼部分採用週期為 1023 碼寬之高德碼，亦以 BPSK 方式調變。至於 PRN 碼的擇定，由於 GPS 以選定了 36 個 10 階之 PRN 碼，故為了確保良好的自我與交互相關特性，SBAS 另選用了 19 組 10 階之 PRN 碼(PRN 120 至 138)以做為 SBAS 衛星之識別碼。表 5.17 為 SBAS 之 PRN 編號。SBAS 訊號之電碼產生器並不採用相位選擇，而是採用 G2 碼延遲或預置初始值之方法。由於 SBAS 訊號與 GPS 訊號相似，故對於接收機而言可視 SBAS 訊號為另一測距之訊號源。因此縱使不利用 SBAS 之修正訊息，SBAS 衛星可與 GPS 衛星一併提供測距訊號，對於用戶而言可以增加所接收衛星訊號之數目與改善精度因子。

表 5.17　SBAS 之 PRN 編碼

SBAS PRN 編號	G2 碼延遲	預置 G2 電碼值	備註
120	145	1001000110	
121	175	1010100001	
122	52	0010110111	
123	21	0010011010	
124	237	1110001111	
125	235	1000111110	
126	886	1111110100	
127	657	0111001111	
128	634	1101011010	
129	762	1010101000	MTSAT-1
130	355	0011100001	
131	1012	0101101001	
132	176	0101010000	
133	603	1111011001	
134	130	0111000110	
135	359	1010001110	
136	595	0111100000	
137	68	1000000111	MTSAT-2
138	386	0100101000	

SBAS 的訊息格式如圖 5.52 所示。訊息資料以每秒 250 位元之資料率傳送。此一資料率較 GPS 導航資料率的每秒 50 位元爲高，其原因一方面是要滿足即時告警的要求，另一方面則是避免時延降低差分修正的效果。圖 5.52 之 SBAS 訊息格式與圖 5.49 之 QZSS L1SAIF 訊息格式一致，每一筆訊息均包含 250 位元，耗時一秒傳送。序文有 8 位元依序傳送 01010011、10011011 與 11000110；訊息型式採用 6 位元進行分辨總共可以有 64 種型式之訊息；循環多餘檢查碼則利用 CRC-24Q 進行除法後取得。SBAS 的訊息可以有 64 種型式，列於表 5.18。第 0 型式之資料代表同步軌道衛星訊號可用/勿用情形。SBAS 第 1 型式之資料爲 PRN 碼之設定，代表那些衛星的差分修正訊號會包含在隨後之傳送資料中。SBAS 可最多同時處理 51 顆衛星。第 2 至 5 型式爲快速差分修正，第 24 型式爲混合(包含快速與長期)差分修正，而第 25 型式爲長期差分修正。快速差分修正資料的內容爲相對應衛星之虛擬距離修正量。此一修正量之解析度爲 0.125 公尺，範圍則在 256 公尺內。若超過 256 公尺則設定該顆衛星勿用。長期差分修正量主要爲導航衛星之位置誤差向量與時鐘偏置；由於此些量變化較慢故以較低之

重覆率傳送。SBAS 並不傳送距離變化率。第 6 型式爲整體性監測訊息。第 7 型式用來表示快速差分修正資料品質穩定度。SBAS 提供了電離層修正的參數。此一電離層修正是利用一組電離層網格點位分別決定其垂直方向之電離層修正量。在傳送時，則將第 18 型式之電離層網格點位與第 26 型式之電離層延遲修正送出。SBAS 並不針對對流層的影響進行修正，因爲對流層的影響往往是局部的，也因此修正效果有限。

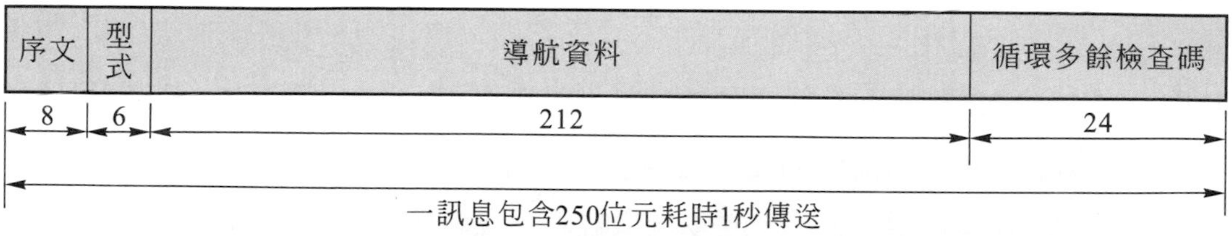

圖 5.52　SBAS 資料格式

表 5.18　SBAS 的訊息型式

資料型式編號	資料內容
0	可用/勿用(系統測試)
1	PRN 編號
2～5	快速修正資料
6	完整性監測資訊
7	快速修正資料之變化率
8, 11, 13～16, 19～23,29～61	保留
9	同步衛星導航資料
10	修正量惡化因子/信心範圍
12	SBAS 系統時間及與 UTC 之差異
17	同步衛星粗略星曆
18	電離層網格點
24	混合之快速與長期衛星誤差修正資料
25	長期衛星誤差修正資料
26	電離層延遲修正資料
27	SBAS 服務訊息
28	時鐘與軌道修正協方差矩陣訊息
62	測試用訊息
63	空白訊息

結語

不同 GNSS 或 RNSS 於所擇定之頻段傳送出可供測距與導航之訊號。由本章之描述可知，各系統均採用多頻段之方式傳送訊號；而且訊號之展頻、調變與格式亦日趨複雜。目前由於多星座衛星導航系統之持續發展，使得導航服務訊號相當多元。以 L1 頻率附近之訊號說明，由圖 5.53 可知，幾乎各系統均於此一頻段發射訊號，雖然不同系統之中心頻率不盡相同、調變方式亦不完全相像，但可以看得出頻段擁擠之現象。這其中，GLONASS 訊號與其他訊號於頻譜上稍有區隔。GPS 與 Galileo 彼此已建立相容與共用之機制。北斗訊號與 Galileo 公共管理服務訊號有相當幅度之重疊，將會是應用之一隱憂。對於導航用戶而言，愈多之訊號表示愈有機會開創出特定之應用。但是，對於接收機之設計卻增加複雜度。下一章將介紹接收機之原理、架構與性能。

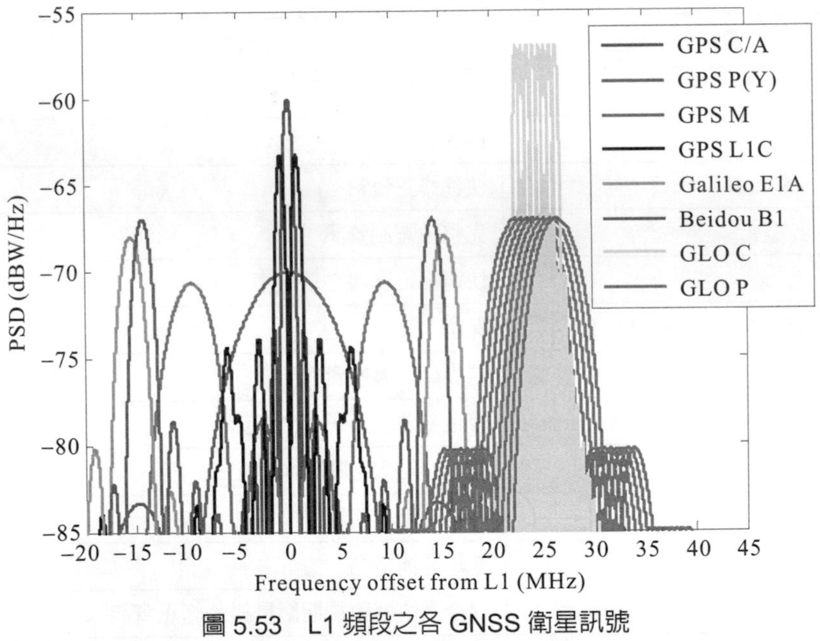

圖 5.53　L1 頻段之各 GNSS 衛星訊號

參考文獻說明

依據 ICG 之共識，各 GNSS/RNSS 訊號提供者得公布衛星訊號之介面文件以取得相容與共用。本章有關各 GNSS/RNSS 衛星訊號之說明，主要參考各介面文件，分別為美國 GPS 之介面文件[75][76][77]、俄羅斯 GLONASS 介面文件[181]、歐盟 Galileo 介面文件[69]、中國北斗介面文件[13]以及日本 QZSS 介面文件[100]。對於 GPS 之訊號尤其是傳統訊號於許多書上已有說明，亦可以參考以下文件[47][62]。傳統 GPS 訊號可參考[192]與[218]之說明，有關現代化 GPS 訊號則可參考[19][204]，至於 GPS M 電碼可參閱[10]。有關 MBOC 相關之文獻可以參考[8]。至於 Galileo 與 GPS L1C 電碼之設計可以參考[180][215]。GLONASS 目前亦正經歷現代化之歷程，可參考[176][207]。GPS 與 GLONASS 坐標系統之轉換可參考[12][125]。至於北斗導航系統之發展可參考[41][141]。於文獻[128]，則可知悉目前 QZSS 之近程。SBAS 主要之文件為[179]，至於近期 SBAS 之發展則可參考[135]。

習題

1. 近代 GNSS 訊號之展頻電碼許多均採用堆疊乘積碼，請問採用此種安排之優點為何？
2. 導引訊號之優點為何？是否有缺點？
3. 為何衛星訊號傳送希望有固定包絡？
4. 試推算 PRN 編號為 10 之 GPS L1 C/A 碼之前 10 碼。
5. GPS CNAV 資料與 SBAS 資料均利用 CRC-24Q 產生循環多餘檢查碼，此處 24 代表除式多項是之階數為 24，請問 Q 代表什麼？
6. 若輸入以下資料至圖 5.20 之迴旋編碼器則輸出之符號應為何？
   a. 1010101010101010
   b. 1111111110000000
7. Galileo 之展頻電碼於三個不同之頻段採用不相同之設計。基本上，各展頻電碼均為由主展頻碼與次展頻碼所建構而成之堆疊碼。試填列各訊號之電碼長度、碼率與週期如下表。

訊號成分	堆疊碼之長度(chips)		碼率(M cps)	堆疊碼之週期(msec)
	主展頻碼	次展頻碼		
E1B				
E1C				
E5a_I				
E5a_Q				
E5b_I				
E5b_Q				
E6B				
E6C				

8. 試推導公式(5.57)之功率頻譜密度公式。

9. 確認公式(5.64)與公式(5.65)之係數選擇確實可以滿足 MBOC(6,1,1/11)之頻譜要求。

10. Galileo E1 之展頻電碼是利用電腦優化所設計出來之記憶碼。於此一設計過程要求自我相關函數擁有零旁波瓣(autocorrelation sidelobe zero, ASZ)之性質，即當時延爲一碼元時，自我相關函數應爲零。由 Galileo 介面文件擇定一記憶碼並驗證此一性質。

11. Galileo 導航衛星之另一項功能爲提供搜救(search and rescue, SAR)服務。試描述 SAR 之工作原理與訊號特性。

12. GLONASS 衛星採用 24 顆衛星之星座以提供全球導航衛星服務。由(5.66)或(5.67)可知，可採用之訊號頻率選擇 i 介於−7 與+6 之間，即僅有 14 種載波訊號頻率可供選擇。請問 GLONASS 應如何完成 24 顆衛星訊號頻率之設定？

13. 於 QZSS LEX 訊號產生過程採用電碼偏移(CSK)調變以安排資料與電碼，試說明 CSK 調變之動作。

14. 於表 5.17 之備註欄列出日本 MSAS 之 MTSAT-1 衛星與 MTSAT-2 衛星之 PRN 分別爲 129 與 137。試上網查詢目前其他 SBAS 所採用之 PRN 並填列於此表。

15. 產生 PRN 129 與 PRN 137 之電碼並繪出二者之交互相關函數。

16. 不同衛星導航衛星訊號應取得相容以免彼此干擾。請問應如何量化不同訊號間之干擾以確認彼此相容？

Chapter 6

衛星導航接收機

Satellite Navigation Receiver

6.1 接收機概述

6.2 接收機前端

6.3 訊號擷取

6.4 訊號追蹤

6.5 軟體接收機

本章說明衛星訊號接收機之工作原理與實現方式。衛星接收機主要功能爲接收來自不同導航衛星之訊號，進行持續的訊號追蹤與解碼，並解算出接收機所在之位置與時間。本章主要說明衛星訊號之擷取與追蹤，有關定位計算之作法將留待第八章說明。於訊號接收過程，得適當地設計接收機之架構、電路、法則與軟體以取得所需之靈敏度。衛星訊號採用展頻方式進行調變，故接收機得實現解展頻之動作。於此一接收過程，由於衛星訊號會受到雜訊與干擾之影響，故接收機之設計同時得針對雜訊與干擾進行考量。本章首先對接收機架構做一整體之陳述，隨之說明接收機前端(front end)之功能與設計考量，再然後針對接收機基頻之重要動作：擷取(acquisition)與追蹤(tracking)予以說明，最後簡述軟體接收機(software receiver)之工作。

6.1 接收機概述

GNSS 接收機之外觀、包裝與尺寸會因設計之需求而有多種不同之呈現。就內在功能而言，典型之 GNSS 接收機架構如圖 6.1 所示包含天線、前端、基頻處理單元、導航處理單元與使用者介面。

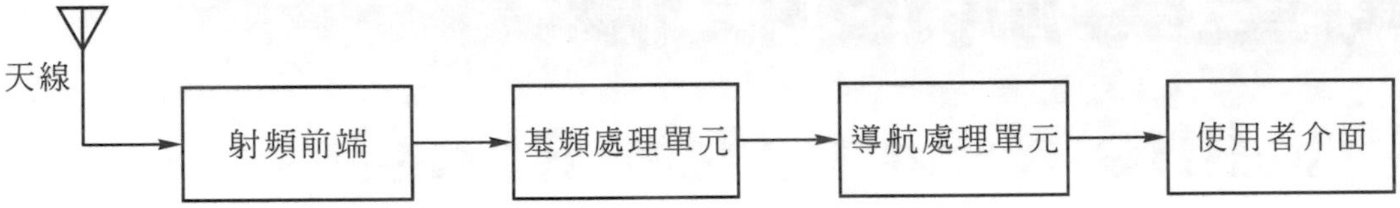

圖 6.1　GNSS 接收機架構

天線之功能主要將無線電波訊號轉換成電子訊號以供處理。對於 GNSS 接收機之天線，主要考慮天線之增益、工作頻率、頻寬、指向性與極化等特性。一般 GNSS 接收機天線之工作頻率均以 GNSS 衛星訊號之載波爲中心，因此亦有單頻、雙頻與多頻天線之差異；當然亦可設計涵蓋數個 GNSS 訊號頻段之寬頻天線。至於頻寬亦與 GNSS 訊號之頻寬有關。針對單一訊號採用較寬頻之天線可以降低相關損耗(correlation loss)亦較能抗拒多路徑效應，但雜訊之影響也相對變大。一般之天線均設計其場形以方便接收來自天線上方之訊號，但隨著仰角之降低，天線增益亦隨之降低。當然天線之設計亦希望在可能的情況下排斥多路徑與干擾訊號。微帶線(microstrip)製作之天線由於具有低價與輕薄之優勢故廣泛爲商用 GNSS 接收機所採用。天線一般均利用微帶線製作而具有半球形的增益分佈以接收來自上方、不同方位之 GNSS 訊號。測量用之天線有些採用抑制環(choke ring)的設計以去除來自低仰角之電波。有些 GNSS 接收器之天線不僅只有一個。例如，在戰鬥機上之 GNSS 接收器為了因應翻滾所需往往附配了多組天線。有些具干擾抑制或訊號強化性能的 GNSS 接收器更採用相位陣列天線組(phase array antenna)以取得可調整之增益分佈。天線之最重要參數就是其增益。GNSS 天線之增益一般不高但務必求得在不同上方仰角與方位角較均勻的增益；如此可確保較廣泛的 GNSS 衛星涵蓋。由於 GNSS 的訊號為右旋圓形偏極化，故天線一般亦具相同偏極化以得較佳載波接收能力。對於精確定位之應用，由於得仰賴載波相位之處理，故相位穩定度與再現度變得頗重要。另外，隨著不同 GNSS 之導入與訊號之多元，許多天線之設計亦具多頻段與寬頻寬之性能。

接收機之射頻前端一般包含了保護裝置、濾波器、低雜訊放大器(low noise amplifier, LNA)、參考時脈振盪器、頻率合成器、降頻模組(downconverter)與類比至數位轉換器(analog to digital converter, ADC)。保護裝置可防止太強訊號對接收器造成損害。濾波器可以置於低雜訊放大器之前或後，其用途為濾除不在頻率範圍之電波。如 4.1.2 節之分析，若訊雜比過低，一般會於較前端安置低雜訊指數之低雜訊放大器。對於 GPS L1，C/A 碼之接收機而言，其中心頻率為 1575.42MHz 展頻後頻寬為 2.046 MHz，故可採用一帶通且頻寬在 2MHz 左右之濾波器。對於 P 碼之接收器，其濾波器頻寬則約為 C/A 碼接收器之 10 倍。前置放大器中濾波器之使用可有效地濾除頻段外訊號但也往往造成插入損耗(insertion loss)及失真。一般採用表面聲波(surface acoustic wave, SAW)濾波器以得到一良好截止特性及低插入耗損。低雜音放大器則提供訊號之放大同時改善雜訊響應。此一放大器的增益一般在 25 至 40dB 之間。接收器整體系統的雜訊指數一般係由低雜訊放大器決定。典型雜訊指數可以小於 2dB，但由於插入損耗有些雜訊指數近於 3 至 4dB。在許多接收器中為了節省空間往往將前置放大器與天線整合在一起。

參考時脈振盪器提供接收器所需之時間與頻率基準。由於 GNSS 定位與定時之功能係根據量測訊號傳送所經歷的時間來完成。因此參考時脈振盪器為接收器中一重要元件。在 GNSS 訊號接收過程中，參考時脈振盪器之輸出提供頻率合成(frequency synthesis)之用，進而形成本地震盪和載波/電碼追蹤之時脈。時脈產生器的性能可用穩定度、靈敏度、雜訊程度等描述之。頻率合成器主要用以產生訊號接收與處理所需頻率之訊號。每個 GNSS 接收器均有其頻率規劃如中頻之範圍、取樣之頻率、訊號處理之資料率等。頻率合成器主要就是產生合乎頻率規劃之本地振盪頻率、取樣頻率與時間基準等。爲了避免訊號間之交互干擾調變，適當的頻率規劃是相當重要的。至於頻率合成器本身大部分採用數值控制振盪器(numerically controlled oscillator, NCO)合成所需之頻率。

降頻模組主要採用混頻的方法將接收到訊號之頻率透過本地振盪訊號之輔助而予以降低。有些接收器採用不只一級的降頻方式端賴頻率規劃而定。降頻模組所產生的訊號包含混頻後高與低旁波帶(side band)訊號，一般再採用中頻濾波去除不必要之成份。此一中頻濾波電路較前端之濾波器具有較佳的濾除特性；同時此一濾波器兼具反取樣失眞(anti-aliasing)之功能。通過降頻模組與中頻濾波器之訊號雖然其頻率限制在特定頻寬內，但其強度卻會隨接收環境特性而有所差異，故有必要對訊號之強度進行調整。此一調整一般藉由一自動增益調整(automatic gain control, AGC)電路完成。此一增益調整電路可以視輸入訊號之強度而予以適當的放大，有利於後續訊號之偵測與處理。另一方面，若有干擾訊號存在其強度往往高於環境熱雜訊，此時可以於此一增益調整電路推算干擾相對雜訊之強度比以供干擾偵測之用。

類比至數位轉換器主要將類比之中頻訊號轉換成數位表示之型式。類比至數位轉換器一般採用和差型式之轉換方式以處理 GNSS 訊號、雜訊及窄頻干擾。同時在此一階段 GNSS 訊號之強度仍遠低於熱雜訊。至於此一轉換器之取樣頻率一般在中頻由頻率合成器提供。隨著高頻電路之發展，有些接收器採用了極高的取樣頻率避開多重的降頻轉換，直接對射頻訊號進行類比數位轉換。

經過轉換後之數位中頻訊號隨後進入基頻訊號處理單元。此一單元負責 GNSS 訊號載波與電碼之追蹤並輸出虛擬距離(pseudo range)、載波相位與都卜勒頻移等觀測量以供導航計算之用。爲了有效地追蹤來自不同 GNSS 衛星之訊號，此一單元一般採多通道之設計。隨著 IC 設計與晶片製作工藝之發展，目前許多接收機往往採用數十通道以處理來自不同 GNSS 星座衛星之訊號。基頻處理單元需進行下述諸工作

- 產生展頻電碼與次載波
- 產生複製之載波
- 進行相關運算
- 擷取衛星訊號
- 追蹤衛星訊號之載波與相位
- 追蹤衛星訊號之電碼與次載波

- 解碼出導航訊息
- 取得虛擬距離、載波相位與都卜勒頻移
- 取得訊號品質如訊雜比
- 維持接收器之時鐘

明顯地，此一基頻處理單元為整個 GNSS 接收器之重點。

導航計算電腦原則上為一微處理器或嵌入式電腦其功能主要為根據虛擬距離等量測量計算出導航者之位置、速度與時間。同時此一處理器可處理使用者之輸入以行定位衛星之選擇、坐標之轉換、輔助資訊之處理與整合、訊號品質之監測等。目前許多導航計算亦與電子地圖結合，提供豐富多元之道路導引與位置加值服務。

早期之 GNSS 接收機一般利用一射頻晶片、一基頻處理晶片以及一嵌入式計算機以分別實現各項功能。近年來，GNSS 接收機之技術隨著晶片設計與製程技術之發展亦有相當長足之進步。首先由於製程之進步，有利於系統晶片之整合。於架構上，若考慮將 GNSS 接收機功能與行動通訊結合，則可以採用所謂載台為基(host-based)之架構，以簡化晶片之設計與測試。於 host-based 之架構，可以採用單一晶片實現降頻與基頻處理功能而將導航計算利用載台電腦實現，如此可以大幅降低成本。隨著與行動通訊之整合，許多輔助型 GNSS(Assisted GNSS, AGNSS)技術應運而生，有利於功耗之降低與性能之提昇。再者，多相關器架構之引入與長效星曆之處理亦縮短訊號擷取之效率以及增長待機時間。新一代之 GNSS 接收機亦嘗試融合其他感測元件與訊號以期提供無間斷之導航與定位服務。目前隨著多星座導航衛星系統之發展，GNSS 接收機亦將有創新性之變革。

6.2　接收機前端

接收機之前端主要完成的工作為選取所擬接收之訊號。一般而言，載波之頻率遠高於訊號之頻寬，以 GPS L1 C/A 訊號為例，載波頻率為 1575.42MHz 而訊號之頻寬為 2.046MHz，故接收機前端應具有帶通濾波的功能以濾除其他頻段之訊號而僅保留所要頻段之訊號。一般藉由降頻與濾波前端之工作。對於 GNSS 訊號而言，由於路徑損耗相當嚴重，故同時得進行訊號之放大以利處理。為了選取所要頻段之訊號，外差型式(heterodyne)之接收機架構是最常見的一種作法。此一架構如圖 6.2 所示，利用一本地震盪器產生一訊號並與輸入之訊號藉由混波器(mixer)進行混波與降頻，再利用帶通濾波器選取所要頻段之訊號。

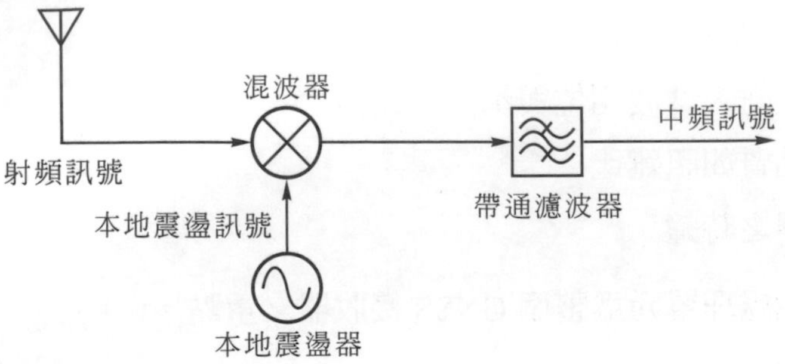

圖 6.2　外差接收機架構

假設輸入之射頻訊號爲利用 BPSK 調變後之展頻訊號：

$$v(t)=\sqrt{2P}d(t-\tau)g(t-\tau)\cos(2\pi(f_0+f_D)t+\theta)+n(t) \tag{6.1}$$

其中 P 代表載波功率、d 爲導航資料、g 爲展頻電碼、τ爲電碼延遲、f_0 爲載波頻率、f_D爲都卜勒頻移、θ爲相位而 $n(t)$爲雜訊。此處之導航資料與展頻電碼之值均爲+1 或 −1。於頻譜上，此一訊號集中於載波頻率附近且頻寬主要由展頻碼之頻寬決定。至於雜訊 $n(t)$之表示方式可以採用

$$n(t)=\sqrt{2}n_I(t)\cos(2\pi(f_0+f_D)t)-\sqrt{2}n_Q(t)\sin(2\pi(f_0+f_D)t) \tag{6.2}$$

此處 $n_I(t)$與 $n_Q(t)$爲不相關之靜止高斯白雜訊，其雙邊功率頻譜密度假設爲 $N_0/2$。採用(6.2)之表示主要係因爲僅需考慮於訊號頻率附近，經過帶通濾波之雜訊。有關此一雜訊表示之說明與性質可參考 3.3.2 節。圖 6.2 之本地震盪器可以產生一頻率爲 f_{LO} 之弦式訊號

$$v_{\text{LO}}(t)=2\cos(2\pi f_{\text{LO}}t) \tag{6.3}$$

於頻譜上，經由混波後之訊號 $v(t)v_{\text{LO}}(t)$包含有兩個成分，其一之頻率近於輸入訊號頻率 f_0+f_D 與本地震盪訊號頻率 f_{LO} 之和，另一則近於上述二頻率之差頻附近。經由低通濾波器可濾除高頻成分，如此僅低頻部分得以保留。

$$\begin{aligned}&\sqrt{2P}d(t-\tau)g(t-\tau)\cos(2\pi(f_0+f_D)t+\theta)\cdot 2\cos(2\pi f_{\text{LO}}t)\\&=\sqrt{2P}d(t-\tau)g(t-\tau)\cdot\left[\cos(2\pi(f_0+f_D-f_{\text{LO}})t+\theta)+\cos(2\pi(f_0+f_D+f_{\text{LO}})t+\theta)\right]\\&\to\sqrt{2P}d(t-\tau)g(t-\tau)\cos(2\pi(f_0+f_D-f_{\text{LO}})t+\theta)\end{aligned}$$

假設中頻訊號頻率 f_{IF} 爲 $f_{IF}=f_0-f_{\text{LO}}$ ，則最終所得之中頻訊號可因之表示成

$$r(t)=\sqrt{2P}d(t-\tau)g(t-\tau)\cos(2\pi(f_{IF}+f_D)t+\theta)+n_{IF}(t) \tag{6.4}$$

其中 $n_{IF}(t)$ 爲經過降頻後之中頻雜訊：

$$n_{IF}(t) = \sqrt{2}n_I(t)\cos(2\pi(f_{IF}+f_D)t) - \sqrt{2}n_Q(t)\sin(2\pi(f_{IF}+f_D)t) \tag{6.5}$$

若比較(6.1)輸入之射頻訊號 $v(t)$ 與(6.4)經降頻後之中頻訊號可知二者型式相似，主要差異爲頻率由較高之射頻頻率降至較低之中頻。

如上所述，利用外差架構可以將訊號有效地降頻，有利於後續之基頻處理。但是混波器與隨後之濾波動作無法將對映頻率(image frequency)之訊號成分濾除，因此於所得之中頻訊號除了原先擬接收之頻率近於 $f_{LO}+f_{IF}$ 之訊號外，另包含原始頻率近於 $f_{LO}-f_{IF}$ 之訊號。對映頻率之訊號會對後續之接收與處理造成影響，故一般於混波器之前均安置有一帶通濾波器以抑制對映頻率訊號之影響。當引入帶通濾波器時會對訊號有所衰減，故一般會增加低雜訊放大器以期訊號不至於損耗過大。圖 6.3 爲典型外差接收機架構。

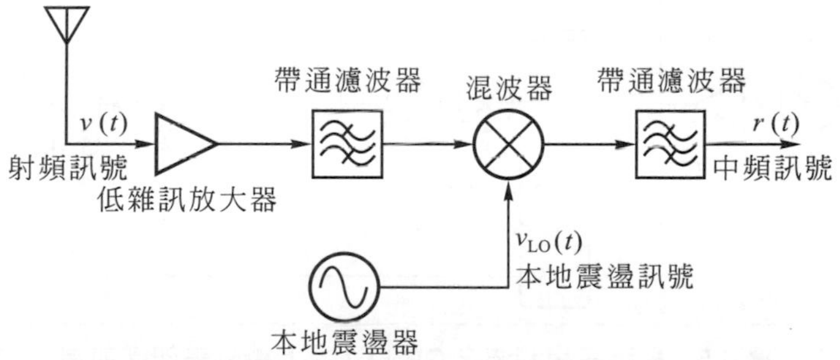

圖 6.3　典型外差接收機架構

於設計外差接收機時，得同時滿足抑制對映頻率訊號、取得所欲訊號頻率與其他訊號頻率之區隔以及降低帶通濾波器之損耗等需求。採用單一級之外差接收機架構得於接收機靈敏度與頻率選擇性二項性能指標進行取捨。爲方便設計與實現，許多外差接收機架構採用多級方式逐步進行降頻、濾波與放大。圖 6.4 爲採用二級方式實現之 GPS L1 C/A 訊號接收機前端之方塊圖。於圖中同時標定各放大器之增益以及各帶通濾波器之中心頻率。一般而言，濾波器較不易實現於晶片中，故圖中特定將可採用晶片實現之部分與外在元件加以區隔。此一設計採用三組濾波器，最前端之濾波器中心頻率與載波頻率相同，主要濾除寬頻之雜訊，此一濾波器一般爲陶瓷型式之濾波器。第二組之濾波器中心頻率爲 61.38MHz，具有濾除對映頻率訊號之功能，一般採用表面聲波元件實現。第三組之濾波器已接近基頻頻率主要提供所需之頻率選擇功能，此一濾波器事實上亦可實現於晶片中。圖 6.5 爲採用三級混波之 GPS L1 C/A 接收機之前端方塊圖，主要之設計精神與圖 6.4 之架構類似。於此些外差架構，除考慮本地震盪頻率以順利完成降頻外，另爲實現方便一般復要求本地震盪頻率彼此間具有倍頻之關係以利藉由單一震盪器合成不同頻率且相位一致之訊號。

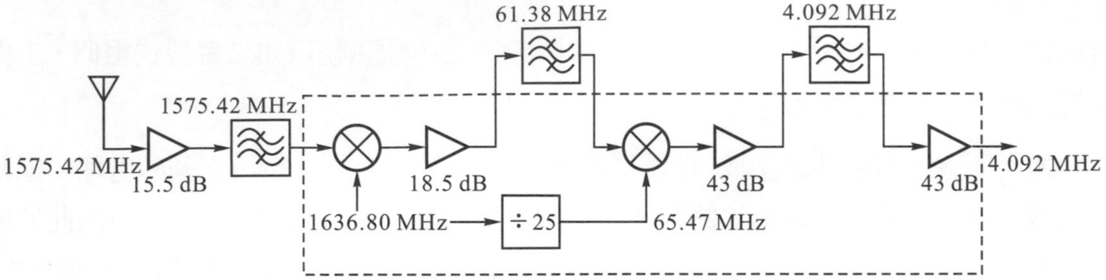

圖 6.4　採用二級混波之外差架構前端

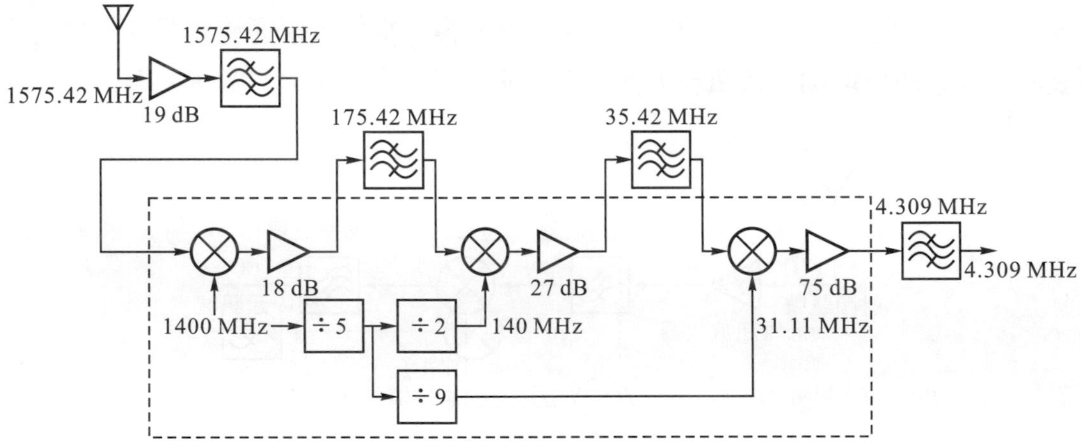

圖 6.5　採用三級混波之 GPS L1 接收機外差架構前端

外差架構目前廣泛應用無線電波之接收且爲許多 GNSS 接收機所採用，其優點包含技術成熟、設計具有彈性、可抗拒雜訊及對元件容忍度高等。但是由於此一架構之硬體需求與功耗均較高，故目前亦有一些GNSS接收機採用直接轉換(direct conversion)或零中頻之架構實現接收機之前端。所謂直接轉換係指經過一次降頻直接產生基頻之訊號。圖 6.6 爲直接轉換之方塊圖，採用與載波頻率相同之本地震盪頻率以直接將射頻訊號降頻到基頻。於此一架構，本地震盪器得同時產生本地震盪訊號之同相與正交成分並與輸入訊號進行混波，隨之藉由低通濾波器取得同相與正交之基頻訊號。直接轉換之架構簡單，但此一架構於電路實現上有一些挑戰分別爲直流偏置(DC offset)與不匹配(mismatch)。首先由於直接降頻至基頻，故若混波器之二輸入端沒有充分隔離(isolation)會引發滲漏(leakage)現象，進而造成自我混波(self-mixing)使基頻訊號存有額外之直流成分。再者，如果同相與正交混波器不匹配或不平衡，即彼此之增益與相位響應不盡相同，將導致基頻訊號失眞與訊號追蹤之困難。所幸目前射頻晶片之製程技術發展相當成熟，故上述問題可利用較精確之製程適度地予以克服，也因此目前亦有一些 GNSS 接收機採用零中頻架構。圖 6.7 即爲適用於接收 GPS L1 與 Galileo E1 訊號之直接轉換前端架構。

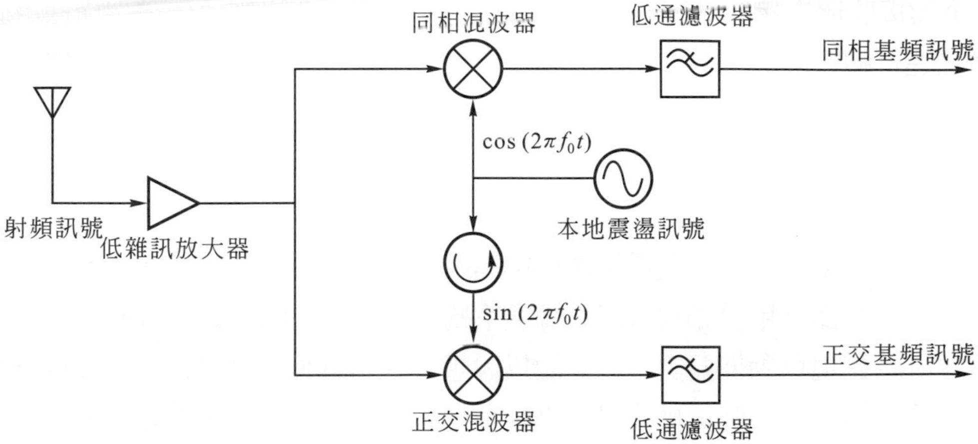

圖 6.6　直接轉換之前端架構

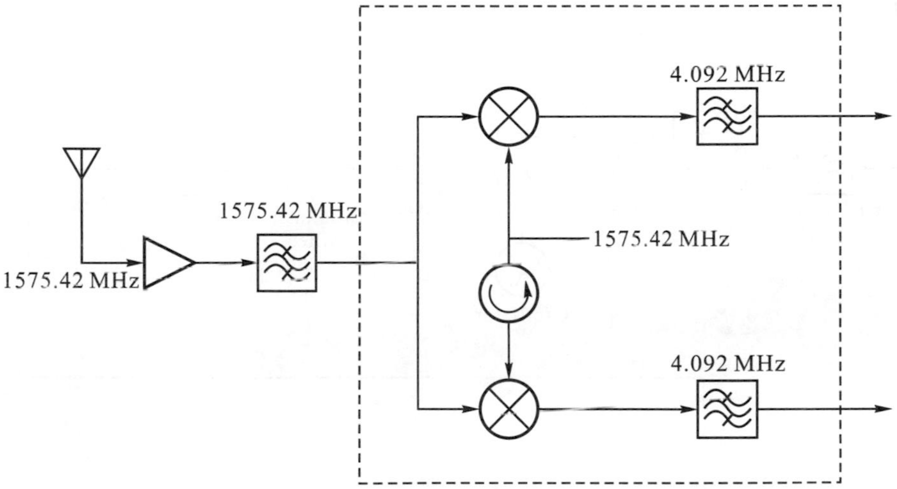

圖 6.7　採用直接轉換 GPS/Galileo L1 接收機之前端架構

一般無線電波訊號經過前端之降頻處理後會隨之將所得之中頻訊號送入基頻處理單元。由於基頻處理一般採用數位之方式實現，故得留意取樣與類比至數位轉換之議題。目前由於晶片製程之進步與高速取樣裝置之發展，帶動了許多新穎接收機架構之發展。若一併考量降頻與取樣，可分以下架構區分接收機之前端：

- 數位基頻架構
- 數位中頻架構
- 數位射頻架構

此些架構之差異在於於何處進行類比至數位轉換與取樣工作。數位基頻架構如圖 6.8 所示，利用一級或多級之降頻轉換與濾波放大裝置並採外差方式將所接收到之訊號移頻至基頻頻率，再進行轉換與取樣動作。此一架構對於取樣頻率之要求較低，對於 GNSS 單頻接收機之接收其取樣率可以爲數 MHz。圖 6.9 之數位中頻架構採用直接轉換後隨之進行轉換。於圖 6.9 中由於降頻模組產生同相與正交成分故得利用兩組類比至數位轉換器；此一架構之取樣率一般爲數十 MHz。數位射頻架構可以圖 6.10 加以說明，此一架構採用一高速之類比至數位器將射頻訊號予以數位化，此時之降頻可以利用數位方式實現。當然不同之架構各有不同之優缺點。目前 GNSS 接收機之前端許多採用數位基頻架構但亦有些採用數位中頻架構。至於數位射頻架構由於類比至數位轉換之速度限制僅應用於相當有限之實驗系統。於圖 6.8 與圖 6.9，可發現一般接收機均於前端同時實現自動增益調整之功能以因應接收訊號強度之變化。對於 GNSS 訊號之接收，隨著衛星之移動與接收場合之變動，其訊號強度會有明顯變化，故一般應用自動增益調整以期訊號之強度得以提升，以利類比至數位轉換可以充分地反應訊號之變動範圍。

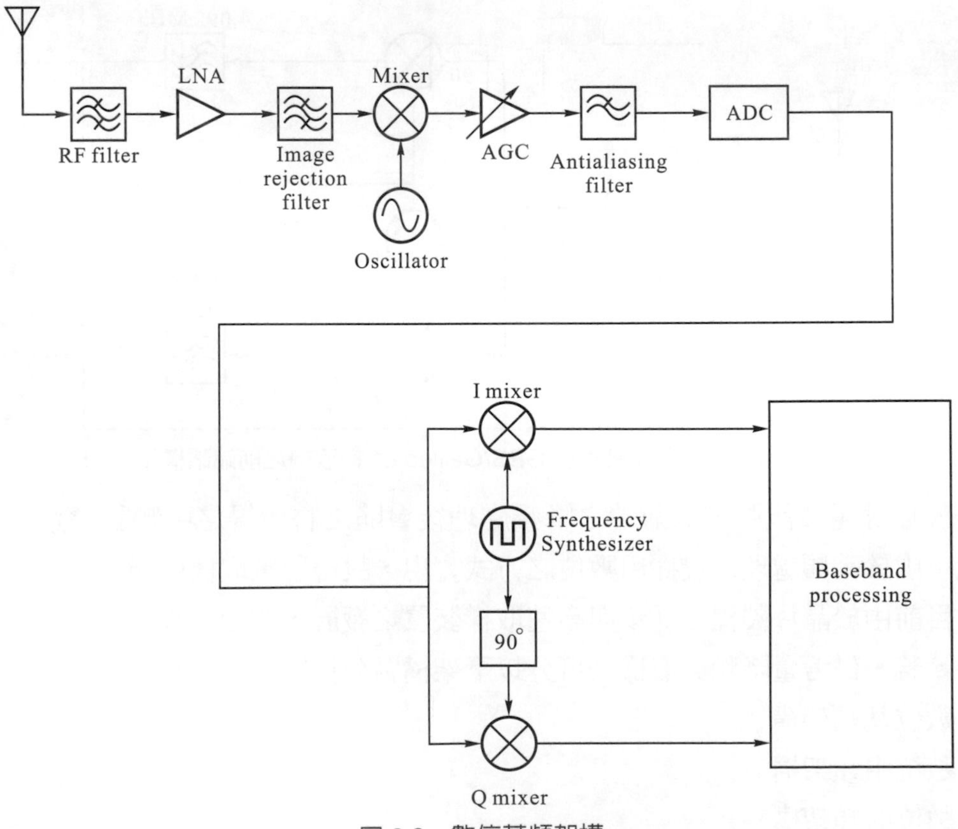

圖 6.8　數位基頻架構

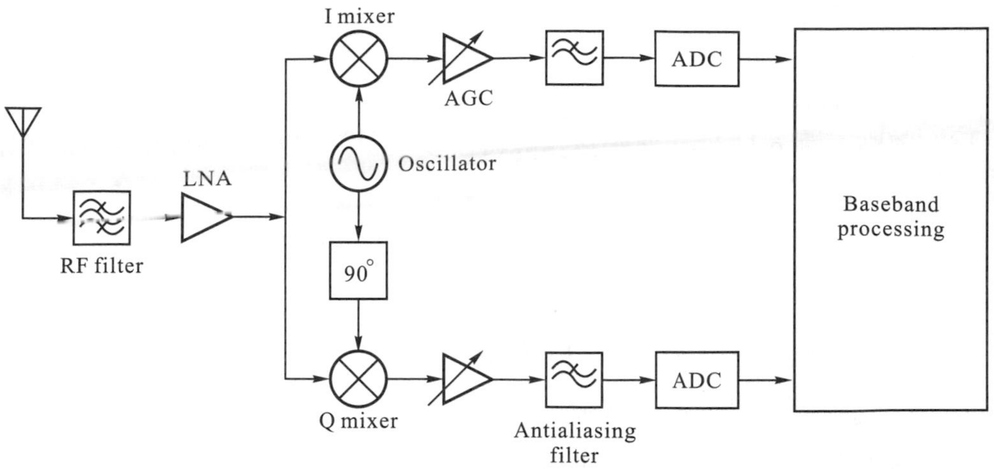

圖 6.9　數位中頻架構

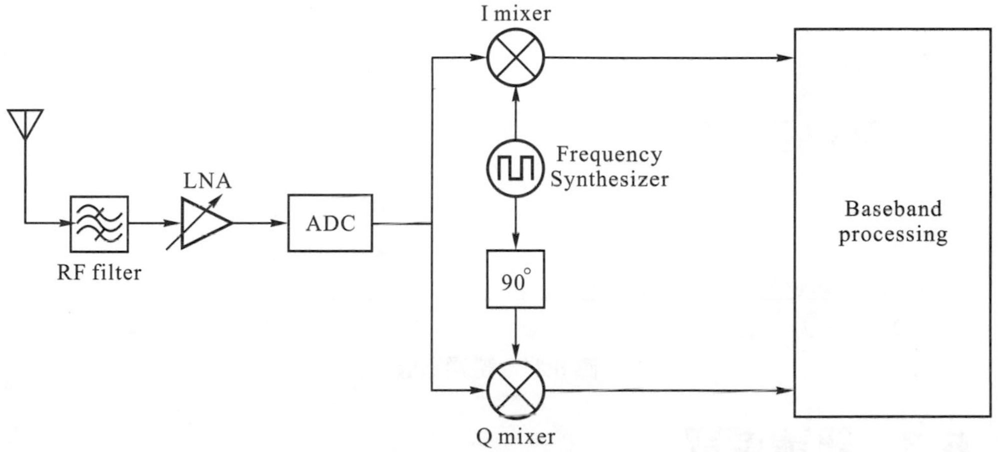

圖 6.10　數位射頻架構

射頻前端一般利用類比至數位轉換器將類比訊號轉換成等效之數位型式。此一裝置之實現方式有採用直接轉換、亦有利用逐次逼近或和差型式。類比至數位轉換器之主要評估指標爲取樣率與位元數，前者指單位時間可以轉換出多少數位樣本而後者指的是各樣本之位元數。若比較前述三種接收機架構之類比至數位轉換器可知，數位射頻架構得利用一相當高速之轉換器而數位基頻架構之轉換器可以採用較低之取樣率。於設定取樣率時，根據取樣定理，取樣率必須爲訊號頻寬之兩倍以上。採用數位基頻架構之接收機接收 GNSS 訊號，由於數位中頻訊號之頻率一般爲數 MHz，故取樣率一般爲十幾 MHz。於 GNSS 訊號接收，亦有採用帶通取樣(bandpass sampling)之作法。假設輸入之中頻訊號頻率爲 f_{IF} 且取樣頻率爲 f_S，則經過取樣動作所得輸出之視在頻率(apparent frequency) f_{out} 應介於 0 與 $f_S/2$ 之間且滿足

$$f_{out} = f_{IF} - l\frac{f_S}{2} \tag{6.6}$$

其中 l 爲一整數。圖 6.11 顯示原始以及經轉換後之訊號頻譜。根據帶通取樣，當輸入頻率介於 lf_S 與$(2l+1)f_S/2$ 之間，則經取樣與類比至數位轉換後之訊號之頻率介於 0 與 $f_S/2$ 之間且原先較高頻之成分經取樣與轉換後頻率亦較高。但是若原始輸入頻率介於$(2l-1)f_S/2$ 與 lf_S 之間，則經取樣與轉換後介於 0 與 $f_S/2$ 之間之訊號會將原先較高頻之成分轉換成頻率較低之成分。當中頻/射頻訊號頻率過高以致於無法進行極高速之取樣與轉換時，可以應用帶通取樣技術；只要原始訊號之頻寬低於取樣率之一半而非原始訊號之頻率低於取樣率之一半，可以慎選帶通取樣頻率而達到訊號取樣與處理之目的。

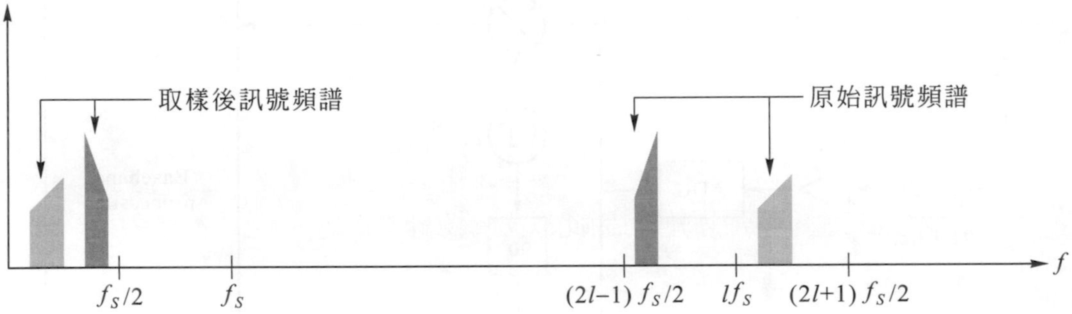

圖 6.11　帶通取樣

6.3　訊號擷取

衛星訊號擷取爲訊號接收過程之一重要步驟。所謂擷取主要是希望確認該衛星導航訊號確實存在並大略地估測出衛星之都卜勒頻移與電碼延遲。要言之，衛星訊號之擷取原則上得決定出衛星之編號、都卜勒頻移之估測值與電碼延遲之估測值。此一過程所耗之時間與可取得之先驗資料有關。若事先對上述參數均沒有資料，則得進行冷開機(cold start)程序；此時由於得搜尋之參數範圍均較大，故往往得耗費相當多之時間，一般爲數分鐘，以進行搜尋。但是，若接收機可以取得部分先驗資料則由於搜尋參數個數之減少與範圍之縮小，可以較快地擷取到訊號；如此一般稱之爲暖開機(warm start)，耗時約在一分鐘以內。暖開機所需之衛星編號可以利用衛星星曆資料推算。有時若接收機前次定位之坐標已知則可根據該資訊結合時間之資料推算此時之衛星分佈以及可視之衛星編號。事實上此一推算可同時估測出衛星之都卜勒頻移亦有利於搜尋範圍之縮小。目前許多 GNSS 接收機均與行動通訊裝置結合，因此可藉由行動通訊傳送衛星分佈、都卜勒頻移乃至於電碼延遲之估算值，相當有利於擷取時間之縮短。所謂熱開機(hot start)一般係指可取得衛星之編號以及大略都卜勒頻移與電碼延遲之情境，如此可以更快速地進行擷取。熱開機之時間一般爲數十秒。有時於接收過程訊號會暫時地被遮蔽(例如經過天橋或樹蔭底下)，此時往往可進行重新擷取(reacquisition)，其耗時一般爲數秒。於重新擷取過程，接收機利用斷訊前之時間與現在之時間差異，推算出電碼延遲與都卜勒頻移之變化量以快速擷取。本節討論 GNSS 訊號擷取之動作並分析擷取之性能。原則上，若衛星編號、電碼延遲與都卜勒頻移均爲未知，則此一擷取動作爲三維之搜尋問題。爲簡化符號，本節假設衛星編號已知並主要探討如何於都卜勒頻移與電碼延遲軸上與 GNSS 訊號進行同步之二維的訊號重建程序。當然，若衛星編號未知，則得進行三維之搜尋，但其分析方法與二維問題類似。在都卜勒頻移軸上，接收器必需調整其本地產生之頻率以補償都卜勒效應。在電碼延遲軸上，接收器所產生之電碼除了要與 GNSS 訊號之展頻碼格式相同外亦得時間點一致以得到最大相關性。由於 GNSS 衛星訊號相當微弱，故於搜尋過程得針對各備選變數進行評估與判斷，整個搜尋動作可因此以大海撈針來形容。

6.3.1　相關運算

於訊號擷取與追蹤過程，相關運算是相當重要之一項動作。藉由相關運算，訊號方得以解展頻而資料得以解調。此一運算利用一廣義之相關器(correlator)完成。廣義之相關器於本地端同時產生電碼與載波並與輸入訊號進行相關運算。於評估 GNSS 接收機之複雜度時會視相關器之個數爲一指標。目前隨著晶片系統之發展，有些接收機採用平行處理以實現相關運算。對於軟體接收機而言，相關運算由於得工作於較高之速率，也往往是整體計算之瓶頸。以下說明相關運算之動作。重複(6.4)，經降頻後之中頻 BPSK 訊號於時間 t 之表示式爲

$$r(t)=\sqrt{2P}d(t-\tau)g(t-\tau)\cos(2\pi(f_{IF}+f_D)t+\theta)+n_{IF}(t) \tag{6.7}$$

其中P代表載波功率、d爲導航資料、g爲展頻電碼、τ爲電碼延遲、f_{IF}爲中頻頻率、f_D爲都卜勒頻移、θ爲相位而$n_{IF}(t)$爲雜訊。爲進行相關運算，接收機均具有產生本地端複製電碼樣本與載波樣本之功能。擷取控制單元提出電碼延遲與都卜勒頻移之備選，而接收機之電碼與載波產生器可隨之產生相對應之電碼與載波。假設 $\hat{\tau}$ 爲電碼延遲 τ

之備選或估測值，則本地端之複製電碼為 $g(t-\hat{\tau})$。相似地，若 $\hat{f}_D$ 與 $\hat{\theta}$ 分別為都卜勒頻移 f_D 與載波相位 θ 之估測值，則複製之載波為

$$\sqrt{2}\cos(2\pi(f_{IF}+\hat{f}_D)t+\hat{\theta})-j\sqrt{2}\sin(2\pi(f_{IF}+\hat{f}_D)t+\hat{\theta})=\sqrt{2}\exp(-j(2\pi(f_{IF}+\hat{f}_D)t+\hat{\theta}))$$

相關運算之動作可利用圖 6.12 加以說明。此時輸入訊號 $r(t)$ 首先與複製之載波 $\sqrt{2}\exp\left(-j(2\pi(f_{IF}+\hat{f}_D)t+\hat{\theta})\right)$ 進行混波，經過一濾波器後濾除頻率為 $2f_{IF}+f_D+\hat{f}_D$ 之成份可以得到以下之訊號：$\sqrt{P}d(t-\tau)g(t-\tau)\exp\left(j(2\pi\tilde{f}_D t+\tilde{\theta})\right)$，其中 $\tilde{f}_D=f_D-\hat{f}_D$ 為都卜勒頻移之估測誤差而 $\tilde{\theta}=\theta-\hat{\theta}$ 為相位之估測誤差。此一訊號隨之與本地產生之電碼 $g(t-\hat{\tau})$ 相乘後經過一段時間之積分可以得到相關器之輸出 $z(k)$ 其表示方式可寫成

$$\begin{aligned} z(k) &= \frac{1}{T}\int_{(k-1)T}^{kT} r(t)\cdot\sqrt{2}\exp(-j(2\pi(f_{IF}+\hat{f}_D)t+\hat{\theta}))\cdot g(t-\hat{\tau})dt \\ &\to \frac{1}{T}\int_{(k-1)T}^{kT}\sqrt{P}d(t-\tau)g(t-\tau)\exp(j(2\pi\tilde{f}_D t+\tilde{\theta}))g(t-\hat{\tau})dt \\ &= \sqrt{P}d\exp(j\tilde{\theta})R_m(\tilde{\tau},\tilde{f}_D)+n_{corr}(k) \end{aligned} \tag{6.8}$$

於上式中，T 為積分時間、$\tilde{\tau}=\tau-\hat{\tau}$ 為電碼延遲之估測誤差、$n_{corr}(k)$ 為相關器之雜訊而 $R_m(\tilde{\tau},\tilde{f}_D)$ 為模稜函數(ambiguity function)其定義為

$$R_m(\tilde{\tau},\tilde{f}_D)=\frac{1}{T}\int_0^T g(t-\tau)g(t-\hat{\tau})\exp(j2\pi\tilde{f}_D t)dt \tag{6.9}$$

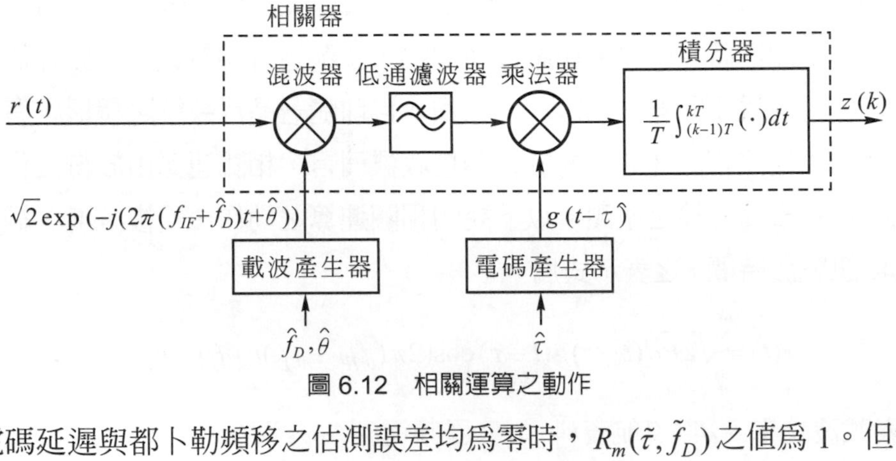

圖 6.12 相關運算之動作

當電碼延遲與都卜勒頻移之估測誤差均為零時，$R_m(\tilde{\tau},\tilde{f}_D)$ 之值為 1。但當存有電碼延遲與都卜勒頻移之估測誤差時，$z(k)$ 訊號成分之振幅將會降低。GNSS 訊號擷取與鎖定之目標之一為令電碼延遲與都卜勒頻移之估測誤差均為零，如此可充分地完成

解展頻之動作。模稜函數包含兩個變數 $\tilde{\tau}$ 與 $\tilde{f}_D$，也因此接收機均分別設計電碼追蹤與載波追蹤迴路以鎖定此二變量。載波追蹤迴路往往可以同時鎖定相位，也因此，當載波頻率、相位與電碼延遲正確鎖定後，$z(k)$之訊號成分爲 $\sqrt{P}d$，訊號功率 P 得以決定且導航資料 d 得以解碼。

圖 6.13 爲假設 $g(t)$爲如圖 4.16 所產生之週期爲 15 碼元之直接序列函數且積分時間等於電碼週期之模稜函數之振幅變化。由圖中可知，模稜函數之變化相當複雜。當都卜勒頻移相當小時，模稜函數近似於電碼之自我相關函數 $R(\tilde{\tau})$

$$R(\tilde{\tau}) = \frac{1}{T}\int_0^T g(t)g(t-\tilde{\tau})dt \tag{6.10}$$

自我相關函數之形狀與展頻電碼之選擇有關，對於 GPS C/A 訊號之擷取可假設電碼自我相關函數爲三角型函數之型式，即 $R(\tilde{\tau}) = \Lambda_{T_c}(\tilde{\tau})$ 其中 T_c 爲碼寬。由於一般探討(6.9)之模稜函數時，關心的是 $\tilde{\tau}$ 或 $\tilde{f}_D$ 相當小的情況，此時模稜函數可以近似爲

$$R_m(\tilde{\tau}, \tilde{f}_D) \approx R(\tilde{\tau}) \cdot \exp(j\pi \tilde{f}_D T) \cdot \text{sinc}(\tilde{f}_D T) \tag{6.11}$$

此一近似可分離兩個變數間之影響。

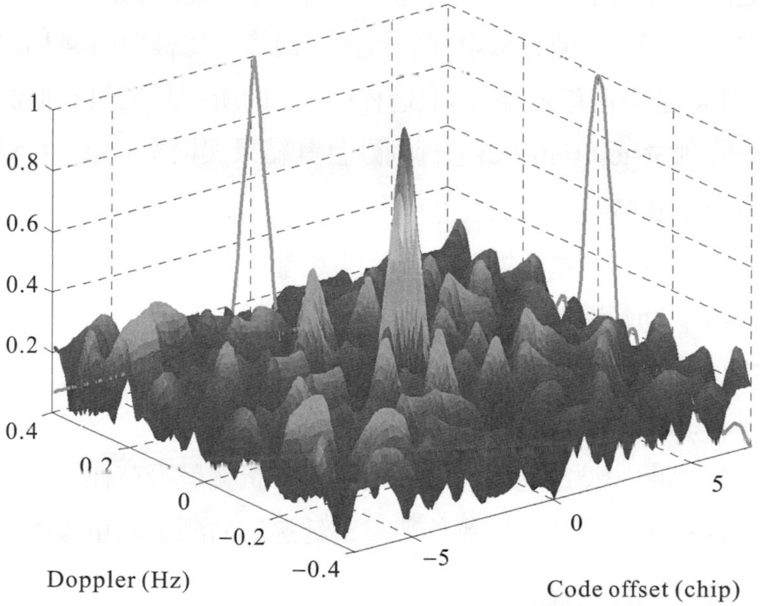

圖 6.13　週期為 15 碼元直接序列之模稜函數

相關器之輸出同時受到雜訊之影響，於分析擷取與追蹤性能時，有必要對雜訊之影響進行分析。方程式(6.8)之相關器雜訊可表示成

$$n_{corr}(k)=\frac{1}{T}\int_{(k-1)T}^{kT}\sqrt{2}n_{IF}(t)g(t-\hat{\tau})\exp\left(-j(2\pi(f_{IF}+\hat{f}_D)t+\hat{\theta})\right)dt \tag{6.12}$$

由於輸入之 $n_{IF}(t)$ 爲一均值爲零之雜訊，$n_{corr}(k)$ 之期望值亦爲零。計算此一相關器雜訊之方差可得

$$E\left\{n_{corr}^2(k)\right\}=\frac{N_0}{2T} \tag{6.13}$$

由上式可知，當積分時間 T 增加時，雜訊之方差得以降低，也因此訊雜比可以提昇。

6.3.2 擷取之動作

擷取的動作以相關器爲基礎，利用一擷取控制單元設定備選之電碼延遲與都卜勒頻移，經由相關運算取得輸出後進行判斷與確認。圖 6.14 說明 GNSS 訊號擷取之程序。擷取控制單元設定備選之電碼延遲與都卜勒頻移，電碼產生器與載波產生器分別產生相對應之電碼與載波，並利用相關器計算輸入訊號與本地端複製樣本間之相關結果。由於相關運算之結果爲複數且與資料有關，故利用平方運算去除相位誤差與導航資料之影響。必要時可進行累加運算以增加訊雜比。最後，比較器將累加之結果與一門檻值γ相互比較以判斷是否存有訊號。擷取過程與 3.5 節所探討之訊號偵測過程有相似之處：均得針對一偵測量(test statistic)進行判斷且其結果與機率有關。GNSS 導航訊號之擷取一般利用以下之步驟

- 利用衛星星曆判斷衛星之編號以及大略之都卜勒頻移
- 設定備選都卜勒頻移與電碼延遲並利用相關器計算出此時之相關器輸出
- 利用平方偵測方法避開資料位元與訊號相位之影響
- 必要時進行非同調(noncoherent)之累加
- 將所累積結果與一設定之門檻值比較並判斷訊號是否存在
- 若訊號不存在，更新都卜勒頻移與電碼延遲之估測值並重複前述各步驟。

以下將針對各相關議題逐一探討。

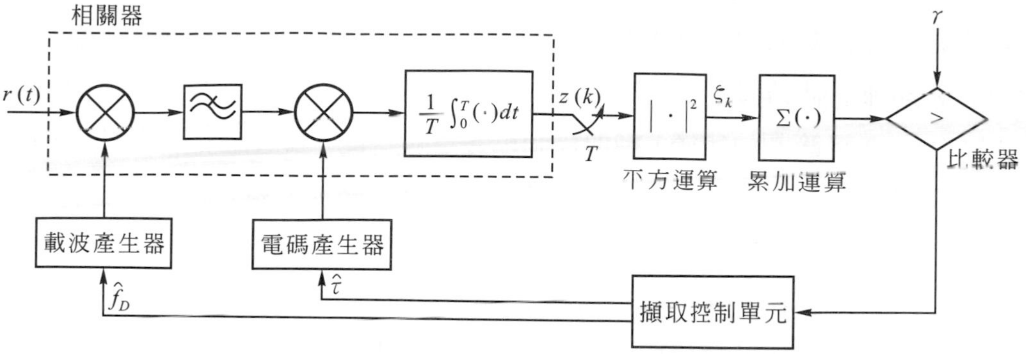

圖 6.14　GNSS 訊號擷取之程序

偵測量之選擇攸關擷取之成功率，如圖 6.14 所示，一般選擇

$$\sum_{k=1}^{K}\xi_k=\sum_{k=1}^{K}|z(k)|^2 \tag{6.14}$$

作為偵測量，此處 K 代表累加之次數。由於此一偵測量與相關器輸出之平方有關，一般稱之為平方偵測器。圖 6.14 相關器內之積分動作一般稱之為同調(coherent)積分，而累加運算則稱之為非同調累加。由(6.8)與(6.12)可知，ξ_k 之期望值為

$$E\{\xi_k\}=\left|\sqrt{P}d\exp(j\tilde{\theta})R_m(\tilde{\tau},\tilde{f}_D)+n_{corr}(k)\right|^2=PR^2(\tilde{\tau})\text{sinc}^2(\tilde{f}_DT)+\frac{N_0}{2T} \tag{6.15}$$

此一期望值與相位誤差和導航資料無關，因為前者之振幅為 1 而後者之值為 ±1。由(6.15)可知，當備選之 $\hat{\tau}$ 或 $\hat{f}_D$ 與真實之 τ 或 f_D 有差異，則由於 $R^2(\tilde{\tau})\text{sinc}^2(\tilde{f}_DT)$ 之值並不顯著，故 $E\{\xi_k\}$ 形同一背景或地板(floor)值，$N_0/(2T)$。但當備選之 $\hat{\tau}$ 與 $\hat{f}_D$ 與真實之 τ 與 f_D 均一致時，$E\{\xi_k\}$ 會提升到相當於訊號功率之準位，可視訊雜比為 $2T(P/N_0)$。因此，若積分時間增長，訊雜比成比例地增加。於(6.14)，同時考慮累加動作，若累加 K 次平方量，則訊號功率增大為原先之 K 倍而等效雜訊之方差為原先之 $\sqrt{K}$ 倍，因此訊雜比變成 $2\sqrt{K}T(P/N_0)$。累加之動作亦有改善訊雜比之作用，但卻與 $\sqrt{K}$ 成比例。一般擷取動作均妥適地選擇同調積分時間 T 與非同調累加次數 K 以取得一可靠之偵測量。值得留意的是，由於受到資料位元、次展頻碼與都卜勒頻移變化之影響，積分時間不能無限上綱地增加。相對而言，累加運算並不會受到資料與次展頻碼之影響。

擷取控制單元得設定備選之電碼延遲 $\hat{\tau}$ 與都卜勒頻移 $\hat{f}_D$。此一設定程序得考慮搜尋之範圍與解析度。若無外來輔助，對於電碼而言，搜尋之範圍為整個電碼週期；都

卜勒頻移之搜尋範圍則視接收機之動態與接收機時鐘之漂移而有所差別。若接收機處於靜置狀態則都卜勒頻移主要肇因於衛星之移動與接收機時鐘之漂移，可設搜尋之範圍為±8kHz。一旦範圍決定後，擷取控制單元一般將此一範圍區間分割成不同之網格(cell)，各網格點相當於特定電碼延遲與都卜勒頻移之組合，圖 6.15 顯示典型之網格。若網格間距或解析度過密，由於得針對較多不同備選之組合進行評估，會增加擷取之時間。反之，若間距過疏，則有可能錯失擷取之可能。針對(6.14)之偵測量，自我相關函數與 sinc 函數均會隨其變數之增加而降低，而其中自我相關函數僅於 $\tilde{\tau}$ 介於 $\pm T_c$ 之間方有值而 sinc 函數之值亦於 $|\tilde{f}_D T|<1$ 方較明顯。一般於訊號擷取時，電碼搜尋之解析度因此設定為一半碼寬，如此當搜尋一完整之電碼週期後，最低之電碼自我相關函數之值應為 3/4。至於相鄰都卜勒頻移備選之間距會與積分時間有關，由於 sinc(0.4) 近於 0.75，故可選定都卜勒搜尋空間之解析度為 $0.4/T$。此一設定可以確保於最差情況所得之平方量相較於理想之最大值頂多只有 2.5 dB 之衰減。以 GPS C/A 訊號之擷取為例，若積分時間與電碼週期相同，則都卜勒頻移之搜尋解析度為 400 Hz。若都卜勒頻移之搜尋範圍為±8kHz，計有 41 都卜勒頻移網格點。由於 C/A 電碼長度為 1023 碼元，故計有 2046 電碼網格點。因此針對 GPS C/A 電碼共計有 83886 個網格點得進行搜尋。若每一網格點停駐(dwell) 1 msec，所耗之時間將為 83.886sec。

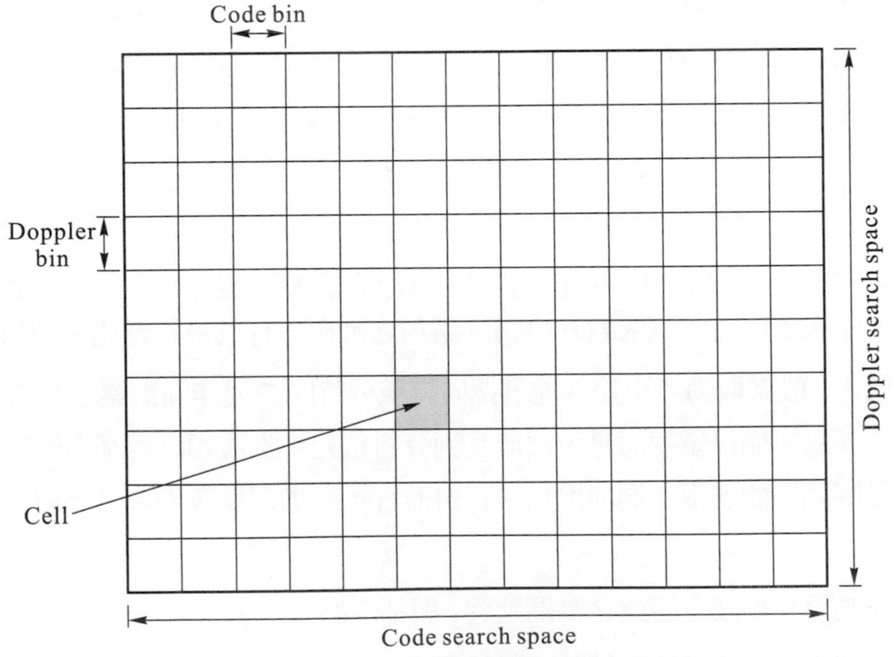

圖 6.15　訊號搜尋之網格

針對所設定之搜尋區間，擷取之程序得對各網格點逐一進行相關運算。於逐次搜尋(serial search)方法，各網格點依序逐一進行檢視與判斷。原則上，於各網格點可停留一段相當於 KT 之停駐時間(dwell time)。由於相關器雜訊之方差與積分時間成反比而累加亦可以增強訊號強度，故當積分時間或累加次數增加，訊雜比得以提升有利於正確之判斷。但是，停駐時間之增加也意謂著整體搜尋時間之增加。

對於圖 6.15 之二維搜尋問題，一般利用逐次搜尋方法進行訊號擷取：分別停駐於每一網格直迄偵測到訊號。由於電碼延遲之分佈可視爲均勻分佈故一般以依序方式逐一檢視各電碼延遲，如圖 6.16 所示。但是由於都卜勒頻移主要係由於衛星之移動而產生故都卜勒頻移會集中於零頻率附近，一般會採用如圖 6.16 所示之反覆跳躍方式進行搜尋。

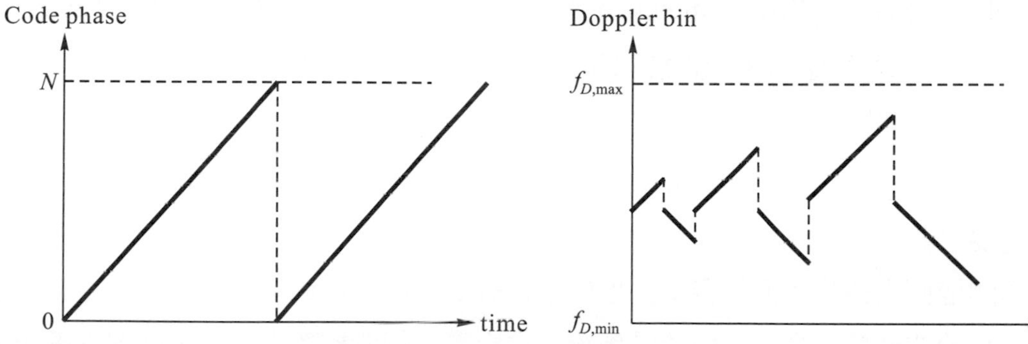

圖 6.16　搜尋方向

6.3.3　擷取性能分析

於訊號擷取一般要求迅速且穩定之擷取，由於搜尋之網格數相當多，快速之搜尋有必要性，一般以平均擷取時間作爲評估之依據。至於穩定之擷取則主要考慮雜訊與干擾之影響。以下分析擷取之性能，爲方便起見，考慮累加次數爲 1 或採用 ξ_k 作爲偵測量，此一偵測量除了包含訊號成分外，尚包含雜訊成分。至於測試之邏輯則主要比較偵測量 ξ_k 與門檻值 γ，並引用

$$\text{判斷訊號}\begin{cases}\text{存在，} & \text{若 } \xi_k \geq \gamma \\ \text{不存在，} & \text{若 } \xi_k < \gamma\end{cases} \tag{6.16}$$

若偵測量僅受雜訊影響，即備選之 $\hat{\tau}$ 或 $\hat{f}_D$ 與眞實之 τ 或 f_D 有差異，則由於 $R^2(\tilde{\tau})\text{sinc}^2(\tilde{f}_D T)$ 之值並不顯著故可視 ξ_k 爲一雜訊，相當於 $\xi_k = n_{corr}^2(k)$。若考慮 $n_{corr}(k)$

爲高斯分佈且其期望值爲零而方差爲$\sigma^2 = N_0/(2T)$，則ξ_k爲中央凱平方分佈(central chi-square χ^2 distribution)其機率密度函數爲

$$p_n(\xi_k) = \frac{1}{2\sigma^2}\exp(-\frac{\xi_k}{2\sigma^2}), \quad \xi_k \ge 0 \tag{6.17}$$

由於得考慮同相與正交項之雜訊故此一中央凱平方分佈具二自由度，也因此(6.17)之機率密度函數爲一指數分佈。另一方面，當備選之之$\hat{\tau}$和$\hat{f}_D$與眞實之τ和f_D相同，則ξ_k爲非置中凱平方分佈(noncentral chi-square distribution)其機率密度函數爲

$$p_s(\xi_k) = \frac{1}{2\sigma^2}\exp(-\frac{P+\xi_k}{2\sigma^2})I_0(\frac{\sqrt{P\xi_k}}{\sigma^2}), \quad \xi_k \ge 0 \tag{6.18}$$

其中$I_0(\cdot)$爲零階修正貝索函數(modified Bessel function)。對於不同之功率P，$p_s(\xi_k)$之形狀有所變化。當P增大時(相當於訊雜比增大)，此二機率密度函數之重疊度變小，也較有利於區隔訊號與雜訊。

於訊號擷取過程，偵測機率(probability of detection)與誤警率(false alarm probability)爲相當重要之概念。偵測機率係指當採用正確之電碼延遲和都卜勒頻移組合時所得偵測量高於門檻值之機率；而誤警率則指於不正確之電碼延遲或都卜勒頻移組合時所得之偵測量高於門檻值之機率。由於受到雜訊之影響故偵測機率未必是1而誤警率未必爲0。根據(6.17)與(6.18)之機率密度函數可計算偵測機率與誤警率可分別爲

$$P_D = \int_\gamma^\infty p_s(\xi_k)d\xi_k \tag{6.19}$$

與

$$P_F = \int_\gamma^\infty p_n(\xi_k)d\xi_k \tag{6.20}$$

其中γ爲門檻值。當門檻值設定稍高則誤警率降低，但偵測機率亦會降低。反之，若降低所設定之門檻值，則偵測機率與誤警率均會提高。於訊號擷取過程，一般要求提高偵測機率與降低誤警率，但由於此二目標並非獨立故得取得適當之妥協。常見之作法爲設定誤警率必須低於某一數值下，最大化偵測機率，即

$$\max P_D \tag{6.21}$$

且

$$P_F \le \alpha \tag{6.22}$$

其中α為給定之數值。此一作法又稱為尼曼皮爾森條件(Neyman-Pearson criterion)。事實上，若固定誤警率為α，則根據(6.20)可知相對應之門檻值應滿足

$$\gamma = -2\sigma^2 \ln \alpha \tag{6.23}$$

求得此一門檻值後可隨之利用(6.19)計算出偵測機率。利用接收機工作特性(receiver operating characteristics, ROC)曲線可以清楚地明白偵測機率與誤警率之取捨。此一曲線之橫軸為誤警率而縱軸為偵測機率，於此一曲線以下之誤警率與偵測機率組合為可以實現的。針對一特定之誤警率，可以由此一曲線讀取出所對應之偵測機率。當設定固定之誤警率時，若訊號功率較強則偵測機率亦較高。

針對 GPS C/A 訊號之擷取，假設積分時間為 1msec，則相對於不同之功率雜訊密度比可得到如圖 6.17 所示之接收機工作特性曲線。此時若 $P/N_0=40$ dB-Hz，則當誤警率 P_F為 0.01 時，偵測機率為 0.9423，表示有相當高之機率可以正確偵測。但是若功率雜訊密度比降至 30 dB-Hz，則縱使所容許之誤警率 P_F 提高到 0.1，偵測機率僅有 0.3344。若功率雜訊密度比維持不變，則唯有藉由增加積分時間方足以取得較佳之取捨。

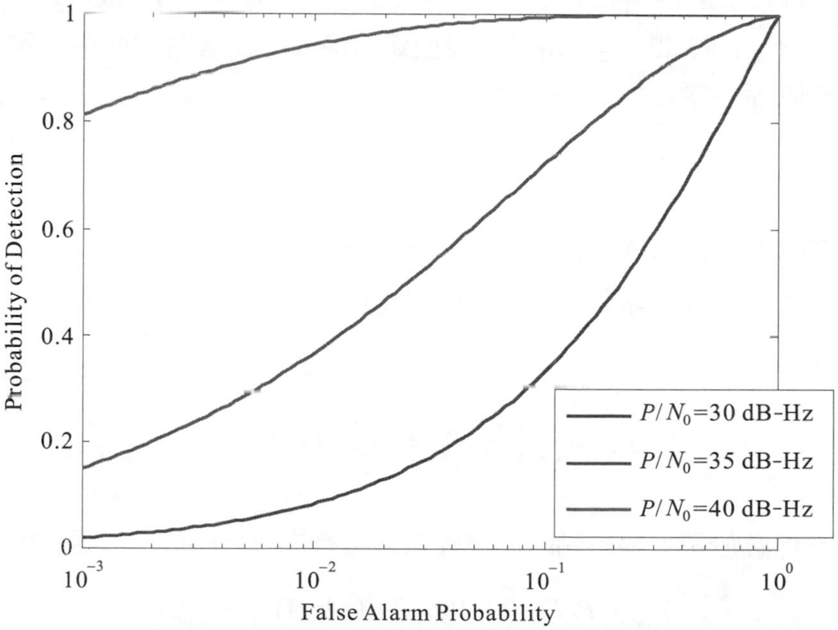

圖 6.17 GPA C/A 訊號接收機工作特性曲線

假設總搜尋之網格點數為 M 且每一網格點耗時 T 進行搜尋，則平均搜尋時間之期望值可以 $\frac{1}{2}MT$ 估測之。如欲取得較正確之平均搜尋時間應考慮偵測機率與誤警率之影響。圖 6.18 顯示採用逐次方式進行搜尋之狀態情形。此處假設一共有 M 個網格點等待搜尋而其中僅有一網格含有訊號。為方便說明之故，可令第 0 網格點包含訊號而其他僅有雜訊。至於搜尋則可以於任一網格點開始而且每一網格點搜尋之停駐時間為 T。當於一僅由雜訊構成之網格點進行搜尋時，會有 $1-P_F$ 之機率偵測量會低於門檻值且有 P_F 之機率偵測量會高於門檻值。若屬於前者，則將前往下一網格點進行搜尋；反之若屬後者，則會進行確認之動作，不過由於此一網格點僅由雜訊構成故經歷 κT 時間後會發現錯誤而前往下一網格點進行搜尋。當搜尋到第 0 網格點時，由於該網格點含有訊號故有 P_D 之機率偵測量會高於門檻值且有 $1-P_D$ 之機率偵測量會低於門檻值。若屬前者，則訊號得以成功偵測；反之，會往下一網格點進行搜尋。圖中有關此一逐次搜尋情形之說明除標定由一網格點到下一網格點之機率外，另外亦註記所耗之時間。利用訊號流程圖(signal flow graph)之概念可以分析平均之搜尋時間。此處可將平均搜尋時間 T_{avg} 分解成

$$T_{avg} = T_{fp} + T_{cor} \tag{6.24}$$

其中 T_{fp} 代表搜尋到達包含有訊號之第 0 網格點之平均時間，而 T_{cor} 代表於第 0 網格點完成正確搜尋之平均時間。若停駐於一僅由雜訊構成之網格點，則平均得耗時 T_{ic} 方可前往下一網格點而 T_{ic} 應為

$$T_{ic} = (1-P_F)T + P_F(\kappa+1)T = T(1+\kappa P_F) \tag{6.25}$$

這其中第一項為偵測量低於門檻值所耗之時間而第二項為偵測量高於門檻值所耗之時間。因此若由任一網格點開始，則搜尋到達包含訊號成分之第 0 網格點之平均時間應為

$$T_{fp} = \frac{1}{M}\sum_{m=1}^{M-1} mT_{ic} = \frac{M-1}{2}T(1+\kappa P_F) \tag{6.26}$$

另一方面，當停駐於第 0 網格點時，完成正確搜尋之平均時間 T_{cor} 應滿足

$$T_{cor} = P_D T + (1-P_D)\big(T + (M-1)T_{ic} + T_{cor}\big) \tag{6.27}$$

此處之第一項表示偵測量高於門檻值所耗之時間而第二項則爲偵測量低於門檻值所耗之時間。當處於第 0 網格點但偵測量卻低於門檻值時，整個搜尋會重新來過。於(6.27)之 T_{cor} 可整理爲

$$T_{cor} = \frac{1-P_D}{P_D}(M-1)T(1+\kappa P_F) + \frac{T}{P_D} \tag{6.28}$$

因此，將(6.26)與(6.28)代入(6.24)可得到平均搜尋時間爲

$$T_{avg} = T_{cor} + T_{fp} = \frac{2-P_D}{2P_D}(M-1)T(1+\kappa P_F) + \frac{T}{P_D} \tag{6.29}$$

由此一平均搜尋時間之公式可知，若訊雜比較高則由於誤警率較低與偵測機率較高，相對應之搜尋時間亦較短。

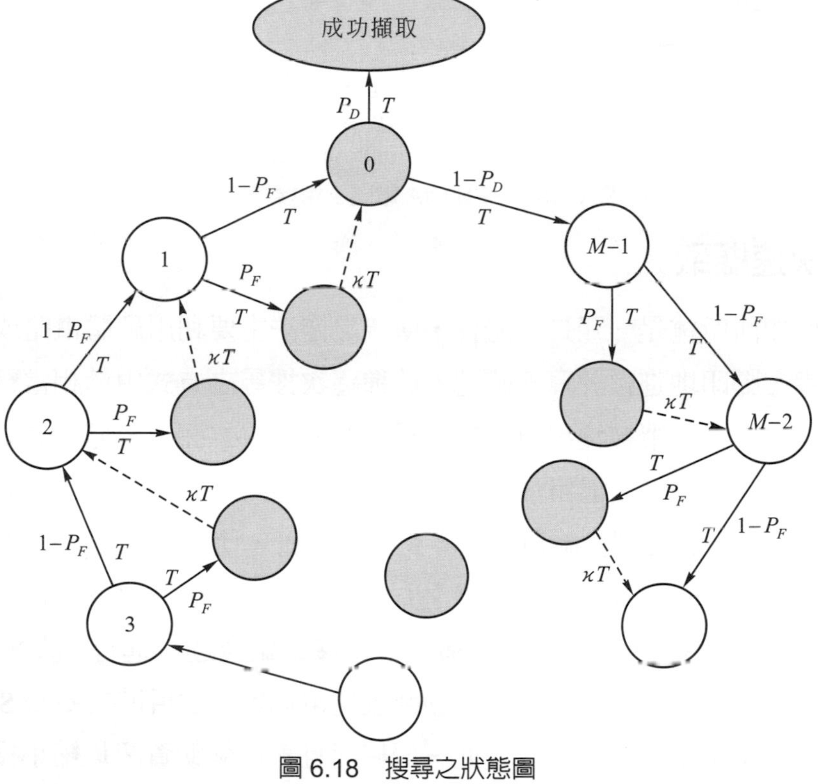

圖 6.18　搜尋之狀態圖

對於 GNSS 訊號之擷取亦可以利用上述方法分析平均擷取時間。由於 GPS C/A 電碼之長度爲 1023 碼寬，若以半碼寬爲解析度並假設都卜勒頻移已知則計有 M=2046 網格點得進行搜尋。若每一網格點之停駐時間爲 1msec 並假設κ爲 10，則 C/A 電碼之

平均搜尋時間如圖 6.19 所示。當功率雜訊密度比足夠大時，平均搜尋時間較短且不太受到所設定誤警率之影響。但當功率雜訊密度比變低時，平均搜尋時間會明顯地增加。此一分析亦說明當 GNSS 訊號過於微弱時，訊號擷取有一定難度。

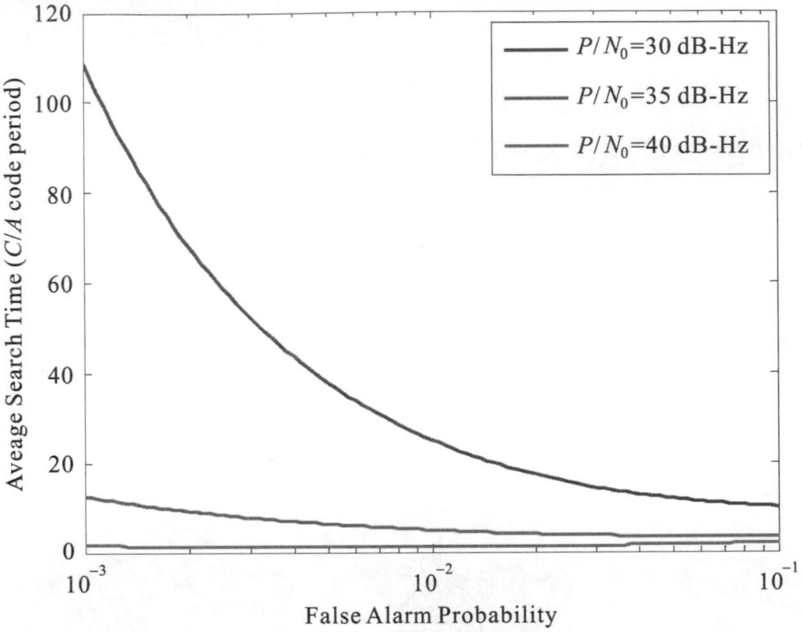

圖 6.19　GPS C/A 電碼平均搜尋時間

6.3.4　快速擷取

擷取動作如前所述是一冗長之過程，傳統之作法主要利用硬體電路或晶片實現相關運算，一步一腳印地進行計算與確認。此種逐次搜尋之方式由於相當費時，故目前有許多種不同之方法相繼被提出以縮短搜尋時間。另一方面，習見之 GNSS 訊號接收均假設天線可以通視衛星，但目前亦有相當多室內 GNSS 定位之需求。於室內或市區環境，GNSS 訊號由於受到衰減再加上多路徑之效應，使得 GNSS 訊號之擷取與追蹤極具挑戰。表 6.1 整理不同 GNSS 搜尋之方法及其特性。傳統之逐次搜尋可視爲基本之方法，可以針對不同之電碼延遲與都卜勒頻移之組合逐一進行相關運算並進行偵測。但是逐次搜尋往往耗時而且對於行動裝置耗電過大，故目前之 GNSS 接收機往往於晶片設計過程採用平行處理以加速此一過程而且善用輔助資訊以縮小搜尋空間。對於軟體 GNSS 接收機，則一般可利用傅立葉轉換以加速運算。除此之外，尚有一些輔助方法可以加速搜尋，而輔助裝置可能來自外部如藉由無線通訊傳送輔助搜尋之資料或來自內部如搭配其他感測裝置以縮小搜尋範圍。

表 6.1　搜尋方法之比較

方法		特性
逐次搜尋		傳統之搜尋方法，逐一網格進行搜尋
平行搜尋	硬體方式	利用硬體進行相關運算之平行處理，可一次取得數筆偵測量
	軟體方式	應用快速傅立葉轉換實現相關運算
輔助搜尋	外在輔助	利用外來輔助訊號縮小搜尋空間
	內在輔助	利用內在感測元件縮小搜尋空間
其他		改變本地電碼型式

縮小搜尋空間為一有效的作法，若 GNSS 接收機與無線通訊或網路共構則可以利用網路傳送出大略之電碼延遲與都卜勒頻移以及搜尋之範圍。由於不同 GNSS 衛星均為一群地面追蹤站所持續追蹤，故目前無論是國際之 GNSS 服務或不同系統所建立之追蹤網路均可以即時地掌握各 GNSS 衛星之動態與重要參數。目前一般消費性產品之 GNSS 接收機均適當地輔以 AGNSS 服務，以加速擷取速度並降低功耗。

改善擷取時間之一種方式為檢視相關運算之動作並引用軟硬體之方案以加速相關整體運算之時間。目前許多 GNSS 接收機均利用平行處理之方式進行搜尋以快速完成擷取之動作。採用軟體進行加速擷取則主要利用快速傅立葉轉換之作法。

訊號擷取之動作於本地端產生電碼與載波並與輸入之訊號進行相關運算。於逐次搜尋過程得逐一地移動電碼延遲與都卜勒頻移之估測值進行檢視。如果可以針對同一電碼延遲同時進行不同都卜勒頻移下之相關值計算則可以加快搜尋。所謂平行頻率 (parallel frequency) 搜尋方法主要取得本地電碼與輸入訊號之乘積後進行傅立葉轉換，說明如下。圖 6.12 之相關運算等同於以下之動作：

$$R_{\hat{\tau}}(f) = \frac{1}{T}\int_0^T r(t)g(t-\hat{\tau})\exp(-j2\pi ft)dt \tag{6.30}$$

若 $\hat{\tau}$ 與實際之 τ 相近(低於半碼元)，則上述 $r(t)$ 之電碼與 $g(t-\hat{\tau})$ 相互對齊而其乘積 $r(t)g(t-\hat{\tau})$ 形如一單純之弦波，因此經傅立葉轉換後於頻譜上當 f 近於 $f_{IF}+f_D$ 附近時會有峰值出現；讀取峰值所對應之頻率可因此取得約略之都卜勒頻移。當然若 $\hat{\tau}$ 與實際之 τ 並不相近，則經傅立葉轉換後之峰值並不明顯。所以此一搜尋之動作主要為擇定一電碼延遲並進行傅立葉轉換。圖 6.20 說明利用傅立葉轉換進行平行頻率搜尋之過程。假設中頻訊號之取樣率為 f_S 則於一積分時間 T 內可將數位中頻訊號以一長度為 $N=f_ST$ 之向量 $\{r_k\}$ 表示。對於經過延遲 $\hat{\tau}$ 之本地產生展頻電碼亦可以利用相同之取樣

率建立出長度為 N 之電碼 $\{g_k(\hat{\tau})\}$。將此二向量元素對元素相乘後之向量 $\{r_k g_k(\hat{\tau})\}$ 進行離散傅立葉轉換

$$X(\hat{\tau},n)=\sum_{k=0}^{N-1} r_k g_k(\hat{\tau})\exp(-j\frac{2\pi nk}{N}) \tag{6.31}$$

再計算此一訊號之頻譜強度可得足供判斷之偵測量：當 $\hat{\tau}$ 與真實之延遲相近時，此一頻譜會存有峰值而相對應之 n 可對應至都卜勒頻移。當然此一傅立葉轉換可以利用快速傅立葉轉換方法以加速計算。不過由於於擷取過程所需計算之頻率點並不見得是所有之頻率，故有時僅採用離散傅立葉轉換針對所感興趣之頻率點進行計算。平行頻率搜尋得調整本地產生展頻電碼之延遲量進行搜尋，但於傅立葉轉換之複雜度則取決於於向量之長度 N。至於所得都卜勒頻率估測值之解析度與積分時間有關：

$$\Delta f=\frac{f_S}{N}=\frac{1}{T} \tag{6.32}$$

若應用此法於 GPS C/A 訊號之擷取，當積分時間為 1msec，則所得之頻率解析度為 1kHz；此一解析度較前述逐次搜尋方式之解析度為低。

圖 6.20　平行頻率搜尋之過程

除了平行頻率搜尋外，另可以採用平行電碼(parallel code)搜尋之方法。此一作法可利用圖 6.21 加以說明。首先將輸入之中頻訊號與本地產生之載波相乘後可累積一長度為 N 之向量 $\{r_k'\}=\{r_k\exp(-j2\pi(f_{IF}+\hat{f}_D))\}$。於計算 $\{r_k'\}$ 與長度為 N 之零延遲電碼 $\{g_k\}$ 之相關值時可引用(3.51)之結果，即分別算出此二向量之傅立葉轉換、取後者之共軛複數並與前者相乘再進行反傅立葉轉換。若利用快速傅立葉轉換實現，則此一作法可加速相關運算，有利於擷取速度之提升。事實上，當取得反傅立葉轉換時，不同延遲之相關運算值得以一併讀取，亦較有利於訊號之偵測。採用平行電碼搜尋之電碼解析度往往優於半碼寬。

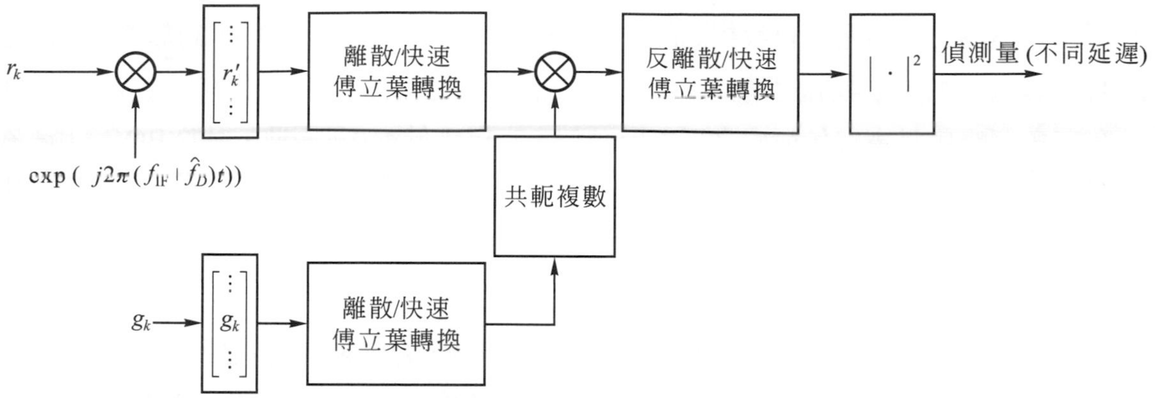

圖 6.21　平行電碼搜尋之過程

於 GNSS 訊號擷取時一般假設自我相關函爲三角形函數。實際上，GNSS 訊號於接收過程會經過濾波，濾波可以有效地抑制雜訊與干擾之影響，但對於所欲接收之訊號若濾波器之頻寬過窄，會造成相關損耗。相關損耗會降低訊號雜訊密度比，也因此影響誤警率、偵測機率與平均搜尋時間。圖 6.22 爲 GPS C/A 訊號於不同濾波器頻寬之相關函數，過低之頻寬會造成較低與平滑之峰值。一般而言，濾波器頻寬不得低於展頻訊號之零點間距頻寬。

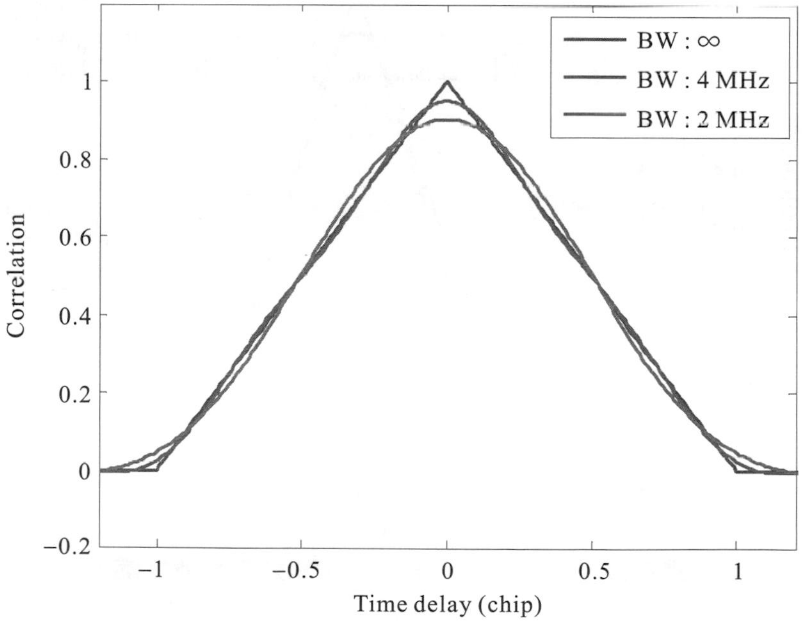

圖 6.22　不同頻寬下 GPS C/A 訊號之自我相關函數

GNSS 訊號之擷取主要利用相關運算。對於採用 BPSK 調變之傳統 GPS 訊號，自我相關運算函數僅於 $\pm T_c$ 間方有明顯的值，故一般採用 $T_c/2$ 作爲搜尋網格之間距，如此縱使網格點並未對應於自我相關函數峰值但值仍至少爲峰值之 3/4。對於 BOC 調變訊號之擷取，上述之設計得稍行修正。首先 BOC 調變訊號之自我相關函數於 $\pm T_c$ 間並存有多個峰值且主峰值所處之三角形函數之支撐低於 $\pm T_c$。因此，對於 BOC 訊號之搜尋，一般得採用較細之網格以避免「漏網之魚」。以 BOC(1,1)調變爲例，若仍採用 $T_c/2$ 之搜尋網格，則於搜尋過程有可能完全漏掉主峰值。所以對於 BOC(1,1)訊號之搜尋，網格之間距一般修正爲 $T_c/4$。對於其他 BOC 調變則亦得根據次載波頻率調整搜尋網格。當次載波頻率愈高，搜尋網格就得較密。BOC 調變所引發之另一議題爲旁峰值之出現。於搜尋過程有可能錯誤地偵測到旁峰值以致於造成誤動作。當然，濾波器頻寬亦會對搜尋造成影響。圖 6.23 爲 BOC(1,1)訊號於不同濾波器頻寬之相關函數。由此圖可知若頻寬過低，則縱使於零電碼誤差之情形，相關運算之結果會降低。圖 6.24 進一步顯示於 4MHz 與 2MHz 之前端濾波器頻寬下，相關器輸出之平方。於 2MHz 之頻寬下，主峰值與旁峰值之差異並不大；對於 BOC(1,1)訊號而言，濾波器頻寬一般要求爲 4.092 MHz 或以上。

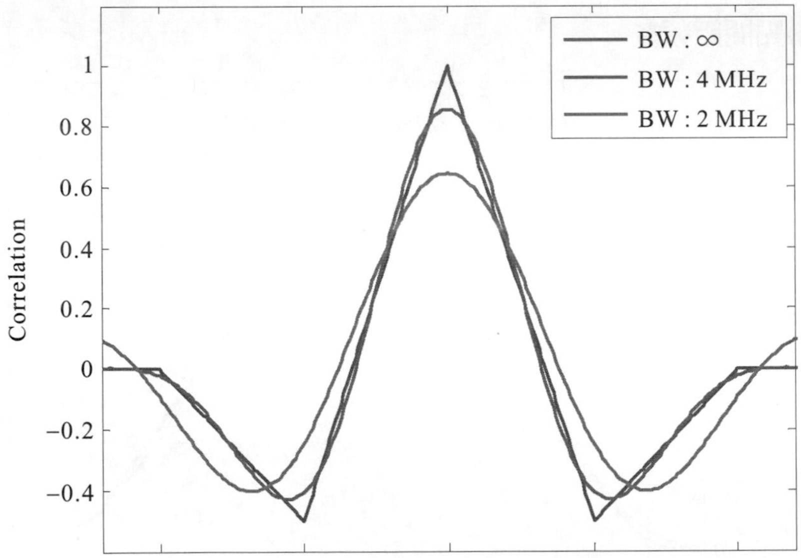

圖 6.23　不同頻寬下之 BOC(1,1)訊號自我相關函數

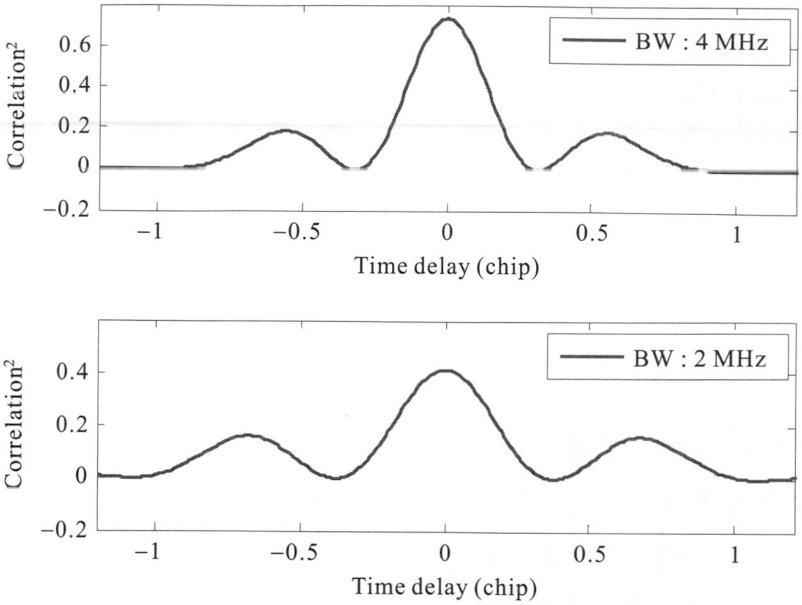

圖 6.24　BOC(1,1)訊號自我相關值之平方

GNSS 訊號擷取之目的爲偵測出訊號之存在並大略估算其電碼延遲與都卜勒頻移；而追蹤之目的爲隨時改變電碼延遲與都卜勒頻移以停留於偵測量之峰值。一旦可以正確地追蹤則不僅可以取得測距有關之虛擬距離與載波相位量測量更可以解調與解碼出導航資料。追蹤與擷取雖然採用不相同之架構與調整方式但其根本均爲相關運算之架構。事實上，於擷取與追蹤之切換過程往往會經歷數個階段之確認與驗證，圖 6.25 說明由擷取至追蹤動作之切換與判斷。不同階段之測試主要採用不盡相同之門檻值、積分時間與累加次數等，期能完全確認訊號之存在(hit)以及所得電碼延遲與都卜勒頻移之正確性。但若無法正確地確認(miss)，則得重複先前之步驟。於確認過程較常見之方法爲多數決方法與唐氏(Tong)方法。多數決方法會於通過初步搜尋之特定網格多次停駐，並判斷是否通過確認步驟。例如於一網格停駐 10 次，當有 8 次均通過測試則判定訊號正確。唐氏方法則利用一計數器來計算通過測試之次數以作爲判斷之依據。許多新型之 GNSS 訊號均採用堆疊碼以進行展頻，於初始測試階段可以僅利用主展頻碼進行相關運算以進行初步擷取，而於後續測試階段則利用完整之堆疊碼以一方面提升訊雜比另一方面進行較精確之擷取。分階段進行測試可以有效地縮短整體之擷取時間且取得可靠之估測。

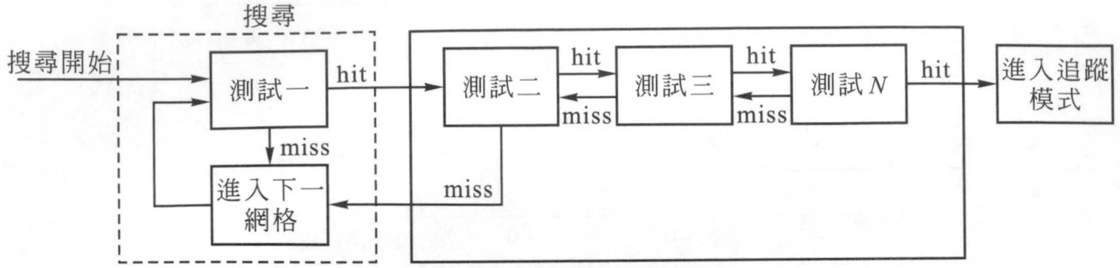

圖 6.25　搜尋與確認過程

6.4　訊號追蹤

一旦取得且確認電碼延遲與都卜勒頻移之擷取後可隨之進行訊號之追蹤。訊號追蹤亦可採相當多種不同之架構，圖 6.26 為典型數位式 GNSS 電碼與載波追蹤接收電路之方塊圖。此一追蹤電路之輸入為經降頻與數位化之後之數位中頻訊號而其輸出則為輸入訊號之電碼延遲、載波頻率與相位、解調後之資料以及訊號強度之估測值以及附屬於此些估測值之品質因子。如圖 6.26 所示，數位中頻訊號首先與載波產生器所產生之同相與正交載波訊號進行混波以期濾除中頻頻率與都卜勒頻移之影響。如果重建載波與數位中頻訊號之頻率相同則此一混波電路之輸出將僅受展頻電碼、次載波及導航資料之影響；但如果二者頻率不等則差頻將會影響後續的追蹤動作。經過混波後之訊號接著進入一電碼追蹤電路。首先接收器利用內建電碼產生器產生了展頻電碼。此一內建電碼分別產生同一電碼之落後(late)、準時(prompt)與超前(early)三種版本。此三種版本與同相/正交訊號進行相關運算以找出與輸入訊號間之相關性。明顯地若與輸入訊號彼此相關即電碼格式相同且時間點一致則積分後可得較大之輸出。之所以採用落後、準時與超前三種版本的用意就在於取得準確的時間對準。一般而言，準時之相關運算結果可去除展頻碼之效應而得到適當之處理增益，此一訊號因之送入載波追蹤迴路分別經過載波偵測、載波迴路濾波器以行載波與相位之調整。載波追蹤迴路可以提供都卜勒頻移及載波相位輸出以供後續定位計算之用。另一方面，利用超前與落後版本進行相關運算後可以得到時間差，此一訊號可用以調整內建展頻電碼之產生時間點，構成了電碼追蹤迴路。此一電碼追蹤迴路所輸出之時間差即為虛擬距離。訊號之追蹤要求載波相位與電碼均正確地追蹤。如果載波頻率追蹤不良將造成電碼重建過程中碼率之不一致，增加鎖碼難度。另一方面如果電碼不能鎖定，則載波追蹤過程會受到資料位元變化的影響造成載波鎖定之不易。由於載波追蹤與電碼鎖定之關聯性，GNSS 接收器中之載波重建與電碼鎖定電路得彼此相互協調以取得穩定的訊號鎖定。

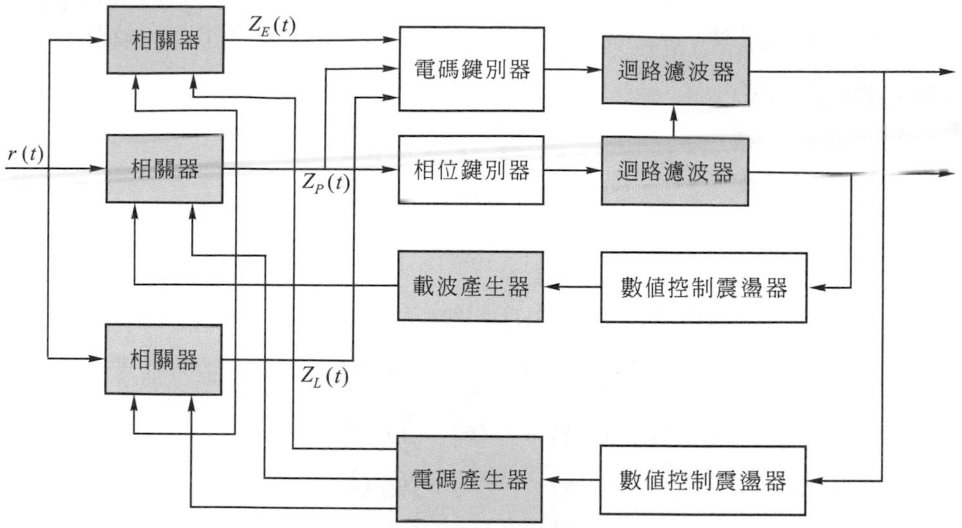

圖 6.26 訊號追蹤迴路方塊圖

為方便說明，以下假設 GNSS 之數位中頻訊號如(6.7)所示或

$$r(t)=\sqrt{2P}d(t-\tau)g(t-\tau)\cos(2\pi(f_{IF}+f_D)t+\theta)+n_{IF}(t) \tag{6.33}$$

於訊號追蹤之一關鍵為接收機利用內建電路產生重建之訊號或複製之樣本。於典型 GNSS 訊號追蹤架構，接收機根據電碼延遲估測值 $\hat{\tau}$、都卜勒頻移估測值 $\hat{f}_D$ 與載波相位估測值 $\hat{\theta}$ 產生六組複製之樣本或三組複數之樣本分別如下

$$\begin{aligned}
&\text{超前樣本：}\quad \sqrt{2}g(t-\hat{\tau}-\delta)\exp\left(-j(2\pi(f_{IF}+\hat{f}_D)t+\hat{\theta})\right)\\
&\text{準時樣本：}\quad \sqrt{2}g(t-\hat{\tau})\exp\left(-j(2\pi(f_{IF}+\hat{f}_D)t+\hat{\theta})\right)\\
&\text{落後樣本：}\quad \sqrt{2}g(t-\hat{\tau}+\delta)\exp\left(-j(2\pi(f_{IF}+\hat{f}_D)t+\hat{\theta})\right)
\end{aligned} \tag{6.34}$$

此處超前樣本與準時樣本之電碼產生器之位置相差 δ，而準時樣本與落後樣本之電碼產生器又相差 δ。本地端之樣本與輸入之訊號經過相關運算後可以於每一積分時間讀取出三組複數之相關值，分別為

$$\begin{aligned}
&\text{超前相關器輸出：}\quad z_E(k)=\frac{1}{T}\int_{(k-1)T}^{kT}\sqrt{2}g(t-\hat{\tau}-\delta)\exp\left(-j(2\pi(f_{IF}+\hat{f}_D)t+\hat{\theta})\right)r(t)dt\\
&\text{準時相關器輸出：}\quad z_P(k)=\frac{1}{T}\int_{(k-1)T}^{kT}\sqrt{2}g(t-\hat{\tau})\exp\left(-j(2\pi(f_{IF}+\hat{f}_D)t+\hat{\theta})\right)r(t)dt\\
&\text{落後相關器輸出：}\quad z_L(k)=\frac{1}{T}\int_{(k-1)T}^{kT}\sqrt{2}g(t-\hat{\tau}+\delta)\exp\left(-j(2\pi(f_{IF}+\hat{f}_D)t+\hat{\theta})\right)r(t)dt
\end{aligned}$$

(6.35)

由於輸入之中頻訊號 $r(t)$ 包含所擬接收之 GNSS 衛星訊號以及雜訊成分，各相關器之輸出可分別表示成

$$\begin{aligned} z_E(k) &= s_E(k) + n_E(k) \\ z_P(k) &= s_P(k) + n_P(k) \\ z_L(k) &= s_L(k) + n_L(k) \end{aligned} \tag{6.36}$$

其中 $s_E(k)$、$s_P(k)$ 與 $s_L(k)$ 爲相關器輸出之訊號成分，而 $n_E(k)$、$n_P(k)$ 與 $n_L(k)$ 爲雜訊成分。另一方面，(6.36)之相關器輸出爲複數，可分別寫出其實部與虛部：

$$\begin{aligned} z_E(k) &= I_E(k) + jQ_E(k) \\ z_P(k) &= I_P(k) + jQ_P(k) \\ z_L(k) &= I_L(k) + jQ_L(k) \end{aligned} \tag{6.37}$$

當頻率誤差與電碼誤差足夠小且忽略雜訊影響時，此些相關器之輸出之訊號成分可分別近似爲

$$\begin{aligned} s_E(k) &= \sqrt{P}d \cdot R(\tilde{\tau} - \delta) \cdot \exp(j(\pi \tilde{f}_D T + \tilde{\theta})) \cdot \mathrm{sinc}(\tilde{f}_D T) \\ s_P(k) &= \sqrt{P}d \cdot R(\tilde{\tau}) \cdot \exp(j(\pi \tilde{f}_D T + \tilde{\theta})) \cdot \mathrm{sinc}(\tilde{f}_D T) \\ s_L(k) &= \sqrt{P}d \cdot R(\tilde{\tau} + \delta) \cdot \exp(j(\pi \tilde{f}_D T + \tilde{\theta})) \cdot \mathrm{sinc}(\tilde{f}_D T) \end{aligned} \tag{6.38}$$

假設電碼延遲之估測誤差 $\tilde{\tau}$ 夠小，則可以利用準時相關器輸出 $z_P(k)$ 產生都卜勒頻移與相位之誤差並用以修正複製樣本之都卜勒頻移與相位之估測值。此一誤差訊號之產生機制一般稱之爲鑑別器(discriminator)，可提供一訊號以供判斷相位/都卜勒頻率誤差之依據。由於鑑別器輸出會受到雜訊之影響，故於調整都卜勒頻移與相位估測值之前會利用濾波器以濾除雜訊。至於電碼之追蹤亦藉由鑑別器與濾波器以產生電碼延遲之估測值。電碼追蹤迴路之鑑別器一般利用超前相關器與落後相關器之輸出，即 $z_E(k)$ 與 $z_L(k)$。於一些電碼追蹤迴路更同時採用三個相關器之輸出作爲電碼鑑別之依據。無論是載波追蹤或電碼追蹤均會受到雜訊之影響，故採用迴路濾波器以降低雜訊之影響並適當地調整動態響應。對於載波追蹤迴路，經濾波後之訊號隨之驅動數值控制震盪器以改變載波之頻率與相位。相對而言，電碼追蹤迴路亦具有一數值控制震盪器提供電碼時序調整之用。

GNSS 之訊號追蹤迴路爲一閉迴路之回授系統其目的爲調整接收機之參數以期追蹤與鎖定輸入訊號之頻率、相位與電碼。若頻率、相位與電碼可以順利鎖定，則接收

機可以解調出導航訊息並取得測距資訊。載波追蹤電路一般可歸納爲三類：鎖相迴路(phase-locked loop, PLL)、科斯塔迴路(Costas loop)及鎖頻迴路(frequency locked loop, FLL)。相對而言，電碼追蹤一般採用時延鎖定迴路(delay locked loop, DLL)。若仔細檢視 GNSS 訊號之載波與電碼追蹤，可視整個迴路爲多輸入與多輸出之系統。目前許多先進之 GNSS 接收機採用向量追蹤迴路(vector tracking loop)針對此一多輸入多輸出之系統進行設計。此些追蹤迴路之工作原理相似：主要藉由本地產生之訊號與輸入訊號進行比較取得誤差訊號，誤差訊號隨之經由迴路濾波器調整本地端震盪器之變化率，進而構成一回授系統。回授系統可因此持續修正誤差以達到訊號之鎖定。於設計此一類型追蹤系統時，一般要求系統有良好之暫態響應、穩態響應與雜訊響應。爲解說方便，以下首先說明鎖相迴路之工作，再然後針對載波追蹤與電碼追蹤迴路分別探討。

6.4.1　鎖相迴路

鎖相迴路如圖 6.27 所示主要由一相位偵測器(phase detector)、迴路濾波器與電壓控制振盪器(voltage controlled oscillator, VCO)以回授方式構成。相位偵測器主要偵測輸入訊號與震盪器輸出訊號間之相位誤差並產生一與相位誤差有關之訊號，稱之爲誤差訊號。此一誤差訊號隨之送入迴路濾波器進行濾波之動作以期降低雜訊之影響。迴路濾波器之輸出稱之爲控制訊號可用以改變電壓控制振盪器輸出訊號之頻率與相位。鎖相迴路是一閉迴路控制系統，主要設計目的爲藉由回授動作調整輸出訊號之頻率與相位以與輸出訊號相同，即達到相位同步之目的。

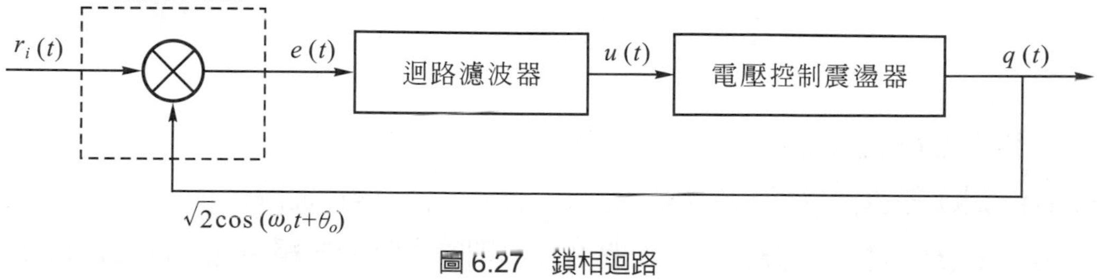

圖 6.27　鎖相迴路

假設輸入訊號之型式爲

$$r_i(t) = \sqrt{2P}\sin(\omega_i t + \theta_i(t)) + n(t) \tag{6.39}$$

其中 P 爲輸入訊號之功率，ω_i 爲頻率，$\theta_o(t)$爲相位而 $n(t)$代表加成型式之雜訊。令 $\phi_i(t)=\omega_i t+\theta_i(t)$爲此一訊號於時間 t 之累積相位(accumulated phase)。相位偵測器量測輸入訊號與震盪器輸出訊號間之相位差。假設電壓控制振盪器之輸出訊號爲

$$q(t)=\sqrt{2}\cos(\omega_o t+\theta_o(t)) \tag{6.40}$$

其中ω_o 爲輸出訊號之頻率而$\theta_o(t)$爲相位。此處假設輸出訊號 $q(t)$之功率爲 1 故振幅設定爲$\sqrt{2}$。鎖相迴路之設計爲調整輸出訊號 $q(t)$之累積相位$\phi_o(t)=\omega_o t+\theta_o(t)$以令與輸入訊號之累積相位於任何時間均相等；如此可得相同之頻率與相位。相位偵測器之動作可利用一混波器與低通濾波器說明。若暫不考慮雜訊之影響且以平衡式調變器或乘積偵測器來實現此一相位偵測器，則

$$\begin{aligned} q(t)r_i(t) &= \sqrt{2}\cos(\omega_o t+\theta_o(t))\cdot\sqrt{2P}\sin(\omega_i t+\theta_i(t)) \\ &= \sqrt{P}\sin\big((\omega_i-\omega_o)t+\theta_i(t)-\theta_o(t)\big)+\sqrt{P}\cos\big((\omega_i+\omega_o)t+\theta_i(t)+\theta_o(t)\big) \end{aligned} \tag{6.41}$$

上式右邊之第二項爲高頻項，故若將此一乘積送入一低通濾波器則得以濾除此一高頻項。因此，相位偵測器之輸出爲

$$e(t)=\sqrt{P}K_d\sin\big((\omega_i-\omega_o)t+\theta_i(t)-\theta_o(t)\big)=\sqrt{P}K_d\sin\big(\phi_i(t)-\phi_o(t)\big) \tag{6.42}$$

其中 K_d爲相位偵測器之增益。誤差訊號 $e(t)$經濾波後可用以調整震盪器之頻率。假設 $u(t)$爲經過迴路濾波後之控制訊號，則震盪器輸出訊號之頻率或累積相位之微分與控制訊號成比例關係，即

$$\frac{d\phi_o(t)}{dt}=\frac{d(\omega_o t+\theta_o(t))}{dt}=\omega_o+K_v u(t) \tag{6.43}$$

其中 K_v 爲電壓控制振盪器之增益。由於輸出訊號之頻率隨控制訊號變化，故若$\phi_i(t)$領先$\phi_o(t)$，則誤差訊號爲正，致使輸出訊號之相位$\phi_o(t)$增加而降低了相位誤差。反之，若$\phi_i(t)$落後$\phi_o(t)$，誤差訊號將爲負而震盪頻率則隨之降低。經由此一回授之機制，輸出訊號之累積相位可與輸入訊號之累積相位一致，達到頻率與相位鎖定之目的。

6.4.1.1 線性鎖相迴路

鎖相迴路主要期望能同步頻率與相位，故於分析迴路性能時一般改採頻率與相位爲系統之變量。爲簡化符號以下將假設$\omega_o=\omega_i$，因爲此二頻率不同亦可以由相位變化

之差異觀察出。假設迴路濾波器之轉移函數為 $F(s)$，系統之方塊圖可利用圖 6.28 加以說明。於此圖中，電壓控制振盪器以積分器表示因為控制訊號經積分後會改變輸出訊號之相位。此一鎖相迴路為一非線性系統因為相位偵測器具非線性之特性。

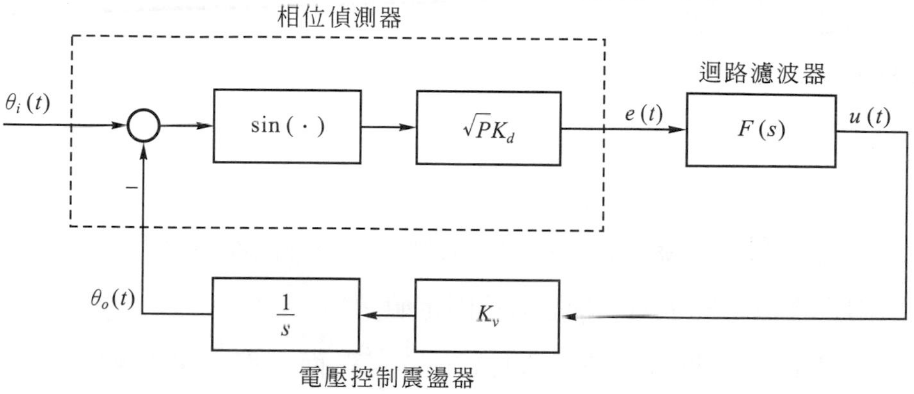

圖 6.28　鎖相迴路之系統方塊圖

鎖相迴路之相位誤差可定義為

$$\theta_e(t) = \theta_i(t) - \theta_o(t) \tag{6.44}$$

當 $\theta_e(t)$ 足夠小時，系統之動態特性可利用線性化方式進行分析。相位偵測器之輸出可近似為

$$e(t) = \sqrt{P}K_d \sin\left(\theta_i(t) - \theta_o(t)\right) \approx \sqrt{P}K_d\left(\theta_i(t) - \theta_o(t)\right) \tag{6.45}$$

假設 $\Theta_i(s)$ 與 $\Theta_o(s)$ 分別為輸入相位 $\theta_i(t)$ 與輸出相位 $\theta_o(t)$ 之拉普拉斯轉換(Laplace transform)，則由 $\Theta_i(s)$ 至 $\Theta_o(s)$ 之閉迴路系統轉移函數為

$$H(s) = \frac{\Theta_0(s)}{\Theta_i(s)} = \frac{\sqrt{P}K_v K_d F(s)}{s + \sqrt{P}K_v K_d F(s)} \tag{6.46}$$

此一函數有時亦稱之為互補靈敏度(complementary sensitivity)函數。至於輸入相位至相位誤差之轉移函數則為

$$S(s) = \frac{s}{s + \sqrt{P}K_v K_d F(s)} \tag{6.47}$$

此一函數為系統之靈敏度(sensitivity)函數。對於任何 s，靈敏度函數與互補靈敏度函數之和為定值，即 $S(s) + H(s) = 1$。由(6.46)同時可知，鎖相迴路之閉迴路系統轉移函數於頻率為 0 時之增益為 1，即 $|H(0)| = 1$。至於開迴路系統之轉移函數則為

$$L(s)=\frac{\sqrt{P}K_vK_dF(s)}{s} \tag{6.48}$$

此一開迴路系統轉移函數與輸入訊號之功率有關，當輸入功率增加則迴路增益亦增加，意謂著較寬之頻寬與較快之響應。許多訊號追蹤系統往往會於迴路中安置一自動增益調整機制以期系統響應不會受到輸入訊號功率之影響。

對於鎖相迴路而言，若濾波器 $F(s)$ 不包含有積分器則此一鎖相迴路之類型(type)爲 1。若濾波器 $F(s)$ 包含有 m 個積分器，則該鎖相迴路之型式爲 $m+1$。鎖相迴路之性能與迴路濾波器之設計有關。以下考慮二典型之迴路濾波器並分析系統之性能。

1. $F(s)$ 爲固定增益，即 $F(s)=K_f$ 而 K_f 爲固定值。
2. $F(s)$ 爲比例積分型式之濾波器，即 $F(s)=\dfrac{1+\tau_2 s}{\tau_1 s}$ 而 τ_1 與 τ_2 爲參數。

若採用第一種迴路濾波器，則控制訊號正比於誤差訊號，此時鎖相迴路之迴路轉移函數具有一積分器，而此一系統稱之爲第一類型(type 1)之系統。若採用第二種比例積分型式之濾波器，整個迴路轉移函數含有兩個積分器，而系統爲第二類型(type 2)之系統。不同類型的系統會展現不一樣的穩態誤差特性。

穩態誤差爲時間趨近無限大之誤差，可依下式計算

$$e_{ss}=\lim_{t\to\infty}\theta_e(t)=\lim_{s\to 0}s\cdot S(s)\cdot\Theta_i(s) \tag{6.49}$$

於穩態之相位誤差與輸入訊號是有關的。若輸入之相位爲一步階函數(step function)，即 $\Theta_i(s)=\dfrac{\theta_{com}}{s}$ 其中 θ_{com} 爲此一步階之幅度，則若採用固定增益之迴路濾波器，其穩態誤差爲零：

$$e_{ss}=\lim_{s\to 0}s\cdot\frac{s}{s+\sqrt{P}K_vK_dK_f}\cdot\frac{\theta_{com}}{s}=0 \tag{6.50}$$

若採用第二種比例積分型式之濾波器，其穩態誤差亦爲零。若輸入相位爲隨時間成線性變化之斜坡函數(ramp function)相當於輸入之頻率爲一步階函數，則穩態誤差之結果將不一樣。假設 f_{com} 爲頻率之步階變化，則若採用第一種迴路濾波器其穩態誤差爲

$$e_{ss}=\lim_{s\to 0}s\cdot\frac{s}{s+\sqrt{P}K_vK_dK_f}\cdot\frac{f_{com}}{s^2}=\frac{f_{com}}{\sqrt{P}K_vK_dK_f} \tag{6.51}$$

但是若採用比例積分迴路濾波器，穩態誤差仍爲零。以上有關穩態誤差之分析可持續推廣。例如，如欲追蹤一固定頻率變化率之訊號，則採用固定增益之迴路濾波器將無法進行鎖定，而採用比例積分型式之濾波器則會存有穩態誤差。當然於濾波器設計時，亦可增加迴路之類型以利追蹤變化較激烈之相位。

除了穩態響應外，暫態響應亦爲一重要議題。當採用固定增益之迴路濾波器時，由於閉迴路系統轉移函數爲

$$H_1(s) = \frac{\sqrt{P}K_v K_d K_f}{s + \sqrt{P}K_v K_d K_f} \tag{6.52}$$

此一系統之階數爲一，而其步階響應爲

$$\theta_o(t) = \theta_{com}\left[1 - \exp(-\sqrt{P}K_v K_d K_f t)\right] \tag{6.53}$$

此一響應爲指數型式且響應之快慢與 $\sqrt{P}K_v K_d K_f$ 有關。由(6.53)可知若增大迴路濾波器增益 K_f，則響應速度變快。事實上，當 K_f 增大時，相對於頻率步階變化之穩態誤差亦得以降低。但是於實際應用上，K_f 之設計得同時考慮雜訊之影響。

假設(6.39)中之雜訊 $n(t)$ 可表示成

$$n(t) = \sqrt{2}n_I(t)\cos(\omega_i t) - \sqrt{2}n_Q(t)\sin(\omega_i t) \tag{6.54}$$

其中 $n_I(t)$ 與 $n_Q(t)$ 爲均值爲零之靜止高斯雜訊，且頻率頻譜密度爲 $N_0/2$。於雜訊影響下，相位偵測器之輸出可以表示成

$$e(t) = K_d\sqrt{P}\sin\left(\theta_i(t) - \theta_o(t)\right) + K_d\left(n_I(t)\cos\left(\theta_o(t)\right) + n_Q(t)\sin\left(\theta_o(t)\right)\right) \tag{6.55}$$

令

$$n_{\mathrm{d}}(t) = n_I(t)\cos\left(\theta_o(t)\right) + n_Q(t)\sin\left(\theta_o(t)\right) \tag{6.56}$$

爲偵測器之等效雜訊，則系統之方塊圖可以圖 6.29 表示。若計算等效雜訊 $n_{\mathrm{d}}(t)$ 之自我相關函數可得

$$\begin{aligned} R_{n_d}(\tau) &= E\{n_d(t)n_d(t+\tau)\} \\ &= E\{n_I(t)n_I(t+\tau)\}\cos^2(\theta_o) + E\{n_Q(t)n_Q(t+\tau)\}\sin^2(\theta_o) \\ &= R_{n_I}(\tau) \end{aligned} \tag{6.57}$$

此即表示等效雜訊之功率頻譜密度相當於輸入雜訊 n_I 之功率頻譜密度

$$S_{n_{\det}}(\omega) = S_{n_I}(\omega) = \frac{N_0}{2} \tag{6.58}$$

由 $n_d(t)$ 至 $\theta_e(t)$ 之轉移函數爲

$$\frac{-\frac{1}{s}K_v K_d F(s)}{1+\frac{1}{s}\sqrt{P}K_v K_d F(s)} = -\frac{H(s)}{\sqrt{P}} \tag{6.59}$$

因此相位誤差之功率頻譜密度爲

$$S_{\theta_e}(\omega) = \left|\frac{H(\omega)}{\sqrt{P}}\right|^2 S_{n_{\det}}(\omega) = \frac{N_0}{2P}|H(\omega)|^2 \tag{6.60}$$

相位誤差之方差則爲

$$E\{\theta_e^2\} = \sigma_{\theta_e}^2 = \frac{1}{2\pi}\int_{-\infty}^{\infty} S_{\theta_e}(\omega)d\omega = \frac{1}{2\pi}\frac{N_0}{2P}\int_{-\infty}^{\infty}|H(\omega)|^2 d\omega \tag{6.61}$$

令 $H(s)$ 爲鎖相迴路之閉迴路系統轉移函數，則參考(3.150)，此一鎖相迴路之迴路雜訊頻寬(loop noise bandwidth)爲

$$B_L = \frac{1}{2\pi}\frac{\int_0^{\infty}|H(\omega)|^2 d\omega}{|H(0)|^2} = \frac{1}{2\pi}\int_0^{\infty}|H(\omega)|^2 d\omega \tag{6.62}$$

迴路雜訊頻寬可用以描述鎖相迴路受到雜訊影響下之性能。若代入(6.61)可知相位誤差之方差可表示爲

$$\sigma_{\theta_e}^2 = \frac{N_0}{2P}B_L \tag{6.63}$$

此一方差與雜訊頻寬成正比關係，但與功率雜訊密度比成反比之關係。

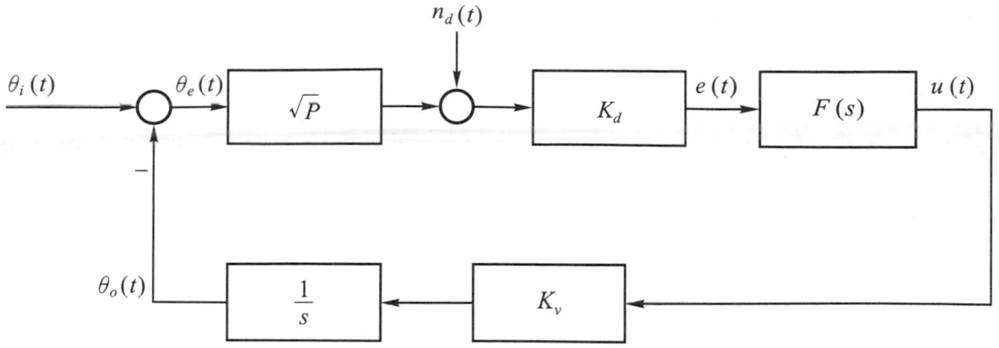

圖 6.29　鎖相迴路之雜訊分析

對於採用固定增益之迴路濾波器之鎖相迴路，其迴路雜訊頻寬爲

$$B_L = \frac{\sqrt{P}K_o K_d K_f}{4} \tag{6.64}$$

而(6.53)之暫態響應則可改寫成

$$\theta_o(t) = \theta_{com}\left[1 - \exp(-4B_L t)\right] \tag{6.65}$$

因此隨著 B_L 之增加，雖可改善暫態響應但相位誤差之方差亦隨之增加。對於迴路濾波器增益之選擇得兼顧暫態響應與雜訊響應之需求。

若採用比例積分型式之迴路濾波器，閉迴路系統之轉移函數爲

$$H_2(s) = \frac{\sqrt{P}K_v K_d \tau_2 s + \sqrt{P}K_v K_d}{\tau_1 s^2 + \sqrt{P}K_v K_d \tau_2 s + \sqrt{P}K_v K_d} = \frac{2\zeta\omega_n s + \omega_n^2}{s^2 + 2\zeta\omega_n s + \omega_n^2} \tag{6.66}$$

此處 ζ 與 ω_n 分別爲阻尼係數與自然頻率滿足

$$2\zeta\omega_n = \frac{\sqrt{P}K_v K_d \tau_2}{\tau_1} \quad \text{與} \quad \omega_n^2 = \frac{\sqrt{P}K_v K_d}{\tau_1} \tag{6.67}$$

對於二階之轉移函數其暫態響應與阻尼係數和自然頻率均有關。原則上，自然頻率決定響應之快慢。當阻尼係數介於 0 與 1 之間，則系統會存在共軛複數之極點而展現所謂欠阻尼(underdamped)之響應。但是當阻尼係數大於 1 時，系統之極點爲均爲實數而響應則爲近似指數型式之過阻尼(overdamped)響應。至於採用比例積分型式迴路濾波器之迴路雜訊頻寬可以根據(6.62)計算，其結果爲

$$B_L = \frac{\omega_n}{2}\left(\zeta + \frac{1}{4\zeta}\right) \tag{6.68}$$

圖 6.30 顯示採用比例積分型式迴路濾波器於不同迴路雜訊頻寬與阻尼係數之步階響應，於此圖中同時也顯示採用固定增益之迴路濾波器於不同迴路雜訊頻寬之響應。當阻尼係數介於 0 與 1 之間，響應會呈現超越(overshoot)現象。於鎖相迴路濾波器設計，得面對暫態響應與雜訊響應需求之取捨。

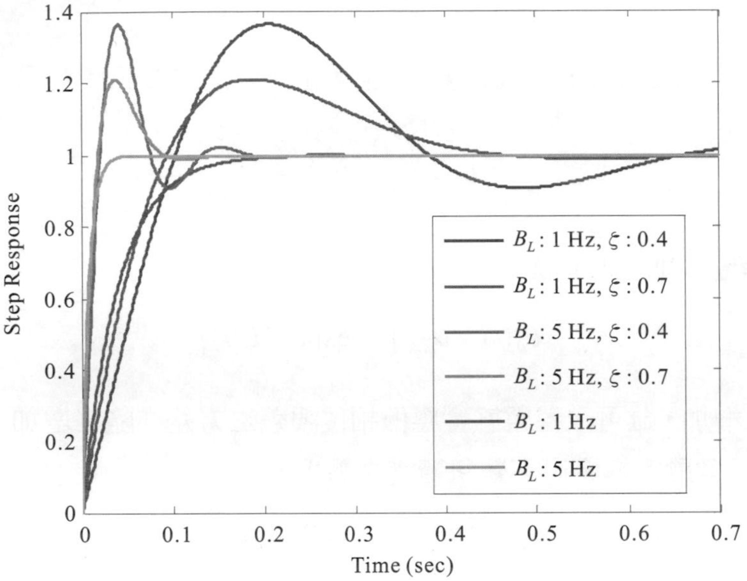

圖 6.30　不同頻寬與阻尼之步階響應

6.4.1.2　數位鎖相迴路

由於 GNSS 接收機之追蹤迴路均利用數位或軟體方式實現，故有必要針對數位之鎖相迴路稍加說明。參考圖 6.29 之線性化鎖相迴路，假設迴路濾波器為固定增益則此一階之鎖相迴路系統方塊圖可改繪成圖 6.31，其中 K_1 與 K_2 為參數。於數位與離散化過程主要將積分動作以累加裝置取代。圖 6.32 為相對於圖 6.31 之離散時間系統方塊圖，其中 z^{-1} 代表延遲而 T 為取樣時間。圖 6.31 由輸入 $\theta(t)$ 至輸出 $\hat{\theta}(t)$ 之系統轉移函數為 $\dfrac{K_1K_2}{s+K_1K_2}$，而圖 6.32 由輸入 $\theta(k)$ 至輸出 $\hat{\theta}(k)$ 之系統轉移函數為 $\dfrac{K_1K_2T}{1-z^{-1}+K_1K_2T}$；相當於以數位系統 $\dfrac{1-z^{-1}}{T}$ 取代連續時間系統之 s。此一系統之雜訊等效頻寬為 $B_L = K_1K_2/4$。當取樣時間足夠小時，離散時間系統之響應與連續時間系統之響應相近。

於分析離散時間系統性能時，得考慮雜訊響應。對於圖 6.32 之離散時間系統，假設雜訊 $n_{\mathrm{d}}(k)$ 爲一均值爲零之隨機過程，則相位誤差 $\tilde{\theta}(k)$ 亦爲一隨機過程且其期望值亦爲零。若僅考慮雜訊之影響，由圖 6.32 可知

$$\left(1+K_1K_2T\right)\hat{\theta}(k)=\hat{\theta}(k-1)+K_2Tn_{\mathrm{d}}(k) \tag{6.69}$$

故

$$\left(1+K_1K_2T\right)^2E\left\{\tilde{\theta}^2(k)\right\}=E\left\{\tilde{\theta}^2(k-1)\right\}+\left(K_2T\right)^2E\left\{n_{\mathrm{d}}^2(k)\right\} \tag{6.70}$$

於穩態時，$E\left\{\tilde{\theta}^2(k)\right\}=E\left\{\tilde{\theta}^2(k-1)\right\}$，故可近似

$$E\left\{\tilde{\theta}^2(k)\right\}=\frac{K_2T}{2K_1}E\left\{n_{\mathrm{d}}^2(k)\right\}=\frac{2B_LT}{K_1^2}E\left\{n_{\mathrm{d}}^2(k)\right\} \tag{6.71}$$

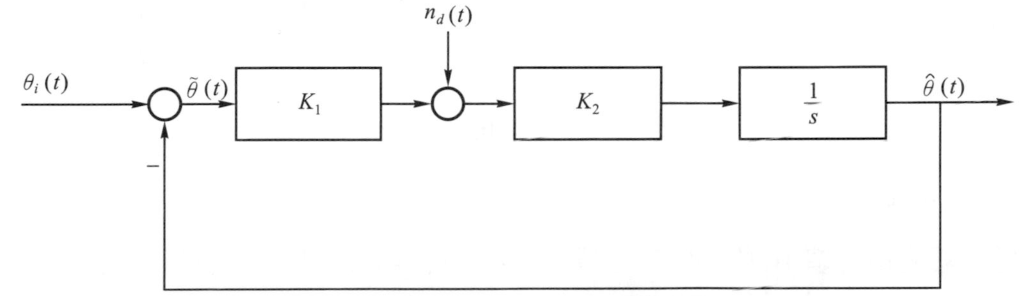

圖 6.31　線性化之一階鎖相迴路

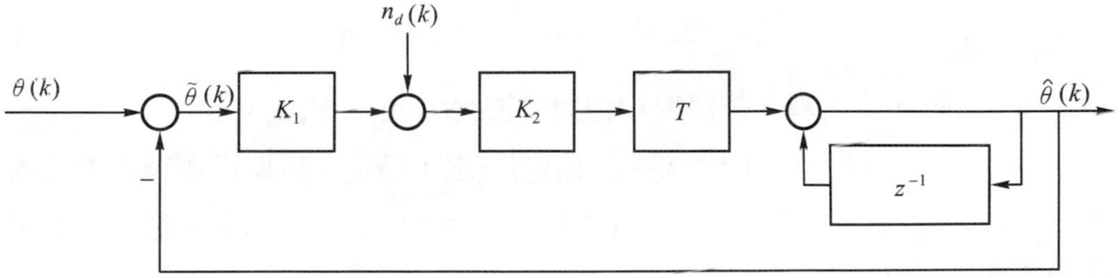

圖 6.32　離散時間之一階鎖相迴路

當迴路濾波器並非一固定增益時，線性化之鎖相迴路可利用圖 6.33 之方塊圖表示；此時相對應之離散系統方塊圖如圖 6.34，其中 $F(z)$ 爲離散時間系統之迴路濾波器。對於圖 6.34 之離散時間系統，假設閉迴路系統之轉移函數爲 $H(z)$，則等效雜訊頻寬 B_L 滿足

$$2B_LT=\frac{1}{\left\|H(1)\right\|^2}\frac{1}{j2\pi}\oint H(z)H(z^{-1})z^{-1}dz \tag{6.72}$$

若此時之雜訊輸入 $n_d(k)$ 為均值為零之隨機過程則相位誤差 $\tilde{\theta}(k)$ 之方差亦如(6.71)所示；因此相位誤差之方差會受到增益 K_1 與雜訊頻寬 B_L 之影響。

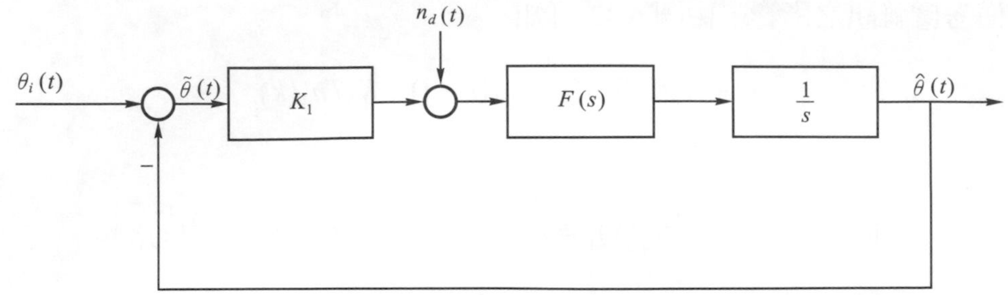

圖 6.33　連續時間鎖相迴路方塊圖

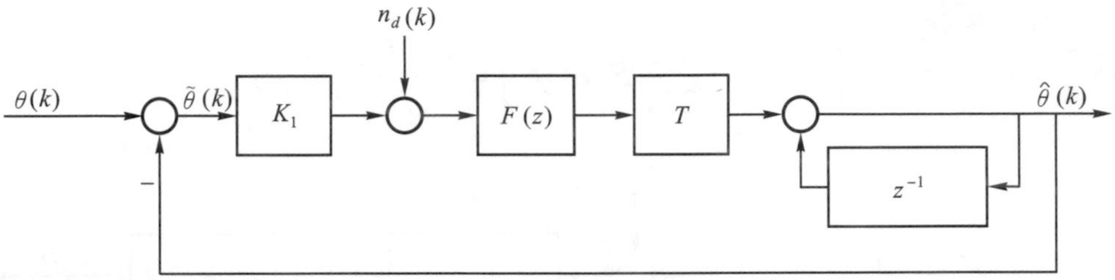

圖 6.34　離散時間鎖相迴路方塊圖

6.4.1.3　科斯塔迴路

科斯塔迴路為鎖相迴路之修正主要用以因應當輸入訊號存有資料之情況。相較於(6.39)，科斯塔迴路考慮以下之輸入訊號

$$r_i(t) = \sqrt{2P}d(t) \cdot \sin(\omega_i t + \theta_i(t)) + n(t) \tag{6.72}$$

其中 $d(t)$ 為+1 或−1 之資料。若採用鎖相迴路追蹤(6.72)之訊號，當資料位元變化時，會產生 180 度的相位變化，如此會造成鎖相迴路之不穩定。科斯塔迴路之方塊圖如圖 6.35 所示，此一迴路利用同相與正交訊號分別產生相位誤差偵測量。於圖 6.35，電壓控制振盪器產生了 $\sqrt{2}\cos(\omega_o t + \theta_o)$ 之訊號。此一訊號與輸入訊號經平衡式調變器與低通濾波器後可得到正交訊號

$$Q_c(t) = \sqrt{P}K_d d(t)\sin(\phi_i(t) - \phi_o(t)) \tag{6.73}$$

另一方面，振盪器產生之訊號經 90 度相位移後可得 $\sqrt{2}\sin(\omega_o t + \theta_o)$。此一經相位移之重建訊號與輸入訊號經過平衡式調變與低通濾波器後產生了同相訊號

$$I_c(t) = \sqrt{P}K_d d(t)\cos(\phi_i(t) - \phi_o(t)) \tag{6.74}$$

同相與正交訊號復經平衡式調變可以去除資料之影響，而得到與資料無關之偵測量 $\frac{P}{2}K_d^2\sin[2(\phi_i(t)-\phi_o(t))]$。當輸出訊號與重建訊號彼此相位相近時，此一訊號可視同於二者之相位誤差。因此，經濾波與電壓控制振盪器後可調整重建載波之頻率與相位以鎖定輸入之訊號。

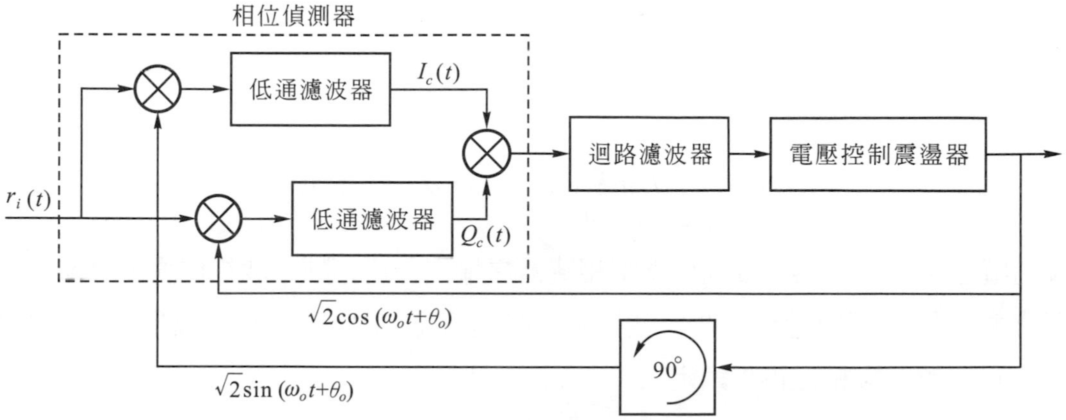

圖 6.35　科斯塔迴路

6.4.2　載波之追蹤

於 GNSS 訊號之載波追蹤無法直接引用鎖相迴路因為一般 GNSS 訊號均調變有導航資料或次展頻碼，而每當有資料變化時，相位會有 180 度之變化往往引發極大之相位差乃至迫使鎖相迴路失去鎖定。因此一般 GNSS 訊號載波追蹤沿用柯斯塔迴路之架構。圖 6.36 為 GNSS 載波追蹤迴路之系統方塊圖，由相關器、鍵別器、迴路濾波器、數值控制震盪器與載波產生器構成。載波產生器產生以下型式之準時載波樣本：$\sqrt{2}\exp(-j(2\pi(f_{IF}+\hat{f}_D)t+\hat{\theta}))$ 以與輸入訊號進行混波。於分析此一載波追蹤迴路時可以假設電碼已正確鎖定，故此時之準時相關器輸出可以表示成

$$
\begin{aligned}
z_P(k) &= \frac{1}{T}\int_{(k-1)T}^{kT} 2\sqrt{P}d\cdot\exp(-j(2\pi(f_{IF}+\hat{f}_D)t+\hat{\theta}))\cdot\cos(2\pi(f_{IF}+f_D)t+\theta)dt \\
&+\frac{1}{T}\int_{(k-1)T}^{kT}\sqrt{2}n_{IF}(t)\cdot g(t-\hat{\tau})\ \exp(-j(2\pi(f_{IF}+\hat{f}_D)t+\hat{\theta}))dt
\end{aligned}
\tag{6.75}
$$

此處之積分運算可視為低通濾波之動作，故相關器輸出僅包含低頻之成分。若都卜勒頻率得以正確估測，則此一相關器之輸出為

$$
z_P(k)=\sqrt{P}d\cdot\exp(j\tilde{\theta})+\left(n_{PI}(k)+jn_{PQ}(k)\right)\cdot\exp(j\tilde{\theta}) \tag{6.76}
$$

其中

$$n_{PI}(k)=\frac{1}{T}\int_{(k-1)T}^{kT} n_I(t)g(t-\hat{\tau})dt \quad 和 \quad n_{PQ}(k)=\frac{1}{T}\int_{(k-1)T}^{kT} n_Q(t)g(t-\hat{\tau})dt \tag{6.77}$$

若將 $z_P(k)$ 寫成 $z_p(k)=I_p(k)+jQ_p(k)$，則

$$I_P(k)=\sqrt{P}d\cos\tilde{\theta}+n_{PI}(k)\cos\tilde{\theta}-n_{PQ}(k)\sin\tilde{\theta} \tag{6.78}$$

且

$$Q_P(k)=\sqrt{P}d\sin\tilde{\theta}+n_{PI}(k)\sin\tilde{\theta}+n_{PQ}(k)\cos\tilde{\theta} \tag{6.79}$$

載波追蹤迴路之鍵別器主要利用準時相關器之輸出作為判斷載波相位誤差之參考。鍵別器之輸出隨之藉由迴路濾波器進行濾波後送入數值控制震盪器以調整所產生之載波直迄載波頻率與相位得以鎖定。

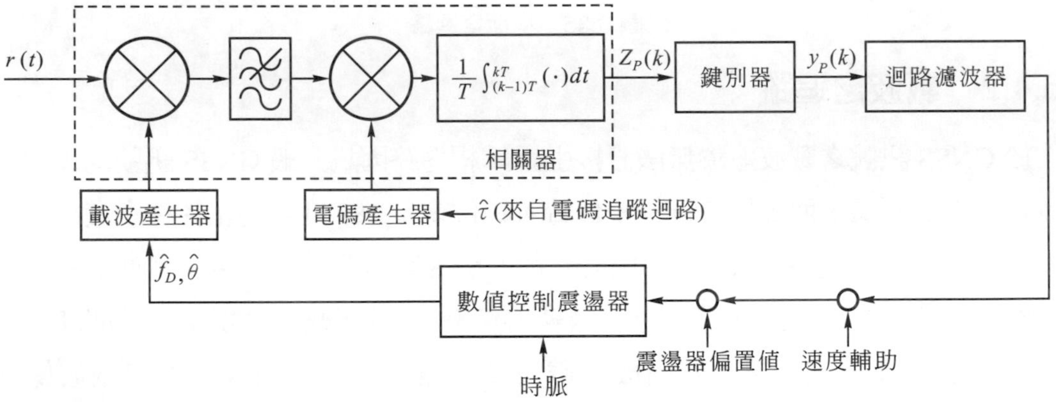

圖 6.36　載波追蹤迴路

於探討載波追蹤迴路之性質時，資料 d 是否已知會造成差別。當資料位元已知，追蹤迴路可視為同調型式，可以應用單純之鎖相迴路進行載波之鎖定。同調型式鍵別器可以採用

$$y_P(k)=d\cdot Q_P(k) \tag{6.80}$$

由(6.79)與(6.80)可知，此一鍵別器輸出之期望值與 $\sin\tilde{\theta}$ 有關，即 $E\{y_P(k)\}=\sqrt{P}\sin\tilde{\theta}$。根據前述鎖相迴路之分析可知，當適當地選取迴路濾波器後，此一迴路可令 $\tilde{\theta}$ 收斂至零，即頻率與相位得以鎖定；至於鎖定之性能則與迴路等效雜訊頻寬有關。若對鍵別器輸出予以線性化可得

$$y_p(k)=\sqrt{P}\tilde{\theta}(k)+n_p(k) \tag{6.81}$$

此一線性化之系統可利用圖 6.34 描述，其中 $K_1=\sqrt{P}$ 且 $E\left\{n_{\mathrm{d}}^2(k)\right\}=E\left\{n_p^2(k)\right\}=\dfrac{N_0}{2T}$。因此，此一同調型式之載波追蹤迴路相位誤差之方差可表示成

$$E\left\{\tilde{\theta}^2(k)\right\}=\frac{2B_LT}{(\sqrt{P})^2}\frac{N_0}{2T}=\frac{B_L}{(P/N_0)} \tag{6.82}$$

其中 B_L 爲追蹤迴路之等效雜訊頻寬。原則上，相位誤差之方差與頻寬成正比並與功率雜訊密度比成反比。載波追蹤迴路之相位誤差除了受到雜訊之影響外，另同時受到接收機時鐘抖動(jitter)、震動引發之震盪器漂移以及接收機動態之影響。原則上，此些影響之總和不得高於追蹤迴路之線性工作範圍；否則迴路會有脫鎖之危險。一般而言，追蹤迴路之線性工作範圍主要取決於鑑別器之設計。以(6.80)之相位鑑別器爲例，其線性工作區間可視爲±90 度。但若改採以下之鑑別器

$$y_{P2}(k)=\text{arc}\tan(d\cdot Q_P(k),d\cdot I_P(k)) \tag{6.83}$$

則工作區間爲±180 度。至於影響相位誤差之因子，接收機時鐘抖動、震動引發之效應以及雜訊之影響均可視爲統計量，故一般會取三倍之標準差以得到足夠之信心。另一方面，接收機動態如載具加速度之影響則可視爲命定量。當此些影響之總和超過鑑別器之工作範圍，追蹤迴路會有脫鎖可能；而一旦脫鎖，載波相位量測量被迫中斷，造成所謂週波脫落(cycle slip)之現象。

同調型式之載波追蹤迴路假設資料已知，但於一般接收應用過程此一資料往往不可得，故追蹤迴路得採用非同調型式之架構。非同調型式與同調型式之載波追蹤迴路最主要之差別在於鑑別器之設計，意即得引用柯斯塔迴路。常見之鑑別器之計算法則及其鑑別器輸出與相位誤差之關係如表 6.2 所示。此些鑑別器雖然計算方式不同但都擁有以下兩項特性：鑑別器輸出與資料無關以及鑑別器輸出與相位誤差成比例。爲達到移除資料影響之目的，一般利用相乘或相除之動作。圖 6.37 顯示表中四種相位鑑別器之特性曲線。當相位誤差有所變化時，鑑別器輸出會隨之變化而達到相位誤差偵測之目的；但不同之相位鑑別器之特性不盡相同。這其中，PD1 與 PD2 之斜率與功率有關，也因此當功率變化時迴路之特性會有所變化。PD4 之計算較爲複雜，但線性程度與工作範圍均較佳。

6

表 6.2　相位鑑別器

代號	計算法則	鑑別器輸出期望值
PD1	$\mathrm{sgn}(I_P(k))\cdot Q_P(k)$	$\sqrt{P}\sin\tilde{\theta}$
PD2	$I_P(k)\cdot Q_P(k)$	$\frac{P}{2}\sin(2\tilde{\theta})$
PD3	$Q_P(k)/I_P(k)$	$\tan\tilde{\theta}$
PD4	$\mathrm{atan}(Q_P(k)/I_P(k))$	$\tilde{\theta}$

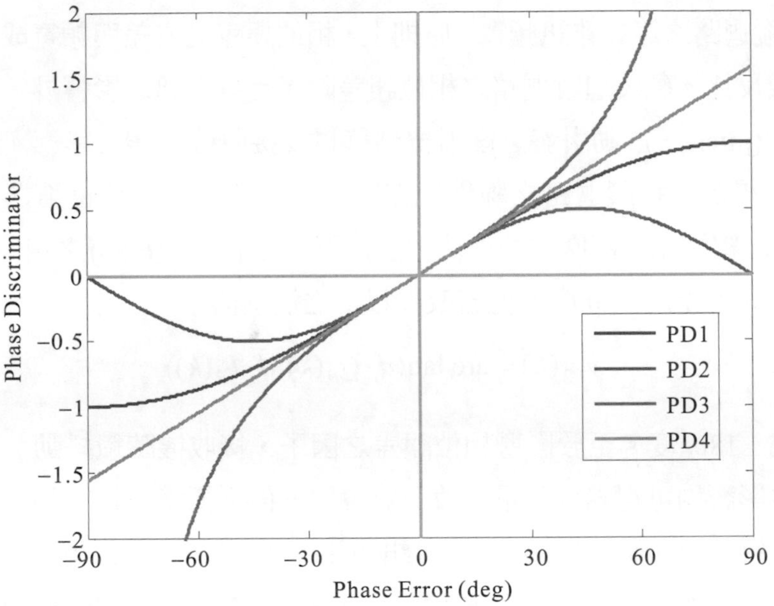

圖 6.37　相位鑑別器之特性曲線

非同調型式之載波追蹤迴路之相位誤差，亦受到雜訊等因素之影響。若考慮雜訊影響，則相位追蹤誤差之方差可以寫成

$$E\left\{\tilde{\theta}^2\right\}=\frac{B_L}{(P/N_0)}\left(1+\frac{1}{2T(P/N_0)}\right) \tag{6.84}$$

此一公式之單位為 rad^2。若比較(6.84)與(6.82)可知，非同調型式之載波追蹤迴路較同調型式追蹤迴路多受到一項平方損耗(squaring loss)之影響。當訊號強度變弱時，此一影響不可忽略。圖 6.38 顯示不同等效雜訊頻寬下，同調與非同調載波追蹤迴路之相位追蹤誤差(標準差)。於此圖之計算中，積分時間 T 為 20 msec；此時當 P/N_0 低於 25 dB-Hz 時，平方損耗開始造成較顯著的影響，同調型式與非同調型式之載波追蹤迴路性能會有差異。

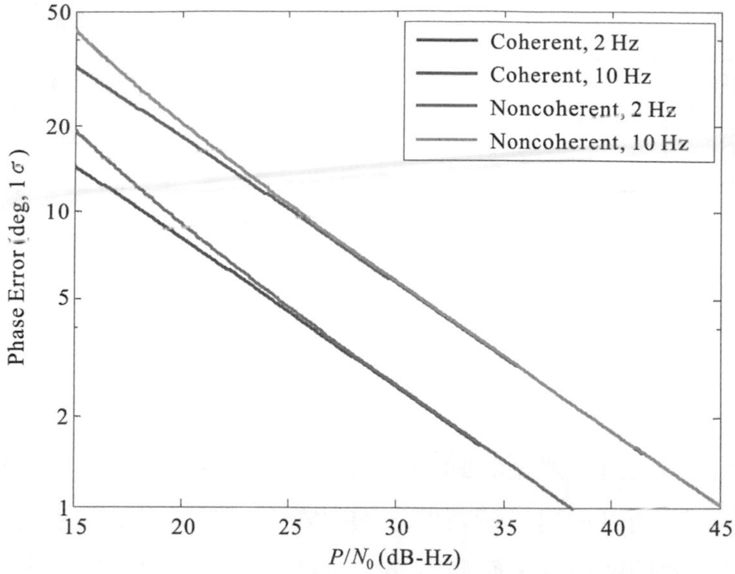

圖 6.38　受雜訊影響載波追蹤迴路之相位追蹤誤差

載波追蹤迴路同時具有追蹤頻率之能力。事實上，一般載波追蹤迴路均先前行鎖定頻率後，再進行相位之鎖定。採用前述相位鑑別器亦可用於協助頻率鎖定，但如欲具較寬之頻率鎖定範圍則一般可改採頻率鑑別器。由於頻率爲相位之微分，故一般頻率鑑別器主要採用相鄰二時刻之相位差作爲判斷頻率變動之依據。如前，令 $z_p(k)=I_p(k)+jQ_p(k)$爲 k 時刻之準時相關器輸出，且令 $z_p(k-1)=I_p(k-1)+jQ_p(k-1)$爲 $k-1$ 時刻之準時相關器輸出。頻率鑑別器一般首先實現 $z(k)z^*_p(k-1)$之運算，其中 $z^*_p(k-1)$爲 $z_p(k-1)$之共軛複數。

$$
\begin{aligned}
& z_P(k)z_P^*(k-1) \\
&= \left(I_P(k)I_P(k-1)+Q_p(k)Q_P(k-1)\right)+j\left(Q_p(k)I_P(k-1)-I_P(k)Q_P(k-1)\right) \qquad (6.85) \\
&= I_F(k)+jQ_F(k)
\end{aligned}
$$

根據(6.76)，此一量與 $\exp(j(\tilde{\theta}(k)-\tilde{\theta}(k-1)))$ 有關，故利用此一量之實部 $I_F(k)$與虛部 $Q_F(k)$得以判斷相位差 $\tilde{\theta}(k)-\tilde{\theta}(k-1)$ 之變化。表 6.3 列出不同的頻率誤差偵測法則。不同頻率鑑別器有不同之工作範圍與計算複雜度。但無論採用何種頻率鑑別器，當偵測到頻率誤差則可藉由載波追蹤迴路調整頻率以進行鎖定。

表 6.3　頻率誤差偵測法則

代號	計算法則	鑑別器輸出期望值
FD1	$Q_F(k)$	$\frac{\sin(\tilde{\theta}(k)-\tilde{\theta}(k-1))}{T}$
FD2	$\mathrm{sgn}(I_F(k))\cdot Q_F(k)$	$\frac{\sin(2(\tilde{\theta}(k)-\tilde{\theta}(k-1)))}{2T}$
FD3	$\arctan(Q_F(k), I_F(k))$	$\frac{\tilde{\theta}(k)-\tilde{\theta}(k-1)}{T}$

載波追蹤迴路中可以採用表 6.2 之相位偵測，亦可採用如表 6.3 之頻率偵測以驅動迴路濾波器。但二者對於迴路的動態響應有不同的影響。要言之，相位鎖定具較佳穩態響應，頻率鎖定則可適用於較寬廣之頻率變化。如果載具要求有高的動態範圍則一般採用鎖頻以快速地取得都卜勒頻移量，維持訊號追蹤之狀態。對於要求較高精度之定位則以鎖相方式以消除穩態誤差。一般的接收器往往兼具鎖頻與鎖相功能。在初期開機時採用鎖頻以進入追蹤狀態，爾後則利用鎖相以穩定追蹤；如果由於載具衛星之移動或訊號品質之降低迫使鎖相迴路脫鎖，則再回復至鎖頻過程。

相位/頻率偵測器之輸出接著送入迴路濾波器。在迴路濾波器的設計中首重濾波器之階數與頻寬。階數會影響到追蹤之靈敏度而頻寬會影響到雜訊響應之程度。採用低階之濾波器一般而言較具穩定性，但如載具處於高動態則往往不易追蹤。高階的濾波器雖可因應較高的載具動態但可能導致不穩定。當然濾波器的設計必需與鑑別器相互配合。圖 6.39 爲一結合相位誤差與頻率誤差之濾波器所構成之載波追蹤迴路。此一濾波器採用二階之鎖相並輔以一階之鎖頻動作。如此一旦有頻率誤差則可較快速地驅動後端之數值控制振盪器改變重建載波之頻率。另一方面由於鎖相迴路之存在，穩態之功能得以確保。於完成 GNSS 訊號擷取與確認並進入追蹤過程，初始之頻率誤差一般爲數百 Hz 而相位則完全未知，因此迴路鑑別器與濾波器之設計得確保此一初始誤差可以收斂。一般載波追蹤迴路會審慎地設計頻率與相位之追蹤控制動作以取得快速與穩定之鎖定。但由於接收環境乃至載具動態之變化，有時迴路會有脫鎖之可能，此時可以同時設計鎖定偵測器(lock detector)以監控相位鎖定之狀況。

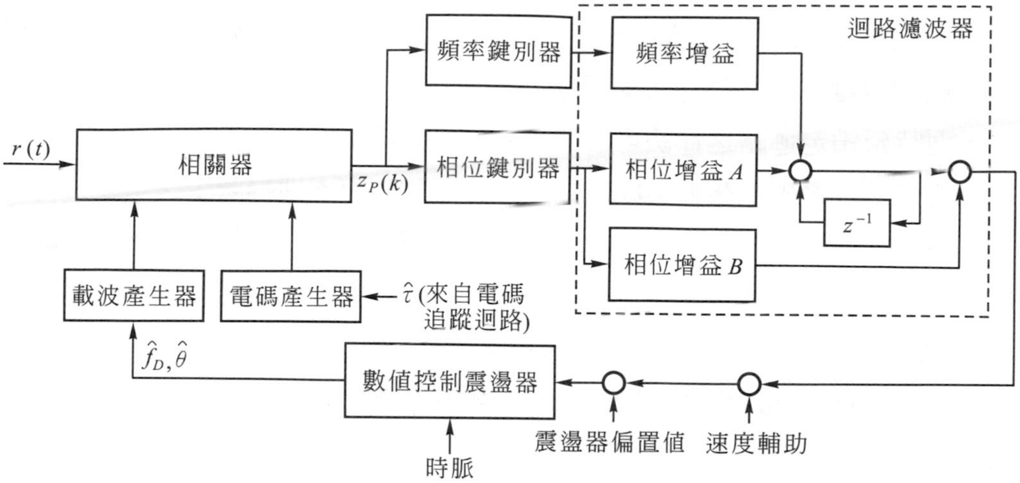

圖 6.39　結合相位誤差與頻率誤差處理之追蹤迴路

在圖 6.36 與圖 6.39 之載波追蹤迴路有一速度輔助之輸入端其用途說明如下。載波追蹤的重要工作在於取得都卜勒頻移。此一頻移量會正比於衛星與載具之相對速度。由於衛星之運動是可以預測的，因此如果可同時取得載具之速度則此一都卜勒頻移量可以輕易地預測得。相對地，濾波器的頻寬得以降低。速度輔助之輸入主要就是將載具所感測出之速度送入載波追蹤迴路以加速頻率鎖定及減少雜訊干擾。至於速度輔助訊號之取得可利用慣性感測元件乃至於 AGNSS 提供。

6.4.3　電碼追蹤

於 GNSS 訊號接收過程得進行電碼之追蹤以完成解展頻之動作並取得測距之資訊。此一電碼追蹤之動作主要於接收機本地端產生展頻電碼並調整電碼之碼率與延遲量以與所接收之訊號取得同步。一般之電碼追蹤迴路均於完成電碼擷取後方始啓動，而電碼之起始誤差得介於 ±1/2 碼寬之間。電碼追蹤之動作原理與載波追蹤之動作相似，主要利用一鑑別器分辨出電碼誤差，並經濾波後據以調整數值控制震盪器而改變碼率。電碼追蹤迴路視取得之資訊與實現方式之差異，可區分爲同調型示或非同調型示二種類型，前者意指追蹤迴路利用載波相位之資訊以協助電碼之追蹤，而後者則無。

6.4.3.1　同調型式時延鎖定迴路

以下考慮基頻之同調型式時延鎖定迴路。同調處理假設相位已知，對照(6.33)，所接收到之訊號可因此表爲

$$r(t)=\sqrt{P}g(t-\tau)+n_{IF}(t) \tag{6.86}$$

其中 P 爲訊號功率、$g(t)$爲展頻電碼、τ爲電碼延遲而 $n_{IF}(t)$爲雜訊。此處假設雜訊爲加成式之高斯白雜訊且其雙邊功率頻譜密度爲 $N_0/2$。電碼追蹤迴路主要用以估測電碼延遲量，而時延鎖定迴路之作法可參考圖 6.40 由相關器、電碼鍵別器、迴路濾波器、數值控制震盪器與電碼產生器構成。輸入之電碼首先與本地端產生之電碼進行相關運算，此一過程一般採用兩組相關器，其一稱之爲超前相關器，另一爲落後相關器。超前相關器主要取輸入訊號與超前電碼二者間之相關量而落後相關器則針對輸入訊號與落後電碼進行運算。一般稱超前樣本與落後樣本電碼產生器之相差爲相關器間距 (correlator spacing)，此一間距爲 $\Delta = 2\delta / T_c$ 其中 T_c 爲展頻碼之碼寬。超前相關器之輸出可以寫成

$$z_E(k) = \frac{1}{T}\int_{(k-1)T}^{kT} r(t)g(t-\hat{\tau}-\delta)dt \tag{6.87}$$

其中 T 爲積分時間。若代入(6.86)至(6.87)可得

$$z_E(k) = s_E(k) + n_E(k) = \sqrt{P}R(\tau-\hat{\tau}-\delta) + n_E(k) \tag{6.88}$$

其中 $s_E(k)$爲訊號成分而 $n_E(k)$爲雜訊成分。訊號成分與功率和自我相關函數有關，其中 $R(\cdot)$爲電碼之自我相關函數定義爲

$$R(\tau) = \frac{1}{T}\int_0^T g(t)g(t-\tau)dt \tag{6.89}$$

至於雜訊則爲 $n_E(k) = \frac{1}{T}\int_{(k-1)T}^{kT} n_{IF}(t)g(t-\hat{\tau}-\delta)dt$ 。此一雜訊之期望值爲零且其方差爲

$$E\left\{n_E^2\right\} = \frac{1}{T^2}E\left\{\int_{(k-1)T}^{kT} n_{IF}(t)g(t-\hat{\tau}-\delta)dt \int_{(k-1)T}^{kT} n_{IF}(s)g(s-\hat{\tau}-\delta)ds\right\} = \frac{N_0}{2T} \tag{6.90}$$

同理，落後相關器之輸出可表示成

$$z_L(k) = \frac{1}{T}\int_{(k-1)T}^{kT} r(t)g(t-\hat{\tau}+\delta)dt = \sqrt{P}R(\tau-\hat{\tau}+\delta) + n_L(k) \tag{6.91}$$

而且 $n_L(k) = \frac{1}{T}\int_{(k-1)T}^{kT} n_{IF}(t)g(t-\hat{\tau}+\delta)dt$ 。此處之雜訊 n_L 亦爲一期望值爲零，且方差爲 $N_0/(2T)$之隨機過程。若計算 n_E與 n_L之協方差可得

$$E\{n_E n_L\} = \frac{1}{T^2} E\left\{ \int_{(k-1)T}^{kT} n_{IF}(t) g(t-\hat{\tau}-\delta) dt \int_{(k-1)T}^{kT} n_{IF}(s) g(s-\hat{\tau}+\delta) ds \right\}$$
$$= \frac{N_0}{2T} R(\Delta T_c) \tag{6.92}$$

其中Δ為相關器間距。

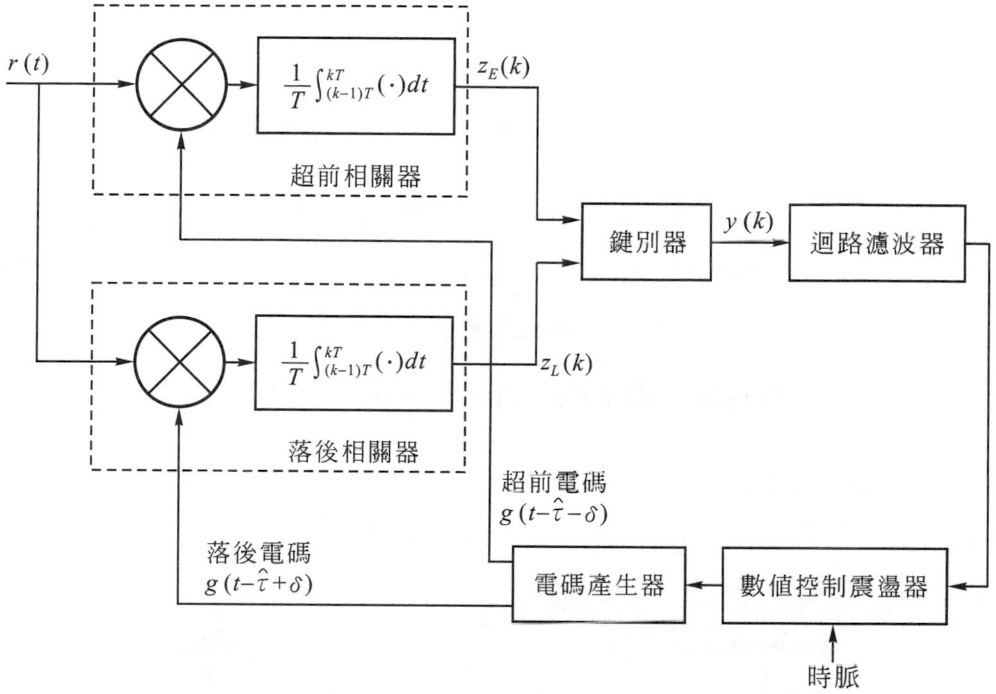

圖 6.40　同調型式時延鎖定迴路

於時延鎖定迴路，鍵別器主要為利用相關器之輸出建構出與電碼誤差$\tilde{\tau}=\tau-\hat{\tau}$有關之訊號。對於同調型式或基頻之時延鎖定迴路，可以採用超前減落後(early minus late, EML)鍵別器，即取超前相關器與落後相關器輸出之差異，進行電碼之調整：

$$y(k) = z_E(k) - z_L(k)$$
$$= \sqrt{P}\left(R(\tilde{\tau}-\delta) - R(\tilde{\tau}+\delta)\right) + n_C(k) \tag{6.93}$$

上式中之雜訊$n_C(k)=n_E(k)-n_L(k)$之期望值為零，故鍵別器輸出之期望值與訊號功率、自我相關函數與相關器間距有關。對於 GNSS 導航之電碼追蹤，由於電碼誤差低於一碼寬，故若訊號未調變有次載波則可以利用三角型函數近似自我相關函數，即$R(\tilde{\tau})=\Lambda_{T_c}(\tilde{\tau})$。此時，此二分別平移$\delta$與$-\delta$之自我相關函數之差異可表示成

$$R(\tilde{\tau}-\delta)-R(\tilde{\tau}+\delta)=\begin{cases} 0, & \tilde{\tau}>T_c+\delta \\ 1+\delta-\dfrac{\tilde{\tau}}{T_c}, & T_c+\delta\ge\tilde{\tau}>T_c-\delta \\ 2\delta, & T_c-\delta\ge\tilde{\tau}>\delta \\ 2\dfrac{\tilde{\tau}}{T_c}, & \delta\ge\tilde{\tau}>-\delta \\ -2\delta, & -\delta\ge\tilde{\tau}>-T_c+\delta \\ -1-\delta+\dfrac{\tilde{\tau}}{T_c}, & -T_c+\delta\ge\tilde{\tau}>-T_c-\delta \\ 0, & -T_c-\delta\ge\tilde{\tau} \end{cases} \tag{6.94}$$

圖 6.41 分別顯示此二分別平移δ與$-\delta$之自我相關函數，而圖 6.42 爲於二不同相關器間距下之鑑別器輸出之期望值。明顯地，若電碼追蹤系統可正常運作以令電碼誤差$\tilde{\tau}$介於$\pm\delta$之間，則鑑別器工作於線性之區間且滿足

$$E\{y(k)\}=\sqrt{P}\big(R(\tilde{\tau}-\delta)-R(\tilde{\tau}+\delta)\big)=2\sqrt{P}\tilde{\tau}/T_c \tag{6.95}$$

因此藉由鑑別器，時延鎖定迴路可以取得電碼誤差之資訊可因此據以驅動追蹤迴路進行電碼之鎖定。實際上，鑑別器之輸出一般經過濾波後用以調整數值控制震盪器以改變電碼產生器之時脈。

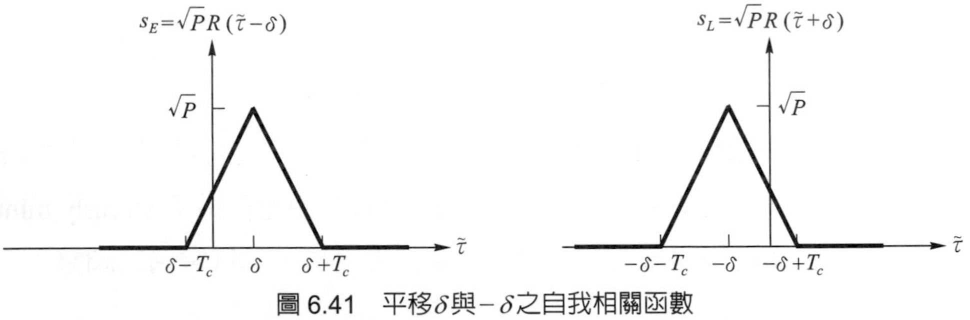

圖 6.41　平移δ與$-\delta$之自我相關函數

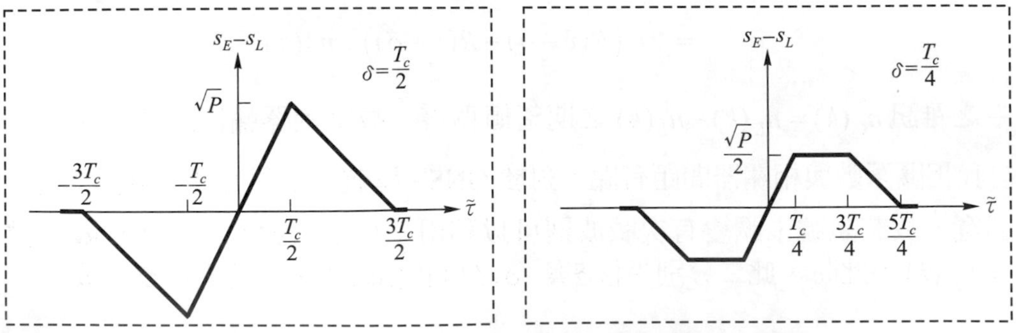

圖 6.42　於二不同相關器間距下之鑑別器輸出期望值

一般時延鎖定迴路最終均工作於鑑別器輸出為零之狀態，因為一旦鑑別器輸出不為零，則系統之狀態無法穩定收斂。由(6.93)可知當鑑別器輸出為零時

$$0 = 2\sqrt{P}\tilde{\tau} / T_c + n_C \tag{6.96}$$

鑑別器之雜訊 $n_C(k)$ 為一期望值之隨機過程，故電碼延遲誤差 $\tilde{\tau}$ 之期望值為零。根據(6.90)與(6.92)可計算 $E\left\{n_C^2\right\}$ 得

$$E\left\{n_C^2\right\} = E\left\{n_E^2\right\} + E\left\{n_L^2\right\} - 2E\left\{n_E n_L\right\} = \frac{N_0}{T}\left(1 - R(\Delta T_c)\right) = \frac{N_0}{T}\Delta \tag{6.97}$$

由(6.96)，電碼延遲誤差方差滿足

$$E\left\{\tilde{\tau}^2\right\} = \frac{T_c^2}{4P}E\left\{n_C^2\right\} = \frac{T_c^2}{4T}\frac{\Delta}{(P / N_0)} \tag{6.98}$$

此一方差之單位為 sec^2。由此一推導可知，同調型式時延鎖定迴路之追蹤誤差與積分時間、訊號強度相對於雜訊密度之比值、碼寬以及相關器間距有關。明顯地，當訊號強度相對於雜訊密度之比值增大，電碼延遲誤差會隨之降低。對於高碼率之設計，其電碼延遲誤差亦會降低。值得留意的是，電碼延遲誤差與相關器間距有關。當相關器間距縮小，即所謂窄相關器(narrow correlator)設計，則電碼延遲誤差會相對地降低。由(6.97)可知，當相關器間距縮小時，由於 n_E 與 n_L 彼此間相關性提高，故等效之鑑別器雜訊 n_C 會有較低之方差。不過值得一提的是，(6.98)之分析主要假設接收過程之前端頻寬遠大於展頻碼之頻寬，也因此未受到相關損耗之影響。若接收機前端之濾波器頻寬有所限制，則縮小相關器間距之效果也會受到影響。

對於實際之電碼追蹤誤差得考慮追蹤迴路之特性。於圖 6.40 之同調型式電碼追蹤迴路之工作原理與鎖相迴路相似，利用鑑別器之輸出(6.93)進行時延估測值之調整，即利用迴路濾波器濾除雜訊後驅動數值控制震盪器以改變電碼延遲之估測值。圖 6.43 為此一迴路經線性化後之方塊圖，可用以說明此一時延鎖定迴路之工作，此處 $2\sqrt{P} / T_c$ 為鑑別器之增益、$F(z)$ 為迴路濾波器之轉移函數而 $z/(z-1)$ 代表數值控制震盪器。此一系統之閉迴路轉移函數為

6

$$H(z)=\frac{\frac{2\sqrt{P}}{T_c}F(z)\frac{z}{z-1}}{1+\frac{2\sqrt{P}}{T_c}F(z)\frac{z}{z-1}} \tag{6.99}$$

而且由 n_C 至 $\tilde{\tau}$ 之轉移函數可表示成 $-\frac{T_c}{2\sqrt{P}}H(z)$。根據(6.71)，由於鍵別器雜訊之方差已知，故電碼延遲誤差之方差為

$$E\left\{\tilde{\tau}^2\right\}=2B_LT\cdot\left(\frac{T_c}{2\sqrt{P}}\right)^2E\left\{n_C^2\right\}=\frac{T_c^2}{2}\frac{B_L\Delta}{(P/N_0)} \tag{6.100}$$

相較於(6.98)，此一電碼延遲誤差之方差為考慮電碼追蹤迴路影響後之結果亦為一般評估電碼追蹤迴路性能之依據。對於追蹤迴路而言，若迴路頻寬 B_L 降低，則電碼追蹤誤差隨之降低；但此舉會影響到暫態響應。所以於設計追蹤迴路時，得衡量接收環境與載具之特性以妥適地設計參數。

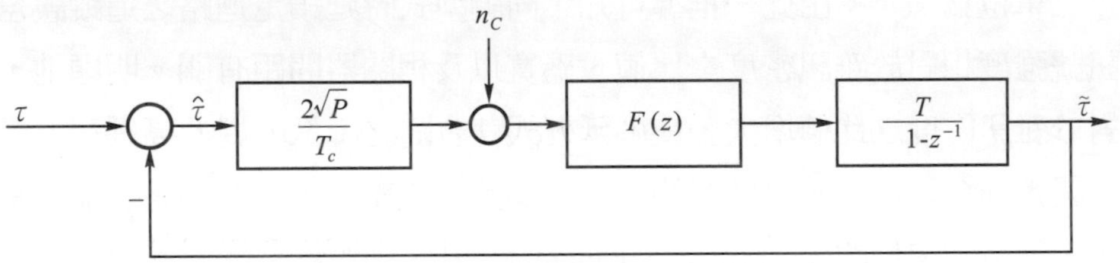

圖 6.43　同調型式時延鎖定迴路

基頻電碼追蹤迴路因為相位資訊已知可視為同調型式之電碼追蹤。實際 GNSS 電碼追蹤過程，往往相位資訊無法正確取得，此時得仰賴非同調型式之電碼追蹤技術。非同調電碼時延鎖定迴路之工作原理與前述同調電碼時延鎖定迴路相似，主要的差異為鍵別器之設計稍有不同，也因此造成不一樣之鍵別器雜訊，連帶地造成不一樣的追蹤誤差。

6.4.3.2　非同調型式時延鎖定迴路

實際 GNSS 訊號追蹤時，相位之資訊一般未知，故往往無法直接應用前述同調型式時延鎖定迴路以鎖定電碼。非同調型式時延鎖定迴路可以工作於相位未知之場合。對於非同調型式時延鎖定迴路可假設輸入之訊號與雜訊分別如(6.33)與(6.5)所示。圖 6.44 為非同調型式時延鎖定迴路之架構，其構成成分與同調型式時延鎖定迴路相似。

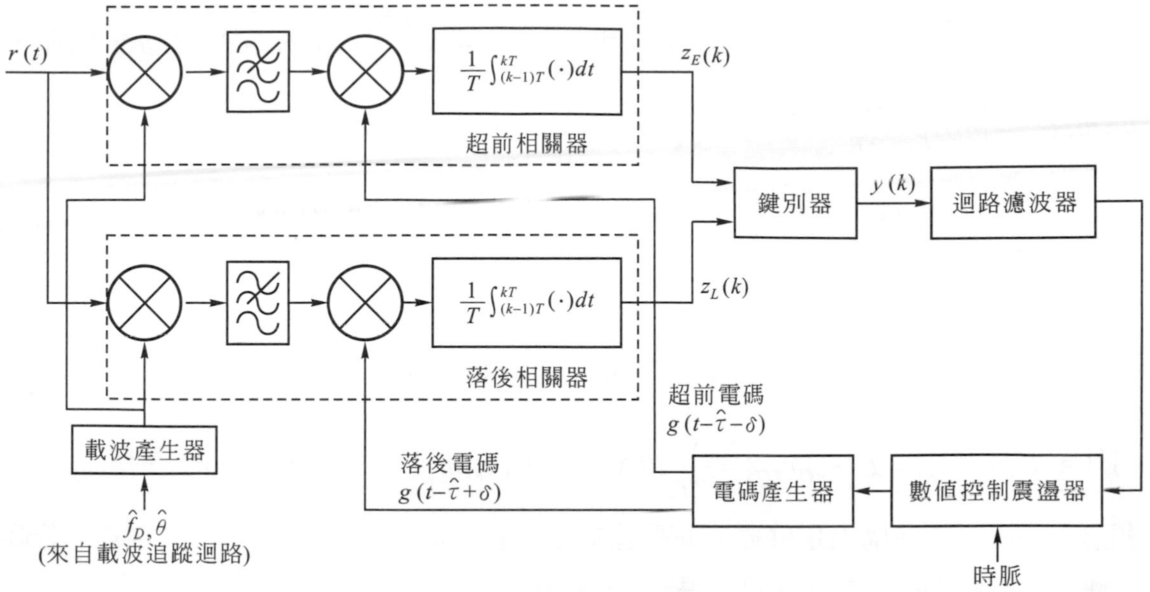

圖 6.44　非同調型式時延鎖定迴路

超前輸出器之輸出可以寫成

$$z_E(k)=\sqrt{P}d\cdot R(\tilde{\tau}-\delta)\cdot\exp(j\tilde{\theta})+\left(n_{EI}(k)+jn_{EQ}(k)\right)\cdot\exp(j\tilde{\theta}) \tag{6.101}$$

其中 $n_{EI}(k)=\dfrac{1}{T}\int_{(k-1)T}^{kT}n_I(t)g(t-\hat{\tau}-\delta)dt$ 且 $n_{EQ}(k)=\dfrac{1}{T}\int_{(k-1)T}^{kT}n_Q(t)g(t-\hat{\tau}-\delta)dt$。此二雜訊成分之平均值均為零而方差滿足 $E\left\{n_{EI}^2\right\}=E\left\{n_{EQ}^2\right\}=\dfrac{N_0}{2T}$，同時由於 n_I 與 n_Q 不相關故 $E\left\{n_{EI}n_{EQ}\right\}=0$。此一相關器之輸出若分別以實部與虛部表示可得

$$z_E(k)=I_E(k)+jQ_E(k) \tag{6.102}$$

其中

$$I_E(k)=\sqrt{P}d\cdot R(\tilde{\tau}-\delta)\cdot\cos\tilde{\theta}+n_{EI}(k)\cdot\cos\tilde{\theta}-n_{EQ}(k)\cdot\sin\tilde{\theta} \tag{6.103}$$

且

$$Q_E(k)=\sqrt{P}d\cdot R(\tilde{\tau}-\delta)\cdot\sin\tilde{\theta}+n_{EI}(k)\cdot\sin\tilde{\theta}+n_{EQ}(k)\cdot\cos\tilde{\theta} \tag{6.104}$$

至於落後相關器之輸出則為

$$z_L(k)=\sqrt{P}d\cdot R(\tilde{\tau}+\delta)\cdot\exp(j\tilde{\theta})+\left(n_{LI}(k)+jn_{LQ}(k)\right)\cdot\exp(j\tilde{\theta})=I_L(k)+jQ_L(k) \tag{6.105}$$

其中 $n_{LI}(k)=\frac{1}{T}\int_{(k-1)T}^{kT} n_I(t)g(t-\hat{\tau}+\delta)dt$ 和 $n_{LQ}(k)=\frac{1}{T}\int_{(k-1)T}^{kT} n_Q(t)g(t-\hat{\tau}+\delta)dt$。同理，$E\{n_{LI}^2\}=E\{n_{LQ}^2\}=\frac{N_0}{2T}$ 且 $E\{n_{LI}n_{LQ}\}=0$。此一輸出之實部與虛部分別為

$$I_L(k)=\sqrt{P}d\cdot R(\tilde{\tau}+\delta)\cdot\cos\tilde{\theta}+n_{LI}(k)\cdot\cos\tilde{\theta}-n_{LQ}(k)\cdot\sin\tilde{\theta} \tag{6.106}$$

與

$$Q_L(k)=\sqrt{P}d\cdot R(\tilde{\tau}+\delta)\cdot\sin\tilde{\theta}+n_{LI}(k)\cdot\sin\tilde{\theta}+n_{LQ}(k)\cdot\cos\tilde{\theta} \tag{6.107}$$

另外，$E\{n_{EI}n_{LI}\}=E\{n_{EQ}n_{LQ}\}=\frac{N_0}{2T}R(\Delta T_c)$ 且 $E\{n_{EI}n_{LI}\}=E\{n_{EQ}n_{LQ}\}=0$。利用此二相關器之輸出可以建構出足供鑑別電碼延遲之量進而調整迴路之動態行為。當然，若觀察此時準時相關器之輸出，可以得到

$$z_P(k)=\sqrt{P}d\cdot R(\tilde{\tau})\cdot\exp(j\tilde{\theta})+\left(n_{PI}(k)+jn_{PQ}(k)\right)\cdot\exp(j\tilde{\theta}) \tag{6.108}$$

其中

$$n_{PI}(k)=\frac{1}{T}\int_{(k-1)T}^{kT} n_I(t)g(t-\hat{\tau})dt \quad \text{和} \quad n_{PQ}(k)=\frac{1}{T}\int_{(k-1)T}^{kT} n_Q(t)g(t-\hat{\tau})dt \tag{6.109}$$

有些鑑別器會利用準時相關器作為取得電碼誤差之參考。對於非同調型式之追蹤迴路，相關器之輸出受到相位誤差 $\tilde{\theta}$ 之影響，於建構電碼鑑別器時之一重要需求為避開相位誤差之影響，但卻對電碼誤差相當靈敏。表 6.4 整理目前常見之電碼鑑別器包含 CD1 超前減落後功率(early minus late power, EMLP)鑑別器與 CD2 內積(dot product, DP)鑑別器。電碼鑑別器之特性會隨相關器間距之變動而有所差異，圖 6.45 為不同相關器間距下之電碼鑑別器特性曲線，此處分別考慮同調型式之 EML 鑑別器以及非同調型式之 EMLP 與 DP 鑑別器。於不同相關器間距下，鑑別器函數展現不盡相同之特性。

表 6.4　常見之電碼鑑別器

代號	計算法則	鑑別器輸出期望值
CD1	$\|z_E(k)\|^2-\|z_L(k)\|^2$	$\frac{4P}{T_c}R(\delta)\tilde{\tau}$
CD2	$z_p^*(k)\cdot\left(z_E(k)-z_L(k)\right)$	$\frac{2P}{T_c}\tilde{\tau}$

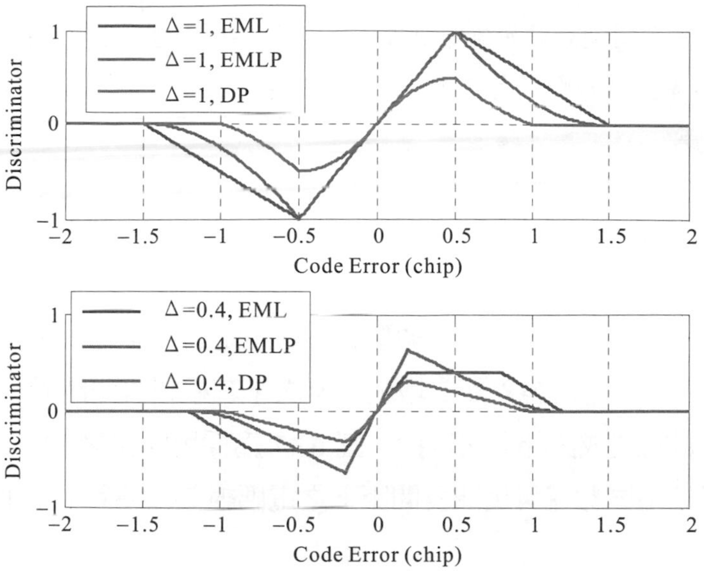

圖 6.45　電碼鑑別器特性曲線

超前減落後功率鑑別器爲最常見之鑑別器，其公式可改寫爲

$$\begin{aligned} y(k) &= |z_E(k)|^2 - |z_L(k)|^2 = I_E^2(k) + Q_E^2(k) - I_L^2(k) - Q_L^2(k) \\ &= P\left(R^2(\tilde{\tau}-\delta) - R^2(\tilde{\tau}+\delta)\right) + n_{NC}(k) \end{aligned} \tag{6.110}$$

此處之雜訊 $n_{NC}(k)$ 可表示成

$$n_{NC}(k) = 2\sqrt{P}d\cdot\left(R(\tilde{\tau}-\delta)n_{EI}(k) - R(\tilde{\tau}+\delta)n_{LI}(k)\right) + n_{EI}^2(k) + n_{EQ}^2(k) - n_{LI}^2(k) - n_{LQ}^2(k) \tag{6.111}$$

若考慮電碼追蹤誤差 $\tilde{\tau}$ 足夠小之情形，(6.110) 之鑑別器輸出可近似成

$$y(k) = K_1\tilde{\tau} + n_{NC}(k) \tag{6.112}$$

其中鑑別器之靈敏度 K_1 爲

$$\begin{aligned} K_1 &= \frac{d}{d\tilde{\tau}}\left(P\left(R^2(\tilde{\tau}-\delta) - R^2(\tilde{\tau}+\delta)\right)\right)\Bigg|_{\tilde{\tau}=0} \\ &= 2PR(\delta)\left(\frac{dR(\tilde{\tau}-\delta)}{d\tilde{\tau}} - \frac{dR(\tilde{\tau}+\delta)}{d\tilde{\tau}}\right)\Bigg|_{\tilde{\tau}=0} = \frac{4PR(\delta)}{T_c} \end{aligned} \tag{6.113}$$

至於雜訊 $n_{NC}(k)$ 之期望值爲零，代入(6.111)而其方差可計算爲

$$\begin{aligned} E\left\{n_{NC}^2\right\} &= 4PR^2(\delta)\frac{N_0}{T}\left(1-R(2\delta)\right) + 2\left(\frac{N_0}{T}\right)^2\left(1-R^2(2\delta)\right) \\ &= 4P\frac{N_0\Delta}{T}\left(1-\frac{\Delta}{2}\right)^2 + \frac{2N_0^2\Delta}{T^2}(2-\Delta) \end{aligned} \tag{6.114}$$

準次，線性化之非同調型式時延鎖定迴路可以圖 6.46 描述。若考慮追蹤迴路之特性，假設載波追蹤迴路之等效雜訊頻寬爲 B_L，則根據(6.71)，受到雜訊影響之閉迴路系統之電碼誤差方差爲

$$E\left\{\tilde{\tau}^2\right\} = \frac{2B_L T}{K_1^2} E\left\{n_{NC}^2\right\} = \frac{T_c^2}{2}\frac{B_L\Delta}{(P/N_0)}\left(1+\frac{2}{T(P/N_0)(2-\Delta)}\right) \tag{6.115}$$

相較於同調型式時延鎖定迴路，非同調型式時延鎖定迴路額外受到平方損耗之影響。若相關器間距過大，則追蹤誤差隨之增大。反之，若相關器間距過小，則線性之工作範圍隨之縮小；如此造成設計上之取捨。圖 6.47 爲採用同調之 EML 鑑別器與非同調之 EMLP 鑑別器於不同頻寬與相關器間距下之電碼誤差標準差；於此一分析假設積分時間爲 20 msec。

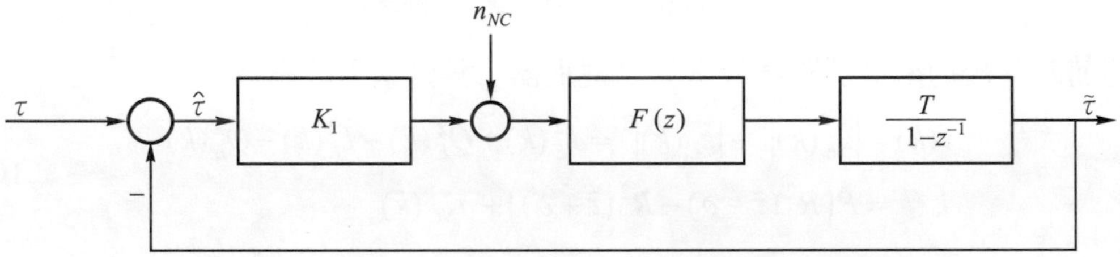

圖 6.46　非同調型式時延鎖定迴路

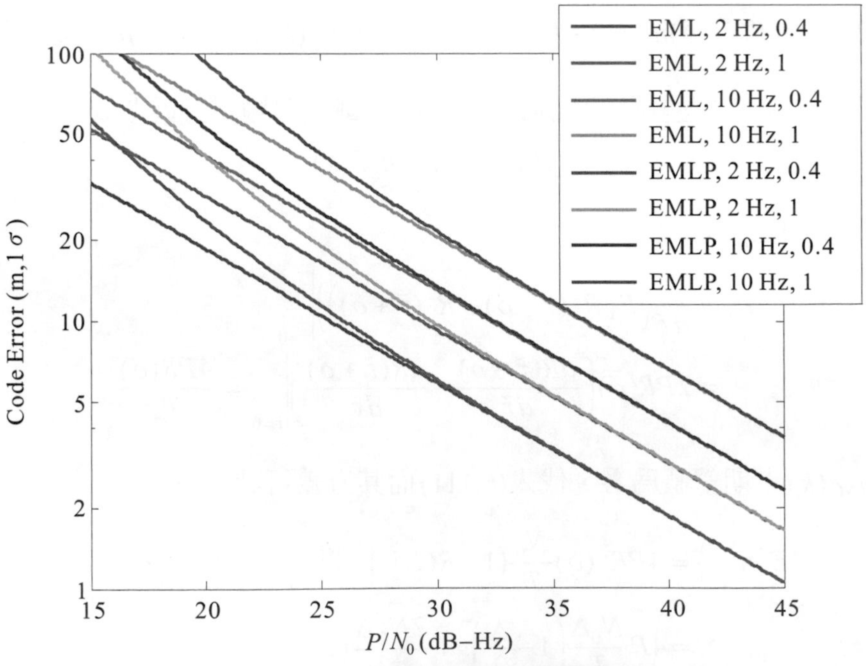

圖 6.47　時延鎖定迴路之電碼誤差

由(6.115)可知，相關器間距降低有助於時延鎖定迴路之電碼誤差之降低。但於實際應用上，此一性能會受到前端濾波器與相關損耗之影響。假設前端濾波器之頻寬爲 B_F，並令 $S(f)$ 爲展頻訊號之功率頻譜密度，則若利用非同調 EMLP 鑑別器，受到雜訊影響之閉迴路系統之電碼誤差方差應爲

$$E\left\{\tilde{\tau}^2\right\} = \frac{T_c^4 B_L \int_{-B_F/2}^{B_F/2} S(f)\sin^2(\pi f \Delta T_c)df}{(P/N_0)\left(2\pi \int_{-B_F/2}^{B_F/2} fS(f)\sin(\pi f \Delta T_c)df\right)^2}(1+\rho) \tag{6.116}$$

其中 ρ 代表平方損耗，相當於

$$\rho = \frac{\int_{-B_F/2}^{B_F/2} S(f)\cos^2(\pi f \Delta T_c)df}{T(P/N_0)\left(\int_{-B_F/2}^{B_F/2} S(f)\cos(\pi f \Delta T_c)df\right)^2} \tag{6.117}$$

圖 6.48 爲假設迴路濾波器頻寬爲 2Hz，積分時間爲 20msec，相關器間距爲 0.4 且功率頻譜密度爲 $S(fT_c)\mathrm{sinc}^2(fT_c)$，不同前端濾波器頻寬下之非同調時延鎖定迴路電碼誤差標準差。

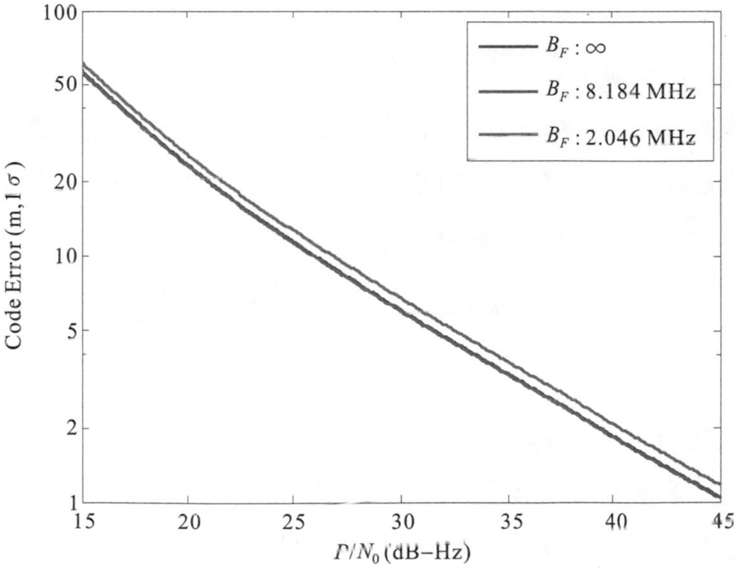

圖 6.48　不同前端頻寬下時延鎖定迴路之電碼誤差

電碼追蹤迴路中之迴路濾波器其功能與載波迴路中之濾波器相同均具抑制雜訊之影響與改善追蹤迴路之鎖定特性。不同階數和不同參數之濾波器會影響到穩態誤差、雜訊頻寬等。在電碼追蹤迴路中一般可以有一載波輔助之輸入，其型式爲將載波

頻率訊號進行增益後送入電碼迴路中，如圖 6.26 所示。採用此一載波輔助的原因包括了載波之時差抖動較電碼來得低有助於迴路之穩定，載波輸入可提供載具/衛星相對運動之影響加強電碼鎖定之能力等。有關 GNSS 載波與電碼之追蹤裝置目前已有相當多種不同之設計。對單一迴路而言，可以善用鑑別器、迴路濾波器與切換邏輯之設計以取得較佳之追蹤性能。目前隨著晶片系統之發展，可以採用多相關器之架構以善用不同相關器之輸出。當然亦有相當多架構探討如何結合載波與電碼追蹤而建立向量式追蹤架構。於整合式之 GNSS 導航，可以利用其它感測定位元件如慣性導航或無線電導航之輸出來改善 GNSS 接收器之鎖定與追蹤狀態。一旦接收器取得穩定之電碼與載波追蹤則可分別於此二電路中讀取電碼之時延量及載波之相位差而構成了 GNSS 之觀測量。

6.4.4 多路徑效應

多路徑效應會影響接收機之訊號品質與定位性能。GNSS 訊號由衛星至接收機之傳送路徑除了直接通視(direct line-of-sight)之路徑外，往往亦可經由接收環境之反射而傳送。對於接收機而言，非通視路徑訊號會影響到通視訊號之接收以及測距之結果，故於接收機設計過程得針對多路徑效應進行評估與因應。於空曠之場所，若接收機又輔以抑制環天線，則多路徑效應並不明顯。但是若接收環境爲市區，則接收環境中之高樓大廈不僅會遮蔽訊號亦會引發顯著的多路徑效應。相較於通視訊號，多路徑訊號之強度由於經過反射衰減會較微弱，而其電碼時延則由於路徑較長，故延遲量亦較大，至於相位則會隨不同環境而有不同。若僅考慮一多路徑則所接收到之中頻訊號可以改寫成

$$\begin{aligned} r(t) &= \sqrt{2P}d(t-\tau)g(t-\tau)\cos(2\pi(f_{IF}+f_D)t+\theta) \\ &\quad +\alpha\sqrt{2P}d(t-\tau-\beta)g(t-\tau-\beta)\cos(2\pi(f_{IF}+f'_D)t+\phi)+n_{IF}(t) \end{aligned} \tag{6.118}$$

其中右式之第二項代表多路徑成分其中α代表多路徑訊號與通視訊號彼此振幅之比值，β爲多路徑之延遲，f'_D 與ϕ爲都卜勒頻率與相位。多路徑訊號成分與通視訊號具有相關性，故當進行相關運算時，準時相關器之輸出爲

$$\begin{aligned} z_P(k) &= \sqrt{P}d\cdot R(\tilde{\tau})\cdot\exp(j\tilde{\theta}) \\ &\quad +\alpha\sqrt{P}d\cdot R(\tilde{\tau}-\beta)\cdot\exp(j\tilde{\phi})\cdot\mathrm{sinc}(\tilde{f}'_D T) \\ &\quad +\left(n_{PI}(k)+jn_{PQ}(k)\right)\cdot\exp(j\tilde{\theta}) \end{aligned} \tag{6.119}$$

其中 $\tilde{f}'_D = f'_D - \hat{f}_D$ 爲多路徑成分引發之頻率誤差而 $\tilde{\phi}$ 爲相對之相位。多路徑成分對於原始之相關輸出會產生影響，而此一影響有可能是建設性(constructive)的，亦可能是破壞性(destructive)的端視 $\tilde{\theta}$ 與 $\tilde{\phi}$ 之關係而定。於多路徑效應之分析，一般因此考慮最極端之情況，即不論相位之關係爲何，嘗試掌握多路徑包絡(multipath envelope)；而此一包絡涵蓋所有可能追蹤誤差之變化範圍。欲分析多路徑包絡，可先觀察受到多路徑影響之相關器輸出。當受到多路徑影響時，相關器輸出之峰值會有變化，而且相關函數亦不復三角形函數之型式。但評估多路徑包絡時，得分析鍵別器輸出所受之影響。一般時延鎖定迴路之工作原理爲令鍵別器輸出爲零。當受到多路徑影響時，鍵別器輸出爲零時，電碼誤差未必是零。此一誤差相當於多路徑效應所引發之測距誤差。多路徑包絡以多路徑延遲 β 爲橫軸，並以電碼誤差之最大與最小值爲縱軸。若考慮同調型式之 EML 鍵別器，則當受到建設性之多路徑效應時，電碼誤差 $\tilde{\tau}^+$ 應滿足

$$R(\tilde{\tau}^+ - \delta) + \alpha R(\tilde{\tau}^+ - \beta - \delta) - R(\tilde{\tau}^+ + \delta) - \alpha R(\tilde{\tau}^+ - \beta + \delta) = 0 \tag{6.120}$$

但當受到破壞性多路徑效應時，電碼誤差 $\tilde{\tau}^-$ 應滿足

$$R(\tilde{\tau}^- - \delta) - \alpha R(\tilde{\tau}^- - \beta - \delta) - R(\tilde{\tau}^- + \delta) + \alpha R(\tilde{\tau}^- - \beta + \delta) = 0 \tag{6.121}$$

多路徑包絡即由 $\tilde{\tau}^+$ 與 $\tilde{\tau}^-$ 決定。圖 6.49 顯示當 α=0.5 於不同相關器間距下之多路徑電碼誤差包絡。當振幅比值 α 爲固定，隨著多路徑延遲 β 之增加，電碼誤差隨之增加；但當多路徑延遲 β 太大時，電碼誤差會回復至零。圖 6.49 同時顯示當相關器間距縮小時，多路徑所引發之電碼誤差亦下降。

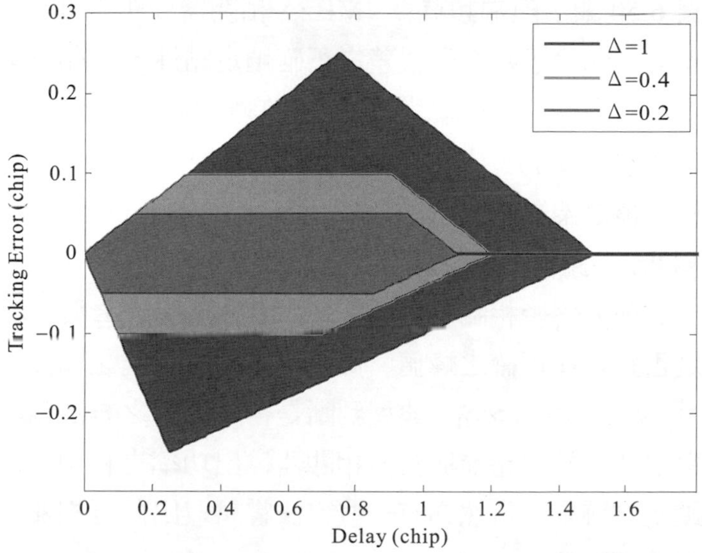

圖 6.49 不同相關器間距下之多路徑電碼誤差包絡

於 GNSS 訊號追蹤過程當然期望可以降低多路徑之影響。若採用(6.34)之三組複數相關器之架構，則僅有利用窄相關器設計方可限制最大之電碼追蹤誤差。採用窄相關器設計之另一優點爲當迴路受到雜訊影響時，電碼誤差之方差較低；但窄相關器要求較快之電碼產生器且線性工作範圍受限。若結合寬相關器與窄相關器可以對多路徑效應有所改善。於結合寬相關器與窄相關器之雙組相關器架構，寬相關器之位置爲$\pm\delta_2$，而窄相關器之位置則爲$\pm\delta_1$，且$\delta_2 > \delta_1$。於鍵別器之設計，可以考慮以下型式之輸出

$$y(k) \approx \left(R(\tilde{\tau}-\delta_1)-R(\tilde{\tau}+\delta_1)\right)-\eta\left(R(\tilde{\tau}-\delta_2)-R(\tilde{\tau}+\delta_2)\right) \tag{6.122}$$

其中η爲設計參數；不同之加權量η會改變多路徑包絡。

6.4.5 BOC 訊號追蹤

傳統之 GPS 訊號採用 BPSK 調變，其訊號之追蹤架構已如前所述。較新進之 GNSS 訊號開始採用 BOC 調變以取得相容與共用，於追蹤 BOC 調變訊號與追蹤 BPSK 調變訊號有些許差異。BPSK 調變與 BOC 調變之差別在於後者額外引用次載波以調變訊號，因此於追蹤過程，本地端得同時產生複製之展頻電碼、次載波與載波。由於一般之次載波採用方塊波故於追蹤 BOC 訊號時，載波追蹤迴路產生複製之載波而電碼追蹤迴路產生複製之次載波與電碼。因此 BOC 載波追蹤迴路之設計可沿用 BPSK 載波追蹤迴路；但電碼追蹤迴路之設計得進行修改。如 4.4 節之說明，BOC 調變訊號之相關函數會存在多個峰值，一旦追蹤迴路鎖定不正確之旁峰值則有可能造成相當大之測距誤差。所以 BOC 電碼追蹤迴路之一項重要工作爲避免錯誤之鎖定。以 BOC(1,1)之電碼追蹤爲例，圖 6.50 顯示前端頻寬爲 4MHz、相關器間距爲 0.4 碼寬、非同調型式之鍵別曲線，由此圖可知除了零電碼誤差之正確鎖定點外，尙存有兩個非零之誤鎖定點。一旦工作於非零鎖定點，會有顯著之電碼誤差。以圖 6.55 爲例，錯誤鎖定相當於 0.59 碼元之誤差，則會導致 173 公尺之測距誤差。爲解決此一模稜(ambiguous)鎖定問題，一般採用多相關器之架構。圖 6.51 爲採用五相關器進行 BOC(1,1)電碼鎖定之系統方塊圖。與前述抑制多路徑效應之雙組相關器架構相似，此一架構除了採用位於 0、δ_1與$-\delta_1$之準時、超前與落後相關器外，額外引用分別位於δ_2與$-\delta_2$之相關器進行訊號之監控以判斷是否鎖定在正確之峰值。此二相關器有時稱之爲極超前(very early)與極落後(very late)相關器因爲$\delta_2 > \delta_1$。典型判斷是否誤鎖定之方法爲計算極超前與極落後相關器輸出功率之和，並與超前與落後相關器輸出功率之和相互比較。當前者大於後者時表示有誤鎖定之跡象。當然亦有一些方法嘗試取出此五相關器輸出之組合以建立一不模稜之鍵別曲線。

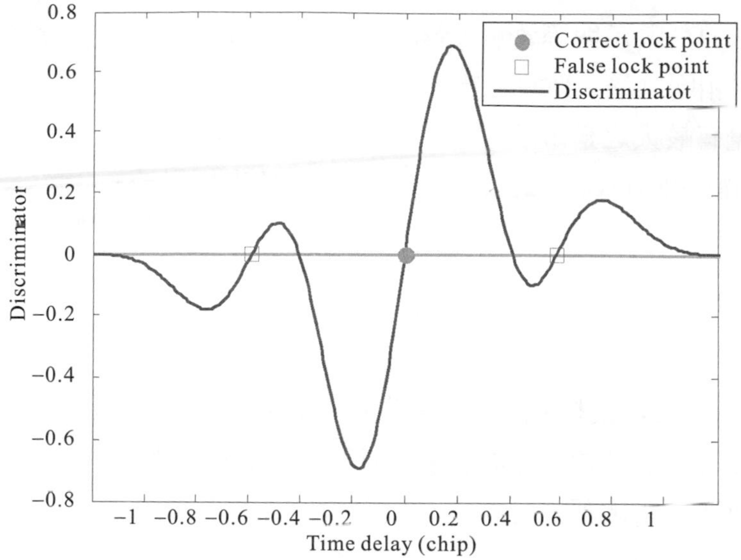

圖 6.50　BOC(1,1)訊號非同調型式之鑑別曲線

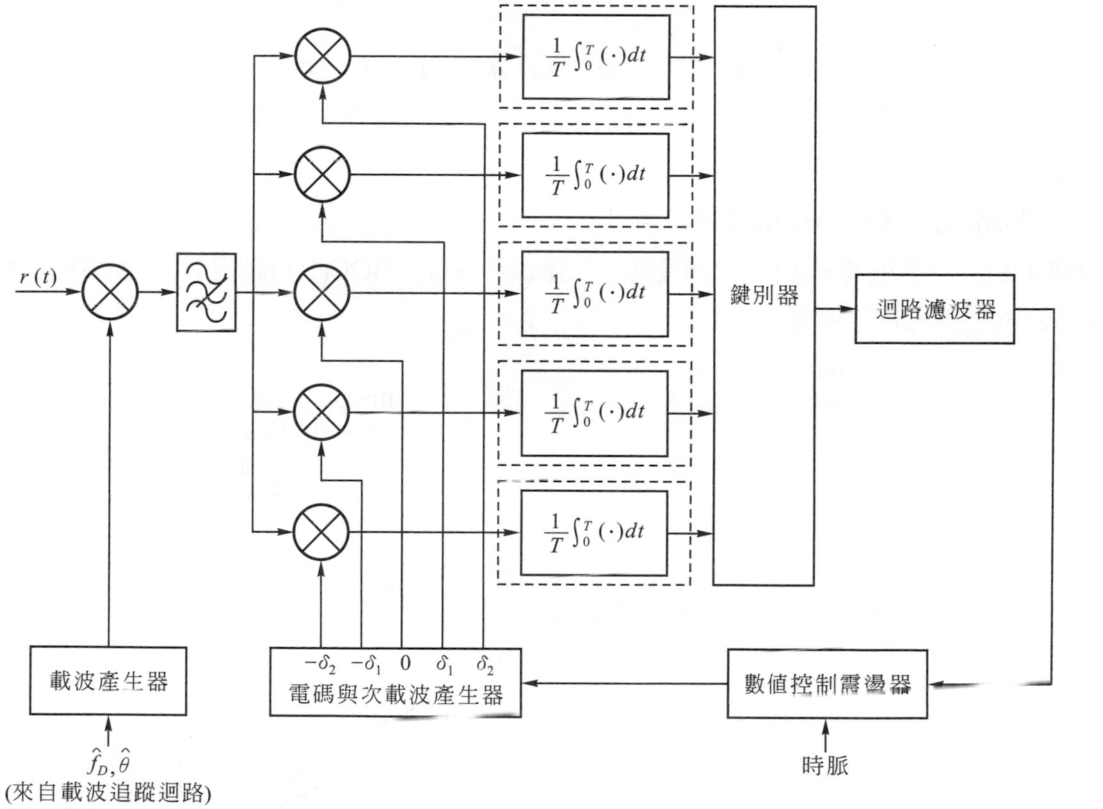

圖 6.51　BOC(1,1)訊號之電碼追蹤架構

雖然 BOC 訊號之追蹤迴路較 BPSK 訊號之追蹤迴路來得複雜，但若可以避開錯誤之鎖定則 BOC 訊號提供較佳之電碼誤差與多路徑包絡，說明如下。電碼誤差之方

差如(6.115)或(6.116)所示與等效輸入雜訊之方差、迴路雜訊頻寬、積分時間與鍵別器增益有關。針對相同之輸入雜訊之方差、迴路雜訊頻寬與積分時間，BOC 訊之鍵別器由於對電碼誤差有較大之靈敏度，故電碼誤差之方差會較低。如前所分析，對於 BPSK 訊號若採用 EMLP 鍵別器，其靈敏度 K_1 爲鍵別器輸出相對於 $\tilde{\tau}$ 之微分，相當於(6.113)所示之 $4PR(\delta)/T_c$。對 BOC(1,1)訊號，此一靈敏度爲

$$K_1 = \frac{d}{d\tilde{\tau}}\left(P\left(R^2_{\mathrm{BOC}(1,1)}(\tilde{\tau}-\delta) - R^2_{\mathrm{BOC}(1,1)}(\tilde{\tau}+\delta)\right)\right)\Bigg|_{\tilde{\tau}=0} = \frac{12PR_{\mathrm{BOC}(1,1)}(\delta)}{T_c} \tag{6.123}$$

由於 BOC(1,1)訊號之自我相關函數之變化斜率較大，故靈敏度增大。另一方面，採用 BOC(1,1)訊號之等效雜訊之方差亦會受到此一自我相關函數之影響。若計算 BOC(1,1)訊號追蹤受到雜訊之電碼誤差可得

$$E\left\{\tilde{\tau}^2_{\mathrm{BOC}(1,1)}\right\} = \frac{T_c^2}{6}\frac{B_L\Delta}{(P/N_0)}\left(1+\frac{2}{T(P/N_0)(2-3\Delta)}\right) \tag{6.124}$$

若比較此一方差與(6.115)有關 BPSK(1)訊號之方差可發現：當受到雜訊影響時，BOC(1,1)調變可以有較低之電碼追蹤誤差。若同時考慮前端濾波器頻寬影響下之電碼追蹤誤差，可採用(6.116)但此時得代入 BOC(1,1)訊號之功率頻譜密度。圖 6.52 比較當迴路濾波器爲 2Hz 與相關器間距爲 0.4 時，於不同前端濾波器頻寬 BPSK(1)訊號與 BOC(1,1)訊號電碼誤差之標準差。明顯地，採用 BOC(1,1)調變會比 BPSK(1)調變有較小的電碼追蹤誤差。

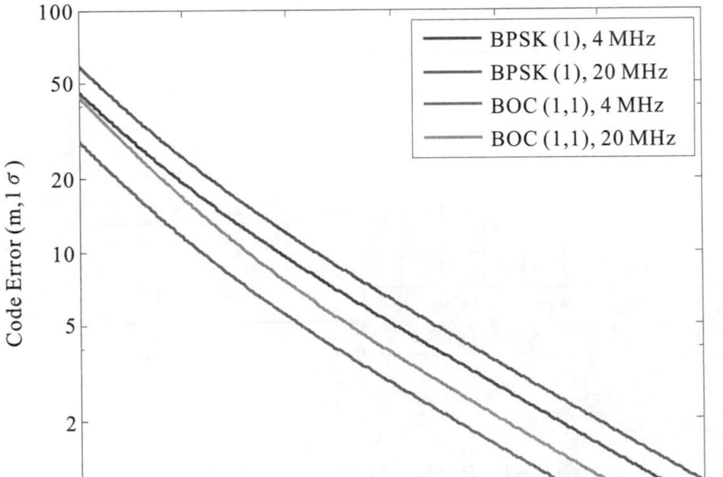

圖 6.52 BOC 訊號與 BPSK 訊號之電碼誤差

未來於 L1 頻段訊號無論是美國的 GPS、歐盟之 Galileo 或中國之北斗將採用 MBOC(6,1,1/11)調變以取得相容與共用。若接收機前端之頻寬不夠，則 MBOC 訊號之處理方式與追蹤性能與 BOC(1,1)訊號相近。但若可以處理額外之 BOC(6,1)成分，相當於頻寬於 16MHz 以上，則可以取得較低之追蹤誤差。MBOC(6,1,1/11)之說明與實現可分別參考 5.1.2.3 與 5.2.3.3 節。圖 6.53 為前端頻寬為 20MHz 時，BPSK(1)、BOC(1,1)與 MBOC(6,1,1/11)訊號自我相關函數之比較。MBOC(6,1,1/11)之自我相關函數於延遲為零附近有較陡峭之變化：代表當頻寬夠寬且相關器間距夠小時，MBOC(6,1,1/11)調變可以取得較佳之測距誤差。若考慮雜訊之影響並採用非同調架構 EMLP 鑑別器，則追蹤誤差如(6.116)所示。當代入 MBOC(6,1,1/11)之功率密度函數後可計算出追蹤誤差。圖 6.54 為考慮 P/N_0 為 35 dB-Hz、迴路濾波器頻寬為 1 Hz、積分時間為 4 msec、相關器間距為 0.125 之情況下，於不同前端頻寬下 BPSK、BOC(1,1)與 MBOC(6,1,1/11)訊號之電碼誤差。原則上，利用 BOC(1,1)與 MBOC(6,1,1/11)訊號均可較 BPSK 訊號取得更低之電碼誤差。當頻寬夠寬時，MBOC 訊號展現優於 BOC(1,1)訊號之追蹤性能。

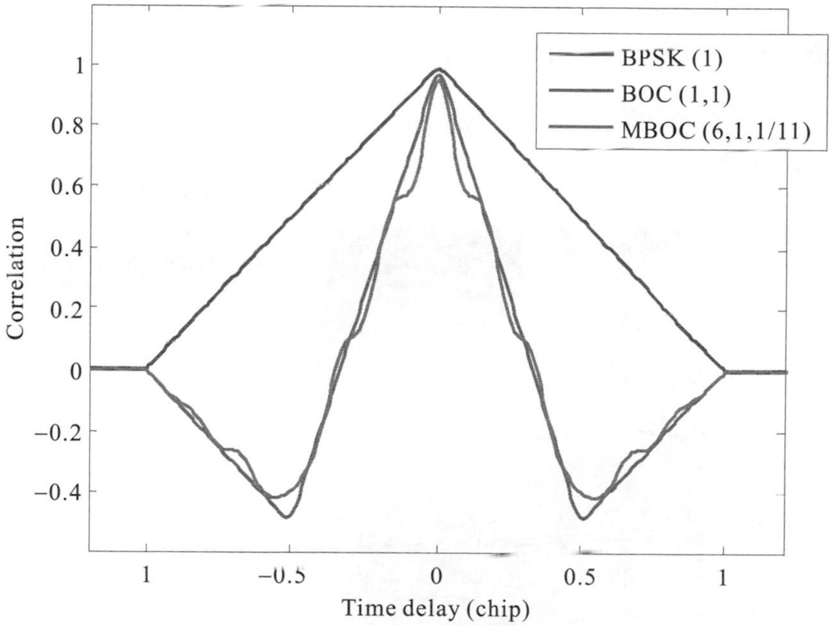

圖 6.53　自我相關函數之比較

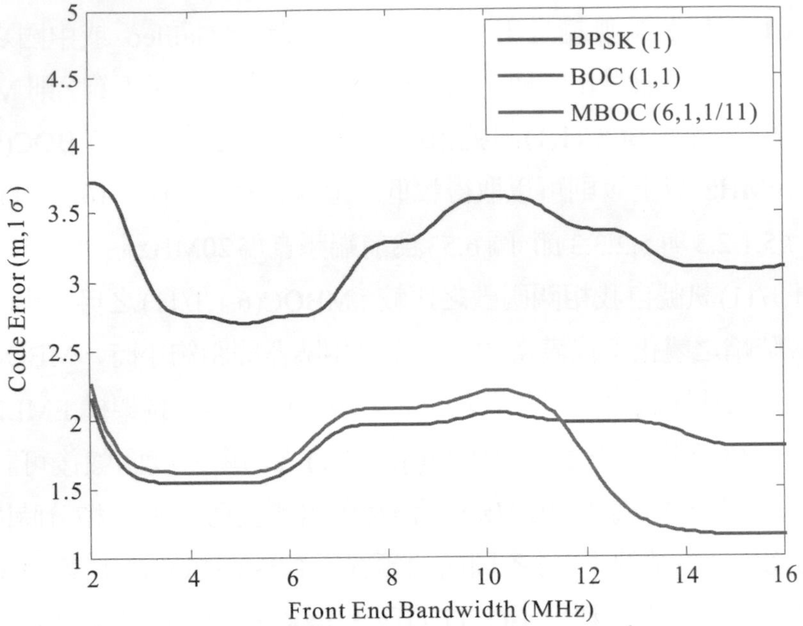

圖 6.54　電碼誤差之比較

MBOC 調變亦擁有優於 BOC(1,1)調變與 BPSK(1)調變之多路徑包絡。圖 6.55 為考慮前端濾波器頻寬為 20 MHz 且相關器間距為 0.1 之多路徑包絡之比較。此圖展現當前端濾波器頻寬夠寬且相關器間距夠小，則 MBOC(6,1,1/11)調變可以有相當優異之多路徑響應。

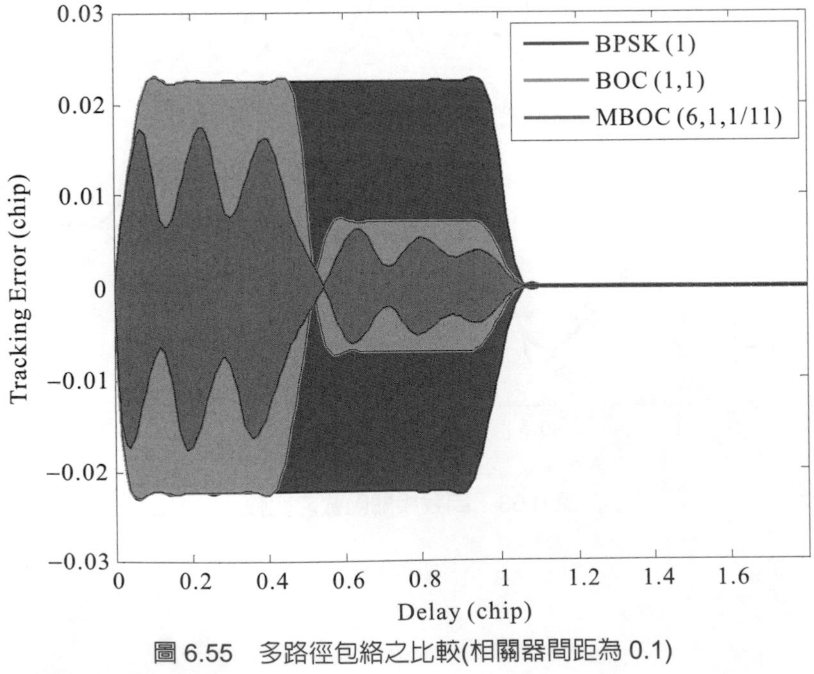

圖 6.55　多路徑包絡之比較(相關器間距為 0.1)

MBOC 訊號之接收機架構與 BOC 訊號接收機類似，主要的差異在於得產生比較複雜的次載波波形或展頻電碼波形。於處理 CBOC 實現之 MBOC 訊號時，本地次載波訊號得利用如圖 5.42 之方式產生，而於追蹤 TMBOC 實現之 MBOC 訊號時則得適時地改變展頻電碼波形如圖 5.30 所示。因此，MBOC 訊號接收機之實現將較爲複雜。針對 CBOC 可能得應用較多位元之表示而面對 TMBOC 則要求較快之速率。不過，基本之擷取與追蹤動作仍與 BOC(1,1)訊號之擷取與追蹤相似。對於消費性之 GNSS 接收機，由於前端頻寬往往不大，故可以應用 BOC 接收機架構接收 MBOC 訊號。

6.5　軟體接收機

傳統之 GNSS 接收機主要利用前端、基頻電路與微處理器搭配以完成訊號擷取、追蹤、解碼與定位之功能。如 6.1 節之描述，前端主要利用射頻電路完成而基頻單元之實現一般仰賴晶片和嵌入式系統。這其中，本地展頻電碼、次載波與載波樣本之產生以及相關器利用晶片實現，而其他基頻功能如擷取控制、鑑別器、迴路濾波器、導航資料解碼與量測量之取得利用處理軟體於嵌入式系統中實現。一般基頻晶片均利用多通道分別實現個別衛星之追蹤，圖 6.56 說明典型 GNSS 接收機之軟硬體區隔，並標定大略之訊號頻率或資料率。

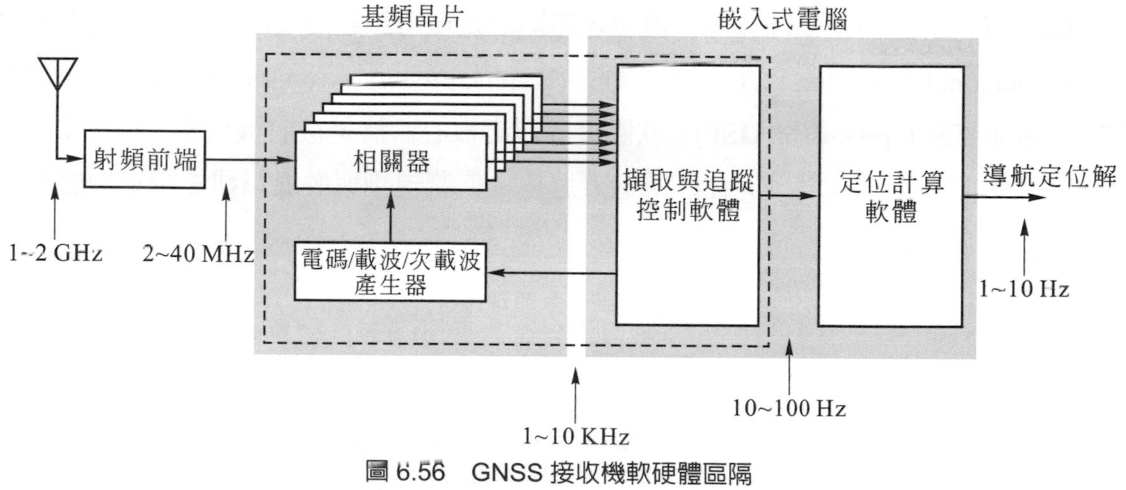

圖 6.56　GNSS 接收機軟硬體區隔

所謂軟體接收機主要係指利用軟體實現基頻晶片之功能包含本地複製樣本之產生與相關器之運算。軟體接收機分爲即時與非即時接收機兩類型。非即時軟體接收機基本上將經射頻前端後之數位中頻樣本儲存並以後處理方式實現接收機之功能。即時接收機則要求可以於當下完成運算並提供導航定位解。即時軟體接收機主要的挑戰爲克服快速資料率。一般而言，射頻前端可提供數 MHz 乃至數十 MHz 之數位中頻樣本，而即時軟體接收機得以同樣之速度產生本地端之複製樣本並完成多個通道之相關運算。

軟體接收機之最大優點爲靈活性(flexibility)，可以藉由軟體的更改變更接收機之功能。對於目前已經相當多元之 GNSS 訊號，軟體接收機可以依所處位置之接收特性，規劃與執行軟體功能以期在不增加硬體成本之前提下，接收不同之 GNSS 衛星訊號。目前 GNSS 之發展，相當重視相容與共用，軟體接收機爲實現與驗證訊號共用之一良好平台。另外由於大量軟體之引入，軟體接收機可以實現許多硬體接收機所無法實現之功能。不過，目前由於造價較昂貴而且功耗亦不低，故軟體接收機一般應用於研究或特定功能接收機。但隨著處理器功能之強化，此一態勢將來或有改變。

軟體接收機之架構可利用圖 6.57 加以說明。天線主要接收來自 GNSS 衛星之訊號而射頻前端則執行放大、降頻、濾波、類比至數位轉換等功能。由射頻前端輸出之數位中頻訊號隨之應用橋接裝置(bridge)進行前置處理。橋接裝置一般控制接收機之時脈並將數位中頻訊號予以編排和暫存以利數位處理器快速取得資料。有些橋接裝置搭備有可程式邏輯陣列(field programmable gate array, FPGA)可以進行資料之轉換乃至於相關器之動作。數位處理器則經所取得之數位樣本進行所必要之處理包含訊號擷取、訊號追蹤、資料解碼與定位計算等。數位處理器之實現可以爲 FPGA、嵌入式電腦、個人電腦(personal computer, PC)、圖形處理器(graphic processing unit, GPU)或數位訊號處理器(digital signal processor, DSP)。軟體接收機之核心當然是接收機軟體，此一軟體除實現前述接收機之功能外，另往往得進行適當之軟體規劃與發展以建立特定功能和取得即時執行之性能。

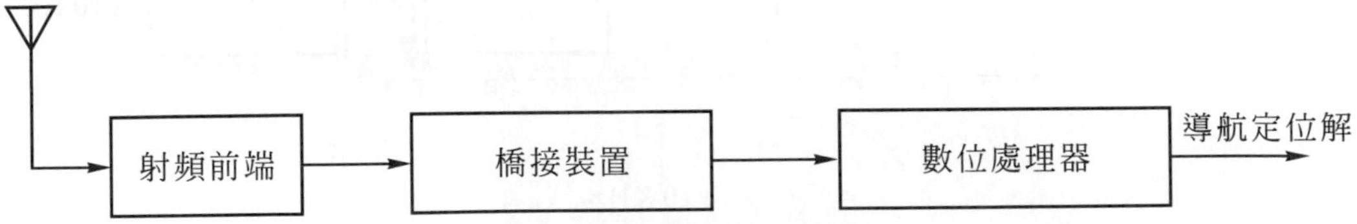

圖 6.57　軟體接收機架構

6.5.1 GPS/Galileo 雙模軟體接收機

以下介紹一部具雙模功能之 GPS/Galileo 軟體接收機，此一接收機架構如圖 6.58 所示，主要由天線、射頻前端與基頻訊號處理器構成。衛星訊號由天線接收，經過射頻前端將高頻訊號降頻且數位化後，以數位零中頻訊號依同相與正交序列輸出，再將數位序列資料傳送到基頻訊號處理器作訊號解調與處理。基頻訊號處理器包含兩部分分別爲 FPGA 處理器與嵌入式處理器。FPGA 處理器的功用爲將收到的數位零中頻訊號作解展頻，並配合嵌入式處理器進行訊號擷取與追蹤的程序，再由嵌入式處理器作導航資料的解碼、虛擬距離的量測與位置的解算，最後將定位結果傳送至電腦顯示。此一接收器可接收於 L1 頻段之 GPS 的 C/A 訊號以及 Galileo 的 E1 民用訊號。接收通道數則基於 FPGA 資源使用率的考量以及目前 Galileo 衛星顆數，規劃能夠同時接收到八個 GPS 衛星的訊號以及兩個 Galileo 衛星的訊號，資料更新率爲每秒一次。

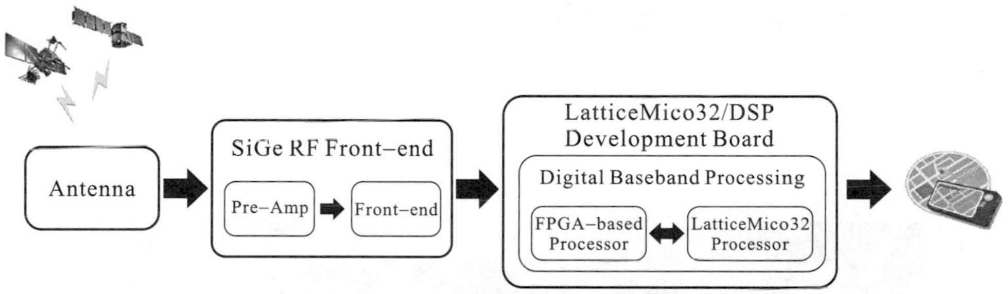

圖 6.58 雙模接收器系統架構

實際之射頻前端採用 SiGe SE4120L 模組，具有低功耗、低雜訊及可同時接收 GPS 和 Galileo 訊號的功能，可參考圖 6.7 之架構圖。射頻前端內部包含：

1. 低雜訊放大器，將接收的訊號放大。
2. 混波器、鎖相迴路與電壓控制振盪器，將射頻訊號作降頻轉換至中頻訊號。
3. 中頻濾波器，可調整頻寬爲 2.2 MHz 單模(GPS)或是 4.4 MHz 雙模(GPS、Galileo)。
4. 類比至數位轉換器搭配自動增益調整，將中頻訊號數位化。
5. 資料降頻與序列化，輸出爲零中頻、序列式的數位訊號，這些序列的中頻訊號可以輸出到 FPGA 做爲基頻處理器的輸入。基頻訊號處理器利用 Lattice ECP2-50-FPGA 開發板實現，此一開發板包含一 FPGA 處理器與一由 LatticeMicro32 所構成之嵌入式處理器。圖 6.59 顯示基頻訊號處理器之規劃，設計的準則爲需要大量運算與重複性高的工作於 FPGA 處理器以硬體的方式處理，需要實現演算法與變化性高的工作則於嵌入式處理器以軟體的方式執行。FPGA 處理器爲嵌入式處理器之一個周邊，由嵌入式處理器控制執行與存取資料。Lattice 嵌入式處理器使用標準 WISHBONE 匯流排介面來和周邊連接。圖 6.60 顯示此一接收機之實體圖，其背景則爲實際接收情形。

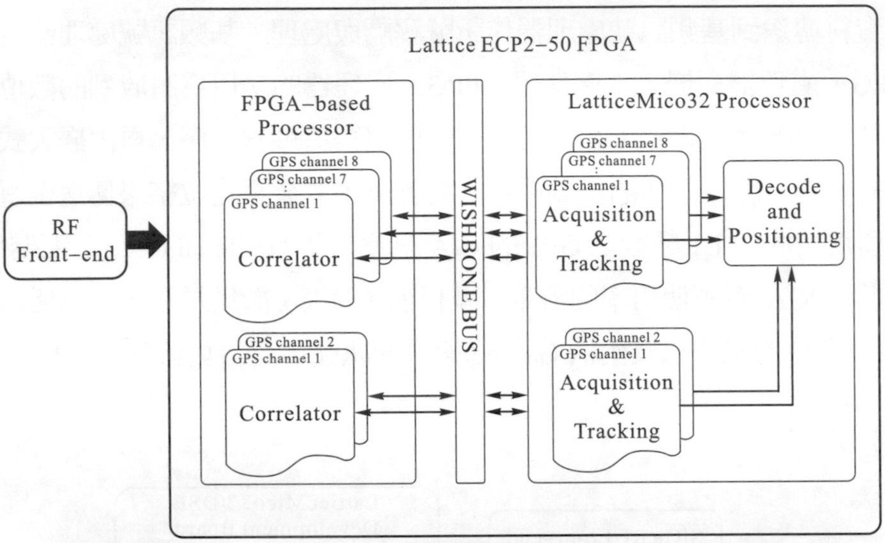

圖 6.59　基頻處理器架構

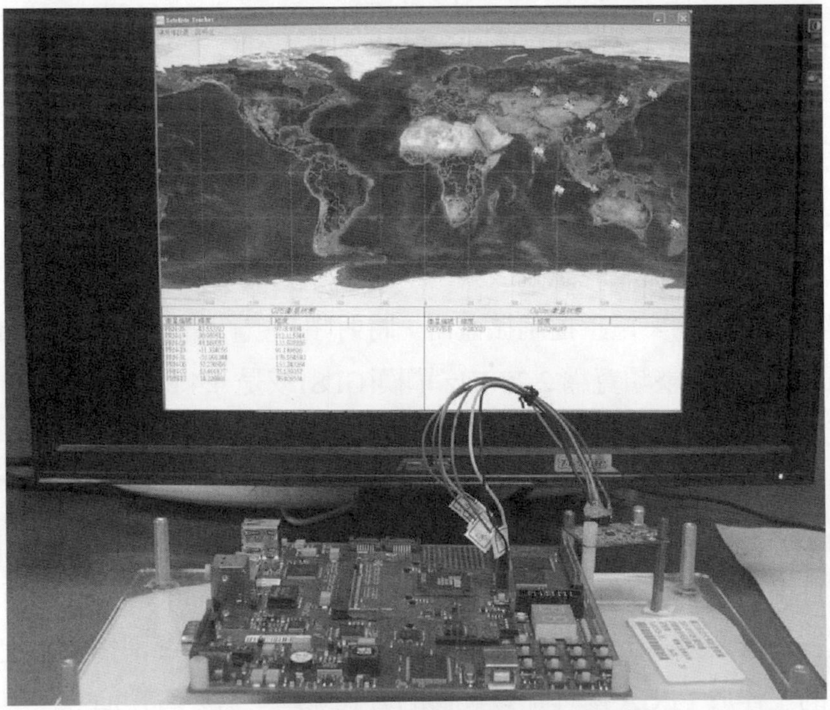

圖 6.60　Galileo/GPS 接收器工程雛形

FPGA 處理器的內部電路包含八個通道的 GPS 相關器與兩個通道的 Galileo 相關器，輸入為射頻前端的數位零中頻訊號，而內部電路控制和運算結果則透過匯流排的傳輸和嵌入式處理器溝通。每個相關器的構造包含混波器、載波產生器、電碼產生器、計數器與量測電路，各模組之間的訊號連接示意圖如圖 6.61。相關器的功用為取得相關運算之結果以利衛星訊號解展頻與解調，並配合嵌入式處理器作訊號的擷取和追蹤。載波產生器產生本地端的同相和正交的載波；而電碼產生器所產生展頻碼的方式是由事先建表再依電碼相位輸出。

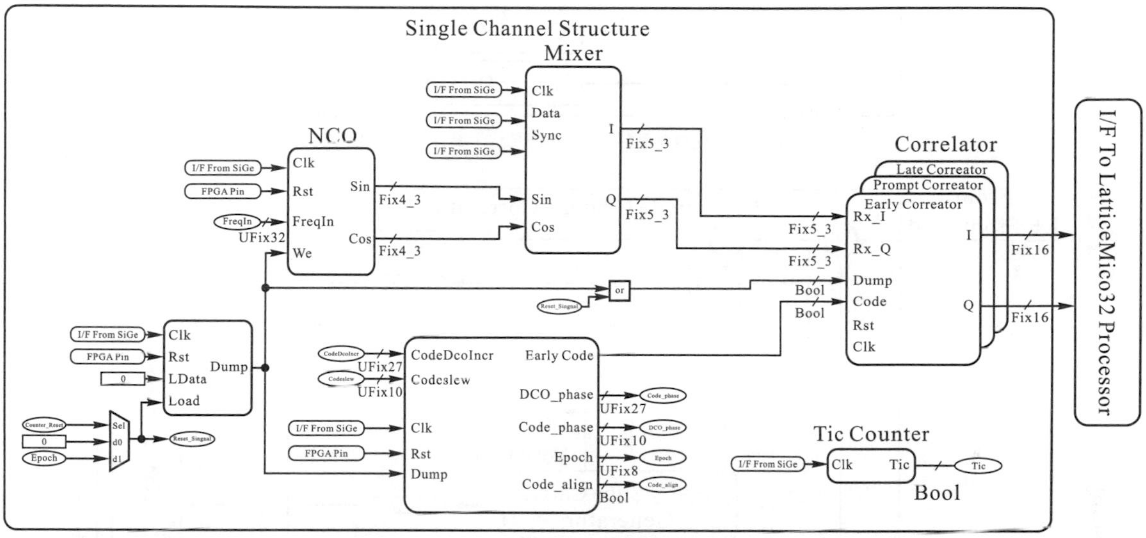

圖 6.61　FPGA 處理器訊號連接示意圖

在 FPGA 處理器中，GPS 通道的每個通道相關運算流程如圖 6.62 所示；而 Galileo 通道則由於訊號調變方式以及後端訊號處理演算法的不同而有所調整，流程如圖 6.63，其相關器個數較 GPS 通道多，電碼產生器內部多了次載波電路，而量測電路則只有一個計數器。FPGA 處理器的每個通道皆可追蹤一顆衛星，且訊號的追蹤可透過嵌入式處理器控制載波產生器和電碼產生器來做訊號追蹤調整的機制。流程為中頻數位訊號先與同相以及正交載波混波，再與電碼混波，最後再送到累加器進行積分運算，經過一個電碼週期後，將結果送至暫存器中以提供嵌入式處理器作後端處理的讀取。軟體會依照不同訊號處理演算法(擷取、追蹤)來控制相關器。另外 FPGA 處理器包含量測電路以量測衛星到接收器的虛擬距離，以供位置解算之用。

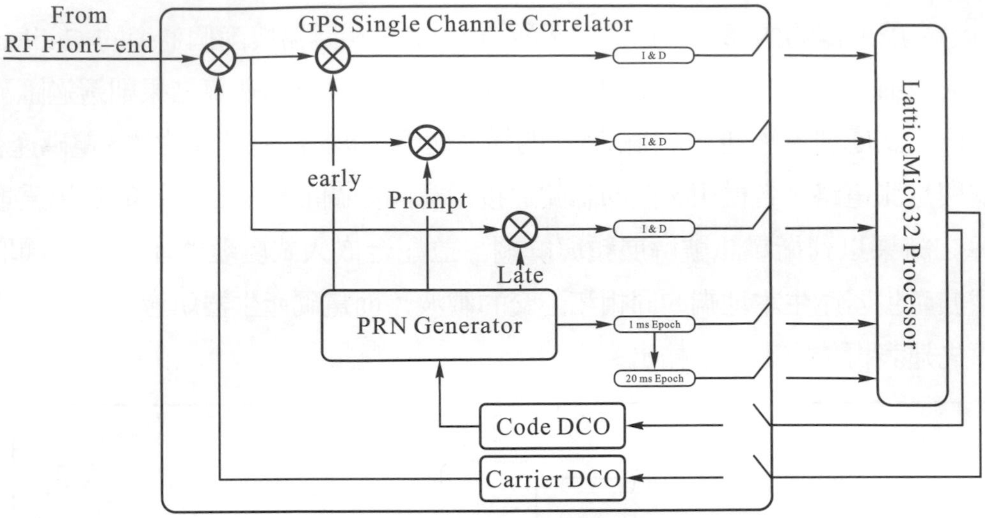

圖 6.62　GPS 單一通道相關運算流程方塊圖

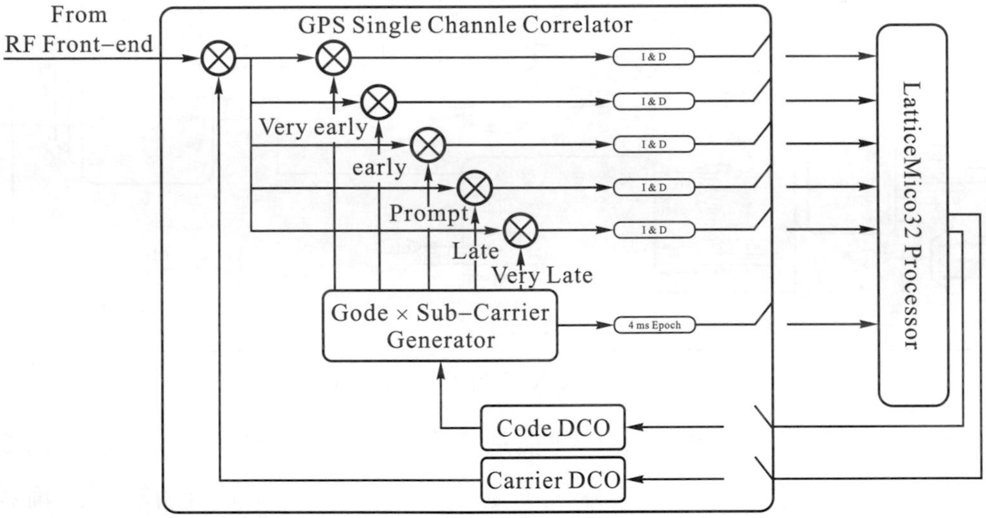

圖 6.63　Galileo 單一通道相關運算流程方塊圖

嵌入式處理器內執行軟體劃分爲主程式和中斷程式，由於位置解算要求擁有高連續性和準確性，接收器必須隨時收到四顆以上的衛星訊號，且衛星數量越多對於位置解算更加穩定，因此設立中斷服務程式持續追蹤已鎖定的衛星並搜尋其他可能可鎖定的衛星。在主程式中亦設立了幾個旗標，包括導航資料旗標、位置解算旗標、資料更新旗標等，使接收器每隔一段時間就利用星曆資料判斷目前還可以鎖定的衛星，再利用中斷程式針對該衛星作擷取和追蹤。主程式和中斷程式內執行軟體包含訊號處理演算法、導航資料解調、星曆解碼、位置解算演算法。主程式主要執行星曆解碼與位置解算演算法，中斷程式則負責訊號處理演算法與導航資料解調，軟體流程如圖 6.64。

首先進行參數初始化、通道衛星選擇設定、設定中斷時間爲 200 μs；之後進入主程式迴圈，每 200 μs 發生中斷，執行中斷服務程式。中斷服務程式首先讀取相關器與量測電路狀態；若有新的相關器輸出，則讀取輸出後，執行訊號處理狀態機(state machine)，進行訊號處理演算法、導航資料解調，再判斷量測電路是否有新的觀測量以更新位置解算要用到的虛擬距離量測量，若有新的量測量，則取用量測值。若追蹤到衛星數量有四顆以上則解算接收器位置。主程式的迴圈則首先判斷整個導航資料框是否解調完成，若已完成則作星曆解碼，其中 GPS 和 Galileo 的星曆編碼方式不同，因此星曆解碼需要使用不同的演算法。之後每秒會將位置解算旗標拉起，若解算出的衛星數量有四顆以上則解算接收器的位置；另外，中斷程式每分鐘和每秒鐘都會設立旗標，通知主程式每分鐘重新搜尋可能可以追蹤到的衛星並分配給閒置中的通道作追蹤鎖定，並且每秒鐘輸出定位結果、衛星位置給電腦端顯示。

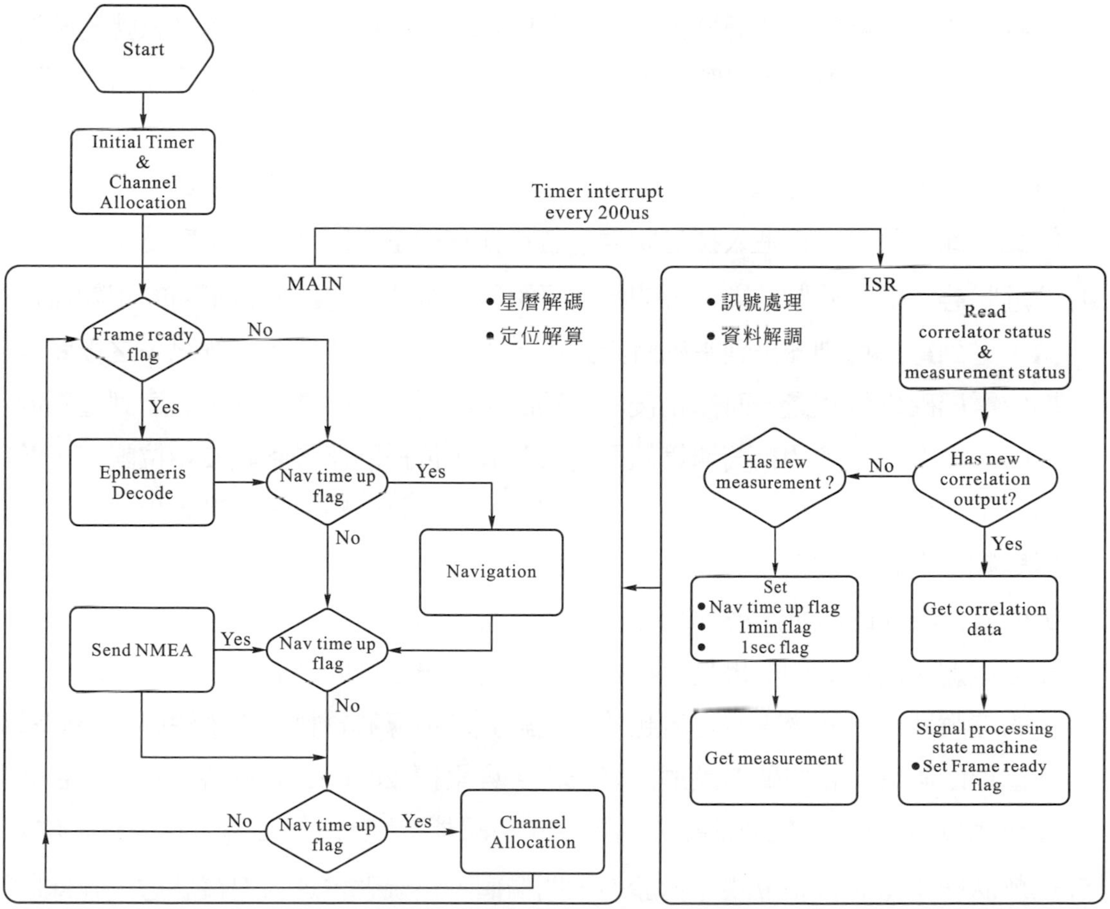

圖 6.64　嵌入式處理器軟體流程

訊號處理演算法須配合 FPGA 處理器構成電碼追蹤迴路與載波追蹤迴路。當嵌入式處理器讀取相關器的資料後根據演算法調整相關器內載波和電碼產生器的頻率，使相關器的輸出為最大值，此時衛星傳送的訊號與本地端產生的載波與電碼相位同步，再將導航資料解調出來。訊號處理狀態機扮演的角色為進行訊號的搜尋與追蹤之切換。於此一設計，狀態控制器共有五個狀態，分別是啓動、擷取、確認、拉近(pull-in)和追蹤，其流程圖如圖 6.65 所示，以下分別對每個狀態作說明：

1. 啓動狀態：設定所有參數初始值，包括要追蹤的衛星編號、載波頻率、電碼頻率、電碼移動量等。
2. 擷取狀態：進行逐次搜尋，電碼相位會在每次電碼週期變換一次，載波頻率在所有電碼相位變換完後改變，一旦任何相關器的輸出結果大於設定的門檻值，就會進入確認狀態。
3. 確認狀態：判斷衛星訊號是否存在，擷取階段中已找到可能為眞實訊號的載波頻率與電碼相位，但是此訊號有可能是因為雜訊干擾或交互相關運算而造成相關運算值超過門檻值；因此在此階段中必須要重複此載波頻率與電碼相位作確認。此處採用多數決方法於 10 次嘗試中必須有 8 次所得的積分相關運算大於門檻值才能認定此訊號存在而進入拉近狀態；若不存在則重新回到擷取狀態重新搜尋。
4. 拉近狀態：進入此狀態後，會開始進行電碼與載波的追蹤。將不同的相關器運算值，送到電碼鑑別器得到電碼時延誤差，再由迴路濾波器濾除雜訊，之後將其轉換成電碼碼率修正量，而修正後的電碼碼率回授至電碼產生器，以達到電碼同步目的。而準時電碼的相關運算值則送入載波相位鑑別器得到載波相位誤差，並與前一筆相位相減後得到頻率誤差，分別將相位誤差與頻率誤差送入相位迴路濾波器與頻率迴路濾波器，再經由轉換與相加後以修正載波頻率回授至載波產生器。另外，當 GPS 的拉近狀態執行完後會判斷電碼頻率是否有對齊導航資料起始位元和追蹤迴路所得到的結果是否符合預期，若不符合則回到擷取狀態，反之進入最後的追蹤狀態。對齊導航資料起始位元對於後續導航資料之正確解碼及觀測量有極重要的影響，當電碼追蹤迴路修正後，會累積 20msec 的資料來判斷是否此些資料相位皆相同且在 20msec 後資料相位有可能改變，以找出導航資料起始位元。
5. 追蹤狀態：當載波相位誤差低於追蹤門檻值，系統就會進入追蹤狀態，在此狀態電碼相位和載波頻率都會穩定的追蹤，同時也將各衛星的導航資料作存取以讓主程式作星曆解碼。每秒就會偵測訊號是否還在，若訊號強度偏低則會回到擷取狀態。在此狀態中電碼與載波追蹤迴路將持續進行，但濾波器的參數與拉近狀態之參數的不同，將使用雜訊頻寬較小的濾波器，達到更好的追蹤效果。GPS 的追蹤階段中載波頻率為每 1msec 作修正而電碼相位則是 20msec 作修正，即導航資料週期；Galileo 的追蹤階段之載波頻率和電碼相位則都是 4msec 作修正。另外，進入追蹤階段時間久了以後受到都卜勒的影響，相關器的時間點有可能會延遲或提早，造成相關器積分的時間可能會經過導航資料相位改變的位置，產生很小的相關值而導致導航資料錯誤，觀測量也可能會有偏差，造成位置解算誤差。尤其 Galileo 的導航資料率和相關器積分時間相同都是 4msec，若積分時間剛好是在導航資料相位改變的前後 2msec，會造成很小的積分結果，影響到追蹤迴路以及導航資料解調，因此必須有機制讓時間點能夠對齊導航資料起始位元。

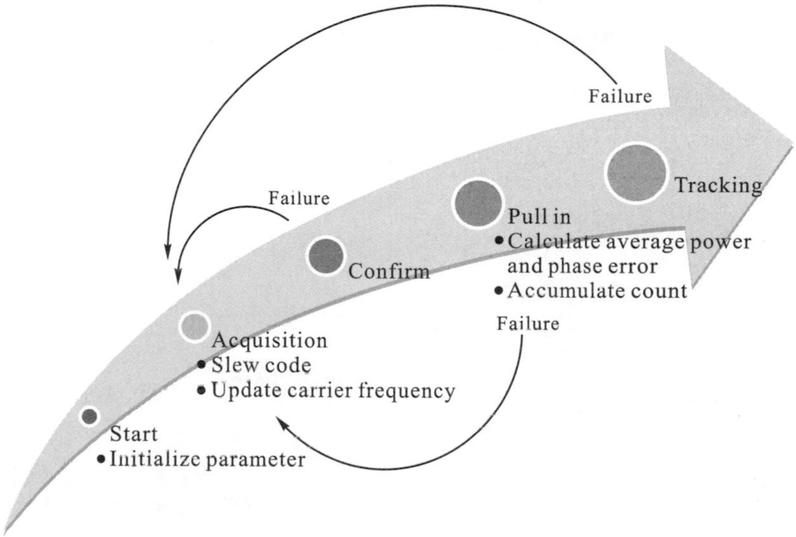

圖 6.65　訊號處理狀態機流程圖

說明了雙模接收機之設計與製作後，以下描述部分訊號擷取、追蹤與定位之結果。此一雙模接收機射頻前端之取樣頻率為 8.184 MHz，而 GPS 電碼碼率為 1.023 MHz，即一個電碼被取樣 8 個樣本，一個電碼週期因此有 8184 個樣本。圖 6.66 為 GPS 訊號之追蹤結果，此處顯示準時相關器之同相與正交輸出，可以很明顯地辨識出導航資料位元為+1 或−1 而正確地將導航資料解調。圖 6.67 為 Galileo 訊號之追蹤結果。

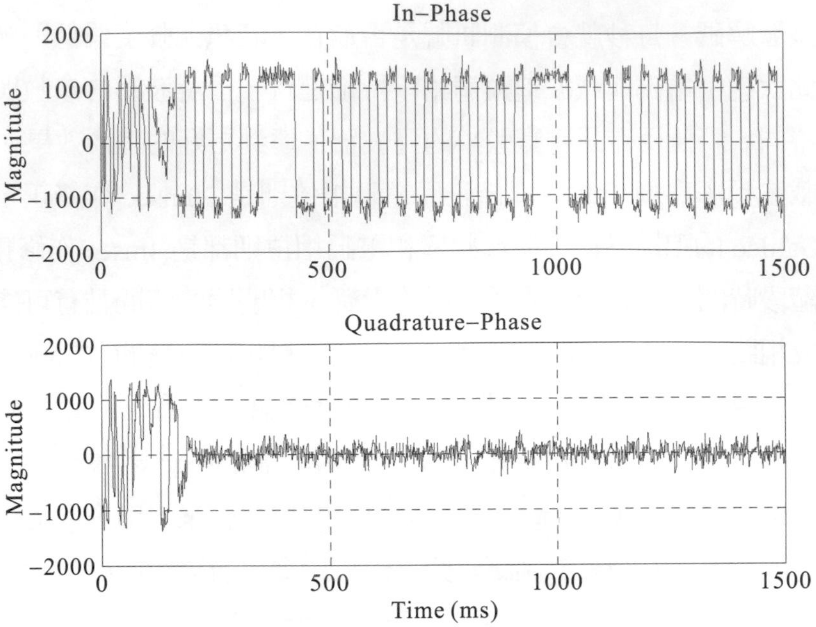

圖 6.66 GPS 同相及正交之準時相關器輸出

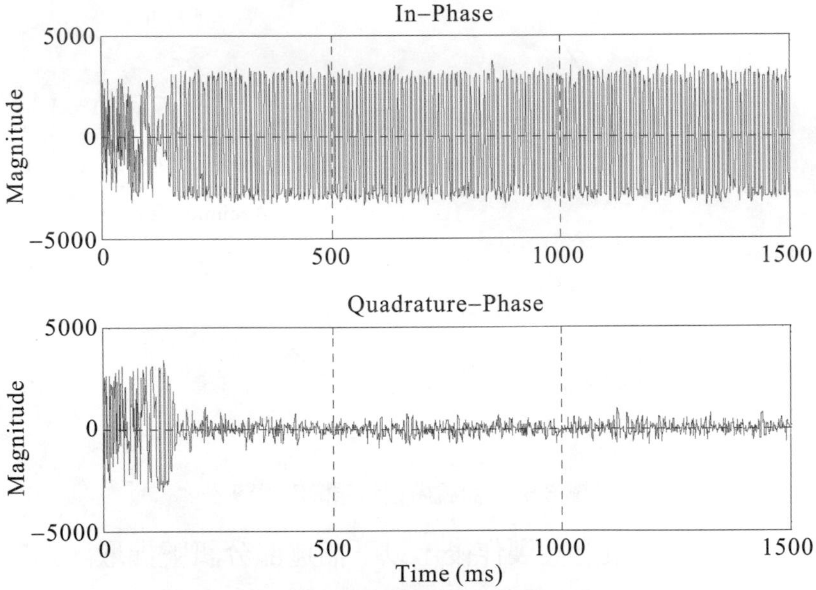

圖 6.67 Galileo 同相及正交之準時相關器輸出

將導航資料解調後，即可將星曆資料解碼算出衛星位置，更進而計算出接收機之位置。有關定位計算之方法將於後續章節介紹，此一雙模接收機可根據星曆與量測量解算位置，並將位置資訊傳送出。圖 6.68 顯示位置解算成果。

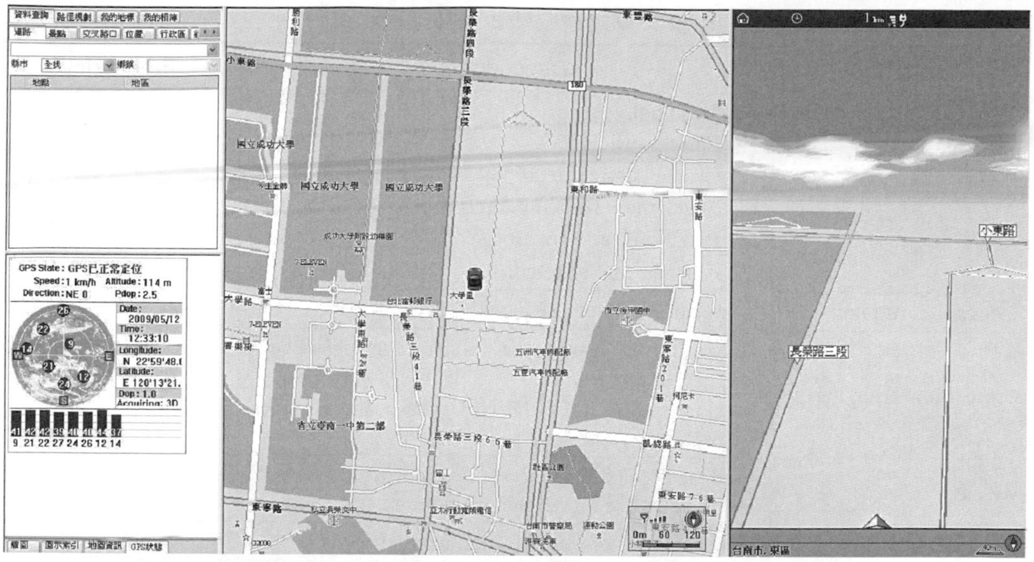

圖 6.68　接收器定位結果於導航軟體顯示畫面

6.5.2　個人電腦軟體接收機

個人電腦之發展與普及當然也造成以個人電腦平台執行之軟體接收機。圖 6.69 爲一基於個人電腦(PC-based)之軟體接收機架構，此一架構之橋接裝置與射頻前端合併成一模組並藉由 USB 介面與個人電腦連接，而個人電腦之軟體得執行資料整理、基頻處理與導航定位解算之功能。

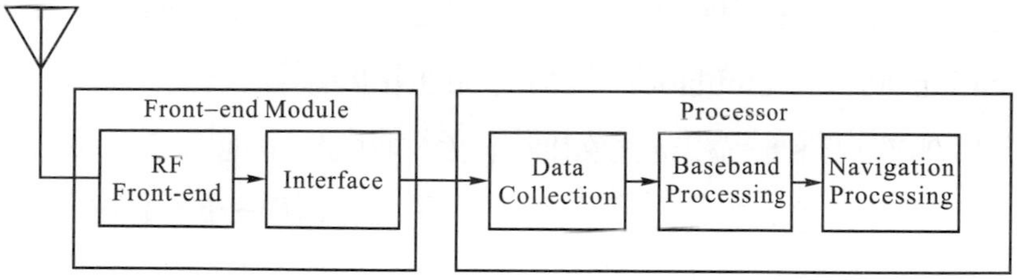

圖 6.69　基於個人電腦之軟體接收機架構

GNSS 衛星訊號經射頻前端降頻與數位化後以數位中頻之方式呈現，而每一樣本爲一或二位元。此些樣本儲存於射頻前端內之緩衝儲存區並利用 USB 介面傳送至個人電腦。個人電腦定期取得數位中頻樣本並執行訊號擷取、追蹤與定位解算之工作。軟體啓動時，首先會初始化通道設定、濾波器係數以及取得輔助用之訊息如衛星星曆等。軟體隨之進入一迴圈並以區塊(block)方式處理中頻訊號。每一區塊之資料相當於 1msec 或 GPS C/A 電碼一週期之資料，此一區塊資料與本地電碼和載波進行相關運算，並將此一相關結果進行擷取、追蹤、解調與解碼之處理。軟體則於每 100msec 讀取虛擬距離並進行定位解算。表 6.5 詳列各項軟體工作之功能與執行重複率。

表 6.5　軟體接收機各軟體模組之說明

Component	Description	Frequency
Initialization	Set the initial value of (1) Filter coefficients (2) Channel assignments (3) Acquisition/Tracking threshold (4) Initial time and position (5) Almanac and ephemeris	One time
Software correlator	Correlation between IF signal and local replica.	1 msec
Acquisition/Tracking	Acquisition : search for initial code phase and Doppler frequency. Tracking : fine track the code phase and Doppler frequency	1 msec
Message	Find the preamble of message, perform parity check and demodulate bits in the navigation data.	20 msec
Ephemeris	Get ephemeris of satellite from navigation data.	6 sec
Measure	Measure the code phase, nav. bit time, and carrier phase.	100 msec
Pseudorange	Use measurements to calculate the pseudorange with carrier-smoothing	100 msec
Positioning	Use pseudorange and ephemeris to calculate position of receiver.	100 msec

軟體接收機之一重要軟體模組爲軟體相關器(software correlator)。相關器之動作如 6.3.1 節之說明主要利用本地產生之電碼與載波與輸入訊號進行相關運算。由於係採用數位方式處理，故此一運算相當於相乘與累加之動作。有些處理器具有特定之相乘與累加(multiplication and accumulation)指令可加速相關運算。但當利用軟體實現相關器除考慮相乘與累加運算外，另得思考如何有效率地產生本地電碼與載波。利用移位暫存器之方式實現電碼之產生往往耗費太多之時間，故電碼一般事先以建表方式產生並將整個電碼儲存於記憶體。載波之產生牽涉到正弦與餘弦函數，往往也事先產生與儲存。於產生電碼與載波時，必須參考輸入中頻樣本之取樣率並以相同頻率產生電碼與載波。另外，雖然單一時刻之電碼可以一位元表示，載波則往往得利用較多之位元。軟體接收機得因此以空間換取時間，即利用記憶體之儲存以減輕即時產生電碼與載波之負擔。

經由建表後，相關運算相當於利用查表方式找出對應之電碼與載波資料區塊並與輸入資料區塊進行乘算與累加。由於資料之位元有限，故可合併數位元成一位元組，並應用邏輯運算實現乘算。個人電腦之單一指令多重資料(single instruction multiple data, SIMD)指令集如 SSE(Streaming SIMD extensions)之指令亦相當有利於速度之提升。此一指令允許同時處理 128 位元之資料，由於輸入與電碼資料均採一位元，此一指令相當於同時處理 128 筆資料。至於累加之動作亦可以不必執行加法而是利用 popcnt 之指令完成。完成軟體相關器之發展後，其他表 6.5 所示軟體模組之工作所需之資源均較低，也因此可實現即時軟體接收機於個人電腦。

個人電腦 GNSS 軟體接收機經由有效率之軟體相關器之實現可以即時地同時接收與處理 12 顆衛星之訊號，並將定位結果顯示於數值地圖。採用軟體接收機之一項優點爲靈活性。例如，日本之 QZSS 衛星所發射之訊號與 GPS 興訊號是相容地，故接收機理當可以進行接收與定位。但是硬體接收機若出廠若未設定接收 QZSS 衛星之功能則無法進行接收。軟體接收機可以因應此一變化。圖 6.70 顯示於都市叢林所看到之衛星，由於大半部之天空爲建築物所遮蔽故可通視之衛星有限。此時若可接收高仰角之 QZSS 衛星則仍可進行定位。於前述軟體接收機中，僅需建立該衛星(PRN 193)之展頻電碼表則可直接進行接收。圖 6.71 爲同時接收 GPS 衛星與 QZSS 衛星之結果。此時由於衛星之顆數足夠故可以進行定位。但若只接收 GPS 衛星，則由於顆數不足，無法定位。

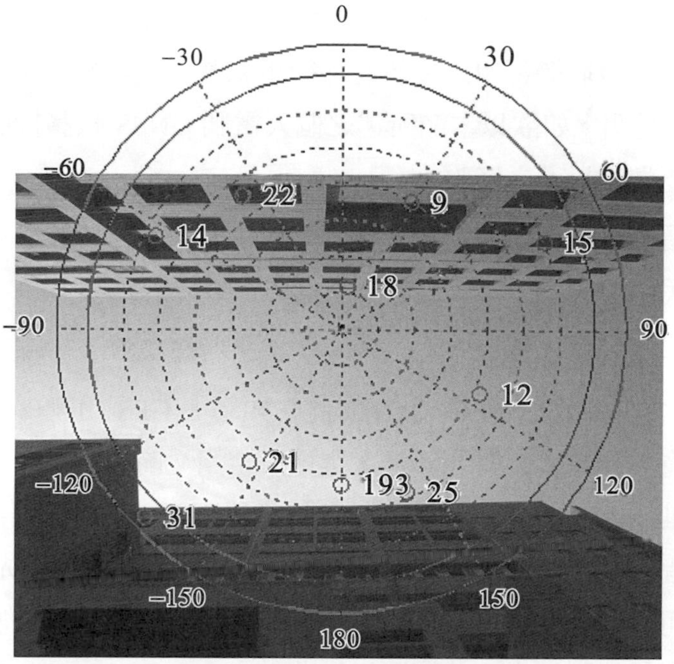

圖 6.70　受遮蔽之接收情形

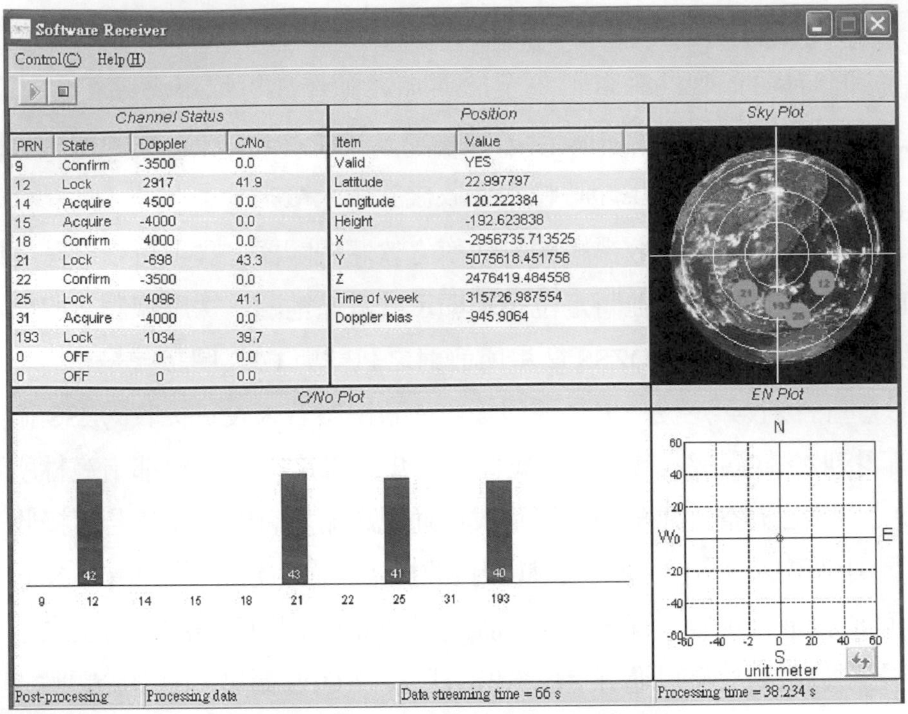

圖 6.71　個人電腦軟體接收機之接收畫面

GNSS 軟體接收機之一項特色爲可變構型(reconfigurability)。經過小幅度的修改，個人電腦 GNSS 軟體接收機可用以接收北斗衛星訊號。北斗衛星訊號之頻率、調變與展頻碼已於 5.4 節說明。如欲以本節所述之個人電腦 GNSS 軟體接收機進行北斗衛星訊號之接收，主要進行以下之修改

- 採用適當頻段之前端
- 建立北斗民用展頻碼
- 修改相關之參數與係數

北斗 B1 民用訊號之頻率爲 1561.098MHz，此一頻率與 GPS L1 頻率相近，可以採用一涵蓋此二頻率之寬頻前端或針對北斗頻率選擇一合用之前端。北斗之民用展頻碼採用 2046 碼元爲一週期，故得重新建置軟體接收機之電碼表，但載波表不用更新。至於整體軟體操作之流程亦相當類似，故修改之幅度相當有限。如此，原先具有 GPS 接收功能之軟體接收機可修改成具有接收北斗導航衛星訊號功能之軟體接收機。圖 6.72 爲即時執行多顆北斗衛星追蹤結果。此圖顯示，北斗之 G1、G3、G4、I1、I2、I4、I5 與 M1 訊號可以即時地由所發展之軟體接收機追蹤。

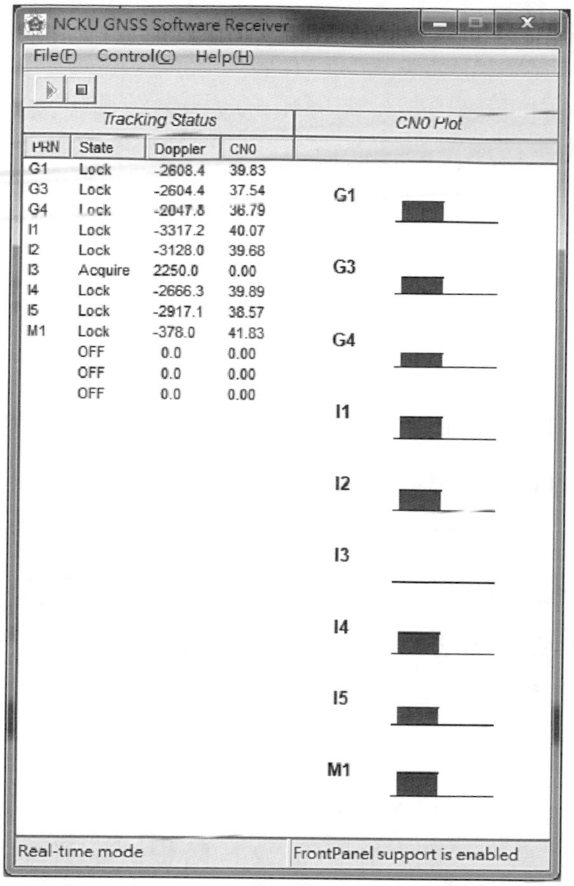

圖 6.72　即時執行多顆北斗衛星追蹤結果

結語

由於這幾年 GNSS 接收機之發展使得整個 GNSS 技術目前已深入人們的日常生活。第一代的 GPS 接收機尺寸如機櫃一般大；目前隨著晶片技術之發展，GNSS 接收機縮小成一晶片。但是，由於衛星訊號仍相當弱，故得應用相似之解展頻技術並進行擷取與追蹤。GNSS 接收機利用射頻前端進行降頻與轉換以取得數位中頻樣本。數位接收機先進行訊號之擷取然後再進行載波與電碼之追蹤。於接收過程爲了取得所需之靈敏度有必要進行解展頻之相關運算動作以取得所需之處理增益，此一過程可利用同調型式之積分與非同調型式之累加動作完成。面對新一代之 BOC 調變，基本上可以期望有較佳之追蹤性能但接收機亦得稍加修改以因應 BOC 調變所引發之誤鎖定議題。另一方面，根據摩爾定律，處理器功能將持續提升也因此引領出軟體接收機之研究。可以想見，隨著多星座與多頻率 GNSS 訊號之普及，GNSS 接收機技術將持續精進，以達到多功能、高感度、輕巧且低耗電之目的。

參考文獻說明

GNSS 接收機技術主要應用數位與展頻接收機之技術，故許多有關數位通訊與接收機之書籍可以作為探討 GNSS 接收機之參考，這其中以為常見之書籍與文獻包含[93][166][169][187][185][230][232]。當然針對 GNSS 之接收機，目前亦又相當多本書籍與文獻[26][95][117][152][208][219]可供參考。接收機之前端一般為一射頻電路，目前有關射頻電路之製作與晶片化亦有長足之進步，可參考[171]；至於 GNSS 接收機之射頻晶片與發展則可參考[183]。有關展頻訊號以及 GNSS 訊號之擷取另可參考[35][107][201]。鎖相迴路為發展相當久之技術，此一技術仍為許多接收機之核心，可參考[50][71][131][149][196]。鑑別器為 GNSS 接收機之核心，有關鑑別裝置之設計與分析可參考[103][110][158][209]。至於追蹤迴路性能之分析，則可參考[20][94]。多路徑現象與因應一直是 GNSS 研究之一重要議題，主要可參考[25][34][203][211][220]。BOC、MBOC 乃至於 AltBOC 訊號之追蹤可參考[44][58][114]；對於 BOC 訊號追蹤所面臨之模稜問題可參考於[6][14][57][91][116][217]所提出之解決方案。有關 Galileo 接收機之實現，則可參考[108]。軟體接收機為相當時興之議題，主要可以參考以及相關文獻如[31][153][173]。對於 GNSS 軟體接收機之技術，則有以下之書籍可供參考[22][206]，其中[206]著重於法則之發展而[22]同時提供範例程式。其他有關軟體接收機之實現與技術，可參考[3][38][59][88][105][106][127][136]。

習題

1. 於零中頻之架構進行訊號之降頻一般得同時採用同相與正交之混波器，是否可以僅用一個混波器即可？
2. 為何超外差架構較不會受到直流偏置之影響？
3. 有些超外差架構亦同時採用正相與正交混波器，為何此時對此二混波器平衡之要求較不嚴苛？
4. 試說明帶通取樣之優點與限制。
5. 試確認公式(6.13)相關器雜訊方差之公式。
6. 計算公式(6.17)中央凱平方分佈之期望值與方差。
7. 計算公式(6.18)非置中凱平方分佈之期望值。

8. 根據公式(6.62)，驗證迴路雜訊頻寬公式(6.64)與(6.68)。

9. 採用比例積分型式之迴路濾波器所得之閉迴路系統轉移函數如公式(6.66)所示，計算此一系統受步進輸入之暫態響應。

10. 於表 6.2 有關鑑別器之說明，有些鑑別器之期望輸出與功率有關，另有一些則無關，試說明實際應用上此二類型鑑別器之差別。

11. 試驗證公式(6.114)有關雜訊 $n_{NC}(k)$ 之方差的公式。

12. 參照公式(6.115)之推導，試計算非同調架構、DP 鑑別器之受到雜訊影響下之電碼誤差之方差爲

$$E\left\{\tilde{\tau}^2\right\} = \frac{T_c^2}{2}\frac{B_L\Delta}{(P/N_0)}\left(1+\frac{1}{T(P/N_0)}\right)$$

13. 試分析非同調架構並採用 EMLP 鑑別器時之多路徑包絡，並說明此一包絡與採用同調架構與 EML 鑑別器彼此相同。

14. 於圖 6.26 之訊號追蹤迴路，載波追蹤迴路之迴路濾波器可送訊號至電碼追蹤迴路之迴路濾波器，試說明此一機制。

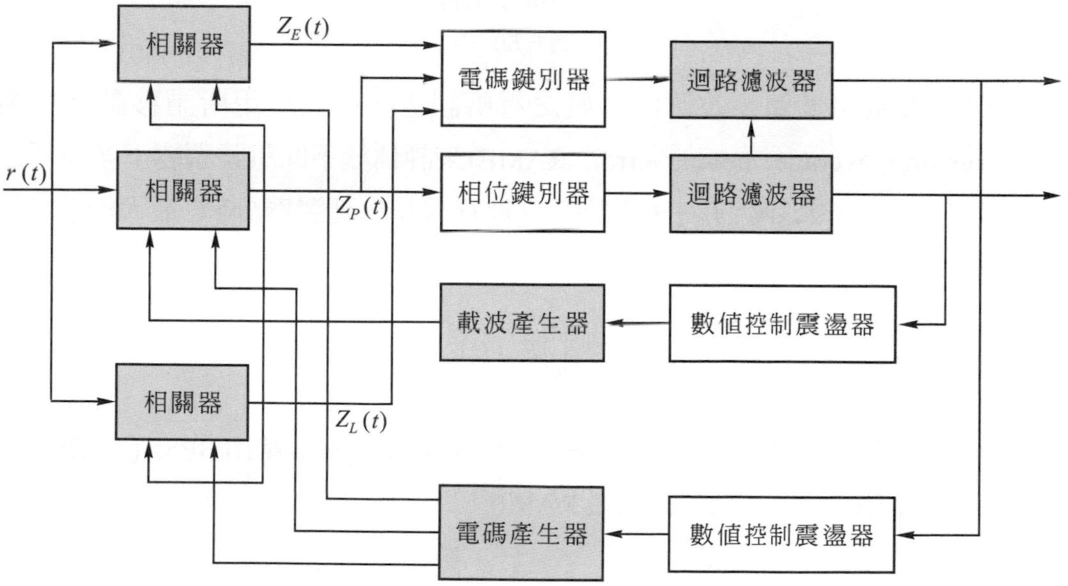

圖 6.26

15. 分別由接收機架構之複雜度與追蹤性能之觀點，比較採用 BPSK(1)調變與 BOC(1,1)調變之優缺點。

16. 於圖 6.50 之鑑別曲線可知於正確鎖定點(0 碼元)與錯誤鎖定點(0.59 碼元)之間，鑑別曲線於 0.42 碼元附近亦有機會為零，請問此一點之意義為何？

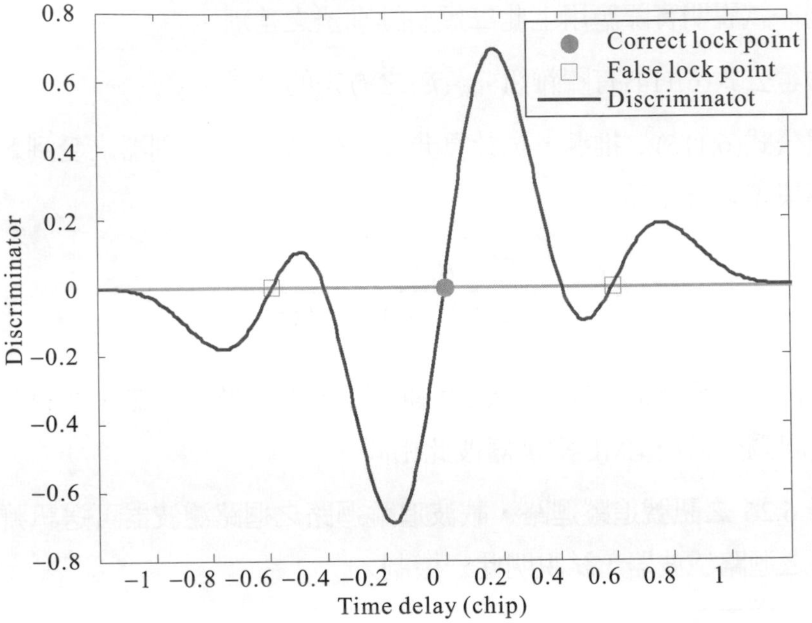

圖 6.50

17. 為有效量化多路徑效應所引發之電碼誤差，有人採用所謂移動平均誤差(running average moving error, RAME)來評估於不同訊號調變下多路徑之影響。假設 $E^{+}(\beta)$與 $E^{-}(\beta)$分別為多路徑包絡於延遲為β時之最大與最小值，RAME 之定義為

$$\text{RAME}(t)=\frac{1}{2t}\int_0^t\left|E^{+}(\beta)-E^{-}(\beta)\right|d\beta$$

假設前端頻寬為 20 MHz 且相關器間距為 0.4，試計算並繪出 BPSK(1)、BOC(1,1)與 MBOC(6,1,1/11)調變訊號之 RAME。

Chapter 7

估測理論

Estimation Theory

所謂估測(estimation)係根據一系列的觀測或量測量(measurement)試圖取得這些量測量關聯性、模式或動態行爲之方法。許多工程、科學、經濟、生物、行爲或社會學之應用，均採用估測理論以對訊號之變化、物理之現象、景氣之榮衰、或人口之變遷進行分析或預測。在導航應用上，導航者往往得根據一系列之觀測量如角度或距離等以決定位置、速度和時間等導航量。例如，典型之 GNSS 定位問題爲根據虛擬距離量測量推算出接收機之位置與時鐘誤差。估測問題之主要挑戰爲量測量受到不確定之誤差與雜訊之影響以致於所估測之結果亦受制於誤差。由於量測雜訊或誤差無法避免，估測方法一般嘗試建立或取得有關待估測問題之部分資訊以利取得較精確和較可靠之估測。此些資訊或以雜訊之統計特性或以系統之動態模式呈現；也因此針對不同的資訊，亦有相對應之估測方法。本章將分別介紹參數估測與狀態估測之方法。參數估測問題一般假設存在一量測模式可描述量測量與待估測參數間之關係，而參數估測問題則爲反解此一量測模式。狀態估測問題則除了量測模式外另利用狀態模式描述相鄰時刻間狀態之演化情形，因此狀態估測問題之挑戰爲如何針對此二模式進行取捨以達到最佳之資料融合(data fusion)。估測方法除了提供估測值外，更重要的是可以提供估測品質的保證如誤差之上限或協方差。參數與狀態估測方法均廣泛應用於衛星定位、導航與授時之議題。本章介紹適用於處理導航訊號之參數估測與狀態估測方法外，另將針對導航誤差之描述進行說明。

7.1 參數估測方法

本節將介紹一些習見之參數估測方法：最小平方(least squares)方法、最佳線性零偏置(best linear unbiased)估測法、最大似然(maximum likelihood)估測法、最小均方誤差(minimal mean-squared error)法、最佳後驗(maximum a posterior)估測法及其多種變化。最小平方法源於 1795 年當高斯(Gauss)發展此方法以應用於天文觀測上。最小平方法定義一平方誤差以爲最小化之目標函數(objective function)並試圖尋求一最佳之參數向量以令目標函數最小。最佳線性零偏置估測法則限制估測器必須滿足線性與零偏置之條件並試圖降低均方誤差。最大似然估測法主要定義一似然函數(likelihood function)並引用最佳化之作法解算出一參數向量以令此時所得量測量之出現可能之似然性最高。對於隨機參數之估測一般引用最小均方誤差法或最佳後驗估測法。最小均方誤差法引用最小化之方法估測參數向量以令期望之估測誤差最小。相較而言，最佳後驗估測法則尋求參數向量以令給定量測量後之條件機率爲最大。視取得資訊之差異，此些不同方法建基於不完全相同之假設，因此引用之時機並不完全相同。

7.1.1 隨機變數之回顧

於參數估測過程中量測量往往受到雜訊之影響故得應用隨機變數與隨機過程之理論以探討所估測量受到雜訊影響之性質。有關機率與隨機變數已於第 3.2 節有所說明。以下針對隨機向量之部分定義與結果先行回顧。一隨機變數根據定義爲一樣本空間上之任一實函數。隨機變數的性質可以推廣至隨機向量。若 x_1、x_2 ⋯ x_n 均爲隨機變數，可定義向量 $\boldsymbol{x}=[x_2 \quad x_2 \quad \cdots \quad x_n]^T$ 爲一隨機向量。此一隨機向量之平均向量爲

$$\boldsymbol{m}_{\boldsymbol{x}} = E\{\boldsymbol{x}\} = \begin{bmatrix} m_{x_1} & m_{x_2} & \cdots & m_{x_n} \end{bmatrix}^T \tag{7.1}$$

其中 $m_{x_i} = E\{x_i\}$。協方差矩陣(covariance matrix) $\boldsymbol{P_x}$ 爲一 $n \times n$ 之矩陣且此一矩陣之第 (i, j) 元素爲 x_i 與 x_j 之協方差 $\sigma^2_{x_i,x_j} = E\{(x_i - m_{x_i})(x_j - m_{x_j})\}$ 即

$$\boldsymbol{P_x} = \begin{bmatrix} \sigma^2_{x_1} & \sigma^2_{x_1,x_2} & \cdots & \sigma^2_{x_1,x_n} \\ \sigma^2_{x_2,x_1} & \sigma^2_{x_2} & & \\ \vdots & & \ddots & \vdots \\ \sigma^2_{x_n,x_1} & & \cdots & \sigma^2_{x_n} \end{bmatrix} \tag{7.2}$$

換言之，$\boldsymbol{P_x}$ 又可寫成

$$\boldsymbol{P_x} = E\left\{(\boldsymbol{x}-\boldsymbol{m_x})(\boldsymbol{x}-\boldsymbol{m_x})^T\right\} \tag{7.3}$$

協方差矩陣 $\boldsymbol{P_x}$ 之倒數 $\boldsymbol{P_x}^{-1}$ 一般稱之爲資訊矩陣(information matrix)。當協方差越小時代表該筆隨機變數之一致性較高也意謂其提供較有用價值之資訊。至於 $\boldsymbol{x}$ 之相關矩陣(correlation matrix)則定義爲

$$\boldsymbol{R_x} = E\left\{\boldsymbol{x}\boldsymbol{x}^T\right\} \tag{7.4}$$

顯然地，

$$\boldsymbol{P_x} = \boldsymbol{R_x} - \boldsymbol{m_x}\boldsymbol{m_x}^T \tag{7.5}$$

若 x 之平均向量爲零向量，則 $\boldsymbol{P_x} = \boldsymbol{P_x}$。同時，根據定義，協方差矩陣與相關矩陣均爲半正定(positive semi-definite)矩陣。

若 $\boldsymbol{x}$ 與 $\boldsymbol{z}$ 為二隨機向量，則其交互協方差矩陣(cross covariance matrix)與交互相關矩陣(cross correlation matrix)分別為

$$\boldsymbol{P}_{x,z} = E\left\{(\boldsymbol{x}-\boldsymbol{m}_x)(\boldsymbol{z}-\boldsymbol{m}_z)^T\right\} \text{ 與 } \boldsymbol{R}_{x,z} = E\left\{\boldsymbol{x}\boldsymbol{z}^T\right\} \tag{7.6}$$

$\boldsymbol{x}$ 與 $\boldsymbol{z}$ 之交互協方差矩陣和 z 與 x 之交互協方差矩陣互成轉置，即

$$\boldsymbol{P}_{x,z} = \boldsymbol{R}_{x,z}^T \tag{7.7}$$

同理 $\boldsymbol{P}_{x,z} = \boldsymbol{R}_{x,z}^T$。若二隨機向量 $\boldsymbol{x}$ 與 $\boldsymbol{z}$ 之交互相關矩陣為零，即 $\boldsymbol{P}_{x,z} = \boldsymbol{0}$，則 $\boldsymbol{x}$ 與 $\boldsymbol{z}$ 彼此正交(orthogonal)。若 $\boldsymbol{x}$ 與 $\boldsymbol{z}$ 之交互協方差矩陣為零，即 $\boldsymbol{P}_{x,z} = \boldsymbol{0}$，則 $\boldsymbol{x}$ 與 $\boldsymbol{z}$ 為不相關(uncorrelated)。

定義了隨機向量之基本量與性質後，接著探討線性模式中平均向量與協方差矩陣之關係。假設 $\boldsymbol{x}$、$\boldsymbol{v}$ 與 $\boldsymbol{z}$ 為三隨機向量且滿足下列之線性關係

$$\boldsymbol{z} = \boldsymbol{H}\boldsymbol{x} + \boldsymbol{v} \tag{7.8}$$

其中 $\boldsymbol{H}$ 為一不具隨機性之命定(deterministic)矩陣。此時，若取(7.8)之期望值則可推得 $\boldsymbol{x}$、$\boldsymbol{v}$ 與 $\boldsymbol{z}$ 之平均向量關係為

$$\boldsymbol{m}_z = \boldsymbol{H}\boldsymbol{m}_x + \boldsymbol{m}_v \tag{7.9}$$

因此期望值向量間亦具一線性關係。至於 $\boldsymbol{z}$ 之協方差矩陣則為

$$\boldsymbol{P}_z = \boldsymbol{H}\boldsymbol{P}_x\boldsymbol{H}^T + \boldsymbol{H}E\left\{(\boldsymbol{x}-\boldsymbol{m}_x)(\boldsymbol{v}-\boldsymbol{m}_v)^T\right\} + E\left\{(\boldsymbol{v}-\boldsymbol{m}_v)(\boldsymbol{x}-\boldsymbol{m}_x)^T\right\}\boldsymbol{H}^T + \boldsymbol{P}_v \tag{7.10}$$

此時若 $\boldsymbol{x}$ 與 $\boldsymbol{v}$ 不相關，即 $E\left\{(\boldsymbol{x}-\boldsymbol{m}_x)(\boldsymbol{v}-\boldsymbol{m}_v)^T\right\} = \boldsymbol{0}$，則

$$\boldsymbol{P}_z = \boldsymbol{H}\boldsymbol{P}_x\boldsymbol{H}^T + \boldsymbol{P}_v \tag{7.11}$$

因此，$\boldsymbol{z}$ 之協方差矩陣 $\boldsymbol{P}_z$ 亦為 $\boldsymbol{P}_x$ 與 $\boldsymbol{P}_v$ 之線性函數。

高斯分佈(Gaussian distribution)為最常見之機率分佈。對於一均值為 m_x，方差為 σ_x^2 之高斯分佈 x，其機率密度函數為

$$p_X(x) = \frac{1}{\sqrt{2\pi}\sigma_x}\exp\left(-\frac{1}{2}\frac{(x-m_x)^2}{\sigma_x^2}\right) \tag{7.12}$$

若 n 維高斯隨機向量 $\boldsymbol{x}$ 之均值爲 $\boldsymbol{m_x}$ 且協方差矩陣爲 $\boldsymbol{P_x}$ 則機率密度函數爲

$$p_X(\boldsymbol{x}) = \frac{1}{\sqrt{(2\pi)^n \det(\boldsymbol{P}_x)}} \exp\left(-\frac{1}{2}(\boldsymbol{x}-\boldsymbol{m}_x)^T \boldsymbol{P}_x^{-1}(\boldsymbol{x}-\boldsymbol{m}_x)\right) \tag{7.13}$$

此處 $\det(\boldsymbol{P_x})$代表 $\boldsymbol{P_x}$ 之行列式(determinant)。爲方便故，亦以下式表示均值爲 $\boldsymbol{m_x}$ 且協方差矩陣爲 $\boldsymbol{P_x}$ 之高斯分佈

$$\boldsymbol{x} \sim \mathbb{N}(\boldsymbol{m}_x, \boldsymbol{P}_x) \tag{7.14}$$

高斯分佈具諸多性質有利於訊號之處理與參數之估測。一旦取得均值向量與協方差矩陣則高斯分佈之機率密度函數可完全決定。針對(7.8)之線性模式，若 $\boldsymbol{x}$ 與 $\boldsymbol{v}$ 均爲高斯分佈則 $\boldsymbol{z}$ 亦爲高斯分佈。根據機率理論，條件機率可表成

$$p_{X|Z}(\boldsymbol{x}\,|\,\boldsymbol{z}) = \frac{p_{X,Z}(\boldsymbol{x},\boldsymbol{z})}{p_Z(\boldsymbol{z})} \tag{7.15}$$

假設 $\boldsymbol{x}$ 與 $\boldsymbol{z}$ 爲合成高斯分佈且其均值向量爲 $\begin{bmatrix}\boldsymbol{m}_x^T & \boldsymbol{m}_z^T\end{bmatrix}^T$ 而協方差矩陣爲 $\begin{bmatrix}\boldsymbol{P}_x & \boldsymbol{P}_{x,z} \\ \boldsymbol{P}_{z,x} & \boldsymbol{P}_z\end{bmatrix}$，即

$$\begin{bmatrix}\boldsymbol{x} \\ \boldsymbol{z}\end{bmatrix} \sim \mathbb{N}\left(\begin{bmatrix}\boldsymbol{m}_x \\ \boldsymbol{m}_z\end{bmatrix}, \begin{bmatrix}\boldsymbol{P}_x & \boldsymbol{P}_{x,z} \\ \boldsymbol{P}_{z,x} & \boldsymbol{P}_z\end{bmatrix}\right) \tag{7.16}$$

此時條件機率 $p_{X|Z}(\boldsymbol{x}|\boldsymbol{z})$亦爲高斯分佈且其機率密度函數爲

$$p_{X|Z}(\boldsymbol{x}\,|\,\boldsymbol{z}) = \frac{1}{\sqrt{(2\pi)^n \det(\boldsymbol{P}_{x|z})}} \exp\left(-\frac{1}{2}(\boldsymbol{x}-\boldsymbol{m}_{x|z})^T \boldsymbol{P}_{x|z}^{-1}(\boldsymbol{x}-\boldsymbol{m}_{x|z})\right) \tag{7.17}$$

其中

$$\boldsymbol{m}_{x|z} = E\{\boldsymbol{x}\,|\,\boldsymbol{z}\} = \boldsymbol{m}_x + \boldsymbol{P}_{x,z}\boldsymbol{P}_z^{-1}(\boldsymbol{z}-\boldsymbol{m}_z) \tag{7.18}$$

且

$$\boldsymbol{P}_{x|z} = \boldsymbol{P}_x - \boldsymbol{P}_{x,z}\boldsymbol{P}_z^{-1}\boldsymbol{P}_{z,x} \tag{7.19}$$

7.1.2 線性模式

圖 7.1 爲本節所探討之量測模式與估測器之關連圖。假設未知之參數向量 $\boldsymbol{x}$ 爲一 n 維($n\times 1$)之向量，而量測訊號向量 $\boldsymbol{z}$ 爲一 $m\times 1$ 之向量。當參數向量與量測訊號向量具有線性關係時，參數向量 $\boldsymbol{x}$ 與量測訊號向量 $\boldsymbol{z}$ 滿足如(7.8)之線性模式(linear model)

$$\boldsymbol{z} = \boldsymbol{H}\boldsymbol{x} + \boldsymbol{v} \tag{7.20}$$

其中 $\boldsymbol{H}$ 爲一 $m\times n$ 之觀測矩陣(observation matrix)代表參數與訊號間之關係而 $\boldsymbol{v}$ 爲雜訊向量。在此同時假設 $\boldsymbol{v}$ 爲一均值爲零之雜訊。如果 $\boldsymbol{v}$ 之均值爲一常數但不爲零則可令其均值爲另一待估測之參數並納入參數向量，(7.20)之線性模式仍可適用。參數估測之目的爲取得一估測向量，以 $\hat{\boldsymbol{x}}$ 表之，以使 $\boldsymbol{x}$ 與 $\hat{\boldsymbol{x}}$ 間之誤差愈小愈好。

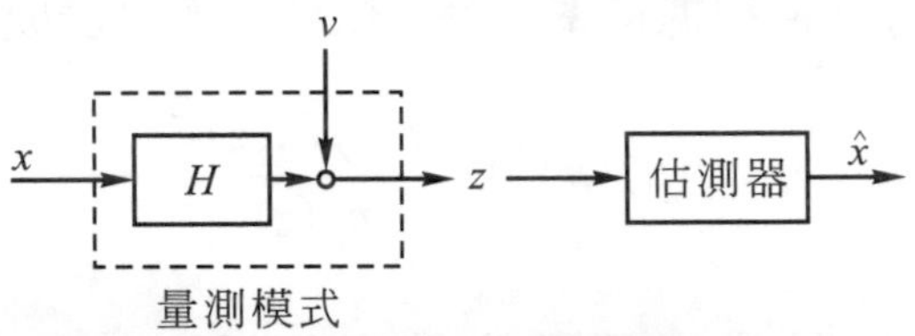

圖 7.1　線性模式與估測器之處理

如果量測量之個數 m 小於參數向量之個數 n，則此一問題爲一欠決定(underdetermined)之問題；亦即存在無限多解(或在某些特定情況下無解)滿足線性模式。對導航之應用吾人比較關心的是 $m\geq n$ 的情形。明顯的若 $m=n$ 且觀測矩陣 $\boldsymbol{H}$ 爲可逆(invertible)則

$$\boldsymbol{x} = \boldsymbol{H}^{-1}\boldsymbol{z} - \boldsymbol{H}^{-1}\boldsymbol{v} \tag{7.21}$$

此時 $\boldsymbol{x}$ 之最佳估測向量爲

$$\hat{\boldsymbol{x}} = \boldsymbol{H}^{-1}\boldsymbol{z} \tag{7.22}$$

如果量測量之個數大於參數向量之維度，即 $m>n$ 則前述問題即爲一過決定(over determined)之問題，此時一般採用最小平方法或其他估測方法求解出最佳近似解。

令 $\hat{\boldsymbol{x}}$ 爲根據 $\boldsymbol{z}$ 對 $\boldsymbol{x}$ 估測向量，則可定義估測誤差(estimation error)向量 $\tilde{\boldsymbol{x}}$ 爲眞實參數向量與估測向量之差，即

$$\tilde{\boldsymbol{x}} = \boldsymbol{x} - \hat{\boldsymbol{x}} \tag{7.23}$$

一旦可取得參數之估測向量 $\hat{\boldsymbol{x}}$ ，由於 $\boldsymbol{v}$ 爲一均值爲零的雜訊，故可推算此時之預估量測量爲 $\hat{\boldsymbol{z}}=\boldsymbol{H}\hat{\boldsymbol{x}}$。定義量測餘量(measurement residual) $\tilde{\boldsymbol{z}}$ 爲眞實量測向量與預估量測量之差，即

$$\tilde{\boldsymbol{z}}=\boldsymbol{z}-\hat{\boldsymbol{z}}=\boldsymbol{H}\tilde{\boldsymbol{x}}+\boldsymbol{v} \tag{7.24}$$

量測餘量又稱爲殘差爲一可以實際取得之向量；相較而言，於實際應用上，估測誤差是無法取得的。

7.1.3　最小平方法

最小平方法採用量測餘量之平方爲最小化之目標函數

$$J_{wls}(\hat{\boldsymbol{x}})=\tilde{\boldsymbol{z}}^T\boldsymbol{W}\tilde{\boldsymbol{z}} \tag{7.25}$$

其中 $\boldsymbol{W}$ 爲一 $m\times m$ 正定(positive definite)之加權矩陣(weighting matrix)。當 $J_{wls}(\hat{\boldsymbol{x}})$ 甚小時表示 $\tilde{\boldsymbol{z}}$ 之値近於零亦即眞實量測値與預估量測値是接近的。最小平方法的目的即在於推算出 $\hat{\boldsymbol{x}}$ 以令 $J_{wls}(\hat{\boldsymbol{x}})$ 最小，所得之最佳加權平方估測值(weighted least squares estimate) $\hat{\boldsymbol{x}}_{wls}$ 因此可表示成

$$\hat{\boldsymbol{x}}_{wls}=\arg\min_{\hat{\boldsymbol{x}}} J_{wls}(\hat{\boldsymbol{x}}) \tag{7.26}$$

欲令此一目標函數最小之一必要條件爲其對 $\hat{\boldsymbol{x}}$ 之微分爲零，即

$$\frac{dJ_{wls}(\hat{\boldsymbol{x}})}{d\hat{\boldsymbol{x}}}=\boldsymbol{0} \tag{7.27}$$

由於上述之目標函數(7.25)可改寫爲

$$\begin{aligned}J_{wls}(\hat{\boldsymbol{x}})&=\left(\boldsymbol{z}-\hat{\boldsymbol{z}}\right)^T\boldsymbol{W}\left(\boldsymbol{z}-\hat{\boldsymbol{z}}\right)\\&=\left(\boldsymbol{z}-\boldsymbol{H}\hat{\boldsymbol{x}}\right)^T\boldsymbol{W}\left(\boldsymbol{z}-\boldsymbol{H}\hat{\boldsymbol{x}}\right)\\&=\boldsymbol{z}^T\boldsymbol{W}\boldsymbol{z}-2\boldsymbol{z}^T\boldsymbol{W}\boldsymbol{H}\hat{\boldsymbol{x}}+\hat{\boldsymbol{x}}^T\boldsymbol{H}^T\boldsymbol{W}\boldsymbol{H}\hat{\boldsymbol{x}}\end{aligned} \tag{7.28}$$

因此若取 $J_{wls}(\hat{\boldsymbol{x}})$ 對 $\hat{\boldsymbol{x}}$ 之一次微分可得

$$\frac{dJ_{wls}(\hat{\boldsymbol{x}})}{d\hat{\boldsymbol{x}}}=-2\boldsymbol{H}^T\boldsymbol{W}\boldsymbol{z}+2\boldsymbol{H}^T\boldsymbol{W}\boldsymbol{H}\hat{\boldsymbol{x}} \tag{7.29}$$

故待求之 $\hat{\boldsymbol{x}}_{wls}$ 應滿足

$$\boldsymbol{H}^T\boldsymbol{W}\boldsymbol{H}\hat{\boldsymbol{x}}_{wls} = \boldsymbol{H}^T\boldsymbol{W}\boldsymbol{z} \tag{7.30}$$

方程式(7.30)爲一 n 階之線性方程式包含了 n 個聯立方程式及 n 個未知數。此一方程式又稱之爲正規方程式(normal equation)。若 $\boldsymbol{H}^T\boldsymbol{W}\boldsymbol{H}$ 之倒數存在則最佳加權平方估測向量爲

$$\hat{\boldsymbol{x}}_{wls} = \left(\boldsymbol{H}^T\boldsymbol{W}\boldsymbol{H}\right)^{-1}\boldsymbol{H}^T\boldsymbol{W}\boldsymbol{z} \tag{7.31}$$

此一最佳估測向量是量測向量之線性函數；因此最佳加權平方估測向量爲一線性估測向量。嚴格而言，仍需驗證此一估測向量導致最小之目標函數值。此一驗證可經由 $J_{wls}(\hat{\boldsymbol{x}})$ 之二次微分而完成。由於

$$\frac{dJ_{wls}^2(\hat{\boldsymbol{x}})}{d^2\hat{\boldsymbol{x}}} = 2\boldsymbol{H}^T\boldsymbol{W}\boldsymbol{H} \tag{7.32}$$

爲一正定矩陣，故 $\hat{\boldsymbol{x}}_{wls}$ 爲一最小加權平方估測向量。當上述之加權矩陣爲單位矩陣時，前述之推導可得最小平方估測向量(least squares estimate)

$$\hat{\boldsymbol{x}}_{ls} = \left(\boldsymbol{H}^T\boldsymbol{H}\right)^{-1}\boldsymbol{H}^T\boldsymbol{z} \tag{7.33}$$

前述最佳加權平方估測器應用相當廣泛，但其一項缺點爲加權矩陣之選擇沒有一定的準則，往往造成應用之困難。再者，由於目標函數 $J_{wls}(\hat{\boldsymbol{x}})$ 主要係降低經加權後之量測餘量只能間接地降低估測誤差。最佳加權平方估測器的另一限制爲所得之估測量並沒有相對應之性能說明或指標以供估測品質之評估或確保。

7.1.4 最佳線性零偏置估測

最佳線性零偏置估測方法主要期望賦予加權矩陣於實際應用之意義進而提供加權矩陣設定之參考。針對線性量測模式，假設觀測矩陣 $\boldsymbol{H}$ 爲一命定之矩陣且量測雜訊之均值爲零、協方差矩陣爲 $\boldsymbol{R}$。最佳線性零偏置估測方法嘗試設計一線性、零偏置且令估測誤差均方最小之估測器。由於此一估測器爲線性的，故可假設其型式爲

$$\hat{\boldsymbol{x}}_{blu} = \boldsymbol{F}\boldsymbol{z} \tag{7.34}$$

其中 $\hat{\boldsymbol{x}}_{blu}$ 爲最佳線性零偏置估測向量而 $\boldsymbol{F}$ 爲待定之矩陣。估測器具零偏置之特性代表參數估測誤差之期望值應爲零，即

$$E\{\hat{\boldsymbol{x}}_{blu}\} = E\{\boldsymbol{x}\} \tag{7.35}$$

同時定義目標函數爲估測誤差之均方

$$J_{blu}(\hat{\boldsymbol{x}}_{blu}) = E\left\{(\boldsymbol{x} - \hat{\boldsymbol{x}}_{blu})^T(\boldsymbol{x} - \hat{\boldsymbol{x}}_{blu})\right\} \tag{7.36}$$

因此，最佳線性零偏置估測器之設計目的爲尋找出矩陣 $\boldsymbol{F}$ 以滿足(7.35)且令 $J_{blu}(\hat{\boldsymbol{x}}_{blu})$ 愈小愈好。代入估測器模式(7.34)與量測模式(7.20)，零偏置之需求可推論爲

$$E\{\hat{\boldsymbol{x}}_{blu}\} = \boldsymbol{F}E\{\boldsymbol{z}\} = \boldsymbol{FH}E\{\boldsymbol{x}\} = E\{\boldsymbol{x}\} \tag{7.37}$$

因此零偏置之條件爲 $\boldsymbol{F}$ 矩陣需滿足以下公式

$$\boldsymbol{FH} = \boldsymbol{I} \tag{7.38}$$

如此估測誤差向量可表示成

$$\tilde{\boldsymbol{x}}_{blu} = \boldsymbol{x} - \hat{\boldsymbol{x}}_{blu} = \boldsymbol{x} - \boldsymbol{Fz} = \boldsymbol{x} - \boldsymbol{F}(\boldsymbol{Hx} + \boldsymbol{v}) = -\boldsymbol{Fv} \tag{7.39}$$

而目標函數(7.36)可改寫成

$$J_{blu} = E\left\{\tilde{\boldsymbol{x}}_{blu}^T\tilde{\boldsymbol{x}}_{blu}\right\} = E\left\{\boldsymbol{v}^T\boldsymbol{F}^T\boldsymbol{Fv}\right\} = \text{tracc}E\left\{\boldsymbol{F}^T\boldsymbol{Fvv}^T\right\} = \text{trace}\left(\boldsymbol{F}^T\boldsymbol{FR}\right) \tag{7.40}$$

最佳線性估測器之設計相當於尋找矩陣 $\boldsymbol{F}$ 以滿足(7.38)且令(7.40)最小。此一受到限制條件之最佳化問題可利用以下方式求解。定義

$$J' = \text{trace}\left(\boldsymbol{F}^T\boldsymbol{FR}\right) + 2\text{trace}\left(\Lambda^T(\boldsymbol{FH} - \boldsymbol{I})\right) \tag{7.41}$$

此處 Λ 爲一拉格朗日乘算子(Lagrange multiplier)。根據最佳化理論可推得以下條件

$$\frac{\partial J'}{\partial \boldsymbol{F}} = 2\boldsymbol{FR} + 2\Lambda\boldsymbol{H}^T = \boldsymbol{0} \tag{7.42}$$

與

$$\frac{\partial J'}{\partial \Lambda} = \boldsymbol{FH} - \boldsymbol{I} = \boldsymbol{0} \tag{7.43}$$

由(7.42)可解算出最佳之 $\boldsymbol{F}$ 爲 $\boldsymbol{F}=-\boldsymbol{\Lambda}\boldsymbol{H}^T\boldsymbol{R}^{-1}$，再代入(7.43)後可推算 $\boldsymbol{\Lambda}$ 也因此最佳之增益矩陣爲

$$\boldsymbol{F}=\left(\boldsymbol{H}^T\boldsymbol{R}^{-1}\boldsymbol{H}\right)^{-1}\boldsymbol{H}^T\boldsymbol{R}^{-1} \tag{7.44}$$

實際之最佳線性估測器

$$\hat{\boldsymbol{x}}_{blu}=\left(\boldsymbol{H}^T\boldsymbol{R}^{-1}\boldsymbol{H}\right)^{-1}\boldsymbol{H}^T\boldsymbol{R}^{-1}\boldsymbol{z} \tag{7.45}$$

若比較此一估測器與之最小加權平方估測器可知若設定加權矩陣爲量測誤差協方差矩陣之倒數，即 $\boldsymbol{W}=\boldsymbol{R}^{-1}$，則最小加權平方估測器可兼具零偏置與最小估測誤差均方之性質。於應用時，當量測誤差之方差增大時，代表該量測訊號具較大不確定性，相對之加權因子應予降低。利用此法同時可計算最佳之估測誤差向量均方爲

$$E\left\{(\boldsymbol{x}-\hat{\boldsymbol{x}}_{blu})^T(\boldsymbol{x}-\hat{\boldsymbol{x}}_{blu})\right\}=\text{trace}\left(\boldsymbol{H}^T\boldsymbol{R}^{-1}\boldsymbol{H}\right)^{-1} \tag{7.46}$$

明顯地，期望之估測誤差與量測誤差息息相關；當量測誤差之協方差矩陣加倍時，估測誤差之平方亦加倍。另一方面(7.46)也顯示估測誤差與觀測矩陣 $\boldsymbol{H}$ 有關。

7.1.5 最大似然估測

最大似然估測之方法主要定義一似然函數並尋找最佳之參數向量以優化似然函數。由於條件機率 $p_{X|Z}(\boldsymbol{z}|\boldsymbol{x})$代表給定 $\boldsymbol{x}$ 後 $\boldsymbol{z}$ 出現之機率；因此，似然函數 $\boldsymbol{L}(\boldsymbol{x})$與條件機率 $p_{X|Z}(\boldsymbol{x}|\boldsymbol{z})$有關亦即期望尋找最可能之參數 $\boldsymbol{x}$ 以令量測量 $\boldsymbol{z}$ 出現之機率最大。由於許多機率密度均具指數之型式故最常見之似然函數往往是 $p_{X|Z}(\boldsymbol{z}|\boldsymbol{x})$之對數

$$\boldsymbol{L}(\boldsymbol{x})=\ln p_{X|Z}(\boldsymbol{z}|\boldsymbol{x}) \tag{7.47}$$

對數函數由於是單調漸增(monotonically increasing)之函數因此不會改變最大值出現之點。最大似然估測方法因此可視爲給定量測向量 $\boldsymbol{z}$ 後企圖尋找一估測向量 $\boldsymbol{x}$ 以令似然函數最大之方法。最大似然估測向量 $\hat{\boldsymbol{x}}_{ml}$ 爲令似然機率最佳之參數，即

$$\hat{\boldsymbol{x}}_{ml}=\arg\max_{\boldsymbol{x}} L(\boldsymbol{x}) \tag{7.48}$$

爲了滿足最大似然之條件，似然函數之一次微分於最大似然估測向量 $\hat{\boldsymbol{x}}_{ml}$ 應爲零，即

$$\left.\frac{\partial L(\boldsymbol{x})}{\partial \boldsymbol{x}}\right|_{\boldsymbol{x}=\hat{\boldsymbol{x}}_{ml}} = \boldsymbol{0} \tag{7.49}$$

若將 $L(\boldsymbol{x})$於 $\hat{\boldsymbol{x}}_{ml}$ 附近展開可得

$$L(\boldsymbol{x}) = L(\hat{\boldsymbol{x}}_{ml}) + \frac{1}{2}(\boldsymbol{x}-\hat{\boldsymbol{x}}_{ml})^T J(\hat{\boldsymbol{x}}_{ml})(\boldsymbol{x}-\hat{\boldsymbol{x}}_{ml}) + \cdots \tag{7.50}$$

其中

$$J(\hat{\boldsymbol{x}}_{ml}) = \left.\frac{\partial^2 L(\boldsymbol{x})}{\partial \boldsymbol{x}^2}\right|_{\boldsymbol{x}=\hat{\boldsymbol{x}}_{ml}} \tag{7.51}$$

當然取得最大似然之充分條件除了(7.49)外，尚要求(7.51)之二次微分矩陣為負定(negative definite)，即 $J(\hat{\boldsymbol{x}}_{ml}) < 0$ 。

若條件機率 $p_{X|Z}(\boldsymbol{z}|\boldsymbol{x})$之型式較複雜則求解方程式(7.49)往往得利用數值計算之方法。不過對於高斯分佈，可以有解析型式之解，說明如下。考慮(7.20)之線性模式假設 $\boldsymbol{H}$ 為一命定矩陣且 $\boldsymbol{v}$ 為一均值為零、協方差矩陣為 $\boldsymbol{R}$ 之高斯分佈

$$p_V(\boldsymbol{v}) = \frac{1}{\sqrt{(2\pi)^n \det(\boldsymbol{R})}} \exp\left(-\frac{1}{2}\boldsymbol{v}^T \boldsymbol{R}^{-1}\boldsymbol{v}\right) \tag{7.52}$$

則最大似然估測器可以利用解析之方式求得。事實上，此時條件機率為

$$p_{Z|X}(\boldsymbol{z}\mid\boldsymbol{x}) = p_V(\boldsymbol{z}-\boldsymbol{Hx}) = \frac{1}{\sqrt{(2\pi)^n \det(\boldsymbol{R})}} \exp\left(-\frac{1}{2}(\boldsymbol{z}-\boldsymbol{Hx})^T \boldsymbol{R}^{-1}(\boldsymbol{z}-\boldsymbol{Hx})\right) \tag{7.53}$$

經取(7.53)之對數並忽略與 $\boldsymbol{x}$ 無關之項後，似然函數可寫成

$$L(\boldsymbol{x}) = -\frac{1}{2}(\boldsymbol{z}-\boldsymbol{Hx})^T \boldsymbol{R}^{-1}(\boldsymbol{z}-\boldsymbol{Hx}) \tag{7.54}$$

最大似然估測器應滿足一次微分為零之條件或

$$\frac{\partial L(\boldsymbol{x})}{\partial \boldsymbol{x}} = \boldsymbol{H}^T \boldsymbol{R}^{-1}(\boldsymbol{z}-\boldsymbol{Hx}) = \boldsymbol{0} \tag{7.55}$$

最大似然估測器因此為

$$\hat{\boldsymbol{x}}_{ml} = \left(\boldsymbol{H}^T\boldsymbol{R}^{-1}\boldsymbol{H}\right)^{-1}\boldsymbol{H}^T\boldsymbol{R}^{-1}\boldsymbol{z} \tag{7.56}$$

考慮以下之線性量測模式範例

$$\boldsymbol{z} = \begin{bmatrix}1\\1\end{bmatrix}x + \boldsymbol{v} \tag{7.57}$$

同時假設 $\boldsymbol{v} \sim N\left(\boldsymbol{0}, \begin{bmatrix}\sigma_1^2 & 0\\ 0 & \sigma_2^2\end{bmatrix}\right)$。此一範例說明待估測量 x 經歷兩次觀測而得到觀測向量 $\boldsymbol{z}$ 但是此二次觀測之雜訊卻有不同之變異量分別為σ_1^2 與σ_3^2。應用最大似然估測或最佳線性零偏置估測方法進行估測可得最佳之估測值為

$$\hat{x}_{ml} = \hat{x}_{blu} = \frac{1}{\dfrac{1}{\sigma_1^2}+\dfrac{1}{\sigma_2^2}}\begin{bmatrix}\dfrac{1}{\sigma_1^2} & \dfrac{1}{\sigma_2^2}\end{bmatrix}\boldsymbol{z} \tag{7.58}$$

若令 $\boldsymbol{z} = \begin{bmatrix}z_1 & z_2\end{bmatrix}^T$

$$\hat{x}_{ml} = \hat{x}_{blu} = \frac{\sigma_2^2}{\sigma_1^2+\sigma_2^2}z_1 + \frac{\sigma_1^2}{\sigma_1^2+\sigma_2^2}z_2 \tag{7.59}$$

此一估測相當於取二量測量之加權平均而加權量則與量測雜訊之變異量有關。對於雜訊較高之量測量，相對應之加權值較小。

對於線性量測模式與高斯型式之雜訊，最大似然估測器(7.56)與最佳線性零偏置(7.45)之型式相同但由於最大似然估測器建基於較嚴謹之假設，故可確保較多之估測品質包含零偏置、有效率(efficient)、一致(consistent)與高斯分佈。零偏置之特性可驗證如下

$$E\{\hat{\boldsymbol{x}}_{ml}\} = E\left\{\left(\boldsymbol{H}^T\boldsymbol{R}^{-1}\boldsymbol{H}\right)^{-1}\boldsymbol{H}^T\boldsymbol{R}^{-1}\boldsymbol{z}\right\} = \left(\boldsymbol{H}^T\boldsymbol{R}^{-1}\boldsymbol{H}\right)^{-1}\boldsymbol{H}^T\boldsymbol{R}^{-1}\boldsymbol{H}E\{\boldsymbol{x}\} = E\{\boldsymbol{x}\} \tag{7.60}$$

另一方面，最大似然估測器 $\hat{\boldsymbol{x}}_{ml}$ 係 $\boldsymbol{z}$ 之線性函數，由於量測雜訊具高斯分佈故 $\hat{\boldsymbol{x}}_{ml}$ 亦具高斯分佈。

於探討估測器之性質時，一般利用估測誤差向量之期望值評估是否存有偏置。當估測器爲零偏置時，估測誤差向量之期望值爲零。除此之外，估測誤差向量之協方差矩陣代表估測向量與實際向量之變化程度。若一零偏置之估測器 A 較另一零偏置之估測器 B 具有較低之方差則稱估測器 A 較估測器 B 有效率。當然於評估一估測器是否具有效率之一重要關鍵爲推導出估測誤差向量協方差矩陣之下限。若可以計算出所有零偏置估測器相對應估測誤差向量協方差矩陣之下限則可以作爲判斷估測器效率之依據。於參數估測過程，若待估測向量爲一命定向量則所有零偏置之估測向量其相對應之誤差協方差矩陣應滿足下列克萊姆勞(Cramer-Rao)限制

$$\boldsymbol{P}_{\tilde{\boldsymbol{x}}} \geq \boldsymbol{J}_F^{-1} \tag{7.61}$$

其中 $\boldsymbol{P}_{\tilde{\boldsymbol{x}}}$ 爲誤差協方差矩陣而 $\boldsymbol{J}_F$ 爲費雪資訊矩陣(Fisher information matrix)。費雪資訊矩陣代表已知待估測向量之資訊，若資訊愈充足則估測誤差向量之協方差矩陣下限可更低表示有機會取得較精確之估測。對於估測問題，若所得之誤差協方差矩陣滿足 Cramer-Rao 下限，則代表協方差矩陣已爲最低也代表所得之估測器爲有效率的。若 $\hat{\boldsymbol{x}}$ 爲 $\boldsymbol{x}$ 之一零偏置估測向量，費雪資訊矩陣之計算公式爲

$$\begin{aligned}\boldsymbol{J}_F &= E\left\{\left(\frac{\partial \ln p_{Z|X}(\boldsymbol{z}\,|\,\boldsymbol{x})}{\partial \boldsymbol{x}}\right)\left(\frac{\partial \ln p_{Z|X}(\boldsymbol{z}\,|\,\boldsymbol{x})}{\partial \boldsymbol{x}}\right)^T\right\} \\ &= -E\left\{\frac{\partial^2 \ln p_{Z|X}(\boldsymbol{z}\,|\,\boldsymbol{x})}{\partial \boldsymbol{x}^2}\right\}\end{aligned} \tag{7.62}$$

同時(7.62)之等式成立若且唯若

$$\frac{\partial \ln p_{Z|X}(\boldsymbol{z}\,|\,\boldsymbol{x})}{\partial \boldsymbol{x}} = \kappa(\boldsymbol{x})\left(\boldsymbol{x}-\hat{\boldsymbol{x}}\right) \tag{7.63}$$

其中$\kappa(\boldsymbol{x})$爲一僅與 $\boldsymbol{x}$ 有關之函數。明顯地，若一估測向量滿足(7.63)之等式則此一估測是有效率的。一般而言，$\hat{\boldsymbol{x}}_{ml}$ 不見得是有效率的但是若存在一估測器滿足(7.63)之等式則此一估測器等於最大似然估測器。

估測器之一致性主要探討當量測樣本個數增加後估測器之性質。若一估測器 $\hat{\boldsymbol{x}}$ 於量測訊號維度 m 趨近於無限大時統計近似待估測向量 $\boldsymbol{x}$ 則稱此一估測器具一致性。最大似然估測器具有一致性；同時當 m 趨近於無限大時，$\hat{\boldsymbol{x}}_{ml}$ 爲一有效率之估測器。

對於前述線性模式(7.20)之估測問題由於

$$\frac{\partial \ln p_{Z|X}(\boldsymbol{z} \mid \boldsymbol{x})}{\partial \boldsymbol{x}} = \boldsymbol{H}^T \boldsymbol{R}^{-1}\left(\boldsymbol{z} - \boldsymbol{H}\boldsymbol{x}\right) \tag{7.64}$$

且

$$\frac{\partial^2 \ln p_{Z|X}(\boldsymbol{z} \mid \boldsymbol{x})}{\partial \boldsymbol{x}^2} = -\boldsymbol{H}^T \boldsymbol{R}^{-1} \boldsymbol{H} \tag{7.65}$$

故費雪資訊矩陣爲

$$\boldsymbol{J}_F = \boldsymbol{H}^T \boldsymbol{R}^{-1} \boldsymbol{H} \tag{7.66}$$

此一矩陣恰爲誤差協方差矩陣 $\boldsymbol{P}_{\tilde{\boldsymbol{x}}}$ 之倒數。另一方面，

$$\frac{\partial \ln p_{Z|X}(\boldsymbol{z} \mid \boldsymbol{x})}{\partial \boldsymbol{x}} = -\boldsymbol{H}^T \boldsymbol{R}^{-1} \boldsymbol{H}\left(\boldsymbol{x} - \hat{\boldsymbol{x}}_{ml}\right) \tag{7.67}$$

參照(7.63)，對於線性模式而言，(7.56)之最大似然估測器 $\hat{\boldsymbol{x}}_{ml}$ 爲有效率之估測器。

當待估測向量爲一隨機向量時，所有零偏置估測向量誤差之協方差矩陣滿足以下不等式

$$\boldsymbol{P}_{\tilde{\boldsymbol{x}}} \geq \boldsymbol{L}^{-1} \tag{7.68}$$

其中資訊矩陣 $\boldsymbol{L}$ 之計算方式爲

$$\begin{aligned} \boldsymbol{L} &= E\left\{\left(\frac{\partial \ln p_{X,Z}(\boldsymbol{x},\boldsymbol{z})}{\partial \boldsymbol{x}}\right)\left(\frac{\partial \ln p_{X,Z}(\boldsymbol{x},\boldsymbol{z})}{\partial \boldsymbol{x}}\right)^T\right\} \\ &= -E\left\{\frac{\partial^2 \ln p_{X,Z}(\boldsymbol{x},\boldsymbol{z})}{\partial \boldsymbol{x}^2}\right\} \end{aligned} \tag{7.69}$$

此處資訊矩陣之計算採用 $\boldsymbol{x}$ 與 $\boldsymbol{z}$ 合成機率密度函數之微分而非條件機率密度函數之微分。此一資訊矩陣 $\boldsymbol{L}$ 與費雪資訊矩陣 $\boldsymbol{J}_F$ 之關係爲

$$\boldsymbol{L} = \boldsymbol{J}_F - E\left\{\frac{\partial^2 \ln p_X(\boldsymbol{x})}{\partial \boldsymbol{x}^2}\right\} \tag{7.70}$$

對於線性模式之估測問題若已知 $\boldsymbol{x}$ 爲高斯分佈且其協方差矩陣爲 $\boldsymbol{P_x}$，則資訊矩陣爲

$$\boldsymbol{L} = \boldsymbol{H}^T \boldsymbol{R}^{-1} \boldsymbol{H} + \boldsymbol{P}_{\boldsymbol{x}}^{-1} \tag{7.71}$$

此時資訊矩陣爲費雪資訊矩陣與先驗資訊矩陣之和。

7.1.6　最小均方誤差估測

對於隨機參數之估測一般應用最小均方誤差或最大後驗方法進行估測。給定量測向量 $\boldsymbol{z}$，最小均方誤差估測之目的爲估測出一與 $\boldsymbol{z}$ 有關之參數向量 $\boldsymbol{x}$，其估測向量以 $\hat{\boldsymbol{x}}_{ms}(\boldsymbol{z})$ 表之，以令均方誤差愈小愈好。均方誤差之定義爲

$$J_{ms} = E\left\{(\boldsymbol{x} - \hat{\boldsymbol{x}}(\boldsymbol{z}))^T (\boldsymbol{x} - \hat{\boldsymbol{x}}(\boldsymbol{z}))\right\} \tag{7.72}$$

假設 $p_{X,Z}(\boldsymbol{x}, \boldsymbol{y})$爲 $\boldsymbol{x}$ 與 $\boldsymbol{z}$ 之合成機率密度函數，則

$$J_{ms} = \int_{\boldsymbol{x}} \int_{\boldsymbol{z}} (\boldsymbol{x} - \hat{\boldsymbol{x}}(\boldsymbol{z}))^T (\boldsymbol{x} - \hat{\boldsymbol{x}}(\boldsymbol{z})) p_{X,Z}(\boldsymbol{x}, \boldsymbol{z}) d\boldsymbol{x} d\boldsymbol{z} \tag{7.73}$$

由於此處假設量測量 $\boldsymbol{z}$ 已知，故對均方誤差 J_{ms} 之最佳化相當於對以下條件期望均方誤差函數之最佳化

$$J'_{ms} = E\left\{(\boldsymbol{x} - \hat{\boldsymbol{x}}(\boldsymbol{z}))^T (\boldsymbol{x} - \hat{\boldsymbol{x}}(\boldsymbol{z})) \mid \boldsymbol{z}\right\} \tag{7.74}$$

若針對上述 J'_{ms} 進行最佳化則所得之解爲最小均方誤差估測器。此一最佳估測器之型式爲給定 $\boldsymbol{z}$ 之後 $\boldsymbol{x}$ 之條件期望(conditional expectation)向量：

$$\hat{\boldsymbol{x}}_{ms}(\boldsymbol{z}) = E\{\boldsymbol{x} \mid \boldsymbol{z}\} = \int_{\boldsymbol{x}} \boldsymbol{x} p_{X|Z}(\boldsymbol{x} \mid \boldsymbol{z}) d\boldsymbol{x} \tag{7.75}$$

一般稱(7.75)爲估測理論之基本原理，其推導主要根據完全平方之方式求得。由於

$$\begin{aligned}
&E\left\{(\boldsymbol{x} - \hat{\boldsymbol{x}}(\boldsymbol{z}))^T (\boldsymbol{x} - \hat{\boldsymbol{x}}(\boldsymbol{z})) \mid \boldsymbol{z}\right\} \\
&= E\left\{\boldsymbol{x}^T \boldsymbol{x} \mid \boldsymbol{z}\right\} - E\left\{\hat{\boldsymbol{x}}^T(\boldsymbol{z}) \boldsymbol{x} \mid \boldsymbol{z}\right\} - E\left\{\boldsymbol{x}^T \hat{\boldsymbol{x}}(\boldsymbol{z}) \mid \boldsymbol{z}\right\} + E\left\{\hat{\boldsymbol{x}}^T(\boldsymbol{z}) \hat{\boldsymbol{x}}(\boldsymbol{z}) \mid \boldsymbol{z}\right\} \\
&= E\left\{\boldsymbol{x}^T \boldsymbol{x} \mid \boldsymbol{z}\right\} + \left(\hat{\boldsymbol{x}}(\boldsymbol{z}) - E\{\boldsymbol{x} \mid \boldsymbol{z}\}\right)^T \left(\hat{\boldsymbol{x}}(\boldsymbol{z}) - E\{\boldsymbol{x} \mid \boldsymbol{z}\}\right) - \left(E\{\boldsymbol{x} \mid \boldsymbol{z}\}\right)^T \left(E\{\boldsymbol{x} \mid \boldsymbol{z}\}\right)
\end{aligned} \tag{7.76}$$

故當估測器為(7.75)所示時，均方誤差 J'_{ms} 得以最小。由(7.75)可知若 $\boldsymbol{x}$ 與 $\boldsymbol{z}$ 之間不具相關性則嘗試利用 $\boldsymbol{z}$ 之量測以估測 $\boldsymbol{x}$ 將不會對結果造成影響，即此時之均方估測向量仍為 $\hat{\boldsymbol{x}}_{ms}(\boldsymbol{z}) = E\{\boldsymbol{x}\}$。

最小均方估測器具有零偏置與最小均方誤差等性質。同時若 $\boldsymbol{x}$ 與 $\boldsymbol{z}$ 具合成高斯分佈特性則此一估測器將為 $\boldsymbol{z}$ 之線性函數且估測器本身亦為高斯分佈。不過，於應用最小均方誤差估測器時由於得仰賴條件機率 $p_{X,Z}(\boldsymbol{x}, \boldsymbol{z})$，故若此一條件機率之型式較複雜或不可得將增加應用之困難度。一般而言，若 $\boldsymbol{x}$ 與 $\boldsymbol{z}$ 不具合成高斯分佈特性則所得之最小均方誤差估測器為非線性之估測器。

線性均方估測(linear mean squares estimation)法主要假設估測器與量測向量具有線性關係並嘗試降低均方誤差，亦即假設線性均方估測向量 $\hat{\boldsymbol{x}}_{lms}(\boldsymbol{z})$ 為量測向量 $\boldsymbol{z}$ 之線性函數

$$\hat{\boldsymbol{x}}_{lms}(\boldsymbol{z}) = \boldsymbol{K}\boldsymbol{z} + \boldsymbol{b} \tag{7.77}$$

其中 $\boldsymbol{K}$ 為一矩陣而 $\boldsymbol{b}$ 為一向量，均為待求量。由於 $\boldsymbol{K}$ 與 $\boldsymbol{b}$ 均為待求，故欲得最小之均方誤差 J_{ms} 的條件為

$$\frac{\partial J_{ms}}{\partial \boldsymbol{b}} = 2(\boldsymbol{b} - \boldsymbol{m}_x) + 2\boldsymbol{K}\boldsymbol{m}_z = \boldsymbol{0} \tag{7.78}$$

$$\frac{\partial J_{ms}}{\partial \boldsymbol{K}} = 2\boldsymbol{K}(\boldsymbol{P}_z + \boldsymbol{m}_z\boldsymbol{m}_z^T) - 2\boldsymbol{P}_{x,z} + 2(\boldsymbol{b} - \boldsymbol{m}_x)\boldsymbol{m}_z^T = \boldsymbol{0} \tag{7.79}$$

其中 $\boldsymbol{m}_x$ 與 $\boldsymbol{m}_z$ 分別為 $\boldsymbol{x}$ 與 $\boldsymbol{z}$ 之均值向量，$\boldsymbol{P}_z$ 為 $\boldsymbol{z}$ 之協方差矩陣，而 $\boldsymbol{P}_{x,z}$ 為 $\boldsymbol{x}$ 與 $\boldsymbol{z}$ 之交互協方差矩陣。解出(7.78)與(7.79)可得

$$\boldsymbol{b} = \boldsymbol{m}_x - \boldsymbol{K}\boldsymbol{m}_z \quad \text{及} \quad \boldsymbol{K} = \boldsymbol{P}_{x,z}\boldsymbol{P}_z^{-1} \tag{7.80}$$

因此線性均方估測向量為

$$\hat{\boldsymbol{x}}_{lms} = \boldsymbol{m}_x + \boldsymbol{P}_{x,z}\boldsymbol{P}_z^{-1}(\boldsymbol{z} - \boldsymbol{m}_z) \tag{7.81}$$

此一估測向量為 $\boldsymbol{z}$ 之線性函數。$\hat{\boldsymbol{x}}_{lms}$ 事實上亦為一隨機向量。此時誤差向量 $\tilde{\boldsymbol{x}}_{lms} = \boldsymbol{x} - \hat{\boldsymbol{x}}_{lms}$ 之均值為零

$$E\{\tilde{x}_{lms}\} = E\{x - \hat{x}_{lms}\} = E\{x\} - m_x - P_{x,z}P_z^{-1}E\{z - m_z\} = 0 \tag{7.82}$$

因此均方估測向量為一零偏置之估測向量。至於誤差向量之協方差矩陣則為

$$P_{\tilde{x}_{lms}} = E\{\tilde{x}_{lms}\tilde{x}_{lms}^T\} = P_x - P_{x,z}P_z^{-1}P_{z,x} \tag{7.83}$$

由上式可知 $P_{\tilde{x}_{lms}} \leq P_x$，此即代表經由 z 之量測與處理，對 x 之估測可以更精確。同時當 x 與 z 之相關性強時，對 x 之估測誤差可較大幅度地降低。事實上，若 x 與 z 具合成高斯分佈特性則給定 z 後之最小均方估測器 $\hat{x}_{ms}$ 與線性均方估測器 $\hat{x}_{lms}$ 是相同的。

考慮(7.20)之線性模式，假設 x 與 v 分別為高斯分佈之隨機向量且 $x \sim \mathcal{N}(m_x, P_x)$ 與 $v \sim \mathcal{N}(0, R)$。同時假設 x 與 v 彼此不相關，則根據前述之推導可知 z 亦具高斯分佈且 $z \sim \mathcal{N}(m_z, P_z)$ 其中

$$m_z = Hm_x \quad 與 \quad P_z = HP_xH^T + R \tag{7.84}$$

當取得 z 後，均方估測向量亦具高斯分佈之特性且

$$\hat{x}_{ms} = m_x + P_{x,z}P_z^{-1}(z - m_z) \tag{7.85}$$

由於 $P_{x,z} = P_xH^T$，故

$$\hat{x}_{ms} = m_x + P_xH^T\left(HP_xH^T + R\right)^{-1}(z - m_z) \tag{7.86}$$

至於此一估測向量誤差之協方差矩陣為

$$E\left\{(x - \hat{x}_{ms})(x - \hat{x}_{ms})^T\right\} = P_{x|z} = P_x - P_xH^T\left(HP_xH^T + R\right)^{-1}HP_x \tag{7.87}$$

一般定義增益矩陣 K 為

$$K = P_xH^T\left(HP_xH^T + R\right)^{-1} \tag{7.88}$$

故

$$\hat{x}_{ms} = m_x + K(z - m_z) \tag{7.89}$$

且

$$E\left\{(x - \hat{x}_{ms})(x - \hat{x}_{ms})^T\right\} = P_x - KHP_x \tag{7.90}$$

此處由於假設 $\boldsymbol{x}$ 與 $\boldsymbol{z}$ 爲合成高斯分佈，故所得之最小均方誤差估測器與線性均方估測器是一樣的。同時，估測器(7.89)說明一重要性質：對於 $\boldsymbol{x}$ 之估測一般可分解爲兩部分，一部分爲未取得量測量 $\boldsymbol{z}$ 之前對於 $\boldsymbol{x}$ 之估測，另一部份則爲取得 $\boldsymbol{z}$ 之後所進行之修正。如果 $\boldsymbol{x}$ 與 $\boldsymbol{v}$ 並非合成高斯分佈則由於條件機率不易計算，均方估測向量之計算也較複雜；但是若採用線性均方估測則仍可以應用(7.81)進行估測。

7.1.7 最大後驗估測

最大後驗估測又稱貝氏估測(Bayesian estimation)主要決定出一稱之爲最大後驗估測器 $\hat{\boldsymbol{x}}_{map}(\boldsymbol{z})$ 以令條件機率 $p_{X|Z}(\boldsymbol{x}|\boldsymbol{z})$或 $\ln p_{X|Z}(\boldsymbol{x}|\boldsymbol{z})$最大，即

$$\hat{\boldsymbol{x}}_{map} = \arg\max_{\boldsymbol{x}} \ln p_{X|Z}(\boldsymbol{x} \mid \boldsymbol{z}) \tag{7.91}$$

相較於前述之方法，此一估測得仰賴較多有關 $\boldsymbol{x}$ 與 $\boldsymbol{z}$ 之統計資訊。所謂 $\boldsymbol{x}$ 之先驗(a priori)機率意指未取得量測量 $\boldsymbol{z}$ 之前 $\boldsymbol{x}$ 之機率密度 $p_X(\boldsymbol{x})$；所謂 $\boldsymbol{x}$ 之後驗(a posteriori)機率係指取得量測量 $\boldsymbol{z}$ 之後 $\boldsymbol{x}$ 之條件機率密度 $p_{X|Z}(\boldsymbol{x}, \boldsymbol{z})$。根據貝氏法則，此二機率密度函數之關係爲

$$p_{X|Z}(\boldsymbol{x} \mid \boldsymbol{z}) = \frac{p_{Z|X}(\boldsymbol{z} \mid \boldsymbol{x})\, p_X(\boldsymbol{x})}{p_Z(\boldsymbol{z})} \tag{7.92}$$

由於 $\boldsymbol{z}$ 已知，故後驗機率正比於先驗機率 $p_X(\boldsymbol{x})$與條件機率 $p_{Z|X}(\boldsymbol{z}|\boldsymbol{x})$之乘積

$$p_{X|Z}(\boldsymbol{x} \mid \boldsymbol{z}) \propto p_{Z|X}(\boldsymbol{z} \mid \boldsymbol{x})\, p_X(\boldsymbol{x}) \tag{7.93}$$

爲決定 $\hat{\boldsymbol{x}}_{map}(\boldsymbol{z})$ 以令 $\ln p_{X|Z}(\boldsymbol{x} \mid \boldsymbol{z})$最大，一般得假設 $p_X(\boldsymbol{x})$與 $p_{Z|X}(\boldsymbol{z} \mid \boldsymbol{x})$已知。最大後驗估測之計算因此往往相當複雜；但是若 $\boldsymbol{x}$ 與 $\boldsymbol{z}$ 具合成高斯分佈則最大後驗估測器與最小均方誤差估測器相同。

考慮(7.20)之線性模式，假設 $\boldsymbol{x}$ 與 $\boldsymbol{v}$ 分別爲高斯分佈之隨機向量且 $\boldsymbol{x} \sim \mathcal{N}(\boldsymbol{m}_{\boldsymbol{x}}, \boldsymbol{P}_{\boldsymbol{x}})$ 與 $\boldsymbol{v} \sim \mathcal{N}(\boldsymbol{0}, \boldsymbol{R})$ 則

$$p_X(\boldsymbol{x}) = \frac{1}{\sqrt{(2\pi)^n \det(\boldsymbol{P}_{\boldsymbol{x}})}} \exp\left(-\frac{1}{2} (\boldsymbol{x} - \boldsymbol{m}_{\boldsymbol{x}})^T \boldsymbol{P}_{\boldsymbol{x}}^{-1} (\boldsymbol{x} - \boldsymbol{m}_{\boldsymbol{x}}) \right) \tag{7.94}$$

且

$$p_{Z|X}(z \mid \boldsymbol{x})=\frac{1}{\sqrt{(2\pi)^m \det(\boldsymbol{R})}}\exp\left(-\frac{1}{2}(z-\boldsymbol{Hx})^T \boldsymbol{R}^{-1}(z-\boldsymbol{Hx})\right) \tag{7.95}$$

此時

$$\ln p_{X|Z}(\boldsymbol{x} \mid z) \propto -\frac{1}{2}(\boldsymbol{x}-\boldsymbol{m}_{\boldsymbol{x}})^T \boldsymbol{P}_{\boldsymbol{x}}^{-1}(\boldsymbol{x}-\boldsymbol{m}_{\boldsymbol{x}})-\frac{1}{2}(z-\boldsymbol{Hx})^T \boldsymbol{R}^{-1}(z-\boldsymbol{Hx}) \tag{7.96}$$

欲令 $\ln p_{X|Z}(\boldsymbol{x} \mid z)$最大可針對此一函數取 $\boldsymbol{x}$ 之一階微分並設之爲零，

$$\boldsymbol{P}_{\boldsymbol{x}}^{-1}(\boldsymbol{x}-\boldsymbol{m}_{\boldsymbol{x}})-\boldsymbol{H}^T \boldsymbol{R}^{-1}(z-\boldsymbol{Hx})=\boldsymbol{0} \tag{7.97}$$

經整理後，最大後驗估測器 $\hat{\boldsymbol{x}}_{map}$ 爲

$$\hat{\boldsymbol{x}}_{map}=\left(\boldsymbol{P}_{\boldsymbol{x}}^{-1}+\boldsymbol{H}^T \boldsymbol{R}^{-1}\boldsymbol{H}\right)^{-1}\left(\boldsymbol{P}_{\boldsymbol{x}}^{-1}\boldsymbol{m}_{\boldsymbol{x}}+\boldsymbol{H}^T \boldsymbol{R}^{-1}z\right) \tag{7.98}$$

此一最大後驗估測器可視爲先驗期望向量 $\boldsymbol{m}_{\boldsymbol{x}}$ 與量測向量 z 之加權平均。

$$\hat{\boldsymbol{x}}_{map}=\boldsymbol{m}_{\boldsymbol{x}}+\boldsymbol{P}_{\boldsymbol{x}}\boldsymbol{H}^T\left(\boldsymbol{H}\boldsymbol{P}_{\boldsymbol{x}}\boldsymbol{H}^T+\boldsymbol{R}\right)^{-1}\left(z-\boldsymbol{H}\boldsymbol{m}_{\boldsymbol{x}}\right) \tag{7.99}$$

因此針對線性模式若 $\boldsymbol{x}$ 與 $\boldsymbol{v}$ 分別爲高斯分佈則最大後驗估測器可以利用解析之方法求得且其結果與最小均方誤差估測器相同。

最大後驗估測器與最大似然估測器均針對條件機率進行最佳化之動作但前者期望 $\ln p_{X|Z}(\boldsymbol{x} \mid z)$最大，而後者則期望 $\ln p_{Z|X}(z \mid \boldsymbol{x})$最大。於求取最大後驗估測器之過程一般得仰賴之先驗機率 $p_X(\boldsymbol{x})$而於計算最大似然估測器時則無此必要。當然若先驗機率爲一平均分佈則此二估測器所得之估測值爲相同的。

對於前述不同之估測方法：最小平方法、最佳線性零偏置估測法與最大似然估測法於應用過程一般對於待估測之參數向量 $\boldsymbol{x}$ 並不做任何假設。表 7.1 針對此三種方法於線性模式之估測之比較加以整理，主要差異爲針對量測雜訊進行不同之假設；也因此相同之估測器於不同假設下具有不同之性質。對於隨機參數之估測，若參數向量 $\boldsymbol{x}$ 與量測向量 z 滿足線性模式且 $\boldsymbol{x}$ 與 $\boldsymbol{v}$ 具合成高斯分佈則最小均方誤差估測器、線性均方估測器與最大後驗估測器所得之結果相同均爲

$$\hat{\boldsymbol{x}}_{ms}=\hat{\boldsymbol{x}}_{lms}=\hat{\boldsymbol{x}}_{map}=\left(\boldsymbol{P}_{\boldsymbol{x}}^{-1}+\boldsymbol{H}^T \boldsymbol{R}^{-1}\boldsymbol{H}\right)^{-1}\left(\boldsymbol{P}_{\boldsymbol{x}}^{-1}\boldsymbol{m}_{\boldsymbol{x}}+\boldsymbol{H}^T \boldsymbol{R}^{-1}z\right) \tag{7.100}$$

此一估測器進一步假設量測雜訊與參數向量之機率分佈情形但其結果則綜整並融合此些有關參數向量 $\boldsymbol{x}$ 之先驗資訊與量測向量 $\boldsymbol{z}$ 之訊息。若比較(7.100)與表 7.1 之估測器可知若於進行估測之前未存在參數向量 $\boldsymbol{x}$ 之資訊即資訊矩陣 $\boldsymbol{P}_{\boldsymbol{x}}^{-1}$ 爲零則(7.100)之估測器與最佳線性零偏置估測器或最大似然估測器是相同的。

表 7.1　最小平方法、最佳線性零偏置估測法與最大似然估測法之比較

	估測器	觀測矩陣 $\boldsymbol{H}$	量測雜訊 $\boldsymbol{v}$
最小平方法	$\hat{\boldsymbol{x}}_{wls}=\left(\boldsymbol{H}^T\boldsymbol{W}\boldsymbol{H}\right)^{-1}\boldsymbol{H}^T\boldsymbol{W}\boldsymbol{z}$	$\boldsymbol{H}$ 爲命定矩陣或隨機矩陣	$\boldsymbol{v}$ 之均值爲 $\boldsymbol{0}$
最佳線性零偏置估測	$\hat{\boldsymbol{x}}_{blu}=\left(\boldsymbol{H}^T\boldsymbol{R}^{-1}\boldsymbol{H}\right)^{-1}\boldsymbol{H}^T\boldsymbol{R}^{-1}\boldsymbol{z}$	$\boldsymbol{H}$ 爲命定矩陣	$\boldsymbol{v}$ 之均值爲 $\boldsymbol{0}$ 且協方差矩陣爲 $\boldsymbol{R}$
最大似然估測	$\hat{\boldsymbol{x}}_{ml}=\left(\boldsymbol{H}^T\boldsymbol{R}^{-1}\boldsymbol{H}\right)^{-1}\boldsymbol{H}^T\boldsymbol{R}^{-1}\boldsymbol{z}$	$\boldsymbol{H}$ 爲命定矩陣	$\boldsymbol{v}$ 爲高斯分佈 $\mathcal{N}(\boldsymbol{0},\boldsymbol{R})$

7.1.8　非線性模式

前面有關估測方法之說明主要討論其於線性模式之應用，實際之導航問題往往量測量與待估測參數間具有非線性之關係，得針對非線性現象進行因應。對於非線性之模式一般的作法係利用泰勒級數展開後進行線性化之動作，如此於工作點附近可以利用一線性化之模式近似非線性模式。假設量測方程式爲

$$\boldsymbol{z}=\boldsymbol{h}(\boldsymbol{x})+\boldsymbol{v} \tag{7.101}$$

其中 $\boldsymbol{x}$ 爲 $n\times 1$ 之未知參數向量，$\boldsymbol{z}$ 爲 $m\times 1$ 之量測訊號向量，$\boldsymbol{v}$ 爲一均值爲零之 $m\times 1$ 雜訊向量而 $\boldsymbol{h}(\cdot)$爲一非線性之函數。令 $\boldsymbol{x}_0$ 爲工作點或初始估測向量，則可以將 $\boldsymbol{h}(\boldsymbol{x})$於 $\boldsymbol{x}_0$ 附近展開而得

$$\boldsymbol{h}(\boldsymbol{x})=\boldsymbol{h}(\boldsymbol{x}_0)+\boldsymbol{H}(\boldsymbol{x}-\boldsymbol{x}_0)+\cdots \tag{7.102}$$

其中 $\boldsymbol{H}$ 爲 $m\times n$ 之矩陣

$$\boldsymbol{H}=\left.\frac{\partial \boldsymbol{h}(\boldsymbol{x})}{\partial \boldsymbol{x}}\right|_{\boldsymbol{x}_0} \tag{7.103}$$

令 $\boldsymbol{z}_{new}=\boldsymbol{z}-\boldsymbol{h}(\boldsymbol{x}_0)$ 與 $\boldsymbol{x}_{new}=\boldsymbol{x}-\boldsymbol{x}_0$，原先之非線性模式(7.102)可近似爲下列之線性模式

$$\boldsymbol{z}_{new}=\boldsymbol{H}\boldsymbol{x}_{new}+\boldsymbol{v} \tag{7.104}$$

此處 z_{new} 可視爲新的量測量而 x_{new} 爲新的待求參數。前述之估測方法可因此應用至此一線性模式(7.104)以推算出估測之參數向量 $\hat{x}_{new}$ 。至於原始參數向量之估算則爲

$$\hat{x} = \hat{x}_{new} + x_0 \tag{7.105}$$

此一結合線性化動作與估測運算之流程可以利用圖 7.2 加以說明。

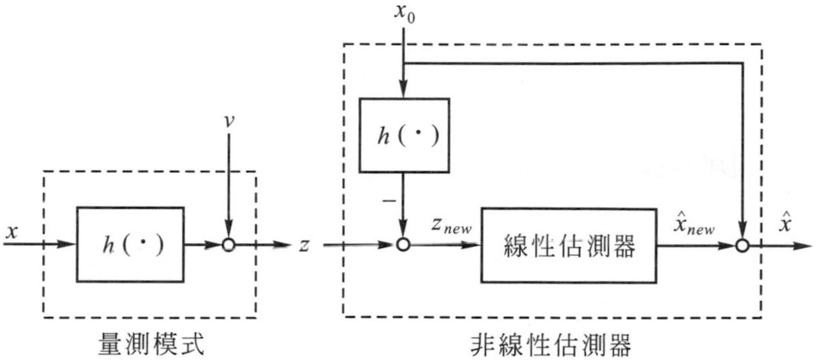

圖 7.2 非線性估測問題

線性化近似之成效與 x_0 之選擇息息相關。於實際應用場合，往往利用疊代(iterative)之方式以逼近最佳之估測向量，其作法爲擇定一估測向量 x_0、進行線性化計算出觀測矩陣 H、推算出估測之參數向量 $\hat{x}_{new}$ 、更新估測向量爲 $\hat{x}_{new} + x_0$ 並重複進行線性化、估測與更新之動作。於判斷此一疊代過程是否收斂可以藉由監測下列量測餘量

$$\tilde{z} = z - h(\hat{x}_{new} + x_0) \tag{7.106}$$

若量測餘量之變化幅度小且趨近於零，則疊代過程近乎收斂。

7.2 遞迴式估測

7.2.1 遞迴式最小平方估測

前述不同估測方法之計算主要係仰賴所取得之量測量以成批(batch)之方式求得所欲估測之參數向量。在許多導航和訊號處理之應用上，每隔一取樣時間即可得一量測量，此時有必要發展遞迴式(recursive)之方法以即時地根據新的量測量修正估測之參數向量。本小節將介紹遞迴式估測方法。事實上於前述最小均方誤差估測器(7.86)中，最佳之估測向量可表示成未取得量測量 z 之前對於 x 之估測以及取得 z 之後所進行之修

正的組合。一般遞迴式估測方法亦期望建立相似之架構以綜整取得量測量之前之預估值與取得量測量之後之修正值。

假設於時間點 k 所累積之量測量滿足下述線性模式

$$\boldsymbol{z}(k)=\boldsymbol{H}(k)\boldsymbol{x}+\boldsymbol{v}(k) \tag{7.107}$$

且令下一時間點 $k+1$ 時之新的量測量滿足

$$z(k+1)=\boldsymbol{h}^T(k+1)\boldsymbol{x}+v(k+1) \tag{7.108}$$

則可以於 $k+1$ 時刻建立擴增(augmented)之線性模式。令

$$\boldsymbol{z}(k+1)=\begin{bmatrix} z(k+1) \\ \boldsymbol{z}(k) \end{bmatrix},\ \boldsymbol{H}(k+1)=\begin{bmatrix} \boldsymbol{h}^T(k+1) \\ \boldsymbol{H}(k) \end{bmatrix} \text{ 及 } \boldsymbol{v}(k+1)=\begin{bmatrix} v(k+1) \\ \boldsymbol{v}(k) \end{bmatrix} \tag{7.109}$$

則此一擴增線性模式為

$$\boldsymbol{z}(k+1)=\boldsymbol{H}(k+1)\boldsymbol{x}+\boldsymbol{v}(k+1) \tag{7.110}$$

此處為簡便故假設時間點 $k+1$ 時之量測量為一純量。以下有關遞迴式估測方法之說明主要探討加權最小平方法之作法但參照表 7.1 可知此法亦可應用於最大似然估測器。

假設 $\boldsymbol{W}(k)$與 $\boldsymbol{W}(k+1)$分別為線性模式(7.107)與(7.110)之加權矩陣且此二矩陣滿足 $\boldsymbol{W}(k+1)=\begin{bmatrix} w(k+1) & 0 \\ 0 & \boldsymbol{W}(k) \end{bmatrix}$ 而 $w(k+1)$為對 $k+1$ 時刻量測餘量之加權。如此沿用前述最佳加權平方估測器之公式(7.31)可得到 k 時刻與 $k+1$ 時刻之參數向量估測向量分別為

$$\hat{\boldsymbol{x}}_{wls}(k)=\left[\boldsymbol{H}^T(k)\boldsymbol{W}(k)\boldsymbol{H}(k)\right]^{-1}\boldsymbol{H}^T(k)\boldsymbol{W}(k)\boldsymbol{z}(k) \tag{7.111}$$

與

$$\hat{\boldsymbol{x}}_{wls}(k+1)=\left[\boldsymbol{H}^T(k+1)\boldsymbol{W}(k+1)\boldsymbol{H}(k+1)\right]^{-1}\boldsymbol{H}^T(k+1)\boldsymbol{W}(k+1)\boldsymbol{z}(k+1) \tag{7.112}$$

遞迴估測器主要期望建立 $\hat{\boldsymbol{x}}_{wls}(k)$ 與 $\hat{\boldsymbol{x}}_{wls}(k+1)$ 間之關係。要言之，將 $\hat{\boldsymbol{x}}_{wls}(k+1)$ 寫成 $\hat{\boldsymbol{x}}_{wls}(k)$ 與新的量測量 $z(k+1)$之組合。於建立遞迴公式時，一般定義

$$\boldsymbol{P}(k)=\left[\boldsymbol{H}^T(k)\boldsymbol{W}(k)\boldsymbol{H}(k)\right]^{-1} \text{ 及 } \boldsymbol{P}(k+1)=\left[\boldsymbol{H}^T(k+1)\boldsymbol{W}(k+1)\boldsymbol{H}(k+1)\right]^{-1} \quad (7.113)$$

若將 $\boldsymbol{W}(k+1)$與 $\boldsymbol{P}(k+1)$展開則可得

$$\boldsymbol{P}^{-1}(k+1)=\boldsymbol{P}^{-1}(k)+\boldsymbol{h}(k+1)w(k+1)\boldsymbol{h}^T(k+1) \quad (7.114)$$

由於 k 時刻與 $k+1$ 時刻之參數向量估測值分別滿足正規方程式，即

$$\boldsymbol{P}^{-1}(k)\hat{\boldsymbol{x}}_{wls}(k)=\boldsymbol{H}^T(k)\boldsymbol{W}(k)\boldsymbol{z}(k) \quad (7.115)$$

及

$$\boldsymbol{P}^{-1}(k+1)\hat{\boldsymbol{x}}_{wls}(k+1)=\boldsymbol{H}^T(k+1)\boldsymbol{W}(k+1)\boldsymbol{z}(k+1) \quad (7.116)$$

同時

$$\boldsymbol{H}^T(k+1)\boldsymbol{W}(k+1)\boldsymbol{z}(k+1)=\boldsymbol{H}^T(k)\boldsymbol{W}(k)\boldsymbol{z}(k)+\boldsymbol{h}(k+1)w(k+1)z(k+1) \quad (7.117)$$

若將(7.114)與(7.115)代入(7.116)則可推導出

$$\hat{\boldsymbol{x}}_{wls}(k+1)=\hat{\boldsymbol{x}}_{wls}(k)+\boldsymbol{P}(k+1)\boldsymbol{h}(k+1)w(k+1)\left[z(k+1)-\boldsymbol{h}^T(k+1)\hat{\boldsymbol{x}}_{wls}(k)\right] \quad (7.118)$$

如此 $k+1$ 時刻之參數估測向量為 k 時刻之參數估測向量加上一修正量。此一修正量可視同一增益矩陣 $\boldsymbol{K}_W(k+1)=\boldsymbol{P}(k+1)\boldsymbol{h}(k+1)w(k+1)$ 乘上輸出預估誤差 $z(k+1)-\boldsymbol{h}^T(k+1)\hat{\boldsymbol{x}}_{wls}(k)$。此種遞迴式之計算可以即時地根據 $k+1$ 時刻之量測量修正參數估測向量。於每一遞迴過程，首先根據(7.114)計算 $\boldsymbol{P}^{-1}(k+1)$，隨之進行矩陣倒數運算取得 $\boldsymbol{P}(k+1)$，再然後計算增益矩陣 $\boldsymbol{K}_W(k+1)$，最終應用(7.118)更新估測向量 $\hat{\boldsymbol{x}}_{wls}(k+1)$。由於 $\boldsymbol{P}^{-1}(k+1)$可視同此一估測過程之資訊矩陣，故此一遞迴計算一般稱之為資訊矩陣型式(information matrix form)之遞迴式參數估測方法。

在計算上，上述資訊矩陣型式之遞迴方式牽涉了 $n\times n$ 矩陣 $\boldsymbol{P}(k+1)$之倒數計算，頗繁複。因此在實用上，一般改採另一描述。根據矩陣倒數引理(matrix inversion lemma)，由(7.114)可推導出

$$\boldsymbol{P}(k+1)=\boldsymbol{P}(k)-\boldsymbol{P}(k)\boldsymbol{h}(k+1)\left[\boldsymbol{h}^T(k+1)\boldsymbol{P}(k)\boldsymbol{h}(k+1)+\frac{1}{w(k+1)}\right]^{-1}\boldsymbol{h}^T(k+1)\boldsymbol{P}(k) \quad (7.119)$$

同時增益矩陣可改寫成

$$\boldsymbol{K}_W(k+1) = \boldsymbol{P}(k)\boldsymbol{h}(k+1)\left[\boldsymbol{h}^T(k+1)\boldsymbol{P}(k)\boldsymbol{h}(k+1) + \frac{1}{w(k+1)}\right]^{-1} \tag{7.120}$$

據此在 $k+1$ 時刻前可先計算出 $\boldsymbol{P}(k+1)$及 $\boldsymbol{K}_W(k+1)$。當 $k+1$ 時刻之量測量 $z(k+1)$取得後則可依下式修正參數估測向量

$$\hat{\boldsymbol{x}}_{wls}(k+1) = \hat{\boldsymbol{x}}_{wls}(k) + \boldsymbol{K}_W(k+1)\left[z(k+1) - \boldsymbol{h}^T(k+1)\hat{\boldsymbol{x}}_{wls}(k)\right] \tag{7.121}$$

再然後修正 $\boldsymbol{P}(k+1)$如下

$$\boldsymbol{P}(k+1) = \left[\boldsymbol{I} - \boldsymbol{K}_W(k+1)\boldsymbol{h}^T(k+1)\right]\boldsymbol{P}(k) \tag{7.122}$$

其中 $\boldsymbol{I}$ 爲單位矩陣。如此 $n\times n$ 之矩陣倒數運算可以改用除法代替，大大地減少計算之複雜度。若選擇加權矩陣爲量測雜訊協方差矩陣之倒數則由於 $\boldsymbol{P}(k+1)$代表估測向量誤差之協方差矩陣，故若利用(7.119)更新矩陣並利用(7.121)進行參數之更新之方法一般稱之爲協方差矩陣型式(covariance matrix form)之遞迴式參數估測方法。於每一次遞迴過程，協方差矩陣型式之計算包含下列步驟：根據(7.120)計算增益矩陣 $\boldsymbol{K}_W(k+1)$，利用(7.121)更新估測向量以及引用(7.122)修正 $\boldsymbol{P}(k+1)$。

圖 7.3 爲此一遞迴式參數估測之流程圖。於 k 時刻最佳參數估測向量 $\hat{\boldsymbol{x}}_{wls}(k)$ 與相對應之 $\boldsymbol{P}(k)$已知。可先行根據 $\boldsymbol{P}(k)$與量測模式以及加權矩陣計算出 $k+1$ 時刻之增益矩陣 $\boldsymbol{K}_W(k+1)$與相對應之 $\boldsymbol{P}(k+1)$。當取得此一時刻之量測向量 $z(k+1)$後可隨之計算最佳參數估測向量 $\hat{\boldsymbol{x}}_{wls}(k+1)$。遞迴式最小平方法是一種相當實用之參數估測方法。一旦給定一系列的量測量以及線性模式，則可即時地根據量測量修正估測之參數。

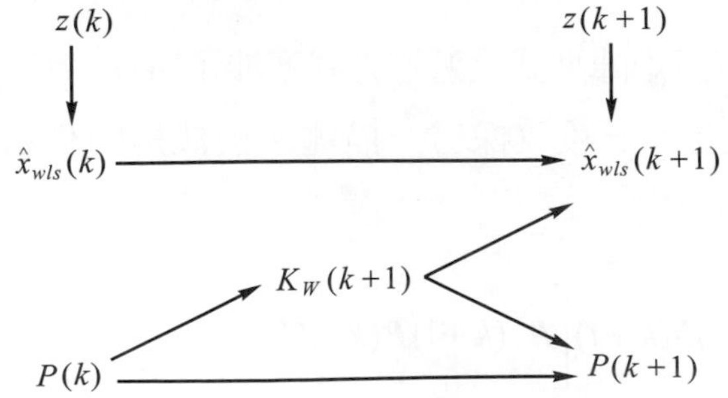

圖 7.3　遞迴式參數估測

考慮以下之量測模式

$$z(k) = x + v(k) \tag{7.123}$$

其中 $z(k)$爲量測量，x 爲待估測參數而 $v(k)$爲方差爲σ^2之雜訊。假設加權量爲方差之倒數則若累積 $N+1$ 個量測量再對 x 進行估測則所得之最小加權平方估測值爲

$$\hat{x}(N+1) = \frac{1}{N+1}\sum_{k=1}^{N+1} z(k) \tag{7.124}$$

此一估測值相當於 $N+1$ 個量測量之樣本平均。由於 $\hat{x}(N) = \frac{1}{N}\sum_{k=1}^{N} z(k)$，故(7.124)可改寫爲

$$\hat{x}(N+1) = \frac{1}{N+1}\sum_{k=1}^{N} z(k) + \frac{1}{N+1}z(N+1) = \frac{N}{N+1}\hat{x}(N) + \frac{1}{N+1}z(N+1) \tag{7.125}$$

此一公式相當於遞迴公式(7.118)或(7.121)。由此一公式可知，當累積之個數增加則對於新的量測量之增益 $1/(N+1)$將逐漸降低。至於所得估測結果之方差爲

$$P(N+1) = \frac{\sigma^2}{N+1} \tag{7.126}$$

故隨著累積之個數增加，參數估測誤差之方差隨之降低。由(7.125)可知，遞迴式參數估測之精神爲將當下之參數估測值表示成前一時刻參數估測值與當下取得量測量之加權組合，而加權組合之係數會視估測品質而有所調整。若對於(7.125)加以整理可以得到一類似(7.121)之表示式

$$\hat{x}(N+1) = \hat{x}(N) + \frac{1}{N+1}\left[z(N+1) - \hat{x}(N)\right] \tag{7.127}$$

此一表示方式說明此一時刻之參數估測值爲前一時刻之參數估測值加上一修正量而此一修正量爲一增益與量測餘量之乘積。於此一遞迴參數估測過程，若量測餘量相當小表示原先所估測之參數可信，修正之幅度相對亦較小。當累積足夠多觀測後，已可取得相當可靠之估測故參數估測值較不依賴新的估測量。

對於如(7.101)之非線性模式之估測，可以結合遞迴參數估測過程與前述之線性化和疊代方式以期得到較佳之估測值。於實際應用時，於任一時刻可能會經歷數次疊代以有效限制量測餘量之大小以確保收斂。

7.2.2 遞迴式貝式估測

對於參數或狀態之估測，貝式法則是相當重要的理論基礎。由於待估測之向量 x 會以某種機率方式影響到輸出向量 z，而當取得 z 後主要可利用貝式法則反推算出待估測 x 之條件機率並據以估測 x。貝式估測方法亦可以利用遞迴之方式予以實現。假設 $\boldsymbol{x}(k)$爲不同時間點 k 之參數或狀態向量並令 $\boldsymbol{X}(k)=\{\boldsymbol{x}(l);l=1,2,\ldots,k\}$ 爲 $\boldsymbol{x}(l)$ 之集合。相似地，令 $\boldsymbol{z}(k)$爲不同時間點之觀測向量並令 $\mathbb{Z}(k)=\{\boldsymbol{z}(l);l=1,2,\ldots,k\}$ 爲 $\boldsymbol{z}(l)$ 之集合。根據貝式法則，後驗機率 $p(\boldsymbol{X}(k)\,|\,\mathbb{Z}(k))$ 可以表示成

$$
\begin{aligned}
p(\boldsymbol{X}(k)\,|\,\mathbb{Z}(k)) &= \frac{p(\mathbb{Z}(k)\,|\,\boldsymbol{X}(k))\,p(\boldsymbol{X}(k))}{p(\mathbb{Z}(k))} \\
&= \frac{p(\mathbb{Z}(k)\,|\,\boldsymbol{X}(k))\,p(\boldsymbol{X}(k))}{\int p(\mathbb{Z}(k)\,|\,\boldsymbol{X}(k))\,p(\boldsymbol{X}(k))\,d\boldsymbol{X}(k)}
\end{aligned}
\tag{7.128}
$$

一般稱 $p(\boldsymbol{X}(k))$ 爲先驗機率， $p(\mathbb{Z}(k)\,|\,\boldsymbol{X}(k))$ 爲似然(likelihood)機率而 $p(\mathbb{Z}(k))$ 爲現況(evidence)機率。若利用上式計算出後驗機率則可進一步地對 $\boldsymbol{X}(k)$進行估測。例如 $\boldsymbol{X}(k)$ 之最小均方誤差估測器可利用(7.75)求得而最大後驗估測器可利用(7.91)加以計算。但是後驗機率 $p(\boldsymbol{X}(k)\,|\,\mathbb{Z}(k))$ 之計算並不容易，因爲條件或邊際機率之計算往往得積分整個樣本空間同時於此一過程得紀錄與應用所有取得之觀測量，因此除非機率密度函數具有特別之型式如高斯分佈，直接應用貝式法則往往相當複雜。但是若 $\boldsymbol{x}(k)$爲一馬可夫過程(Markov process)意即 $\boldsymbol{x}(k+1)$僅與 $\boldsymbol{x}(k)$有關而與 $\boldsymbol{x}(l)$，$l<k$，無關且觀測量 $\boldsymbol{z}(k)$ 僅與 $\boldsymbol{x}(k)$有關而與 $\boldsymbol{x}(l)$，$l<k$，無關則可以建立一遞迴型式之貝式估測方法。

遞迴式貝式估測主要期望建立 $p(\boldsymbol{x}(k+1)\,|\,\mathbb{Z}(k+1))$ 與 $p(\boldsymbol{x}(k)\,|\,\mathbb{Z}(k))$ 間之關係以避免資料之累積並提供一較易實現之方法。此一方法分爲兩個動作以完成一次遞迴：預測(prediction)與修正(correction)。預測的過程之作法爲利用 $p(\boldsymbol{x}(k)\,|\,\mathbb{Z}(k))$ 預測條件機率 $p(\boldsymbol{x}(k+1)\,|\,\mathbb{Z}(k))$。由於假設 $\boldsymbol{x}(k)$爲一馬可夫過程故此一預測可利用下式完成：

$$
p(\boldsymbol{x}(k+1)\,|\,\mathbb{Z}(k)) = \int p(\boldsymbol{x}(k+1)\,|\,\boldsymbol{x}(k))\,p(\boldsymbol{x}(k)\,|\,\mathbb{Z}(k))\,d\boldsymbol{x}(k) \tag{7.129}
$$

此一公式(7.129)一般稱之爲切普曼可羅姆哥羅夫(Chapman-Kolomogorov)方程式。至於修正之過程主要因爲新得到一量測量 $\boldsymbol{z}(k+1)$，故據以修正估測向量。

此一修正過程應用貝式法則

$$
\begin{aligned}
p(\boldsymbol{x}(k+1)\,|\,\mathbb{Z}(k+1)) &= \frac{p(\boldsymbol{x}(k+1),\mathbb{Z}(k+1))}{p(\mathbb{Z}(k+1))} \\
&= \frac{p(\boldsymbol{x}(k+1),\boldsymbol{z}(k+1),\mathbb{Z}(k))}{p(\boldsymbol{z}(k+1),\mathbb{Z}(k))} \\
&= \frac{p(\boldsymbol{z}(k+1)\,|\,\boldsymbol{x}(k+1),\mathbb{Z}(k))\,p(\boldsymbol{x}(k+1)\,|\,\mathbb{Z}(k))\,p(\mathbb{Z}(k))}{p(\boldsymbol{z}(k+1)\,|\,\mathbb{Z}(k))\,p(\mathbb{Z}(k))}
\end{aligned}
\tag{7.130}
$$

上下相消 $p(\mathbb{Z}(k))$ 並引用前述假設可得

$$
p(\boldsymbol{x}(k+1)\,|\,\mathbb{Z}(k+1)) = \frac{p(\boldsymbol{z}(k+1)\,|\,\boldsymbol{x}(k+1))\,p(\boldsymbol{x}(k+1)\,|\,\mathbb{Z}(k))}{p(\boldsymbol{z}(k+1)\,|\,\mathbb{Z}(k))} \tag{7.131}
$$

於 (7.131) 可視 $p(\boldsymbol{x}(k+1)\,|\,\mathbb{Z}(k+1))$ 爲後驗機率、$p(\boldsymbol{x}(k+1)\,|\,\mathbb{Z}(k))$ 爲先驗機率、$p(\boldsymbol{z}(k+1)\,|\,\boldsymbol{x}(k+1))$ 爲似然機率，而 $p(\boldsymbol{z}(k+1)\,|\,\mathbb{Z}(k))$ 爲現況機率。現況機率之計算可以利用下列積分爲之

$$
p(\boldsymbol{z}(k+1)\,|\,\mathbb{Z}(k)) = \int p(\boldsymbol{z}(k+1)\,|\,\boldsymbol{x}(k+1))\,p(\boldsymbol{x}(k+1)\,|\,\mathbb{Z}(k))\,d\boldsymbol{x}(k+1) \tag{7.132}
$$

圖 7.4 說明遞迴式貝式估測之步驟。此一遞迴式計算過程得仰賴對於待估測參數或狀態向量有關之知識含不同時間點向量之轉移機率 $p(\boldsymbol{x}(k+1)\,|\,\boldsymbol{x}(k))$ 以及量測量與待估測向量間之似然機率 $p(\boldsymbol{z}(k+1)\,|\,\boldsymbol{x}(k+1))$ 並利用取得之觀測量 $\boldsymbol{z}(k+1)$ 進行處理以遞迴地更新後驗機率。一旦後驗機率可以取得，可隨之應用最小均方誤差估測法或最大後驗估測法進行估測。

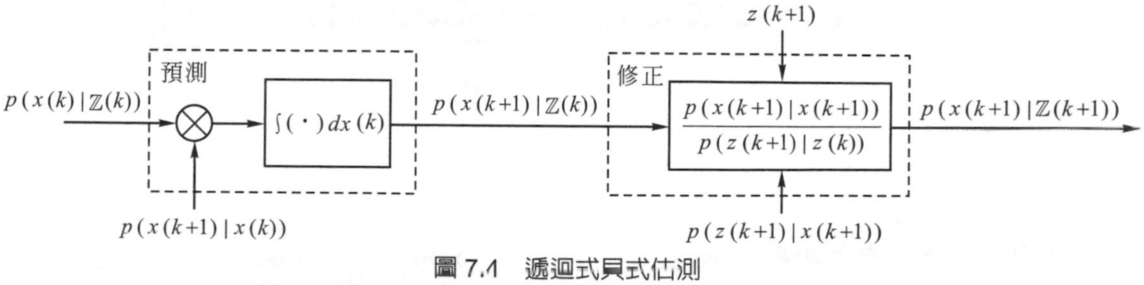

圖 7.4　遞迴式貝式估測

7.3 狀態估測方法

前述之參數估測方法可應用於許多導航計算之過程以根據觀測量修正導航解。不過此種方法假設參數向量是固定的。在許多導航應用上，往往所估測之參數或狀態會是時間的變數。更同時，相鄰兩時刻間之狀態具一定關係。在此情況下，可以採用卡

爾曼濾波器(Kalman filter)或非線性估測器以進行狀態之估測。由於卡爾曼濾波器之推導得利用機率與統計之概念，故本節首先回顧隨機過程，接著介紹動態模式，再推導出卡爾曼濾波器最終則介紹非線性濾波器。

7.3.1 隨機過程之回顧

隨機過程是一隨時間變化之隨機變數。於 3.2.2 節已介紹過隨機過程之定義與性質，本小節主要將其定義推廣至隨機過程向量。對一隨機過程向量 $\boldsymbol{x}(t)=\begin{bmatrix}x_1(t) & x_2(t) & \cdots & x_n(t)\end{bmatrix}^T$，若將時間 t 固定則 $\boldsymbol{x}(t)$爲一隨機向量，反之各 $\boldsymbol{x}(t)$ 樣本可視爲一 n 維之時間函數。此一隨機過程向量之平均向量爲一時間函數

$$\boldsymbol{m}_{\boldsymbol{x}}(t)=E\{\boldsymbol{x}(t)\}=\begin{bmatrix}E\{x_1(t)\} & E\{x_2(t)\} & \cdots & E\{x_n(t)\}\end{bmatrix}^T \tag{7.133}$$

$\boldsymbol{x}(t)$於時間點 t_1 與 t_2 之自我相關函數(auto-correlation function)，以 $\boldsymbol{R}_{\boldsymbol{x}}(t_1, t_2)$表之，則爲

$$\boldsymbol{R}_{\boldsymbol{x}}(t_1,t_2)=E\left\{\boldsymbol{x}(t_1)\boldsymbol{x}^T(t_2)\right\}=\begin{bmatrix}E\{x_1(t_1)x_1(t_2)\} & \cdots & E\{x_1(t_1)x_n(t_2)\}\\ \vdots & \ddots & \vdots\\ E\{x_n(t_1)x_1(t_2)\} & \cdots & E\{x_n(t_1)x_n(t_2)\}\end{bmatrix} \tag{7.134}$$

其自我協方差函數(auto-covariance function)則爲

$$\boldsymbol{P}_{\boldsymbol{x}}(t_1,t_2)=E\left\{[\boldsymbol{x}(t_1)-\boldsymbol{m}_{\boldsymbol{x}}(t_1)][\boldsymbol{x}(t_2)-\boldsymbol{m}_{\boldsymbol{x}}(t_2)]^T\right\}=\boldsymbol{R}_{\boldsymbol{x}}(t_1,t_2)-\boldsymbol{m}_{\boldsymbol{x}}(t_1)\boldsymbol{m}_{\boldsymbol{x}}^T(t_2) \tag{7.135}$$

對二隨機過程向量 $\boldsymbol{x}(t)=\begin{bmatrix}x_1(t) & x_2(t) & \cdots & x_n(t)\end{bmatrix}^T$ 與 $\boldsymbol{y}(t)=\begin{bmatrix}y_1(t) & y_2(t) & \cdots & y_m(t)\end{bmatrix}^T$ 而言，其在 t_1 與 t_2 之交互相關函數(cross correlation function)爲

$$\boldsymbol{R}_{\boldsymbol{x},\boldsymbol{y}}(t_1,t_2)=E\left\{\boldsymbol{x}(t_1)\boldsymbol{y}^T(t_2)\right\}=\begin{bmatrix}E\{x_1(t_1)y_1(t_2)\} & \cdots & E\{x_1(t_1)y_m(t_2)\}\\ \vdots & \ddots & \vdots\\ E\{x_n(t_1)y_1(t_2)\} & \cdots & E\{x_n(t_1)y_m(t_2)\}\end{bmatrix} \tag{7.136}$$

而二者間之交互協方差函數(cross covariance function)爲

$$\boldsymbol{P}_{\boldsymbol{x},\boldsymbol{y}}(t_1,t_2)=E\left\{[\boldsymbol{x}(t_1)-\boldsymbol{m}_{\boldsymbol{x}}(t_1)][\boldsymbol{y}(t_2)-\boldsymbol{m}_{\boldsymbol{y}}(t_2)]^T\right\}=\boldsymbol{R}_{\boldsymbol{x},\boldsymbol{y}}(t_1,t_2)-\boldsymbol{m}_{\boldsymbol{x}}(t_1)\boldsymbol{m}_{\boldsymbol{y}}^T(t_2) \tag{7.137}$$

若二隨機過程之交互協方差函數在所有時間點均爲零，即對所有的 t_1 與 t_2 $\boldsymbol{P}_{\boldsymbol{x},\boldsymbol{y}}(t_1,t_2)=0$，則此二隨機過程不相關。

如果一隨機過程 $\boldsymbol{x}(t)$ 在所有時間 t 均有相同之機率分佈，則此一過程爲狹義靜止。若一隨機過程之平均值爲一常數且自我相關函數僅與時間差有關，即

$$\boldsymbol{R_x}(t_1,t_2)=\boldsymbol{R_x}(t_2-t_1) \tag{7.138}$$

則稱此一過程爲廣義靜止。對一廣義靜止之隨機過程 $\boldsymbol{x}(t)$，其自我相關函數可寫成 $\boldsymbol{R_x}(\tau)$ 其中 τ 爲時間差。此時根據 Wiener-Khintchine 定理，$\boldsymbol{x}(t)$ 之功率頻譜密度函數 $\boldsymbol{S_x}(j\omega)$ 爲自我相關函數 $\boldsymbol{R_x}(\tau)$ 之傅立葉轉換：

$$\boldsymbol{S_x}(j\omega)=\int_{-\infty}^{\infty}\boldsymbol{R_x}(\tau)\exp(-j\omega\tau)d\tau \tag{7.139}$$

同時一旦取得 $\boldsymbol{S_x}(j\omega)$ 亦可利用反傅立葉轉換推算出 $\boldsymbol{R_x}(\tau)$

$$\boldsymbol{R_x}(\tau)=\frac{1}{2\pi}\int_{-\infty}^{\infty}\boldsymbol{S_x}(j\omega)\exp(j\omega\tau)d\omega \tag{7.140}$$

一白色隨機過程 $\boldsymbol{x}(t)$ 爲一均值爲零之隨機過程且其自我相關函數滿足

$$\boldsymbol{R_x}(t_1,t_2)=\boldsymbol{R_x}(t_1)\delta(t_1-t_2) \tag{7.141}$$

對一廣義靜止之白色隨機過程而言，若取其自我相關函數之傅立葉轉換則可得一常數，意即其功率頻譜密度函數爲一常數。

$$\boldsymbol{S_x}(j\omega)=A \tag{7.142}$$

其中 A 代表此一白色隨機過程之功率頻譜強度。在實用上，白色隨機過程由於其功率頻譜強度並不隨頻率而變化可用以描述具寬頻特性之訊號。

前述隨機過程均爲連續時間函數。離散時間之隨機過程亦可依類似的方法定義出各種特性。對於一離散時間的白色隨機過程 $\boldsymbol{x}(k)$，其自我相關函數滿足

$$\boldsymbol{R_x}(k,l)=\boldsymbol{R_x}(k)\delta_{k,l}=\begin{cases}\boldsymbol{R_x}(k), & k=l\\ \boldsymbol{0}, & k\neq l\end{cases} \tag{7.143}$$

7.3.2 動態模式

幾乎所有的物理訊號都會受到雜訊的影響。在訊號處理時，量測訊號有時會受到隨機雜訊的影響。白色隨機過程由於具有寬頻之特性可用以描述隨機雜訊稱之爲白色雜訊。但是有些影響系統的雜訊會具有特定的行爲或頻譜特性，此時可採用模式化的方法來描述雜訊或未知量以利估測器之調整和較佳估測結果之取得。另一方面，載具

之動態往往有跡可循，故動態模式亦可以應用於載具動態行之描述。對於狀態估測問題，若能善用動態模式以描述系統和感測元件之特性，可以較有效地進行估測。

利用動態模式描述系統動態時，馬可夫模式(Markov model)是一廣泛應用之模式。此一模式假設系統於此刻之狀態與上一時刻之狀態有關而與更前時刻之狀態無關。假設系統是離散且線性的，則可以利用圖 7.5 說明此一線性系統方塊圖。系統之動態模式包含了狀態方程式(state equation)與量測方程式(measurement equation)。令 $\boldsymbol{x}(k)$爲 k 時刻之狀態向量而 $\boldsymbol{w}(k)$爲同一時刻之系統雜訊。系統的狀態方程式爲

$$\boldsymbol{x}(k+1)=\boldsymbol{\Phi}(k+1,k)\boldsymbol{x}(k)+\Gamma(k+1,k)\boldsymbol{w}(k) \tag{7.144}$$

其中 $\boldsymbol{\Phi}(k+1,k)$ 爲 k 時刻至 $k+1$ 時刻之狀態轉移(state transition)矩陣而 $\Gamma(k+1,k)$ 爲相對應之輸入矩陣。系統之狀態主要用以描述系統內在變量之行爲而狀態向量之維度即爲系統之階數。至於系統之量測方程式則爲

$$\boldsymbol{z}(k+1)=\boldsymbol{H}(k+1)\boldsymbol{x}(k+1)+\boldsymbol{v}(k+1) \tag{7.145}$$

其中 $\boldsymbol{z}(k+1)$爲 $k+1$ 時刻之量測量，$\boldsymbol{H}(k+1)$爲輸出矩陣，而 $\boldsymbol{v}(k+1)$爲量測雜訊。如果系統雜訊 $\boldsymbol{w}(k)$，量測雜訊 $\boldsymbol{v}(k)$與起始狀態 $\boldsymbol{x}(0)$均爲高斯過程則稱此一動態模式爲高斯馬可夫模式(Gauss Markov model)。

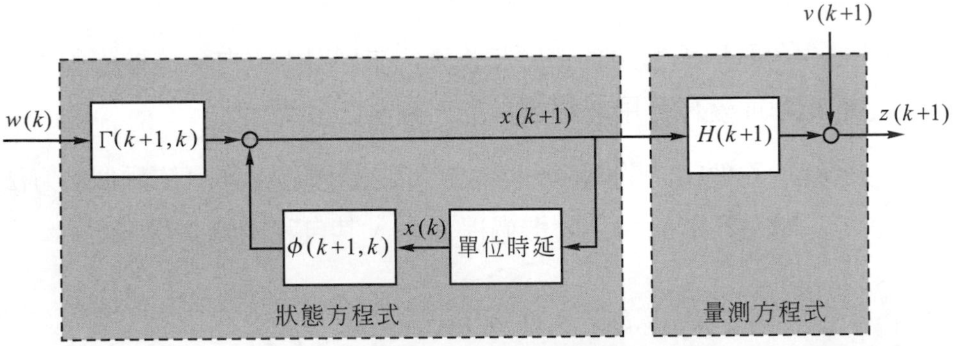

圖 7.5　系統方塊圖

採用(7.144)與(7.145)之線性系統模式可描述許多動態行爲。而且藉由擴增方式可以結合數個低階之模式以描述更複雜系統之行爲。導航感測元件往往會受到隨機偏置(random bias)與隨機雜訊之影響，可利用下列模式描述此二現象

$$\begin{aligned} x(k+1)&=x(k)\\ z(k+1)&=x(k+1)+v(k+1) \end{aligned} \tag{7.146}$$

其中狀態之初始值 $x(0)$爲一隨機變數代表偏置而 $v(k+1)$爲隨機過程代表雜訊，此一系統之輸出 $z(k+1)$因此受到隨機偏置與隨機雜訊之影響。所謂隨機移動(random walk)代表一高斯雜訊之積分亦即此一訊號爲下述方程式之輸出

$$\begin{aligned} x(k+1) &= x(k) + w(k) \\ z(k+1) &= x(k+1) \end{aligned} \tag{7.147}$$

其中 $w(k)$爲一高斯雜訊而狀態之初始值 $x(0)$一般設爲零。隨機移動一般又稱爲布朗寧運動(Brownian motion)或韋納過程(Wiener process)。此一過程爲非靜止(non stationary)的且其標準差會與時間之開根號成正比。

高斯馬可夫過程(Gauss Markov process)可用以描述受到雜訊影響之物理量。此一過程爲靜止的隨機過程且其自我相關函數具一指數型式

$$\boldsymbol{R}_z(\tau) = \sigma^2 \exp(-\beta \mid \tau \mid) \tag{7.148}$$

其中σ^2爲此一過程之變異量而 $1/\beta$爲時間常數。由此一自我相關函數可知，對一高斯馬可夫過程，任二不同時間點間之相關性會隨二者時間差之增加而降低。許多物理量具有上述隨時間增加而逐漸淡化之相關性特性，故高斯馬可夫過程用途甚廣。若針對此一過程之自我相關函數依(7.139)取其傅立葉轉換可得其功率頻譜密度

$$\boldsymbol{S}_z(\omega) = \frac{2\sigma^2\beta}{\omega^2 + \beta^2} \tag{7.149}$$

事實上，可利用一白色雜訊通過一階之轉換函數而得到此一過程。若以離散方程式描述高斯馬可夫過程其型式爲

$$\begin{aligned} x(k+1) &= \alpha x(k) + w(k) \\ z(k+1) &= x(k+1) \end{aligned} \tag{7.150}$$

其中α爲一常數而 $w(k)$爲一白雜訊。此處α與(7.149)之β具如下關係

$$\alpha = \exp(-\beta T) \tag{7.151}$$

其中 T 爲取樣時間。

動態模式除了可以描述感測元件之特性外，另外常用於描述載具之動態。載具之動態可依(7.144)之狀態方程式描述或

$$\boldsymbol{x}(k+1)=\Phi\boldsymbol{x}(k)+\Gamma\boldsymbol{w}(k) \tag{7.152}$$

實際應用場合，狀態會根據載具之動態而有不同之選擇。若導航者之位置基本上變動不大一般可利用低動態模式來描述導航者之狀態，此時狀態向量僅包含導航者之位置向量 $\boldsymbol{p}$。相對而言，此時之系統矩陣與輸入矩陣均為單位矩陣。但是若導航者有一定程度之運動，例如沿著路徑進行近乎等速之運動，則系統之狀態理應包含位置 $\boldsymbol{p}$ 與速度 $\boldsymbol{v}$ 而系統矩陣則如表 7.2 所示描述位置與速度之變化情形，其中 T 代表取樣時間。若載具處於高動態，則得考慮位置 $\boldsymbol{p}$、速度 $\boldsymbol{v}$ 與加速度 $\boldsymbol{a}$ 之變化，此時所對應之系統矩陣與輸入矩陣亦如表 7.2 所說明。

表 7.2　不同動態下之系統狀態模式

	狀態向量	系統矩陣	輸入矩陣
低動態	$\boldsymbol{x}=\boldsymbol{p}$	$\Phi=\boldsymbol{I}$	$\Gamma=\boldsymbol{I}$
中動態	$\boldsymbol{x}=\begin{bmatrix}\boldsymbol{p}\\ \boldsymbol{v}\end{bmatrix}$	$\Phi=\begin{bmatrix}\boldsymbol{I} & T\boldsymbol{I}\\ \boldsymbol{0} & \boldsymbol{I}\end{bmatrix}$	$\Gamma=\begin{bmatrix}\boldsymbol{0}\\ \boldsymbol{I}\end{bmatrix}$
高動態	$\boldsymbol{x}=\begin{bmatrix}\boldsymbol{p}\\ \boldsymbol{v}\\ \boldsymbol{a}\end{bmatrix}$	$\Phi=\begin{bmatrix}\boldsymbol{I} & T\boldsymbol{I} & \frac{T^2}{2}\boldsymbol{I}\\ \boldsymbol{0} & \boldsymbol{I} & T\boldsymbol{I}\\ \boldsymbol{0} & \boldsymbol{0} & \boldsymbol{I}\end{bmatrix}$	$\Gamma=\begin{bmatrix}\boldsymbol{0}\\ \boldsymbol{0}\\ \boldsymbol{I}\end{bmatrix}$

7.2.3　卡爾曼濾波器

卡爾曼濾波器(Kalman filter)是一項訊號處理的技術可用來估測狀態或參數。基本上前述之參數估測方法如最小平方法或線性均方估測法均根據量測方程式來對參數進行估測。卡爾曼濾波器與上述參數估測方法的最大差異在於它同時處理了量測方程式與狀態方程式，其中量測方程式描述了量測量與狀態之關係而狀態方程式則描述了狀態隨時間之演進變化。要言之，卡爾曼濾波器利用以下之資訊以對系統的狀態或參數進行最佳化之估測

- 與狀態具線性關係但受量測雜訊影響之量測輸出
- 系統之動態模式
- 系統及量測雜訊之統計特性
- 起始狀態之估測
- 其他非雜訊型式之輸入

至於最佳化之過程主要則在提供一狀態的估測量 $\hat{\boldsymbol{x}}$ 以近似眞實狀態 $\boldsymbol{x}$。由於在此假設 $\boldsymbol{x}$ 與 $\hat{\boldsymbol{x}}$ 均為隨機向量，故此一最佳之卡爾曼濾波器實係要求 $\boldsymbol{x}$ 與 $\hat{\boldsymbol{x}}$ 間之均方誤差 $E\left\{(\boldsymbol{x}-\hat{\boldsymbol{x}})^T(\boldsymbol{x}-\hat{\boldsymbol{x}})\right\}$ 最小。卡爾曼濾波器之推導可以有多種方式，有些文獻利用正交(orthogonality)原理進行描述，有些文獻則採用創新(innovation)過程之說明，而另一些則建基於高斯雜訊之假設。不過縱使採用之理論基礎不同所得之結論，即卡爾曼濾波器之算法，是一致的。卡爾曼濾波器同時可視為一結合預測與修正之作法：於每一時刻，卡爾曼濾波器根據給定之模式與雜訊描述預估下一時刻之估測值與協方差矩陣。當於下一時刻取得新的量測量時，卡爾曼濾波器應用線性均方誤差估測方法進行修正並更新估測值與協方差矩陣。

卡爾曼濾波器依據圖 7.5 之線性系統方塊圖推導狀態估測法則。系統之動態模式包含了狀態方程式與量測方程式。這其中狀態方程式如(7.144)所描述或

$$\boldsymbol{x}(k+1)=\Phi(k+1,k)\boldsymbol{x}(k)+\Gamma(k+1,k)\boldsymbol{w}(k) \tag{7.153}$$

同時假設系統雜訊 $\boldsymbol{w}(k)$ 為一均值為零之白雜訊且

$$E\left\{\boldsymbol{w}(k)\boldsymbol{w}^T(l)\right\}=\boldsymbol{Q}(k)\delta_{k,l} \tag{7.154}$$

而 $\boldsymbol{Q}(k)$ 為一半正定矩陣。至於系統之量測方程式則為(7.145)或

$$\boldsymbol{z}(k+1)=\boldsymbol{H}(k+1)\boldsymbol{x}(k+1)+\boldsymbol{v}(k+1) \tag{7.155}$$

在此同時假設量測雜訊 $\boldsymbol{v}(k)$ 為一均值為零之白雜訊並與 $\boldsymbol{w}(k)$ 不相關，同時

$$E\left\{\boldsymbol{v}(k)\boldsymbol{v}^T(l)\right\}=\boldsymbol{R}(k)\delta_{k,l} \tag{7.156}$$

而 $\boldsymbol{R}(k)$ 為一正定矩陣。此一系統之起始狀態 $\boldsymbol{x}(0)$ 亦為一隨機向量並分別與系統雜訊及量測雜訊不相關。在此假設 $\boldsymbol{x}(0)$ 之均值為 $E\left\{\boldsymbol{x}(0)\right\}=\boldsymbol{m}_x(0)$ 而其協方差矩陣為 $E\left\{[\boldsymbol{x}(0)-\boldsymbol{m}_x(0)][\boldsymbol{x}(0)-\boldsymbol{m}_x(0)]^T\right\}=\boldsymbol{P}_x(0)$。

針對此一系統動態系統(7.153)與(7.155)，可先行計算均值與協方差矩陣隨時間變化之演進。若分別對狀態方程式與量測方程式取期望值並利用 $\boldsymbol{w}(k)$ 與 $\boldsymbol{v}(k)$ 均值為零之性質，則可得到平均向量隨時間變化之方程式。令 $\boldsymbol{m}_x(k)$ 與 $\boldsymbol{m}_z(k)$ 分別為 $\boldsymbol{x}(k)$ 與 $\boldsymbol{z}(k)$ 之平均向量，則

$$m_x(k+1) = \Phi(k+1,k)m_x(k) \tag{7.157}$$

$$m_z(k+1) = H(k+1,k)m_x(k+1) \tag{7.158}$$

此二方程式說明了 $x(k)$與 $z(k)$均值之演進。至於 $x(k)$之協方差矩陣隨著時間之變化，演進如下

$$\begin{aligned} P_x(k+1) &= E\left\{[x(k+1)-m_x(k+1)][x(k+1)-m_x(k+1)]^T\right\} \\ &= \Phi(k+1,k)P_x(k)\Phi^T(k+1,k)+\Gamma(k+1,k)Q(k)\Gamma^T(k+1,k) \end{aligned} \tag{7.159}$$

另外，$z(k+1)$之協方差矩陣則滿足

$$\begin{aligned} P_z(k+1) &= E\left\{[z(k+1)-m_z(k+1)][z(k+1)-m_z(k+1)]^T\right\} \\ &= H(k+1)P_x(k+1)H^T(k+1)+R(k+1) \end{aligned} \tag{7.160}$$

至於 $x(k+1)$與 $z(k+1)$間之交互協方差矩陣則為

$$\begin{aligned} P_{x,z}(k+1) &= E\left\{[x(k+1)-m_x(k+1)][z(k+1)-m_z(k+1)]^T\right\} \\ &= P_x(k+1)H^T(k+1) \end{aligned} \tag{7.161}$$

卡爾曼濾波器主要根據至 $k+1$ 時刻之量測量估測出系統於 $k+1$ 時刻之狀態向量。若以 $\mathbb{Z}(k)=\{z(1),z(2),\ldots,z(k)\}$ 代表至 k 時刻之累積量測量並以 $\mathbb{Z}(k+1)=\{z(1),z(2),\ldots,z(k),z(k+1)\}$ 代表至 $k+1$ 時刻之累積量測量。令 $\hat{x}(k+1\,|\,k)$ 代表根據 k 時刻之累積量測量 $\mathbb{Z}(k)$ 對 $k+1$ 時刻之狀態預估，即

$$\hat{x}(k+1\,|\,k) = E\{x(k+1)\,|\,\mathbb{Z}(k)\} \tag{7.162}$$

同時令 $\hat{x}(k+1\,|\,k+1)$ 代表根據 $k+1$ 時刻之累積量測量 $\mathbb{Z}(k+1)$ 對 $k+1$ 時刻之狀態估測，即

$$\hat{x}(k+1\,|\,k+1) = E\{x(k+1)\,|\,\mathbb{Z}(k+1)\} \tag{7.163}$$

卡爾曼濾波器為一遞迴式之法則，即希望利用 $\hat{x}(k+1\,|\,k)$ 及 $z(k+1)$以估測出最佳之 $\hat{x}(k+1\,|\,k+1)$。所謂最佳在此代表均方誤差之期望值是最小的；所以卡爾曼濾波器之目標函數為

$$\begin{aligned} &E\left\{\left\|x(k+1)-\hat{x}(k+1\,|\,k+1)\right\|^2\right\} \\ &= E\left\{[x(k+1)-\hat{x}(k+1\,|\,k+1)]^T[x(k+1)-\hat{x}(k+1\,|\,k+1)]\right\} \end{aligned} \tag{7.164}$$

卡爾曼濾波器之推導可以經由上述狀態與協方差量矩陣之演進以及線性均方估測方法以完成。令 $\boldsymbol{P_x}(k+1|k)$ 與 $\boldsymbol{P_x}(k+1|k+1)$ 分別爲 $\tilde{\boldsymbol{x}}(k+1|k)$ 與 $\tilde{\boldsymbol{x}}(k+1|k+1)$ 之協方差矩陣而 $\tilde{\boldsymbol{x}}(k+1|k)=\boldsymbol{x}(k+1)-\hat{\boldsymbol{x}}(k+1|k)$ 且 $\tilde{\boldsymbol{x}}(k+1|k+1)=\boldsymbol{x}(k+1)-\hat{\boldsymbol{x}}(k+1|k+1)$。以下說明卡爾曼濾波器之步驟

1. 起始：起始時刻之估測狀態 $\hat{\boldsymbol{x}}(0|0)$ 及誤差狀態之協方差矩陣 $\boldsymbol{P_x}(0|0)$ 分別爲

$$\hat{\boldsymbol{x}}(0|0)=\boldsymbol{m_x}(0) \quad \text{及} \quad \boldsymbol{P_x}(0|0)=\boldsymbol{P_x}(0) \tag{7.165}$$

2. 預測狀態：於 k 時刻時預估 $k+1$ 時刻之狀態與協方差矩陣。此一步驟引用了(7.157)狀態與(7.159)協方差矩陣之演進公式。

$$\hat{\boldsymbol{x}}(k+1|k)=\Phi(k+1,k)\hat{\boldsymbol{x}}(k|k) \tag{7.166}$$

$$\boldsymbol{P_x}(k+1|k)=\Phi(k+1,k)\boldsymbol{P_x}(k|k)\Phi^T(k+1,k)+\Gamma(k+1,k)\boldsymbol{Q}(k)\Gamma^T(k+1,k) \tag{7.167}$$

3. 預測輸出：參照(7.158)，對於輸出 $\boldsymbol{z}(k+1)$利用下式預估之

$$\hat{\boldsymbol{z}}(k+1|k)=\boldsymbol{H}(k+1)\hat{\boldsymbol{x}}(k+1|k) \tag{7.168}$$

4. 計算增益：根據最小均方估測公式(7.80)，計算卡爾曼濾波器增益(Kalman filter gain)如下

$$\boldsymbol{K}(k+1)=\boldsymbol{P_{x,z}}(k+1|k)\boldsymbol{P_z}^{-1}(k+1|k) \tag{7.169}$$

其中

$$\begin{aligned}\boldsymbol{P_{x,z}}(k+1|k)&=E\left\{[\boldsymbol{x}(k+1)-\hat{\boldsymbol{x}}(k+1|k)][\boldsymbol{z}(k+1)-\hat{\boldsymbol{z}}(k+1|k)]^T\right\}\\&=\boldsymbol{P_x}(k+1|k)\boldsymbol{H}^T(k+1)\end{aligned} \tag{7.170}$$

和

$$\begin{aligned}\boldsymbol{P_z}(k+1|k)&=E\left\{[\boldsymbol{z}(k+1)-\hat{\boldsymbol{z}}(k+1)][\boldsymbol{z}(k+1)-\hat{\boldsymbol{z}}(k+1)]^T\right\}\\&=\boldsymbol{H}(k+1)\boldsymbol{P_x}(k+1|k)\boldsymbol{H}^T(k+1)+\boldsymbol{R}(k+1)\end{aligned} \tag{7.171}$$

故於 $k+1$ 時刻之卡爾曼濾波器增益爲

$$\boldsymbol{K}(k+1)=\boldsymbol{P_x}(k+1|k)\boldsymbol{H}^T(k+1)\left[\boldsymbol{H}(k+1)\boldsymbol{P_x}(k+1|k)\boldsymbol{H}^T(k+1)+\boldsymbol{R}(k+1)\right]^{-1} \tag{7.172}$$

5. 修正：於 $k+1$ 時刻時，新的量測量 $\boldsymbol{z}(k+1)$可以取得並據之修正狀態之估測。狀態於 $k+1$ 時刻之估測值可利用最小均方估測方法(7.81)求得，其方程式爲

$$\hat{\boldsymbol{x}}(k+1|k+1)=\hat{\boldsymbol{x}}(k+1|k)+\boldsymbol{K}(k+1)\left[\boldsymbol{z}(k+1)-\hat{\boldsymbol{z}}(k+1|k)\right] \tag{7.173}$$

至於相對於 $\tilde{\boldsymbol{x}}(k+1|k+1)$ 之協方差矩陣則可推導出如下式

$$\boldsymbol{P}_{\boldsymbol{x}}(k+1|k+1)=\left[\boldsymbol{I}-\boldsymbol{K}(k+1)\boldsymbol{H}(k+1)\right]\boldsymbol{P}_{\boldsymbol{x}}(k+1|k) \tag{7.174}$$

圖 7.6 爲卡爾曼濾波器計算之流程。由圖中可知，協方差矩陣及卡爾曼濾波器增益之計算均可事先完成，因爲 $\boldsymbol{P}_{\boldsymbol{x}}(k+1|k)$、$\boldsymbol{K}(k+1)$ 及 $\boldsymbol{P}_{\boldsymbol{x}}(k+1|k+1)$ 均與量測量無關。因此在即時執行時，僅需計算狀態之預估與修正即可。

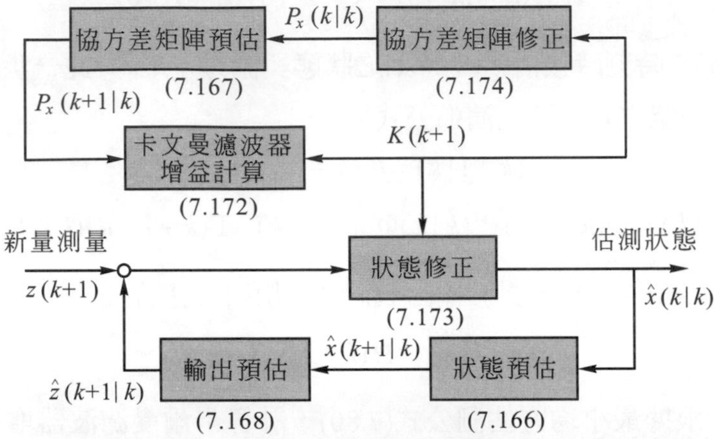

圖 7.6　卡爾曼濾波器流程

理論上，當初始狀態、系統雜訊與量測雜訊均爲高斯分佈時，卡爾曼濾波器爲最佳之估測器可提供最低方差之狀態估測。如果高斯分佈之假設不成立，卡爾曼濾波器仍爲提供最低方差狀態估測之最佳線性估測器。由於有上述最佳化之性質，故卡爾曼濾波器之應用相當廣泛。另外值得注意的是當狀態方程式之狀態轉移矩陣和輸入矩陣分別爲 $\boldsymbol{\Phi}(k+1,k)=\boldsymbol{I}$ 與 $\boldsymbol{\Gamma}(k+1,k)=\boldsymbol{0}$ 且量測雜訊之協方差爲 $\boldsymbol{R}(k+1)=\dfrac{1}{w(k+1)}$ 則卡爾曼濾波器與協方差矩陣型式之遞迴式參數估測方法是相同的。因此可視遞迴式參數估測方法爲卡爾曼濾波器之一特例。

卡爾曼濾波器計算過程之創新序列(innovation sequence)之定義爲量測向量與預估輸出間之差異

$$\boldsymbol{n}(k+1)=\boldsymbol{z}(k+1)-\hat{\boldsymbol{z}}(k+1|k) \tag{7.175}$$

此一創新量代表於新的量測向量所含資訊與之前累積量測訊號 $\mathbb{Z}(k)$ 所含資訊之差別也可視爲 $\mathbb{Z}(k+1)$ 與 $\mathbb{Z}(k)$ 所含資訊之差異。創新序列之期望值爲零，即

$$E\left\{\boldsymbol{n}(k+1)\middle|\mathbb{Z}(k)\right\}=\boldsymbol{0} \tag{7.176}$$

創新量除表示新的量測向量所含之額外資訊外另一可視同卡爾曼濾波器估測過程之量測餘量。若系統模式與雜訊統計特性之假設正確則創新序列應為一白雜訊。一般於應用卡爾曼濾波器時會針對此一餘量進行監測，若此一餘量之均值不為零或並非白雜訊則表示存在模式或計算誤差而卡爾曼濾波器會有發散之危險。卡爾曼濾波器之估測性能一般利用 $\tilde{\boldsymbol{x}}(k+1|k+1)$ 之協方差矩陣 $\boldsymbol{P_x}(k+1|k+1)$ 描述。此一協方差矩陣代表眞實狀態 $\boldsymbol{x}(k+1)$ 與經濾波後之估測狀態 $\hat{\boldsymbol{x}}(k+1|k+1)$ 間之誤差情形，而此一矩陣之主對角軸元素則代表各個狀態估測誤差之方差。

一般為了確保協方差矩陣計算時數值之穩定性，均採用正交分解或所謂 UDU^T 法來計算 $\boldsymbol{P_x}(k+1|k)$ 及 $\boldsymbol{P_x}(k+1|k+1)$。另外，若狀態或量測方程式不是線性時，可以結合線性化與卡爾曼濾波器計算公式而得一擴展型式之卡爾曼濾波器(extended Kalman filter)。下一小節將介紹此一擴展式卡爾曼濾波。

7.2.4　擴展式卡爾曼濾波器

由於系統之狀態方程式與量測方程式可能受到非線性現象之影響，故於狀態估測過程有必要對於非線性現象進行因應。擴展式卡爾曼濾波器為適用於非線性系統之狀態估測方法，此一方法結合卡爾曼濾波器之狀態預估與修正步驟以及線性化之運算。假設系統之狀態方程式與量測方程式分別為

$$\boldsymbol{x}(k+1)=\boldsymbol{f}(\boldsymbol{x}(k),k)+\Gamma(k+1,k)\boldsymbol{w}(k) \tag{7.177}$$

與

$$\boldsymbol{z}(k+1)=\boldsymbol{h}(\boldsymbol{x}(k+1),k+1)+\boldsymbol{v}(k+1) \tag{7.178}$$

其中 $\boldsymbol{f}(\boldsymbol{x}(k),k)$ 為一描述 $\boldsymbol{x}(k)$ 與 $\boldsymbol{x}(k+1)$ 間關係之非線性函數，$\Gamma(k+1,k)$ 為相對應之輸入矩陣而 $\boldsymbol{h}(\boldsymbol{x}(k+1),k+1)$ 為非線性量測函數。同時假設 $\boldsymbol{w}(k)$ 為一均值為零之白雜訊且 $E\left\{\boldsymbol{w}(k)\boldsymbol{w}^T(l)\right\}=\boldsymbol{Q}(k)\delta_{k,l}$ 而 $\boldsymbol{Q}(k)$ 為一半正定矩陣，且 $\boldsymbol{v}(k)$ 為一均值為零之白雜訊並與 $\boldsymbol{w}(k)$ 不相關，同時 $E\left\{\boldsymbol{v}(k)\boldsymbol{v}^T(l)\right\}=\boldsymbol{R}(k)\delta_{k,l}$ 而 $\boldsymbol{R}(k)$ 為一正定矩陣。此一系統之起始狀態 $\boldsymbol{x}(k)$ 亦為一隨機向量並分別與系統雜訊及量測雜訊不相關。在此假設 $\boldsymbol{x}(k)$ 之均值與協方差矩陣分別為 $E\{\boldsymbol{x}(0)\}=\boldsymbol{m_x}(0)$ 與 $E\left\{[\boldsymbol{x}(0)-\boldsymbol{m_x}(0)][\boldsymbol{x}(0)-\boldsymbol{m_x}(0)]^T\right\}=\boldsymbol{P_x}(0)$。

擴展式卡爾曼濾波器之步驟說明如下：

1. 起始：起始時刻之估測狀態 $\hat{\boldsymbol{x}}(0|0)$ 及誤差狀態之協方差矩陣 $\boldsymbol{P_x}(0|0)$ 分別為

$$\hat{\boldsymbol{x}}(0|0)=\boldsymbol{m_x}(0)\quad\text{及}\quad\boldsymbol{P_x}(0|0)=\boldsymbol{P_x}(0) \tag{7.179}$$

2. 預測狀態：於 k 時刻時預估 $k+1$ 時刻之狀態

$$\hat{\boldsymbol{x}}(k+1|k)=\boldsymbol{f}(\hat{\boldsymbol{x}}(k|k),k) \tag{7.180}$$

3. 線性化狀態方程式：將狀態方程式於 $\hat{\boldsymbol{x}}(k|k)$ 線性化可得

$$\boldsymbol{f}(\boldsymbol{x}(k),k)=\boldsymbol{f}(\hat{\boldsymbol{x}}(k|k),k)+\Phi(k+1,k)\left[\boldsymbol{x}(k)-\hat{\boldsymbol{x}}(k|k)\right]+\cdots \tag{7.181}$$

其中

$$\Phi(k+1,k)=\left.\frac{\partial \boldsymbol{f}(\boldsymbol{x}(k),k)}{\partial \boldsymbol{x}(k)}\right|_{\hat{\boldsymbol{x}}(k|k)} \tag{7.182}$$

4. 預測協方差矩陣：計算協方差矩陣 $\boldsymbol{P}_{\boldsymbol{x}}(k+1|k)$ 如下

$$\boldsymbol{P}_{\boldsymbol{x}}(k+1|k)=\Phi(k+1,k)\boldsymbol{P}_{\boldsymbol{x}}(k|k)\Phi^{T}(k+1,k)+\Gamma(k+1,k)\boldsymbol{Q}(k)\Gamma^{T}(k+1,k) \tag{7.183}$$

5. 線性化量測方程式：將量測方程式於 $\hat{\boldsymbol{x}}(k+1|k)$ 線性化可得

$$\boldsymbol{h}(\boldsymbol{x}(k+1),k+1)=\boldsymbol{h}(\hat{\boldsymbol{x}}(k+1|k),k+1)+\boldsymbol{H}(k+1)\left[\boldsymbol{x}(k+1)-\hat{\boldsymbol{x}}(k+1|k)\right]+\cdots \tag{7.184}$$

其中

$$\boldsymbol{H}(k+1)=\left.\frac{\partial \boldsymbol{h}(\boldsymbol{x}(k+1),k+1)}{\partial \boldsymbol{x}(k+1)}\right|_{\hat{\boldsymbol{x}}(k+1|k)} \tag{7.185}$$

6. 計算增益：計算於 $k+1$ 時刻之擴展式卡爾曼濾波器增益爲

$$\boldsymbol{K}(k+1)=\boldsymbol{P}_{\boldsymbol{x}}(k+1|k)\boldsymbol{H}^{T}(k+1)\left[\boldsymbol{H}(k+1)\boldsymbol{P}_{\boldsymbol{x}}(k+1|k)\boldsymbol{H}^{T}(k+1)+\boldsymbol{R}(k+1)\right]^{-1} \tag{7.186}$$

7. 預測輸出：對於輸出 $\boldsymbol{z}(k+1)$亦可利用下式預估之

$$\hat{\boldsymbol{z}}(k+1|k)=\boldsymbol{h}(\hat{\boldsymbol{x}}(k+1|k),k+1) \tag{7.187}$$

8. 修正：於 $k+1$ 時刻時，新的量測量 $\boldsymbol{z}(k+1)$可以取得並據之修正狀態之估測。狀態於 $k+1$ 時刻之估測值可利用最小均方估測方法求得，其方程式爲

$$\hat{\boldsymbol{x}}(k+1|k+1)=\hat{\boldsymbol{x}}(k+1|k)+\boldsymbol{K}(k+1)\left[\boldsymbol{z}(k+1)-\hat{\boldsymbol{z}}(k+1|k)\right] \tag{7.188}$$

至於相對於 $\tilde{\boldsymbol{x}}(k+1|k+1)$ 之協方差矩陣則如下式

$$\boldsymbol{P}_{\boldsymbol{x}}(k+1|k+1)=\left[\boldsymbol{I}-\boldsymbol{K}(k+1)\boldsymbol{H}(k+1)\right]\boldsymbol{P}_{\boldsymbol{x}}(k+1|k) \tag{7.189}$$

由上述步驟可知，擴展式卡爾曼濾波器之執行較卡爾曼濾波器繁複，除了得進行線性化之動作外，濾波器增益與協方差矩陣會隨狀態估測而異，無法如卡爾曼濾波器一樣事先計算。一般於應用擴展式卡爾曼濾波器時，亦得監測量測餘量以避免發散。有時若量測餘量過大，可以沿用疊代方式於單一時刻進行多次線性化與估測量修正之動作。

7.2.5　非線性濾波器

於導航訊號處理過程，非線性現象往往爲無法避免的。對於非線性現象除可利用線性化之動作以探討工作點附近之現象外，另一可以利用無跡轉換(unscented transform)進行探討。隨著嵌入式計算平台之發展，許多較複雜之估測法則亦得以採用即時之方式實現。粒子濾波器(particle filter)可以因應非線性之系統以及非單峰型式之機率密度函數，亦漸受重視。

7.3　導航誤差

導航定位過程中，量測量會受到儀器精度及接收訊號品質的影響，產生誤差。同時，在計算過程亦會因爲資料不足、計算之簡化乃至法則之不當而造成導航量之誤差。因此在分析導航系統性能時，有必要對其可能誤差之程度加以說明。對於導航誤差之一般利用誤差低於某一特定數值之機率予以描述。

對於一維的定位例如單一距離或坐標值之定位，若可取得 N 個估測量 x_i 則其期望值與變異量可分別近似成

$$m_x = \frac{1}{N}\sum_{i=1}^{N} x_i \quad 與 \quad \sigma_x^2 = \frac{1}{N-1}\sum_{i=1}^{N}(x_i - m_x)^2 \tag{7.190}$$

也因此可利用期望值 m_x 來近似此一維之導航量並以其均方根值 σ_x 來量化此一導航誤差。明顯地，若每次估測之值 x_i 均近似於 m_x，則其方差 σ_x^2 或均方根值 σ_x 是很小的。

根據大數法則，當取得的估測樣本夠多時，一隨機變數 x 之分佈近似一高斯分佈。部分高斯分佈之性質已於 3.2.1 節說明。對於一均值爲 m_x，方差爲 σ_x^2 之高斯分佈 x，其機率密度函數如(7.12)所示。高斯分佈隨 x 變化之曲線可參考圖 3.7。根據此一機率密度函數可推算出 x 介於 $m_x \pm b$ 間之機率爲

$$\int_{m_x-b}^{m_x+b} p_X(x)dx = \int_{m_x-b}^{m_x+b} \frac{1}{\sqrt{2\pi}\sigma_x}\exp\left(-\frac{1}{2}\frac{(x-m_x)^2}{\sigma_x^2}\right) = \mathrm{erf}\left(\frac{b}{\sqrt{2}\sigma_x}\right) \tag{7.191}$$

對於不同的 b 值可利用積分計算出 x 介於 $m_x \pm b$ 間之機率。事實上，若令 $b=\sigma_x$ 則 x 介於 $m_x \pm \sigma_x$ 間之機率爲百分之 63.8。換言之，誤差超過 σ_x 之機率爲百分之 36.2。同理，x 介於 $m_x \pm 2\,\sigma_x$ 間之機率爲百分之 95.4，x 介於 $m_x \pm 3\,\sigma_x$ 間之機率則爲百分之 99.7 等。由於均方根值與 x 的分佈具上述關係，在描述一導航量時往往加上均方根值之陳述以有效地界定誤差。例如一測距裝置之定位精度爲 90 公尺(2σ)或 90 公尺(95.4%)，即代表其定距之誤差有百分之 95.4 之機率會落在眞實値 90 公尺內。

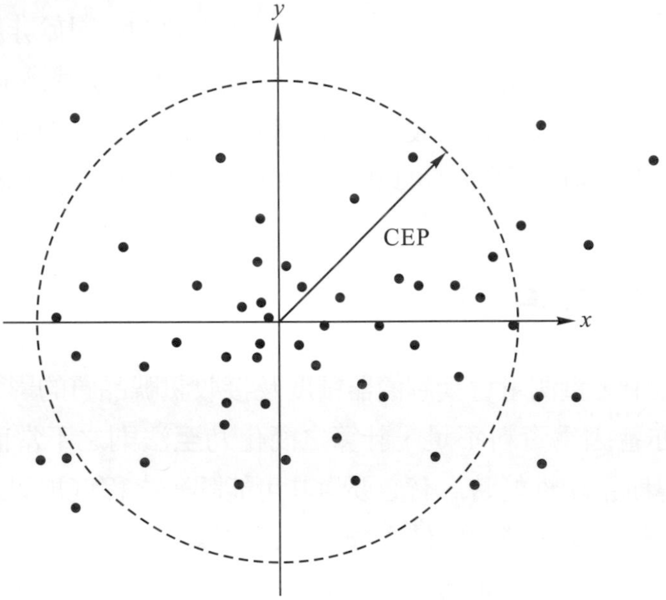

圖 7.7　圓周誤差公算

對於二維之定位誤差之描述，均方根值仍可適用。但由於二維定位時，估測量之誤差會隨定位線而異，故有時得同時考慮定位時之估測量分佈。假設估測位置如圖 7.7 所示，此時可定義圓周誤差公算(circular error probable CEP)如下。若針對此些樣本可以找到一個圓將至少百分之五十的樣本包含於此圓內，則此一圓之最小半徑即稱之爲圓周誤差公算或 CEP(50%)。例如，一導彈之精度爲 100 公尺(CEP 90%)，即代表該導彈可以有百分之九十之機率會命中在目標點 100 公尺範圍的圓內。

二維之高斯分佈機率函數爲

$$p_{X,Y}(x,y) = \frac{1}{2\pi\sigma_x\sigma_y\sqrt{1-\rho_{x,y}^2}} \exp\left(-\frac{1}{2(1-\rho_{x,y}^2)}\left(\frac{x^2}{\sigma_x^2}+\frac{y^2}{\sigma_y^2}-2\rho_{x,y}\frac{xy}{\sigma_x\sigma_y}\right)\right) \quad (7.192)$$

在此假設 x 與 y 之平均值爲零，標準差分別爲σ_x 與σ_y，而$\rho_{x,y}$則爲 x 與 y 之相關係數。令 a 爲任一常數，則所有滿足 $p_{X,Y}(x|y)=a$ 之所有 x 與 y 會在二維平面上形成一橢圓，其方程式爲

$$\frac{1}{2(1-\rho_{x,y}^2)}\left(\frac{x^2}{\sigma_x^2}+\frac{y^2}{\sigma_y^2}-2\rho_{x,y}\frac{xy}{\sigma_x\sigma_y}\right)=d^2 \tag{7.193}$$

而 a 與 d^2 間之關係則爲 $2\pi a\sigma_x\sigma_y\sqrt{1-\rho_{x,y}^2}=\exp(-d^2)$。針對此一橢圓可對其進行旋轉而得到一正規之橢圓方程式。令

$$\begin{bmatrix} u \\ v \end{bmatrix}=\begin{bmatrix} \cos\psi & \sin\psi \\ -\sin\psi & \cos\psi \end{bmatrix}\begin{bmatrix} x \\ y \end{bmatrix} \tag{7.194}$$

且旋轉角度ψ滿足

$$\tan(2\psi)=\frac{2\sigma_x\sigma_y\rho_{x,y}}{\sigma_x^2-\sigma_y^2} \tag{7.195}$$

則橢圓方程式(7.194)可改寫爲

$$\frac{u^2}{\sigma_u^2}+\frac{v^2}{\sigma_v^2}=d^2 \tag{7.196}$$

這其中σ_u 與σ_v 滿足

$$\sigma_u^2+\sigma_v^2=\sigma_x^2+\sigma_y^2 \quad 與 \quad \sigma_u^2\sigma_v^2=\sigma_x^2\sigma_y^2(1-\rho_{x,y}^2) \tag{7.197}$$

圖 7.8 說明了此一轉換與橢圓之型式。此一橢圓又稱爲誤差橢圓(error ellipse)可用以有效地描述二維定位之誤差大小與分佈情形。事實上，根據此一誤差橢圓可計算所有(x, y)落於此一橢圓內之機率爲

$$\begin{aligned}
&\int_x\int_y p(x,y)dxdy \\
&=\int_u\int_v \frac{1}{2\pi\sigma_x\sigma_y}\exp\left(-\frac{1}{2}(\frac{u^2}{\sigma_x^2}+\frac{v^2}{\sigma_y^2})\right)dudv \\
&=\int_0^{\frac{d}{\sqrt{2}}} r\exp(-\frac{r^2}{2})dr\cdot\int_0^{2\pi}\frac{1}{2\pi}d\theta \\
&=1-\exp(-d^2)
\end{aligned} \tag{7.198}$$

對於此二維之定位，一般可另定義距離均方根值(distance root mean square, d_{rms})以描述一特定機率下橢圓之大小。此一距離均方根值 d_{rms} 值為

$$d_{rms} = \sqrt{\sigma_x^2 + \sigma_y^2} = \sqrt{\sigma_u^2 + \sigma_v^2} \tag{7.199}$$

明顯地若 d_{rms} 愈小，定位誤差相對變小。在實際導航應用上，亦常採用 $2d_{rms}$ 即 d_{rms} 之二倍來說明定位精度。

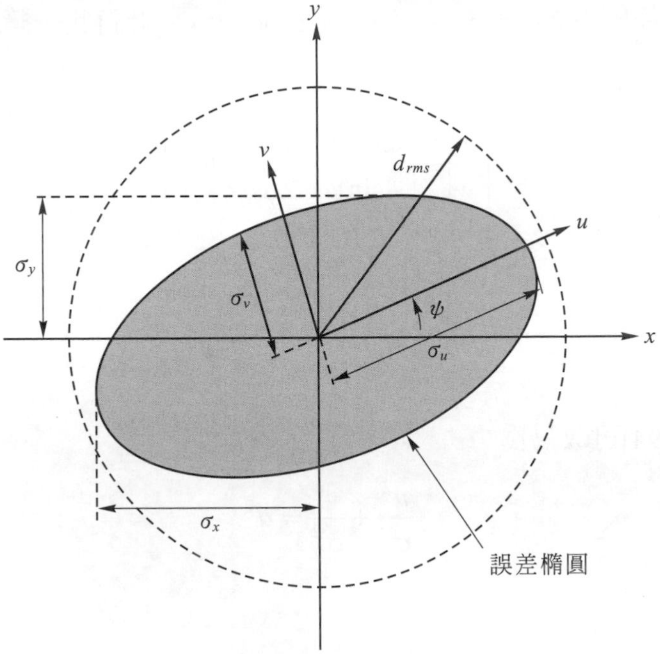

圖 7.8　誤差橢圓

不過對於二維定位而言，並無法直接地將上述陳述轉換成位於誤差橢圓內的機率。要言之，由於二維定位之誤差具有方向性，故採用(σ_x,σ_y)或 d_{rms} 並無法完全描述誤差機率。如果σ_u=σ_v，則 $d_{rms} = \sqrt{2}\sigma_u$。此時，$\sqrt{x^2+y^2} \le d_{rms}$ 之機率會是$1-e^{-1} = 0.683$ 且 $\sqrt{x^2+y^2} \le 2d_{rms}$ 之機率為百分之 98.2。反之當 $\sigma_v \ll \sigma_u$，則 $\sqrt{x^2+y^2} \le d_{rms} \approx \sigma_u$ 之機率會近似於百分之 63.2；同時 $\sqrt{x^2+y^2} \le 2d_{rms}$ 之機率會近於百分之 95.4。同理，此種方向性亦會影響到 CEP 的界定。在使用 d_{rms} 時一般係根據此一 d_{rms} 值推算誤差之機率，反之，在使用 CEP 時則先由誤差機率再計算出圓周誤差公算。因此 CEP 的採用亦受到σ_u 與σ_v 相對大小的影響。

對於三度空間的導航亦可如二維般地定義出均方根值及球形誤差公算(spherical error probable, SEP)來界定誤差及定位精度。

在導航上，定位誤差除受到量測誤差之影響外另亦受到定位訊號源與用戶間相對關係之影響。若量測量 $\boldsymbol{z}$ 與導航量 $\boldsymbol{x}$ 間具(7.20)之線性關係，則導航估測量 $\hat{\boldsymbol{x}}$ 不僅受到量測雜訊 $\boldsymbol{v}$ 的影響亦和觀測矩陣 $\boldsymbol{H}$ 有關。假設量測雜訊 $\boldsymbol{v}$ 之協方差矩陣爲 $\boldsymbol{R}$，則利用最大似然估測或加權最小平方(且令加權矩陣爲 $\boldsymbol{R}^{-1}$)則所得之估測導航量爲

$$\hat{\boldsymbol{x}} = \left(\boldsymbol{H}^T\boldsymbol{R}^{-1}\boldsymbol{H}\right)^{-1}\boldsymbol{H}^T\boldsymbol{R}^{-1}\boldsymbol{z} \tag{7.200}$$

同時，導航誤差 $\tilde{\boldsymbol{x}} = \boldsymbol{x} - \hat{\boldsymbol{x}}$ 與量測誤差 $\boldsymbol{v}$ 間亦具一線性關係

$$\tilde{\boldsymbol{x}} = \boldsymbol{x} - \left(\boldsymbol{H}^T\boldsymbol{R}^{-1}\boldsymbol{H}\right)^{-1}\boldsymbol{H}^T\boldsymbol{R}^{-1}\left(\boldsymbol{H}\boldsymbol{x}+\boldsymbol{v}\right) = -\left(\boldsymbol{H}^T\boldsymbol{R}^{-1}\boldsymbol{H}\right)^{-1}\boldsymbol{H}^T\boldsymbol{R}^{-1}\boldsymbol{v} \tag{7.201}$$

導航誤差之協方差矩陣因此爲

$$E\left\{\tilde{\boldsymbol{x}}\tilde{\boldsymbol{x}}^T\right\} = \left(\boldsymbol{H}^T\boldsymbol{R}^{-1}\boldsymbol{H}\right)^{-1}\boldsymbol{H}^T\boldsymbol{R}^{-1}\boldsymbol{H}\left(\boldsymbol{H}^T\boldsymbol{R}^{-1}\boldsymbol{H}\right)^{-1} = \left(\boldsymbol{H}^T\boldsymbol{R}^{-1}\boldsymbol{H}\right)^{-1} \tag{7.202}$$

由於導航估測之均方誤差爲 $E\left\{\tilde{\boldsymbol{x}}^T\tilde{\boldsymbol{x}}\right\}$ 恰爲協方差矩陣對角線元素之和，即

$$E\left\{\tilde{\boldsymbol{x}}^T\tilde{\boldsymbol{x}}\right\} = \text{trace}E\left\{\tilde{\boldsymbol{x}}\tilde{\boldsymbol{x}}^T\right\} = \text{trace}\left(\boldsymbol{H}^T\boldsymbol{R}^{-1}\boldsymbol{H}\right)^{-1} \tag{7.203}$$

假設 $\boldsymbol{R} = \sigma^2\boldsymbol{I}$ 則

$$E\left\{\tilde{\boldsymbol{x}}^T\tilde{\boldsymbol{x}}\right\} = \sigma^2\cdot\text{trace}\left(\boldsymbol{H}^T\boldsymbol{H}\right)^{-1} \tag{7.204}$$

由(7.204)可知，導航量誤差之均方值爲量測誤差之均方值再乘上 trace$(\boldsymbol{H}^T\boldsymbol{H})^{-1}$。若以 σ_x 代表導航量誤差之均方根值，則可定義精度因子(dilution of precision, DOP)爲導航誤差均方根值與量測變異量之比值

$$\text{DOP} = \frac{\sigma_x}{\sigma} \tag{7.205}$$

上式說明了導航誤差可視同幾何精度因子與量測誤差之乘積，意即如欲改善定位精度除了得使用高精度之量測外，亦得留意量測量之幾何分佈。由協方差矩陣方程式可知此一精度因子僅與量測矩陣有關，即

$$\text{DOP} = \sqrt{\text{trace}\left(\boldsymbol{H}^T\boldsymbol{H}\right)^{-1}} \tag{7.206}$$

結語

對於定位、導航與授時應用，一般得根據取得之量測量進行估測以取得參數或狀態之估測量以及所對應之品質因子。對於零偏置之估測，品質因子一般利用協方差或均方差予以描述。本章回顧一些常見之參數與狀態估測方法，由於不同方法之假設條件並不相同，故其應用時機亦有差異。目前對於參數之估測，最常應用的是加權最小平方方法與最大似然方法。對於狀態估測，則一般利用卡爾曼濾波器。藉由狀態之擴增，卡爾曼濾波器可應用於相當多場合，包含 GNSS 導航以及整合式導航，故卡爾曼濾波器目前已為許多估測應用之標準方法。但卡爾曼濾波器之應用仍得審慎地檢視系統與量測方程式以及相對應均方差之選擇，方可確保性能。下一章將應用估測理論以進行 GNSS 定位。

參考文獻說明

估測理論是一門專門之課程，其方法大量應用於統計分析、趨勢預測與系統判別。對於衛星導航而言，由於量測量受到誤差、不確定性與雜訊之影響，故導航者或導航機得應用估測理論以取得最佳估測值並量化估測誤差。估測理論有關得書籍包含[73][142][144][147][148]。卡爾曼濾波器[115]於估測理論上佔有重要一席之地[139]，相關之書籍亦很多包含[29] [81] [151] [184]。至於卡爾曼濾波器之實現技巧可參考[21]。針對 GNSS 導航與整合式導航目前亦又許多專門之書籍如[82] [83]。

習題

1. 假設公式(7.16)成立，試驗證公式(7.17)之條件機率分佈公式。
2. 本章於估測器之推導過程應用向量與矩陣之微分以建立最佳化之條件。假設 J 為一純量且可表為
$$J = \boldsymbol{x}^T \boldsymbol{A}\boldsymbol{x} + 2\boldsymbol{b}^T \boldsymbol{x}$$
其中 $\boldsymbol{x}$ 為向量，$\boldsymbol{A}$ 為對稱矩陣而 $\boldsymbol{b}$ 為一向量。試推算 J 之一次與二次微分：$\dfrac{\partial J}{\partial \boldsymbol{x}}$ 與 $\dfrac{\partial^2 J}{\partial \boldsymbol{x}^2}$。
3. 對於公式(7.41)之函數 J'，試驗證
$$\frac{\partial J'}{\partial \boldsymbol{F}} = 2\boldsymbol{F}\boldsymbol{R} + 2\boldsymbol{\Lambda}\boldsymbol{H}^T \quad \text{與} \quad \frac{\partial J'}{\partial \boldsymbol{\Lambda}} = \boldsymbol{F}\boldsymbol{H} - \boldsymbol{I}$$

4. 於加權最小平方法推算過程，試確認最小加權誤差爲

$$J(\hat{\boldsymbol{x}}_{wls}) = \boldsymbol{z}^T\left[\boldsymbol{W} - \boldsymbol{W}\boldsymbol{H}(\boldsymbol{H}^T\boldsymbol{W}\boldsymbol{H})^{-1}\boldsymbol{H}^T\boldsymbol{W}\right]\boldsymbol{z}$$

5. 對於加權最小平方法，試驗證以下正交條件

$$\boldsymbol{H}^T\boldsymbol{W}\left(\boldsymbol{z} - \hat{\boldsymbol{z}}_{wls}\right) = \boldsymbol{0}$$

其中 $\hat{\boldsymbol{z}}_{wls} = \boldsymbol{H}\hat{\boldsymbol{x}}_{wls}$ 爲最佳之預測輸出。

6. 假設觀測方程式爲 $\boldsymbol{z} = \begin{bmatrix} 1 \\ 2 \end{bmatrix}\boldsymbol{x} + \boldsymbol{v}$，其中量測雜訊滿足 $\boldsymbol{v} \sim N\left(\boldsymbol{0}, \begin{bmatrix} \sigma_1^2 & 0 \\ 0 & \sigma_2^2 \end{bmatrix}\right)$，試推導最大似然估測器。

7. 根據公式(7.147)，若 $w(k)$ 之均值爲零且 $E\{w(t)w(\tau)\} = \sigma^2\delta(t-\tau)$，試計算 $z(k)$ 之標準差。

8. 系統之狀態與量測方程式分別爲 $x(k+1) = x(k) + w(k)$ 與 $z(k+1) = x(k+1) + v(k+1)$，其中 $w(k)$ 與 $v(k+1)$ 均爲白雜訊且 $E\{w(k)w(l)\} = q\delta_{k,l}$ 與 $E\{v(k)v(l)\} = r\delta_{k,l}$。若 $E\{x(0)\} = 0$ 且 $E\left\{x^2(0)\right\} = 1$，試推算卡爾曼濾波器增益與協方差隨時間之變化情形。

9. 若一載具於連續時間系統之狀態方程式爲

$$\frac{d}{dt}\begin{bmatrix} \boldsymbol{p}(t) \\ \boldsymbol{v}(t) \\ \boldsymbol{a}(t) \end{bmatrix} = \begin{bmatrix} \boldsymbol{0} & \boldsymbol{I} & \boldsymbol{0} \\ \boldsymbol{0} & \boldsymbol{0} & \boldsymbol{I} \\ \boldsymbol{0} & \boldsymbol{0} & -\lambda\boldsymbol{I} \end{bmatrix}\begin{bmatrix} \boldsymbol{p}(t) \\ \boldsymbol{v}(t) \\ \boldsymbol{a}(t) \end{bmatrix} + \begin{bmatrix} \boldsymbol{0} \\ \boldsymbol{0} \\ \boldsymbol{I} \end{bmatrix}\boldsymbol{w}(t)$$

其中 $\boldsymbol{p}(t)$ 爲位置向量、$\boldsymbol{v}(t)$ 爲速度向量、$\boldsymbol{a}(t)$ 爲加速度向量、$\boldsymbol{w}(t)$ 爲雜訊向量而 λ 爲一常數。若取樣時間爲 T，試推算出此一系統於離散時間之狀態方程式。

10. 承上一題，若雜訊向量 $\boldsymbol{w}(t)$ 之均值爲零且滿足 $E\left\{\boldsymbol{w}(t)\boldsymbol{w}^T(\tau)\right\} = \boldsymbol{Q}\delta(t-\tau)$，此時應如何設定離散時間系統雜訊之自我相關函數。

11. 爲降低卡爾曼濾波器之計算誤差，於修正 $\boldsymbol{P}_x(k+1|k+1)$ 有時建議採用以下 Joseph 型式

$$\boldsymbol{P}_x(k+1\,|\,k+1)=\left[\boldsymbol{I}-\boldsymbol{K}(k+1)\boldsymbol{H}(k+1)\right]\boldsymbol{P}_x(k+1\,|\,k)\left[\boldsymbol{I}-\boldsymbol{K}(k+1)\boldsymbol{H}(k+1)\right]^T$$
$$+\boldsymbol{K}(k+1)\boldsymbol{R}(k+1)\boldsymbol{K}^T(k+1)$$

驗證此一公式與公式(7.174)相同並說明其於數值計算之優越性。

12. 移動平均(moving average)濾波器是訊號處理常見之方法。假設 $\boldsymbol{z}(k)$爲 k 時刻之量測量且滿足 $\boldsymbol{z}(k)=\boldsymbol{x}(k)+\boldsymbol{v}(k)$，其中 $\boldsymbol{x}(k)$爲狀態而 $\boldsymbol{v}(k)$爲雜訊，移動平均濾波器之輸出爲

$$\hat{\boldsymbol{x}}_{ma}(k)=\frac{1}{2}\left(\boldsymbol{z}(k)+\boldsymbol{z}(k-1)\right)$$

試以卡爾曼濾波器型式描述移動平均濾波器。

Chapter 8

定位計算

Determination of Position and Time

GNSS 定位計算主要處理接收機所取得之觀測量以推算出導航量：位置、速度與時間。如第六章之說明，GNSS 訊號之接收得同時建立鎖碼與鎖相迴路，於此過程因此可產生不同之觀測量。GNSS 接收機之定位計算主要處理此些觀測量以進一步地得到定位導航與授時之資訊。於此一定位計算過程，雜訊與誤差是不容忽略地。爲因應 GNSS 原始觀測量之系統性誤差與隨機性誤差，得發展適當之方法以得到最佳之估測並有效量化定位與授時誤差範圍。本章說明如何應用第七章之估測方法以處理 GNSS 接收機之觀測量而得到導航定位有關之資訊。GNSS 定位一般可區分爲絕對定位(absolute positioning)與相對定位(relative positioning)。絕對定位可視爲單點定位主要爲決定接收機之絕對坐標，而相對定位則決定接收機相對於一已知點位之基線向量(baseline vector)。相對定位一般藉由多個接收機之同步觀測，量取 GNSS 衛星訊號並據以推算相對距離、高度和角度；相對而言，絕對定位則主要仰賴單一接收機之觀測量。目前隨著多星座衛星與多頻段導航訊號之普及，許多定位方法陸續被開發以因應不同精度之需求。除了精度外，導航應用往往有必要監測完整性以避免誤用導航衛星之資訊。本章首先介紹 GNSS 觀測量並針對相關之誤差進行說明，隨之說明如何適當地組合不同之量測訊號以得到較佳品質之觀測量，然後應用參數估測方法或卡爾曼濾波器進行定位計算，最後說明完整性之監測方法。

8.1 GNSS 之觀測量

本節將介紹 GNSS 之觀測量。這些觀測量爲進行位置之計算、速度之決定與時間同步之依據。在 GNSS 接收器中之時延鎖定迴路和載波追蹤迴路可分別對接收到之電碼與載波進行鎖定。一旦電碼與載波得以鎖定則可取得基本之 GNSS 觀測量，分別爲虛擬距離(pseudo range)、載波相位(carrier phase)與都卜勒頻移(Doppler shift)。於應用此些觀測量進行定位解算過程中，由於觀測量會受到來自太空、用戶及控制部門誤差的影響，故如欲進行較精確之定位計算得對此些誤差源及模式有所了解。實際應用上，可以視此些誤差形如隨機雜訊而應用估測方法進行位置、速度與時間之估測，亦可針對此些誤差予以模式化再應用濾波器方法進行估測，或先進行這些基本觀測量之組合以去除某些共模(common mode)誤差。

8.1.1 GNSS 基本觀測量

基本上，GNSS 接收器可提供三種量測訊號以供導航定位。第一種爲虛擬距離係由電碼之同步而得。第二種稱爲載波相位係由載波之鎖相電路取得。第三種爲都卜勒頻移係由載波之鎖頻電路而得。由第六章對 GNSS 電碼追蹤與載波追蹤之描述可知，GNSS 接收器產生與衛星相同格式之展頻電碼以取得電碼之同步。一俟電碼同步建立後除了可確保追蹤外，同時可得到一電碼時間差，此一時間差可視爲電碼由衛星傳送至接收器之時間間隔。不同衛星之訊號於不同通道由電碼追蹤迴路鎖定，可以因此得到不同衛星訊號傳送之時間間格。若將此時間間隔乘上光速則可以得到測距量測量。但是由於接收器之時鐘及衛星上之時鐘彼此並不同步，故此一量測量稱之爲虛擬距離。另外在載波追蹤之過程亦可得到接收載波與參考載波之相位差，此一相位差稱之爲載波相位亦可提供導航定位之功能。除此之外，於載波頻率追蹤迴路可得都卜勒頻移量用以描述衛星與導航者間距離變化率。

8.1.1.1 虛擬距離

GNSS 接收器可產生一與衛星訊號相同格式之電碼，接收器中之時延鎖定迴路則可調動內建電碼之時間基準以與接收之電碼同步，如此相較於接收器之時鐘可得到電碼到達的時間。如圖 8.1 所示，令 t^S 與 t_R 分別爲電碼由 GNSS 衛星傳送出與接收器同步接收到之時間，則 GNSS 衛星與接收天線之眞實距離爲

$$\rho = c \cdot (t_R - t^S) \tag{8.1}$$

其中 c 爲光速。實際上，由於無法確保 GNSS 衛星與接收器時鐘之同步，故假設 GNSS 衛星之時鐘相對於 GNSS 時間之延遲爲 δ^S 而接收器時鐘相對於 GNSS 時間之延遲爲 δ_R，則此二時鐘之讀值應分別爲 $t^S + \delta^S$ 與 $t_R + \delta_R$。所謂虛擬距離 R 即爲此二受影響之時鐘讀值之差再乘上光速之視在距離(apparent range)：

$$R = c \cdot \left[(t_R + \delta_R) - (t^S + \delta^S) \right] \tag{8.2}$$

由(8.1)與(8.2)可知虛擬距離與實際空間距離之關係爲

$$R = \rho + \Delta_\delta - \Delta_{clk} \tag{8.3}$$

其中 $\Delta_\delta = c\delta_R$ 且 $\Delta_{clk} = c\delta^S$ 分別爲以距離爲單位之接收機時鐘誤差與衛星時鐘誤差。GNSS 接收器中產生的電碼會與接收到的電碼相互對準以取得最大的相關性，虛擬距

離量測量因此又稱之爲電碼量測量或電碼相位(code phase)。於相關處理過程中，時延鎖定迴路所延遲之時間差即代表二者時鐘差，亦爲虛擬距離量測之來源。由於此一量測量係經由電碼同步而得，故其誤差與電碼之碼寬以及電碼追蹤迴路之設計有關。當然，於訊號傳送路徑之誤差亦會影響到所量測到虛擬距離之品質。

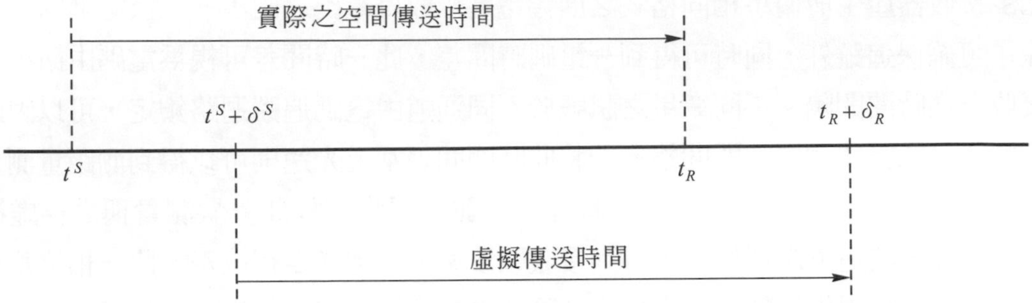

圖 8.1　衛星訊號發射與接收時間之關係

8.1.1.2　載波相位

令 f 爲載波頻率，則接收器之參考載波相位爲

$$\phi_R = f\cdot(t+\delta_R) \tag{8.4}$$

其中 δ_R 爲接收器時鐘延遲，而由 GNSS 衛星傳送至接收器之載波相位爲

$$\phi^S = f\cdot(t+\delta^S) - f\frac{\rho}{c} \tag{8.5}$$

其中 δ^S 爲衛星之時鐘延遲且 ρ 爲衛星與接收器之空間距離。在接收器載波追蹤電路中可取得之此二載波相位之差值即爲載波相位量測量：

$$\Phi = \phi_R - \phi^S \mod 1 = \frac{f}{c}\rho + \frac{f}{c}(\Delta_\delta - \Delta_{clk}) \mod 1 \tag{8.6}$$

這其中 mod 1 代表取 $\phi_R - \phi^S$ 之小數點部分。此乃因爲在載波追蹤電路主要利用相位差來進行追蹤鎖定，但每當相位差超過了一週(360 度)後，載波追蹤迴路僅會試圖鎖定介於一週內之相位或相位差之小數部份。舉例而言，令 N 爲一整數則對載波電路而言 $\phi_R - \phi^S = 0.1$ 與 $\phi_R - \phi^S = N + 0.1$ 代表相同的量測量。圖 8.2 說明此一現象，由圖可知，Φ 與 Φ' 具有相同之載波相位。令 λ 爲此一載波之波長，則上述之載波相位量測量(8.6)可改寫成

$$\Phi = \frac{\rho}{\lambda} + f(\delta_R - \delta^S) + N = \frac{\rho}{\lambda} + \frac{1}{\lambda}(\Delta_\delta - \Delta_{clk}) + N \tag{8.7}$$

其中 N 爲一整數又稱整數未定値(integer ambiguity)。

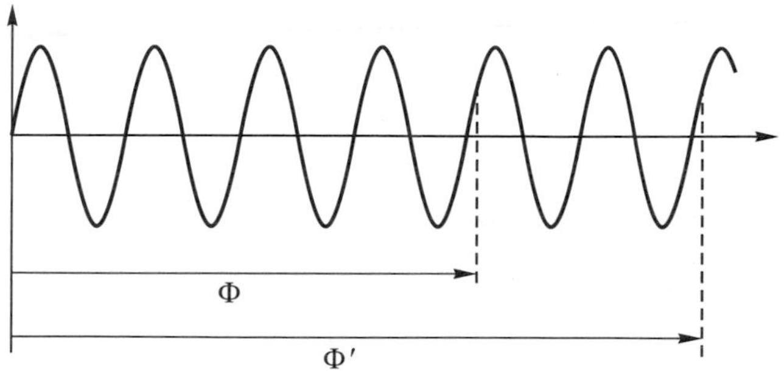

圖 8.2　載波相位量測與整數未定位

載波相位與虛擬量測量均與距離和時鐘差有關。但於處理載波相位量測量時由於受到整數未定値之影響，故解算之複雜度較高。不過由於載波相位受到雜訊之影響較少，故如欲取得較高精度之定位一般得處理載波相位量測訊號。

8.1.1.3　都卜勒頻移

根據都卜勒效應之描述可知，傳送頻率與接收頻率間之頻移正比於傳送與接收器之相對速率。由於 GNSS 衛星持續地繞地球運行，因此即使接收機是靜止的，仍與發射機之間有相對運動。若以距離變化率爲單位，都卜勒頻移量測資料爲

$$D = \lambda \cdot \dot{\Phi} = \dot{\rho} + \dot{\Delta}_\delta - \dot{\Delta}_{clk} \tag{8.8}$$

由此式可知都卜勒頻移受到相對速率及相對時鐘變化率之影響。根據此一都卜勒頻移，可用以估算出相對速率與時鐘漂移。

載波相位與都卜勒頻移均利用鎖定之 GNSS 接收器載波追蹤迴路：由相位差可以推知載波相位而由頻率之重建可以取得都卜勒頻移。由於鎖頻迴路的雜訊有時較大，而造成(8.8)都卜勒頻移量測量之雜訊，故實用上一般可採用一小段時間內累積的相位變化做爲量測根據，此即所謂差分距離(delta range)其定義爲相位變化量除以時間。此種差分距離可因此由鎖相迴路取得，可視同較穩定之都卜勒頻移。據此，有時稱載波相位爲累積之差分距離(accumulated delta range)或都卜勒頻移積分(integrated Doppler)。

8.1.1.4 觀測資料

不同 GNSS 接收機提供不盡相同之觀測量，有些接收機具多頻功能可提供不同頻率之觀測量，更有些接收機具多模功能可提供來自不同衛星系統之觀測量。爲便利觀測資料之交換，除利用接收機特定之資料格式外另可以利用 RINEX 格式。RINEX 資料格式如 2.5.3 節之說明可提供導航訊息檔、氣象資料檔與量測資料檔。這其中，量測資料檔提供不同系統、不同頻率之虛擬距離、載波相位、都卜勒頻移與訊號強度資料，部分 GPS、GLONASS 與 Galileo 之量測資料可參考表 8.1。於 IGS 網站，可以取得一些衛星追蹤站之 RINEX 檔案，因此縱使沒有安裝 GNSS 接收機仍可以針對接收資料進行探討與處理。由此表同時可知，在後 GPS 之多星座 GNSS 年代，導航衛星提供相當多樣與多頻之觀測資料。事實上，此些觀測資料除提供定位、導航與授時之應用外，亦可提供地殼變形監測、氣候變遷、太空天氣預報以及許多科學研究之用。

表 8.1　GNSS 觀測量之 RINEX 格式名稱

系統	頻段	頻率	訊號	量測資料			
				虛擬距離	載波相位	都卜勒頻移	訊號強度
GPS	L1	1575.42 MHz	C/A	C1C	L1C	D1C	S1C
			P	C1P	L1P	D1P	S1P
	L2	1227.60 MHz	L2CM	C2S	L2S	D2S	S2S
			L2CL	C2L	L2L	D2L	S2L
			L2C(M+L)	C2X	L2X	D2X	S2X
	L5	1176.45 MHz	I	C5I	L5I	D5I	S5I
			Q	C5Q	L5Q	D5Q	S5Q
			I+Q	C5X	L5X	D5X	S5X
GLONASS	G1	1602+9k/16 MHz	民用	C1C	L1C	D1C	S1C
			軍用	C1P	L1P	D1P	S1P
	G2	1246+7k/16 MHz	民用	C2C	L2C	D2C	S2C
			軍用	C2P	L2P	D2P	S2P
Galileo	E1	1575.42 MHz	A	C1A	L1A	D1A	S1A
			B	C1B	L1B	D1B	S1B
			C	C1C	L1C	D1C	S1C
			B+C	C1X	L1X	D1X	S1Z
			A+B+C	C1Z	L1Z	D1Z	S1Z

8.1.2 觀測量之誤差

GNSS 觀測量會受到誤差量之影響。欲降低誤差量對定位解之影響可以建立誤差模式並利用訊號處理技術以因應之。GNSS 的誤差來源可能來自於太空、控制及用戶三個部門。太空方面的誤差來源包括了衛星時鐘之誤差與漂移、衛星軌道之誤差及其他影響訊號之物理與電氣因素。控制部門負責計算各衛星之正確軌道與時鐘誤差再上傳至各衛星，在此一計算過程亦可能有誤差產生。用戶的誤差一般則包括了電離層、對流層等傳送路徑之誤差。另外，接收器的雜訊、時鐘誤差與漂移、多路徑效應等亦均構成誤差的來源。

圖 8.3 爲考慮了上述誤差後，各時間點與時間延遲之關連圖。此圖可視爲圖 8.1 之推廣。這些誤差之合併影響於時間軸上以誤差時間δ_D表之，

$$\delta_D = \delta_{ephe} + \delta_{iono} + \delta_{trop} + \delta_{mp} + \delta_{noise} \tag{8.9}$$

其中δ_{ephe}代表衛星軌道誤差(以時間差表之)、δ_{iono}爲電離層延遲誤差、δ_{trop}爲對流層誤差、δ_{mp}則爲多路徑效應而δ_{noise}代表其它之雜訊。此些誤差會影響到前述虛擬距離、載波相位與都卜勒頻移之觀測量。以虛擬距離量測方程式(8.3)爲例，受到誤差影響之虛擬距離觀測量可表示成

$$R = \rho + \Delta_\delta - \Delta_{clk} + c \cdot \delta_D \tag{8.10}$$

此處可視 $c \cdot \delta_D$ 爲用戶等效測距誤差(User Equivalent Range Error, UERE)，在許多定位計算上往往視 $c \cdot \delta_D$ 或δ_D 爲一隨機雜訊，但實際上此一誤差往往包含命定型式之系統誤差與隨機型式之雜訊；如欲更精確地得到定位導航量可以將δ_D的各分量予以模式化而得較佳之推算。

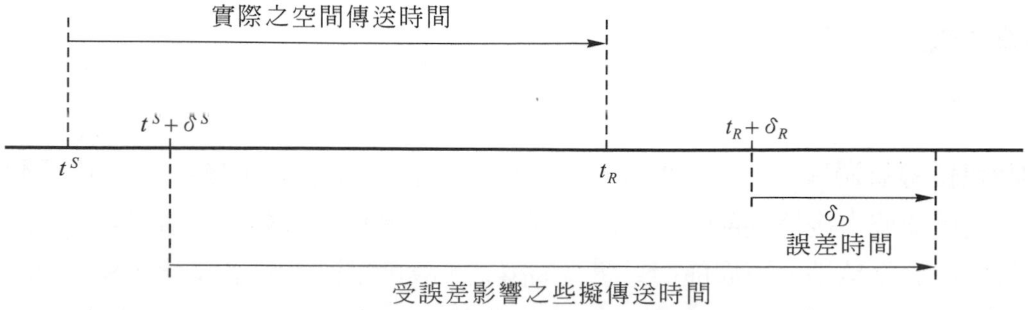

圖 8.3 考量誤差後之衛星訊號傳送與接收時間之關係

於分析此些誤差之成因與模式之前可以先行對各項誤差量化。表 8.2 爲典型單一接收機接收來自一顆 GPS 衛星 L1 C/A 虛擬距離量測量之誤差值，以標準差表之。此處以隨機雜訊描述各誤差並以標準差量化其影響。由此表可知，電離層誤差爲最大之誤差來源。於計算用戶等效測距誤差時假設各誤差源彼此不相關，故表 8.2 之用戶等效測距誤差爲

$$\sqrt{7.0^2+0.2^3+1.1^2+0.8^2+0.6^4+1.0^2}=7.21 \tag{8.11}$$

以下針對各項誤差說明其成因並討論因應方法。

表 8.2 虛擬距離之誤差

誤差源	誤差(公尺，標準差)
電離層誤差	7.0
對流層誤差	0.2
衛星時鐘誤差	1.1
衛星軌道誤差	0.8
接收機雜訊	0.4
多路徑效應	1.0
用戶等效測距誤差	7.21

8.1.2.1 軌道誤差

一般 GNSS 衛星的導航資料中包含了衛星軌道參數與修正參數。根據此些資料可以利用第二章所介紹之軌道計算法則計算衛星之位置以供定位計算之用。衛星之導航資料主要由控制部門依據地面追蹤站資料以及衛星運行模式所估算而得。由於控制部門之計算誤差以及衛星受到外力或其他不確定性之影響，衛星眞實位置與依據衛星廣播導航資料所推算之衛星導航資料位置會有所差異。圖 8.4 爲軌道誤差對δ_{emph}的影響。令 $\boldsymbol{d}$ 代表根據廣播星曆資料所計算之衛星位置至衛星眞實位置之向量，而 $\boldsymbol{h}$ 爲衛星眞實位置至接收機之單位向量，則δ_{ephe}爲 $\boldsymbol{d}$ 與 $\boldsymbol{h}$ 之內積

$$\delta_{ephe}=\boldsymbol{d}^T\boldsymbol{h} \tag{8.12}$$

於即時定位導航過程若無法取得 $\boldsymbol{d}$，可視δ_{ephe}爲隨機雜訊進行因應。在後處理測量應用上，則可依據事後控制部門或 IGS 所提供之精確衛星位置對此軌道誤差δ_{ephe}進行掌握。目前由於全球地面已廣佈衛星訊號追蹤站，故可以經由網路取得 IGS 之近即時精確星曆，如此可以降低軌道誤差對於定位品質之影響。另一方面，衛星時鐘相較於

GNSS 時間之延遲與根據星曆資料所計算之延遲彼此存有誤差，而此一誤差之因應方式與軌道誤差之因應方式類似。

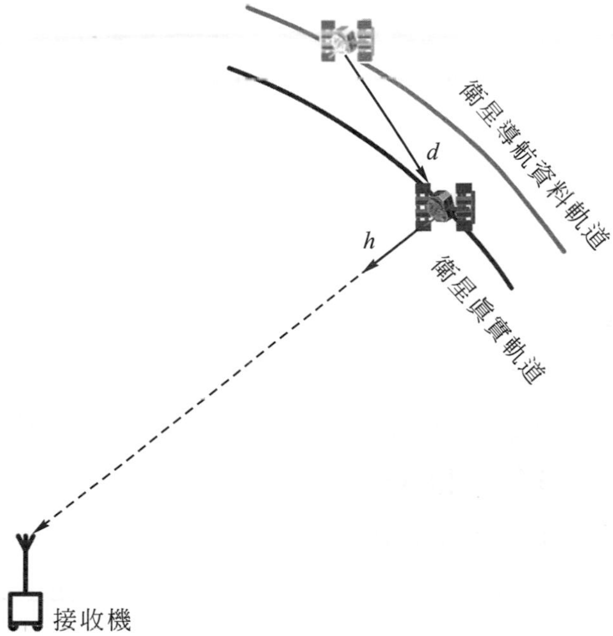

圖 8.4　衛星軌道誤差

8.1.2.2　對流層影響

大氣層傳輸路徑的影響會造成 GNSS 訊號品質之變化。一電磁波在傳送介質中行進的速度 v 會與介質之折射係數(refractive index)n 有關

$$v=\frac{c}{n} \tag{8.13}$$

其中 c 爲眞空之光速。由於電磁波傳送時，群速度(group velocity)與相速度(phase velocity)不見得相同，因此若 v_{ph} 與 v_{gr} 分別爲相速度與群速度，而 n_{ph} 與 n_{gr} 分別爲相對應之折射係數，則

$$v_{ph}=\frac{c}{n_{ph}} \quad \text{和} \quad v_{gr}=\frac{c}{n_{gr}} \tag{8.14}$$

對於 GNSS 定位應用而言，虛擬距離之取得需進行電碼之追蹤與鎖定也因之牽涉到一群之電磁波。所以虛擬距離量測時，應以電磁波之群速度爲訊號傳送之速度。反之，在載波相位量測時，由於僅追蹤單一載波之相位，故其傳送速度是電磁波的相速度。

如果傳送介質是非頻散式(nondispersive)，則相速度 v_{gh} 會與群速度 v_{gr} 相同。但如果傳送介質爲頻散式(dispersive)，則群速度會比相速度慢。由於 $v_{gr}v_{ph}=c^2$，故可以推論下列速度與波長之關係

$$v_{gr}=v_{ph}-\lambda\frac{dv_{ph}}{d\lambda} \tag{8.15}$$

及頻率與折射係數之關係

$$n_{gr}=n_{ph}+f\frac{dn_{ph}}{df} \tag{8.16}$$

GNSS 訊號之傳送過程中，如圖 8.5 所示會受到對流層(troposphere)與電離層(ionosphere)之影響。實際之對流層由地表延伸至 16 公里之高空，但於分析空氣分子對 GNSS 訊號傳送之影響時，上達 40-50 公里之中層大氣亦不可完全忽略，以下統稱此些空氣與水氣分子之影響爲對流層效應。由於空氣與水分子之存在，對流層之折射係數會大於 1，因此電磁波在傳送時會比眞空光速慢，造成了對流層之延遲 δ_{trop}。折射同時會對電磁波之傳送路徑造成偏折(bending)，對於低仰角衛星之觀測有所影響。對流層之延遲量與溫度、溼度、大氣壓力、地形、觀測仰角與接收機高度等均有關係。對流層主要爲中性粒子構成，故屬於非頻散式介質，對流層延遲也因此與頻率無關。若 n 爲對流層之折射係數，則對流層所引起之路徑延遲距離 Δ_{trop} 應爲

$$\Delta_{trop}=c\cdot\delta_{trop}=\int(n-1)ds \tag{8.17}$$

在此 s 代表訊號傳送之路徑。一般定義折射率(refractivity) N_{trop} 爲

$$N_{trop}=10^6\cdot(n-1) \tag{8.18}$$

折射係數或折射率是大氣壓力 p、水氣壓力 e 與溫度 T 之函數。爲方便探討，復區分成乾燥與潮濕兩種類型來描述對流層的影響；也因此(8.17)之延遲距離可表示成

$$\Delta_{trop}=10^{-6}\cdot\int N_{trop}ds=10^{-6}\cdot\int N_{trop}^{dry}ds+10^{-6}\cdot\int N_{trop}^{wet}ds \tag{8.19}$$

這其中，N_{trop}^{dry} 與 N_{trop}^{wet} 分別爲乾燥與潮濕之折射率。一般而言，對流層延遲距離有近 90%是受到乾燥成分之影響而另 10%受到潮濕成分之影響。乾燥成分之影響可達地表以上 40-50 公里而潮濕成分之影響僅達 12 公里左右。若可藉由量測方式取得傳送路徑之折射率則可以經由積分推算出延遲距離。但是於一般 GNSS 導航應用，無法藉由量測方式直接取得折射率之資料。所幸，大氣科學家目前已發展多種不同之傳

送延遲模式可用以估測延遲距離。為簡化延遲距離之計算，目前之模式一般將折射率表示成隨高度變化之垂直折射率(vertical refractivity profile)與隨觀測仰角變化之映射函數(mapping function)二者之乘積以避免複雜之積分。利用模式進行對流層延遲距離之預測對於乾燥成分由於根據理想氣體法則可以較精確，對於潮濕成分則有較大之不確定性。

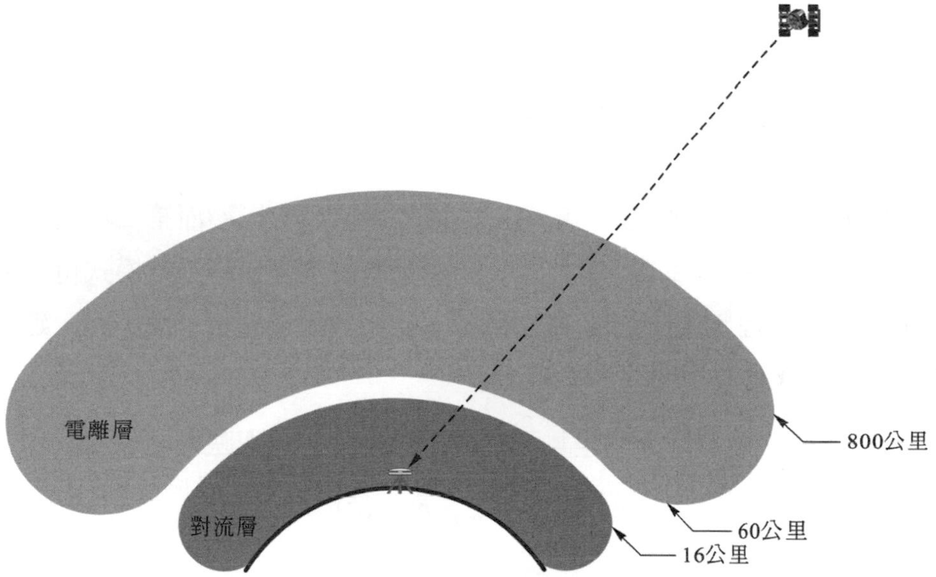

圖 8.5　電離層與對流層會造成 GNSS 訊號之延遲

在地球表面，折射率 N_{trop}^{dry} 與 N_{trop}^{wet} 可以下列公式近似

$$N_{trop,0}^{dry} = c_1 \frac{p}{T} \quad 與 \quad N_{trop,0}^{wet} = c_2 \frac{e}{T} + c_3 \frac{e}{T^2} \tag{8.20}$$

而 c_1、c_2 與 c_3 為常數值。若令 p、e 與 T 之單位分別為毫巴(minibar, mb)、毫巴與 k，則典型之 c_1、c_2 與 c_3 值為 $c_1 = 77.64$ k/mb、$c_2 = -12.96$ k/mb 與 $c_3 = -3.718\times10^{-5}$ k^2/mb。隨高度之不同，折射率之值會有所變化。根據霍普(Hopfield)模式，折射率隨高度 h 變化可利用下列多項式近似

$$N_{trop}^{dry}(h) = N_{trop,0}^{dry} \cdot \left(\frac{h_{dry} - h}{h_{dry}} \right)^4 \quad 與 \quad N_{trop}^{wet}(h) = N_{trop,0}^{wet} \cdot \left(\frac{h_{wet} - h}{h_{wet}} \right)^4 \tag{8.21}$$

在此 h_{dry} 與 h_{wet} 分別為擇定之高度，其典型值為 $h_{dry} = 40136 + 148.72 \cdot (T - 273.16)$ m 與 h_{wet}=11000m。根據此一模式，如果衛星位於天頂，則於地表面之對流層延遲距離可根據(8.19)進行路徑之積分而得

$$\Delta_{trop,v} = \frac{10^{-6}}{5}\left(N_{trop,0}^{dry}h_{dry} + N_{trop,0}^{wet}h_{wet}\right) \tag{8.22}$$

當然若接收機位於一定高度，此一對流層延遲量亦可利用(8.19)求得但其數值會較(8.22)爲低。撒斯坦墨依尼(Saastamoinen)模式則利用以下公式估算垂直方向之對流層延遲距離

$$\begin{aligned}\Delta_{trop,v} &= 0.002277(1+0.0026\cos(2\phi)+0.00028h)p \\ &+0.002277\left(\frac{1255}{T}+0.05\right)e\end{aligned} \tag{8.23}$$

其中ϕ爲緯度。於(8.23)右式之第一項爲對流層乾燥成分之影響而第二項爲潮濕成分之影響。除了霍普與撒斯坦墨依尼模式外，另外尚有許多對流層延遲模式可供運用。利用模式進行垂直方向對流層延遲距離之估算，若接收機位於水平面，此一延遲距離一般可介於 1.9 至 2.6 公尺之間。

實際傳送路徑之對流層延遲距離可寫成上述垂直分量與映射函數之乘積，即

$$\Delta_{trop} = \Delta_{trop,v}m_{trop}(\varepsilon) \tag{8.24}$$

其中 $m_{trop}(\varepsilon)$爲映射函數而ε爲觀測仰角。如圖 8.6 之說明，映射函數可以利用正弦函數之倒數近似，即

$$m_{trop}(\varepsilon) = \frac{1}{\sin\varepsilon} \tag{8.25}$$

有時，映射函數亦可表示成天頂角(zenith distance)ζ之函數，天頂角與仰角爲相互之餘角，即

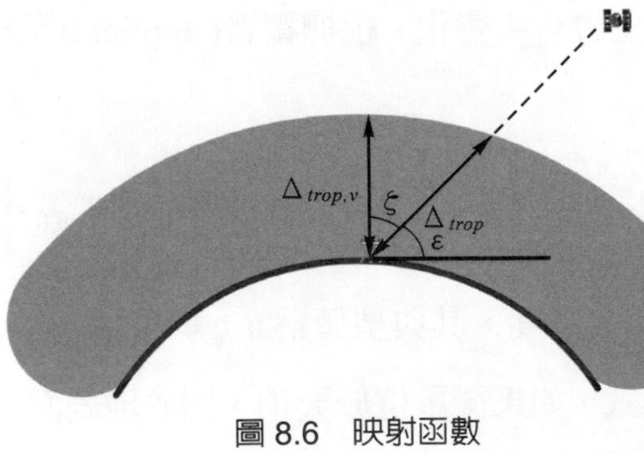

圖 8.6　映射函數

$$\zeta + \varepsilon = \frac{\pi}{2} \tag{8.26}$$

也因此，(8.25)之映射函數亦可寫成 $m_{trop}(\zeta) = 1/\cos\zeta$。但是對於低仰角衛星，此一映射函數之誤差頗大，可改採

$$m_{trop}(\varepsilon) = \frac{1}{\sqrt{1-(\cos\varepsilon / 1.001)^2}} \tag{8.27}$$

近似。由於乾燥與潮濕成分之高度不同，故亦有採用不同映射函數之作法，例如以

$$m_{trop,dry}(\varepsilon) = \frac{1}{\sin\varepsilon + \dfrac{0.00143}{\tan\varepsilon + 0.0445}} \quad 和 \quad m_{trop,dry}(\varepsilon) = \frac{1}{\sin\varepsilon + \dfrac{0.00035}{\tan\varepsilon + 0.017}} \tag{8.28}$$

分別爲乾燥與潮濕延遲成分之映射函數。於地球表面，空氣密度較高故折射率理應較高，故亦有一些對流層模式探討隨高度與仰角變化之映射關係。圖 8.7 顯示於不同接收機高度與觀測仰角之對流層誤差。當觀測仰角降低時，對流層延遲距離隨之增加。在 5 度仰角時此一延遲量可達 20 至 28 公尺。

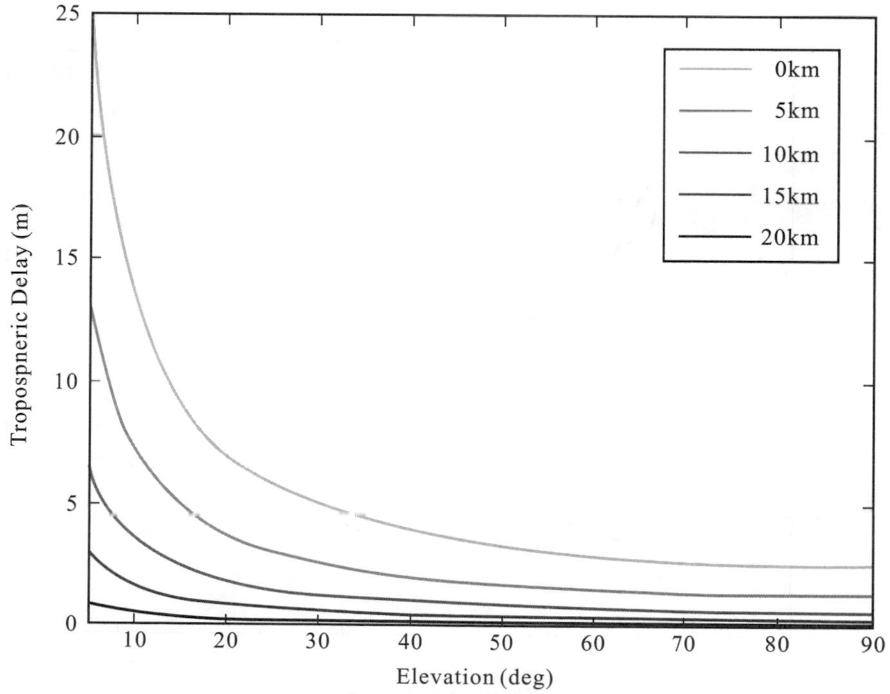

圖 8.7 對流層延遲

8.1.2.3 電離層影響

GNSS 訊號之傳送會受到電離層之影響。相較於對流層，電離層對電磁波展現不同之特性。首先，電離層是一種頻散式之傳送介質也因此訊號傳送之速度會隨頻率而變。再者，電離層之影響隨日夜、季節、緯度、太陽週期等變化也較難利用模式進行估測。當電離層有激烈變動時，會干擾通訊與導航，也因此於採用 GNSS 導航時得審慎因應電離層所造成之影響。電離層位於地球高層大氣約 60 公里至 800 公里高之區域，當中性粒子吸收了太陽輻射後產生帶電粒子，此些粒子會影響電波之傳送。衛星訊號穿過電離層時會受到帶電粒子影響而偏折，造成誤差，此一誤差主要與電離層中全電子含量(Total Electron Content, TEC)有關，但是全電子含量會隨高度、成分、太陽活動、地球磁場等之不同而不同，故電離層之影響相當複雜。電離層一般復區分爲 D 層、E 層、F1 層與 F2 層，各層之高度隨晝夜與季節等均有變化。圖 8.8 爲 2012 年 3 月 1 日於台灣台南上空電子密度於不同本地時間隨高度變化之情形。於白天時段受到日照影響，電離子密度增加；相對而言，夜晚時之電離子密度較低。肇因於此一變動之特性，目前 GNSS 之發展均朝向多頻之設計，期望估測電離層之延遲以消除此一誤差。

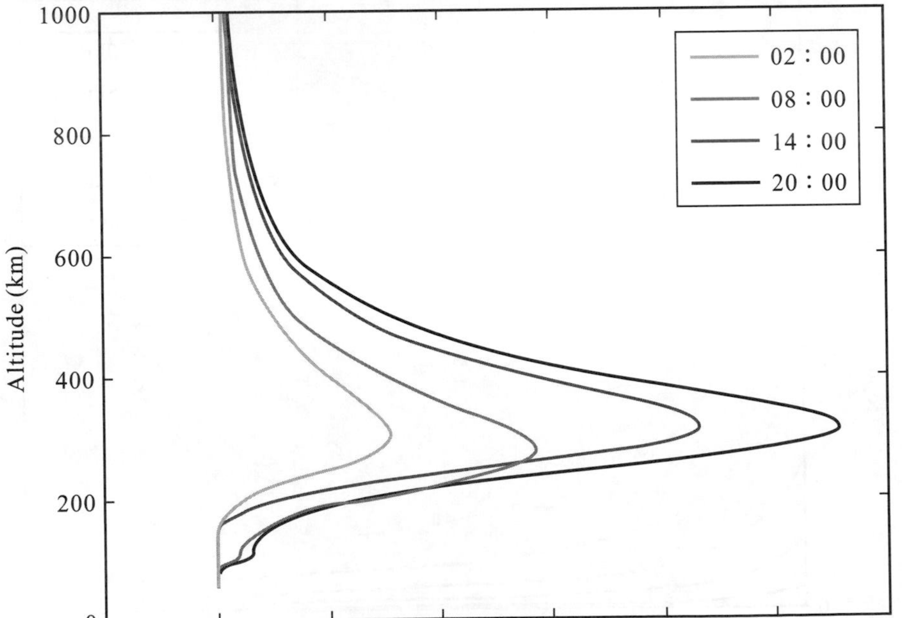

圖 8.8　電離子密度與高度和時間之關係

於評估電離層對 GNSS 定位之影響時仍可引用折射係數。電離層是一種頻散式之傳送介質也因此訊號傳送之速度會隨頻率而變。相折射係數可以近似成

$$n_{ph} = 1 + \frac{1}{f^2}\bar{c}_2 \tag{8.29}$$

其中係數 $\bar{c}_2$ 之典型值爲 $\bar{c}_2 = -40.3N_e$ (單位爲 Hz^2)，至於 N_e 代表電離子密度，此一密度隨電離層之變動而有所差異，可參考圖 8.8。根據(8.16)，群折射係數可近似爲

$$n_{gr} = 1 - \frac{1}{f^2}\bar{c}_2 \tag{8.30}$$

因爲 $n_{gr} > n_{ph}$ 故 $v_{gr} < v_{ph}$。所以電離層會造成相超前(phase advance)及群延遲(group delay)之現象。垂直方向電離層所造成之群延遲量可經由積分電離子密度而求得

$$\Delta_{iono,v} = \int (n_{gr} - 1)ds = \frac{40.3}{f^2}\int N_e ds = \frac{40.3}{f^2}\cdot \text{TEC} \tag{8.31}$$

其中 TEC 爲全電子含量 $\text{TEC} = \int N_e ds$。若計算相超前量可發現二者強度一樣但符號相反。

由於衛星並不見得位於天頂之位置，故如欲分析電離層之影響得導入映射函數或傾斜因子(obliquity factor)。常見之映射函數考慮薄殼(thin shell)型式之電離層模式，即考慮電離層之折射主要發生於位於高度 h_m 之一層薄殼。h_m 又稱電離層高度其値約爲 300 至 400 公里，一般選擇 350 公里做爲參考。如圖 8.9 所示，假設衛星訊號於電離層穿刺點(ionospheric pierce point)通過此一薄殼，此時垂直方向電離層誤差與傾斜方向電離層誤差間之關係爲

$$\Delta_{iono} = \Delta_{iono,v}\cdot m_{iono} \tag{8.32}$$

其中 m_{iono} 爲傾斜因子。令 ζ 爲接收機之天頂角而 ζ' 爲電離層穿刺點之天頂角，則

$$\sin\zeta' = \frac{R_E}{R_E + h_m}\sin\zeta \tag{8.33}$$

在此 R_E 爲地球半徑。利用電離層位置之天頂角可建立映射函數

$$m_{iono}(\zeta') = \frac{1}{\cos\zeta'} \tag{8.34}$$

8

如此電離層之群延遲爲

$$\Delta_{iono} = m_{iono} \cdot \Delta_{iono,v} = \frac{1}{\cos\zeta'} \frac{40.3}{f^2} \text{TEC} \tag{8.35}$$

而此一群延遲與電離層時間延遲 δ_{iono} 之關係爲 $\Delta_{iono} = c\delta_{iono}$ 。

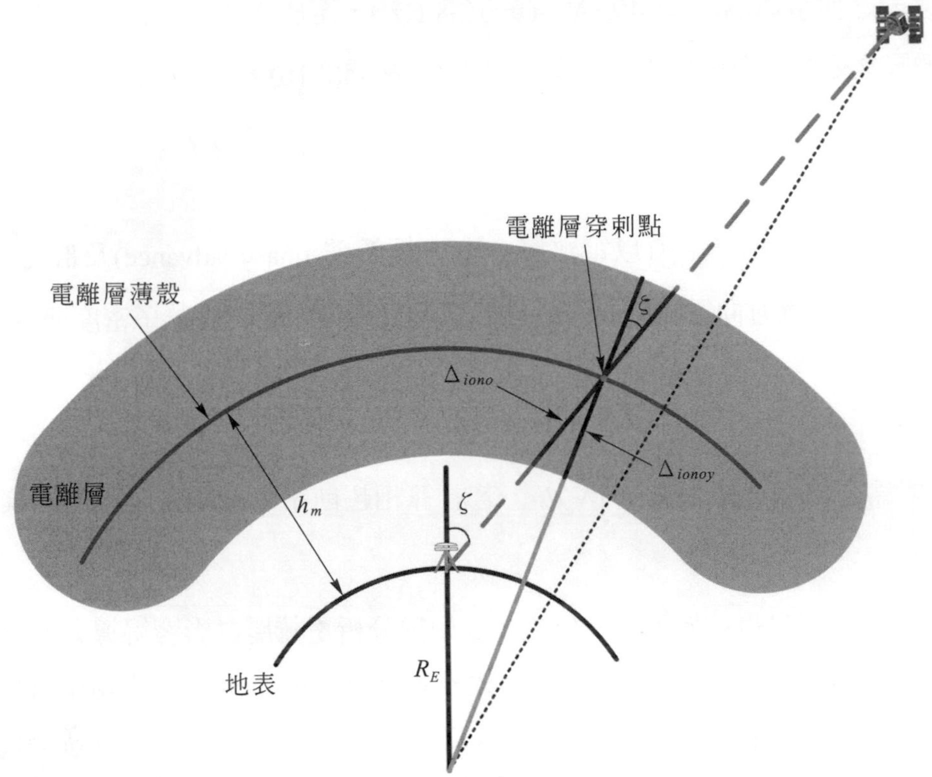

圖 8.9 電離層天頂角修正

於 GNSS 定位導航應用時，若採用多頻接收機則可以根據多頻之觀測資料估測全電子含量並做爲修正電離層誤差之參考。但是對於單頻之接收機而言，無法利用量測資料進行估測故得仰賴模式進行計算。於 GPS 與 Galileo 之導航資料中包含電離層修正之係數可供單頻接收機修正電離層誤差。此一稱之爲克勞布查(Klobuchar)電離層模式假設電離層之影響於夜晚時最低，並以半餘弦(half cosine)公式近似白天之電離層延遲：

$$\delta_{iono} = \begin{cases} m_{iono}(\varepsilon) \cdot \left(\delta_{iono,0} + \alpha \cos(\frac{2\pi(t - t_{14})}{\beta}) \right), & \text{若} \frac{t - t_{14}}{\beta} < \frac{1}{4} \\ m_{iono}(\varepsilon) \cdot \delta_{iono,0} & \text{其他} \end{cases} \tag{8.36}$$

此處之傾斜因子爲

$$m_{iono}(\varepsilon) = 1 + 16 \cdot (0.53 - \frac{\varepsilon}{\pi})^3 \tag{8.37}$$

於(8.36)中，$\delta_{iono,0}$ 之值爲 5×10^{-9} 秒而 t_{14} 爲 50400 秒相當於下午二時。α 與 β 二係數分別描述電離層延遲之程度與影響之時間，此二係數可以根據導航資料計算而得。

8.1.2.4 其他誤差

GNSS 觀測量之誤差除了主要肇因於控制部門之衛星軌道與時鐘誤差以及傳送媒介如電離層與對離層等引發之誤差外，另外尚有多路徑效應與接收機雜訊。多路徑效應係指電波由發射機至接收機之傳送途徑除了正常之通視傳送路徑外另外發射訊號會經由反射或折射而傳至接收機。此一現象會令電碼之追蹤迴路鎖定一錯誤之測距量因而引起量測量之誤差。若接收機之設計有較佳之多路徑抗拒能力或採用抗多路徑之天線則此一誤差可以降低。不過整體而言，多路徑效應由於與接收之環境有關，若將接收機置於空曠場所則此一效應較不顯著，但若接收機於充滿高樓之市區則多路徑效應會相當嚴重。一般而言，此一現象並不容易於定位計算過程予以處理故可視爲一隨機變數。

GNSS 訊號接收均會受到雜訊之影響。於第六章已說明接收機雜訊與輸入訊號之功率雜訊密度比、積分時間與追蹤迴路頻寬之關係。於定位計算過程因此將接收機雜訊視爲一隨機變數。虛擬距離量測量之雜訊與載波相位之雜訊具有不同之強度。虛擬距離雜訊之標準差爲公尺等級而載波相位雜訊之標準差爲公分等級，高精度之定位目前傾向於利用載波相位量測量進行處理。

根據以上說明，可以將虛擬距離量測量表示成

$$R = \rho + \Delta_\delta - \Delta_{clk} + \Delta_{ephe} + \Delta_{trop} + \Delta_{iono} + \Delta_R \tag{8.38}$$

此處 Δ_R 代表量測雜訊可包含多路徑效應之影響。相對而言，對於以距離爲單位之載波相位量測量則表示成

$$\lambda\Phi = \rho + \Delta_\delta - \Delta_{clk} + \lambda N + \Delta_{ephe} + \Delta_{trop} - \Delta_{iono} + \Delta_\Phi \tag{8.39}$$

其中Δ_Φ爲雜訊。對於載波相位由於電離層造成相領先故Δ_{iono}項之符號爲負號。於定位計算過程，ρ爲接收機位置之函數而Δ_δ代表接收機時鐘延遲均爲未知量。若採用載波相位進行定位授時則整數未定值 N 亦爲未知量。若可以較精確地掌握各誤差之特性並予以適度之量化，則最終定位解算之成果可較不受到誤差之影響。

8.2 觀測量之組合

在導航計算上除了直接利用前述之基本觀測量進行定位計算外，有時會對觀測量進行前置處理以得到較佳的特性。本節首先介紹平滑後觀測量其方法係採用載波相位以修正虛擬距離以得到較平滑之虛擬距離量。再者，若可同時採用多個 GNSS 接收器則可得到多組觀測量。若對這些觀測量進行適當地組合可去除部份影響定位之誤差量。這些用於相對定位之組合方式包括了一次差(single difference)、二次差(double difference)與三次差(triple difference)。最後，如果使用者採用雙頻的接收器則可進行另一類型之組合以進一步地消除部分誤差之影響。

8.2.1 平滑後之虛擬距離

虛擬距離與載波相位雖均可用以提供定位與授時之資訊，但此二量測量之性質有所不同。一般而言，虛擬距離由於利用電碼追蹤迴路取得有較大之誤差，而載波相位是藉由載波追蹤迴路取得其誤差較小。載波相位之誤差約略爲虛擬距離之百分之一，因此載波相位可提供較精確之定位。但是載波相位由於受到整數未定值之影響，定位與求解之方式較爲複雜。所謂平滑後之虛擬距離(carrier smoothed pseudorange)主要是利用較爲平滑之載波相位來修正虛擬距離以其取得一較不受雜訊影響且亦不受制於整數未定值之觀測量。取得此一觀測量之前提爲載波相位得以持續觀測且無週波脫落之問題。此一平滑技巧主要利用較精準的相鄰二時刻之載波相位差以修正虛擬距離。

令 $R(k+1)$與 $R(k)$分別爲 $k+1$ 與 k 時刻之虛擬距離而$\Phi(k+1)$與$\Phi(k)$則分別爲相對應之載波相位。於 $k+1$ 時刻平滑後之虛擬距離，以 $S(k+1)$表之，係取 $R(k+1)$與 $S(k)+\lambda\left[\Phi(k+1)-\Phi(k)\right]$ 之加權組合

$$S(k+1)=\alpha R(k+1)+\beta\left[S(k)+\lambda\left[\Phi(k+1)-\Phi(k)\right]\right] \tag{8.40}$$

其中α與β爲介於 0 與 1 間之數且$\alpha+\beta=1$。$S(k)+\lambda\left[\Phi(k+1)-\Phi(k)\right]$可視爲前次之平滑虛擬距離加上載波相位差異量之結果。平滑虛擬距離(8.40)可利用遞迴方式計算，至

於 $S(k)$之起始值可令其爲 $S(0)=R(0)$。如此每一時刻只要沒有週波脫落，可計算出平滑後之虛擬距離量。至於α與β的選擇則可視情況而調整。在穩態時，常見的設定爲 $\alpha=\frac{1}{L}$ 及 $\beta=\frac{L-1}{L}$ 而 L 爲一擇定之資料長度量。

利用卡爾曼濾波器亦可以對虛擬距離進行平滑化之處理。令 $Q(k)$與 $M(k+1)$代表系統與量測之雜訊協方差矩陣，則此一卡爾曼濾波器利用虛擬距離 $R(k)$與載波相位 $\Phi(k)$得到平滑之虛擬距離 $S(k+1|k+1)$。此一濾波器遞迴公式爲

$$S(k+1\,|\,k)=S(k\,|\,k)+\lambda\left[\Phi(k+1)-\Phi(k)\right] \tag{8.41}$$

與

$$S(k+1|k+1)=S(k+1|k)+K(k+1)[R(k+1)-S(k+1|k)] \tag{8.42}$$

其中 $K(k+1)$爲濾波器增益，可依下式計算

$$K(k+1)=P(k+1|k)+[P(k+1|k)+M(k+1)]^{-1} \tag{8.43}$$

至於協方差矩陣之計算則分別爲

$$P(k+1|k)=P(k|k)+Q(k) \tag{8.44}$$

與

$$P(k+1|k+1)=[I-K(k+1)]P(k+1|k) \tag{8.45}$$

至於此一卡爾曼濾波器起始值可選定爲 $S(0|0)=R(0)$。

目前許多接收機均利用平滑後之虛擬距離量進行定位計算此取得較平滑之定位解。至於(8.40)平滑過程所採用之加權係數則視應用而異。當 L 增大時，所得之 $S(k)$應較平滑；但 L 亦不宜過大，因爲電離層之影響對虛擬距離和載波相位是不同符號的，當 L 過大所得之 $S(k)$會存在偏置，進而造成定位計算之誤差。

8.2.2　一次差、二次差與三次差

許多 GNSS 導航與量測應用採用多部接收機之方式以進行處理。當多接收機同時接收來自相同 GNSS 衛星之訊號時，有些共模之誤差會於不同接收機有共通之呈現。例如當二接收機位置相近時，所經歷之電離層與對流層效應應相近。於測量與導航

上，目前已發展出數項組合不同接收機輸出之方式以利後續之解算。此些組合之目的主要期望可消除一些共有之誤差，一方面避免最終解算結果受到該項誤差之影響，一方面適度地簡化計算。這其中最常見的是一次差、二次差與三次差。

GNSS 的地面一次差係經由處理兩不同接收機對同一顆 GNSS 衛星之觀測量而得如圖 8.10 所示。今假設有二接收機 a 與 b，則其於 k 時刻對第 i 顆衛星之虛擬距離分別爲

$$R_a^i(k) = \rho_a^i(k) + \Delta_{\delta,a} - \Delta_{clk}^i + \Delta_{R,a}^i \tag{8.46a}$$

與

$$R_b^i(k) = \rho_b^i(k) + \Delta_{\delta,b} - \Delta_{clk}^i + \Delta_{R,b}^i \tag{8.46b}$$

其中 ρ_a^i 與 ρ_b^i 分別爲眞實距離，Δ_{clk}^i 爲以距離爲單位之衛星時鐘差，$\Delta_{\delta,a}$ 與$\Delta_{\delta,b}$ 分別爲接收機之時鐘差，而 $\Delta_{R,a}^i$ 與 $\Delta_{R,b}^i$ 爲量測雜訊。若取此二虛擬距離之差可得

$$R_{b-a}^i(k) = R_b^i(k) - R_a^i(k) = \rho_{b-a}^i(k) + \Delta_{\delta,b-a} + \Delta_{R,b-a}^i \tag{8.47}$$

其中 $\rho_{b-a}^i(k) = \rho_b^i(k) - \rho_a^i(k)$ 、$\Delta_{\delta,b-a} = \Delta_{\delta,b} - \Delta_{\delta,a}$ 且 $\Delta_{R,b-a}^i = \Delta_{R,b}^i - \Delta_{R,a}^i$ 。明顯地，經過地面一次差，衛星時鐘延遲 Δ_{clk}^i 之影響得以排除。一次差之處理亦適用於載波相位量測量。設 a 與 b 接收器之載波相位量測量分別爲

$$\lambda\Phi_a^i(k) = \rho_a^i(k) + \Delta_{\delta,a} - \Delta_{clk}^i + \lambda N_a^i + \Delta_{\Phi,a}^i \tag{8.48a}$$

$$\lambda\Phi_b^i(k) = \rho_b^i(k) + \Delta_{\delta,b} - \Delta_{clk}^i + \lambda N_b^i + \Delta_{\Phi,b}^i \tag{8.48b}$$

其中 N_a^i 與 N_b^i 分別爲整數未定值而 $\Delta_{\Phi,a}^i$ 與 $\Delta_{\Phi,b}^i$ 爲量測雜訊。令 $N_{b-a}^i = N_b^i - N_a^i$ 與 $\Delta_{\Phi,b-a}^i = \Delta_{\Phi,b}^i - \Delta_{\Phi,a}^i$ ，則載波相位之一次差爲二載波相位量測量之差異：

$$\lambda\Phi_{a,b}^i(k) = \lambda\Phi_b^i(k) - \lambda\Phi_a^i(k) = \rho_{b-a}^i(k) + \Delta_{\delta,b-a} + \lambda N_{b-a}^i + \Delta_{\Phi,b-a}^i \tag{8.49}$$

此一載波相位之一次差亦與 Δ_{clk}^i 無關。事實上，若 a 與 b 接收器之距離相近，一次差亦可以降低電離層與對流層誤差乃至於衛星軌道誤差之影響。不過要留意的是，一次差對於雜訊之影響會有放大之效果。若量測雜訊 $\Delta_{R,a}^i$ 與 $\Delta_{R,b}^i$ 爲之方差均爲 σ^2 ，經過一次差之組合後之雜訊 $\Delta_{R,b-a}^i$ 其方差爲 $2\sigma^2$ 。

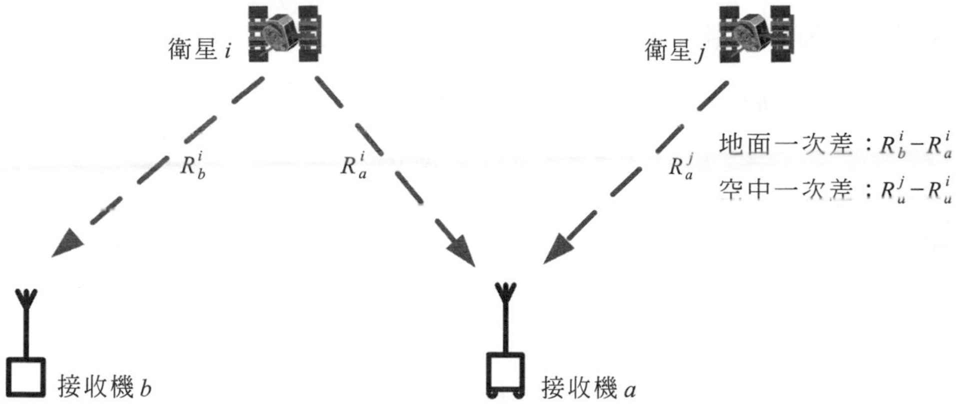

圖 8.10 一次差之接收與處理

除了對兩個 GNSS 接收器之觀測量取一次差外，亦可針對兩顆不同衛星之觀測量取空中一次差，亦如圖 8.10 所示。令接收機 a 接收到第 j 顆衛星之虛擬距離爲 $R_a^j(k)$，載波相位爲 $\Phi_a^j(k)$，即

$$R_a^j(k)=\rho_a^j(k)+\Delta_{\delta,a}-\Delta_{clk}^j+\Delta_{R,a}^j \tag{8.50}$$

$$\lambda\Phi_a^j(k)=\rho_a^j(k)+\Delta_{\delta,a}-\Delta_{clk}^j+\lambda N_a^j+\Delta_{\Phi,a}^j \tag{8.51}$$

則空中一次差分別爲

$$R_a^{j-i}(k)=R_a^j(k)-R_a^i(k)=\left[\rho_a^j(k)-\rho_a^i(k)\right]-\left[\Delta_{clk}^j-\Delta_{clk}^i\right]+\left[\Delta_{R,a}^j-\Delta_{R,a}^i\right] \tag{8.52a}$$

與

$$\begin{aligned}\lambda\Phi_a^{j-i}(k)&=\lambda\left[\Phi_a^j(k)-\Phi_a^i(k)\right]\\&=\left[\rho_a^j(k)-\rho_a^i(k)\right]-\left[\Delta_{clk}^j-\Delta_{clk}^i\right]+\lambda\left[N_a^j-N_a^i\right]+\left[\Delta_{R,a}^j-\Delta_{R,a}^i\right]\end{aligned} \tag{8.52b}$$

因此接收器之時鐘誤差$\Delta_{\delta,a}$與此空中一次差無關。

若取二 GNSS 接收機對不同之二顆 GNSS 衛星之量測量可得二次差如圖 8.11。針對 i 與 j 顆衛星，其虛擬距離之地面一次差分別爲

$$R_{b-a}^i(k)=\rho_{b-a}^i(k)+\Delta_{\delta,b-a}+\Delta_{R,b-a}^i \tag{8.53a}$$

$$R_{b-a}^j(k)=\rho_{b-a}^j(k)+\Delta_{\delta,b-a}+\Delta_{R,b-a}^j \tag{8.53b}$$

虛擬距離二次差相當於組合地面一次差與空中一次差之動作：

$$R_{b-a}^{j-i}(k)=R_{b-a}^{j}(k)-R_{b-a}^{i}(k)=\underbrace{\left[\rho_{b-a}^{j}(k)-\rho_{b-a}^{i}(k)\right]}_{\rho_{b-a}^{j-i}(k)}+\underbrace{\left[\Delta_{R,b-a}^{j}-\Delta_{R,b-a}^{i}\right]}_{\Delta_{R,b-a}^{j-i}} \quad (8.54)$$

由此可知二次差與衛星時鐘延遲及接收器時鐘誤差均無關。另外對載波相位而言，

$$\lambda\Phi_{b-a}^{j-i}(k)=\lambda\left[\Phi_{b-a}^{j}(k)-\Phi_{b-a}^{i}(k)\right]=\rho_{b-a}^{j-i}(k)+\lambda\left[N_{b-a}^{j}-N_{b-a}^{i}\right]+\left[\Delta_{\Phi,b-a}^{j}-\Delta_{\Phi,b-a}^{i}\right] \quad (8.55)$$

此一載波相位之二次差與時鐘誤差也是無關的。

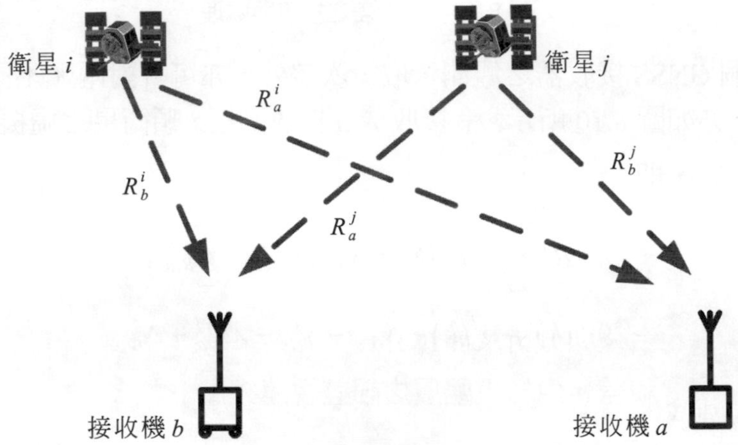

圖 8.11　二次差之接收與處理

假設有三接收機 a，b 與 c 接收到第 i 與 j 顆衛星之虛擬距離訊號，則經二次差後 $R_{b-a}^{j-i}(k)$ 與 $R_{c-a}^{j-i}(k)$ 可利用下式表示

$$\begin{bmatrix} R_{b-a}^{j-i}(k) \\ R_{c-a}^{j-i}(k) \end{bmatrix}=\begin{bmatrix} 1 & -1 & -1 & 1 & 0 & 0 \\ 1 & -1 & 0 & 0 & -1 & 1 \end{bmatrix}\begin{bmatrix} R_a^i(k) \\ R_b^i(k) \\ R_a^j(k) \\ R_b^j(k) \\ R_c^i(k) \\ R_c^j(k) \end{bmatrix} \quad (8.56)$$

若各原始量測量之雜訊之期望值均為零且方差均為 σ^2，則 $[\Delta_{R,a}^{i}\ \ \Delta_{R,a}^{j}\ \ \Delta_{R,b}^{i}\ \ \Delta_{R,b}^{j}\ \ \Delta_{R,c}^{i}\ \ \Delta_{R,c}^{j}]^T$ 之協方差矩陣為 $\sigma^2 I$ 且經二次差後之雜訊 $[\Delta_{R,b-a}^{j-i}\ \ \Delta_{R,c-a}^{j-i}]^T$ 之協方差矩陣為

$$E\left\{\begin{bmatrix}\Delta_{R,b-a}^{j-i}\\ \Delta_{R,c-a}^{j-i}\end{bmatrix}\begin{bmatrix}\Delta_{R,b-a}^{j-i} & \Delta_{R,c-a}^{j-i}\end{bmatrix}\right\}=\sigma^2\begin{bmatrix}1 & -1 & -1 & 1 & 0 & 0\\ 1 & -1 & 0 & 0 & -1 & 1\end{bmatrix}\begin{bmatrix}1 & 1\\ -1 & -1\\ -1 & 0\\ 1 & 0\\ 0 & -1\\ 0 & 1\end{bmatrix}=\sigma^2\begin{bmatrix}4 & 2\\ 2 & 4\end{bmatrix} \quad (8.57)$$

故二次差之方差為原始雜訊方差之四倍。同時，不同二次差間彼此具相關性。

若取不同時刻 k 與 l 二次差之差異則可得三次差。令 $\lambda\Phi_{b-a}^{j-i}(k)$ 與 $\lambda\Phi_{b-a}^{j-i}(l)$ 分別為於 k 與 l 時刻之二次差，則當週波未脫落時，三次差為

$$\lambda\Psi_{b-a}^{j-i}(k,l)=\lambda\left[\Phi_{b-a}^{j-i}(l)-\Phi_{b-a}^{j-i}(k)\right]=\left[\rho_{b-a}^{j-i}(l)-\rho_{b-a}^{j-i}(k)\right]+\left[\Delta_{\Phi,b-a}^{j-i}(l)-\Delta_{\Phi,b-a}^{j-i}(k)\right] \quad (8.58)$$

此三次差不受整數未定值之影響。

8.2.3 雙頻訊號及其組合

採用多頻的接收器可得多項虛擬距離與載波相位量測訊號。在訊號處理時可進而對此些觀測量加以組合以利分析及簡化計算。尤其重要的是單一 GNSS 定位誤差之一主要來源是電離層之誤差。由於電離層之誤差會隨頻率而異，故可以藉由多頻訊號之接收與處理降低電離層之影響。以下考慮雙頻訊號處理之問題，若以 f_{L1} 與 f_{L2} 分別表示 L1 與 L2 之頻率並以 λ_{L1} 與 λ_{L2} 分別表示此二載波訊號之波長。依據(8.38)，若忽略雜訊項之影響在 L1 與 L2 所接收到的虛擬距離 R_{L1} 與 R_{L2} 可分別表示成

$$R_{L1}=\rho+\Delta_{\delta}-\Delta_{clk}+\Delta_{ephe}+\Delta_{trop}+\Delta_{iono} \quad (8.59a)$$

與

$$R_{L2}=\rho+\Delta_{\delta}-\Delta_{clk}+\Delta_{ephe}+\Delta_{trop}+\frac{f_{L1}^2}{f_{L2}^2}\Delta_{iono} \quad (8.59b)$$

其中最後一項代表電離層之影響。此一影響與頻率平方成反比，故若於 L1 之電離層延遲為 Δ_{iono} 則於 L2 頻率之延遲應為 $\frac{f_{L1}^2}{f_{L2}^2}\Delta_{iono}$；以下為簡便起見，令 $\gamma=\frac{f_{L1}^2}{f_{L2}^2}$。若 N_{L1} 與 N_{L2} 分別為 L1 與 L2 之整數未定值，則於此二頻率之載波相位量測量可表示成

$$\lambda_{L1}\Phi_{L1}=\rho+\Delta_{\delta}-\Delta_{clk}+\lambda_{L1}N_{L1}+\Delta_{ephe}+\Delta_{trop}-\Delta_{iono} \quad (8.60a)$$

與

$$\lambda_{L2}\Phi_{L2} = \rho + \Delta_{\delta} - \Delta_{clk} + \lambda_{L2}N_{L2} + \Delta_{ephe} + \Delta_{trop} - \gamma\Delta_{iono} \tag{8.60b}$$

由於電離層對電碼造成延遲，對載波卻造成領先，故二者間之符號不同。稍經整理可得

$$\begin{bmatrix} R_{L1} \\ R_{L2} \\ \lambda_{L1}\Phi_{L1} \\ \lambda_{L2}\Phi_{L2} \end{bmatrix} = \underbrace{\begin{bmatrix} 1 & 0 & 0 & 1 \\ 1 & 0 & 0 & \gamma \\ 1 & 1 & 0 & -1 \\ 1 & 0 & 1 & -\gamma \end{bmatrix}}_{\boldsymbol{T}} \begin{bmatrix} \rho + \Delta_{\delta} - \Delta_{clk} + \Delta_{ephe} + \Delta_{trop} \\ \lambda_{L1}N_{L1} \\ \lambda_{L2}N_{L2} \\ \Delta_{iono} \end{bmatrix} \tag{8.61}$$

由於 $\boldsymbol{T}$ 矩陣之倒數可得，故若取得雙頻之虛擬距離與載波相位，則可計算出不受電離層影響之虛擬距離 $\rho + \Delta_{\delta} - \Delta_{clk} + \Delta_{ephe} + \Delta_{trop}$ 、此二頻率之整數未定値 N_{L1} 與 N_{L2} 以及 L1 頻率之電離層延遲Δ_{iono}如下：

$$\begin{bmatrix} \rho + \Delta_{\delta} - \Delta_{clk} + \Delta_{ephe} + \Delta_{trop} \\ \lambda_{L1}N_{L1} \\ \lambda_{L2}N_{L2} \\ \Delta_{iono} \end{bmatrix} = \boldsymbol{T}^{-1} \begin{bmatrix} R_{L1} \\ R_{L2} \\ \lambda_{L1}\Phi_{L1} \\ \lambda_{L2}\Phi_{L2} \end{bmatrix} = \begin{bmatrix} \frac{\gamma}{\gamma-1} & \frac{-1}{\gamma-1} & 0 & 0 \\ -\frac{\gamma+1}{\gamma-1} & \frac{2}{\gamma-1} & 1 & 0 \\ -\frac{2\gamma}{\gamma-1} & \frac{\gamma+1}{\gamma-1} & 0 & 1 \\ -\frac{1}{\gamma-1} & \frac{1}{\gamma-1} & 0 & 0 \end{bmatrix} \begin{bmatrix} R_{L1} \\ R_{L2} \\ \lambda_{L1}\Phi_{L1} \\ \lambda_{L2}\Phi_{L2} \end{bmatrix} \tag{8.62}$$

由(8.62)之第一列可知

$$\rho + \Delta_{\delta} - \Delta_{clk} + \Delta_{ephe} + \Delta_{trop} = \frac{\gamma}{\gamma-1}R_{L1} - \frac{1}{\gamma-1}R_{L2} \tag{8.63}$$

由於此一由 R_{L1} 與 R_{L2} 組合之量不受電離層影響，因此若定位計算時改採此一組合量可望得到較精確之定位。於 L1 頻率之電離層影響則可利用(8.62)之第四列取得，即

$$\Delta_{iono} = -\frac{1}{\gamma-1}R_{L1} + \frac{1}{\gamma-1}R_{L2} \tag{8.64}$$

至於整數未定値 N_{L1} 與 N_{L2} 則可以藉由(8.62)之第二與三列分別估算稱之爲浮點解(float solution)。由於 N_{L1} 與 N_{L2} 必須得爲整數故利用此一估算之結果一般進行更進一步分析與驗證。

8.3　絶對定位

本節將介紹如何利用 GNSS 觀測量推算出導航者位置、速度與時間以及其他有關的導航量。所謂絕對或單點定位意指僅採用一接收機進行定位並解算出接收機之絕對位置。本節主要介紹如何根據虛擬距離之量測量進行定位解算，分別說明解析方法、最小平方法及卡爾曼濾波器之作法。

由於虛擬距離量測量受到前述諸項誤差之影響，故於解算位置之前一般均會對原始量測量先行修正，此一修正過程主要期望可以降低衛星軌道、衛星時鐘、電離層與對流層誤差之影響，可參考圖 8.12 之流程。

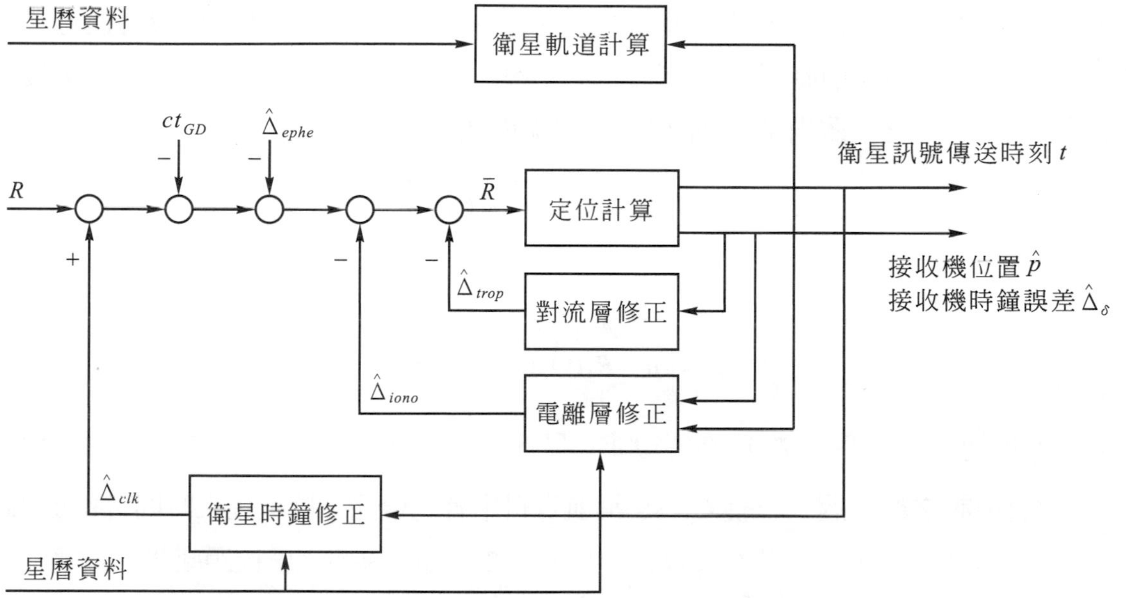

圖 8.12　GNSS 虛擬距離修正與定位流程

如圖 8.1 或 8.2 之說明，衛星訊號傳送之報時 $t^S+\delta^S$ 並不與 GNSS 系統時間 t^S 同步故得去除 δ^S 之影響。於 GPS 與 Galileo 系統，此一時鐘延遲可估算為

$$\delta^S = a_{f0} + a_{f1}(t^S - t_{0c}) + a_{f2}(t^S - t_{0c})^2 + \Delta t_r \tag{8.65}$$

其中為衛星導航資料之時鐘延遲參數而 Δt_r 為相對論(relativisticity)之修正量。由於 GNSS 衛星處於高速運動狀態且接收機與衛星間有重力場位能(gravitational potential)差再加上地球自轉效應，故得考慮相對論之效應。根據相對論，地球上所觀測到之衛星時鐘會存有一偏置，此一現象可藉由修正 GNSS 衛星時鐘而予以補償。另外，當衛

星之軌道並非正圓則會由於離心效應而造成時鐘誤差，此一誤差量可表示成

$$\Delta t_r = -\frac{2\boldsymbol{r}^T\boldsymbol{v}}{c^2} \tag{8.66}$$

其中 $\boldsymbol{r}$ 與 $\boldsymbol{v}$ 分別為衛星之位置與速度向量。於 GNSS 應用，此一相對論修正量一般可利用下式計算

$$\Delta t_r = Fe\sqrt{a}\sin E_k \tag{8.67}$$

其中 $F = -\frac{2\sqrt{\mu}}{c^2} = -4.442807633\times 10^{-10}\ \frac{\text{s}}{\sqrt{\text{m}}}$ 而 e、a 與 E_k 衛星之離心率、軌道半長軸與離心角可由衛星導航資料取得。地球自轉影響之修正方式可以利用坐標轉換方式完成。假設 $\boldsymbol{r}^S$ 為訊號發射時刻衛星於地球固定坐標之位置向量而 $\boldsymbol{p}$ 為接收機於訊號接收時刻接收機所處之位置向量，則訊號傳送之距離應由

$$\left\|\boldsymbol{p}-\boldsymbol{r}^S\right\| = \sqrt{(\boldsymbol{p}-\boldsymbol{r}^S)^T(\boldsymbol{p}-\boldsymbol{r}^S)} \tag{8.68}$$

修正成

$$\rho = \left\|\boldsymbol{p}-\boldsymbol{R}_3(\dot{\Omega}_e(t_R-t^S))\boldsymbol{r}^S\right\| \tag{8.69}$$

其中 $\dot{\Omega}_e$ 為地球自轉率而 $\boldsymbol{R}_3$ 為旋轉矩陣。另外，虛擬距離之定位由於訊號係採群速度傳送故有所謂之群延遲。一般 GNSS 導航資料中會包含此一群延遲之時間 t_{GD} 可因此據以推算對虛擬距離之影響應為 ct_{GD}。由圖 8.12 可知，原始之虛擬距離量測量逐一修正其接收機時鐘誤差之估測值 $\hat{\Delta}_{clk} = c\delta^S$ 、群延遲誤差 ct_{GD}、衛星位置誤差估測值 $\hat{\Delta}_{ephe}$ 、對流層延遲估測值 $\hat{\Delta}_{trop}$ 與電離層延遲估測值 $\hat{\Delta}_{iono}$ 後可取得一經修正後之虛擬距離。若令 $\bar{R}$ 為經過修正後之虛擬距離則

$$\begin{aligned}\bar{R} &= R+\hat{\Delta}_{clk}-ct_{GD}-\hat{\Delta}_{ephe}-\hat{\Delta}_{trop}-\hat{\Delta}_{iono}\\ &= \rho+\Delta_\delta+\Delta_R\end{aligned} \tag{8.70}$$

此處Δ_R為等效之雜訊。若可接收到足夠多之衛星則隨之可建立聯立方程式以解算出未知之接收機位置向量與時鐘誤差。由於部分修正量與接收機位置有關，故於實際 GNSS 定位計算得進行遞迴式之計算直迄收斂。

一導航者若可接收來自 n_s 顆衛星的訊號而且 n_s 大於等於 4，則可推算出接收機所處的位置坐標與接收機時鐘誤差。令 R^i 爲導航者所接收來自第 i 顆衛星之原始虛擬距離並假設 R^i 爲經過(8.70)修正後之虛擬距離，則虛擬距離方程式爲

$$R^i = \rho^i + \Delta_\delta + \Delta_R^i = \left\| \boldsymbol{p} - \boldsymbol{r}^i \right\| + \Delta_\delta + \Delta_R^i \tag{8.71}$$

其中 $\boldsymbol{r}^i$ 爲該顆衛星之經相對論修正後之位置而 $\boldsymbol{p}$ 爲接收機之位置向量。在此待求量包含了三維之導航者之位置 $\boldsymbol{p}$ 及接收機時鐘誤差Δ_δ。由於有四個未知量，故若可累積來自四顆或以上之衛星觀測量，則可建立一組非線性的聯立方程式。此組非線性聯立方程式可以利用解析方法來求解。但實際應用上，由於可觀測到的衛星顆數會有所異動，故一般的作法係將非線性方程式予以線性化，再行求解。以下分別介紹解析方法、加權最小平方方法與卡爾曼濾波器之定位解算法。

8.3.1　解析型式定位法

GNSS 之定位原理主要利用一群衛星提供測距量以供導航者進行定位與對時之工作。今假設導航者同時接收來自四顆衛星之量測訊號，並令 $\boldsymbol{z}$ 爲量測向量，則由(8.71)可知

$$\boldsymbol{z} = \begin{bmatrix} z_1 \\ z_2 \\ z_3 \\ z_4 \end{bmatrix} = \begin{bmatrix} R^1 \\ R^2 \\ R^3 \\ R^4 \end{bmatrix} = \begin{bmatrix} \left\| \boldsymbol{p} - \boldsymbol{r}^1 \right\| + \Delta_\delta \\ \left\| \boldsymbol{p} - \boldsymbol{r}^2 \right\| + \Delta_\delta \\ \left\| \boldsymbol{p} - \boldsymbol{r}^3 \right\| + \Delta_\delta \\ \left\| \boldsymbol{p} - \boldsymbol{r}^4 \right\| + \Delta_\delta \end{bmatrix} + \underbrace{\begin{bmatrix} \Delta_R^1 \\ \Delta_R^2 \\ \Delta_R^3 \\ \Delta_R^4 \end{bmatrix}}_{\boldsymbol{v}} \tag{8.72}$$

假設雜訊 $\boldsymbol{v}$ 之影響可忽略，若將各虛擬距離方程式(8.72)予以平方則可得下列聯立方程式

$$\boldsymbol{p}^T\boldsymbol{p} - 2\boldsymbol{p}^T\boldsymbol{r}^1 + \left\| \boldsymbol{r}^1 \right\|^2 = z_1^2 - 2\Delta_\delta z_1 + \Delta_\delta^2 \tag{8.73a}$$

$$\boldsymbol{p}^T\boldsymbol{p} - 2\boldsymbol{p}^T\boldsymbol{r}^2 + \left\| \boldsymbol{r}^2 \right\|^2 = z_2^2 - 2\Delta_\delta z_2 + \Delta_\delta^2 \tag{8.73b}$$

$$\boldsymbol{p}^T\boldsymbol{p} - 2\boldsymbol{p}^T\boldsymbol{r}^3 + \left\| \boldsymbol{r}^3 \right\|^2 = z_3^2 - 2\Delta_\delta z_3 + \Delta_\delta^2 \tag{8.73c}$$

$$\boldsymbol{p}^T\boldsymbol{p} - 2\boldsymbol{p}^T\boldsymbol{r}^4 + \left\| \boldsymbol{r}^4 \right\|^2 = z_4^2 - 2\Delta_\delta z_4 + \Delta_\delta^2 \tag{8.73d}$$

分別取(8.73b,c,d)與(8.73a)式之差則可得

$$\begin{aligned}2\left(\boldsymbol{r}^2-\boldsymbol{r}^1\right)^T\boldsymbol{p}&=2\Delta_\delta(z_2-z_1)+z_1^2-z_2^2-\left\|\boldsymbol{r}^1\right\|^2+\left\|\boldsymbol{r}^2\right\|^2\\2\left(\boldsymbol{r}^3-\boldsymbol{r}^1\right)^T\boldsymbol{p}&=2\Delta_\delta(z_3-z_1)+z_1^2-z_3^2-\left\|\boldsymbol{r}^1\right\|^2+\left\|\boldsymbol{r}^3\right\|^2\\2\left(\boldsymbol{r}^4-\boldsymbol{r}^1\right)^T\boldsymbol{p}&=2\Delta_\delta(z_4-z_1)+z_1^2-z_4^2-\left\|\boldsymbol{r}^1\right\|^2+\left\|\boldsymbol{r}^4\right\|^2\end{aligned}\tag{8.74}$$

令 $\boldsymbol{M}=\begin{bmatrix}2\left(\boldsymbol{r}^2-\boldsymbol{r}^1\right)^T\\2\left(\boldsymbol{r}^3-\boldsymbol{r}^1\right)^T\\2\left(\boldsymbol{r}^4-\boldsymbol{r}^1\right)^T\end{bmatrix}$，則可解出(8.74)聯立方程式之未知位置向量如下：

$$\boldsymbol{p}=\boldsymbol{f}+\Delta_\delta\boldsymbol{g}\tag{8.75}$$

其中 $\boldsymbol{f}=\boldsymbol{M}^{-1}\begin{bmatrix}z_1^2-z_2^2-\left\|\boldsymbol{r}^1\right\|^2+\left\|\boldsymbol{r}^2\right\|^2\\z_1^2-z_3^2-\left\|\boldsymbol{r}^1\right\|^2+\left\|\boldsymbol{r}^3\right\|^2\\z_1^2-z_4^2-\left\|\boldsymbol{r}^1\right\|^2+\left\|\boldsymbol{r}^4\right\|^2\end{bmatrix}$ 且 $\boldsymbol{g}=2\boldsymbol{M}^{-1}\begin{bmatrix}z_2-z_1\\z_3-z_1\\z_4-z_1\end{bmatrix}$。此一方程式將未知位置向量表示成未知時鐘差之線性函數。一俟計算出接收機時鐘差Δ_δ則位置向量 $\boldsymbol{p}$ 可隨之決定。前述之 $\boldsymbol{f}$ 與 $\boldsymbol{g}$ 向量與 $\boldsymbol{M}$ 矩陣之倒數有關。事實上，當四顆衛星並不共面時，此一矩陣是可逆的；對於 GNSS 導航而言，此一條件一般是成立的。將(8.75)代入(8.73a)則可以建立未知接收機時鐘差之方程式如下：

$$\left(1-\boldsymbol{g}^T\boldsymbol{g}\right)\Delta_\delta^2+2\left(\boldsymbol{g}^T\boldsymbol{r}^1-\boldsymbol{f}^T\boldsymbol{g}-z_1\right)\Delta_\delta+\left(z_1^2-\boldsymbol{f}^T\boldsymbol{f}+2\boldsymbol{f}^T\boldsymbol{r}^1-\left\|\boldsymbol{r}^1\right\|^2\right)=0\tag{8.76}$$

此方程式爲二次方程式，其解Δ_δ可輕易求得。因此對於單一星座、四顆衛星虛擬距離觀測之定位問題而言，未知位置向量與時鐘差可利用解析方式求得。

方程式(8.76)之判別式爲

$$\Delta_1=\left(\boldsymbol{g}^T\boldsymbol{r}^1-\boldsymbol{f}^T\boldsymbol{g}-z_1\right)^2-\left(1-\boldsymbol{g}^T\boldsymbol{g}\right)\left(z_1^2-\boldsymbol{f}^T\boldsymbol{f}+2\boldsymbol{f}^T\boldsymbol{r}^1-\left\|\boldsymbol{r}^1\right\|^2\right)\tag{8.77}$$

方程式(8.76)解之個數與領先係數$1-\boldsymbol{g}^T\boldsymbol{g}$以及判別式$\Delta_1$有關。當$1-\boldsymbol{g}^T\boldsymbol{g}$非零時，解之情形由$\Delta_1$決定。此時若$\Delta_1$爲負則(8.76)不存在實數解故原方程式無解。若$\Delta_1$非負則接收機時鐘差$\Delta_R$可表爲

$$\Delta_\delta = \frac{-\left(\boldsymbol{g}^T\boldsymbol{r}^1-\boldsymbol{f}^T\boldsymbol{g}-z_1\right)\pm\sqrt{\Delta_1}}{\left(1-\boldsymbol{g}^T\boldsymbol{g}\right)} \tag{8.78}$$

當取得接收機時鐘差後可引用(8.75)計算位置向量$\boldsymbol{p}$。由於平方之關係故採用此一解析方式求解得留意模稜(ambiguity)之現象。簡而言之，經平方後，$\left\|\boldsymbol{p}-\boldsymbol{r}^i\right\|=-(z_i-\Delta_\delta)$與$\left\|\boldsymbol{p}-\boldsymbol{r}^i\right\|=z_i-\Delta_\delta$之二次方程式相同。故經求解後之接收機時鐘差$\Delta_\delta$得進行驗證以確保小於等於$z_i$。令$R_{\min}$爲虛擬距離量測量之最小值，即$R_{\min}=\min\{z_1,z_2,z_3,z_4\}$，則此一驗證條件可寫成

$$\Delta_\delta \le R_{\min} \tag{8.79}$$

如果$1-\boldsymbol{g}^T\boldsymbol{g}$爲零則$\Delta_\delta$之方程式(8.78)爲一線性方程式。此時若$\left(\boldsymbol{r}^1-\boldsymbol{f}\right)^T\boldsymbol{g}\ne z_1$則接收機時鐘差$\Delta_R$爲

$$\Delta_\delta = \frac{z_1^2-\left\|\boldsymbol{r}^1-\boldsymbol{f}\right\|^2}{2\left(z_1-\left(\boldsymbol{r}^1-\boldsymbol{f}\right)^T\boldsymbol{g}\right)} \tag{8.80}$$

當然此時所計算出之Δ_δ亦得進行驗證。

要言之，對於四顆 GNSS 衛星之定位問題，利用解析之方式可以求得解且解之個數可以爲零、一、二或無窮多個。圖 8.13 總結 GNSS 定位方程式解析求解之情形。於此圖中，$\Delta_{\max}$與$\Delta_{\min}$分別當$\Delta_1>0$時由(8.78)所計算之Δ_δ之最大與最小值。此一解析方法可以推廣至多星座系統之定位問題。於多星座定位問題由於不同星座之時間系統未必同步故得估測各星座間之時鐘誤差。利用相似之方法可以建立聯立方程式並藉由平方消除位置之相關而得到一組由時鐘誤差所構成之方程式；一旦求得時鐘誤差可因此計算位置。

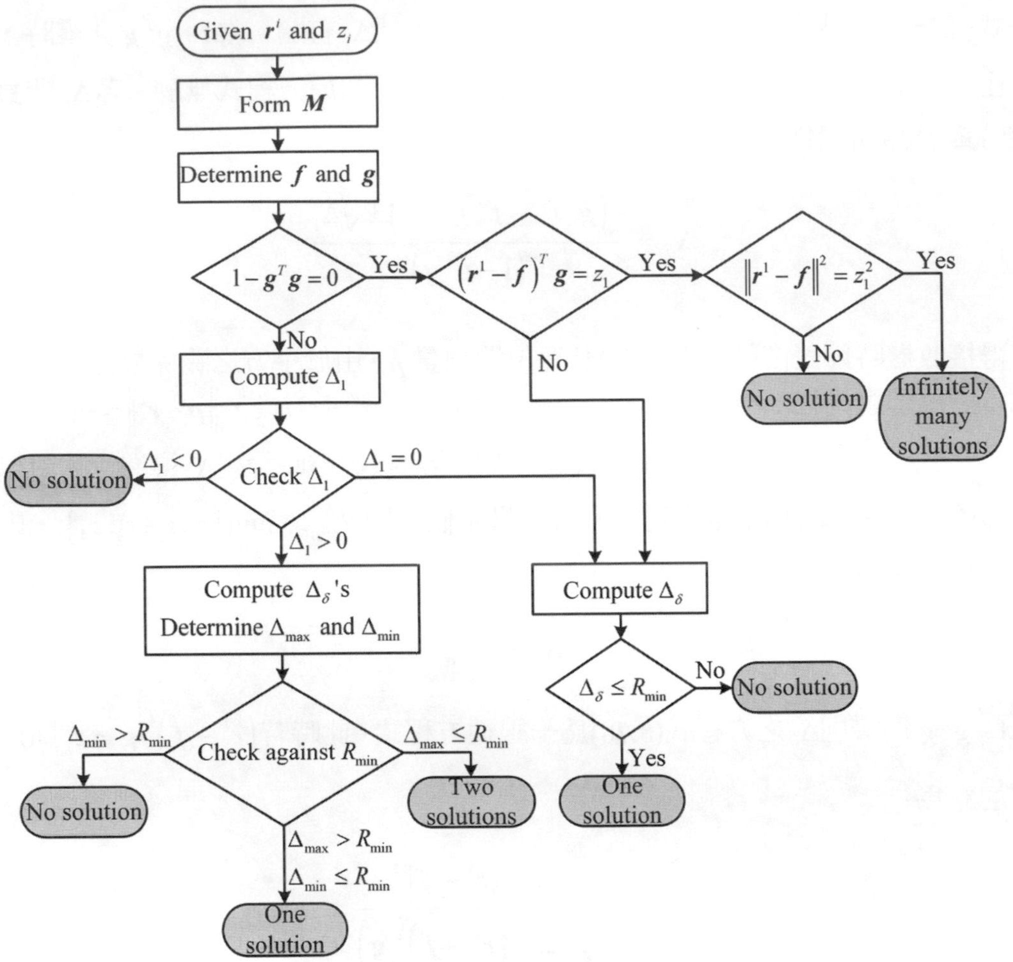

圖 8.13 解析求解之流程圖

8.3.2 加權最小平方法

由於 GNSS 定位方程式(8.71)對於待求之位置向量 $\boldsymbol{p}$ 是非線性的，故可以藉由線性化之動作協助解算。假設 $\boldsymbol{p}_0 = \begin{bmatrix} x_0 & y_0 & z_0 \end{bmatrix}^T$ 爲空間中之一已知點位且第 i 顆衛星之位置爲 $\boldsymbol{r}^i = \begin{bmatrix} x^i & y^i & z^i \end{bmatrix}^T$ ，則此一已知點 $\boldsymbol{p}_0$ 與第 i 顆衛星之空間距離爲

$$\rho_0^i = \left\| \boldsymbol{p}_0 - \boldsymbol{r}^i \right\| = \sqrt{(x^i - x_0)^2 + (y^i - y_0)^2 + (z^i - z_0)^2} \tag{8.81}$$

令 $\boldsymbol{q}$ 爲 $\boldsymbol{p} = \begin{bmatrix} x & y & z \end{bmatrix}^T$ 與 $\boldsymbol{p}_0$ 間之差異，即

$$\boldsymbol{q} = \boldsymbol{p} - \boldsymbol{p}_0 = \begin{bmatrix} x - x_0 \\ y - y_0 \\ z - z_0 \end{bmatrix} \tag{8.82}$$

將接收機與第 i 顆衛星之空間距離 $\rho^i = \left\| \boldsymbol{p} - \boldsymbol{r}^i \right\|$ 於 $\boldsymbol{p}_0$ 進行泰勒(Taylor)展開可得

$$\begin{aligned}\rho^i &= \sqrt{(x^i - x)^2 + (y^i - y)^2 + (z^i - z)^2} \\ &= \rho_0^i + \left.\frac{\partial \rho^i}{\partial x}\right|_{\boldsymbol{p}_0}(x - x_0) + \left.\frac{\partial \rho^i}{\partial y}\right|_{\boldsymbol{p}_0}(y - y_0) + \left.\frac{\partial \rho^i}{\partial x}\right|_{\boldsymbol{p}_0}(z - z_0) + \text{高次項}\end{aligned} \tag{8.83}$$

若 $\boldsymbol{p}$ 與 $\boldsymbol{p}_0$ 之距離相近則高次項可以忽略。由於

$$\left.\frac{\partial \rho^i}{\partial x}\right|_{\boldsymbol{p}_0} = \frac{x_0 - x^i}{\sqrt{(x_0 - x^i)^2 + (y_0 - y^i)^2 + (z_0 - z^i)^2}} \tag{8.84a}$$

$$\left.\frac{\partial \rho^i}{\partial y}\right|_{\boldsymbol{p}_0} = \frac{y_0 - y^i}{\sqrt{(x_0 - x^i)^2 + (y_0 - y^i)^2 + (z_0 - z^i)^2}} \tag{8.84b}$$

$$\left.\frac{\partial \rho^i}{\partial z}\right|_{\boldsymbol{p}_0} = \frac{z_0 - z^i}{\sqrt{(x_0 - x^i)^2 + (y_0 - y^i)^2 + (z_0 - z^i)^2}} \tag{8.84c}$$

故若令 $\boldsymbol{h}_i = \left[\left.\frac{\partial \rho^i}{\partial x}\right|_{\boldsymbol{p}_0} \quad \left.\frac{\partial \rho^i}{\partial y}\right|_{\boldsymbol{p}_0} \quad \left.\frac{\partial \rho^i}{\partial z}\right|_{\boldsymbol{p}_0} \right]^T$，則(8.83)之 ρ^i 可近似爲

$$\rho^i \cong \rho_0^i + \boldsymbol{h}_i^T \boldsymbol{q} \tag{8.85}$$

此一近似可以圖 8.14 說明。事實上，向量 $\boldsymbol{h}_0$ 爲由第 i 顆衛星至 $\boldsymbol{p}_0$ 之單位向量或

$$\boldsymbol{h}_i = \frac{\boldsymbol{p}_0 - \boldsymbol{r}^i}{\left\| \boldsymbol{p}_0 - \boldsymbol{r}^i \right\|} \tag{8.86}$$

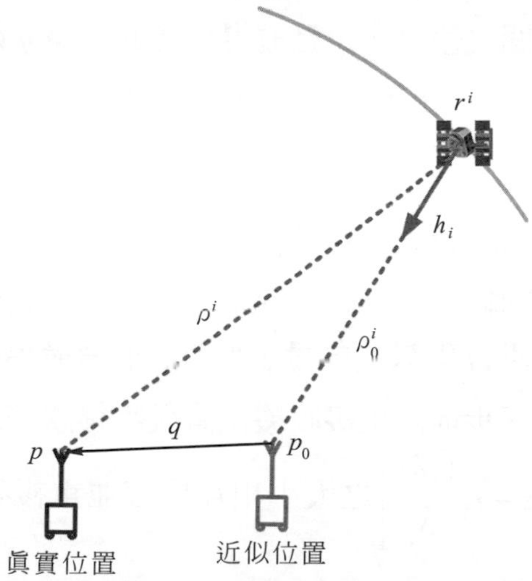

圖 8.14　測距量之線性近似

經線性化近似空間距離後，虛擬距離量測方程式可以近似成

$$R^i - \rho_0^i \cong \boldsymbol{h}_i^T \boldsymbol{q} + \Delta_\delta + \Delta_R^i \tag{8.87}$$

今假設可觀測到 n_s 顆衛星並令 $\boldsymbol{z} = \begin{bmatrix} R^1 - \rho_0^1 \\ R^2 - \rho_0^2 \\ \vdots \\ R^{n_s} - \rho_0^{n_s} \end{bmatrix}$ 爲量測向量，則可以建立以下之線性聯立方程式

$$\boldsymbol{z} = \boldsymbol{H} \begin{bmatrix} \boldsymbol{q} \\ \Delta_\delta \end{bmatrix} + \boldsymbol{v} \tag{8.88}$$

其中 $\boldsymbol{H} = \begin{bmatrix} \boldsymbol{h}_1^T & 1 \\ \boldsymbol{h}_2^T & 1 \\ \vdots & \vdots \\ \boldsymbol{h}_{n_s}^T & 1 \end{bmatrix}$ 爲觀測矩陣主要取決於各衛星單位向量而 $\boldsymbol{v}$ 用以代表虛擬距離之量測雜訊、線性化之誤差等影響，一般假設 $\boldsymbol{v}$ 爲均值爲零之雜訊向量。此處之量測向量並非原始虛擬距離量測量而是虛擬距離量測量與預測距離間之差異。由於(8.88)爲一線性方程式，採用加權最小平方法可推算出最佳之位置與時鐘修正量爲

$$\begin{bmatrix} \hat{\boldsymbol{q}} \\ \hat{\Delta}_\delta \end{bmatrix} = (\boldsymbol{H}^T \boldsymbol{W} \boldsymbol{H})^{-1} \boldsymbol{H}^T \boldsymbol{W} \boldsymbol{z} \tag{8.89}$$

其中 $\boldsymbol{W}$ 爲加權矩陣。值得留意的是(8.89)之左邊實際上可視爲估測之位置與時鐘解相較於預測之位置與時鐘解間之差異。一旦取得位置修正量 $\hat{\boldsymbol{q}}$ 則可更新位置向量之估算值爲

$$\hat{\boldsymbol{p}} = \boldsymbol{p}_0 + \hat{\boldsymbol{q}} \tag{8. 90}$$

至於接收機時鐘與 GNSS 系統時鐘之差值可推估爲 $\hat{\Delta}_\delta$。此時如果誤差仍大，可以重複多次前述之流程修正而得到較正確之解。換言之，新一輪之疊代可指定線性化之工作點爲 $\hat{\boldsymbol{p}}$ 並重新取得觀測矩陣 $\boldsymbol{H}$ 與量測向量 $\boldsymbol{z}$ 並進行加權最小平方計算以取得位置與時鐘誤差之更新量；如此可逐步地修正接收機位置與時鐘誤差之估測值。一般可設定一門檻值並與量測餘量 $\tilde{\boldsymbol{z}} = \boldsymbol{z} - \boldsymbol{H} \begin{bmatrix} \hat{\boldsymbol{q}} \\ \hat{\Delta}_\delta \end{bmatrix}$ 之大小相互比較並重複疊代過程直至量測餘量之強度低於門檻值。

於應用加權平方法進行解算時，加權矩陣之選取會影響到最終之結果。由於加權矩陣主要反映各量測方程式之信賴程度，所以若雜訊向量之協方差爲 $\boldsymbol{R}$ 則可設定

$$\boldsymbol{W}=\boldsymbol{R}^{-1} \tag{8.91}$$

由前述誤差之分析可知由於不同衛星之量測誤差基本上不相關，故協方差矩陣 $\boldsymbol{R}$ 可近似成一對角線矩陣

$$\boldsymbol{R}=\begin{bmatrix}\sigma_1^2 & & & \\ & \sigma_2^2 & & \\ & & \ddots & \\ & & & \sigma_{n_s}^2\end{bmatrix} \tag{8.92}$$

其中各方差可進一步寫成

$$\sigma_i^2=\sigma_{i,URA}^2+\sigma_{i,iono}^2+\sigma_{i,trop}^2+\sigma_{i,mp}^2+\sigma_{i,noise}^2 \tag{8.93}$$

其中 $\sigma_{i,URA}^2$ 爲衛星訊號測距精度(user range accuracy, URA)之方差，$\sigma_{i,iono}^2$、$\sigma_{i,trop}^2$ 與 $\sigma_{i,mp}^2$ 分別爲電離層、對流層與多路徑效應之方差，而 $\sigma_{i,noise}^2$ 爲量測雜訊之方差。加權矩陣之導入可以有效地改善精度、增進強健性並避免定位解之跳動。對於高仰角之衛星由於訊號強度較強故一般可以增加其權重。來自低仰角之衛星則由於路徑較長、訊號強度較低且往往受到較嚴重之電離層、對流層和多路徑效應，也因此可以給予較低之權重。由於可觀測之 GNSS 衛星會隨衛星之移動而有變化，當衛星個數增加或減少之一瞬間，所得之定位解往往會有跳動。採用此種加權設定由於對低仰角衛星採用較低之權重故可減緩定位解跳動之程度。

8

8.3.3 卡爾曼濾波器定位方法

前述加權最小平方法主要根據單一時刻來自多顆衛星之虛擬距離量測量推算用戶之位置與時鐘偏置。當可累積多筆資料時，可利用遞迴型式之作法以持續修正所得之定位解。當然，更廣義的作法爲利用卡爾曼濾波器進行位置、速度與時間之解算。本小節介紹如何利用卡爾曼濾波器進行 GNSS 定位解算。卡爾曼濾波器之使用有賴首先建立狀態方程式與量測方程式。對於 GNSS 定位，量測方程式主要建立量測訊號如虛擬距離與待估測狀態如位置、速度和時間之關係。此一量測方程式原則上如所(8.71)描述。由於量測方程式爲非線性之方程式，故得應用擴增式卡爾曼濾波器進行處理。

對於狀態方程式之建立，有多種不同之模式可供引用。

假設接收機之位置為靜止的則於應用卡爾曼濾波器進行定位計算時可考慮以下之狀態向量 $\boldsymbol{x}(k)=\left[\boldsymbol{p}^T(k) \quad \Delta_\delta(k)\right]^T$ 其中 $\boldsymbol{p}(k)$為 k 時刻之位置向量而$\Delta_\delta(k)$為時鐘誤差。系統之狀態方程式因此為

$$\boldsymbol{x}(k+1)=\boldsymbol{x}(k)+\boldsymbol{w}(k) \tag{8.94}$$

其中 $\boldsymbol{w}(k)$為系統雜訊，可假設為一均值為零，協方差矩陣為 $\boldsymbol{Q}$ 之高斯雜訊。至於量測方程式則為

$$\boldsymbol{z}(k+1)=h(\boldsymbol{p}(k+1),\Delta_\delta(k+1),k+1)+\boldsymbol{v}(k+1) \tag{8.95}$$

其中 $\boldsymbol{z}(k+1)$為 $k+1$ 時刻由 R^i 所構成之量測向量而 $\boldsymbol{v}(k+1)$為量測雜訊，可假設為一均值為零，協方差矩陣為 $\boldsymbol{R}$ 之高斯雜訊。於應用擴增型卡爾曼濾波器時由於量測方程式具有非線性 $h(\boldsymbol{p}(k+1),\Delta_\delta(k+1),k+1)$ 故得參照前一小節之說明進行線性化之動作。參照第七章有關擴增型卡爾曼濾波器之說明，此一定位方法主要以遞迴方式進行預測與修正。令 $\boldsymbol{m}_x(0)=\left[\boldsymbol{p}(0) \quad \Delta_\delta(0)\right]^T$ 為初始之估測向量而 $\boldsymbol{P}_x(0)$為相對應之協方差矩陣，則此一濾波器之計算過程為：

1. 起始：起始時刻之估測狀態 $\hat{\boldsymbol{x}}(0|0)$ 及誤差狀態之協方差矩陣 $\boldsymbol{P}_x(0|0)$分別為 $\hat{\boldsymbol{x}}(0|0)=\boldsymbol{m}_x(0)$ 及 $\boldsymbol{P}_x(0|0)=\boldsymbol{P}_x(0)$。

2. 預測狀態與協方差矩陣：於 k 時刻時預估 $k+1$ 時刻之狀態

$$\hat{\boldsymbol{x}}(k+1|k)=\hat{\boldsymbol{x}}(k|k) \tag{8.96}$$

並計算協方差矩陣 $\boldsymbol{P}_x(k+1|k)$如下

$$\boldsymbol{P}_x(k+1|k)=\boldsymbol{P}_x(k|k)+\boldsymbol{Q}(k) \tag{8.97}$$

3. 線性化量測方程式：將量測方程式於 $\hat{\boldsymbol{x}}(k+1|k)$ 線性化可得

$$\boldsymbol{h}(\boldsymbol{x}(k+1),k+1)=\boldsymbol{h}(\hat{\boldsymbol{x}}(k+1|k),k+1)+\boldsymbol{H}(k+1)\left[\boldsymbol{x}(k+1)-\hat{\boldsymbol{x}}(k+1|k)\right]+\cdots \tag{8.98}$$

其中

$$\boldsymbol{H}(k+1)=\left.\frac{\partial \boldsymbol{h}(\boldsymbol{x}(k+1),k+1)}{\partial \boldsymbol{x}(k+1)}\right|_{\hat{\boldsymbol{x}}(k+1|k)}$$

4. 計算增益：計算於 $k+1$ 時刻之卡爾曼濾波器增益為

$$\boldsymbol{K}(k+1)=\boldsymbol{P_x}(k+1|k)\boldsymbol{H}^T(k+1)\left[\boldsymbol{H}(k+1)\boldsymbol{P_x}(k+1|k)\boldsymbol{H}^T(k+1)+\boldsymbol{R}(k+1)\right]^{-1} \tag{8.99}$$

5. 預測輸出：對於輸出 $\boldsymbol{z}(k+1)$進行預估

$$\hat{\boldsymbol{z}}(k+1|k)=\boldsymbol{h}(\hat{\boldsymbol{x}}(k+1|k),k+1) \tag{8.100}$$

6. 修正：於 $k+1$ 時刻時，新的量測量 $\boldsymbol{z}(k+1)$可以取得並據之修正狀態之估測。狀態於 $k+1$ 時刻之估測值為

$$\hat{\boldsymbol{x}}(k+1|k+1)=\hat{\boldsymbol{x}}(k+1|k)+\boldsymbol{K}(k+1)\left[\boldsymbol{z}(k+1)-\hat{\boldsymbol{z}}(k+1|k)\right] \tag{8.101}$$

至於相對於狀態誤差之協方差矩陣則更新為

$$\boldsymbol{P_x}(k+1|k+1)=\left[\boldsymbol{I}-\boldsymbol{K}(k+1)\boldsymbol{H}(k+1)\right]\boldsymbol{P_x}(k+1|k) \tag{8.102}$$

經歷此一遞迴，於 $k+1$ 時刻之位置估測向量 $\hat{\boldsymbol{p}}(k+1|k+1)$ 與時鐘誤差估測值 $\hat{\Delta}_\delta(k+1|k+1)$ 分別滿足 $\hat{\boldsymbol{x}}(k+1|k+1)=\left[\hat{\boldsymbol{p}}^T(k+1|k+1)\quad \hat{\Delta}_\delta(k+1|k+1)\right]^T$。於線性化之過程亦可知矩陣 $\boldsymbol{H}(k+1)$之型式為

$$\boldsymbol{H}(k+1)=\begin{bmatrix}\boldsymbol{h}_1^T & 1\\ \boldsymbol{h}_2^T & 1\\ \vdots & \vdots\\ \boldsymbol{h}_{n_s}^T & 1\end{bmatrix} \tag{8.103}$$

而

$$\boldsymbol{h}_i=\frac{\hat{\boldsymbol{p}}(k+1|k)-\boldsymbol{r}^i}{\left\|\hat{\boldsymbol{p}}(k+1|k)-\boldsymbol{r}^i\right\|} \tag{8.104}$$

當接收機靜止於一點位時，採用卡爾曼濾波器之方法可藉由觀測位置和時間解之收斂情形判斷是否已得到足夠精確之定位與對時。濾波器之收斂狀況會隨初始值以及協方差矩陣之選定而有不同；不過相較於加權最小平方法，卡爾曼濾波器所提供之解較為平滑。同時，卡爾曼濾波器可不受到觀測的衛星顆數必需大於等於 4 之限制。

如果接收機安置於一動態載具，則於應用卡爾曼濾波器時可將動態模式納入系統方程式中，此一作法可參考表 7.2。假設接收機處於中動態且同時考慮接收機時鐘偏置(clock bias)與時鐘漂移(clock drift)，則待估測之狀態向量可予以擴增以包含位置 $\boldsymbol{p}(k)$ 、速度 $\dot{\boldsymbol{p}}(k)$ 、時鐘差$\Delta_\delta(k)$與時鐘漂移$\dot{\Delta}_\delta(k)$如下

$$\boldsymbol{x}(k) = \begin{bmatrix} \boldsymbol{p}^T(k) & \dot{\boldsymbol{p}}^T(k) & \Delta_\delta(k) & \dot{\Delta}_\delta(k) \end{bmatrix}^T \tag{8.105}$$

接收機之時鐘會受到相位誤差，頻率誤差乃至於頻率漂移(frequency drift)之影響。這其中相位誤差又稱時鐘偏置量是一重要誤差源，一般於定位計算過程得同時估測此一時鐘偏置量。頻率誤差又稱時鐘漂移會造成長時間定位之困擾。時鐘漂移對於都卜勒頻移觀測量亦會直接影響。相對於系統狀態(8.105)之動態方程式為

$$\begin{aligned} \boldsymbol{p}(k+1) &= \boldsymbol{p}(k) + \dot{\boldsymbol{p}}(k)T \\ \dot{\boldsymbol{p}}(k+1) &= \dot{\boldsymbol{p}}(k) + \boldsymbol{w}_m(k) \\ \Delta_\delta(k+1) &= \Delta_\delta(k) + \dot{\Delta}_\delta(k)T + w_p(k) \\ \dot{\Delta}_\delta(k+1) &= \dot{\Delta}_\delta(k) + w_f(k) \end{aligned} \tag{8.106}$$

其中 T 為取樣時間、$\boldsymbol{w}_m(k)$代表速度之雜訊而 $w_p(k)$與 $w_f(k)$分別代表時鐘偏置雜訊與時鐘漂移雜訊。若令 $\boldsymbol{w}(k) = \begin{bmatrix} \boldsymbol{w}_m^T(k) & w_p(k) & w_f(k) \end{bmatrix}^T$ 則系統之狀態方程式可以表示成標準型式

$$\boldsymbol{x}(k+1) = \Phi \boldsymbol{x}(k) + \Gamma \boldsymbol{w}(k) \tag{8.107}$$

其中狀態轉移矩陣 Φ 與輸入矩陣 Γ 分別為

$$\Phi = \begin{bmatrix} \boldsymbol{I} & T\boldsymbol{I} & \boldsymbol{0} & \boldsymbol{0} \\ \boldsymbol{0} & \boldsymbol{I} & \boldsymbol{0} & \boldsymbol{0} \\ \boldsymbol{0} & \boldsymbol{0} & 1 & T \\ \boldsymbol{0} & \boldsymbol{0} & 0 & 1 \end{bmatrix} \tag{8.108}$$

與

$$\Gamma = \begin{bmatrix} \boldsymbol{0} & \boldsymbol{0} & \boldsymbol{0} \\ \boldsymbol{I} & \boldsymbol{0} & \boldsymbol{0} \\ \boldsymbol{0} & 1 & 0 \\ \boldsymbol{0} & 0 & 1 \end{bmatrix} \tag{8.109}$$

若採用虛擬距離量測量則量測方程式與(8.95)一致。利用擴增型卡爾曼濾波器可隨之對於位置、速度、時鐘差與時鐘漂移進行估測。於應用卡爾曼濾波器時，量測雜訊之協方差矩陣會隨接收機之雜訊以及相對應虛擬距離觀測量之訊雜比而調整。相對而言，系統雜訊之協方差矩陣會隨接收機之動態程度而異。若接收機以近乎等速之方式行進則相對之加速度等效雜訊可較低；但若接收機處於較高動態如加速度或轉彎之運動則得適度地增加系統雜訊之協方差以避免卡爾曼濾波器發散。另外，亦可視需要將狀態向量擴增至包含接收機之加速度以取得較佳之調適。當然隨著狀態之擴增，實際實現之複雜度亦隨之增加。所以於利用卡爾曼濾波器進行定位運算時得檢視載具和接收機之動態，慎選狀態以及相對應之協方差矩陣。

卡爾曼濾波器之描述有些採用全狀態(full state)、有些採用誤差狀態(error state)方式各有利弊。於 GNSS 定位應用，若採用全狀態描述則狀態向量包含 $\boldsymbol{p}$ 及其微分等而量測方程式爲非線性：但若採用誤差狀態描述則狀態向量包含 $\boldsymbol{q}$ 及其微分等，可得到線性之量測方程式。另外，卡爾曼濾波器屬於遞迴型式之計算，每取得一組量測訊號可以進行更新與預測。但線性化動作爲疊代型式之計算，於每一時刻可以視量測餘量之大小重複多次線性化與修正之動作。

相較於最小平方法，卡爾曼濾波器有諸多好處。卡爾曼濾波器採用遞迴的方式以處理不同時刻之量測量。在一卡爾曼濾波器架構下可視需要適時地加入待估測之狀態。前述對 GNSS 定位所有影響之物理量如軌道誤差、衛星時鐘誤差、電離層誤差、對流層誤差等均可以利用隨機雜訊、隨機常數或高斯馬可夫模式予以描述而納入狀態方程式中以供估測。由於此種可視應用需求而擴展之特性使卡爾曼濾波器在導航計算中扮演重要角色。採用卡爾曼濾波器的另一好處是可以較有效地因應衛星顆數少於四的情形。不過，對於純粹的 GNSS 定位而言，加權最小平方法由於計算上較簡易仍是常見的方法。至於解析方法則提供重要之理論分析之參考，於實用上一般僅借助此方法取得疊代計算之初始估測量。由於解析方法並沒有考慮雜訊且不具擴增功能，故其應用範圍較侷限。

8.3.4　精度因子

影響 GNSS 定位精度之因素除了衛星本體、傳送介質及接收機所造成之誤差外，尚包括了各觀測到衛星與接收機之幾何分佈狀態。如第七章之說明，一般的做法係將訊號及量測等之誤差以用戶等效測距誤差 UERE 表之並定義精度因子(DOP)以描述幾何分佈，如此定位之誤差可視同二者之乘積。令σ_{UREE}爲用戶等效測距誤差之標準差則定位誤差之標準差σ_{PVT}可表成

$$\sigma_{PVT} = \text{DOP} \cdot \sigma_{UERE} \tag{8.110}$$

明顯地若可降低 DOP 值則可以提昇定位之精度。圖 8.15 說明了不同的 DOP 值對定位精度之影響。縱使量測所造成的使用者等效誤差量相同(即使用同一等級的接收器及同樣的接收環境)，導航者之定位誤差會隨衛星之幾何分佈而有所差異。DOP 值會隨時間與接收機之位置而有所變化。於 2.4 節，已針對 GDOP 與 PDOP 進行說明與分析，此下針對此些 DOP 值之推導與意義，補充說明。DOP 值可用來描述定位誤差而且此一數值可以於定位之前根據星曆資料進行計算。有些 GNSS 接收器可根據 DOP 值選擇較佳之衛星組合以行定位計算。另一方面，量測定位之前可根據 DOP 值規劃較佳之時段。

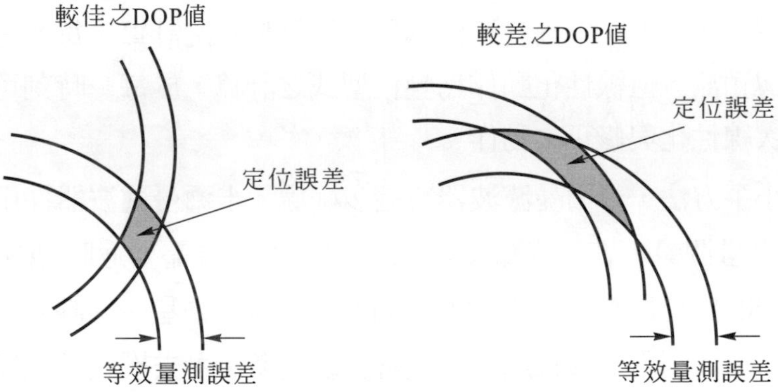

圖 8.15　DOP 值會影響定位誤差

考慮經線性化後定位方程式

$$\boldsymbol{z} = \boldsymbol{H}\begin{bmatrix} \boldsymbol{q} \\ \Delta_\delta \end{bmatrix} + \boldsymbol{v} \tag{8.111}$$

根據加權最小平方法可知，若加權矩陣爲量測誤差協方差矩陣之倒數則最佳估測向量爲

$$\begin{bmatrix} \hat{\boldsymbol{q}} \\ \hat{\Delta}_\delta \end{bmatrix} = \left(\boldsymbol{H}^T\boldsymbol{R}^{-1}\boldsymbol{H}\right)^{-1}\boldsymbol{H}^T\boldsymbol{R}^{-1}\boldsymbol{z} \tag{8.112}$$

此處可視 $\hat{\boldsymbol{q}}$ 爲位置之修正向量而 $\hat{\Delta}_\delta$ 爲時鐘之修正量。此一解算之餘量則爲

$$\begin{bmatrix} \tilde{\boldsymbol{q}} \\ \tilde{\Lambda}_\delta \end{bmatrix} = \begin{bmatrix} \boldsymbol{q} \\ \Delta_\delta \end{bmatrix} - \begin{bmatrix} \hat{\boldsymbol{q}} \\ \hat{\Delta}_\delta \end{bmatrix} = -\left(\boldsymbol{H}^T \boldsymbol{R}^{-1} \boldsymbol{H}\right)^{-1} \boldsymbol{H}^T \boldsymbol{R}^{-1} \boldsymbol{v} \tag{8.113}$$

由於向量 $\boldsymbol{v}$ 可視爲均值爲零之隨機向量，故定位誤差向量 $\tilde{\boldsymbol{q}}$ 與時鐘誤差 $\tilde{\Delta}_\delta$ 之均值亦均爲零。計算誤差向量 $\begin{bmatrix} \tilde{\boldsymbol{q}}^T & \tilde{\Delta}_\delta \end{bmatrix}$ 之協方差矩陣可得

$$\begin{aligned} E\left\{\begin{bmatrix} \tilde{\boldsymbol{q}} \\ \tilde{\Delta}_\delta \end{bmatrix} \begin{bmatrix} \tilde{\boldsymbol{q}}^T & \tilde{\Delta}_\delta \end{bmatrix}\right\} &= \left(\boldsymbol{H}^T \boldsymbol{R}^{-1} \boldsymbol{H}\right)^{-1} \boldsymbol{H}^T \boldsymbol{R}^{-1} E\left\{\boldsymbol{v}\boldsymbol{v}^T\right\} \boldsymbol{R}^{-1} \boldsymbol{H} \left(\boldsymbol{H}^T \boldsymbol{R}^{-1} \boldsymbol{H}\right)^{-1} \\ &= \left(\boldsymbol{H}^T \boldsymbol{R}^{-1} \boldsymbol{H}\right)^{-1} \end{aligned} \tag{8.114}$$

故最終定位結果除了受到量測誤差之影響外同時亦與觀測矩陣有關。此一協方差矩陣爲 4×4 之矩陣並可表示成

$$E\left\{\begin{bmatrix} \tilde{\boldsymbol{q}} \\ \tilde{\Delta}_\delta \end{bmatrix} \begin{bmatrix} \tilde{\boldsymbol{q}}^T & \tilde{\Delta}_\delta \end{bmatrix}\right\} = \begin{bmatrix} \sigma_x^2 & \sigma_{xy} & \sigma_{xz} & \sigma_{xb} \\ \sigma_{xy} & \sigma_y^2 & \sigma_{yz} & \sigma_{yb} \\ \sigma_{xz} & \sigma_{yz} & \sigma_z^2 & \sigma_{zb} \\ \sigma_{xb} & \sigma_{yb} & \sigma_{zb} & \sigma_b^2 \end{bmatrix} \tag{8.115}$$

其中 σ_x^2、σ_y^2、σ_z^2 與 σ_b^2 分別爲 x 方向、y 方向、z 方向與時間誤差之方差。至於整體誤差之均方值則爲

$$E\left\{\tilde{\boldsymbol{q}}^T \tilde{\boldsymbol{q}} + \tilde{\Delta}_\delta^2\right\} = \text{trace}\left(\boldsymbol{H}^T \boldsymbol{R}^{-1} \boldsymbol{H}\right)^{-1} = \sigma_x^2 + \sigma_y^2 + \sigma_z^2 + \sigma_b^2 \tag{8.116}$$

假設量測誤差之協方差矩陣 $\boldsymbol{R}$ 爲

$$\boldsymbol{R} = \sigma_{UERE}^2 \boldsymbol{I} \tag{8.117}$$

則

$$\sigma_x^2 + \sigma_y^2 + \sigma_z^2 + \sigma_b^2 = \sigma_{UERE}^2 \cdot \text{trace}(\boldsymbol{H}^T \boldsymbol{H})^{-1} \tag{8.118}$$

所謂幾何精度因子(GDOP)代表最終位置與時鐘誤差之均方根值與用戶等效誤差標準差之比值。因此

$$\text{GDOP} = \frac{\sqrt{\sigma_x^2 + \sigma_y^2 + \sigma_z^2 + \sigma_b^2}}{\sigma_{UERE}} = \sqrt{\text{trace}(\boldsymbol{H}^T \boldsymbol{H})^{-1}} \tag{8.119}$$

因此，GDOP 等於矩陣$(\boldsymbol{H}^T\boldsymbol{H})^{-1}$之對角線和之開根號。如果

$$(\boldsymbol{H}^T\boldsymbol{H})^{-1} = \begin{bmatrix} d_{11} & d_{12} & d_{13} & d_{14} \\ d_{12} & d_{22} & d_{23} & d_{24} \\ d_{13} & d_{23} & d_{33} & d_{34} \\ d_{14} & d_{24} & d_{34} & d_{44} \end{bmatrix} \tag{8.120}$$

則 GDOP 可依下式計算

$$\text{GDOP} = \sqrt{d_{11}^2 + d_{22}^2 + d_{33}^2 + d_{44}^2} \tag{8.121}$$

明顯地，GDOP 完全由矩陣 $\boldsymbol{H}$ 決定。至於 $\boldsymbol{H}$ 矩陣本身由(8.103)可知包含了至各衛星之單位向量；這些單位向量間之夾角關係著 GDOP 值。

GDOP 值是一合成量，代表衛星幾何分佈對位置與時鐘之影響。如欲分別探討位置誤差與時鐘誤差的影響，可定義位置精度因子(PDOP)及時間精度因子(time dilution of precision, TDOP)如下

$$\text{PDOP} = \frac{\sqrt{\sigma_x^2 + \sigma_y^2 + \sigma_z^2}}{\sigma_{UERE}} \tag{8.122}$$

與

$$\text{TDOP} = \frac{1}{c}\frac{\sigma_b}{\sigma_{UERE}} \tag{8.123}$$

若沿用(8.121)之表示式，則 PDOP 與 TDOP 可分別利用下式計算得

$$\text{PDOP} = \sqrt{d_{11} + d_{22} + d_{33}} \tag{8.124}$$

$$\text{TDOP} = \frac{\sqrt{d_{44}}}{c} \tag{8.125}$$

雖然 GNSS 定位提供三維之定位資訊但一般定位系統往往將定位結果區分爲水平與垂直兩個面向分別探討。如果前述 GNSS 定位方程式係利用地心地固坐標實現則所得之定位誤差亦爲地心地固坐標系統下之誤差；如欲進一步分析水平與垂直兩個面向之誤差首先得將地心地固坐標轉換至本地水平坐標。假設用戶所處位置之經度與緯度分別爲λ與ϕ，則由地心地固坐標至 ENU 本地水平坐標之坐標轉換矩陣爲

$$\boldsymbol{C}_e^n = \begin{bmatrix} -\sin\lambda & \cos\lambda & 0 \\ -\cos\lambda\sin\phi & -\sin\lambda\sin\phi & \cos\phi \\ \cos\lambda\cos\phi & \sin\lambda\cos\phi & \sin\phi \end{bmatrix} \tag{8.126}$$

則於本地水平坐標下之定位誤差協方差矩陣為

$$\boldsymbol{C}_e^n E\left\{\tilde{\boldsymbol{p}}\tilde{\boldsymbol{p}}^T\right\}\left(\boldsymbol{C}_e^n\right)^T = \boldsymbol{C}_e^n \begin{bmatrix} \sigma_x^2 & \sigma_{xy} & \sigma_{xz} \\ \sigma_{xy} & \sigma_y^2 & \sigma_{yz} \\ \sigma_{xz} & \sigma_{yz} & \sigma_z^2 \end{bmatrix} \left(\boldsymbol{C}_e^n\right)^T = \begin{bmatrix} \sigma_e^2 & \sigma_{en} & \sigma_{eu} \\ \sigma_{en} & \sigma_n^2 & \sigma_{nu} \\ \sigma_{eu} & \sigma_{nu} & \sigma_u^2 \end{bmatrix} \tag{8.127}$$

水平精度因子(horizontal dilution of precision, HDOP)與垂直精度因子(vertical dilution of precision, VDOP)描述水平方向與垂直方向之誤差，其定義為

$$\text{HDOP} = \frac{\sqrt{\sigma_e^2 + \sigma_n^2}}{\sigma_{UERE}} \quad 與 \quad \text{VDOP} = \frac{\sigma_u}{\sigma_{UERE}} \tag{8.128}$$

令

$$\begin{bmatrix} f_{11} & f_{12} & f_{13} \\ f_{12} & f_{22} & f_{23} \\ f_{13} & f_{23} & f_{23} \end{bmatrix} = \boldsymbol{C}_e^n \begin{bmatrix} d_{11} & d_{12} & d_{13} \\ d_{12} & d_{22} & d_{23} \\ d_{13} & d_{23} & d_{33} \end{bmatrix} \left(\boldsymbol{C}_e^n\right)^T \tag{8.129}$$

則

$$\text{HDOP} = \sqrt{f_{11} + f_{22}} \quad 與 \quad \text{VDOP} = \sqrt{f_{33}} \tag{8.130}$$

8.3.5　都卜勒頻移之應用

衛星與接收機相對運動之關係會造成都卜勒效應。對於定位計算，亦可利用 GNSS 之都卜勒頻移量測量為之。如(8.8)所述，都卜勒頻移量與相對速度及時鐘漂移有關。假設 D^i 為以距離率為單位之所接收來自第 i 顆衛星都卜勒頻移量，則

$$D^i = \dot{\rho}^i + \dot{\Delta}_\delta - \dot{\Delta}_{clk}^i \tag{8.131}$$

其中 $\dot{\rho}^i$ 為接收機與衛星距離之變化率，$\dot{\Delta}_\delta$ 為接收機之時鐘漂移而 $\dot{\Delta}_{clk}^i$ 為衛星之時鐘漂移。針對 $(\rho^i)^2 = (\boldsymbol{p} - \boldsymbol{r}^i)^T(\boldsymbol{p} - \boldsymbol{r}^i)$ 取微分可得

$$\rho^i \dot{\rho}^i = (\dot{\boldsymbol{p}} - \dot{\boldsymbol{r}}^i)^T (\boldsymbol{p} - \boldsymbol{r}^i) \tag{8.132}$$

令 $\boldsymbol{h}_i$ 爲衛星至接收機之單位向量，則都卜勒頻移量方程式(8.131)可寫成

$$D^i + \dot{\Delta}^i_{clk} + \boldsymbol{h}_i^T \dot{\boldsymbol{r}}^i = \boldsymbol{h}_i^T \dot{\boldsymbol{p}} + \dot{\Delta}_\delta \tag{8.133}$$

由於(8.132)左邊之衛星時鐘漂移與衛星速度向量可由星曆求得，故若可以量測四顆以上衛星之都卜勒頻移量，則可以應用前述之加權最小平方法估測接收機之速度向量 $\dot{\boldsymbol{p}}$ 與時鐘漂移 $\dot{\Delta}_\delta$。進行速度與時鐘漂移估測時，由於 $\boldsymbol{h}_i$ 與位置有關，故實際上此一方程式一般與虛擬距離方程式一併求解。由於二者所對應之觀測矩陣 $\boldsymbol{H}$ 均相同，故計算上並不會增加太大負擔。於應用卡爾曼濾波器進行動態載具之定位時，可將狀態向量擴增至包含位置、速度、時鐘差與時鐘漂移。此時若可同時處理虛擬距離與都卜勒頻移量測量，則可以有較佳之可觀測性(observability)，卡爾曼濾波器之收斂特性亦可改善。

如果接收機處於一靜止之位置，則方程式(8.131)可表示成

$$D^i + \dot{\Delta}^i_{clk} = -(\dot{\boldsymbol{r}}^i)^T \boldsymbol{h}_i + \dot{\Delta}_\delta = (\dot{\boldsymbol{r}}^i)^T \frac{\boldsymbol{r}^i - \boldsymbol{p}}{\left\| \boldsymbol{r}^i - \boldsymbol{p} \right\|} + \dot{\Delta}_\delta \tag{8.134}$$

此一方程式之未知包含接收機位置向量 $\boldsymbol{p}$ 與時鐘漂移 $\dot{\Delta}_\delta$。理論上，如聯立四個以上之方程式，則可以利用都卜勒量測量估測靜止接收機之位置與時鐘漂移。但此法之收斂特性較使用虛擬距離量測量估測來得慢。

8.3.6 精確單點定位

採用虛擬距離量測量進行單點定位，由於受到諸項量測誤差之影響，其精度一般爲公尺級。卡爾曼濾波器之作法可以改善定位解平滑之程度但精度亦爲公尺級。於一些導航定位應用，公尺級之精度應已適用；但若可進一步地改善精度則得較精準地掌握量測誤差以及使用載波相位量測量。這其中，精確單點定位(precise point positioning, PPP)是一項具有潛力之方法。精確單點定位之作法有相當多不同之變化，以下以雙頻接收機之應用說明此一方法。假設 R_{L1} 與 R_{L2} 分別爲兩個頻率之虛擬距離量測量，而Φ_{L1} 與Φ_{L2} 分別爲兩個頻率之載波相位量測量，則根據 8.2.3 小節之說明可以取得以下兩個與電離層無關之量測量

$$R_{if}=\frac{\gamma R_{L1}-R_{L2}}{\gamma-1}=\rho+\Delta_{\delta}-\Delta_{clk}+\Delta_{ephe}+\Delta_{trop}+\Delta_{R}^{'} \tag{8.135}$$

與

$$\begin{aligned}\lambda\Phi_{if}&=\frac{\gamma\lambda_{L1}\Phi_{L1}-\lambda_{L2}\Phi_{L2}}{\gamma-1}\\&=\rho+\Delta_{\delta}-\Delta_{clk}+\Delta_{ephe}+\Delta_{trop}+\frac{\lambda_{L2}N_2-\gamma\lambda_{L1}N_1}{\gamma-1}+\Delta_{\Phi}^{'}\end{aligned} \tag{8.136}$$

若比較(8.135)與(8.136)，雖然(8.136)多包含一未知實數$\eta=\dfrac{\lambda_{L2}N_2-\gamma\lambda_{L1}N_1}{\gamma-1}$，但由於$\dfrac{\gamma\lambda_{L1}\Phi_{L1}-\lambda_{L2}\Phi_{L2}}{\gamma-1}$所受之雜訊較低，故藉由處理載波相位量測量可以取得較佳之精度。

對於衛星時鐘與軌道可以利用散佈於全球之衛星追蹤站所提供的資料經由 IGS 服務得到近即時之精確星曆，因此於(8.135)與(8.136)，Δ_{clk}與Δ_{ephe}可以相當精確地估測；也因此可忽略衛星時鐘與軌道之誤差。至於對流層延遲Δ_{trop}可以應用對流層模式(8.24)進行描述。假設接收機靜止且週波未脫落，則針對單一顆衛星可以累積不同時刻之觀測量而得到以下之觀測方程式

$$\begin{bmatrix}R_{if}(k)\\R_{if}(k+1)\\\vdots\\\lambda\Phi_{if}(k)\\\lambda\Phi_{if}(k+1)\\\vdots\end{bmatrix}=\begin{bmatrix}\rho_0\\\rho_0\\\vdots\\\rho_0\\\rho_0\\\vdots\end{bmatrix}+\begin{bmatrix}\boldsymbol{h}^T(k)\\\boldsymbol{h}^T(k+1)\\\vdots\\\boldsymbol{h}^T(k)\\\boldsymbol{h}^T(k+1)\\\vdots\end{bmatrix}\boldsymbol{q}+\begin{bmatrix}1\\1\\\vdots\\1\\1\\\vdots\end{bmatrix}\Delta_{\delta}+\begin{bmatrix}m_{trop}(\varepsilon(k))\\m_{trop}(\varepsilon(k+1))\\\vdots\\m_{trop}(\varepsilon(k))\\m_{trop}(\varepsilon(k+1))\\\vdots\end{bmatrix}\Delta_{trop,v}+\begin{bmatrix}0\\0\\\vdots\\1\\1\\\vdots\end{bmatrix}\eta \tag{8.137}$$

若再結合不同衛星之觀測量，則可以利用加權最小平方法解算出位置、時鐘誤差與對流層延遲之垂直分量等。當然，於精確單點定位時亦可引用卡爾曼濾波器方法進行估測。目前隨著誤差模式之日漸完整以及即時星曆資料之容易取得，使得單點精密定位成爲有效的定位方法。

8.4 相對定位

雖然大部份 GNSS 接收器均採用虛擬距離來定位，但由於載波相位之雜訊較低，故高精度之定位應用一般採用載波相位量測量。不過採用載波相位來進行定位卻面臨整數未定值的問題。本節將介紹整數未定值求解的方法。爲方便說明，考慮如圖 8.16 之相對定位問題其中採用二接收機 a 與 b 分別接收來自 GNSS 衛星之訊號，並期望藉由處理此二接收機之量測量計算出由接收機 a 至接收機 b 之基線向量 $\boldsymbol{q}$。由(8.55)有關二次差之說明可知，

$$\lambda\Phi_{b-a}^{l-i}(k)=\rho_{b-a}^{l-i}(k)+\lambda\left[N_{b-a}^{l}-N_{b-a}^{i}\right]+\left[\Delta_{\Phi,b-a}^{l}-\Delta_{\Phi,b-a}^{i}\right] \tag{8.138}$$

假設 $\boldsymbol{h}_i$ 與 $\boldsymbol{h}_l$ 分別爲第 i 顆衛星與第 l 顆衛星至接收機之單位向量，則若二接收機距離相近則

$$\Phi_{b-a}^{l-i}=\frac{1}{\lambda}(\boldsymbol{h}_l-\boldsymbol{h}_i)^T\boldsymbol{q}+N_{b-a}^{l-i}+\frac{1}{\lambda}\Delta_{\Phi.b-a}^{l-i} \tag{8.139}$$

因此若可觀測到 n_s 顆衛星，則可以建立下列之聯立方程式

$$\begin{bmatrix}\Phi_{b-a}^{2-1}\\ \Phi_{b-a}^{3-1}\\ \vdots\\ \Phi_{b-a}^{n_s-1}\end{bmatrix}=\frac{1}{\lambda}\begin{bmatrix}(\boldsymbol{h}_2-\boldsymbol{h}_1)^T\\ (\boldsymbol{h}_3-\boldsymbol{h}_1)^T\\ \vdots\\ (\boldsymbol{h}_{n_s}-\boldsymbol{h}_1)^T\end{bmatrix}\boldsymbol{q}+\begin{bmatrix}1 & & & \\ & 1 & & \\ & & \ddots & \\ & & & 1\end{bmatrix}\begin{bmatrix}N_{b-a}^{2-1}\\ N_{b-a}^{3-1}\\ \vdots\\ N_{b-a}^{n_s-1}\end{bmatrix}+\boldsymbol{v}_\Phi \tag{8.140}$$

其中 $\boldsymbol{v}_\Phi$爲雜訊向量。此一由 n_s-1 方程式所構成之聯立方程式包含 3 個實數未知與 n_s-1 個整數未知。由於未知數較已知數多，故無法直接求解。但若同時考慮虛擬距離之二次差方程式可得

$$\begin{bmatrix}R_{b-a}^{2-1}\\ R_{b-a}^{3-1}\\ \vdots\\ R_{b-a}^{n_s-1}\end{bmatrix}=\begin{bmatrix}(\boldsymbol{h}_2-\boldsymbol{h}_1)^T\\ (\boldsymbol{h}_3-\boldsymbol{h}_1)^T\\ \vdots\\ (\boldsymbol{h}_{n_s}-\boldsymbol{h}_1)^T\end{bmatrix}\boldsymbol{q}+\boldsymbol{v}_R \tag{8.141}$$

此處 v_R 爲虛擬距離二次差之雜訊向量。若聯立(8.140)與(8.141)，則可嘗試求解出基線向量與整數未定值。雖然(8.141)不包含整數未定值，但此一組方程式之雜訊較大；反之，(8.140)雖包含較多未知，但雜訊較低。於實際應用時，爲確保所得之解是正確的，可以累積不同時刻之量測量而得到一擴增之方程式。若接收機持續鎖定載波相位，則整數未定值不會改變，因此可以得到較多之方程式，較有利於求解。

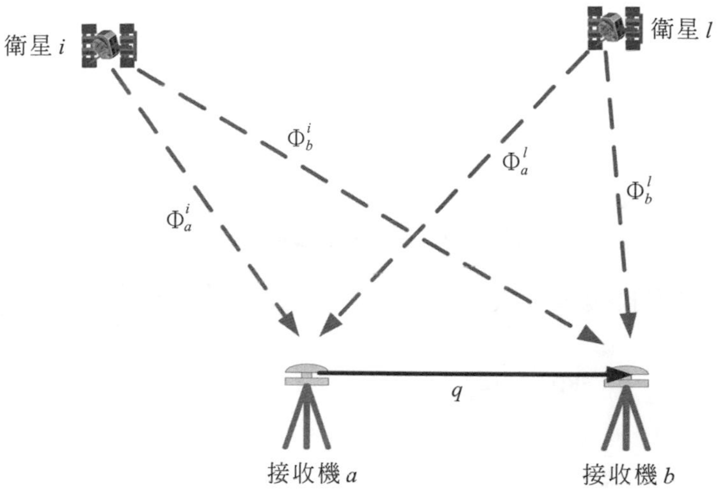

圖 8.16 相對定位

8.4.1 整數未定值之解算

整個相對定位求解過程中之挑戰爲解算整數未定值。由(8.141)可知當衛星顆數 $n_s \geq 4$，則可以計算出基線向量 $\boldsymbol{q}$。若以此基線向量解爲中心並依據誤差之標準差作長度之延伸，可以在三度空間中建立一立方體。只要確定此一立方體內含有眞解，即可在此立方體進行整數點位搜尋如圖 8.17 之示意。至於立方體之大小可依定位誤差之大小而定。例如，當各軸定位誤差之標準差爲 σ 時，可沿各軸取 $\pm 4\sigma$ 而得一 $8\sigma \times 8\sigma \times 8\sigma$ 之立方體。如此可確保 99%以上之機率眞解會座落於立方體內。各點之間隔爲波長之整數倍，因爲唯有如此方代表相同之載波相位，最後根據(8.140)針對各網格點進行審視以判斷最可能的組合。此種整數搜尋法之缺點在於計算耗時且受到雜訊的影響頗鉅。由此一整數網格搜尋之說明可知，搜尋之複雜度與各相鄰點間之間隔或波長有關。若可以取得較長之網格間距則面對相同之測距誤差所需搜尋之整數點位可以降低。另一方面，若網格間距較密則在可以正確決定整數點位之前提下所得之位置解可較精確。

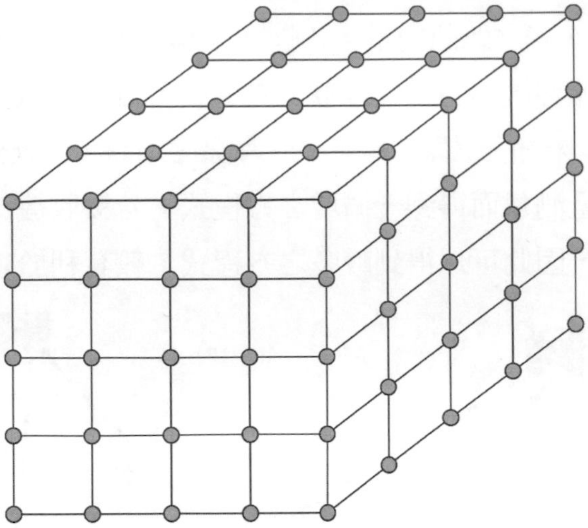

圖 8.17　整數點位搜尋之網格

假設採用雙頻接收機，若取二不同頻率之載波相位差並忽略雜訊，則基本上可得

$$\Psi = \Phi_{L1} - \Phi_{L2} = \frac{f_{L1} - f_{L2}}{c}(\rho + \Delta_\delta) + N_1 - N_2 \tag{8.142}$$

此一組合一般稱之爲寬巷(wide lane)組合因爲此一訊號相對應之波長爲 $\lambda_w = \dfrac{c}{f_{L1} - f_{L2}}$；若 $f_{L1} = 1575.42\,\text{MHz}$ 及 $f_{L2} = 1227.60\,\text{MHz}$，則 λ_w 爲 86.2 公分，遠大於 $L1$ 訊號之波長 $\lambda_{L1} = 19.0$ 公分與 $L2$ 訊號之波長 $\lambda_{L2} = 24.4$ 公分。令 $M = N_1 - N_2$ 則 M 仍應爲整數。若取此一寬巷組合之二次差可得

$$\begin{bmatrix} \Psi_{a,b}^{1,2} \\ \Psi_{a,b}^{1,3} \\ \vdots \\ \Psi_{a,b}^{1,n_s} \end{bmatrix} = \frac{1}{\lambda_w} \begin{bmatrix} (\boldsymbol{h}_2 - \boldsymbol{h}_1)^T \\ (\boldsymbol{h}_3 - \boldsymbol{h}_1)^T \\ \vdots \\ (\boldsymbol{h}_{n_s} - \boldsymbol{h}_1)^T \end{bmatrix} \boldsymbol{q} + \begin{bmatrix} 1 & & & \\ & 1 & & \\ & & \ddots & \\ & & & 1 \end{bmatrix} \begin{bmatrix} M_{a,b}^{1,2} \\ M_{a,b}^{1,3} \\ \vdots \\ M_{a,b}^{1,n_s} \end{bmatrix} \tag{8.143}$$

利用(8.143)進行整數搜尋較(8.140)迅速因爲 λ_w 之波長約爲原始波長之 4 倍，故針對相同之搜尋範圍所需搜尋檢驗之整數點位個數爲原先之 1/64。相對而言，窄巷組合之表示方式爲

$$\Upsilon = \frac{c}{f_{L1} + f_{L2}}\left(\Phi_{L1} + \Phi_{L2}\right) = \rho + \Delta_\delta + \frac{1}{\lambda_n}\left(N_1 + N_2\right) \tag{8.144}$$

此處之等效波長爲$\lambda_n = \dfrac{c}{f_{L1}+f_{L2}} = 10.7$公分。此一搜尋過程將較複雜但若可求得整數未定值，定位精度可以改善。

於載波相位定位之過程有一種作法可因應整數未定值之議題。此一通稱爲未定值函數(ambiguity function)之方法主要利用指數函數以移除整數之影響。對於一整數N，若乘上$j2\pi$其中$j=\sqrt{-1}$再取指數函數可得

$$\exp(j2\pi N) = 1 \tag{8.145}$$

因此若雜訊甚低，(8.139)可近似成

$$\exp\left(j2\pi\Phi_{b-a}^{l-i}\right) \approx \exp\left(j\frac{2\pi}{\lambda}(\boldsymbol{h}_l-\boldsymbol{h}_i)^T\boldsymbol{q}\right) \tag{8.146}$$

實際上，由於雜訊之影響，(8.146)不恆成立。因此定義二者差異之平方爲目標函數而進行最小化之動作

$$\min_{\boldsymbol{q}}\sum_{l=2}^{n_s}\sum_{i=1}^{l-1}\left(\exp\left(j2\pi\Phi_{b-a}^{l-i}\right)-\exp\left(j\frac{2\pi}{\lambda}(\boldsymbol{h}_l-\boldsymbol{h}_i)^T\boldsymbol{q}\right)\right)^2 \tag{8.147}$$

於搜尋未知向量$\boldsymbol{q}$之過程，求解(8.147)可避開了整數限制之條件，但缺點爲(8.147)之函數爲非線性函數且有可能有多個局部最小值。

根據前述說明，載波相位之定位問題無論是(8.140)或(8.143)均可以利用下列通式描述

$$\boldsymbol{z} = \boldsymbol{A}\boldsymbol{a}+\boldsymbol{B}\boldsymbol{b}+\boldsymbol{v} \tag{8.148}$$

其中$\boldsymbol{z}$爲量測量、$\boldsymbol{A}$與$\boldsymbol{B}$爲給定之矩陣、$\boldsymbol{v}$爲量測雜訊其協方差爲$\boldsymbol{R}$。$\boldsymbol{a}$與$\boldsymbol{b}$爲待求之向量，$\boldsymbol{a}$爲整數向量而$\boldsymbol{b}$爲實數向量。若忽略$\boldsymbol{a}$爲整數之限制，則上述方程式可利用最小加權平方法求解而得

$$\begin{bmatrix}\hat{\boldsymbol{a}}\\ \hat{\boldsymbol{b}}\end{bmatrix} = \left(\begin{bmatrix}\boldsymbol{A}^T\\ \boldsymbol{B}^T\end{bmatrix}\boldsymbol{R}^{-1}\begin{bmatrix}\boldsymbol{A} & \boldsymbol{B}\end{bmatrix}\right)^{1}\begin{bmatrix}\boldsymbol{A}^T\\ \boldsymbol{B}^T\end{bmatrix}\boldsymbol{R}^{-1}\boldsymbol{z} \tag{8.149}$$

此解一般稱之爲浮點解，因爲所得之$\hat{\boldsymbol{a}}$爲一實數。由於此解並未考慮整數之限制，故並非最佳解。當然可以將$\hat{\boldsymbol{a}}$四捨五入後得到一整數向量再代入原方程式以修正$\hat{\boldsymbol{b}}$，但

此一四捨五入亦不保證求得最佳解。以下以$\breve{a}$與$\breve{b}$來表示滿足整數限制之定點解(fixed solution)。正規解算(8.148)之方法可分為三個步驟：

1. 利用加權最小平方法求得浮點解$\hat{a}$與$\hat{b}$
2. 應用整數最小平方法求得整數解$\breve{a}$
3. 利用加權最小平方法求得修正後之$\breve{b}$

步驟 1 之解算如(8.149)之說明可得浮點解$\hat{a}$與$\hat{b}$，同時所得浮點解之協方差矩陣可表示為

$$\left(\begin{bmatrix} A^T \\ B^T \end{bmatrix} R^{-1} \begin{bmatrix} A & B \end{bmatrix}\right)^{-1} = \begin{bmatrix} R_{\hat{a}\hat{a}} & R_{\hat{a}\hat{b}} \\ R_{\hat{b}\hat{a}} & R_{\hat{b}\hat{b}} \end{bmatrix} \tag{8.150}$$

步驟 2 根據浮點解及相對應之協方差以求出最佳之整數解$\breve{a}$，此一最佳整數可藉由求解下列方程式得到

$$\min_{a\text{為整數}} (a-\hat{a})^T R_{\hat{a}\hat{a}}^{-1}(a-\hat{a}) \tag{8.151}$$

此一問題稱之為整數最小平方(integer least squares)問題。一旦解算出最佳之整數解$\breve{a}$，則根據估測理論，可修正b向量之估測為

$$\breve{b} = \hat{b} - R_{\hat{b}\hat{a}} R_{\hat{a}\hat{a}}^{-1}(\hat{a}-\breve{a}) \tag{8.152}$$

如此完成步驟 3。於此一過程，解算(8.151)為關鍵之步驟。圖 8.18 以二維之範例說明此一問題之挑戰。此處假設$\hat{a} = \begin{bmatrix} 1.6 & 1.2 \end{bmatrix}^T$，於左圖中協方差矩陣$R_{\hat{a}\hat{a}}$為$R_{\hat{a}\hat{a}} = \begin{bmatrix} 2.5 & 0.6 \\ 0.6 & 4.0 \end{bmatrix}$，圖中之橢圓用以代表所有滿足$(a-\hat{a})^T R_{\hat{a}\hat{a}}^{-1}(a-\hat{a})$為一定值之所有 a之組合。由於此一協方差矩陣之斜對角項或相關係數較低，故等值之橢圓近似圓形而最佳之整數解如圖中方塊符號所示恰為四捨五入$\hat{a}$之後的結果。相較而言，若協方差矩陣$R_{\hat{a}\hat{a}}$為$R_{\hat{a}\hat{a}} = \begin{bmatrix} 2.5 & 2.9 \\ 2.9 & 4.0 \end{bmatrix}$則等值之橢圓如圖右所示而此時之最佳整數解為$\breve{a} = \begin{bmatrix} 2 & 2 \end{bmatrix}^T$，並非四捨五入之結果。由上述陳述可知，求解之挑戰主要源於協方差矩陣$R_{\hat{a}\hat{a}}$之斜對角元素造成不同未定值間之關連性。由於整數最小平方之問題可視為建立一由實數$\hat{a}$至整數$\breve{a}$之映射函數以令(8.151)之函數最小。事實上，藉由目標函數之

不等式可以找出所有映射至 $\breve{a}$ 之實數 $\hat{a}$ 之區間，此一收斂區間可以顯示整數最小平方問題之特性。圖 8.19 之陰影部分為前述兩種不同協方差矩陣之收斂區間，任何落於區間之實數會映射至最佳整數解。由收斂區間之特性亦可看出當未定值有較大耦合時，求解相對較困難。

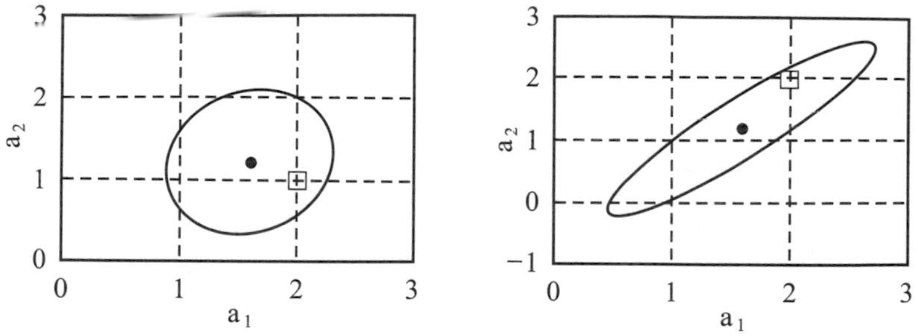

圖 8.18　等值橢圓、橢圓中心與最佳整數未定值

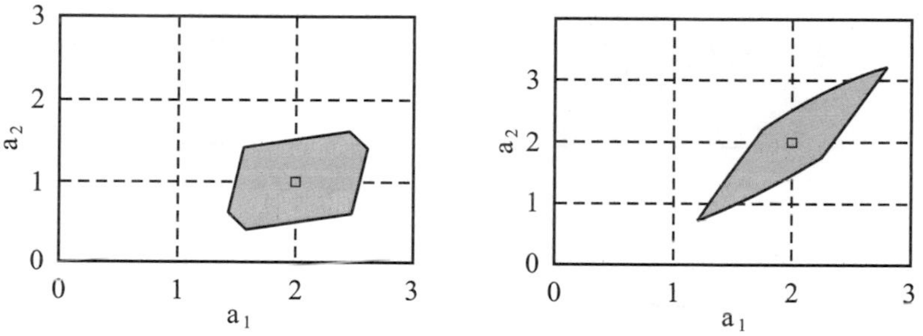

圖 8.19　收斂區間

於解算(8.151)時，目前最常見之方法是 LAMBDA(Least Squares Ambiguity Decorrelation Adjustment)方法。此一方法嘗試尋找一行列式為 1 或−1 之整數矩陣 $\boldsymbol{Z}$ 以令 $\boldsymbol{Z}^T\boldsymbol{R}_{\hat{a}\hat{a}}\boldsymbol{Z}=\boldsymbol{Z}_{\hat{c}\hat{c}}$ 近似一對角矩陣。幾何上，此一作法形同對變數進行線性轉換以期所得之等值橢圓球近似一正圓球或收斂區間趨近立方體。之所以要求 $\boldsymbol{Z}$ 為整數係希望保留整數之限制而行列式被要求為 1 或−1 主要為確保 $\boldsymbol{Z}$ 矩陣之倒數仍為一整數矩陣。藉由整數矩陣 $\boldsymbol{Z}$ 進行轉換：$\boldsymbol{c}=\boldsymbol{Z}^T\boldsymbol{a}$ 與 $\hat{\boldsymbol{c}}=\boldsymbol{Z}^T\hat{\boldsymbol{a}}$，則(8.151)可重寫成

$$\min_{c\text{為整數}}(\boldsymbol{c}-\hat{\boldsymbol{c}})^T\boldsymbol{R}_{\hat{c}\hat{c}}^{-1}(\boldsymbol{c}-\hat{\boldsymbol{c}}) \tag{8.153}$$

此時由於經轉換後之矩陣近似對角矩陣，可以進行較有效率之搜尋。以協方差矩陣 $\boldsymbol{R}_{\hat{a}\hat{a}}$ 為 $\boldsymbol{R}_{\hat{a}\hat{a}}=\begin{bmatrix}2.5 & 0.6\\0.6 & 4.0\end{bmatrix}$ 之範例而言，經由去相關之運算可得整數矩陣為 $\boldsymbol{Z}=\begin{bmatrix}0 & 1\\1 & 0\end{bmatrix}$，此時橢圓之中心為 $\hat{\boldsymbol{c}}=\boldsymbol{Z}^T\hat{\boldsymbol{a}}=[1.2\quad 1.6]^T$ 而等值橢圓則如圖 8.20 之左圖所示。至於

經轉換後之收斂區間則如圖 8.20 之右圖，而真確之 $\breve{\boldsymbol{c}}$ 可順利求得。若考慮 $\boldsymbol{R}_{\hat{a}\hat{a}} = \begin{bmatrix} 2.5 & 2.9 \\ 2.9 & 4.0 \end{bmatrix}$，則經去相關運算後之整數矩陣為 $\boldsymbol{Z} = \begin{bmatrix} 1 & -1 \\ 0 & 1 \end{bmatrix}$ 且經轉換後之協方差矩陣為 $\boldsymbol{R}_{\hat{c}\hat{c}} = \begin{bmatrix} 2.5 & 0.4 \\ 0.4 & 0.7 \end{bmatrix}$。若檢視此時之等值橢圓如圖 8.21 所示可發現此一橢圓較近似一圓形也因此較有利於整數之搜尋。

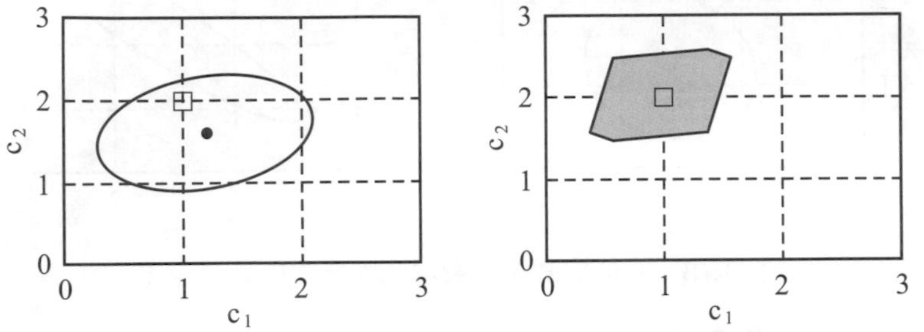

圖 8.20 當 $R_{\hat{a}\hat{a}} = \begin{bmatrix} 2.5 & 0.6 \\ 0.6 & 4.0 \end{bmatrix}$，經轉換後之等值橢圓與收斂區間

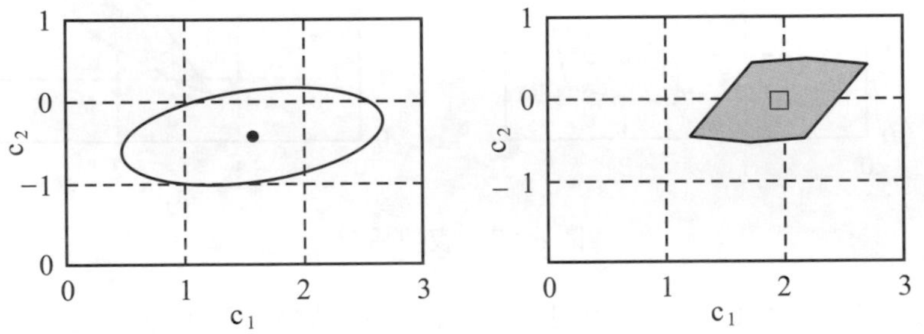

圖 8.21 當 $R_{\hat{a}\hat{a}} = \begin{bmatrix} 2.5 & 2.9 \\ 2.9 & 4.0 \end{bmatrix}$，經轉換後之等值橢圓與收斂區間

於求解整數平方問題與進行整數搜尋過程除了找出最佳解之外，往往得同時針對所得解之品質進行驗證(validation)。此一驗證程序之所以必要係因為錯誤之整數未定值會導致定位解之誤差。最常見之驗證程序為比例測試，此一過程除尋找出最佳整數解 $\breve{\boldsymbol{a}}$ 之外，另找出次佳整數解 $\underset{\smile}{\boldsymbol{a}}$，而比例測試為驗證以下之不等式

$$\frac{(\underset{\smile}{\boldsymbol{a}} - \hat{\boldsymbol{a}})^T \boldsymbol{R}_{\hat{a}\hat{a}}^{-1} (\underset{\smile}{\boldsymbol{a}} - \hat{\boldsymbol{a}})}{(\breve{\boldsymbol{a}} - \hat{\boldsymbol{a}})^T \boldsymbol{R}_{\hat{a}\hat{a}}^{-1} (\breve{\boldsymbol{a}} - \hat{\boldsymbol{a}})} \le \gamma \tag{8.154}$$

當 γ 足夠大時表示所得之整數解甚優於其他整數，也因此有足夠的信心可以確認此一解為最佳解。

8.5　完整性監測

如 1.4 節之說明，一完善的導航服務應可以提供符合需求的精度、完整性、持續服務性及妥善率。完整性泛指所提供導航解之可信程度，意指系統在不能正常工作時提供告警的能力。對 GNSS 定位或授時應用，一旦系統無法正常工作而未能適時告警，則將引發一系列不可預知之危險；例如，錯誤之路徑導引、紊亂之機場航空、失序之通信和不穩定之電力供應等。實務系統均會對異常或故障之現象建立偵測(detection)、判定(identification)與排除(exclusion)機制以期增進系統之性能與可靠度。GNSS 系統異常之發生可能肇因於衛星之失去控制、軌道偏移、電路故障、大氣層擾動、電波干擾、訊號愚弄(spoofing)等。最常見之異常可歸納爲以下諸項。首先 GNSS 衛星上之原子鐘會有雜亂跳動，瞬間不穩等現象。由於 GNSS 之定位假設各 GNSS 衛星係同步地，故其中一顆之時鐘異常即導致定位異常。控制部門監控站之功能係將各 GNSS 之資訊加以處理以求出各衛星位置、時鐘等之偏移。在此一處理過程中仰賴卡爾曼濾波器；若處理時有計算錯誤如協方差矩陣之近乎奇異(singular)，則亦可能造成系統異常。GNSS 衛星之軌道受到地球扁圓效應，太陽輻射壓力，太陽月球引力或本體推進回應力之影響可能偏移，若其所播放之軌道參數未及時修正，則將引發定位誤差。另外，電離層受到太陽風暴之擾動也會造成訊號之異常。由於 GNSS 訊號微弱，干擾亦是一不容忽略之因素，輕微程度之干擾會造成接收之困難與加大測距誤差，而過大之干擾則將迫使接收機失去功能。有些惡意之干擾產生與 GNSS 訊號頻率相近和編碼格式相仿之愚弄訊號以誤導接收機。於高樓大廈林立之市區，有些 GNSS 衛星受到多路徑效應而產生顯著之測距誤差，若不幸誤用受影響之訊號會造成相當大之定位誤差。以 GPS 爲例，雖然大體上均處於正常工作情況，但亦曾有數次由於衛星時鐘之不當跳動、電路軟體之異常和控制部門處置之延遲以致於衛星發射出異常之訊號。造成接收機異常之原因有相當多，而對於有生命安全顧慮之應用，有必要建立適當之保護機制，強化完整性以避開由於誤用 GNSS 訊號而引發之災難。

GNSS 完整性偵測(integrity monitoring)最常見之作法爲利用地面之接收站網路同時追蹤 GNSS 衛星並綜整各追蹤站之觀測量，查驗原始訊號與解算位置之一致性以利偵測、判定與排除異常。星基增強系統與地基增強系統均利用此一作法提供完整性之監測，如此一旦接收機可以接收到增強系統所傳送之告警訊息就可以於解算位置與時鐘誤差時將有異常之訊號剔除，維持所需之完整性。有些 GNSS 接收機可以整合其他導航相關之訊號，例如 GNSS/INS 導航機結合 GNSS 衛星訊號與慣性導航系統，此一類型之系統可以經由融合不同訊號以提升完整性。接收器自主完整性偵測(Receiver Autonomous Integrity Monitoring, RAIM)主要的想法是利用多餘的衛星觀測量以偵知差異，進而判斷故障之衛星而加以排除於導航計算過程。如前所述，欲達到定位與授時，至少需 4 顆衛星之觀測量。但目前 GNSS 可以提供更多之衛星觀測量。利用多個觀測量以求解較少個未知量，是所謂過決定之問題。一般 RAIM 即利用此種過決定之特性，算出餘量，並利用餘量以判斷是否有衛星故障，更進而分辨出孰一衛星故障。理論上，若有 5 顆衛星之觀測量可以進行系統異常之偵測；若有 6 顆或以上衛星之觀測量可以進行系統異常之排除。早期 RAIM 之需求主要爲因應飛航導航安全性之考量，但隨著多星座導航衛星之佈建，目前所可接收之衛星顆數逐步增加，因此 RAIM 可望成爲一般接收機所具備之功能。目前若利用多星座之 GNSS 接收機則於台灣地區平均可以接收 8-9 顆 GPS 衛星、7-8 顆 GLONASS 衛星與 5-6 顆北斗衛星，因此衛星之顆數相當足夠，也提供適當之冗餘度(redundancy)以進行 RAIM。另外值得一提的是較新之導航星座與擴增系統均傳送出完整性偵測之導航訊息，例如 Galileo 之生命安全服務即包含此一類型之訊息，如此接收機可以合併採用 RAIM 與完整性偵測之導航訊息以提升整體抗拒異常現象之能力。

以下主要說明「不求人」之 RAIM。一般導航定位利用 4 組獨立之虛擬距離觀測量以決定接收機之位置與時鐘誤差。當可以取得較多組觀測量時可以「行有餘力」提供偵測之用。於進行 RAIM 之過程一般分爲兩個步驟，首先可以根據衛星分佈與健康狀態、誤差模式以及完整性之需求進行 RAIM 適用性(RAIM availability)分析。若此一分析顯示目前之情形不適用於進行 RAIM，則得放棄，亦即無法取得所需之完整性。若適用於 RAIM 分析則可以於實際移動過程取得 GNSS 衛星之量測量並進行定位解算。於定位解算過程同時可以取得量測餘量，一般根據此一量測餘量產生一監測量並與設定之門檻值相互比較以判斷是否正常。理論上，此一過程與第三章有關位元之偵測與第六章有關訊號之擷取有相當多類似之處。圖 8.22 說明 RAIM 之流程。

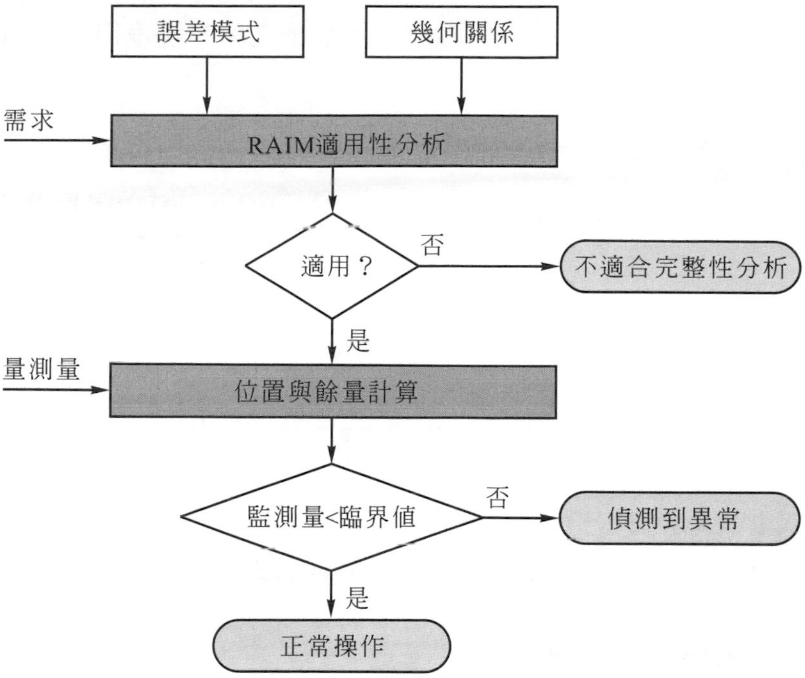

圖 8.22　RAIM 之流程

完整性之風險(integrity risk)或嚴格而言失去完整性之風險可定義爲接收機之定位誤差超過告警極限然而卻無法於告警時限之內取得警告。於 RAIM 分析時，瞭解導航系統之精度與完整性需求是有必要的因爲所有分析均會以此需求爲依據嘗試建立標準化之程序。對於航空導航而言，此一部份之需求相當明確可參考表 1.6。

若將 GNSS 量測與定位之方程式線性化可得(8.88)之線性方程式，重寫如下

$$\boldsymbol{z} = \boldsymbol{H}\begin{bmatrix} \boldsymbol{q} \\ \Delta_\delta \end{bmatrix} + \boldsymbol{v} \tag{8.155}$$

假設量測雜訊之協方差矩陣爲 $\boldsymbol{R}$ 並以 $\boldsymbol{R}^{-1}$ 爲加權矩陣則最小加權平方估測值爲

$$\begin{bmatrix} \hat{\boldsymbol{q}} \\ \hat{\Delta}_\delta \end{bmatrix} = (\boldsymbol{H}^T\boldsymbol{R}^{-1}\boldsymbol{H})^{-1}\boldsymbol{H}^T\boldsymbol{R}^{-1}\boldsymbol{z} \tag{8.156}$$

定位與授時之誤差分別爲 $\boldsymbol{q}-\hat{\boldsymbol{q}}$ 與 $\Delta_\delta-\hat{\Delta}_\delta$，不過此些誤差無法直接取得。相對而言，量測餘量是可以取得的

$$\tilde{\boldsymbol{z}} = \boldsymbol{z} - \boldsymbol{H}\begin{bmatrix} \hat{\boldsymbol{q}} \\ \hat{\Delta}_\delta \end{bmatrix} = \left(\boldsymbol{I} - \boldsymbol{H}(\boldsymbol{H}^T\boldsymbol{R}^{-1}\boldsymbol{H})^{-1}\boldsymbol{H}^T\boldsymbol{R}^{-1}\right)\boldsymbol{v} = \left(\boldsymbol{I} - \boldsymbol{H}(\boldsymbol{H}^T\boldsymbol{R}^{-1}\boldsymbol{H})^{-1}\boldsymbol{H}^T\boldsymbol{R}^{-1}\right)\boldsymbol{z} \tag{8.157}$$

由於餘量爲一向量且各元素可正可負，故利用加權後之平方誤差和(weighted sum of the squared errors)以供評估

$$\begin{aligned}\text{WSSE} &= \tilde{z}^T \boldsymbol{R}^{-1}\tilde{z} = \boldsymbol{z}^T\left(\boldsymbol{R}^{-1} - \boldsymbol{R}^{-1}\boldsymbol{H}(\boldsymbol{H}^T\boldsymbol{R}^{-1}\boldsymbol{H})^{-1}\boldsymbol{H}^T\boldsymbol{R}^{-1}\right)\boldsymbol{z} \\ &= \boldsymbol{v}^T\left(\boldsymbol{R}^{-1} - \boldsymbol{R}^{-1}\boldsymbol{H}(\boldsymbol{H}^T\boldsymbol{R}^{-1}\boldsymbol{H})^{-1}\boldsymbol{H}^T\boldsymbol{R}^{-1}\right)\boldsymbol{v}\end{aligned} \tag{8.158}$$

若所有量測量均無異常且量測訊號爲均值爲零之高斯雜訊，則 WSSE 爲中央凱平方分佈且其自由度爲 n_s-4 其中 n_s 爲觀測的衛星顆數。此一凱平方機率密度函數爲

$$p_0(x) = \begin{cases} \dfrac{x^{(\upsilon-2)/2}\exp(-x/2)}{2^{(\upsilon/2)}\Gamma(\upsilon/2)}, & x > 0 \\ 0, & \text{其他} \end{cases} \tag{8.159}$$

其中υ爲自由度相當於 n_s-4 而$\Gamma(\eta) = \int_0^\infty x^{\eta-1}\exp(-x)dx$。於 RAIM 應用，判斷是否異常之偵測量(test statistic)ζ一般定義爲

$$\xi = \sqrt{\text{WSSE}} \tag{8.160}$$

假設γ爲門檻值則誤警率(false alarm)爲

$$P_{FA} = \int_{\gamma^2}^\infty p_0(x)dx \tag{8.161}$$

誤警率爲定位誤差小於保護準位時偵測量大於門檻值之機率。在故障偵測時，可利用 $\boldsymbol{H}$、$\boldsymbol{z}$ 與 $\boldsymbol{R}$ 計算出偵測量ζ並與一擇定之門檻值γ比較：一旦ζ大於γ，則提出告警。實際應用時，一般根據需求設定 P_{FA} 並根據(8.161)推算出門檻值。

除誤警率外，誤失偵測機率(missed detection probability)亦爲一重要考慮之參數，此一機率代表定位誤差大於保護準位(protection level)且偵測量小於門檻值之機率。圖 8.23 說明此些關係。對於接收機之運作主要產生偵測量並與門檻值比較以判斷是否發出警告。但是實際性能之要求應是定位誤差是否受到異常之影響以致於超過告警極限。由於完整性監測係利用偵測量與門檻值之比較做爲定位誤差是否過大及告警是否宣稱之依據，因此在設計時得留意上述諸項之關係。明顯地，理想的設計應慎選門檻值以降低誤失偵測機率與誤警率。

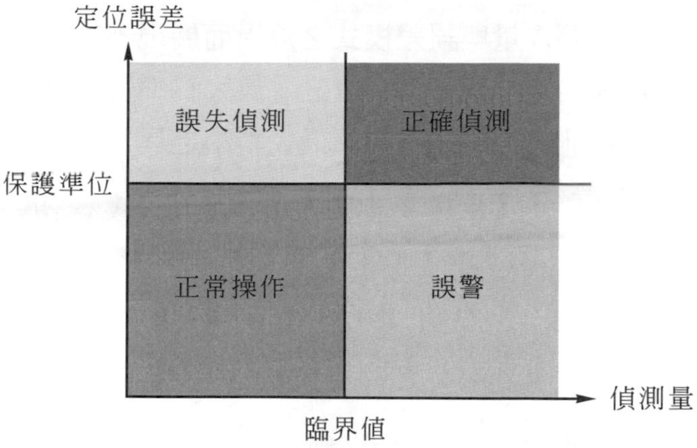

圖 8.23　偵測量判斷與定位誤差分析

假設存在一異常且發生在第 i 個虛擬距離量測量且 b 爲異常之値，則量測方程式(8.155)可改寫爲

$$\boldsymbol{z} = \boldsymbol{H}\begin{bmatrix} \boldsymbol{q} \\ \Delta_\delta \end{bmatrix} + \boldsymbol{v} + \boldsymbol{f} \tag{8.162}$$

其中 $\boldsymbol{f}$ 代表故障向量

$$\boldsymbol{f} = b\boldsymbol{e}_i = b\begin{bmatrix} 0 & \cdots & 1 & \cdots & 0 \end{bmatrix}^T \tag{8.163}$$

若暫不考慮雜訊，此時之偵測量 ξ 可表示成

$$\xi\big|_{f=be_i} = |b| \cdot \sqrt{\boldsymbol{e}_i^T\left(\boldsymbol{R}^{-1} - \boldsymbol{R}^{-1}\boldsymbol{H}(\boldsymbol{H}^T\boldsymbol{R}^{-1}\boldsymbol{H})^{-1}\boldsymbol{H}^T\boldsymbol{R}^{-1}\right)\boldsymbol{e}_i} \tag{8.164}$$

至於定位授時誤差則爲

$$\tilde{\boldsymbol{x}} = \boldsymbol{x} - \hat{\boldsymbol{x}} = -b(\boldsymbol{H}^T\boldsymbol{R}^{-1}\boldsymbol{H})^{-1}\boldsymbol{H}^T\boldsymbol{R}^{-1}\boldsymbol{e}_i \tag{8.165}$$

假設 $\boldsymbol{P}$ 爲由四維空間投影至水平或垂直方向之投影矩陣，則定位誤差之大小爲

$$定位誤差\big|_{f=be_i} = |b| \cdot \left\|\boldsymbol{P}(\boldsymbol{H}^T\boldsymbol{R}^{-1}\boldsymbol{H})^{-1}\boldsymbol{H}^T\boldsymbol{R}^{-1}\boldsymbol{e}_i\right\| \tag{8.166}$$

比較(8.164)與(8.166)可知當異常發生時，偵測量與定位誤差彼此間具有線性之關係；當偵測量愈大時，定位誤差相對增大。此　定位誤差相較於偵測量之比值相當於圖 8.23 之一直線之斜率

$$斜率\big|_{f=be_k} = \frac{定位誤差\big|_{f=be_k}}{偵測量\big|_{f=be_k}} = \frac{\left\|\boldsymbol{P}(\boldsymbol{H}^T\boldsymbol{R}^{-1}\boldsymbol{H})^{-1}\boldsymbol{H}^T\boldsymbol{R}^{-1}\boldsymbol{e}_k\right\|}{\sqrt{\boldsymbol{e}_k^T\left(\boldsymbol{R}^{-1} - \boldsymbol{R}^{-1}\boldsymbol{H}(\boldsymbol{H}^T\boldsymbol{R}^{-1}\boldsymbol{H})^{-1}\boldsymbol{H}^T\boldsymbol{R}^{-1}\right)\boldsymbol{e}_k}} \tag{8.167}$$

不同異常之觀測量會隨觀測向量與誤差模式之差異而展現不同之斜率。這其中，斜率愈大表示有可能造成較大之定位誤差；換言之，最大斜率表示針對相同之定位誤差其偵測量最小也最不易被偵測。因此一般根據最大斜率之異常現象進行分析。

當異常發生時，WSSE 變成非置中式凱平方分佈，其機率密度爲

$$p_1(x,\lambda)=\begin{cases}\dfrac{\exp(-(x+\lambda)/2)}{2^{(\upsilon/2)}}\displaystyle\sum_{j=0}^{\infty}\dfrac{\lambda^j x^{(\upsilon+2j-2)/2}}{\Gamma((\upsilon+2j)/2)\cdot 2^{2j}\cdot j!}, & x>0\\ 0, & \text{其他}\end{cases} \tag{8.168}$$

此處之λ與異常之幅度有關。誤失偵測率則爲

$$P_{MD}=\int_0^{\gamma^2}p_1(x,\lambda)dx \tag{8.169}$$

由於門檻值已由誤警率決定，故針對誤失偵測率之需求可以解出相對應之λ以供判斷可以偵測出之異常之值。一旦計算出λ，則定位誤差之保護準位則爲

$$\text{保護準位}=\left(\max_k \text{斜率}\Big|_{\boldsymbol{f}=b\boldsymbol{e}_k}\right)\cdot\sqrt{\lambda} \tag{8.170}$$

此一保護準位會隨衛星分佈與相關觀測向量之變動而異。當保護準位低於告警極限時，代表 RAIM 適用。

在 GNSS 定位計算可以採用最小平方法與卡爾曼濾波器方法。最小平方法可以對單一時刻之虛擬距離量測量進行處理而得以定位。卡爾曼濾波器則利用多個時刻累積之量測量以遞迴方式進行定位。在完整性監測時亦可採用單一時刻或累積型式之觀測量。在故障偵測方面，若對單一時刻之量測量，可利用最小平方解以推算觀測餘量以供告警。如果量測量爲累積式的，則偵測濾波器由於可處理一系列之量測訊號，可得較佳之判斷。採用單一時刻方法僅對一組量測量進行處理，雖然計算較簡單，但容易形成誤判。例如由於導航者之移動可能造成一時之多路徑效應影響訊號品質而造成告警。採用累積式之偵測濾波器能對接收訊號之趨勢予以掌握，在門檻值之選定將較具彈性。表 8.3 爲此些方法適用場合之比較。偵測濾波器的方法與卡爾曼濾波器相似採用了累積之資料，因此對瞬間雜訊有較佳之濾除能力。在偵測濾波器中，亦可產生一量測餘量爲觀測量與其估算值之差異。只不過此一估算值得透過濾波器之計算求得。採用偵測濾波器進行故障判別時，則可沿用餘量偵測的方法進行。

表 8.3　定位與完整性偵測的方法

量測量	定位計算	整體性偵測
單一時刻	加權最小平方法	餘量偵測
累積式	卡爾曼濾波器	偵測濾波器

結語

GNSS 定位與授時之計算方法如本章所描述有相當多種。就量測量而言，可以採用虛擬距離、載波相位、都卜勒頻移或此些之組合。隨著多 GNSS 星座之佈建，多頻與多觀測量之處理將益形重要。另一方面，各量測量均會受到誤差與雜訊之影響。若對於誤差源有一定之瞭解，可以透過模式化取得適當之估測與因應方案。當然，亦可以結合多種量測量以避免特定誤差之影響。GNSS 定位雖然有多種方法，但於實際應用場合應衡量精度之要求與接收機所處之環境妥善搭配。卡爾曼濾波器之作法由於可以將載具之動態以及誤差之變動特性一併考量，故可以提供無縫之導航與定位。於定位過程，精度與完整性均為重要之要求。採用載波相位定位雖然得額外解算整數未定值，但精度可以較佳。完整性之計算與定位之計算具有相當多類似或對偶之性質，隨著多 GNSS 星座之發展，完整性監測可望成為典型接收機之基本功能。當然對於用戶而言，仍持續要求較佳之定位與導航性能。下一章將介紹可提升性能之差分定位與輔助型 GNSS 定位方法。

參考文獻說明

GNSS 定位計算主要利用 GNSS 接收機所取得之量測量，參考系統模式與誤差特性，估測出位置、速度與時間等導航基本量並量化此些估測量之品質。對於 GNSS 之定位計算，於[60] [83] [92] [117] [126] [152] [195] 中均有相當完整之說明。有關 GNSS 定位之解析解，可參考[15][104][113][130]。結合電碼與載波量測是相當普遍之作法，可參考[87]。精確單點定位之作法可參考[5][129][228]。電離層誤差模式之說明，可參考[123] [124] 而對流層之性質與模式則可參考[193]。整數未定值之求解為高精度定位之關鍵步驟，目前以發展相當多的方法，可參考[1] [37] [43] [85] [97] [102] [174] [200] [212]。完整性偵測之方法有相當多沿襲故障偵測之作法，可參考[28] [45] [101] [109] [150]。於定位計算過程，一般得利用軟體，目前於 GNSS 領域亦有相當多開放源軟體可供參考[61] [79] [175]。

習題

1. 試推導公式(8.16)頻率與折射係數之關係。
2. 於 8.1.2 節有關 GNSS 觀測量誤差之描述，沒有說明天線相位中心(phase center)之誤差。試搜尋文獻並說明何謂天線相位中心以及此一誤差之影響。
3. 於 8.2.1 節，應用卡爾曼濾波器進行平滑，試問此時之系統與量測方程式分別爲何？
4. 於建構一次差時，若 $\Delta_{R,a}^{i}$ 與 $\Delta_{R,b}^{i}$ 之標準差分別爲 σ_a 與 σ_b，試推導 $\Delta_{R,b-a}^{i}$ 之標準差。
5. 若取得二次差 R_{b-a}^{j-i} 與 R_{c-a}^{j-i}，是否可以求得二次差 R_{c-b}^{j-i}？
6. 電離層對電磁波所造成之延遲與頻率有關而此一現象如公式(8.31)之說明與頻率平方成反比，請問爲何可忽略與頻率成反比之項？
7. 爲何採用都卜勒頻移定位方式之收斂特性會較使用虛擬距離量測量估測來得慢？
8. GPS 之三個載波頻率分別爲 L1、L2 與 L5。試嘗試結合三頻之載波相位觀測量以取得一較公式(8.142)更寬巷之組合。
9. 於 GNSS 定位，若採用低仰角之衛星會受到誤差影響定位品質。另一方面，低仰角衛星之引用有助於降低 DOP 值。請問應如何取捨？

Chapter 9

主從式定位

Server-Client Positioning

一般而言，使用單頻 GNSS 接收機進行電碼定位其精度為 10 公尺(95%)而時間精度為 20 nsec(95%)。對於有些定位、導航與授時應用，有時期望更高之精度、完整性與妥善率，例如，於測量作業時往往有公分等級之精度要求而車輛之車道導引則要求有優於一公尺之精度，故如何藉由其他輔助提升 GNSS 定位之精度及相關性能一直是受到重視之議題。另一方面，單純之 GNSS 接收機得獨立完成訊號之擷取、追蹤、解碼與定位工作，此些工作往往得耗費一定時間方可以完成。例如，欲完成 GPS 導航資料之接收得至少耗時 30 秒，許多快速定位之應用需求可以於更短之時間完成定位。提升 GNSS 定位性能之一典型作法為引用主從式(master-slave 或 server-client)架構：藉由後端之 GNSS 接收機網路與通訊網路取得即時之 GNSS 衛星狀態與訊號並據以輔助移動端接收裝置以建立快速、高靈敏度、高精度、高完整性與高妥善率之導航定位與授時功能。主從式 GNSS 定位有多種構型，端視後端提供之資訊內容、輔助之機制、系統之需求等而異。本章介紹主從式 GNSS 定位之多種不同作法，原則上分別以虛擬距離電碼修正與載波相位修正分別說明。這其中，差分 GNSS(differential GNSS, DGNSS)修正是一項常見之 GNSS 定位性能提升之方法，此法於待測之移動端與固定之基準站同時觀測與記錄相同 GNSS 衛星之訊號，由於衛星本體與路徑所造成之誤差對此些接收器有相關性，故藉由已知點位基準站之接收機可推算共有誤差量，此一誤差量可進而用以修正移動端之觀測量並改善定位導航與授時之性能。本章隨之說明輔助型 GNSS(assisted GNSS, AGNSS)之設計與實務，此法亦充分利用網路資源與無線通訊以達到較佳之定位功能。對於行動導航而言，目前 AGNSS 已是標準之配置，因為可以在較省電與省資源之情況下達到複雜環境快速定位之需求。由於 GPS 仍是目前最通行之 GNSS，故 DGNSS 與 AGNSS 最常見之實現仍是 DGPS(Differential GPS)與 AGPS(Assisted GPS)。主從式 GNSS 定位之極致呈現為所謂雲端 GNSS(Cloud GNSS)。本章最後陳述雲端 GNSS 之概念。

9.1 差分式定位

DGNSS 係改善 GNSS 定位精度、完整性與可靠度之最常見方法。此一方法藉由位於固定位置之 GNSS 基準站持續觀測 GNSS 衛星訊號並據以產生修正訊號，並將修正訊號傳送至移動端之 GNSS 接收機以進行位置與時間解算之修正以有效地抑制或消除定位誤差進而提升定位導航與授時之精度、完整性與妥善率。此種 DGNSS 技術可以有多種實現之方式端視差分訊號之產生、修正訊號之內容、修正訊號傳送之方式與格式、修正處理之即時程度、修正服務之範圍、修正處理之過程等而異。原則上，基準站可以藉由通訊裝置傳送以下之訊息予移動站

- 虛擬距離量測量之修正值
- 衛星軌道和時鐘誤差之修止值
- 基準站之原始量測量
- 完整性監控資訊
- 修正量之品質指標
- 其他相關修正值

DGNSS 可區分成近域 DGNSS(local area DGNSS, LADGNSS)與廣域 DGNSS(wide arca DGNSS, WADGNSS)，前者泛指採用單一基準站以行差分修正，後者則結合一組基準站網路來推算修正量。LADGNSS 之服務範圍一般於基準站 100 公里以內，WADGNSS 則無此限制其服務範圍可達數千公里。至於定位精度之改善，LADGNSS 之精度會隨移動站與基準站之距離而有所變化，WADGNSS 則受制於誤差模式之精確度，但原則上藉由 DGNSS 可以達到公尺等級之定位精度。由於 LADGNSS 實現較易且應用較廣，故若為特別聲明，DGNSS 意指 LADGNSS。

9.1.1　近域差分 GNSS

LADGNSS 的作法可參考圖 9.1。於一已知點位上設立參考站或基準站並持續接收 GNSS 訊號。由於基準站位置已知，故可針對所接收每一衛星推算虛擬距離值。此一推算之虛擬距離值會與接收到之虛擬距離值有所差異，此一差異量即構成了修正量。參考站同時配備了發射裝置可以將每一接收到衛星之修正量傳送出去。對一移動端之接收機而言，若可同時收到 GNSS 訊號及此一虛擬距離差分修正量，則可以在定位計算之前對各虛擬距離先行修正，如此可望提昇定位之精度。原則上，如果基準站與移動端相近，則衛星軌道/時鐘誤差與大氣傳送延遲等所引發之定位誤差量亦相近，經此修正確可提昇精度。

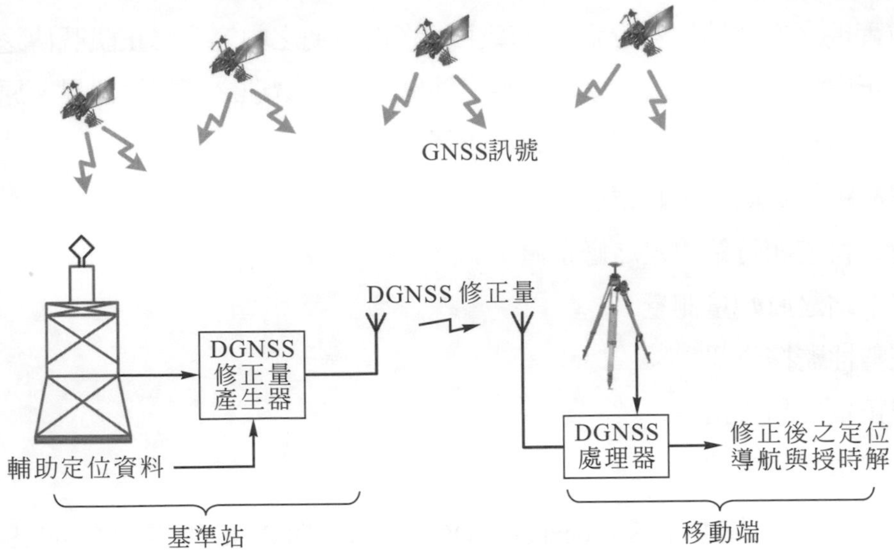

圖 9.1　LADGNSS

根據(8.38)，於基準站所觀測到第 i 顆衛星之虛擬距離觀測量可表示成

$$R_m^i = \left\| \boldsymbol{p}_m - \boldsymbol{p}^i \right\| + \Delta_{\delta,m} - \Delta_{clk}^i + \Delta_{ephe} + \Delta_{trop} + \Delta_{iono} + \Delta_{R,m}^i \tag{9.1}$$

其中 R_m^i 代表虛擬距離觀測量、$\boldsymbol{p}_m$ 為基準站位置、$\boldsymbol{p}^i$ 為衛星位置、$\Delta_{\delta,m}$ 為基準站時鐘誤差、Δ_{clk}^i 為衛星時鐘誤差、Δ_{ephe} 為衛星軌道誤差、Δ_{trop} 代表對流層誤差、Δ_{iono} 為電離層誤差、而 $\Delta_{R,m}^i$ 代表其他誤差之影響。由於基準站位置 $\boldsymbol{p}_m$ 已知，故基準站可針對時鐘誤差 $\Delta_{\delta,m}$ 進行精確之估測。有些基準站會安裝高精度之原子鐘亦有利於 $\Delta_{\delta,m}$ 之取得。差分修正量可依下式計算

$$\tilde{R}_m^i = R_m^i - \left\| \boldsymbol{p}_m - \boldsymbol{p}^i \right\| - \Delta_{\delta,m} = -\Delta_{clk}^i + \Delta_{ephe} + \Delta_{trop} + \Delta_{iono} + \Delta_{R,m} \tag{9.2}$$

此一修正量可傳送予移動端用戶。假設移動端之接收機所觀測之虛擬距離為

$$R_r^i = \left\| \boldsymbol{p}_r - \boldsymbol{p}^i \right\| + \Delta_{\delta,r} - \Delta_{clk}^i + \Delta_{ephe} + \Delta_{trop} + \Delta_{iono} + \Delta_{R,r}^i \tag{9.3}$$

其中 $\boldsymbol{p}_r$ 為移動端之位置、$\Delta_{\delta,r}$ 為移動端時鐘誤差而 $\Delta_{R,m}^i$ 代表其他誤差之影響。此處假設基準站與移動站距離相近故二接收機受到衛星軌道誤差、對流層誤差與電離層誤差相近，經修正後之虛擬距離可寫成

$$\bar{R}_r^i = R_r^i - \tilde{R}_m^i = \left\| \boldsymbol{p}_r - \boldsymbol{p}^i \right\| + \Delta_{\delta,r} + \Delta_{R,r}^i - \Delta_{R,m}^i \tag{9.4}$$

若比較(9.3)修正前之虛擬距離 R_r^i 與(9.4)修正後之虛擬距離 $\bar{R}_r^i$ 可知，未知數之個數並未減少但修正後之虛擬距離不會受到共模誤差項包含衛星時鐘誤差、衛星軌道誤差、對流層誤差與電離層誤差之影響，故定位導航與授時之解可較為精確。同時，若移動端與基準站愈接近，共模誤差更得以消除，修正之效果會較好。

於典型之 LADGNSS，修正量係由基準站計算後傳送到移動端以取得較佳之定位結果；但另有一些 LADGNSS 應用，修正訊號係由移動端回傳至基準站中。例如在進行飛機或飛彈測試時，飛行之載具可以將所收到的衛星編號、時間、虛擬距離及都卜勒頻移傳送至基準站；基準站可因之以近即時或後處理方式重建載具之精確軌跡。

於 LADGNSS 修正過程，若移動端與基準站之距離增加，則誤差項或修正量會受到空間去相關性(spatial de-correlation)之影響，修正之效果漸不顯著。表 9.1 為單純 GPS 定位與 LADGPS 定位之比較，在此假設修正訊號之時間延遲可忽略而 d 代表基準站與移動端距離之公里數。由表中可知，衛星時鐘可藉由此一差分動作完全消除但雜訊影響會有所增加。LADGPS 之效果對於單點定位所受到電離層與衛星軌道誤差有顯著改善，但此一改善程度會隨基線長度 d 之增加而減少。

表 9.1　LADGPS 之誤差

誤差源	單純 GPS (m，標準差)	LADGPS (m，標準差)
廣播衛星時鐘	1.1	0.0
廣播衛星軌道	0.8	$(0.001\sim0.006)\times d$
電離層	7.0	$(0.002\sim0.04)\times d$
對流層	0.2	$(0.01\sim0.04)\times d$
接收機雜訊	0.4	0.56
多路徑效應	1.0	1.0
等效測距誤差	7.21	$1.15+(0.01\sim0.06)\times d$

由於距離之去相關性，LADGNSS 之修正效果隨著基準站與移動端距離之增加而變差。為彌補此一應用之限制，有些設計採用多個基準站針對移動端用戶傳送出修正量。對於移動端之用戶而言，可以彙整來自不同基準站之修正量而得到較均勻之定位性能。典型的作法為移動端估算至各基準站之距離並利用距離平方之倒數作為加權平均之依據。舉例而言，假設有 n_m 基準站提供修正量，而此些基準站位於 $\boldsymbol{p}_m$ 且個別之修正量為 $\tilde{R}_m^i$ 則於移動端 $\boldsymbol{p}$ 所引用之修正量為

$$\frac{1}{\sum_{m=1}^{n_m}\|\boldsymbol{p}-\boldsymbol{p}_m\|^{-2}}\left(\sum_{m=1}^{n_m}\|\boldsymbol{p}-\boldsymbol{p}_m\|^{-2}\tilde{R}_m^i\right) \tag{9.5}$$

9

另一會影響 LADGNSS 性能爲時間去相關性(temporal de-correlation)，此一現象源於修正量往往無法即時傳送到移動端，但因爲衛星持續移動而觀測量亦持續變化，故修正時間點之延遲會引起額外之誤差。爲因應時間去相關性，一般於基準站產生 DGNSS 修正量之過程，會同時估測修正量之變化率；而將修正量與其變化率一併傳送至移動端以供修正。假設 DGNSS 修正量於時間點 t_m 產生而實際定位之時刻爲 t，則於移動端之虛擬距離可修正如下

$$\overline{R}_r^i(t) = R_r^i(t) - \left[\tilde{R}_m^i(t_m) + \dot{\tilde{R}}_m^i(t_m) \cdot (t - t_m)\right] \tag{9.6}$$

其中 $\tilde{R}_m^i(t_m)$ 與 $\dot{\tilde{R}}_m^i(t_m)$ 分別爲時間點 t_m 之虛擬距離修正量與修正量之變化率。

前述有關 DGNSS 之討論主要修正虛擬距離觀測量。實際上亦有一些應用所傳送之修正量爲坐標修正量。於基準站中利用所可取得之觀測量計算位置並取得該點事先測量之坐標與計算坐標之差異以供移動端修正。此法的優點爲所需之資料傳輸量相當少但缺點爲精度一般較差。

DGNSS 修正訊號之傳送可以採用多種不同之媒介。早期之作法爲將歸航台 NDB 改成 DGNSS 修正量播送台。由於 NDB 以無線電信標訊號之頻率較低，處於頻段 285 至 325kHz，故可取得較廣之涵蓋。另一方面，此一類型的 DGNSS 無線電信標大部分爲政府單位維護，可得到完整性之保障及免付費之服務。對於航海與航空之應用，此一藉由 NDB 傳送之 DGNSS 訊號確可得到效果。在日本、韓國及中國大陸、目前已均有相似之 DGPS 無線電信標服務以供航海導航修正。除了採用信標訊號外，DGNSS 訊號尚可藉由其它形式來傳送。這包括了調頻副載波、行動數據、無線通訊、衛星電話、網際網路等。數位化副載波(radio data system, RDS)主要利用調頻廣播頻道中之空餘頻譜在不影響語音播放前提下將資料調變於副載波上。如此，可以在收聽廣播時同時接收資料。RDS 的副載波頻率爲 57kHz 恰爲調頻電台前導(pilot)信號 19kHz 之三倍。RDS 採用 BPSK 調變，其資料率可達每秒 1187.5 位元，訊號的頻寬則爲 2.5kHz。另外，DGNSS 訊息亦可以由行動通訊與無線網路取得。

9.1.2　廣域差分 GNSS

WAGNSS 與前述 LADGNSS 最大的不同在於 WADGNSS 採用一群基準站同時接收與處理 GNSS 衛星訊號並根據較複雜之模式計算出修正量。這些修正量再透過傳送機制送給移動端之用戶。由於使用了一群基準站，涵蓋的範圍可以大幅提昇，精度亦較不會隨使用者與基準站距離之加大而惡化。另一方面，WADGNSS 一般均同時監視 GNSS 訊號之品質以提高整個系統運作的完整性與妥善率。LADGNSS 系統所送出之修正量原則上提供了虛擬距離的修正量。不過此一修正量實際上是誤差量在基準站與衛星間所構成向量之方向的投影量。如果導航者至衛星之向量不同，則此一修正量之效果將降低。WADGNSS 針對各誤差進行模式描述故其修正量原則上不再是一純量而是一向量包括了衛星軌道偏離向量、衛星時鐘偏置與漂移及電離層參數。一完整之 WADGNSS 包含一群基準站、主控站以及傳送站，如圖 9.2 所示。於已知點位之基準站構成一觀測網路並藉由多頻 GNSS 接收機接收來自 GNSS 衛星之訊號，各基準站之觀測量一般藉由網路傳送至主控站。基準站回傳之觀測資料一般包含測距資料、電離層的模組參數、廣播星曆以及粗略星曆。有時基準站會搭配氣象觀測系統，此時所觀測之氣象資料亦會回傳以利建立對流層模式。主控站隨之對所接收到之觀測量進行分析、檢核與處理並據以產生誤差修正之參數以及與定位品質有關之數據。此些修正量可望涵蓋衛星軌道向量、衛星時鐘、電離層誤差乃至於對流層誤差。同時，主控站對於 GNSS 衛星之完整性進行監控並提出衛星可用與否之旗標。再者，主控站針對各修正量之信心程度予以量化以供用戶引用之參考。此些修正量經整理與包裝後可傳送至移動端之用戶。用戶解析出各修正量、信心程度與可用旗標後可以針對量測誤差與系統性誤差進行修正，進而提升定位之精度與完整性。

由於 WADGNSS 爲 SBAS 之基礎，故實際 WADGNSS 之運作可以相當複雜。當應用 WADGNSS 於飛航安全之應用更需提供完整性監控之訊息以及修正量之信心範圍。有關 SBAS 所提供之修正訊息，可參考表 5.18。由表 5.18 可知，原則上 WADGNSS 得提供衛星位置、衛星時鐘與電離層延遲誤差之修正值與信心範圍予移動端之用戶；如此當移動端之接收機爲單頻接收機時可以相當必要之修正。除了產生修正資料外，完整性之監控與告警亦爲一必要功能。爲提供 WADGNSS 所需之廣域差分修正與完整性監控訊息，WADGNSS 之主控站得進行一系列資料之處理與參數之估測。圖 9.3 爲 SBAS 或 WADGNSS 之資料處理流程。原則上，主控站彙整來自各基準站之觀測資料，並估測電離層修正參數、衛星軌道修正參數與完整性監控資料，再進行詳細的確認後方將修正訊息與完整性資料傳送至移動端。

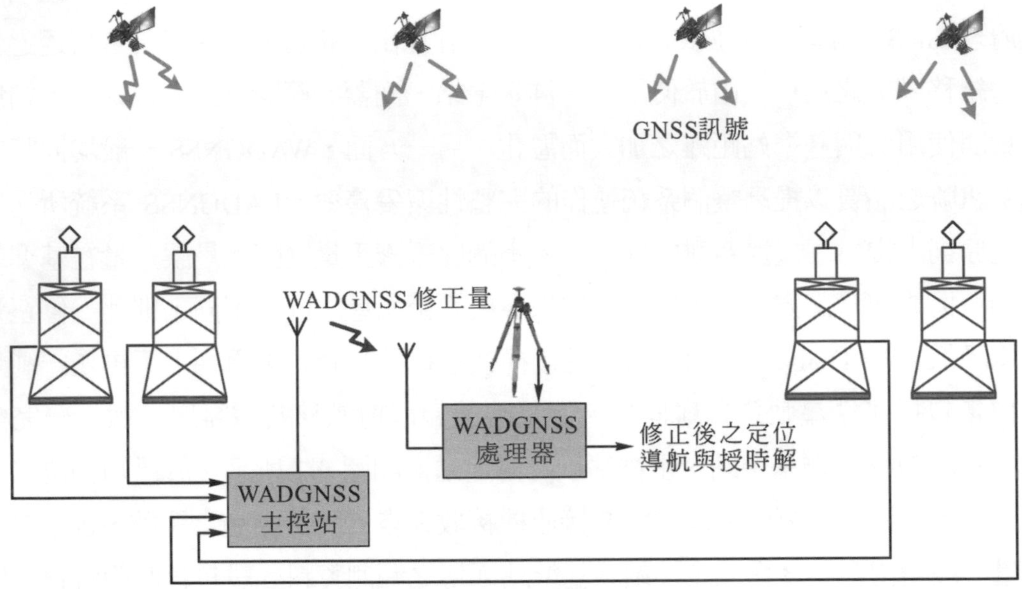

圖 9.2　WADGNSS

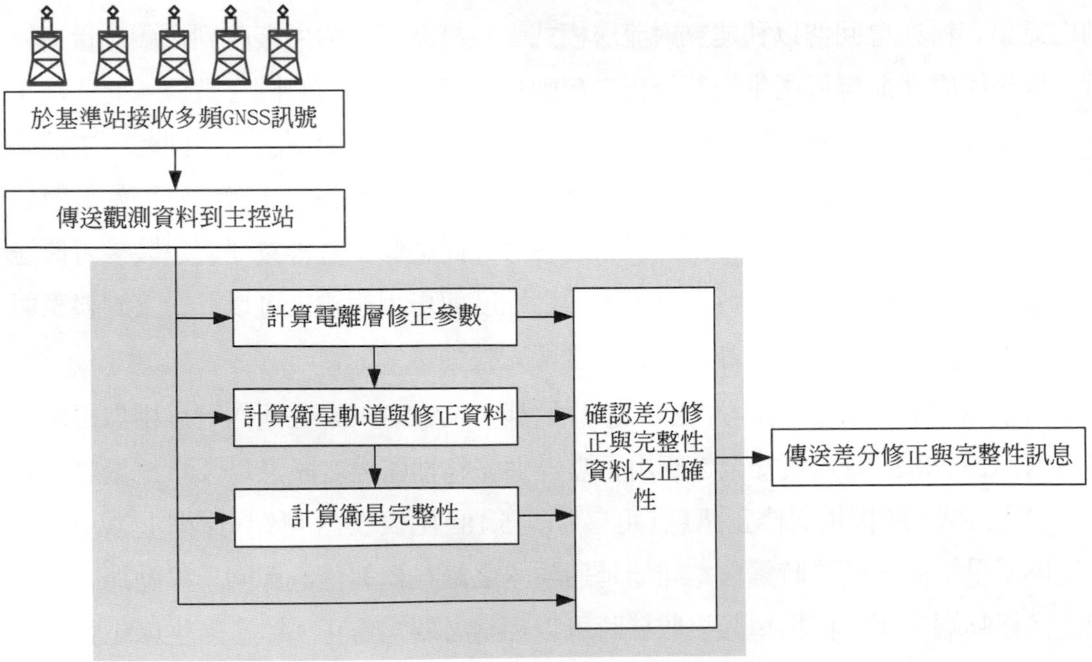

圖 9.3　SBAS/WADGNSS 之資料處理流程

主控站得將來自各基準站之資料進行檢核、同化並產生前述之修正資料。首先各基準站根據所得之觀測量估測所處點位之電離層誤差、對流層誤差以及計算衛星時鐘及星曆誤差所運用到之重要參數。假設由 m 基準站至 i 衛星之雙頻虛擬距離量測量分別爲

$$R_{L1,m}^{i} = \rho_{m}^{i} + \Delta_{\delta,m} - \Delta_{clk}^{i} + \Delta_{ephe,m}^{i} + \Delta_{trop,m}^{i} + \Delta_{iono,m}^{i} + \Delta_{R,L1,m}^{i} \tag{9.7a}$$

與

$$R_{L2,m}^{i} = \rho_{m}^{i} + \Delta_{\delta,m} - \Delta_{clk}^{i} + \Delta_{ephe,m}^{i} + \Delta_{trop,m}^{i} + \frac{f_{L1}^{2}}{f_{L1}^{2}}\Delta_{iono,m}^{i} + \Delta_{R,L2,m}^{i} \tag{9.7b}$$

其中 ρ_{m}^{i} 代表基準站與衛星間之空間距離，$\Delta_{\delta.m}$ 基準站之時鐘延遲，Δ_{clk}^{i} 爲衛星之時鐘延遲，$\Delta_{ephe,m}^{i}$ 爲衛星軌道之誤差，$\Delta_{trop,m}^{i}$ 爲對流層延遲誤差，$\Delta_{iono,m}^{i}$ 爲 L1 頻率之電離層延遲，$\Delta_{R,L1,m}^{i}$ 與 $\Delta_{R,L2,m}^{i}$ 分別爲此二量測量之雜訊。基準站同時取得雙頻之載波相位量測量，分別爲

$$\lambda_{L1}\Phi_{L1,m}^{i} = \rho_{m}^{i} + \Delta_{\delta,m} - \Delta_{clk}^{i} + \Delta_{ephe,m}^{i} + \Delta_{trop,m}^{i} + \lambda_{L1}N_{L1,m}^{i} - \Delta_{iono,m}^{i} + \Delta_{\Phi,L1,m}^{i} \tag{9.8a}$$

與

$$\lambda_{L2}\Phi_{L2,m}^{i} = \rho_{m}^{i} + \Delta_{\delta,m} - \Delta_{clk}^{i} + \Delta_{ephe,m}^{i} + \Delta_{trop,m}^{i} + \lambda_{L2}N_{L2,m}^{i} - \frac{f_{L1}^{2}}{f_{L2}^{2}}\Delta_{iono,m}^{i} + \Delta_{\Phi,L2,m}^{i} \tag{9.8b}$$

對流層延遲之誤差可先利用模式予以消除，參考 8.1.2.2 節，對流層誤差可以表示成

$$\Delta_{trop,m}^{i} = \Delta_{trop,v} \cdot m_{trop}(\varepsilon) \tag{9.9}$$

其中 $\Delta_{trop,v}$ 爲垂直方向之對流層延遲誤差，而 $m_{trop}(\varepsilon)$ 爲映射函數且 ε 爲 m 基準站至 i 衛星之仰角。若基準站可進行大氣參數之量測，則可將所得參數代入模式以計算對流層延遲乾燥與潮濕成分。若無法進行量測，則可引用歷史數據估測對流層延遲誤差。因此，基準站量測量之對流層延遲誤差得以排除。基準站採用多頻接收機，可用以估測電離層之延遲。根據 8.2.3 節之說明可知，電離層延遲 $\Delta_{iono,m}^{i}$ 可利用電碼之組合估測：

$$\Delta_{iono,m}^{i} = \frac{R_{L2,m}^{i} - R_{L1,m}^{i}}{\gamma - 1} + \frac{\Delta_{R,L1,m}^{i} - \Delta_{R,L2,m}^{i}}{\gamma - 1} \tag{9.10}$$

9

其中$\gamma = f_{L1}^2 / f_{L2}^2$。但由於虛擬距離量測量之雜訊相當大，故(9.10)之電離層延遲估測值會有相當誤差。若採用載波相位量測量之組合可得另一電離層延遲估測量

$$\Delta_{iono,m}^{i} = \frac{\lambda_{L1}\Phi_{L1,m}^{i} - \lambda_{L2}\Phi_{L2,m}^{i}}{\gamma - 1} - \frac{\lambda_{L1}N_{L1,m}^{i} - \lambda_{L2}N_{L2,m}^{i}}{\gamma - 1} + \frac{\Delta_{\Phi,L2,m}^{i} - \Delta_{\Phi,L1,m}^{i}}{\gamma - 1} \tag{9.11}$$

此一估測值之雜訊較低，但卻受到整數未定值之影響。另外，若考慮虛擬距離與載波相位之組合可得

$$\Delta_{iono,m}^{i} = \frac{R_{L1,m}^{i} - \lambda_{L1}\Phi_{L1,m}^{i}}{2} + \frac{\lambda_{L1}N_{L1,m}^{i}}{2} + \frac{\Delta_{R,L1,m}^{i} - \Delta_{\Phi,L1,m}^{i}}{2} \tag{9.12}$$

此一估測值亦受到整數未定值與雜訊之影響。由於(9.11)之雜訊最低，故於週波未脫落之情形下，可利用(9.11)平滑(9.10)之估測值；此一平滑之方法可參考 8.2.1 節之說明。由於載波相位量測量受到接收器與多路徑影響較虛擬距離量測量小，故利用載波相位量測量所定位的結果會比較集中，然而其缺點爲載波相位量測量存有整數未定值，故不一定準確；虛擬距離量測量則較載波相位量測量準確，但其缺點爲受到雜訊與多路徑影響較大。爲結合載波與電碼之優點而用載波平滑法來降低量測值的多路徑及雜訊誤差，並獲得到準確且平滑的結果。另一方面，當取得平滑之電離層延遲結果可據以估測(9.12)之$\lambda_{L1}N_{L1,m}^{i}$。當取得電離層延遲$\Delta_{iono,m}^{i}$、整數未定值$\lambda_{L1}N_{L1,m}^{i}$以及對流層延遲$\Delta_{trop,m}^{i}$之估測值後，可以將此些估測值代入(9.8a)以取得一低雜訊且不受電離層、對流層與整數未定值影響之等效虛擬距離量測量，即

$$\breve{R}_{L1,m}^{i} = \rho_{m}^{i} + \Delta_{\delta,m} - \Delta_{clk}^{i} + \Delta_{ephe,m}^{i} + \Delta_{\breve{\Phi},L1,m}^{i} \tag{9.13}$$

此一量測量可以作爲估測衛星軌道與時鐘誤差之依據；另外於此一過程所得之電離層延遲可供建置電離層修正之用。

修正了基準站之對流層與電離層延遲誤差後，得處理衛星共視(common view)時間同步之議題。各基準站進行衛星訊號量測與取樣之時間點並不一致，故主控站得消除不同基準站時鐘與系統時鐘之誤差。一旦時鐘同步後，可以進一步估測衛星軌道誤差與時鐘誤差以供差分修正。此一估測之過程可簡略說明如下。經處理後由 m 基準站至 i 衛星之虛擬距離(9.13)可改寫成

$$\breve{R}_{L1,m}^{i} = \rho_{m}^{i} + \Delta_{\delta,m} - \Delta_{clk}^{i} + \boldsymbol{r}^{i} \cdot \boldsymbol{h}_{m}^{i} + \Delta_{\breve{\Phi},L1,m}^{i} \tag{9.14}$$

其中衛星軌道誤差參考 8.1.2.1 節之說明利用 $\boldsymbol{r}^i$ 與 $\boldsymbol{h}_m^i$ 之內積描述，$\boldsymbol{r}^i$ 爲衛星之軌道偏離向量而 $\boldsymbol{h}_m^i$ 爲基準站至衛星之單位向量。如果同時於 n_m 基準站收到 n_s 顆衛星之虛擬距離則可將這些 $n_m \times n_s$ 虛擬距離量測量於主控站合併處理而得下列方程式

$$\underbrace{\begin{bmatrix} \boldsymbol{E}_1 & -\boldsymbol{I} & \boldsymbol{D}_1 \\ \boldsymbol{E}_2 & -\boldsymbol{I} & \boldsymbol{D}_2 \\ \vdots & \vdots & \vdots \\ \boldsymbol{E}_{n_s} & -\boldsymbol{I} & \boldsymbol{D}_{n_s} \end{bmatrix}}_{\boldsymbol{H}} \boldsymbol{x} = \underbrace{\begin{bmatrix} \boldsymbol{R}_1 \\ \boldsymbol{R}_2 \\ \vdots \\ \boldsymbol{R}_{n_m} \end{bmatrix} - \begin{bmatrix} \boldsymbol{\rho}_1 \\ \boldsymbol{\rho}_2 \\ \vdots \\ \boldsymbol{\rho}_{n_m} \end{bmatrix}}_{\boldsymbol{z}} \tag{9.15}$$

其中 $\boldsymbol{R}_m = \begin{bmatrix} \breve{R}_{L1,m}^1 & \breve{R}_{L1,m}^2 & \cdots & \breve{R}_{L1,m}^{n_s} \end{bmatrix}^T$ 爲第 m 基準站至各衛星之之虛擬距離量測量，$\boldsymbol{\rho}_m = \begin{bmatrix} \rho_m^1 & \rho_m^2 & \cdots & \rho_m^{n_s} \end{bmatrix}^T$ 爲第 m 基準站至各衛星之空間距離，$\boldsymbol{I}$ 爲 $n_s \times n_s$ 之單位矩陣，$\boldsymbol{D}_i$ 爲 $n_s \times n_m$ 之矩陣且其第 i 之元素均爲 1 即 $\boldsymbol{D}_i = \begin{bmatrix} 0 & 1 & 0 \\ 0 & 1 & 0 \\ \vdots & \vdots & \vdots \\ 0 & 1 & 0 \end{bmatrix}$，而

$\boldsymbol{E}_i = \begin{bmatrix} (\boldsymbol{h}_1^i)^T & 0 & & \\ 0 & (\boldsymbol{h}_2^i)^T & & \\ & & \ddots & \\ & & & (\boldsymbol{h}_{n_m}^i)^T \end{bmatrix}$。於 (9.15) 中之向量 $\boldsymbol{x}$ 爲待求向量，

$\boldsymbol{x} = \begin{bmatrix} (\boldsymbol{r}^1)^T & (\boldsymbol{r}^2)^T & \cdots & (\boldsymbol{r}^{n_s})^T & \Delta_{clk}^1 & \Delta_{clk}^2 & \cdots & \Delta_{clk}^{n_s} & \Delta_{\delta,1} & \Delta_{\delta,2} & \cdots & \Delta_{\delta,n_m} \end{bmatrix}^T$ 包含了各衛星之軌道誤差向量、衛星時鐘誤差及基準站接收者時鐘誤差。令 $\boldsymbol{W}$ 爲加權矩陣，則此一待求向量之之估測值爲

$$\hat{\boldsymbol{x}} = \left(\boldsymbol{H}^T \boldsymbol{W} \boldsymbol{H} \right)^{-1} \boldsymbol{H}^T \boldsymbol{W} \boldsymbol{z} \tag{9.16}$$

如此可將各衛星軌道之誤差向量 $\boldsymbol{r}^i$ 與時鐘誤差 Δ_{clk}^i 傳送予移動站之用戶以供修正，另外亦可將基準站時鐘誤差 $\Delta_{\delta,m}$ 回傳給基準站以利不同基準站間之同步。實際應用上，一般應用卡爾曼濾波器估測未知之向量 $\boldsymbol{x}$ 以因應衛星顆數變化與訊號中斷等議題。於 SBAS 之修正資料中，快速修正資料主要提供用戶進行虛擬距離量測量之修正，其型式類似(9.6)。相對而言，長期衛星誤差修正資料則主要提供衛星位置與速度誤差之向量以修正衛星軌道。長期衛星誤差修正資料同時包含衛星時鐘誤差及漂移，可用以修

正衛星之時鐘誤差。於主控站之處理過程，同時會估測各修正資料之方差，進而提供用戶進行加權修正之參考。

WADGNSS 期望可以提供大範圍之用戶精確且可靠之修正，由於電離層延遲係單頻 GNSS 接收機定位誤差影響最大且不易完全消除的一項誤差源，故 WADGNSS 得提供電離層延遲誤差之修正，圖 9.4 說明主控站產生電離層延遲修正資料之作法。各基準站採用多頻 GNSS 接收機進行 GNSS 訊號之觀測，如前所述，由多頻觀測量可以推算於基準站之電離層延遲誤差 $\Delta^{i}_{trop,m}$ ；主控站利用不同基準站之電離層延遲誤差建立電離層延遲誤差之模式與修正參數；此些修正參數可傳送至移動端之接收機以推算出接收機之電離層延遲誤差。WADGNSS 採用薄殼模式以估算電離層延遲誤差，參考 (8.32)，此一模式假設電離層延遲誤差 $\Delta^{i}_{iono,m}$ 可表示成垂直方向誤差 $\Delta^{i}_{iono,v,m}$ 與傾斜因子 $m_{iono}(\zeta^{'})$ 之乘積。

$$\Delta^{i}_{iono,v,m} = \frac{1}{m_{iono}(\zeta^{'})}\Delta^{i}_{iono,m} \tag{9.17}$$

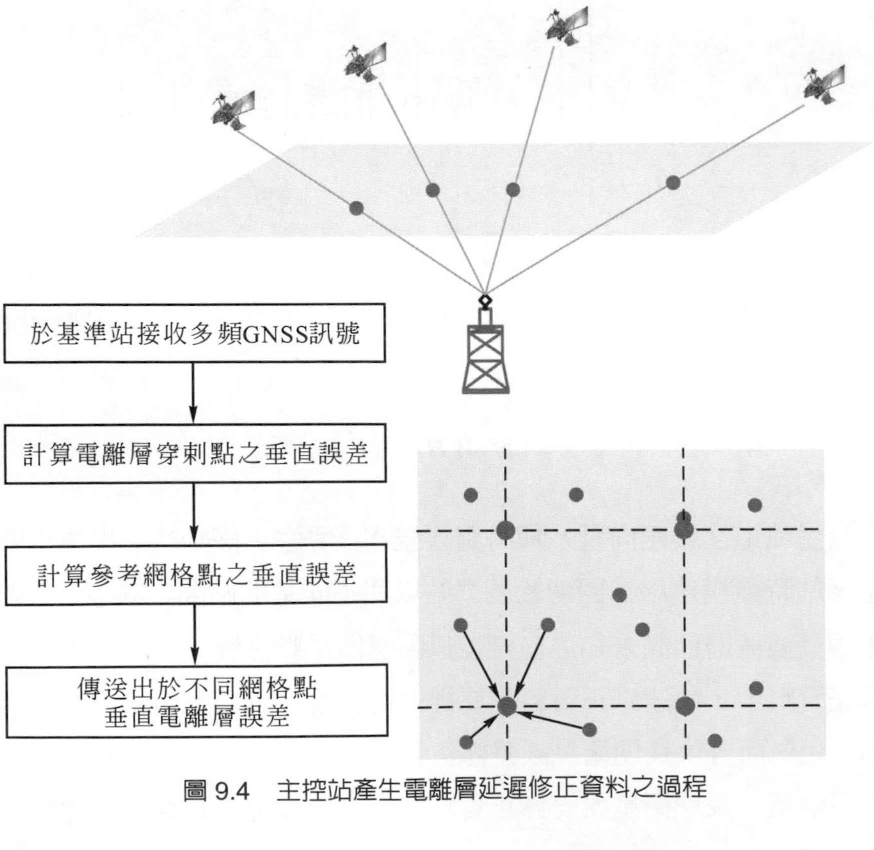

圖 9.4　主控站產生電離層延遲修正資料之過程

於主控站處理過程因此利用衛星與接收機的直視向量，找出衛星訊號傳送與電離層薄殼交會之點，即電離層的穿刺點(ionspheric pierce point)，再利用傾斜因子來轉換穿刺點上之傾斜的電離層延遲誤差成爲垂直電離層延遲誤差。主控站所建立之電離層延遲誤差模式利用不同穿刺點之垂直電離層延遲誤差以平面擬合(planar fit)方式產生位於電離層網格點的垂直電離層延遲誤差與其信心範圍。於 SBAS，這些網格點爲每 5 度或 10 度的經緯度爲一格。圖 9.5 顯示 MSAS 與 GAGAN 之電離層網格點。台灣地區原則上爲 MSAS 所涵蓋，但若 GAGAN 系統將來擴展亦可提供電離層誤差修正之參考。

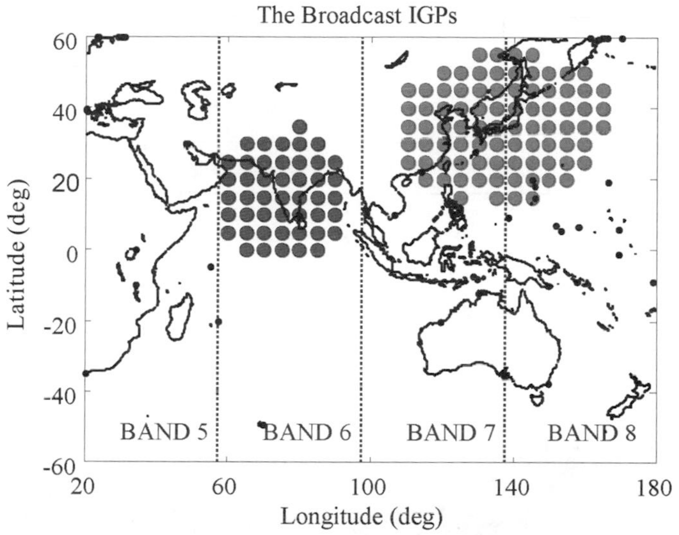

圖 9.5　MSAS 與 GAGAN 之電離層網格點

於 WADGNSS 系統，移動端之 GNSS 接收機除可以接收來自衛星訊號另亦可以接收 WADGNSS 之修正資料。接收機因此彙整此些資料進行較精確的位置解算。圖 9.6 爲移動端 GNSS 接收機之解算流程。當接收機收到 GNSS 訊號並解碼出星曆後可以計算出衛星位置並利用模式估算對流層誤差。若可同時取得載波相位量測量，則利用載波平滑電碼量測量。當由 WADGNSS 系統取得修正資料後，可進行虛擬距離與衛星位置/時鐘之修正以及電離層之修正。對於電離層之修正，由於 WADGNSS 系統傳送電離層網格點與垂直電離層延遲修正資料，故接收機可應用內差方式計算穿刺點位置之垂直電離層延遲，再引用傾斜因子來推算傾斜的電離層延遲誤差。此一傾斜的電離層延遲誤差可隨之代入虛擬距離量測量進行修正。圖 9.7 爲電離層修正之過程。WADGNSS 系統提供之信心範圍可以做爲定位計算過程選擇加權矩陣或協方差矩陣之參考。最終利用加權最小平方方法進行位置之解算。

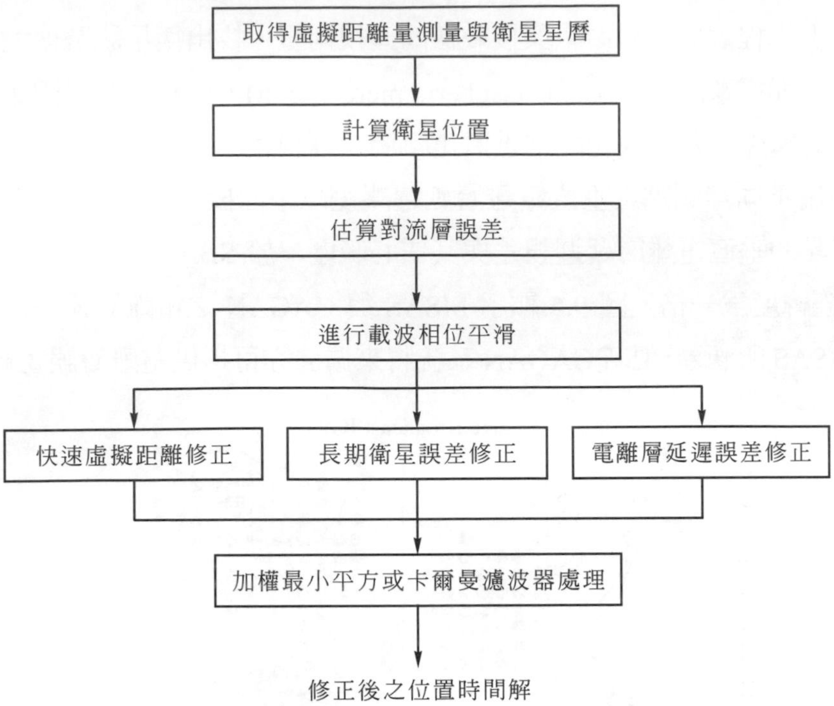

圖 9.6　移動端接收機 WADGNSS 修正與解算流程

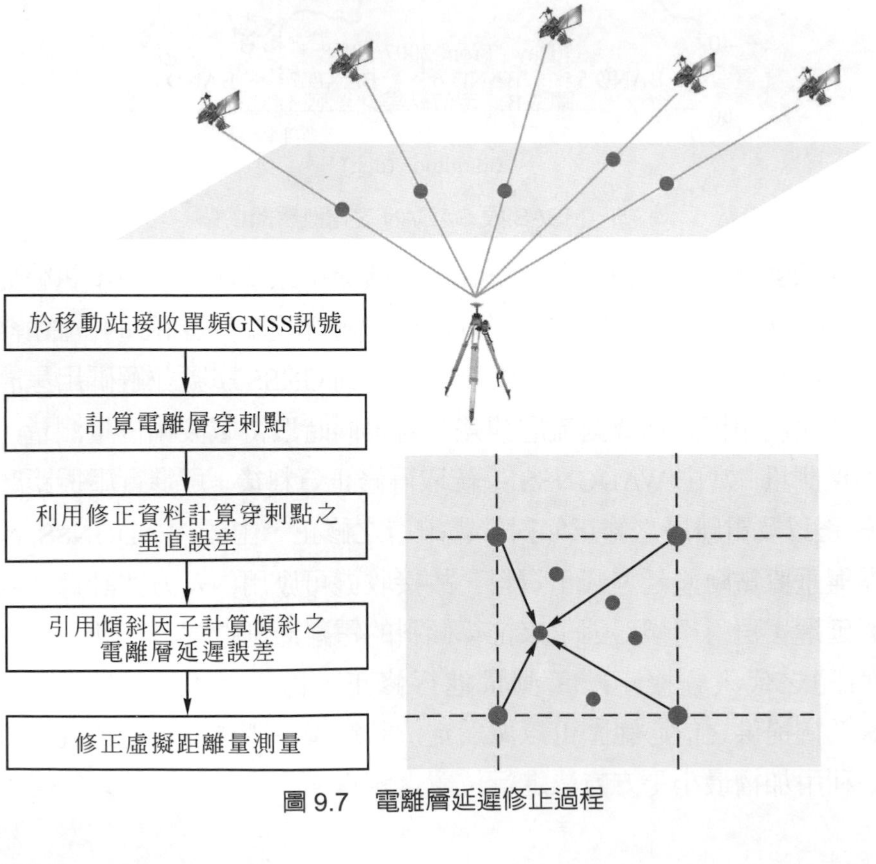

圖 9.7　電離層延遲修正過程

圖 9.8 爲應用日本 MSAS 提供之 WADGNSS 修正資料所得結果之比較。圖中之上圖與下圖分別爲水平面與垂直方向之定位誤差。此圖顯示採用未修正之虛擬距離進行標準定位服務(SPS)、採用快速虛擬距離修正與長期衛星誤差修正之非精確進場(NPA)與同時採用電離層延遲修正之精確進場(PA)之結果。原則上，有修正資料之定位結果較沒修正資料之結果更精確。採用 WAGDNSS 所得之定位精度一般在 5 公尺以內。

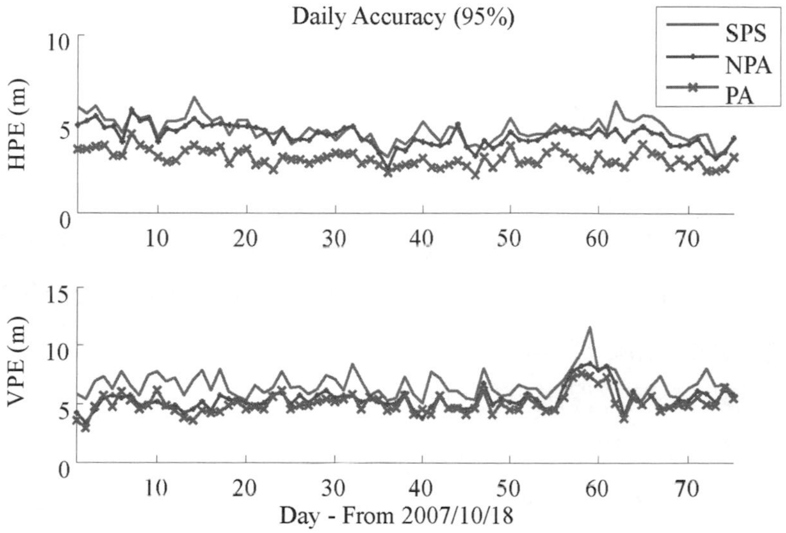

圖 9.8　定位結果之比較

於飛航導航應用，一般會利用保護準位相較於位置誤差之圖形呈現導航性能。如圖 9.9 所示，此圖之橫軸爲位置誤差而縱軸爲保護準位，位置誤差爲載具實際位置與導航系統所計算之差異而保護準位爲定位計算過程根據誤差特性與方差所推算之一安全指標。隨著不同飛行階段，告警極限會有所變動，可參考表 1.6 不同飛行階段之定位精度與告警極限。當位置誤差小於保護準位且保護準位小於告警極限，則導航系統可提供正常之服務。但當保護準位大於告警極限，則導航系統無法正常提供服務。於飛航導航比較困擾的是當位置誤差大於保護準位，表示系統有傳送誤導資訊(misleading information)之可能。這其中，若位置誤差大於告警極限則屬嚴重誤導(hazardous misleading)。利用此圖，可以註記每一時刻之保護準位與位置誤差以評斷系統之性能。

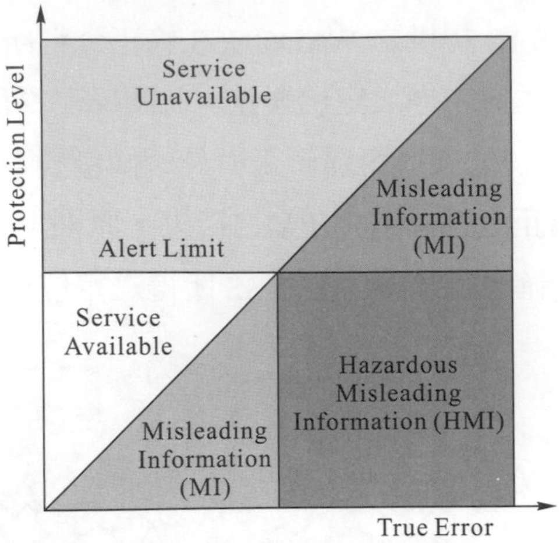

圖 9.9　導航系統性能圖

圖 9.10 與 9.11 爲實測資料於精確進場情況下分別於水平與垂直方向之導航性能圖。於此圖可知水平方向之位置誤差均低於保護準位且保護準位低於告警極限，因此水平方向之導航功能正常。於垂直方向，有 99.999%之機率亦處於正常工作情形；但於某一些時刻，導航系統之保護準位會高於告警極限，此時雖然位置誤差仍低於保護準位，但系統會宣稱不適用，以取得必要之保護。

LADGNSS 與 WADGNSS 均利用基準站提供觀測與修正以改善精度。一般而言，GNSS 標準定位服務採用民用碼定位，其精度約爲 5 至 40 公尺。精確定位服務利用較精確的軍用展頻碼，其精度相較於標準定位服務可提升一個等級。LADGNSS 與 WADGNSS 採用電碼修正，精度在 1 至 10 公尺左右。如欲更進一步改善精度，則得利用載波相位量測量。可以想見，結合載波相位與差分修正亦爲一種通行之方法。

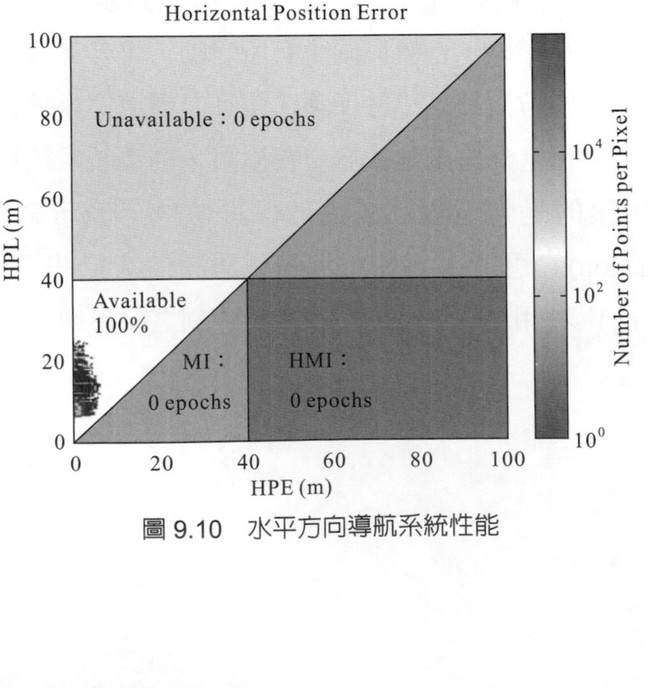

圖 9.10　水平方向導航系統性能

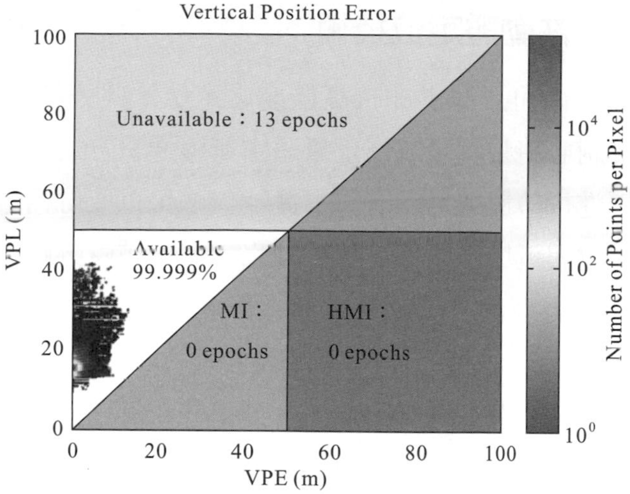

圖 9.11　水平方向導航系統性能

9.2　主從式載波相位定位

近域與廣域 DGNSS 服務系統一般提供給利用單頻、電碼量測之移動端接收機進行修正以改善精度與完整性。對於高精度之定位，若移動端接收機可取得載波相位量測量，則亦可沿用 DGNSS 服務系統之主從式架構以改善精度和強化效率。此時基準站或主控站得提供載波相位之量測量或修正量，而於定位解算過程得面對整數未定值之求解議題。採用單一基準站進行載波相位之修正與定位之作法一般通稱爲即時動態(real-time kinematic, RTK)定位。若採用一群 GNSS 基準站進行載波相位之修正與定位，則稱之爲網路 RTK(network RTK)。網路 RTK 系統主要利用一群 GNSS 基準站取得 GNSS 衛星之載波相位觀測量並據以產生修正資料。相對而言，WADGNSS 系統主要接收與處理虛擬距離觀測量。於產生修正資料之一重要步驟爲解算出各基準站間載波相位觀測量之整數未定值。網路 RTK 系統之各基準站持續接收 GNSS 衛星訊號，當主控站彙整此些載波相位量測量後，利用精確之基線計算與網形平差可以解出整數未定值並得到各基準站之精確坐標。RTK 和網路 RTK 技術可以提升定位之精度到達公寸乃至公分級之精度。表 9.2 比較差分式定位與主從式載波相位定位之不同構型。

表 9.2　差分式定位與主從式載波相位定位之比較

系統	量測量	基準站	精度
LADGNSS	虛擬距離	單一	公尺
WADGNSS	虛擬距離	多	公尺
RTK	載波相位	單一	公寸至公分
Network RTK	載波相位	多	公寸至公分

9.2.1 RTK 即時性動態定位技術

單一主站 RTK 技術可以提供即時高精度之定位，此一技術利用一基準站進行 GNSS 載波相位之量測並將量測量或修正量藉由無線通訊方式傳送至移動站，後者隨之解算整數未定值再進行位置或基線計算；此一作法可以取得相當高之精度。於設施上，此一即時動態定位與近域差分修正有相似之處但近域差分修正主要處理虛擬距離量測量而即時動態定位處理載波相位量測量。若移動端之接收機與基準站相距在 10 公里以內，則藉由 RTK 可以達到公分級之定位精度。RTK 所提供之高精度可開啓相當多應用如水文測量、空中測量、道路施工、建築應用等。

RTK 之作法可參考圖 9.12，首先利用一基準站量測來自 GNSS 衛星之載波相位量測量，其型式如(9.8a)所示，複製如下

$$\lambda\Phi_m^i = \rho_m^i + \Delta_{\delta,m} - \Delta_{clk}^i + \Delta_{ephe,m}^i + \Delta_{trop,m}^i + \lambda N_m^i - \Delta_{iono,m}^i + \Delta_{\Phi,m}^i \tag{9.20}$$

於 RTK 過程，基準站將所量測之載波相位量測量傳送至移動端，因此移動端之接收機可同時取得基準站與移動站之載波相位量測量，而後者之型式爲

$$\lambda\Phi_s^i = \rho_s^i + \Delta_{\delta,s} - \Delta_{clk}^i + \Delta_{ephe,s}^i + \Delta_{trop,s}^i + \lambda N_s^i - \Delta_{iono,s}^i + \Delta_{\Phi,s}^i \tag{9.21}$$

假設基準站與移動站彼此相近，一般要求爲 10 公里以內，則衛星時鐘、衛星軌道、對流層與電離層之誤差亦相近，故經由二次差則如(8.138)可得

$$\Phi_{m-s}^{i-l} = \frac{1}{\lambda}\rho_{m-s}^{i-l}(k) + N_{m-s}^{i-l} = \frac{1}{\lambda}\left(\rho_{m-s}^{l}(k) - \rho_{m-s}^{i}(k)\right) + N_{m-s}^{i-l} \tag{9.22}$$

其中 N_{m-s}^{i-l} 爲整數。假設 $\boldsymbol{h}_i$ 與 $\boldsymbol{h}_l$ 分別爲第 i 顆衛星與第 l 顆衛星至接收機之單位向量且令 $\boldsymbol{q}$ 爲由基準站至移動站之向量，則

$$\Phi_{m-s}^{i-l} = \frac{1}{\lambda}(\boldsymbol{h}_l - \boldsymbol{h}_i)^T \boldsymbol{q} + N_{m-s}^{i-l} \tag{9.23}$$

如 8.4 節相對定位之說明，可累積不同時刻之量測量，在週波未脫鎖情況下，解出整數未定值以及相對之基線向量。一般於 RTK 定位，均先將移動站接收機靜置一段時間以完成整數未定值之解算；然後當移動站接收機移動時只要保持載波之持續鎖定則可以利用前述二次差方程式解出移動之基線向量，達到精確定位。如果要取得移動站之絕對坐標，則僅需取得基準站之絕對坐標再加上基線向量即可。

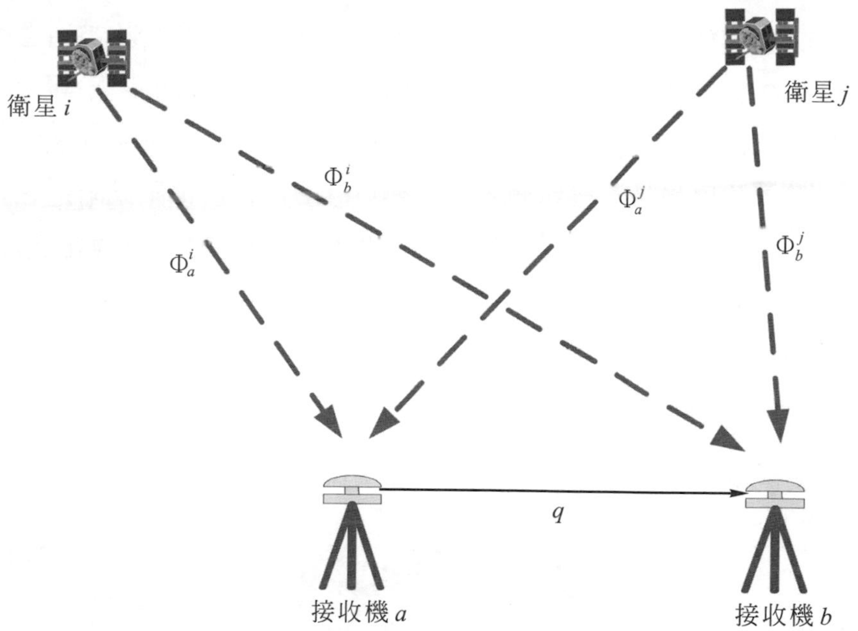

圖 9.12 RTK 定位

9.2.2 網路 RTK 技術

RTK 定位之方式如前所述係由一基準站與測站進行 GNSS 訊號之持續量測，而隨之取得移動站與基準站間之載波相位觀測量之一次或二次差後進行整數未定値之解算然後估算出基線向量與移動站位置。此一方法一般可以取得公分等級之精度，但其限制爲基準站與移動站間之距離一般不得超過 10 至 20 公里，因爲過大之距離所連帶之誤差影響會造成整數未定値解算與收斂之困難。換言之，相對定位之立論基礎爲共有誤差項目可藉由一次差或二次差予以消除。然隨著基準站與測站間距離之增加，部分誤差項目如軌道誤差、電離層誤差與對流層誤差展現與距離相依之特性以致於無法完全藉由一次差或二次差之方法相消。克服上述空間去相關性限制之方法中最常見的是應用多基準站之作法。正如由 WADGNSS 可以解決 LADGNSS 所受之空間去相關限制，網路即時動態定位主要結合多基準站觀測、衛星定位、無線網路、行動數據通訊、資料儲管與全球資訊網路等技術以因應即時動態定位之限制。

網路 RTK 系統採用多個基準站所組成的 GNSS 網絡來評估基準站涵蓋地區之定位誤差，再配合最鄰近的實體基準站觀測資料，產生一個虛擬的基準站(virtual base station, VBS)做爲 RTK 基準站，所以移動站並不是接收某個實體基準站之實際觀測資料，而是經過誤差修正後的虛擬觀測數據，也就是 RTK 基準站是經過人爲產生的虛擬化基準站，其意義如同在移動站附近架設實體的基準站一樣，故被稱之爲虛擬基準站即時動態定位(VBS-RTK)技術。VBS-RTK 即時動態定位技術的基本觀念即是由多個 GNSS 基準站全天候連續地接收衛星資料，並經由網際網路或其它通訊設備與主控站連接，彙整計算產生區域改正參數資料庫，藉以計算出任一移動站附近之虛擬基準站的相關資料，所以在基準站所構成的基線網範圍內，RTK 使用者只需在移動站上擺設接收機，並將相關定位資訊透過無線數據通訊傳輸技術傳送至主控站，後者隨之計算虛擬基準站之模擬觀測量後，再回傳至移動站接收機，進行超短基線 RTK 定位解算，即可獲得高精度、高可靠度及高妥善率之即時動態定位成果。圖 9.13 說明 VBS-RTK 之資料處理過程。

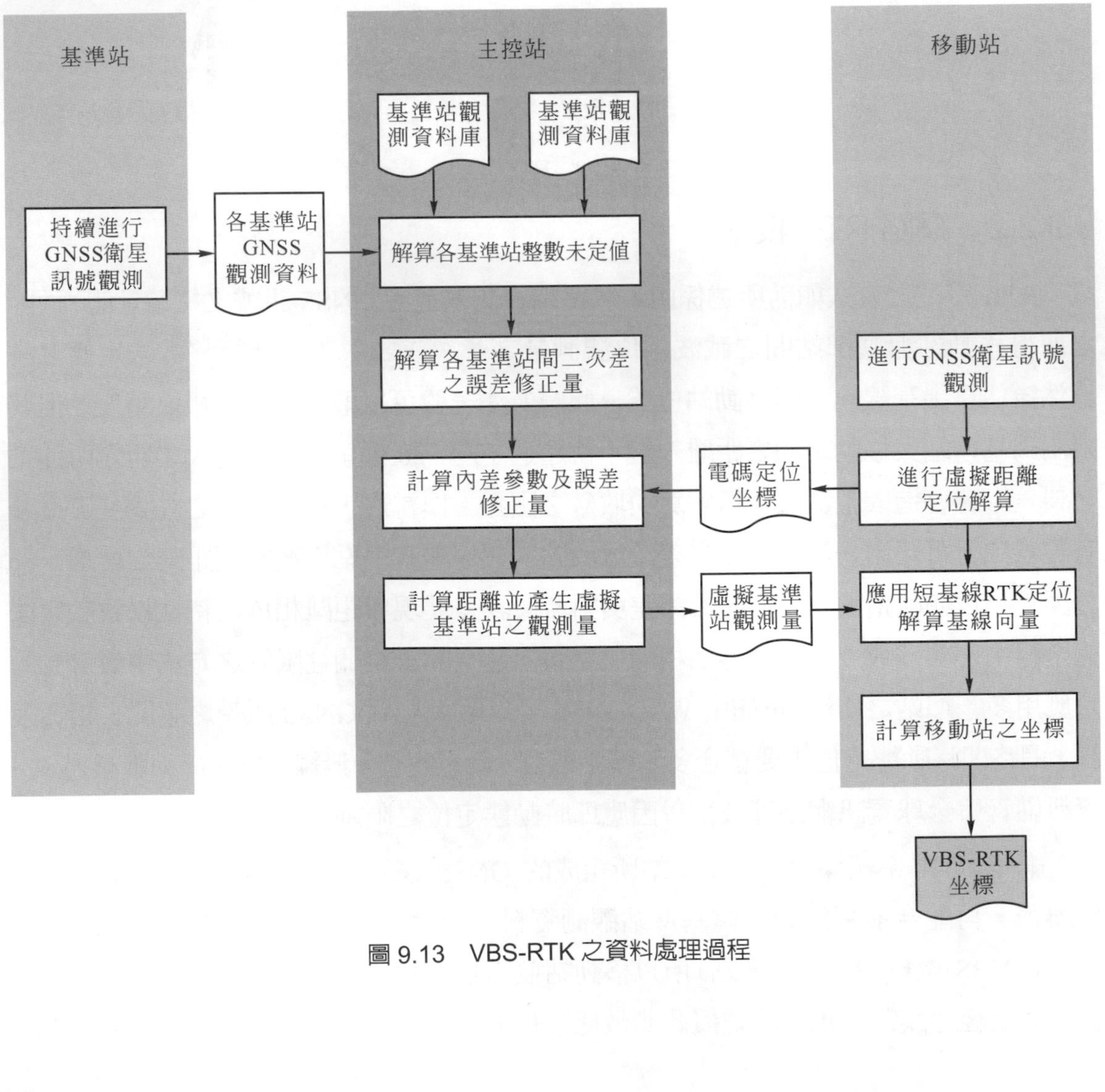

圖 9.13　VBS-RTK 之資料處理過程

於網路 RTK 之定位解算過程，主控站首先彙整各基準站之量測量並解算出各基準站間之整數未定值。此一過程爲整體解算過程之一關鍵步驟，因爲若有一些未定值未克成功解出，則相對應之量測量就無法做爲修正之參考。由於基準站間之距離一般爲 50 至 100 公里左右，故此一整數未定值之解算有一定難度，尤其是當電離層有變化的時候。所幸各基準站之坐標可視爲已知，而且可以引用 IGS 之精密星曆以及根據之前觀測資料庫累積觀測而推算之基準站所處位置之對流層和電離層延遲模式、多路徑效應以及天線相位中心等資料，故整數未定值一般可以快速解出。網路 RTK 之修正量會因位置之變動而有所不同，也因此於計算修正資料時得將各誤差源視爲與位置有關之函數；而且電離層之誤差甚至會隨時間而變化。不同之網路 RTK 因此發展不盡相同之修正模式，而實際之修正量往往藉由內插方式計算。當主控站收到移動站所提供之粗略位置後，主控站可選擇與此一位置相近之點位，視爲虛擬基準站之位置並根據修正量之模式與參數產生此一虛擬基準站之載波觀測量。此一虛擬觀測量主要利用實體基準站觀測量根據修正資料進行距離相關之內插而得。當主控站將此一虛擬載波觀測量傳送至移動站後，移動站可以進行超短基線之即時動態定位以解算出所處位置之坐標。

一般網路 RTK 之基準站網路均長期且持續地觀測 GNSS 衛星，故所得之資料除了可提供網路 RTK 定位外，另藉由此些觀測資料之累積可以監控整體網路之品質。因此，RTK 之基準站網路之資料亦往往提供地殼監控等之參考。目前台灣地區已建置了 e-GPS 衛星定位基準網，計利用 78 基準站以構成網路，可提供全島網路 RTK 之服務。

9.2.3 RTCM 資料

差分修正或 RTK 定位均得傳送修正或原始觀測資料，爲確保傳送與接收端之相容，得要求有一致之資料格式與安排。以下介紹由基準站傳送給用戶修正訊號的格式。國際海事無線電技術委員會(Radio Technical Commission for Maritime Services，RTCM)所定義的 SC-104 通信協定是一種最常見之差分修正訊號格式。經由此一格式之制定，基準站可正確無誤地將 GNSS 修正訊號傳送給移動站或導航者；而導航者可因此進行時間與位置之修正。目前許多 GNSS 接收器均可接納此種訊號格式以進行差分修正。RTCM SC-104 差分 GNSS 修正之格式於 1983 年開始研議，目前通行的是 2.3 版本與 3.1 版本。第 2.3 版本支援差分修正訊息之傳送而第 3.1 版本主要著演於 RTK 和網路 RTK 之應用。

圖 9.14 爲 RTCM SC-104 第 2.3 版本之資料格式，每一筆資料由 N+2 文字構成，而每一文字包含 30 位元。前兩個文字稱爲頭框(header)用以定義訊息型式、基準站碼、次序碼、資料長度等。頭框後之 N 個文字則爲差分修正用之資料。N 之數目則於頭框定義。第一個文字中之前 8 個位元爲序文(preamble)用以區別 RTCM SC-104 訊息及進行位元同步。序文或前置碼之內容爲 01100110。資料型式佔了隨後之 6 位元用以表示 $2^6=64$ 種可能之訊息型式。表 9.3 列出部分訊息型式。接下來的 10 位元用來表示基準站之代號或編號以利導航者分辨此一訊息之來源。最後則有 6 位元之同位碼供誤碼偵測用。RTCM SC-104 所採用與 GPS 導航訊息相同之同位碼計算法則。頭框之第 2 文字之前 13 位元是所謂的修正 Z 計數，其功能爲提供此一訊息之參考時間。其後之 3 位元次序碼則爲資料框之計數碼可用以供資料框同步。由第 17 位元至 21 位元之 5 位元代表了資料之長度 N，連同頭框一整筆之資料包含 N+2 資料框。基準站健康狀態係利用隨後之 3 位元以表示。第二文字之最後 6 位元則爲同位碼。如表 9.3 所列，RTCM SC-104 可用以支援多種不同的導航修正訊息之傳送。由於不同服務之性質有異，甚至相同服務資料內容亦有不同，故 RTCM SC-104 採用了不定長度之訊息格式。在諸多服務中以差分 GPS 修正應用最普遍。原則上，第一類型、第二類型與第九類型之服務均用以提供差分 GPS 修正。於此些差分修正訊息中包含特定時間點之虛擬距離與虛擬距離變化率之修正量，於移動端之接收機可因此據以修正原始之觀測量。

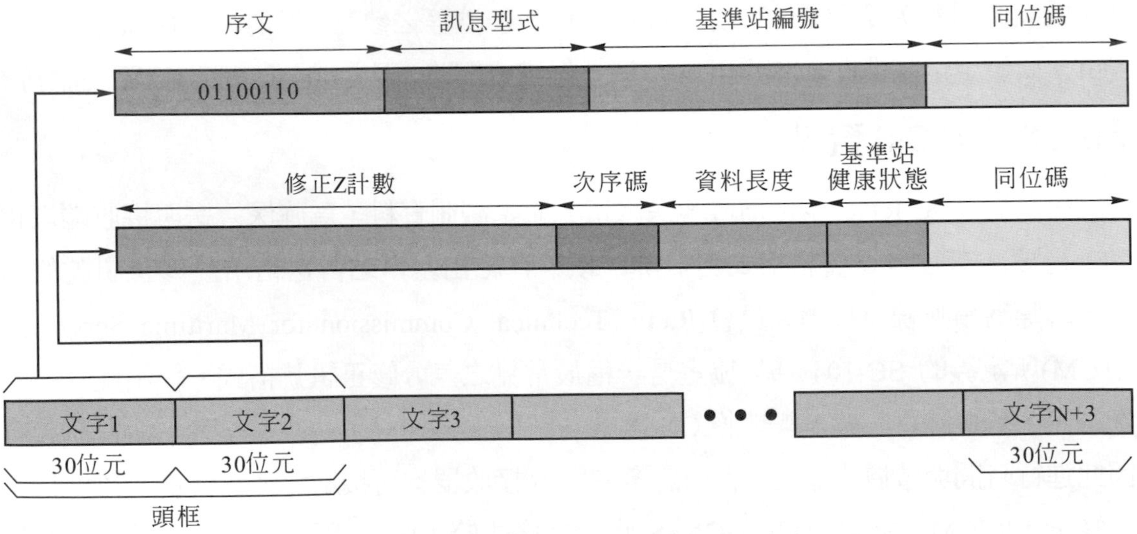

圖 9.14　RTCM SC-104 2.3 版之資料格式

表 9.3　RTCM SC-104 2.3 版之訊息型式(部分)

訊息型式編號	內容
1	差分式 GPS 修正
2	前時段差分式 GPS 修正
3	基準站參數資料
5	GPS 星座健康資料
6	空白訊息
7	DGPS 訊號台資料
9	GPS 部分差分修正
10	P 碼差分修正
14	GPS 時間
15	電離層延遲訊息
16	GPS 特定訊息
17	GPS 衛星軌道資料
18	RTK 未修正之載波相位
19	RTK 未修正之虛擬距離
20	RTK 載波相位修正量
21	RTK 高精度虛擬距離修正量
59	專屬訊息

RTCM SC-104 第 3.1 版本之傳送資料格式採用可變長度之設計，其資料框如圖 9.15 所示。整個資料框之序文或前置碼之內容爲 11010011，隨後爲 6 位元之保留位元，10 位元之資料長度，長度爲 0 至 1023 位元組之資料，最後爲 24 位元之 CRC。表 9.4 爲此一版本之 RTK 與網路 RTK 訊息型式。

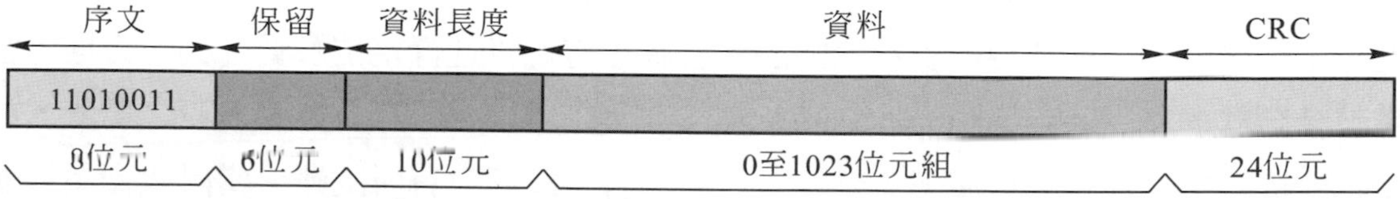

圖 9.15　RTCM SC-104 2.3 版之資料格式

表 9.4　RTCM SC-1043.1 版之資料型式

群組	次群組	訊息型式編號
觀測量	GPS L1	
	GPS L1/L2	
	GLONASS G1	
	GLONASS G1/G2	
基準站坐標		1005, 1006
天線資料		1007, 1008
網路 RTK 修正資料	虛擬基準站觀測量	1014
	電離層修正	1015
	幾何修正	1016
	合併之幾何與電離層修正	1017
輔助操作之資料	系統參數	1013
	衛星軌道與星曆資料	1019, 1020
	文字訊息	1029
專屬訊息		4088-4095

爲網路 RTK 之應用，RTCM 另定義網路傳輸通訊協定(Networked Transport of RTCM via Internet Protocol, NTRIP)以進行網路通訊傳輸。此一協定具有支援多種無線網際網路通訊架構(如 GSM、GPRS、EDGE 及 UMTS 等)，且數據具有高壓縮特性，可提供使用者更有效率的傳輸品質及具單一登錄通道整合技術，無使用數量限制之優勢。

9.3　輔助型 GNSS 接收機

輔助型 GNSS 技術或 AGNSS 技術爲結合衛星導航與行動通訊之一項工藝展現。GNSS 接收機應用之一項限制爲接收裝置往往相當耗電而且初次定位時間(time to first fix, TTFF)往往過長。以 GPS 接收機爲例，縱使已完成訊號之擷取與追蹤，仍得等待近三十秒之時間以完成導航資料之解調與解碼，方足以進行定位解算。另一方面，當嘗試結合 GNSS 接收機與行動裝置時，由於行動裝置不見得工作於空曠之場所，故 GNSS 接收機得面對訊號微弱之情況，以致於資料解碼會有所困難。當融入衛星導航功能於行動裝置時，此一耗電與耗時之缺點可以改善，藉由網路伺服端提供解調與解碼之協助，可以提升接收機之靈敏度。行動通訊裝置更可以與後端之網路結合，提供多種類型之輔助以改善單純 GNSS 接收機之初次定位時間與靈敏度問題。

GNSS 接收機若處於冷開機之情境，即沒有先驗之衛星編號和都卜勒頻移資料，則得耗費相當長之時間進行訊號之擷取。輔助型 GNSS 之首要工作爲縮短 TTFF。如 6.3 節所述，當擷取過程可以縮小搜尋之範圍則可以較快速地擷取到訊號也因此縮短 TTFF。對於訊號微弱之室內場所，縮小搜尋範圍亦有利於增長積分或停駐時間以增加擷取之成功率。同時，若可以取得所處位置之衛星編號與都卜勒頻移，則一旦擷取其中之一顆衛星則可以估測出接收機之時鐘漂移，進而縮小其他衛星都卜勒頻移搜尋之範圍。因此，AGNSS 可以克服 GNSS 接收機定位時間太長、靈敏度不足以及功耗過多之問題。事實上，由於美國 E911 之制訂，使得行動裝置有必要建立精準定位之功能，而 AGNSS 爲滿足此一要求之最可行技術。

圖 9.16 爲 AGNSS 之架構圖。整個 AGNSS 系統利用分散不同地點之基準站接收來自 GNSS 衛星之訊號與資料。此些基準站之功能與廣域差分修正之基準站類似，但由於 AGNSS 之主要功能爲期望可即時地提供導航資料予行動裝置，故若 AGNSS 系統不提供差分修正則基準站僅需確認可以取得各衛星之導航資料即可，此時基準站之設置密度可以較 WADGNSS 之基準站來得稀疏。各基準站之資料由基準站伺服器定期彙整與儲存。定位伺服器(location server)爲整個 AGNSS 定位之核心，主要由基準站伺服器取得衛星之導航資料並予以適當整理後提供給行動裝置以協助定位。此一伺服器可接收來自行動裝置、位置加值應用單元或緊急服務訊息單元之要求，產生所需內容與格式之輔助資料。若定位需求由行動裝置啓動，例如行動裝置撥打 119(於美國爲 911)，則定位伺服器首先會提供行動裝置約略的位置；此一位置可以爲行動裝置所處基地台或熱點之位置。定位伺服器亦會提供必要之資料以利行動裝置快速鎖定衛星，如此一旦行動裝置定位完成可以將位置資訊回傳至伺服端或者行動裝置將 GNSS 量測量回傳至伺服端而由後者解算出行動裝置之位置。如此，可以得知發話者之位置以利進行因應動作如緊急救護。位置加值應用單元爲一網路端之應用軟體，可開啓定位服務之需求。定位服務一般用於物件追蹤、人員協尋、路徑導引乃至與位置有關之線上遊戲。當定位伺服器收到此一服務要求時，會視是否有經過授權後協助行動裝置定位並回報位置。於此一定位過程藉由定位伺服器所提供之協助可以較快之速度或以較精簡之方式完成。緊急服務訊息應用之程序亦類似。定位伺服器由於建基於網路架構，故得取得時間之一致性，時間伺服器利用網路時間協定(network time protocol, NTP)確保定位伺服器與網路時間是同步的。一般網路時間協定是以 UTC 時間爲基準，但由

於搭配 GNSS 接收機故可以取得 GNSS 時間與 UTC 時間之差異，亦可以換算出 GNSS 時間。整體 AGNSS 系統不可或缺之元素爲行動裝置，各行動裝置具有接收 GNSS 衛星訊號以及實現網路通訊之功能。藉由 AGNSS 系統，行動裝置可以較有效地定出所處之位置而伺服端亦可以取得行動裝置之位置資訊。

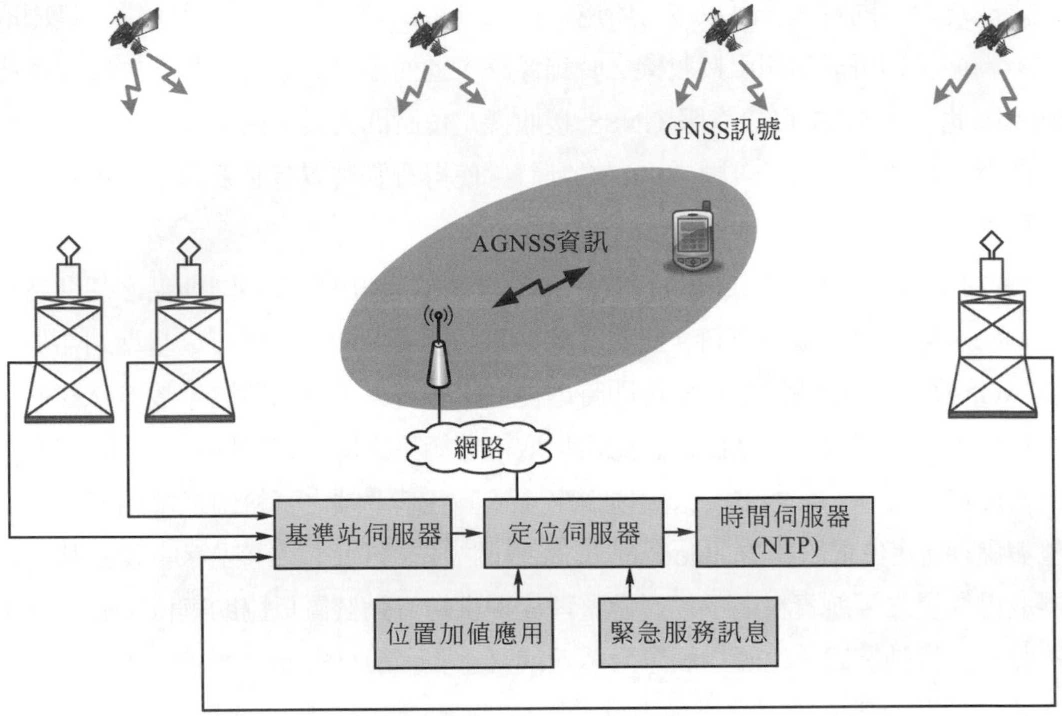

圖 9.16　AGNSS 之架構圖

目前輔助型 GNSS 接收裝置一般分爲兩種類型，其一爲行動裝置爲輔(mobile station assisted, MS-assisted)，另一爲行動裝置爲基(mobile station-based, MS-based)。前者將 GNSS 接收機之功能簡化，由伺服端之基地台或無線網路提供衛星編號、都卜勒頻移、電碼相位、衛星仰角與方位角等資訊以縮小訊號搜尋之範圍，而且當行動裝置成功擷取訊號後將所量測到之電碼相位(虛擬距離)、都卜勒頻移、功率雜訊密度比等傳回至伺服端。伺服端之定位計算伺服器可隨之計算出接收裝置所處之位置。相對而言，後者則由伺服端基地台或無線網路提供衛星星曆、大略位置與時間、電離層誤差、長效星曆、差分修正量、完整性指標等以利行動端之接收裝置進行訊號之擷取、追蹤與定位解算。藉由此一行動裝置爲基輔助過程，行動裝置可以省去解碼出導航資料之工作，故初次定位時間得以縮短；但行動裝置得根據所追蹤之訊號進行位置與時間之解算工作。此二類型之差異如表 9.5 所說明。一般而言，採用行動裝置爲基之設計要求伺服端提供較多之資料傳送。

表 9.5　行動裝置為輔與行動裝置為基之差異

	行動裝置為輔	行動裝置為基
基地台提供	衛星編號、都卜勒頻移、電碼相位、衛星仰角與方位角	衛星星曆、大略位置與時間、長效星曆、差分修正量、完整性指標
行動裝置產生	電碼相位(虛擬距離)、都卜勒頻移、功率雜訊密度比	位置、速度、時間、訊號強度、誤差橢圓
定位計算	於網路定位伺服器	於行動裝置

輔助定位用之資料主要期望可提供行動裝置可以快速地接收 GNSS 衛星訊號。不同 AGNSS 系統與行動裝置類型所採用之輔助資料不盡相同，但基本上可參考表 9.6 之說明。參考時間於不同之 AGNSS 定位系統有不完全一致之定義，但基本上參考時間指的是 GNSS 系統時間與資料子框資料。有了 GNSS 系統時間可以有利於行動裝置進行時間之同步而資料子框資料則有助於判斷資料子框之起始位置亦有利於同步。參考時間之應用會受到由伺服端之基地台或無線網路傳送至行動裝置傳輸延遲之影響。有些 AGNSS 系統所提供之參考時間輔助資料會將此一傳輸延遲進行補償。參考位置泛指行動裝置之可能位置與誤差橢圓，而此一位置一般爲基地台或無線網路之涵蓋範圍。衛星星曆對於行動裝置爲基類型之行動裝置是相當重要之輔助資料，因爲一旦有此一輔助，行動裝置可以免去導航資料解碼之動作。對於採用 AGPS 之系統，此一衛星星曆資料基本上包含資料子框一、二與三之資料。電離層模式與參數有利於單頻接收機修正電離層延遲誤差。對於行動裝置爲基之應用，由於行動裝置不進行資料解碼，故可由伺服端提供。UTC 模式與參數之輔助可以協助行動裝置修正 GPS 時間與 UTC 時間之差異。對於行動裝置爲輔之行動裝置，擷取協助資料是最主要的輔助資料。定位伺服器一般根據行動裝置之粗略位置與時間計算出擷取協助資料包含衛星編號、都卜勒頻移估測值、都卜勒頻移率、都卜勒頻移範圍、電碼相位估測值、導航位元、電碼相位範圍、衛星仰角與方位角等。即時完整性之資料可以警示行動裝置，以避免應用異常之 GNSS 訊號。衛星粗略星曆則有利於行動裝置掌握全星座各衛星之軌道與時鐘參數。另外，若 AGNSS 可結合 DGNSS 功能，則提供差分修正之輔助資料，可提升定位之精度。

9

表 9.6　輔助資料型式

輔助資料型式	說明	行動裝置為輔	行動裝置為基
參考時間	網路時間、GNSS 時間以及導航資料子框內容	必要	必要
參考位置	粗略位置與範圍	必要	必要
衛星星曆	衛星廣播之軌道與時鐘修正參數		必要
電離層模式	電離層延遲模式與參數		有用
UTC 模式	UTC 時間與 GNSS 時間之差異		有用
擷取協助	衛星之編號、都卜勒、導航位元、俯仰角、方位角以及此些參數之變動範圍	必要	有用
即時完整性	衛星可用或勿用之指標		有用
衛星粗略星曆	所有衛星之粗略軌道與時鐘修正參數	有用	有用
差分修正	各衛星之差分修正訊息		有用

對於行動裝置爲輔之 AGNSS，雖然定位伺服器可以與 GNSS 時間取得同步，但若網路未同步或由於網路延遲之原因，行動裝置可能無法取得正確的 GNSS 時間。當行動裝置回傳虛擬距離與都卜勒頻移等量測量時所註記之時間與定位伺服器計算衛星位置之時間並不一致，如此會造成定位之誤差。針對此一現象，於定位計算過程可以藉由 GNSS 時間回復(recovery)之動作因應之。於時間回復過程，定位伺服器得額外估測行動裝置與伺服器間之時鐘誤差，因此定位計算之過程有五項待求量，包括行動裝置之位置、時鐘誤差以及網路延遲。

假設Δ_T 爲網路延遲則(8.71)之量測方程式應改寫爲

$$R^i = \rho^i + \Delta_\delta + \Delta_R^i + D^i \Delta_T \tag{9.24}$$

其中 D^i 爲以距離變化率爲單位之都卜勒頻移量。代入(8.133)則量測量可改寫成

$$R^i = \left\| \boldsymbol{p} - \boldsymbol{r}^i \right\| + \Delta_\delta + \Delta_R^i + \left((\dot{\boldsymbol{p}} - \dot{\boldsymbol{r}}^i)^T \frac{\boldsymbol{p} - \boldsymbol{r}^i}{\left\| \boldsymbol{p} - \boldsymbol{r}^i \right\|} + \dot{\Delta}_\delta - c\dot{\delta}^i \right) \Delta_T \tag{9.25}$$

針對此一組聯立之量測方程式，可以引用 8.3 節介紹之方法進行位置、時鐘誤差與時間延遲之解算。若行動裝置處於靜止狀態並針對量測方程式進行線性化則可以建立以下線性方程式

$$\boldsymbol{z} = \boldsymbol{H} \begin{bmatrix} \boldsymbol{q} \\ \Delta_\delta \\ \Delta_T \end{bmatrix} + \boldsymbol{v} \tag{9.26}$$

其中

$$
\boldsymbol{H}=\begin{bmatrix}
\boldsymbol{h}_1^T & 1 & (\dot{\boldsymbol{r}}^1)^T\dfrac{\boldsymbol{r}^1-\boldsymbol{p}}{\left\|\boldsymbol{r}^1-\boldsymbol{p}\right\|}+\dot{\Delta}_\delta \\
\boldsymbol{h}_2^T & 1 & (\dot{\boldsymbol{r}}^2)^T\dfrac{\boldsymbol{r}^2-\boldsymbol{p}}{\left\|\boldsymbol{r}^2-\boldsymbol{p}\right\|}+\dot{\Delta}_\delta \\
\vdots & \vdots & \vdots \\
\boldsymbol{h}_{n_s}^T & 1 & (\dot{\boldsymbol{r}}^{n_s})^T\dfrac{\boldsymbol{r}^{n_s}-\boldsymbol{p}}{\left\|\boldsymbol{r}^{n_s}-\boldsymbol{p}\right\|}+\dot{\Delta}_\delta
\end{bmatrix} \tag{9.27}
$$

方程式(9.26)雖較單純 GNSS 單點定位較爲複雜，但基本上仍可沿用最小加權平方方法或卡爾曼濾波器進行解算。

9.4　雲端 GNSS 定位

對於行動通訊與計算之應用，如何讓移動端之行動裝置輕薄短小與省電一直是重要議題。採用前述之 AGNSS 可以有效地減輕行動裝置之負擔，但隨著雲端技術之發展，可以進一步地簡化行動裝置之複雜度。雲端 GNSS 定位之呈現可以有相當多種方式，但基本上於行動裝置紀錄一段 GNSS 射頻或中頻樣本並藉由無線通訊或網路傳送至雲端定位伺服器。此時，所有擷取、追蹤與定位計算動作均於伺服器完成。表 9.7 爲雲端 GNSS 與行動裝置爲輔之 AGNSS 之差異。採用雲端 GNSS，於行動裝置之配置可以較簡單但是所需之傳輸資料量較多。對於仍處於演進之 GNSS 以及因應將來多頻多模之接收環境，雲端 GNSS 具有相當靈活性，可眞正實現 thin client 架構。

表 9.7　雲端 GNSS 與行動裝置為輔之 AGNSS 之差異

	雲端 GNSS	行動裝置為輔之 AGNSS
行動裝置	天線與射頻前端	天線、射頻前端與基頻處理單元
資料傳輸量	大量數位中頻訊號樣本	少量虛擬距離與都卜勒頻移量測量

結語

經由差分修正與輔助，GNSS 之功能與性能可以大幅提昇，一方面精度與完整性得以改善，另一方面初次定位時間得以縮短。一般而言，公尺級定位精度可用於人員追蹤、車輛位置回報、登山者協尋、里程計價等導航應用；公寸定位精度可用於路平專案、人孔與管線施工、地理資訊調查與無人車自主導航等；而公分級之定位精度則用於精密測繪與工程建設。因應不同精度之要求，可以沿用差分修正或 RTK 技術等以善用 GNSS 訊號。於建立 RTK 系統之過程與差分 GNSS 系統類似得留意下列三項工作

- 修正資料之產生
- 修正資料之傳輸
- 修正訊號之處理

隨著修正資料內容、產生與處理之差異，可以有多種不同涵蓋範圍、定位精度與即時整體性之差分 GNSS 系統。結合通訊網路與 GNSS 已成爲行動通訊之一基本功能。輔助型 GNSS 之發展亦有相當多種不同構型與配置。將來隨著雲端科技之發展，雲端 GNSS 之概念亦逐漸成形。可以想見，GNSS 技術將爲眾多整合應用之一項核心與關鍵技術。

參考文獻說明

差分修正之概念發展的相當早，目前已是一種習知可以改善精度之方法，可參考[4] [111] [160]。改善 GNSS 性能之增強系統有星基增強系統與地基增強系統；二者均期望藉由即時監控與差分修正強化定位系統之精度、完整性與妥善率。於美國之星基增強系統稱之爲 WAAS 而地基增強系統稱之爲 LAAS，可分別參考[55] [140] [155] 與[27] [53] [177] [178] [198]。有關 WADGPS(或 WADGNSS)之方法可參考[2] [120] [121]。至於 MSAS 與 GAGAN 之資料分析與應用，可參考[112]。GNSS 差分修正與 RTK 之資料格式可參考[132] [189] [190] [191]。另外，WADGNSS 之資料格式則可參考[137] [179]。RTK 之應用可參考[105]。網路 RTK 之設計與議題則可參考[52] [64]。AGNSS 之技術於文獻[210] 針對行動裝置有相當深入之描述，而於文獻[86] 則強調伺服端之架構與作法。雲端 GNSS 之概念則可參考[33] [229]。

習題

1. 試比較以下諸方法之精度
   a. 單純 GNSS 定位
   b. 差分 GNSS 定位
   c. RTK 定位
   d. 網路 RTK 定位
2. 若採用雙頻 GNSS 接收機，DGNSS 是否仍有效？
3. 一般網路 RTK 要求基準站之距離低於 50 公里，WADGNSS 之基準站距離約爲數百公里，至於 AGNSS 之基準站若不提供差分修正可以更遠。爲何有以上之差別？
4. 台灣地區若建置 WADGNSS，主要可以抑制哪些誤差和改善哪些性能？又有哪些先天之限制？
5. 利用載波相位定位，整數未定値之正確解算係一關鍵。於 RTK 應用，一般同時此一解算過程可以即時地完成。於文獻上可以看到所謂 on-the-fly 與 single-epoch 之未定値解算法。請比較此二類型方法之差異。
6. 上網搜尋，美國 E911 要求之定位精度爲何？AGNSS 是否可滿足要求？

附錄

Appendix

參考文獻

參考文獻

[1] H. Z. Abidin, “On-The-Fly Ambiguity Resolution,” *GPS World*, Vol. 5, No. 4, 40-50, 1994.

[2] M. A. Abousalem, “Performance Overview of Two WADGPS Algorithms,” *GPS World*, Vol. 8, No. 5, 48-58, 1997.

[3] D. M. Akos, P. L. Normark, A. Hansson, A. Rosenlind, C. Ståhlberg, and F. Svensson, “Global Positioning System Software Receiver (gpSrx) Implementation in Low Cost/Power Programmable Processor”, Proceedings of the 14th International Technical Meeting of the Satellite Division of The Institute of Navigation (ION GPS 2001), Salt Lake City, UT, 2001.

[4] D. H. Alsip, J. M. Butler, and J. T. Radice, “The Coast Guard’s Differential GPS Program,” *Navigation: Journal of the Institute of Navigation*, Vol. 39, No. 4, 345-361, 1992.

[5] D. B. M. Alves and J. F. G. Monico, "GPS/VRS Positioning Using Atmospheric Modeling," *GPS Solutions*, Vol. 15, 253-261, 2011.

[6] P. B. Anantharamu, D. Borio, and G. Lachapelle, "Pre-Filtering, Side-Peak Rejection and Mapping: Several Solutions for Unambiguous BOC Tracking," Proceedings of the 22nd International Technical Meeting of The Satellite Division of the Institute of Navigation (ION GNSS 2009), Savannah, GA, 2009.

[7] J. A. Avila-Rodriguez, *On Generalized Signal Waveforms for Satellite Navigation*, Ph. D. dissertation, University FAF Munich, 2008.

[8] J.-A. Avila-Rodriguez, G. W. Hein, S. Wallner, J.-L. Issler, L. Ries, L. Lestarquit, A. de Latour, J. Godet, F. Bastide, T. Pratt, and J. Owen, "The MBOC Modulation: The Final Touch to the Galileo Frequency and Signal Plan", *Navigation: Journal of the Institute of Navigation*, Vol. 55, No. 1, 14-28, 2008.

[9] M. Barkat, *Signal Detection and Estimation*, Artech House, 2005.

[10] B. C. Barker, J. W. Betz, J. E. Clark, J. T. Correia, J. T. Gillis, S. Lazar, K. A. Rehborn, and J. R. Straton, "Overview of the GPS M Code Signal," Proceedings of the 2000 National Technical Meeting of The Institute of Navigation, Anaheim, CA, 2000.

[11] J. R. Barry, E. A. Lee, and D. G. Messerschmitt, *Digital Communication*, Springer, 2004.

[12] Y. A. Bazlov, V. F. Galazin, B. L. Kaplan, V. G. Maksimov, and V. P. Rogozin, “GLONASS to GPS: a New Coordinate Transformation,” *GPS World*, Vol. 10, No. 1, 54-58, 1999.

[13] *Beidou Navigation Satellite System Signal in Space Interface Control Document*, 2010.

[14] P. A. Bello and R. L. Fante, "Code Tracking Performance for Novel Unambiguous M-Code Time Discriminators," Proceedings of the 2005 National Technical Meeting of The Institute of Navigation, San Diego, CA, 2005.

[15] S. Bencroft, “An Algebraic Solution of the GPS Equations,” *IEEE Transactions on Aerospace and Electronic Systems*, Vol. 21, No. 7, 56-59, 1985.

[16] J. W. M. Bergmans, *Digital Baseband Transmission and Recording*, Kluwer Academic Publishers, 1996.

[17] J. W. Betz, "Binary Offset Carrier Modulations for Radionavigation," *Navigation: Journal of the Institute of Navigation*, Vol. 48, No. 4, 227-246, 2001.

[18] J. W. Betz, "On the Power Spectral Density of GNSS Signals, with Applications," Proceedings of the 2010 International Technical Meeting of The Institute of Navigation, San Diego, CA, 2010.

[19] J. W. Betz, M. A. Blanco, C. R. Cahn, P. A. Dafesh, C. J. Hegarty, K. W. Hudnut, V. Kasemsri, R. Keegan, K. Kovach, L. S. Lenahan, H. H. Ma, J. Rushanan, J. J. Rushanan, D. Sklar, T. A. Stansell, C. C. Wang, and S. K. Yi, "Description of the L1C Signal," Proceedings of the 19th International Technical Meeting of the Satellite Division of The Institute of Navigation (ION GNSS 2006), Fort Worth, TX, 2006.

[20] J. W. Betz and K. R. Kolodziejski, "Extended Theory of Early-Late Code Tracking for a Bandlimited GPS Receiver," *Navigation: Journal of The Institute of Navigation*, Vol. 47, No. 3, 211–226, 2000.

[21] G. J. Bierman, *Factorization Methods for Discrete Sequential Estimation*, Academic Press, 1977.

[22] K. Borre, D. M. Akos, N. Bertelsen, P. Rinder, and S. H. Jensen, *A Software-Defined GPS and Galileo Receiver: A Single-Frequency Approach*, Birkhauser, 2006.

[23] C. Boucher and Z. Altamimi, "International Terrestrial Reference Frame," *GPS World*, Vol. 7, No. 9, 71-74, 1996.

[24] N. Bowditch, *American Practical Navigator*, Defense Mapping Agency, 1984

[25] M. S. Braasch, *On the Characterization of Multipath Errors in Satellite-Based Precision Approach and Landing Systems*, Ph.D. Dissertation, Department of Electrical and Computer Engineering, Ohio University, Athens, OH, 1992.

[26] M. S. Braasch and A. J. Van Dierendonck, "GPS Receiver Architectures and Measurements," *Proceedings of the IEEE*, Vol. 87, No. 1, 48-64, 1999.

[27] R. Braff, "Description of the FAA's Local Area Augmentation System (LAAS)," *Navigation: Journal of the Institute of Navigation*, Vol. 44, No. 4, 411-423, 1997-1998.

[28] R. G. Brown, Receiver Autonomous Integrity Monitoring, in *Global Positioning System: Theory and Applications* Vol. 2. American Institute of Aeronautics and Astronautics, 1996.

[29] R. G. Brown and P. Y. C. Huang, *Introduction to Random Signals and Applied Kalman Filtering*, John Wiley & Sons, 1997.

[30] L. M. Bugayevskiy and J. P. Snyder, *Map Projections: A Reference Manual*, Taylor & Francis, 1995.

[31] E. Buracchini, "Software Radio Concept," *IEEE Communications Magazine*, Vol. 38, No. 9, 138-143, 2000.

[32] F. C. Canters and H. Decleir, *The World in Perspective: A Directory of World Map Projections*, John Wiley & Sons, 1989.

[33] S. Carrasco-Martos, G. Lopez-Risueño, D. Jimenez-Baños, and E. Gill, "Snapshot Software Receiver for GNSS in Weak Signal Environments: An Innovative Approach for Galileo E5," Proceedings of the 23rd International Technical Meeting of The Satellite Division of the Institute of Navigation (ION GNSS 2010), Portland, OR, 2010.

[34] C. L. Chang and J. C. Juang, "An Adaptive Multipath Mitigation Filter for GNSS Applications," *EURASIP Journal on Advances in Signal Processing*, Vol. 2008, Article ID 214815, 2008.

[35] C. L. Chang and J. C. Juang, "Adaptive Logic Control Approach for Fast GNSS Acquisition," *IET Electronics Letters*, Vol. 44. No. 13, 821-822, 2008.

[36] A. B. Chatfield, *Fundamentals of High Accuracy Inertial Navigation*, American Institute of Aeronautics and Astronautics, 1997.

[37] D. Chen and G. Lachapelle, "A Comparison of the FASF and Least Squares Search Algorithms for on-the-Fly Ambiguity Resolution," *Navigation: Journal of the Institute of Navigation*, Vol. 42, No. 2, 371-390, 1995.

[38] Y. H. Chen, J. C. Juang, and T. L. Kao, "Robust GNSS Signal Tracking Against Scintillation Effects: A Particle Filter Based Software Receiver Approach," Proceedings of the 2010 International Technical Meeting of The Institute of Navigation, San Diego, CA, 2010.

[39] R. P. G. Collinson, *Introduction to Avionics*, Chapman & Hall, 1996.

[40] T. Cunliffe, *Celestial Navigation*, Fernhurst Books, 1989.

[41] X. Ding, "Development of BeiDou Navigation Satellite System," Proceedings of the 24th International Technical Meeting of The Satellite Division of the Institute of Navigation (ION GNSS 2011), Portland, OR, 2011.

[42] M. U. De Haag, D. Gebre-Egziabher, and M. Petovello (ed), *Global Positioning System*, Vol. 7: Integrated Systems, The Institute of Navigation, 2010.

[43] P. J. De Jonge and C. C. J. M. Tiberius, *The LAMBDA Method for Integer Ambiguity Estimation: Implementation Aspects*, Publications of the Delft Geodetic Computing Centre, 1996.

[44] A. De Latour, G. Artaud, L. Ries, F. Legrand, and M. Sihrener, "New BPSK, BOC and MBOC Tracking Structures," Proceedings of the 2009 International Technical Meeting of The Institute of Navigation, Anaheim, CA, 2009.

[45] B. DeCleene, "Defining Pseudorange Integrity - Overbounding," Proceedings of the 13th International Technical Meeting of the Satellite Division of The Institute of Navigation (ION GPS 2000), Salt Lake City, UT, 2000.

[46] Department of the Air Force/Navy, *Flying Training Air Navigation*, Air Training Command, 1983.

[47] Department of Defense, *Global Positioning System Standard Positioning Service Signal Specification*, 2nd ed., U.S. Department of Defense, Washington, D.C., 1995.

[48] Department of Defense, Department of Homeland Security, and Department of Transportation, *2010 Federal Radionavigation Plan*, National Technical Information Service, 2010.

[49] S. Dye and F. Baylin, *The GPS Manual*, Baylin Publications, 1997.

[50] W. F. Egan, *Phase-Lock Basics*, John Wiley, 1998.

[51] A. El-Rabbany, *Introduction to GPS: Global Positioning System*, Artech House, 2006.

[52] R. Emardson, P. Jarlemark, J. Johansson, S. Bergstrand, and G. Hedling, "Error Sources in Network RTK," Proceedings of the 24th International Technical Meeting of The Satellite Division of the Institute of Navigation (ION GNSS 2011), Portland, OR, 2011.

[53] P. Enge, "Local Area Augmentation of GPS for the Precision Approach of Aircraft," *Proceedings of the IEEE*, Vol. 87, No. 1, 111-132, 1999.

[54] P. Enge, E. Swanson, R. Mullin, K. Ganther, A. Bommarito, and R. Kelly, "Terrestrial Radionavigation Technologies," *Navigation: Journal of the Institute of Navigation*, Vol. 42, No. 1, 61-108, 1995.

[55] P. Enge and A. J. Van Dierendonck, Wide Area Augmentation System, in *Global Positioning System: Theory and Applications* Vol. 2. American Institute of Aeronautics and Astronautics, 1996.

[56] P. R. Escobal, *Methods of Orbit Determination*, Krieger Publishing Company, 1976.

[57] R. L. Fante, "Unambiguous Tracker for GPS Binary-Offset-Carrier Signals," Proceedings of the 59th Annual Meeting of The Institute of Navigation and CIGTF 22nd Guidance Test Symposium, Albuquerque, NM, 2003.

[58] M. Fantino, G. Marucco, P. Mulassano, and M. Pini, "Performance Analysis of MBOC, AltBOC and BOC Modulations in Terms of Multipath Effects on the Carrier Tracking Loop within GNSS Receivers," Proceedings of IEEE/ION PLANS 2008, Monterey, CA, 2008.

[59] P.-A. Farine, M. Baracchi-Frei, G. Waelchli, and C. Botteron, "Real-Time Software Receivers", *GPS World*, 2009.

[60] J. A. Farrell and M. Barth, *The Global Positioning System & Inertial Navigation*, McGraw-Hill, 1999.

[61] C. Fernandez-Prades, J. Arribas, P. Closas, C. Aviles, and L. Esteve, "GNSS-SDR: An Open Source Tool for Researchers and Developers," Proceedings of the 24th International Technical Meeting of The Satellite Division of the Institute of Navigation (ION GNSS 2011), Portland, OR, 2011.

[62] S. C. Fisher and K. Ghassemi, "GPS IIF – The Next Generation," *Proceedings of the IEEE*, Vol. 87, No. 1, 24-47, 1999.

[63] B. Forssell, *Radionavigation Systems*, Prentice Hall, 1991.

[64] L. P. Fortes, M. E. Cannon, G. Lachapelle, and S. Skone, "Optimizing a Network-Based RTK Method for OTF Positioning," *GPS Solutions*, Vol. 7, 61-73, 2003.

[65] R. L. Frank, "Current Developments in Loran-C," *Proceedings of the IEEE*, Vol. 71, No. 10, 1127-1139, 1983.

[66] R. French, "From Chinese Chariots to Smart Cars: 2000 Years of Vehicular Navigation," *Navigation: Journal of the Institute of Navigation*, Vol. 42, No. 1, 235-258, 1995.

[67] W. R. Fried, "History of Doppler Radar Navigation," *Navigation: Journal of the Institute of Navigation*, Vol. 40, No. 2, 121-136, 1993.

[68] E. Gai, "The Century of Inertial Navigation Technology," *Proceedings on IEEE Aerospace Conference*, 2000.

[69] *Galileo Open Service Signal in Space Interface Control Document*, European Space Agency/European GNSS Supervisory Authority, 2008.

[70] G. Gao, *Towards Navigation Based on 120 Satellites: Analyzing the New Signals*, Ph. D dissertation, Stanford University, 2008.

[71] F. M. Gardner, *Phaselock Techniques*, 2nd ed., John Wiley, 1979.

[72] H. D. Garner, "The Mechanism of China's South-Pointing Carriage," *Navigation: Journal of the Institute of Navigation*, Vol. 40, No. 1, 9-17, 1993.

[73] A. Gelb, (ed), *Applied Optimal Estimation*, MIT Press, 1974.

[74] S. W. Gilbert (ed), *Global Positioning System*, Vol. 3, The Institute of Navigation, 1986.

[75] Global Positioning System Wing Systems Engineering & Integration, *NAVSTAR GPS Space Segment/Navigation User Interfaces IS-GPS-200E*, 2010.

[76] Global Positioning System Wing Systems Engineering & Integration, *NAVSTAR GPS Space Segment/User Segment L5 Interfaces IS-GPS-705A*, 2010.

[77] Global Positioning System Wing Systems Engineering & Integration, *NAVSTAR GPS Space Segment/User Segment L1C Interfaces IS-GPS-800A*, 2010.

[78] R. Gold, "Optimal Binary Sequences for Spread Spectrum Multiplexing," *IEEE Transactions on Information Theory*, Vol. 33, No. 3, 619-621, 1967.

[79] A. Greenberg and T. Ebinuma, "Open Source Software for Commercial Off-the Shelf GPS Receivers," Proceedings of the 18th International Technical Meeting of the Satellite Division of The Institute of Navigation (ION GNSS 2005), Long Beach, CA, 2005.

[80] R. L. Greenspan, "Inertial Navigation Technology from 1970-1995," *Navigation: Journal of the Institute of Navigation*, Vol. 42, No. 1, 165-185, 1995.

[81] M. S. Grewal and A. P. Andrews, *Kalman Filtering Theory and Practice*, Prentice-Hall, 1993.

[82] M. S. Grewal, L. R. Weill, and A. P. Andrews, *Global Positioning Systems, Inertial Navigation, and Integration*, John-Wiley & Sons, 2001.

[83] P. D. Groves, *Principles of GNSS, Inertial, and Multisensor Integrated Navigation Systems*, Artech House, 2008.

[84] W. Gurtner and L. Estey, *RINEX: The Receiver Independent Exchange Format, Ver 3.00*, 2007.

[85] S. Han and C. Rizos, "Comparing GPS Ambiguity Resolution Techniques," *GPS World*, Vol. 8, No. 10, 54-61, 1997.

[86] N. Harper and D. Schutzer, *Server-Side GPS and Assisted GPS in Java*, Artech House, 2009.

[87] R. Hatch, "The Synergism of GPS Code and Carrier Measurements," *Proceedings of the Third International Symposium on Satellite Doppler Positioning*, Vol. 2, New Mexico State University, 1982.

[88] G. W. Heckler and J. L. Garrison, "SIMD Correlator Library for GNSS Software Receivers," *GPS Solutions*, Vol. 4, No. 4, 2006.

[89] C. J. Hegarty and E. Chatre, "Evolution of the Global Navigation Satellite System (GNSS)", *Proceedings of the IEEE*, Vol. 92, No. 12, 1902-1917, 2008.

[90] M. F. Henderson, *Aircraft Instruments and Avionics for A&P Technicians*, IAP Inc., 1993.

[91] M. S. Hodgart, P. D. Blunt, and M. Unwin, "The Optimal Dual Estimate Solution for Robust Tracking of Binary Offset Carrier (BOC) Modulation," Proceedings of the 20th International Technical Meeting of the Satellite Division of The Institute of Navigation (ION GNSS 2007), Fort Worth, TX, 2007.

[92] B. Hofmann-Wellenhof, H. Lichtenegger, and J. Collins, *GPS: Theory and Practice*, 4th ed., Springer-Verlag, 1997.

[93] J. K. Holmes, *Coherent Spread Spectrum Systems*, John Wiley & Sons, 1982.

[94] J. K. Holmes, "Code Tracking Loop Performance Including the Effect of Channel Filtering and Gaussian Interference," *Proceedings of ION AM 2000*, 2000.

[95] J. K. Holmes, *Spread Spectrum Systems for GNSS and Wireless Communication*, Artech House, 2007.

[96] N. J. Hotchkiss, *A Comprehensive Guide to Land Navigation with GPS*, Alexis, 1999.

[97] P. Y. C. Hwang, "Kinematic GPS for Differential Positioning: Resolving Integer Ambiguities on the Fly," *Navigation: Journal of the Institute of Navigation*, Vol. 38, No. 1, 1-15, 1991.

[98] P. M. Janiczek (ed), *Global Positioning System*, Vol. 1, The Institute of Navigation, 1980.

[99] P. M. Janiczek (ed), *Global Positioning System*, Vol. 2, The Institute of Navigation, 1984.

[100] Japan Aerospace Exploration Agency, *Quasi-Zenith Satellite System Navigation Service IS-QZSS*, 2010.

[101] J. C. Juang, "On GPS Positioning and Integrity Monitoring," *IEEE Transactions on Aerospace and Electronic Systems*, Vol. 36, No. 1, 327-336, 2000.

[102] J. C. Juang, "GPS Integer Ambiguity Resolution Based on Eigen-Decomposition," Proceedings of the 16th International Technical Meeting of the Satellite Division of The Institute of Navigation (ION GPS/GNSS 2003), Portland, OR, 2003.

[103] J. C. Juang, "A Multi-Objective Approach in GNSS Code Discriminator Design," *IEEE Transactions on Aerospace and Electronic Systems*, Vol. 44, No. 2, 481-492, 2008.

[104] J. C. Juang, "On Solving the Multi-constellation Pseudorange Equations," *Navigation: Journal of the Institute of Navigation*, Vol. 57, No. 3, 201-212, 2010.

[105] J. C. Juang and Y. H. Chen, "Phase/Frequency Tracking in a GNSS Software Receiver," *IEEE Journal of Selected Topics in Signal Processing*, Vol. 4, No. 4, 651-660, 2009.

[106] J. C. Juang and Y. H. Chen, "Accounting for Data Intermittency in a Software GNSS Receiver," *IEEE Transactions on Consumer Electronics*, Vol. 55, No. 2, 327-333, 2009.

[107] J. C. Juang and Y. H. Chen, "Global Navigation Satellite System Signal Acquisition Using Multi-bit Code and a Multi-layer Acquisition Strategy," *IET Radar, Sonar, and Navigation*, Vol. 4, No. 5, 673 684, 2010.

[108] J. C. Juang, Y. H. Chen, T. L. Kao, and Y. F. Tsai, "Design and Implementation of an Adaptive Code Discriminator in a DSP/FPGA-based Galileo Receiver," *GPS Solutions*, Vol. 14, No. 3, 255-266, 2010.

[109] J. C. Juang and C. W. Jang, "Failure Detection Approach Applying to GPS Autonomous Integrity Monitoring," *IEE Proceedings-Radar, Sonar, and Navigation*, Vol. 145, No. 6, 342-346, 1998.

[110] J. C. Juang and T. L. Kao, "Generalized Discriminator and its Applications in GNSS Signal Tracking," Proceedings of the 23rd International Technical Meeting of The Satellite Division of the Institute of Navigation (ION GNSS 2010), Portland, OR, 2010.

[111] J. C. Juang and Y. F. Tsai, "A Differential GPS Correction Method for the Position Determination of a Sounding Rocket," Proceedings of the 18th International Technical Meeting of the Satellite Division of The Institute of Navigation (ION GNSS 2005), Long Beach, CA, 2005.

[112] J. C. Juang and Y. F. Tsai, "Assessment of SBAS Implementation in Taipei FIR Based on MSAS Data Analysis," *Journal of Aeronautics, Astronautics and Aviation*, Series A, Vol.40, No.4, 261 - 266, 2008.

[113]J. C. Juang and Y. F. Tsai, "On Exact Solutions of the Multi-Constellation GNSS Navigation Problem," *GPS Solutions*, Vol. 13, No. 1, 57-64, 2009.

[114] O. Julien, *Design of Galileo L1F Receiver Tracking Loops*, Ph.D. Dissertation, Department of Geomatics Engineering, University of Calgary, 2005.

[115] R. E. Kalman, "A New Approach to Linear Filtering and Prediction Problems," *Transaction of the ASME Journal of Basic Engineering*, Vol. 82, 35-45, 1960.

[116] T. L. Kao and J. C. Juang, "Weighted Discriminators for GNSS BOC Signal Tracking," *GPS Solutions*, DOI: 10.1007/s10291-011-0235-7, 2011.

[117] E. Kaplan and C. J. Hegarty, *Understanding GPS: Principles and Applications*, 2nd ed., Artech House, 2006.

[118] M. Kayton, "Navigation: Ships to Space," *IEEE Transactions on Aerospace and Electronic Systems*, Vol. 24, No. 5, 474-519, 1988.

[119] M. Kayton and W. R. Fried, *Avionics Navigation Systems*, Wiley Interscience, 1997

[120] C. Kee, "Wide Area Differential GPS," in *Global Positioning System: Theory and Applications* Vol. 2. American Institute of Aeronautics and Astronautics, 1996.

[121] C. Kee and B. W. Parkinson, "Wide Area Differential GPS (WADGPS) – Future Navigation System," *IEEE Transactions on Aerospace and Electronic Systems*, Vol. 32, No. 2, 795-808, 1996.

[122] D. King, "Inertial Navigation – Forty Years of Evolution," *GEC Review*, Vol. 13, No. 3, 140-149, 1998.

[123] J. A. Klobuchar, "Ionospheric Effects on GPS," *GPS World*, Vol. 2, No. 4, 48-51, 1991.

[124] J. A. Klobuchar, "Ionospheric Effects on GPS," in *Global Positioning System: Theory and Applications* Vol. 1. American Institute of Aeronautics and Astronautics, 1996.

[125] A. Kleusberg, “Comparing GPS and GLONASS,” *GPS World*, Vol. 1, No. 6, 52-54, 1990.

[126] A. Kleusberg and J. G. Teunissen (eds.), *GPS for Geodesy*, Springer Verlag, 1996.

[127] A. Knezevic, C. O’Driscoll, and G. Lachapelle, “Co-processor Aiding for Real-time Software GNSS Receiver,” *Proceedings of ION ITM 2010*, 2010.

[128] S. Kogure, "QZSS: The Japanese Quasi-Zenith Satellite System – Program Updates and Current Status," Proceedings of the 24th International Technical Meeting of The Satellite Division of the Institute of Navigation (ION GNSS 2011), Portland, OR, 2011.

[129] J. Kouba and P. Héroux, “GPS Precise Point Positioning Using IGS Orbit Products,” *GPS Solutions*, Vol. 5, No. 2, 12-28, 2000.

[130] L. O. Krause, “A Direct Solution to GPS Type Navigation Equations,” *IEEE Transaction on Aerospace and Electronic Systems*, Vol. 23, No. 2, 225-232, 1987.

[131] V. F. Kroupa, *Phase Lock Loops and Frequency Synthesis*, John Wiley, 2003.

[132] R. B. Langley, “RTCM SC-104 DGPS Standards,” *GPS World*, Vol. 5, No. 5, 48-53, 1994.

[133] B. P. Lathi, *Modern Digital and Analog Communication Systems*, Oxford University Press, 1998.

[134] A. Lawrence, *Modern Inertial Technology*, Springer-Verlag, 1993.

[135] D. Lawrence, "Global SBAS Status," Proceedings of the 24th International Technical Meeting of The Satellite Division of the Institute of Navigation (ION GNSS 2011), Portland, OR, 2011.

[136] B. M. Ledvina, A. P. Cerruti, M. L. Psiaki, S. P. Powell, and P. M. Kintner, “A 12-Channel Real-Time GPS L1 Software Receiver,” *Proceedings of ION NTM 2003*, 2003.

[137] Y. Lee, K. Van Dyke, B. Decleene, J. Studenny, and M. Beckmann, “Summary of RTCA SC-159 GPS Integrity Working Group Activities,” *Navigation: Journal of the Institute of Navigation*, Vol. 43, No. 3, 307-338, 1996.

[138] A. Leick, *GPS Satellite Surveying*, 3rd ed., John Wiley and Sons, 2004.

[139] L. J. Levy, “The Kalman Filter: Navigation's Integration Workhorse,” *GPS World*, Vol. 8, No. 9, 65-86, 1997.

[140] R. Loh, “GPS Wide Area Augmentation System (WAAS),” *Journal of Navigation*, Vol. 47, No. 2, 180-191, 1995.

[141] M. Lu and G. Gao, “Status of Compass Development,” in *Stanford's 2010 PNT Challenges and Opportunities Symposium*, Available on the web at http://scpnt.stanford.edu/pnt/PNT10/presentation_slides/7-PNT_Symposium_LUandGao.pdf., 2010.

[142] L. C. Ludeman, *Random Processes: Filtering, Estimation, and Detection*, Wiley-Interscience, 2003.

[143] A. K. Maini and V. Agrawal, *Satellite Technology: Principles and Applications*, John Wiley & Sons, 2007.

[144] P. S. Maybeck, *Stochastic Models, Estimation and Control*, Academic Press, 1979.

[145] D. D. McCarthy and G. Petit, (eds.), *IERS Conventions (2003), International Earth Rotation and Reference Systems Service*, Technical Note No. 32, Frankfurt, Germany, 2004.

[146] P. W. McDonnell, *Introduction to Map Projections*, M. Dekker, 1991.

[147] J. S. Meditch, *Stochastic Optimal Linear Estimation and Control*, McGraw-Hill, 1969.

[148] J. M. Mendel, *Lessons in Estimation Theory for Signal Processing, Communication, and Control*, Prentice Hall, 1995.

[149] H. Meyr and G. Ascheid, *Synchronization in Digital Communications*, John Wiley & Sons, 1990.

[150] W. R. Michalson, "Ensuring GPS Navigation Integrity Using Receiver Autonomous Integrity Monitoring," *IEEE Aerospace and Electronic Systems Magazine*, Vol. 10, No. 10, 31-34, 1995.

[151] G. Minkler and J. Minkler, *Theory & Applications of Kalman Filtering*, Magellan Book Co., 1993.

[152] P. Misra and P. Enge, *GPS Signals, Measurements, and Performance*, 2nd ed., Ganga-Jamura Press, 2006.

[153] J. Mitola III, *Software Radio Architecture*, John Wiley, 2000.

[154] O. Montenbruck and E. Gill, *Satellite Orbits. Models, Methods, and Applications*, Springer-Verlag, 2000.

[155] T. Mueller, "Wide Area Differential GPS," *GPS World*, Vol. 5, No. 6, 36-44, 1994.

[156] National Imagery and Mapping Agency, *World Geodetic System 1984 (WGS-84): Its Definition and Relationships with Local Geodetic Systems*, National Imagery and Mapping Agency, 2000.

[157] A. V. Oppenheim, A. S. Willsky, and S. H. Nawab, *Signals and Systems*, Prentice Hall, 1997.

[158] T. Pany, M. Irsigler, and B. Eissfeller, "S-Curve Shaping: A New Method for Optimum Discriminator Based Code Multipath Mitigation," Proceedings of the 18th International Technical Meeting of the Satellite Division of The Institute of Navigation (ION GNSS 2005), Long Beach, CA, 2005.

[159] B. W. Parkinson, The Story of GPS, presented at IAC 2010, Available at http://www.youtube.com/watch?v=Flo-lQ1uyP0

[160] B. W. Parkinson and P. K. Enge, "Differential GPS," in *Global Positioning System: Theory and Applications* Vol. 2. American Institute of Aeronautics and Astronautics, 1996.

[161] B. W. Parkinson and S. W. Gilbert, "NAVSTAR: Global Positioning System – Ten Years Later," *Proceedings of the IEEE*, Vol. 71, No. 10, 1177-1186, 1983.

[162] B. W. Parkinson, J. J. Spilker, P. Axelrad, and P. Enge (eds.), *Global Positioning System: Theory and Applications* Vols. 1 and 2. American Institute of Aeronautics and Astronautics, 1996.

[163] B. W. Parkinson, T. Stansell, R. Beard, and K. Gromov, "A History of Satellite Navigation," *Navigation: Journal of the Institute of Navigation*, Vol. 42, No. 1, 109-164, 1995.

[164] J. A. Pierce, "An Introduction to Loran," *IEEE Aerospace and Electronic Systems Magazine*, Vol. 5, No. 10, 16-33, 1990.

[165] R. L. Peterson, R. E. Ziemer, and D. E. Borth, *Introduction to Spread Spectrum Communications*, Prentice Hall, 1995.

[166] A. Polydoros, *On the Synchronization Aspects of Direct-Sequence Spread Spectrum Systems*, Ph.D. dissertation, Department of Electrical Engineering, University of Southern California, 1982.

[167] R. Prasad and M. Ruggieri, *Applied Satellite Navigation Using GPS, Galileo, and Augmentation Systems*, Artech House, 2005.

[168] A. R. Pratt and J. I. R. Owen, "BOC Modulation Waveforms," Proceedings of the 16th International Technical Meeting of the Satellite Division of The Institute of Navigation (ION GPS/GNSS 2003), Portland, OR, 2003

[169] J. C. Proakis, *Digital Communications*, 4th ed., McGraw-Hill, 2001.

[170] J. C. Proakis and M. Salehi, *Communication Systems Engineering*, Prentice Hall, 1994.

[171] B. Razavi, *RF Microelectronics*, Prentice Hall, 1998.

[172] E. Rebeyrol, C. Macabiau, L. Lestarquit, L. Ries, J-L Issler, M-L Boucheret, and M. Bousquet, "BOC Power Spectrum Densities," Proceedings of the 2005 National Technical Meeting of The Institute of Navigation, San Diego, CA, 2005.

[173] J. H. Reed, *Software Radio: A Modern Approach to Radio Engineering*, Prentice Hall, 2002.

[174] B. W. Remondi, "Pseudo-Kinematic GPS Results Using the Ambiguity Function Method," *Navigation: Journal of the Institute of Navigation*, Vol. 38, No. 1, 17-36, 1991.

[175] B. Renfro, R. B. Harris, B. W. Tolman, T. Gaussiran, D. Munton, J. Little, R. Mach, and S. Nelsen, "The Open Source GPS Toolkit: A Review of the First Year," Proceedings of the 18th International Technical Meeting of the Satellite Division of The Institute of Navigation (ION GNSS 2005), Long Beach, CA, 2005.

[176] S. Revnivykh, "GLONASS Status and Modernization," Proceedings of the 24th International Technical Meeting of The Satellite Division of the Institute of Navigation (ION GNSS 2011), Portland, OR, 2011.

[177] RTCA, *Minimum Aviation System Performance Standards for Local Area Augmentation System (LAAS)*, RTCA DO-245, 1998.

[178] RTCA, *Minimum Operational Performance Standards for GPS Local Area Augmentation System Airborne Equipment*, RTCA DO-253A, 2001.

[179] RTCA Special Committee SC-159, *Minimum Operational Performance Standards for Global Positioning System/Wide Area Augmentation System Airborne Equipment*, RTCA/DO-229C, Washington, D.C.: RTCA, 2006.

[180] J. J. Rushanan, "The Spreading and Overlay Codes for the L1C Signal", *Navigation: Journal of the Institute of Navigation*, Vol. 54, No. 1, 43-51, 2007.

[181] Russian Institute of Space Device Engineering, *GLONASS Interface Control Document*, Russian Space Agency, 2008.

[182] N. Samama, *Global Positioning: Technologies and Performance*, Wiley Interscience, 2008.

[183] J. M. Samper, R. B. Perez, and J. M. Lagunilla, *GPS and Galileo: Dual Frequency Front-End Receiver Design, Fabrication, and Test*, McGraw-Hill, 2009.

[184] D. Simon, *Optimal State Estimation*, Wiley-Interscience, 2006.

[185] M. K. Simon, J. K. Omura, R. A. Scholtz, and B. K. Levitt, *Spread Spectrum Communications Handbook*, rev. ed., McGraw-Hill, 1994.

[186] G. M. Siouris, *Aerospace Avionics Systems*, Academic Press, 1993.

[187] B. Sklar, *Digital Communications*, 2nd ed., Prentice Hall, 2001.

[188] D. Sobel, *Longitude*, Penguin Book, 1995.

[189] Special Committee 104, *RTCM Recommended Standards for Differential GNSS (Global Navigation Satellite Systems) Service*, Version 2.3, Radio Technical Commission for Maritime Services, Alexandria, VA, 2001.

[190] Special Committee 104, *RTCM Recommended Standards for Differential GNSS (Global Navigation Satellite Systems) Service*, Version 3 with Amendment 1, Radio Technical Commission for Maritime Services, Alexandria, VA, 2007.

[191] Special Committee 104, *RTCM Standard for Networked Transport of RTCM via Internet Protocol*, Radio Technical Commission for Maritime Services, Alexandria, VA, 2004.

[192] J. J. Spilker Jr., "GPS Signal Structure and Theoretical Performance," in *Global Positioning System: Theory and Applications* Vol. 1. American Institute of Aeronautics and Astronautics, 1996.

[193] J. J. Spilker, "Tropospheric Effects on GPS," in *Global Positioning System: Theory and Applications* Vol. 1. American Institute of Aeronautics and Astronautics, 1996.

[194] P. R. Spofford and B. W. Remondi, *The National Geodetic Survey Standard GPS Format SP3*, 1981.

[195] G. Strang and K. Borre, *Linear Algebra, Geodesy, and GPS*, Wellesley-Cambridge Press, 1997.

[196] S. A. Stephens and J. C. Thomas, "Controlled-Root Formulation for Digital Phase-Locked Loops," *IEEE Transactions on Aerospace and Electronic Systems*, Vol. 31, No. 1, 78-95, 1995.

[197] E. R. Swanson, "Omega," *Proceedings of the IEEE*, Vol. 71, No. 10, 1140-1155, 1983.

[198] R. Swider, R. Braff, and V. Wullschleger, "The FAA's Local Area Augmentation System (LAAS)," *Journal of Navigation*, Vol. 50, No. 2, 183-192, 1997.

[199] L. Tetley and D. Calcutt, *Electronic Aids to Navigation: Position Fixing*, Edward Arnold, 1991.

[200] P. J. G. Teunissen, P. J. De Jonge, and C. C. J. M. Tiberius, "Performance of the LAMDA Method for Fast GPS Ambiguity Resolution," *Navigation: Journal of The Institute of Navigation*, Vol. 44, No. 3, 373-383, 1997.

[201] P. S. Tong, "A Suboptimum Synchronization Procedure for Pseudo Noise Communication Systems" *Proceedings of National Telecommunications Conference*, 1973.

[202] D. Torrieri, *Principles of Spread-Spectrum Communication Systems*, Springer, 2005.

[203] B. R. Townsend, P. C. Fenton, A. J. Van Dierendonck, and D. J. R. van Nee, "Performance Evaluation of the Multipath Estimating Delay Lock Loop", *Navigation: Journal of The Institute of Navigation*, Vol. 42, No. 3, 503-514, 1995.

[204] M. Tran, "Performance Evaluations of the New GPS L5 and L2 Civil (L2C) Signals", *Navigation: Journal of the Institute of Navigation*, Vol. 51, No. 3, 199-212, 2004.

[205] W. Travis, S. M. Martin, D. W. Hodo, and D. M. Bevly, "Non-Line-of-Sight Automated Vehicle Following Using a Dynamic Base RTK System", *Navigation: Journal of the Institute of Navigation*, Vol. 58, No. 3, 241-255, 2011.

[206] J. B.-Y. Tsui, *Fundamentals of Global Positioning System Receivers: A Software Approach*, John Wiley & Sons, 2004.

[207] Y. Urlichich, V. Subbotin, G. Stupak, V. Dvorkin, A. Povalyaev, and S. Karutin, "GLONASS Modernization," Proceedings of the 24th International Technical Meeting of The Satellite Division of the Institute of Navigation (ION GNSS 2011), Portland, OR, 2011.

[208] A. J. Van Dierendonck, "GPS Receivers," in *Global Positioning System: Theory and Applications, Vol. I*, B. Parkinson and J. J. Spilker, Jr., (eds.), Washington, D.C.: American Institute of Aeronautics and Astronautics, 1996.

[209] A. J. Van Dierendonck, P. Fenton, and T. Ford, "Theory and Performance of Narrow Correlator Spacing in a GPS Receiver", *Navigation: J*ournal of the Institute of Navigation, Vol. 39, No. 3, 265-284, 1992.

[210] F. Van Diggelen, *A-GPS: Assisted GPS, GNSS, and SBAS*, Artech House, 2009.

[211] D. J. R. Van Nee, "Multipath Effects on GPS Code Phase Measurements", *Navigation: Journal of The Institute of Navigation*, Vol. 39, No. 2, 177-190, 1992.

[212] S. Verhagen, *The GNSS Integer Ambiguities: Estimation and Validation*, Netherlands Geodetic Commission, 2005.

[213] J. P. Vinti, *Orbital and Celestial Mechanics*, American Institute of Aeronautics and Astronautics, 1998.

[214] A. J. Viterbi, *CDMA: Principles of Spread Spectrum Communication*, Addison-Wesley, 1995.

[215] S. Wallner, J.-A. Avila-Rodriguez, G. W. Hein, and J. J. Rushanan, "Galileo E1 OS and GPS L1C Pseudo Random Noise Codes - Requirements, Generation, Optimization and Comparison," Proceedings of the 20th International Technical Meeting of the Satellite Division of The Institute of Navigation (ION GNSS 2007), Fort Worth, TX, 2007.

[216] T. Walter and M. Bakry El-Arini (ed), *Global Positioning System*, Vol. 6, The Institute of Navigation, 1999.

[217] P. Ward, "A Design Technique to Remove the Correlation Ambiguity in Binary Offset Carrier (BOC) Spread Spectrum Signals," Proceedings of the 2004 National Technical Meeting of The Institute of Navigation, San Diego, CA, 2004.

[218] P. Ward, J. W. Betz, and C. J. Hegarty, "GPS Satellite Signal Characteristics," in *Understanding GPS: Principles and Applications*, Artech House, 2006.

[219] P. Ward, J. W. Betz, and C. J. Hegarty, "Satellite Signal Acquisition and Tracking", in *Understanding GPS: Principles and Applications*, Artech House, 2006.

[220] J. P. Weiss, P. Axelrad, and S. Anderson, "A GNSS Code Multipath Model for Semi-Urban, Aircraft, and Ship Environments", *Navigation: Journal of The Institute of Navigation*, Vol. 54, No. 4, 293-307, 2007.

[221] D. Wells, et. al., *Guide to GPS Positioning*, Canadian GPS Associates, 1987.

[222] J. R. Wertz, *Mission Geometry; Orbit and Constellation Design and Management*, Kluwer Academic Publishers, 2001.

[223] W. E. Wiesel, *Spacecraft Dynamics*, 2nd ed., McGraw-Hill, 1997.

[224] J. E. D. Williams, *From Sails to Satellites: The Origin and Development of Navigational Science*, Oxford University Press, 1992.

[225] R. A. Williams, *Communication Systems Analysis and Design: A Systematic Approach*, Prentice-Hall, 1987.

[226] G. Xu, *GPS: Theory, Algorithms, and Applications*, Springer, 2003.

[227] H.-J. Zepernick and A. Finger, *Pseudo Random Signal Processing: Theory and Application*, John Wiley, 2005.

[228] X. Zhang and X. Li, "Instantaneous Re-initialization in Real-Time Kinematic PPP with Cycle Slip Fixing," *GPS Solutions*, DOI 10.1007/s10291-011-0233-9, 2011.

[229] R. Zheng, M-H. Chen, X. H. Ba, and J. Chen, "A Novel Fine Code Phase Determination Approach for a Bandwidth Limited Snapshot GPS Receiver," Proceedings of IEEE/ION PLANS 2010, Indian Wells, CA, 2010.

[230] R. E. Ziemer and R. L. Peterson, *Introduction to Digital Communication*, Maxwell Macmillan International, 1992.

[231] R. E. Ziemer and W. H. Tranter, *Principles of Communications: Systems, Modulation, and Noise*, 5th Edition, John Wiley & Sons, 2002.

[232] K. Zigangirov, *Theory of Code Division Multiple Access Communication*, Wiley-Interscience, 2004.

[233] 莊智清、黃國興：電子導航，全華圖書，2001 年。

[234] 莊智清、陳育暄、蔡永富、陳舜鴻、高彩齡、蔡秋藤：通訊系統設計與實習，全華圖書，2010 年。

國家圖書館出版品預行編目資料

衛星導航 / 莊智清編著. -- 初版. -- 新北市：全華圖書, 2012.12

面； 公分

ISBN 978-957-21-8766-1(平裝)

1.衛星導航

444.95 101022535

衛星導航

作者 / 莊智清

執行編輯 / 章永安

發行人 / 陳本源

出版者 / 全華圖書股份有限公司

郵政帳號 / 0100836-1 號

印刷者 / 宏懋打字印刷股份有限公司

圖書編號 / 06209

初版一刷 / 2012 年 12 月

定價 / 新台幣 590 元

ISBN / 978-957-21-8766-1

全華圖書 / www.chwa.com.tw

全華網路書店 Open Tech / www.opentech.com.tw

若您對書籍內容、排版印刷有任何問題，歡迎來信指導 book@chwa.com.tw

臺北總公司(北區營業處)

地址：23671 新北市土城區忠義路 21 號

電話：(02) 2262-5666

傳真：(02) 6637-3695、6637-3696

南區營業處

地址：80769 高雄市三民區應安街 12 號

電話：(07) 381-1377

傳真：(07) 862-5562

中區營業處

地址：40256 臺中市南區樹義一巷 26 號

電話：(04) 2261-8485

傳真：(04) 3600-9806

廣　告　回　信
板橋郵局登記證
板橋廣字第540號

行銷企劃部　收

23671 新北市土城區忠義路21號

全華圖書股份有限公司

讀者回函卡

填寫日期：　/　/

姓名：＿＿＿＿　生日：西元＿＿年＿＿月＿＿日　性別：□男 □女

電話：（ ）＿＿＿＿　傳真：（ ）＿＿＿＿　手機：＿＿＿＿

e-mail：（必填）＿＿＿＿

註：數字零，請用 Φ 表示，數字 1 與英文 L 請另註明並書寫端正，謝謝。

通訊處：□□□□□＿＿＿＿

學歷：□博士　□碩士　□大學　□專科　□高中・職

職業：□工程師　□教師　□學生　□軍・公　□其他

學校 / 公司：＿＿＿＿　科系 / 部門：＿＿＿＿

・需求書類：

□ A. 電子 □ B. 電機 □ C. 計算機工程 □ D. 資訊 □ E. 機械 □ F. 汽車 □ I. 工管 □ J. 土木

□ K. 化工 □ L. 設計 □ M. 商管 □ N. 日文 □ O. 美容 □ P. 休閒 □ Q. 餐飲 □ B. 其他

・本次購買圖書為：＿＿＿＿　書號：＿＿＿＿

・您對本書的評價：

封面設計：□非常滿意　□滿意　□尚可　□需改善，請說明＿＿＿＿

內容表達：□非常滿意　□滿意　□尚可　□需改善，請說明＿＿＿＿

版面編排：□非常滿意　□滿意　□尚可　□需改善，請說明＿＿＿＿

印刷品質：□非常滿意　□滿意　□尚可　□需改善，請說明＿＿＿＿

書籍定價：□非常滿意　□滿意　□尚可　□需改善，請說明＿＿＿＿

整體評價：請說明＿＿＿＿

・您在何處購買本書？

□書局　□網路書店　□書展　□團購　□其他＿＿＿＿

・您購買本書的原因？（可複選）

□個人需要　□幫公司採購　□親友推薦　□老師指定之課本　□其他＿＿＿＿

・您希望全華以何種方式提供出版訊息及特惠活動？

□電子報　□ DM　□廣告（媒體名稱＿＿＿＿）

・您是否上過全華網路書店？（www.opentech.com.tw）

□是　□否　您的建議＿＿＿＿

・您希望全華出版那方面書籍？＿＿＿＿

・您希望全華加強那些服務？＿＿＿＿

～感謝您提供寶貴意見，全華將秉持服務的熱忱，出版更多好書，以饗讀者。

全華網路書店 http://www.opentech.com.tw　　客服信箱 service@chwa.com.tw

2011.03 修訂

親愛的讀者：

感謝您對全華圖書的支持與愛護，雖然我們很慎重的處理每一本書，但恐仍有疏漏之處，若您發現本書有任何錯誤，請填寫於勘誤表內寄回，我們將於再版時修正，您的批評與指教是我們進步的原動力，謝謝！

全華圖書　敬上

勘誤表

書號		書名		作者	
頁數	行數	錯誤或不當之詞句		建議修改之詞句	

我有話要說：（其它之批評與建議，如封面、編排、內容、印刷品質等・・・）